彩图 1　苏铁 (铁树)*Cycas revoluta*

彩图 2　银杏 *Ginkgo biloba*

彩图 3　臭冷杉（臭松）*Abies nephrolepis*

彩图 4　紫果冷杉 *Abies recurvata*

彩图 5　银杉 *Cathaya argyrophylla*

彩图 6　云南油杉 *Keteleeria evelyniana*

彩图 7　华北落叶松 *Larix principis-rupprechtii*

彩图 8　金钱松 *Pseudolarix amabilis*

彩图 9　青杆 *Picea wilsonii*

彩图 10　鱼鳞云杉（鱼鳞松）*Picea jezoensis* var. *microsperma*

彩图 11　白杆 *Picea meyeri*

彩图 12　华山松 *Pinus armandii*

彩图 13　红松 *Pinus koraiensis*

彩图 14　白皮松 *Pinus bungeana*

彩图 15　思茅松 *Pinus kesiya* var. *langbianensis*

彩图 16　樟子松 *Pinus sylvestris* var. *mongolica*

彩图 17　油松 *Pinus tabulaeformis*

彩图 18　火炬松 *Pinus taeda*

彩图 19　杉木 *Cunninghamia lanceolata*

彩图 20　柳杉 *Cryptomeria fortunei*

彩图 21　水杉 *Metasequoia glyptostroboides*

彩图 22　圆柏 *Sabina chinensis*

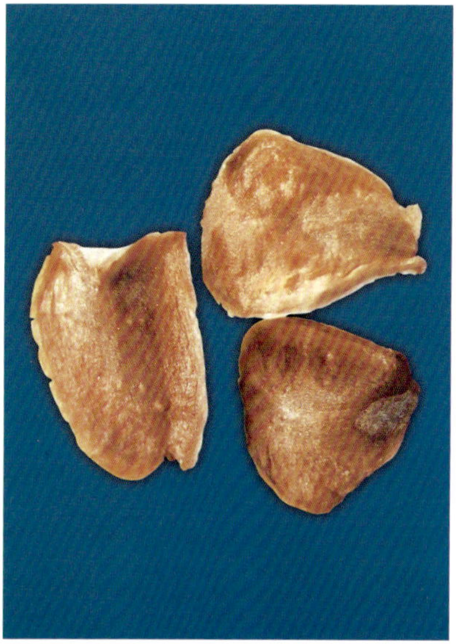

彩图 23　藏柏 *Cupressus torulosa*

彩图 24　巨柏 *Cupressus gigantea*

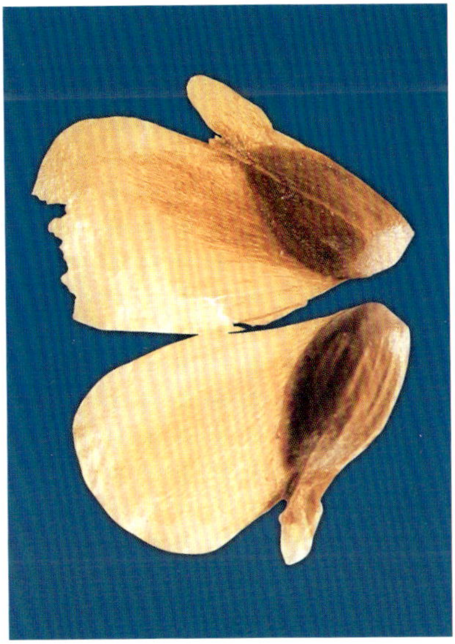

彩图 25　福建柏 *Fokienia hodginsii*

彩图 26　侧柏 *Platycladus orientalis*

彩图 27　红豆杉 *Taxus chinensis*

彩图 28　矮紫杉 *Taxus cuspidata* var. *nana*

彩图 29　白豆杉 *Pseudotaxus chienii*

彩图 30　粗榧 *Cephalotaxus sinensis*

彩图 31　三尖杉 *Cephalotaxus fortunei*

彩图 32　木贼麻黄 *Ephedra equisetina*

彩图 33　化香树 *Platycarya strobilacea*

彩图 34　核桃楸 *Juglans mandshurica*

彩图 35　坚桦 *Betula chinensis*

彩图 36　白桦 *Betula platyphylla*

彩图 37　千金榆 *Carpinus cordata*

彩图 38　虎榛 *Ostryopsis davidiana*

彩图 39　栓皮栎 *Quercus variabilis*

彩图 40　辽东栎 *Quercus liaotungensis*

彩图 41　大叶榉树 *Zelkova schneideriana*

彩图 42　白颜树 *Gironniera subaegualis*

彩图 43　青檀 *Pteroceltis tatarinowii*

彩图 44　乐昌含笑 *Michelia chapensis*

彩图 45　白玉兰 *Magnolia denudata*

彩图 46　红花木莲 *Manglietia insignis*

彩图 47　鹅掌楸 *Liriodendron chinense*

彩图 48　八角 *Illicium verum*

彩图 49　五味子 *Schisandra chinensis*

彩图 50　红脉钓樟 *Lindera rubronervia*

彩图 51　香叶树 *Lindera communis*

彩图 52　山胡椒 *Lindera glauca*

彩图 53　山橿 *Lindera reflexa*

彩图 54　紫叶小檗 *Berberis thunbergii*

彩图 55　软枣猕猴桃 *Actinidia arguta*

彩图 56　木荷 *Schima superba*

彩图 57　金缕梅 *Hamamelis mollis*

彩图 58　檵木 *Loropetalum chinense*

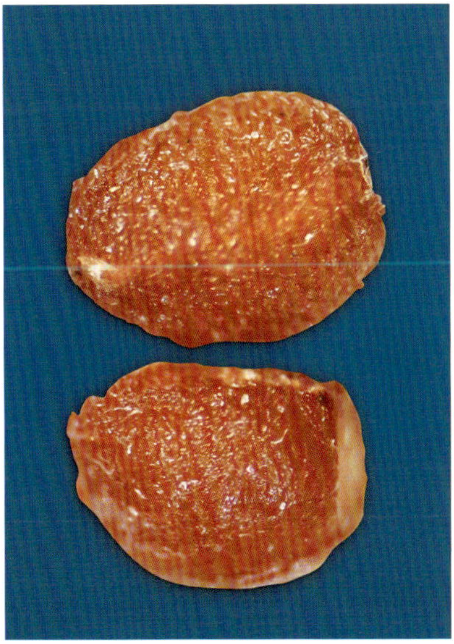

彩图59　东北茶藨子*Ribes mandshuricum*

彩图 60　山荆子 *Malus baccata*

彩图 61　杏 *Prunus armeniaca*

彩图 62　桃 *Prunus persica*

彩图 63　稠李 *Prunus padus*

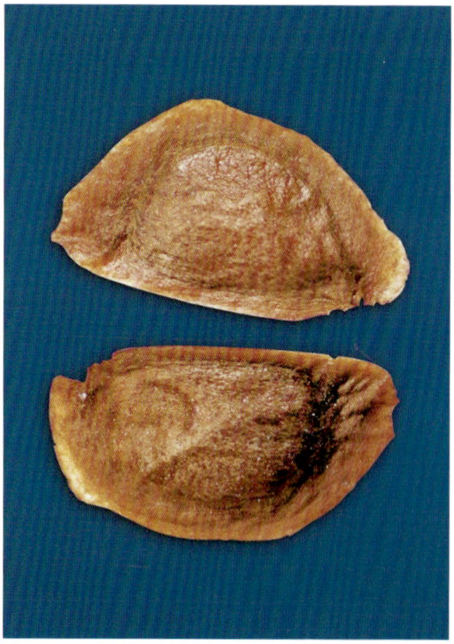

彩图 64　白鹃梅 *Exochoda racemosa*

彩图 65　木瓜 *Chaenomeles sinensis*

彩图 66　紫荆 *Cercis chinensis*

彩图 67　日本皂荚 *Gleditsia japonica*

彩图 68　合欢 *Albizia julibrissin*

彩图 69　紫穗槐 *Amorpha fruticosa*

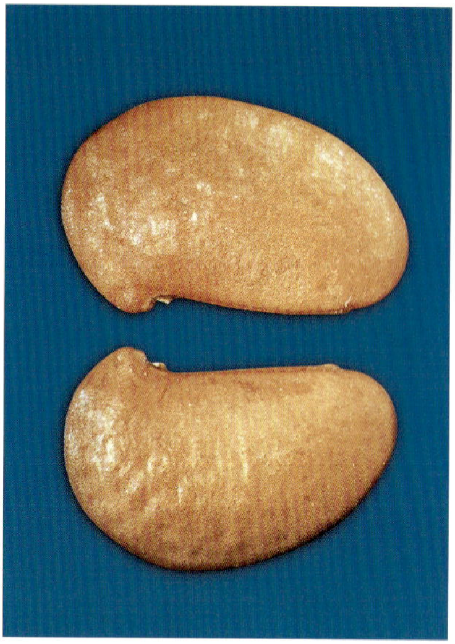

彩图 70　黄檀 *Dalbergia hupeana*

彩图 71　葛藤 *Pueraria lobata*

彩图 72　刺槐 *Robinia pseudoucacia*

彩图 73　白刺花 *Sophora davidii*

彩图 74　槐 *Sophora japonica*

彩图 75　紫藤 *Wisteria sinensis*

彩图 76　余甘子 *Phyllanthus emblica*

彩图 77　小桐子 *Jatropha curcas*

彩图 78　黄檗 *Phellodendron amurense*

彩图 79　苦木 *Picrasma quassioides*

彩图 80　臭椿 *Ailanthus altissima*

彩图 81　香椿 *Toona sinensis*

彩图 82　麻楝 *Chukrasia tabularia*

彩图 83　盐肤木 *Rhus chinensis*

彩图 84　火炬树 *Rhus typhina*

彩图 85　毛黄栌 *Cotinus coggygria* var. *pubescens*

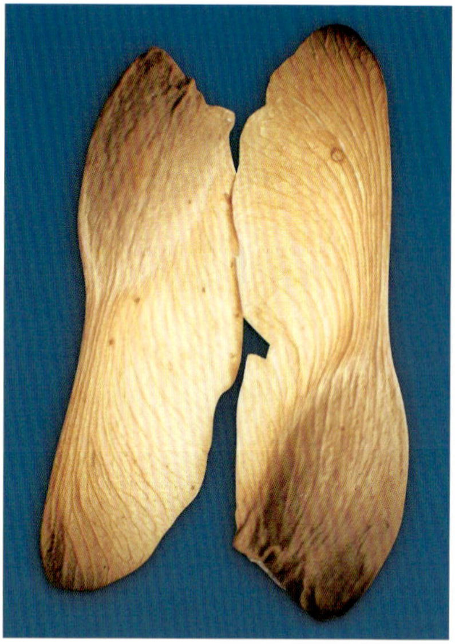

彩图 86　华北五角槭 *Acer truncatum*

彩图 87　文冠果 *Xanthoceras sorbifolia*

彩图 88　南蛇藤 *Celastrus orbiculatus*

彩图 89　卫矛 *Euonymus alatus*

彩图 90　酸枣 *Ziziphus jujuba* var.*spinosa*

彩图 91　拐枣 *Hovenia dulcis*

彩图 92　冻绿 *Rhamnus utilis*

彩图 93　爬山虎 *Parthenocissus tricuspidata*

彩图 94　野葡萄 *Vitis amurensis*

彩图 95　猴欢喜 *Sloanea sinensis*

彩图 96　紫椴 *Tilia amurensis*

彩图 97　木槿 *Hibiscus syriacus*

彩图 98　沙枣 *Elaeagnus angustifolia*

彩图 99　伞花胡颓子 *Elaeagnus umbellata*

彩图 100　山桐子 *Idesia polycarpa*

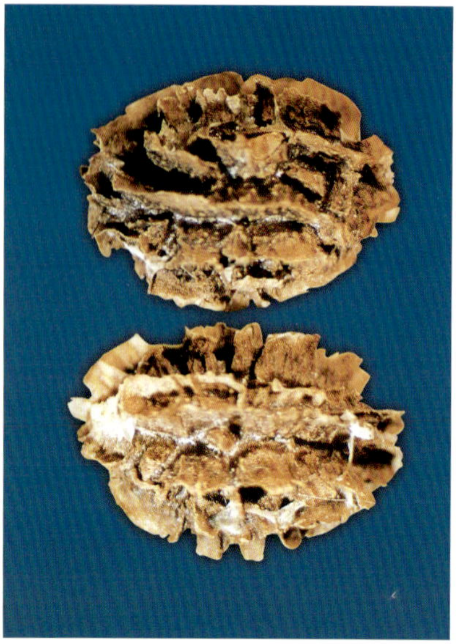

彩图 101　番木瓜 *Carica papaya*

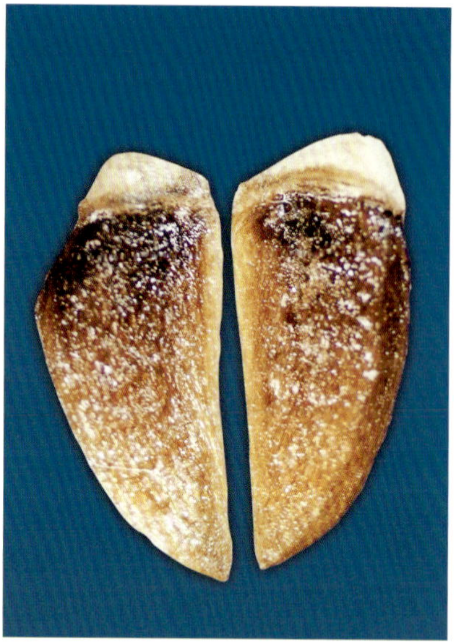

彩图 102　浙江紫薇 *Lagerstroemia chekiangensis*

彩图 103　白千层 *Melaleuca leucadendra*

彩图 104　蓝果树 *Nyssa sinensis*

彩图 105　刺五加 *Acanthopanax senticosus*

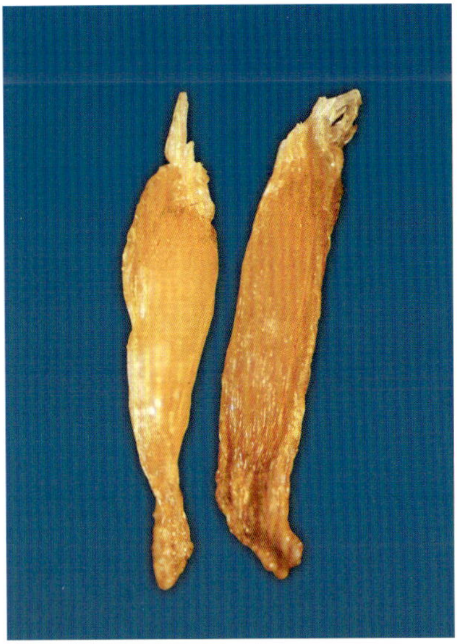

彩图 106　照山白 *Rhododendron micranthum*

彩图 107　柿 *Diospyros Kaki*

彩图 108　小叶女贞 *Ligustrum quihoui*

彩图 109　雪柳 *Fontanesia fortunei*

彩图 110　紫丁香 *Syringa oblata*

彩图 111　红丁香 *Syringa villosa*

彩图 112　泡桐 *Paulownia fortunei*

彩图 113　毛泡桐 *Paulownia tomentosa*

彩图 114　猬实 *Kolkwitzia amabilis*

彩图 115　糯米条 *Abelia chinensis*

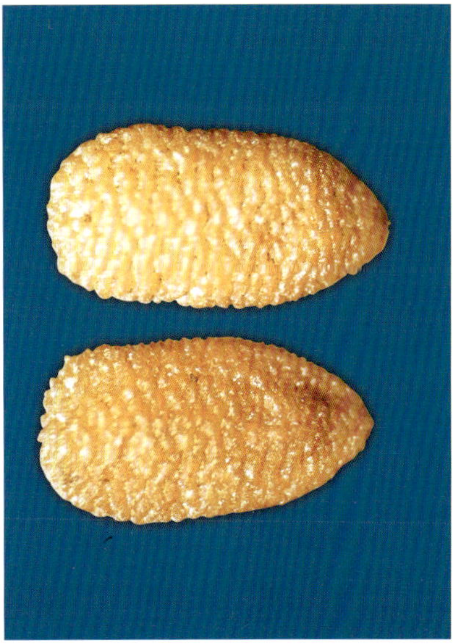

彩图 116　加拿大接骨木 *Sambucus canadensis*

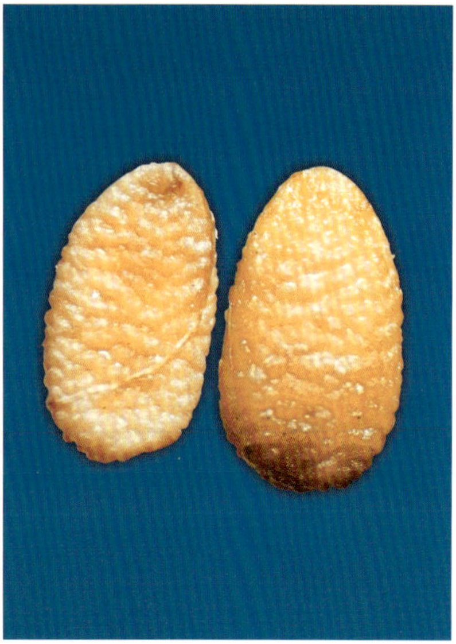

彩图 117　接骨木 *Sambucus williamsii*

彩图 118　天目琼花 *Viburnum sargentii*

彩图 119　蝴蝶荚蒾 *Viburnum Plicatum tomentosum*

彩图 120　金银花 *Lonicera japonica*

彩图 121　金花忍冬 *Lonicera chrysantha*

彩图 122　棕榈 *Trachycarpus fortunei*

彩图 123　毛竹 *Phyllostachys edulis*

# 中国林木种实解剖图谱

# SEEDS & FRUITS OF WOODYPLANTS IN CHINA

任宪威 朱伟成 主编

中国林业出版社

**图书在版编目(CIP)数据**

中国林木种实解剖图谱/任宪威，朱伟成主编. —北京：中国林业出版社，2007. 4

ISBN 978-7-5038-4802-5

Ⅰ. 中… Ⅱ. ①任… ②朱… Ⅲ. 林木—种子—解剖—中国—图谱 Ⅳ. S722-64

中国版本图书馆 CIP 数据核字(2007)第 078693 号

出　　版　中国林业出版社（100009 北京市西城区德内大街刘海胡同 7 号）
网　　址　www.cfph.com.cn
E-mail　cfphz@public.bta.net.cn　电话：(010) 66183789
发　　行　中国林业出版社
印　　刷　北京地质印刷厂
版　　次　2007 年 4 月第 1 版
印　　次　2007 年 4 月第 1 次
开　　本　880mm × 1230mm　1/32
印　　张　22
插　　页　32
字　　数　598 千字
定　　价　108.00 元

# 《中国林木种实解剖图谱》编委会


**主　编**　任宪威　朱伟成

**副主编**　张志翔　张玉钧　孙大立

**编　委**　（按姓氏笔画排序）

冯峻极　朱伟成　任宪威　孙大立　杜凤国
李庆梅　吴秀丽　张玉钧　张志翔　陈　勇
陈瑞生　胡冬梅　俞　丰　贺文同　赵广亮
夏英芳　郭洪启

**绘　图**　胡冬梅

# 序
# FOREWORD

有关林木种子的外部形态和解剖构造研究在国外已有许多论著，目前国内相关的研究也比较多，但相对零散或不完整，缺乏系统的鉴定识别工具。由北京林业大学任宪威教授生前主持编写、后来又由他的学生们补充完善而成的《中国林木种实解剖图谱》，是一本比较成型和系统的专著。

林木种子是大多数林木繁育的主要材料。在林业生产中，种子质量的优劣直接关系到林木培育的成败。研究种子的外部形态、解剖构造不仅是种子分类和利用上的需要，也是评价种子质量的依据之一，这对提高种子净度和确定经济合理的种子贮藏条件、包装运输方式及苗木生产是十分重要的。本书提供了我国主要林木种子（有的是果实）的形状、大小、颜色，种皮纹饰、毛被及其他附属物，胚及胚乳的形态，种皮及胚的解剖构造等方面的详尽描述，并附有插图，可以说本书是一本难得的实用工具书。

在树木学研究领域，任宪威教授生前做了许多具体而实实在在的工作，如在壳斗科的分类、树木物候、树木冬态等方面都有较为突出的建树。本书是继任宪威教授生前参与编写的《中国植物志》、《中国树木志》、《云南树木图志》、《西藏植物志》、《云南植物志》、《中国落叶树木冬态》、《树木学》（北方本）、《河北树木志》、《汉拉英中国木本植物名录》之后呕心沥血的告别之作，也是一部别具特色和学术价值的巨著。

本书的出版是对我国树木学研究和林业生产的一大贡献。在它即将问世之际，谨缀数言以追念这位我深深尊重和敬爱的师兄和我国树木学的名师。

中国科学院院士 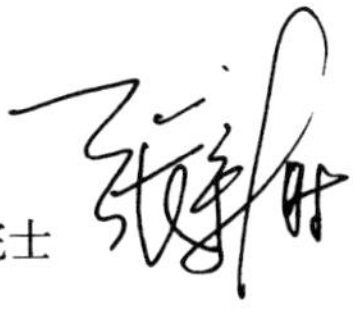

2006.5

# 前言
PREFACE

本书是我国著名树木学家任宪威教授生前主持的国家自然科学基金项目——中国林木种子形态结构及质量评价的研究成果之一（项目编号为39070696)。该研究项目主要是在1991年1月至1993年12月期间进行的，所需的实验材料均为有生活力的成熟种子。研究内容主要包括中国林木种子外部形态的描述、种子纵剖面观察、种子内部构造以及种皮的解剖构造等。

我国林木种类繁多，森林培育及绿化需要多种多样的林木种子。关于林木种子的外部形态和解剖构造研究在国外已有许多论著，国内目前的研究也比较多，但大都处于相对零散状态。需要说明的是，本书涉及的“种子”并不是植物学上严格意义的种子，而是根据林业生产的实际情况，即基于林木繁育的实际材料——“林木种实”来定义林木种子的。也就是说，这里所指的林木种子客观上包括真正的树木种子或一部分果实。林木的果实和种子(下称“种实”)是大多数林木繁育的主要材料，种实质量的优劣直接关乎林木培育的成功与否。林木种实的形态构造是正确鉴定林木种实种类的主要指标及评定林木种实质量的重要依据，并与种实的贮藏运输、苗木培育有着极其密切的关系。因此，对林木种子的形态结构进行系统描述很有必要。

本图谱共记载627种2亚种25变种3变型的林木种实，分属于118科366属。内容包括绪论、林木种实各论，林木种实形态描述包括种子的形状、大小、颜色，种皮纹饰、毛被及其他附属物等，胚及胚乳的形态，种皮及胚的解剖构造等，并附有插图和树种分布示意图，书末附有中文名索引和拉丁名索引。有关本书各科的系统排列，裸子植物部分采用《中国植物志》第七卷中的系统，被子植物部分采用恩格勒系统，部分科有所变化，如豆科分为含羞草科、苏木科和蝶形花科。

本书的出版，包括先期的种子标本及相关资料收集工作得到相关部门许多领导和同志的帮助，他们分别是王棋、钱耀明、陈晓阳、朱华、刘长江、崔纪如、王木林、董乃钧、周建铭、李裕久、姚庆渭、梁盛业、黄德爱、诸葛仁、李楠、杨昌友、刘茂春、易同培、黄鹏成、李湘萍、周云龙、李怒云、王良民、梁红平、李晓云、杨莉、游新、路端正、李吉跃、黄发吉、薛康、智信、刘明旺、戚继忠、俞慈英、王贤、李兴文、印嘉佑、唐学山、赵贵、邹高元、索朗旺堆、腰希申、曾文、胡绍庆、吴学良、杨培寿、赵德铭、李乾振、刘生龙、安伟、史晓华、王玉凯、姜顺兴、解子义等；国家林业局北方林木种子检验中心、中国林木种子公司、中国林业科学研究院林业研究所、中国科学院植物研究所北京植物园、北京市八达岭林场、北京市西山试验林场、北京市植物园、中国科学院西双版纳热带植物园、浙江林学院、深圳仙湖植物园、北华大学林学院、广西植物研究所桂林植物园、广西林业科学研究院南宁树木园、中国科学院昆明植物研究所昆明植物园、云南林业科学研究院昆明树木园、杭州植物园、西南林学院、浙江林学院、黑龙江省森林植物园、庐山植物园、庐山林场、熊岳树木园、南岳树木园、南京中山植物园、四川林业学校、山东林业学校、福建来舟林业试验场、西藏林业厅、贵州林业科学研究院、南京林业大学、广州植物园、中国林业科学研究院亚热带林业研究所、贵州省黎平县林业局、贵州省黎平县东风林场、鸡公山国家级自然保护区、湖南新宁县林科所等单位给予多方面的帮助，在此一并表示感谢。全书由张志翔教授统稿。

本书得到国家科学技术学术著作出版基金的资助，在此表示衷心的感谢！同时感谢中国科学院院士张新时先生在百忙之中抽出时间为本书作序。感谢中国林业出版社对本书出版的大力支持！

由于编者水平有限，加之时间仓促，难免有错漏之处，欢迎读者批评指正！

编 者

2007年1月

# 目录
CONTENTS

# 使用说明

本书提供了627种2亚种25变种3变型木本植物种子的特征信息，由2部分组成。

第一部分为绪论，重点介绍果实和种子的形态描写术语和种子质量评价用语。并以侧柏为例进行说明。

第二部分为林木种实各论，包括两篇：第一篇为针叶树（裸子植物），共收录79种6变种1变型；第二篇为阔叶树（被子植物），共收录548种2亚种19变种2变型。每个树种都介绍了种实的外部及解剖学形态描述，包括形态、大小、颜色；种皮（果核）纹饰、毛被及其他附属物；胚及胚乳的形态；种皮（果皮）的解剖构造和种子纵切面及横切面观察种子内部构造；种实成熟期、产地。有些树种

**树种名**
对该种的种子（果实）的形态特征、解剖结构、成熟期、分布和种子质量进行详细描述。

**分布区**
对该种的分布区进行示意性标注，该图根据具体分布点制作。

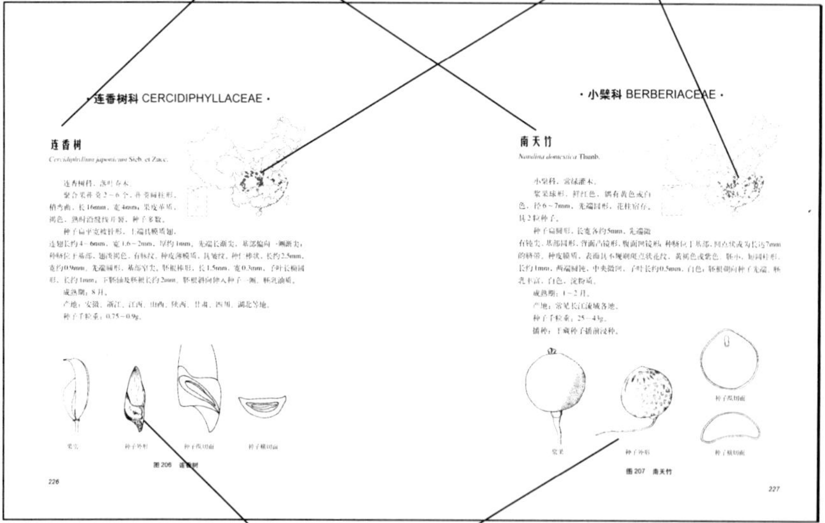


**墨线图**
该书提供了大量的树木种实的外部形态、横切面和纵切面结构墨线图，对种实的形态和解剖结构有直观的感觉，便于鉴定使用。每个图下方均有图注。

还涉及种实千粒重、播种量及种子（果实）播种处理等内容；除个别种外，均附有插图。本书各科的系统排列，裸子植物部分采用《中国植物志》第七卷中的系统，被子植物部分采用恩格勒系统。

第三部分为索引，附有中文名索引及拉丁名索引。

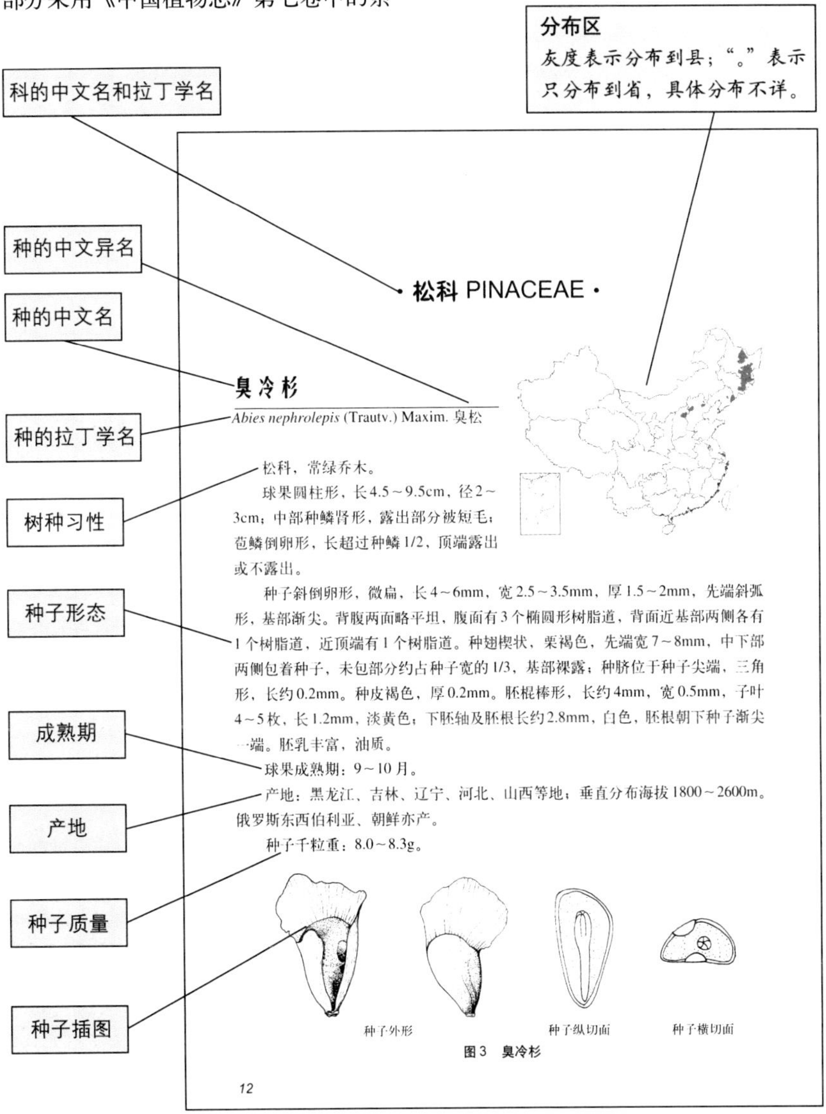

# 绪　论

在树木分类识别性状中，种实作为树木的繁殖器官虽然不如花应用的那么普遍，但对于某些科、属的分类和鉴定却是极为重要的，如桦木科和壳斗科若不是借助于果实和果苞，要进行分类和鉴定是相当困难的。蔷薇科、桑科、胡桃科、鼠李科、木犀科等的果实和种子性状都是重要的分类依据。在电子显微镜下观察小粒种子的表皮形态对种的分类是极为有用的。

本部分对所涉及的果实和种子的形态描述和质量评价用语分述如下：

# 一、果实

种子植物中，拥有子房的被子植物的花在传粉受精后，由子房发育而形成的器官称作果实。一般情况下，果实包含由胚珠发育而来的种子。在大多数情况下，果实仅由子房发育而成，但是在一些种类中，花托、花被、苞片甚至花柄也参与果实的形成。构成子房外面的部分称为子房壁，子房壁最终发育形成果皮。通常果皮由外果皮、内果皮和中果皮组成。受精之后子房增大，其里面包被的胚珠在受精之后开始发育最终形成种子。种子在果实内发育形成的过程称为结实。有时受精过程虽并未进行，但果皮却单独发育，从而形成一种没有种子的果实，这种现象称作单性结实。果实是针对被子植物而言的。在裸子植物中，有一些类群树木形成酷似果实的器官，但事实上这种器官并不是果实。例如，松科当中的球果以及银杏的种子(俗称白果)。与此相对应，有些情况如菊科（如蚂蚱腿子）的瘦果等在现实生活中却被当作种子来看待。果实可以按以下几种方式进行分类：

## (一)根据形态而进行的分类

真果：只由子房发育而形成的果实称为真果，大多数果实属于此类。一般由上位花和中位花的子房发育而来。

假果：除了子房之外，花托、花被、苞片甚至花柄也参与了果实的形成，此时形成的果实称为假果。一般由下位子房发育而来。

## (二)根据果皮的性质而进行的分类

干果：果实成熟后，果皮呈干燥状态，果皮外覆有一层革质薄膜，形成干果。

多肉果：果实成熟后，多肉多汁，形成多肉果。

### (三)根据果皮开裂与否而进行的分类

开裂果：干果成熟后开裂，形成开裂果。

闭果：干果成熟后不开裂，形成闭果。

### (四)根据一般形态而进行的综合分类

**1. 单果**

由单花的单雌蕊或合心皮雌蕊发育而成的单个果实，称为单果。这种情况最为普遍。雌蕊由心皮（花叶）构成，开花后最终形成果皮。单果分为以下几种类型：

（1）干果，成熟后开裂

蓇葖果：子房1心皮或离心皮雌蕊。果实成熟后，果皮沿心皮愈合处的腹缝线开裂，如木兰科。

荚果：子房1心皮。果实成熟后，果皮沿腹缝线和背缝线开裂为2片，如豆科。有时也称为豆果。

蒴果：子房2心皮以上，心皮合生。果实成熟后开裂为数室，如大戟科。

长角果：子房2心皮，合生，细长，内具假隔膜，种子生于假隔膜上，果实成熟后纵向从下方开裂，中间有膜质壁残留。

短角果：与长角果相似，但短而扁平。

（2）干果，成熟后不开裂

瘦果：果皮薄而硬，包裹着1个种子，看似种子，如菊科。

颖果：类似瘦果，果皮与种子愈合不可分离，如禾本科。

翅果：果皮的一部分呈翼状，如槭树科。

坚果：果皮硬而革质，1室1种子，如壳斗科，由发达的总苞而形成壳斗。

分离果：子房多数，成熟后各心皮一一分离，分离后的各部分称作分果。

(3) 多肉果

浆果：外果皮较薄，中果皮和内果皮多肉多汁，种子多数，稍显硬，如猕猴桃科。

梨果：由多心皮下位子房发育而成。花托膨大而肉质化，如苹果、梨等。

柑果：外果皮质地强韧，中果皮软而海绵质，内果皮薄，并有果瓣，多汁，如柑橘。

核果：中果皮多肉多汁，内果皮形成较硬的核，故称核果，如桃、李、梅、杏等。

**2.聚合果**

由单花多雌蕊发育而成的2个以上的果实，称为聚合果。如悬钩子属的果实是由小核果集生在花托上而形成的聚合果；而蔷薇属则为聚合瘦果，小瘦果藏于肉质或粉质的花托内，也称“蔷薇果”。

**3.复合果**

由2朵以上的花愈合在一起或花序发育而成的果实，看上去状如一个果实，又称聚花果。如桑树的雌花序形成的桑椹；榕属的隐头花序，因其花生于中空的肉质花序托内，所形成的复合果为隐花果序。

## 二、种子

种子由胚珠发育而成。种子的机能之一是使胚离开母体，从而达到繁殖和延续后代的目的。虽然有时周围具备发芽的适当条件，但是此时的种子却处于休眠状态。在未处于休眠状态下，如果周围环境条件适宜，种子可以适时发芽。但是如果此时的条件不太适于发芽，种子可以进入二次休眠状态，待条件具备时，打破休眠，进入发芽状态。有些种子，可以忍耐不适的环境条件从而保持很长的寿命，相反有些种子却寿命很短。一般情况下，种子由种皮、胚和胚乳组成。

### (一) 种皮

覆于种子外围的表皮组织。在被子植物当中，双子叶植物的离瓣花类以及单子叶植物类一般分为2层，即有外种皮和内种皮之分。与此相对应，被子植物的合瓣花类以及裸子植物类一般为1层。种皮在保护胚和胚乳的同时，在种子发芽时也起着吸收水分的作用。

种皮的表面构造因种类不同而各种各样，如疣状、刺状或网状的肥厚突起等，有时同时还附有毛状物甚至黏液，以利于种子的散布或传播。种子因种皮的不透水性而很难吸入水分，把这样的种子称为硬实，如豆科的一些种子。在这种情况下，播种之前需要作硬实处理。自然界当中发生的硬实现象，由于有微生物的存在，种皮也可以由不透水达到透水，最终实现发芽。因此，可以认为硬实也是一种休眠现象，不过是被动的。被子植物当中，种皮的一部分有时特化成翅状，借助于风力可以传到很远，如槭属。裸子植物的松属虽然也有种翅，但它却不是由种皮变化而来的，而是由种鳞变化而来的，种鳞是附在胚珠上的表皮。当然松属的种翅也同样起到了传播的作用。在对种皮进行描述时，使用植物学常用的色彩对颜色进行描述，如白色、蓝色、黑色、褐色、黄色、橙色、绿色、紫色、红色等，此时可以加深、浅等词修饰，或两种颜色合称，如深绿色、浅黄色、黄绿色、灰白色等，主色放在后面；纹饰方面则以习惯用语为主，如沟、孔、棱、肋、网、脉纹、皱褶、突起等；而在附属物上使用绒毛、柔毛、刚毛、刺、翅等。根据需要，对附属物还要作进一步描述。

### （二）胚

胚是最幼小的植物体。在胚珠内，受精卵在种子成熟之前，达到一定程度的发育并在种子内处于休眠状态，此时的幼体被称作胚。一般情况下，胚由胚根、胚轴、子叶和胚芽构成。

通常情况下，1个种子只有1个胚。因此把1个种子具有多个胚的现象称作多胚现象，如杧果和柑橘属等，在这种情况下，种子发芽后出现多株幼植物体。

胚根：位于胚轴下端，伴随着种子发芽，最终发育成主根。

胚轴：胚的主干部。呈圆柱形，上端为子叶，上胚轴和胚芽，下端为胚根。胚根和子叶之间部分为下胚轴。

子叶：附在胚上的幼叶。裸子植物为2至多枚；被子植物的双子叶植物类通常子叶为2枚，单子叶植物类为1枚。豆科植物没有胚乳，有2枚肥大的子叶占据种子的大部分，其成分为蛋白质和脂类。种子发芽时所需养分由子叶来提供，这样的种子称为子叶种子。种子发芽时，伴随着胚轴的生长，子叶先行伸出地面，这样的子叶称为地上子叶或出土子叶。此时子叶伸出地面，叶绿体数量增加，进行光合作用。一般情况下，这种类型的子叶居多。与地上子叶相对应，种子发芽后子叶不出土，这样的子叶称为地下子叶、不出土子叶或留土子叶。

上胚轴：位于子叶以上，带有胚芽的幼茎部分。

胚芽：位于胚之顶端的幼芽。种子发芽生长后，形成地上茎。

### （三）胚乳

贮藏着胚发育以及发芽时所需要养分的组织称作胚乳。豆科、蔷薇科、壳斗科的大多数种子在形成的过程中，胚乳被逐渐消耗，因而最终种子没有胚乳，此时子叶取代了胚乳的作用。这样的种子称为无胚乳种子。与此相对应，有胚乳的种子，称为有胚乳种子。此外，胚乳也有厚薄、颜色、淀粉胚乳、蛋白质胚乳、油脂胚乳等的区别。

另外，在观察种子时，有时会用到种皮硬度的术语。大致可以分为极硬、硬和软3级。在干燥的情况下，用指甲（或小刀）大力压刮，无法压入，此时表面根本没有痕迹者被称为极硬；稍能压入且有痕迹者被称为硬；稍用力就能压入很深者被称为软。而种皮的质地，系指种皮表面的状态，即指平滑或粗糙，发亮或黯淡无光。种子的形状以种脐向下观察其轮廓。在描述时使用几何学术语，如球形、扁球形、长球形、椭圆形、横椭圆形、卵形、倒卵形、菱形、三角形、圆锥形等并使用通用实物图形，如肾形、新月形、纺锤形、匙形、陀螺形、马蹄形、凸镜形等。在度量种子长度时，一般用游标卡尺测量，从果柄或种脐至顶端的距离为长度，而与长度相互垂直的两方面，长者为宽，短者为厚。

在种子表面，胚珠和子房愈合处留有明显的痕迹，被称为种脐，如豆科的种子。有时会涉及到脐沟、脐条、脐冠和脐晕等术语。

有些种类的胚珠基部特别发达，形成假种皮，部分或全包种子，如麻黄科等。

红树科的一些种类，种子在成熟以后，于果实脱落之前在母树上即萌发，形成棒状胚轴，坠入海滩淤泥后随即成幼树，因此特称为胎生种子。

在评定种子质量时，会用到种子分级的指标。一般把种子定为大、中、小、微粒 4 级（表 1）。

**表 1　种子分级指标一览表**

| 级别 | 千粒重（g） | 千克粒数(粒) | 单粒种子最长或最宽（mm） |
| --- | --- | --- | --- |
| 大粒 | ＞1000 | ＜500 | — |
| 中粒 | 1000～100 | 500～5000 | — |
| 小粒 | 100～1 | 5000～50 000 | 1～3 |
| 微粒 | ＜1 | ＞50 000 | ＜1 |

# 第1篇

# 针叶树

## （裸子植物）

中国天然分布的针叶树有10个科。尽管苏铁科、银杏科、买麻藤科的叶片宽大，非针叶，但依传统习惯仍包括在针叶树范围内，因为它们同属于裸子植物。针叶树种子的种皮由外种皮、中种皮和内种皮组成。其中苏铁科、银杏科、罗汉松科、三尖杉科、红豆杉科、麻黄科和买麻藤科的种子具肉质外种皮或肉质假种皮或苞片呈肉质，外形呈核果状；而松科、杉科和柏科种子干燥，呈卵形、球形或扁平，种皮骨质或革质。

# ·苏铁科 CYCADACEAE·

## 苏铁

*Cycas revoluta* Thunb. 铁树

苏铁科，常绿乔木。

种子椭圆形（彩图1），有橘红色外种皮，长37mm，宽30～35mm，厚约25mm，顶端圆形，基部渐窄成柄状。去外种皮后为宽椭圆形或宽倒卵形，长34mm，宽28mm，厚23mm，顶端圆形，中央有一小尖头，基部骤尖，两侧各有2条浅沟槽；种脐位于渐尖一端，近圆形，直径约5mm。种皮黄白色，有浅雕刻状花纹；中种皮木质，厚约1mm，内壁褐色；内种皮褐色，暗质，有叶脉状条纹。有胚1～3个，胚长椭圆形，长约4mm，子叶2；下胚轴及胚根朝向种子圆形一端。胚乳丰富，白色，粉质。

种子成熟期：10月。

产地：福建、台湾、广东等地。全国各地广泛栽培，北方需在室内越冬。

种子千粒重：12 500～13 500g。

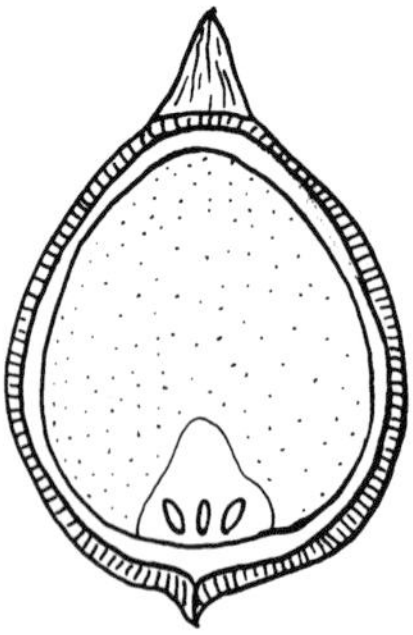

种子纵切面

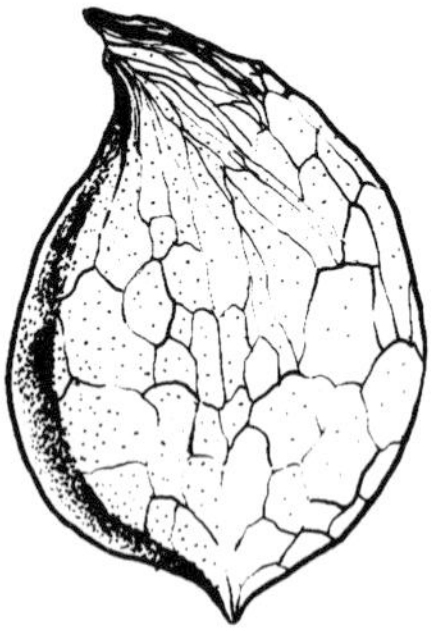

种子外形（去掉外种皮）

**图1 苏 铁**

# ·银杏科 GINKGOACEAE·

## 银杏

*Ginkgo biloba* Linn.

银杏科，落叶乔木。

种子呈核果状（彩图2），球形或椭圆形，长20～25mm，宽20～25mm，外种皮肉质，熟时鲜黄色，有臭味。种子（去外种皮后）白色或乳黄色，卵形、椭圆形至倒卵形，长15～20mm，宽12～18mm，径10～12mm，顶端圆，中央有小尖头，基部近圆形，两侧有棱，有时具三棱；平滑或有不明显的种脐，位于种子一端，长约2mm；中种皮骨质，厚约0.2mm；内种皮淡褐色膜质。胚圆锥形，长约3～4mm，淡绿色；子叶2，偶有3子叶，绿白色或白色。胚乳充满种子，淡白绿色，粉质。

种子成熟期：9～10月。

产地：为中生代孑遗植物，浙江天目山有野生态银杏。沈阳以南广泛栽培。

种子千粒重：200～3200g。

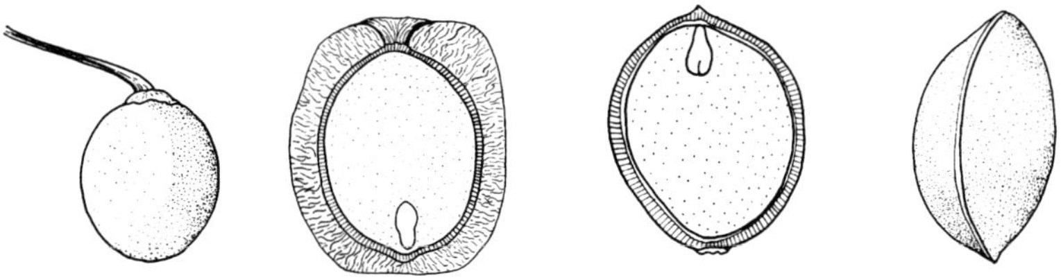

种子外形　　种子纵切面（未去外种皮）　　种子纵切面（去掉外种皮）　　种子外形（去掉外种皮）

**图2　银　杏**

# ·松科 PINACEAE·

## 臭冷杉

*Abies nephrolepis* (Trautv.) Maxim. 臭松

松科，常绿乔木。

球果圆柱形，长4.5～9.5cm，径2～3cm；中部种鳞肾形，露出部分被短毛；苞鳞倒卵形，长超过种鳞1/2，顶端露出或不露出。

种子斜倒卵形（彩图3），微扁，长4～6mm，宽2.5～3.5mm，厚1.5～2mm，先端斜弧形，基部渐尖。背腹两面略平坦，腹面有3个椭圆形树脂道，背面近基部两侧各有1个树脂道，近顶端有1个树脂道。种翅楔状，栗褐色，先端宽7～8mm，中下部两侧包着种子，未包部分约占种子宽的1/3，基部裸露；种脐位于种子尖端，三角形，长约0.2mm。种皮褐色，厚0.2mm。胚棍棒形，长约4mm，宽0.5mm，子叶4～5枚，长1.2mm，淡黄色；下胚轴及胚根长约2.8mm，白色，胚根朝下种子渐尖一端。胚乳丰富，油质。

球果成熟期：9～10月。

产地：黑龙江、吉林、辽宁、河北、山西等地；垂直分布海拔1800～2600m。俄罗斯东西伯利亚、朝鲜亦产。

种子千粒重：8.0～8.3g。

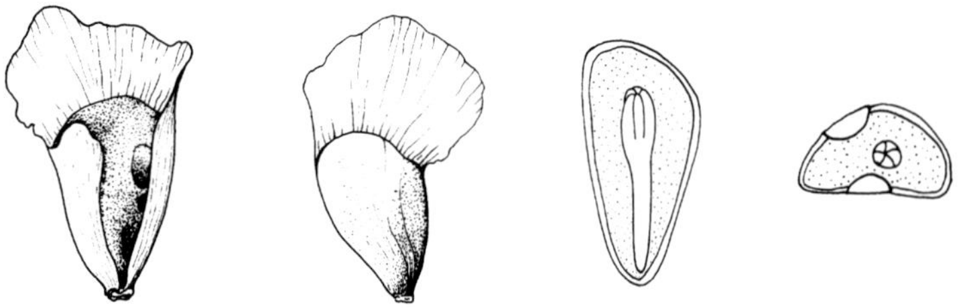

种子外形　　种子纵切面　　种子横切面

**图3　臭冷杉**

# 冷 杉

*Abies fabri* （Mast.）Craib

松科，常绿乔木。

球果卵状圆柱形或短圆柱形，长6～11cm，径3～4.5cm，微被白粉，熟时暗黑色或淡黑色；中部种翅扇状四边形，上部宽厚，边缘内曲；苞鳞微露出，有急尖的尖头，通常向外反曲。

种子去翅后长椭圆形，长7～12mm，宽2.0～3.6mm，厚1.5mm。

球果成熟期：10月。

产地：四川等地。

种子千粒重：10.2～14.0g。

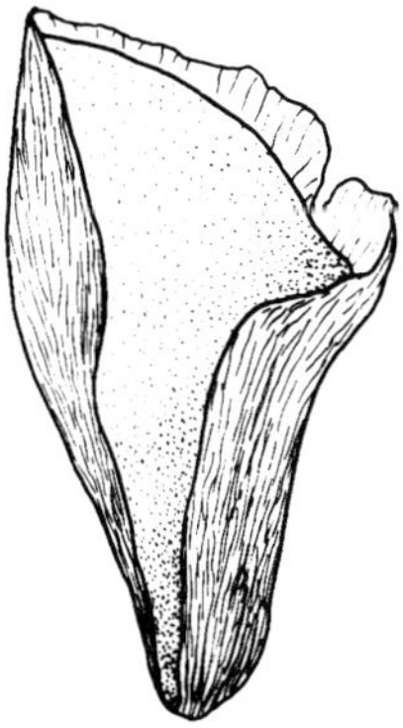

种子外形

种子外形（去掉种翅）

图4 冷 杉

# 紫果冷杉

*Abies recurvata* Mast.

松科，常绿乔木。

球果椭圆状卵形或圆柱状卵形，长4～8cm，径3～4cm，熟时紫褐色，近无梗；中部种鳞肾形，苞鳞不露出。

种子连翅长倒卵形（彩图4），长8～9mm，宽3.5～4mm，先端钝尖，基部斜截形，背腹面均有树脂囊。种翅两侧包裹种子，两侧各包被至种子宽的1/3，基部不封闭。种子去翅后，倒卵状长椭圆形，长9mm，宽3.5～4.5mm，种子横切面椭圆形。外种皮栗褐色，厚0.2mm；内种皮淡褐色，膜质。胚棍棒形，长约6～8mm，淡黄色，子叶4～5个，长3mm；下胚轴及胚根长5mm，胚根朝向种子基部。胚乳丰富，白色，油质。

球果成熟期：10月。

产地：甘肃、四川等地。

种子千粒重：12.9～14.1g。

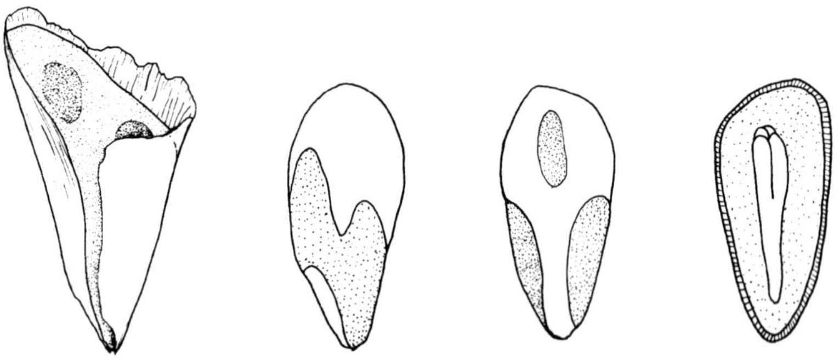


图5 紫果冷杉

# 欧洲冷杉

*Abies alba* Mill.

松科，常绿乔木。

球果圆柱形，长10～14cm，幼时绿色，成熟时淡红褐色。

种子连翅斜倒卵形，长10.5mm，宽6.5mm，去翅后斜倒卵形，长9～12mm，宽4.5mm～6.5mm，厚约5mm，最宽处中上部，先端截形，有膜翅状边缘，基部斜截形，横切面三角状卵形。外种皮栗褐色，有树脂囊，厚0.2mm；内种皮膜质。胚棍棒形，长7～8mm，子叶4～5枚，长2～2.5mm，淡黄色；下胚轴及胚根长5～5.5mm，胚根朝向种子基部。胚乳丰富、油质。

球果成熟期：9月中旬至10月中旬。

产地：欧洲中部和南部山区。我国江苏等地有引种栽培。

种子千粒重：55.6g。

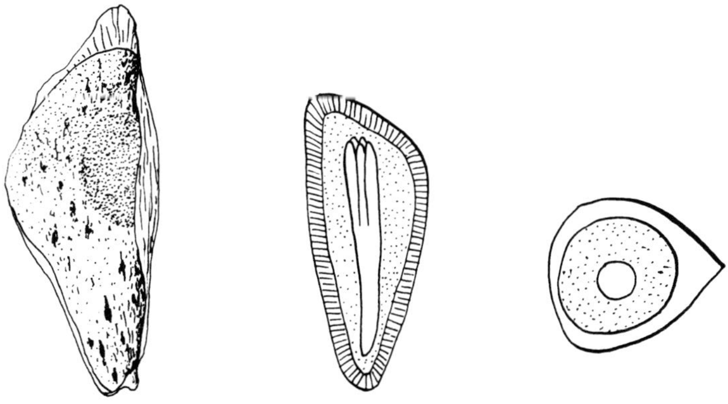

种子外形　　种子纵切面　　种子横切面

图6　欧洲冷杉

# 银杉

*Cathaya argyrophylla* Chun et Kuang

松科，常绿乔木。

球果卵形至长卵形，长3～5cm，径1.5～3cm；苞鳞长为种鳞的1/4～1/3。

种子具翅（彩图5），翅呈不对称的倒卵状椭圆形，长14～15mm，宽约6.5mm；膜质，红褐色，有纵条纹及树脂状颗粒，在整个种翅上聚成若干团块；种翅贴生于种子背面，不包裹种子，易与种子分离；种子倒卵形，长5～6mm，宽3.5～4mm，厚2.5mm，先端圆钝，基部渐尖，两侧无棱，无树脂囊，具淡褐色条状斑点；种脐位于种子渐尖一端，椭圆形，长约0.2mm。外种皮黑褐色，脆骨质；内种皮膜质，淡褐色。胚棍棒形，长约4mm，子叶3～4枚，长约0.8mm；下胚轴及胚根长约3.2mm，白色，胚根朝向种子较尖一端。胚乳白色，油质。

球果成熟期：10月。

产地：我国特有。产于广西、重庆、湖南、贵州等地；多生于悬崖之脊和山顶上。

种子千粒重：13.6～22.0g。

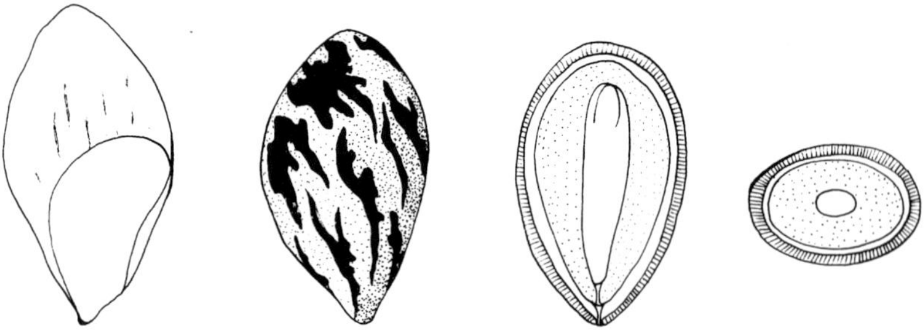

种子外形　　去翅种子，示表面斑点　　种子纵切面　　种子横切面

图7　银　杉

# 雪松

*Cedrus deodara* (Roxb.) G.Don

松科，常绿乔木。

球果卵圆形或宽椭圆形，长7～12cm，径5～9cm；中部种鳞扇状倒三角形，顶端平截，背面被锈色毛。

种子顶端具翅，翅位于一端，翅长30mm，宽30mm，种翅下部与种子愈合，两侧包种子约1/4，不易与种子分离；种翅褐色，细胞壁直线形；种子斜长倒卵形，长11～15mm，宽5～6mm，顶端斜削，基部渐尖；种脐位于渐尖一端。种皮骨质，灰褐色，每面各有2～5个树脂囊。子叶6～10枚，胚根朝向种子渐尖一端。胚乳丰富。

球果成熟期：翌年10月。

产地：原产印度、阿富汗及巴基斯坦。我国北自辽宁抚顺、北京、陕西，南至长江流域及西南普遍栽培。

种子千粒重：85～120g。

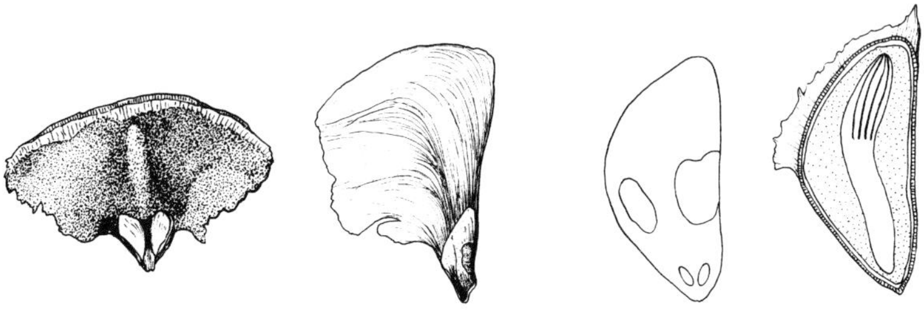

种鳞腹面，示2枚种子　　种子具翅　　示种子表面树脂囊　　种子纵切面

图8　雪　松

# 油 杉

*Keteleeria fortunei* (Murr.) Carr.

松科，常绿乔木。

球果圆柱形，微有白粉，成熟时淡褐色或淡栗色，长8～18cm，径5～6.5cm；中部的种鳞宽圆形或上部宽圆下部宽楔形，长2.5～3.2cm，宽2.7～3.3cm，上部宽圆或近平截，稀中央微凹，边缘向内反曲，鳞背露出部分无毛；鳞苞中部窄，下部稍宽，上部卵圆形，先端3裂，中裂窄长，侧裂稍圆，有钝尖头。

种子顶端有翅，种翅厚膜质，不透明，细胞壁扭曲形；种子连翅长16～18mm，翅伸出种子顶端长12～14mm，最宽处在中部以上，下半部贴生于种子背面，包被种子两侧和基部，在直边一侧包至种子厚度，在弧边一侧包至种子下部腹面7mm以下的1/2。种子三角状椭圆形，长12～16mm，宽6～8mm，最宽处位于近中部，厚约4mm，先端窄圆，基部渐尖，具不明显3纵棱，每面有长椭圆树脂道2～3个，不透明；种脐位于渐尖一端顶端，近圆形，径0 .5mm。外种皮灰褐色，单层细胞，多不完整；中种皮在加厚处有4层细胞，细胞壁横切面近圆形，其余细胞横切面为长形，大部分细胞壁木质化，树脂囊分布在中种皮末端；内种皮膜质。胚棍棒形，长8～10mm，子叶3枚，胚根朝向种子渐尖一端。胚乳油质。

球果成熟期：10月。

产地：为我国特有树种，产于浙江南部、福建，广东、广西南部沿海山地。

种子千粒重：127g。

种子带翅　　种子外形　　种子纵切面

**图9　油　杉**

# 铁坚油杉

*Keteleeria davidiana* (Bertr.) Beissn.

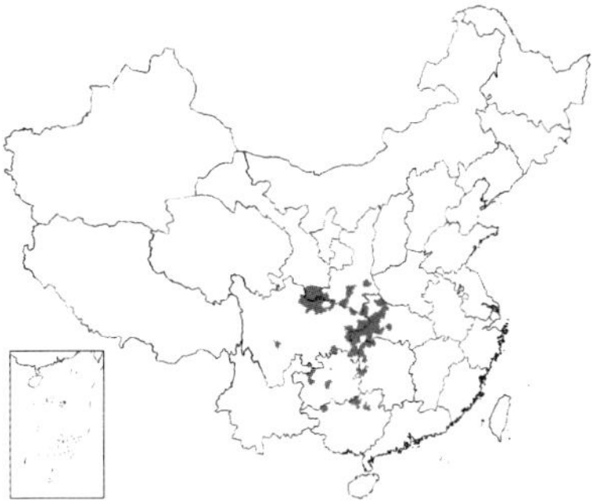

松科，常绿乔木。

球果圆柱形，长8～21cm，径3.5～6cm；中部的种鳞卵形或近斜方状卵形，长2.6～3.2cm，宽2.2～2.8cm，上部圆或窄长而反曲，边缘向外反曲，有微小的细齿，鳞背露出部分无毛或疏生短毛；鳞苞上部近圆形，先端3裂，中裂窄，渐尖，侧裂圆而有明显的钝尖头，边缘有细锯齿，鳞苞中部窄短，下部稍宽。

种子顶端有翅，翅厚膜质，细胞壁为直线形；种子连翅长30mm，翅伸出顶端15mm，最宽处在中下部，宽12mm，下部贴生于种子背面，包至种子腹面6mm以下4/5；种翅中下部或近中部较宽，上部渐窄。种子窄长椭圆形，长15mm，宽5mm，厚约4mm，先端渐尖，略扁，基部渐尖，具不明显3纵棱；种脐位于种子渐尖之一端，近圆形，径0.5mm。种皮灰白色，有不透明树脂囊。

球果成熟期：10月。

产地：为我国特有树种，产于甘肃、陕西、四川、湖北、湖南、贵州等地。

种子千粒重：128g。

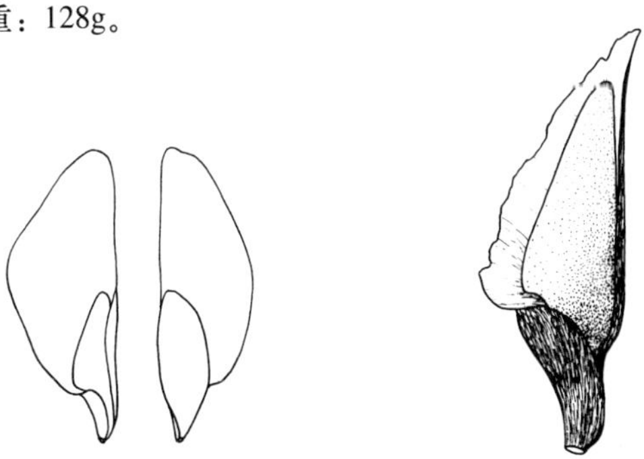

种子带翅　　种子外形

图10　铁坚油杉

# 黄枝油杉

*Keteleeria calcarea* Cheng et L. K. Fu

松科，常绿乔木。

球果圆柱形，长11～14cm，径4～5.5cm，成熟时淡绿色或淡黄绿色；中部的种鳞斜方状圆形或斜方状宽卵形，长2.5～3cm，宽2.5～2.8cm，上部圆，间或先端微平，边缘向外反曲，稀不反曲而先端微内曲，鳞背露出部分有密生的短毛；鳞苞中部微窄，下部稍宽，上部近圆形，先端3裂，中裂窄三角形，侧裂宽圆，边缘有不规则的锯齿。

种子顶端有翅，厚膜质，栗褐色，细胞壁为直线形；种子连翅长25mm，翅伸出种子先端长12mm，翅最宽处在翅近中部，宽12mm。下部贴生于种子背面，包裹种子两侧和基部，直线一侧包着整个厚度，弧线一侧包着至种子腹面6mm以下约1/3，种翅中下部或中部较宽，上部较窄。种子三角状长卵形，长13mm，宽6mm，厚约3mm，先端窄圆形，基部渐尖，最宽处在中下部，有不明显3纵棱；种脐位于种子渐尖一端。种皮灰白色，有不透明树脂囊。近圆形，径0.5mm。

球果成熟期：10～11月。

产地：为我国特有树种，产于广西北部、湖南西部、贵州南部海拔200～1100m的石灰岩山地。

种子千粒重：142g。

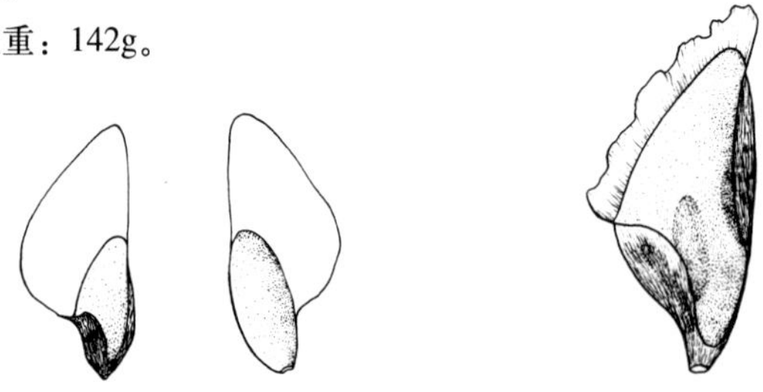

种子带翅　　种子外形

图11　黄枝油杉

# 江南油杉

*Keteleeria cyclolepis* Flous

松科，常绿乔木。

球果圆柱形或椭圆状圆柱形，顶端渐窄，长7～15cm，径3.5～6cm；中部的种鳞常呈斜方形或斜方状圆形，稀近圆形或上部宽圆，长1.8～3cm，宽与长近相等，上部圆或微窄，稀宽圆而中央微凹，边缘微向内曲，稀微向外曲，鳞背露出部分无毛或近无毛；鳞苞中部窄，下部稍宽，上部圆形或卵圆形，先端3裂，中裂窄长，先端渐尖，侧裂钝圆或微尖，边缘有细锯齿。

种子顶端有翅，翅厚膜质，黄褐色，不透明，细胞壁为直线形；种子连翅长28mm，翅伸出种子顶端长15mm，最宽处在近顶端，宽12mm，下部与种子背面贴生，包着种子两侧及基部，包种子直线一侧微超过种子厚度，弧线一侧包至腹面8mm以下1/2，种子三角状长椭圆形，长14mm，宽约5mm，最宽处位于种子中上部，厚4.5mm，先端窄圆形，基部长渐尖，有不明显3纵棱，背腹两面均隆起灰白色，每面有2～3个椭圆形树脂囊，不透明；种脐位于种子长渐尖一端顶端，近圆形，径0.5mm。

球果成熟期：10月。

产地：为我国特有树种，产于云南东南部、贵州、广西西北部及东部、广东北部、湖南南部、江西西南部及浙江西南部等，常生于海拔340～1400m的山地。

种子千粒重：120g。

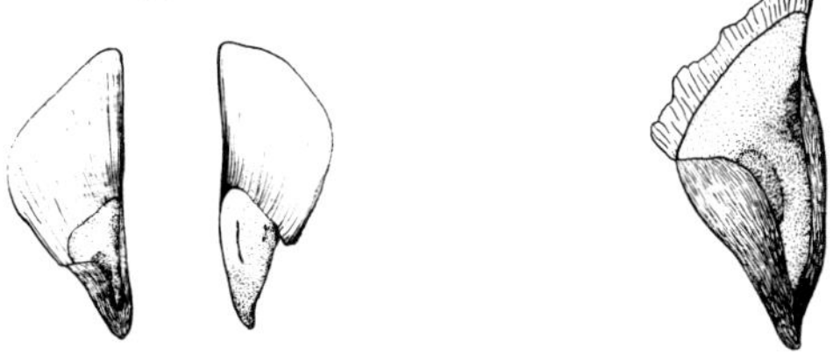

种子带翅　　　　种子外形

图12　江南油杉

# 云南油杉

*Keteleeria evelyniana* Mast.

松科，常绿乔木。

球果圆柱形，长9～20cm，径4～6.5cm；中部的种鳞卵状斜方形或斜方状卵形，长3～4cm，宽2.5～3cm，上部向外反曲，边缘有明显的细小锯齿，鳞背露出部分有毛或几无毛；鳞苞中部窄，下部逐渐增宽，上部近圆形，先端呈不明显的3裂，中裂明显，侧裂近圆形。

种子顶端有翅（彩图6），翅厚膜质，黄褐色，易与种子分离，有少量杂色体，细胞壁直线形或螺纹状；种子连翅长26～30mm，伸出种子顶端长约15mm，最宽处在中下部，宽约10mm，下部贴生于种子背面，下部包着种子基部，直线边一侧包裹种子高度与种子厚度相等，弧线一边包至种子腹面5mm以下的2/3，种子三角状椭圆形，长11～16mm，宽4～6mm，最宽处位于中部。厚3.5mm～5mm，先端窄圆形，基部渐尖，有不明显三纵棱，表面褐色，有长椭圆形树脂囊，不透明；种脐位于渐尖一端顶部，近圆形，径约0.5mm。外种皮骨质，加厚处约有4层细胞；内种皮膜质。胚棍棒形，长8～8.5mm，宽1.2～1.4mm，子叶3枚，长5mm，下胚轴及胚根长3～3.5mm，胚根朝向种子渐尖一端。胚乳油质。

球果成熟期：10月。

产地：为我国特有树种，产于云南、贵州西部及西南部、四川西南部至西部。

种子千粒重：138g。

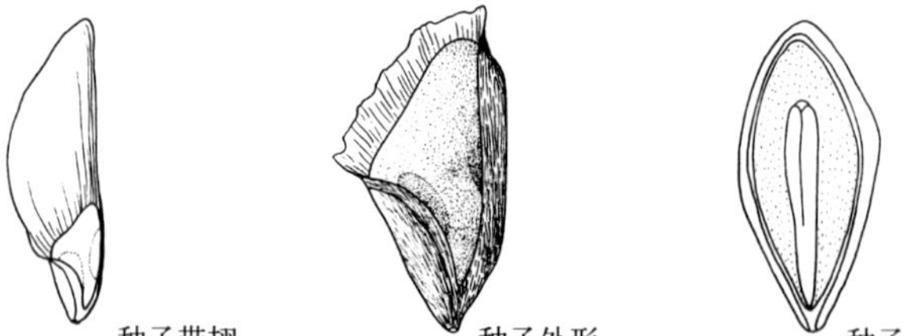


图13 云南油杉

# 落叶松

*Larix gmelinii* (Rupr.) Rupr.

松科，落叶乔木。

球果成熟时黄褐色、褐色或紫褐色，长1.2～3cm，径1～2cm，种鳞14～30枚；中部种鳞五角状卵形，先端截形、圆截形或微凹，鳞背无毛，有光泽；苞鳞较短，长为种鳞的1/3～1/2，近三角状长卵形或卵状披针形，先端具中肋延长的急尖头。

种子斜倒卵形，长3.2mm，宽2mm，厚1.3mm，先端斜截形，有不整齐膜质边缘或无，基部长渐尖；种翅栗褐色，两侧包裹种翅宽度差不多或斜边包裹较宽，宽0.2～0.5mm。外种皮骨质，褐色或白色有褐斑纹；内种皮褐色，膜质。胚棍棒形，长1.8mm，子叶6枚，微黄，长0.5mm；下胚轴及胚根长1.3mm，胚根朝种子基部。胚乳丰富，灰白色，油质。

球果成熟期：9月。

产地：为我国东北林区的主要森林树种，分布于大兴安岭、小兴安岭海拔300～1200m地带。

种子千粒重：2.3～5.1g。

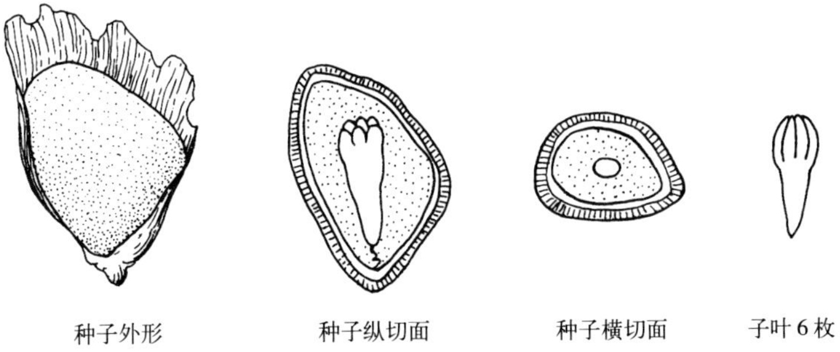


图14　落叶松

# 华北落叶松

*Larix principis-rupprechtii* Mayr.

松科，落叶乔木。

球果长卵圆形或卵圆形，熟时淡褐色或淡灰褐色，有光泽，长2～4cm，径约2cm，种鳞26～45枚，背面光滑无毛，边缘不反曲；中部种鳞近五角状卵形，先端截形或微凹，边缘具不规则细齿；苞鳞暗紫色，近带状矩圆形，长1.8～2cm，基部宽，中上部微窄，先端圆截形，中肋延长成尾状尖头，仅球果基部苞鳞的先端露出。

种子斜倒卵状椭圆形（彩图7），灰白色，具不规则的褐色斑纹，长3～4mm，径约2mm；种翅上部三角状，中部宽约4mm；种子连翅长1～1.2cm。子叶5～7枚，针形，下面无气孔线。

球果成熟期：10月。

产地：为我国特有树种，是华北地区高山针叶林带中的主要森林树种。

种子千粒重：4.5～7.5g。

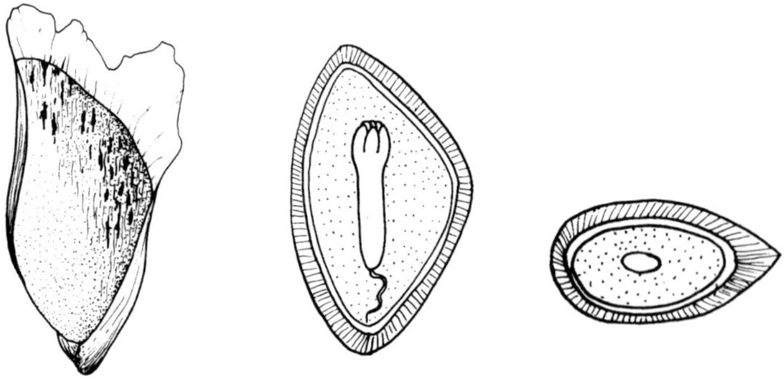


图15 华北落叶松

# 新疆落叶松

*Larix sibirica* Ledeb.

松科，落叶乔木。

球果卵圆形或长卵圆形，熟时褐色、淡褐色或微带紫色，长2～4cm，径1.5～3cm；中部种鳞三角状卵形、近卵形、菱状卵形或菱形，长1.5～1.8cm，宽1～1.4cm，先端圆，鳞背常密生淡紫褐色柔毛，间或仅中部或中下部的毛明显，稀近于无毛；苞鳞红紫色，近带状长卵形，长约1cm，仅先端微外露，基部宽，中部微窄缩，先端微凹或圆，中肋延长成尾状尖头。

种子斜倒卵形，长5.3mm，宽3.3mm，顶端斜截形，有不整齐膜质边缘，基部渐尖，无翅面白色，有或多或少褐色斑纹；种翅栗褐色，在直边包裹较少，在斜边翅包裹种子宽0.5～1mm。种皮厚0.2mm；内种皮膜质白色。胚棍棒形，长2～2.5mm，径0.5～0.8mm，淡黄色，子叶7～9枚；下胚轴及胚根长1.5～1.7mm，胚根朝向种子下端，有白色胚柄长1～2mm。胚乳丰富，油质。

球果成熟期：9～10月。

产地：新疆阿尔泰山及天山东部。俄罗斯和蒙古也有分布。

种子千粒重：3.7～9.6g。

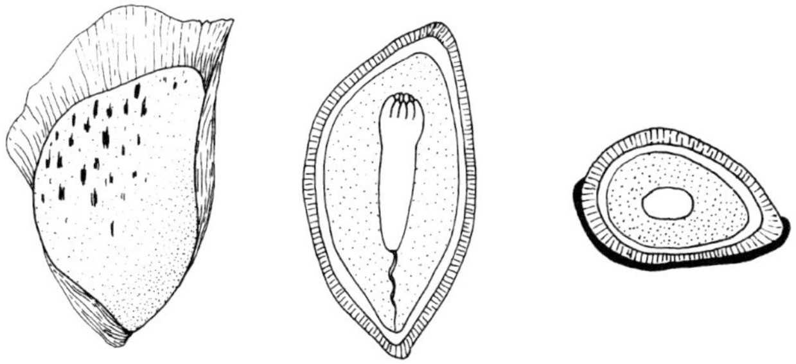

种子外形　　种子纵切面　　种子横切面

图16　新疆落叶松

# 日本落叶松

*Larix kaempferi* (Lamb.) Carr.

松科，落叶乔木。

球果卵圆形或圆柱状卵形，熟时黄褐色，长 2～3.5cm，径 1.8～2.8cm，种鳞 46～65 枚，上部边缘波状，明显地向外反曲，背面具褐色瘤状突起和短粗毛；中部种鳞卵状矩圆形或近卵方形，长 1.2～1.5cm，宽约 1cm，基部较宽，先端平截微凹；苞鳞紫红色，窄矩圆形，长 7～10mm，基部稍宽，上部微窄，先端 3 裂，中肋延长成尾状长尖，不露出。

种子斜倒卵形，长 3～4mm，径约 2.5mm，先端斜截形，基部长渐尖，最宽处近中部或中部以下，种子露出部分白色，有褐色条纹；种翅上部三角状，中部较宽，褐色，有紫色条纹，基部包裹种子的翅宽约 0.5mm，直边翅窄，宽约 0.2mm，斜边下部宽约 0.5mm。外种皮骨质，厚 0.1mm；内种皮白色。胚棍棒形，长 2mm，子叶 5～6 枚；下胚轴及胚根长 2mm，宽 0.8mm，浅黄色，胚根朝向种子基部。胚乳丰富，白色，油质。

球果成熟期：10 月。

产地：原产日本。我国黑龙江、吉林、辽宁、河北、北京、河南、山东、江西等地引种栽培。

种子千粒重：7.5～12.8g。

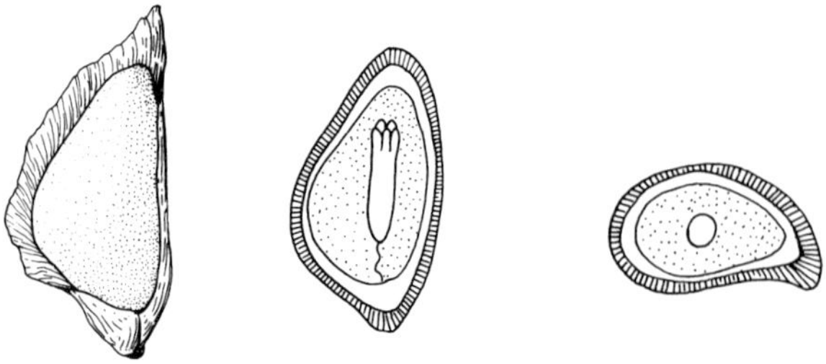

种子外形　　种子纵切面　　种子横切面

图 17　日本落叶松

# 波氏落叶松

*Larix potaninii* Batalin 红杉

松科，落叶乔木。

球果矩圆状圆柱形或圆柱形，熟时紫褐色或淡灰褐色，长3～5cm,径1.5～2.5cm，种鳞35～65枚；中部种鳞近方形或方圆形，长0.8～1.3cm,宽10.8～1.1cm，先端平截或微圆，稀微凹，边缘稍内曲，背部有淡褐色细小瘤状突起和短毛；苞鳞矩圆状披针形，紫褐色，通常直伸，长1.4～1.8cm，基部宽，中部常微窄缩，上部微窄，先端渐尖或微急尖，稀急尖，露出部分直或微反曲。

种子斜倒卵圆形，长3～4mm，径约2mm，先端几平截，基部长渐尖；种翅紫褐色包裹种子两侧近等宽，或斜边下部和基部包裹，种子未被翅包着部分灰白色，有褐色斑纹。外种皮骨质，厚约0.1mm；内种皮白色，膜质。胚圆柱形，长1.3～1.5mm，淡黄色，子叶5～6枚，下胚轴及胚根长0.8～1.0mm，胚根朝向种子基部。胚乳丰富，油质。

球果成熟期：10月。

产地：为我国特有树种，产于甘肃、陕西、四川等地。

种子千粒重：2.4～3.1g。

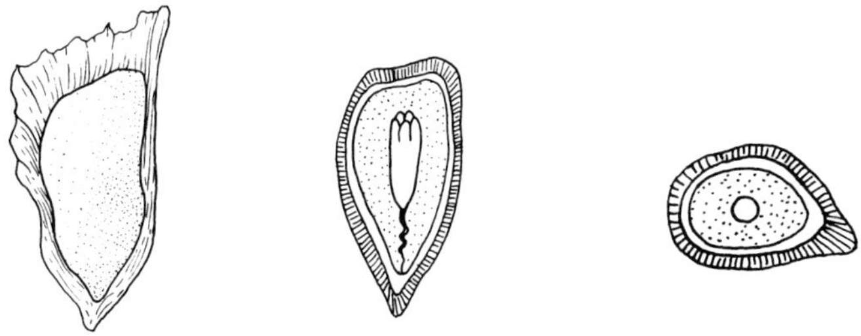

种子外形　　种子纵切面　　种子横切面

**图18　波氏落叶松**

# 黄花落叶松

*Larix olgensis* Henry

松科，落叶乔木。

球果长卵圆形，熟时淡褐色，长3～5cm，径1.5～2.6cm,种鳞16～40枚；中部种鳞广卵形、近四方形或方圆形，长0.9～1.2cm，宽约1cm，基部稍宽，先端圆截或圆截形微凹，干后边缘常反曲；苞鳞暗紫褐色，矩圆状卵形或卵状椭圆形，不露出，长4～7mm，宽2.5～4mm，中部稍收缩，先端圆截形或微凹，中肋延长成尾状尖头。

种子楔状长倒卵形，长4～4.2mm，宽2～2.5mm，先端斜截形，基部长渐尖，无翅部分白色，有褐色斑纹及黑色毛状斑纹；种翅栗褐色，先端钝尖，中部或中下部较宽，包裹种子宽0.3～0.5mm，两侧差不多或斜边一侧近基部较宽。外种皮厚0.1mm，内种皮膜质，淡褐色。胚长2mm，棍棒形，浅黄色，子叶5～6枚，长0.5mm，下胚轴胚根长1.3mm，胚根朝向种子基部。胚乳丰富，白色，油质。

球果成熟期：9～10月。

产地：我国长白山及老爷岭山区。

种子千粒重：3.1～3.6g。

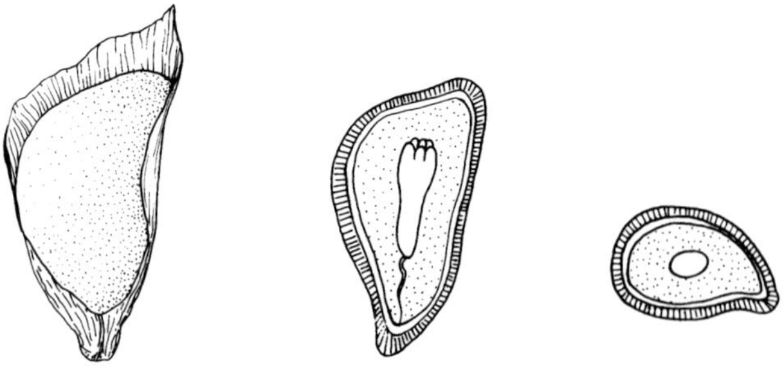

种子外形　　种子纵切面　　种子横切面

图19　黄花落叶松

# 青杄

*Picea wilsonii* Mast.

松科，常绿乔木。

球果卵状圆柱形或圆柱状长卵圆形，成熟时黄褐色或淡褐色，长5～8cm，径2.5～4cm；中部种鳞倒卵形，长1.4～1.7cm，宽1～1.4cm，先端圆或有急尖头，或呈钝三角形，或具突起截形之尖头，基部宽楔形，鳞背露出部分无明显的槽纹，较平滑；苞鳞齿状矩圆形，先端钝圆，长约4mm。

种子圆锥状倒卵形（彩图9），长3～4mm，宽约2mm，厚1.4mm，先端圆或斜截形，基部长锐尖，两侧略对称，最宽处在种子上部，连翅长1.2～1.5 cm；种翅淡褐色，两侧宽度近相等。外种皮栗褐色有紫褐色斑纹；内种皮2层，膜质。子叶8枚，条状钻形；胚根朝向种子基部。胚乳丰富，淡黄色，油质。

球果成熟期：10月。

产地：为我国特有树种，产于内蒙古、河北、山西、陕西南部、湖北西部、甘肃中部及南部、青海东部、四川东北部及北部。

种子千粒重：5.1g。

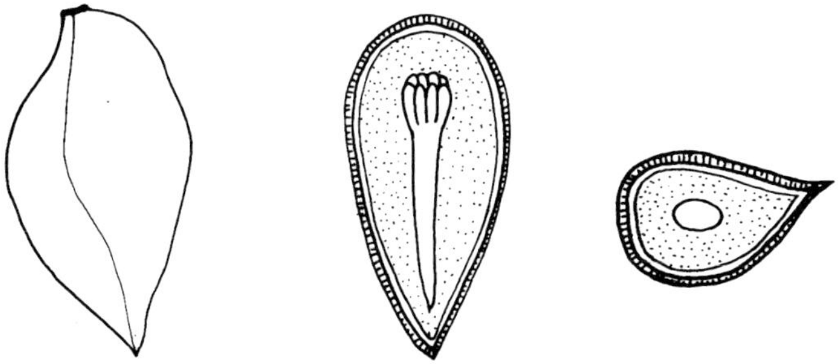


图20 青 杄

# 红皮云杉

*Picea koraiensis* Nakai

松科，常绿乔木。

球果卵状圆柱形或长圆状圆柱形，成熟时绿黄褐色至褐色，长5～8cm，径2.5～3.5cm；中部种鳞倒卵形或三角状倒卵形，长1.5～1.9cm，宽1.2～1.5cm，先端圆或钝三角形，基部宽楔形，鳞背露出部分微有光泽，平滑；苞鳞条状，长约5mm，中下部微窄，先端钝或微尖，边缘有极细的小缺齿。

种子斜卵形，长约4mm，宽2.0mm，厚1.5mm，先端圆，基部渐尖，两侧有浅纵棱，最宽处在种子中上部，种翅褐色。外种皮栗褐色，有紫色条纹；内种皮2层，膜质。胚棍棒形，长2.5～2.7mm，宽0.5mm，子叶6～7枚，长0.5～0.7mm；下胚轴及胚根长2.0～2.2mm，胚根朝向种子基部。胚乳黄白色，油质。

球果成熟期：9～10月。

产地：主产我国东北三省及内蒙古。

种子千粒重：5.0～6.0g。

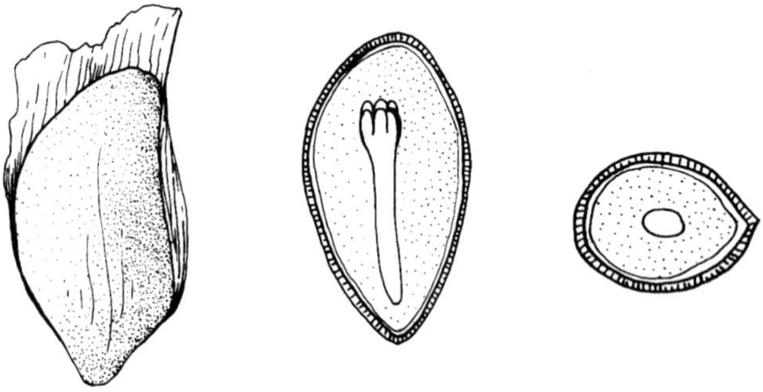

种子外形　　种子纵切面　　种子横切面

图21　红皮云杉

# 鱼鳞云杉

*Picea jezoensis* Carr.var. *microsperma* (Lindl.) Cheng et L.K.Fu 鱼鳞松

松科，常绿乔木。

球果矩圆状圆柱形或长卵圆形，成熟时褐色或淡黄褐色，长4～6cm，稀长达9cm，径2～2.6cm；种鳞薄，排列疏松，中部种鳞卵状椭圆形或菱状椭圆形，中部较宽，长约1.2cm，宽7～8mm，先端近截形或圆，边缘有不规则的细缺齿，基部宽楔形微圆；苞鳞长约3mm，先端凸尖或圆。

种子斜倒卵形（彩图10），长2.5～3.0mm，宽1.4～1.7mm，厚约1mm，先端近圆形或斜截，基部钝尖，两侧有纵棱，翅褐色，直边一侧折迭较多，斜边一侧仅下部折迭。外种皮褐色，有紫褐色斑纹；内种皮2层，膜质。胚棍棒形，长2mm，子叶6枚，条状钻形，长0.5mm；下胚轴及胚根长1.5mm，胚根朝向种子基部。胚乳淡黄色，油质。

球果成熟期：9～10月。

产地：产于我国东北大兴安岭南端及松花江流域中下游。

种子千粒重：2.0～2.4g。

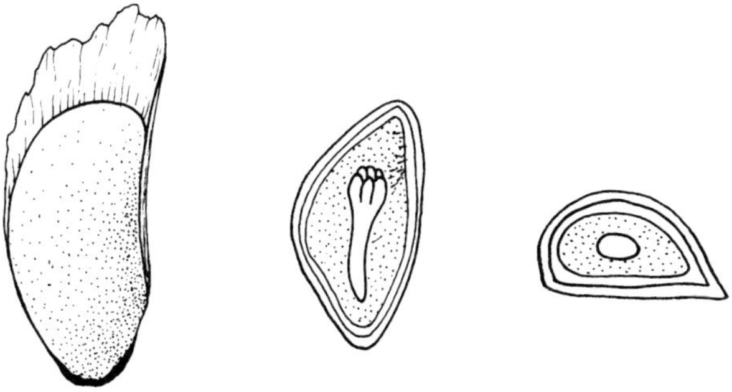


图22 鱼鳞云杉

# 白杄

*Picea meyeri* Rehd. et Wils.

松科，常绿乔木。

球果圆柱形，成熟时褐黄色，长6～9cm，径2.5～3.5cm；中部种鳞倒卵形，长约1.6cm，宽约1.2cm，先端圆或钝三角形，下部宽楔形或微圆，鳞背露出部分有条纹。

种子倒卵圆形（彩图11），长3.5～4mm，宽2.2～2.6mm，厚约1mm，顶端圆，稍向一侧偏斜，基部渐窄尖。种翅托于种子下面，两侧微卷叠，翅长1.6～1.8cm，淡褐色，膜质，有细脉纹。外种皮褐色，骨质，厚约0.1mm，有深褐色斑纹，背腹两面均突起，一侧具棱；内种皮膜质，淡褐色。胚棍棒形，鲜黄色，子叶8枚。胚乳充满种子。

球果成熟期：9～10月。

产地：我国特有树种，产于山西、河北、内蒙古等地，为华北地区高山上部主要乔木树种之一。

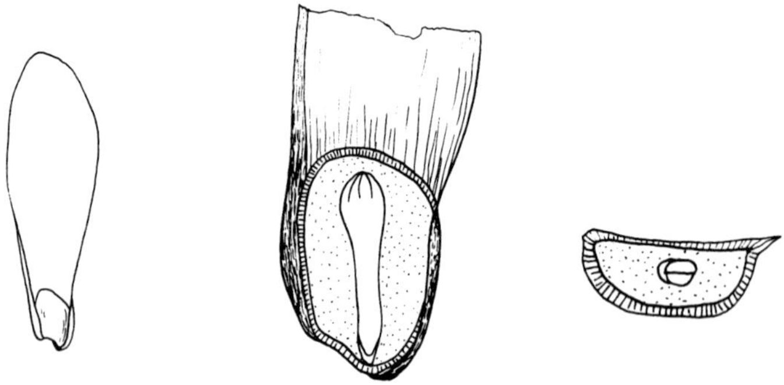

种子带翅　　种子纵切面　　种子横切面

图23　白　杄

# 新疆云杉

*Picea obovata* Ledeb.

松科，常绿乔木。

球果卵状圆柱形或圆柱状矩圆形，成熟时褐色，长5～11cm，径2～3cm；中部种鳞楔状倒卵形，长1.8～2.1cm，宽1.5～1.8cm，上部圆或截圆形，排列紧密，边缘微向内曲，基部宽楔形，鳞背露出部近平滑，间或微具条纹，苞鳞近披针形，长约3mm。

种子长倒卵形或倒卵状椭圆形，长约4mm，宽2.3mm，厚1.5mm，先端近圆形，基部钝尖，两侧略不对称，最宽处在中部以上，种翅金黄色。外种皮栗褐色，有紫褐色皱纹，外表有淡色肤秕状物；内种皮2层，边缘淡褐色，内为白色膜质。胚棍棒形，长约3mm，子叶7～8枚，长0.8～1mm，下胚轴、胚根长2～2.2mm，白色，胚根朝向种子基部。胚乳丰富，淡黄色，油质。

球果成熟期：9～10月。

产地：分布于新疆阿尔泰山区。

种子千粒重：6.3g。

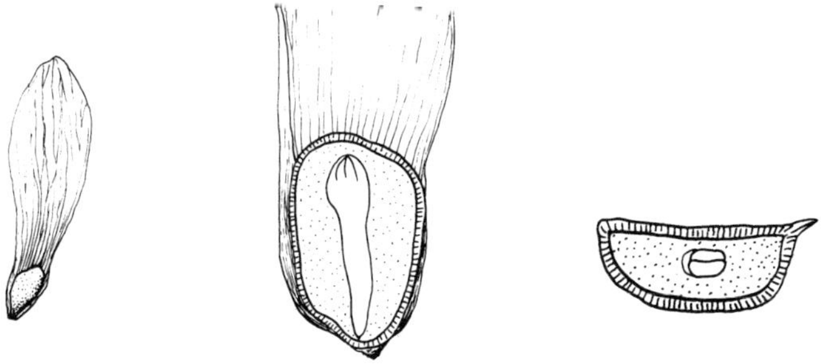

种子外形　　种子纵切面　　种子横切面

图24　新疆云杉

# 华山松

*Pinus armandii* Franch.

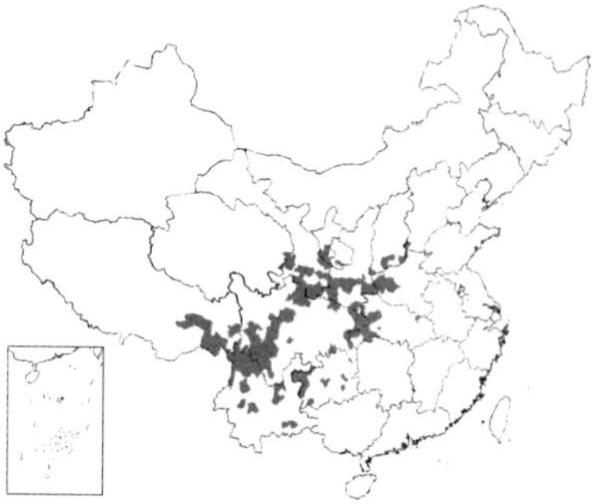

松科，常绿乔木。

球果圆锥状长卵圆形，长10～20cm，径5～8cm，成熟时黄色或褐黄色，种鳞张开，种子脱落，果梗长2～3cm；中部种鳞近斜方状倒卵形，长3～4cm，宽2.5～3cm，鳞盾近斜方形或宽三角状斜方形，不具纵脊，先端钝圆或微尖，不反曲或微反曲，鳞脐不明显。

种子不规则卵形或椭圆形（彩图12），长12～16mm，宽7～10mm，厚6～7mm，两端均圆形，上端渐窄，下端有舌状边缘；背面茶褐色，腹面紫褐色，两侧有棱，两侧边缘有极不明显的翅或黄褐色条纹，在高倍解剖镜下可见种皮被短绒毛。外种皮厚1～1.2mm，骨质；内种皮膜质，淡褐色。胚棍棒形，位于种子中央子叶9枚，淡黄色；下胚轴白色，胚根淡黄色。胚乳充满种子，白色，油质。

球果成熟期：翌年9～10月。

产地：产于山西南部中条山、河南西南部及嵩山、陕西秦岭、甘肃南部、宁夏六盘山、四川、湖北西部、贵州中部及西北部、云南及西藏雅鲁藏布江下游。

种子千粒重：230～290g。

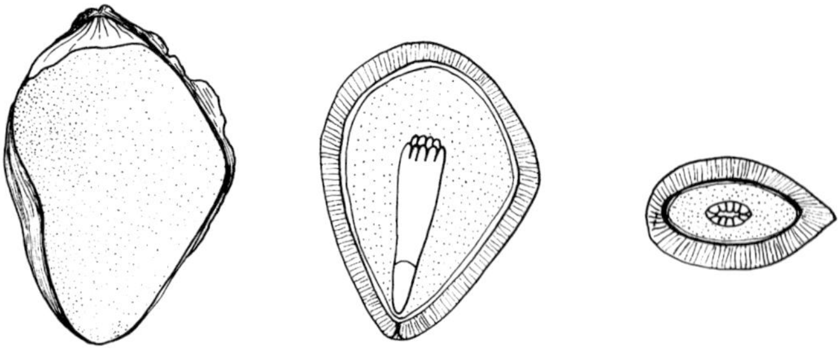

种子外形　　种子纵切面　　种子横切面

图25　华山松

# 红松

*Pinus koraiensis* Sieb. et Zucc.

松科，常绿乔木。

球果圆锥状卵圆形、圆锥状长卵圆形或卵状矩圆形，长9～14cm，稀更长，径6～8cm，成熟后种鳞不张开，或稍微张开而露出种子，种子不脱落；种鳞菱形，上部渐窄而开展，先端钝，向外反曲，鳞盾黄褐色或微带灰绿色，鳞脐不显著。

种子三角状倒卵形（彩图13），微扁，长13～18mm，宽8.8～12mm，厚6.2～7.9mm，上部锐，下部钝，暗红褐色，种子具不发达木质短翅，翅长约1mm；种脐偏生，倒卵形。种皮厚1.2～1.5mm，石细胞较大，子叶11～16枚。

球果成熟期：翌年9～10月。

产地：为我国东北林区的主要森林树种之一。产于长白山区、吉林山区及小兴安岭以南海拔150～1800m气候温寒、湿润、棕色森林土地带。

种子千粒重：350～600g。

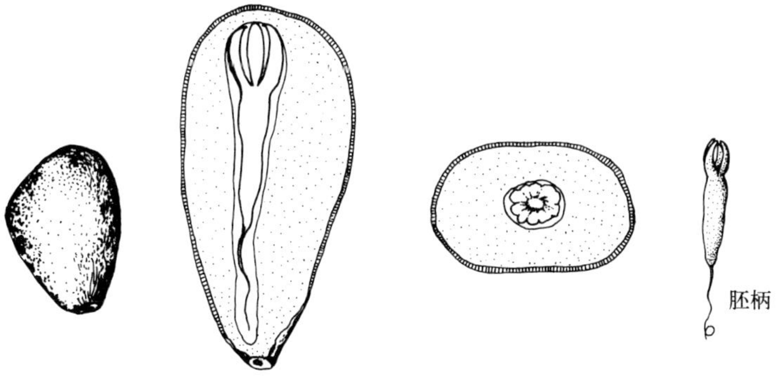


图26 红 松

# 乔松

*Pinus griffithii* McClelland

松科，常绿乔木。

球果圆柱形，下垂，中下部较宽，上部微窄，两端钝，具树脂，长15～25cm，果梗长2.5～4cm，种鳞张开前径3～4cm，张开后径5～9cm；中部种鳞长3～5cm，宽2～3cm，鳞盾淡褐色，菱形，微成蚌壳状隆起，有光泽，常有白粉，上部宽三角状半圆形，边缘薄，两侧平，下部底边宽楔形，鳞脐暗褐色，微隆起。

种子具翅，翅与种皮接合，翅长2～3cm，去翅种子椭圆形，长8～12mm，宽5～8mm，微扁。外种皮骨质，有褐色斑纹；内种皮膜质，褐色。胚长6～8mm，子叶10枚，长1.5mm；下胚轴及胚根长4～5.5mm，下半段淡黄色，有胚柄，胚根向种子基部。胚乳丰富，白色，油质。

球果成熟期：翌年秋季。

产地：分布于西藏南部及东南部、云南西北部。

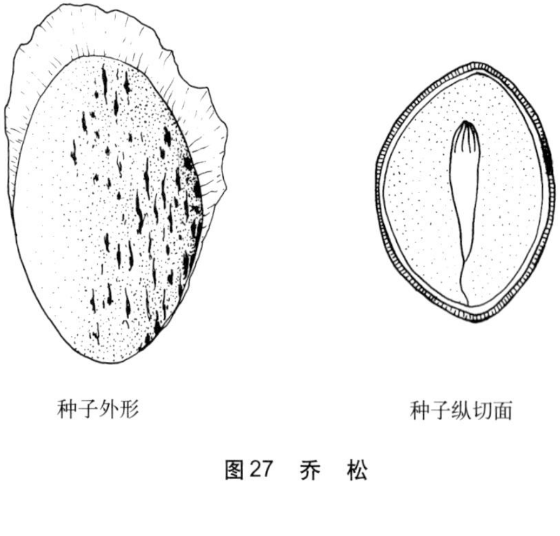

种子外形　　种子纵切面

图27　乔　松

# 海南五针松

*Pinus fenzeliana* Hand.-Mazz.

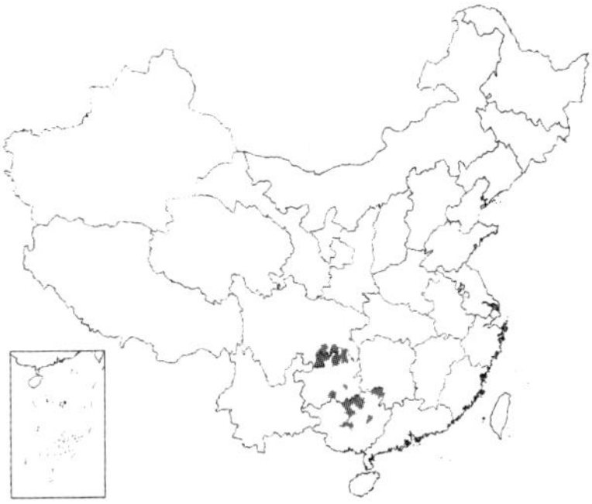

松科，常绿乔木。

球果长椭圆形或椭圆状卵圆形，成熟时暗黄褐色，长6～10cm，径3～6cm，梗长1～2cm；中部种鳞近楔状倒卵形或矩圆状倒卵形，上部肥厚，中下部宽楔形；鳞盾近扁菱形，边缘钝，鳞脐微凹。

种子倒卵状椭圆形，长8～15mm，宽5～8mm，厚4～4.5mm，种子顶端不为残翅基部包被，黑褐色至红褐色，表面黑斑不明显；种翅木质，翅长约1mm；种脐顶生，椭圆形。种皮厚0.3mm，子叶10～11枚。

球果成熟期：翌年10～11月。

产地：为我国特有树种，产于海南五指山及西部东方、感恩等地。

种子千粒重：110～150g。

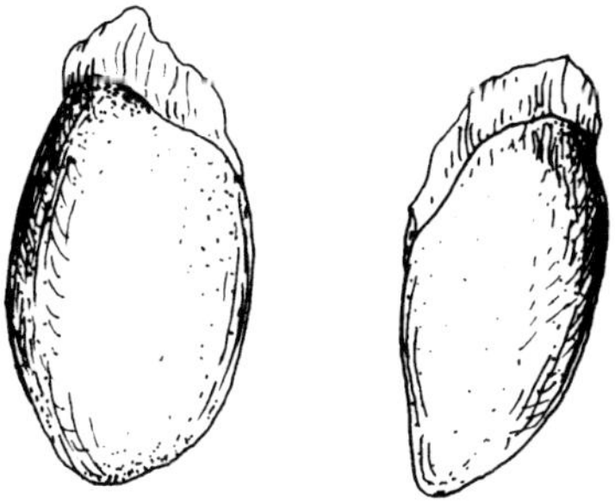

种子外形（带翅）

种子外形（去掉翅）

图28 海南五针松

# 华南五针松

*Pinus kwangtungensis* Chun ex Tsiang

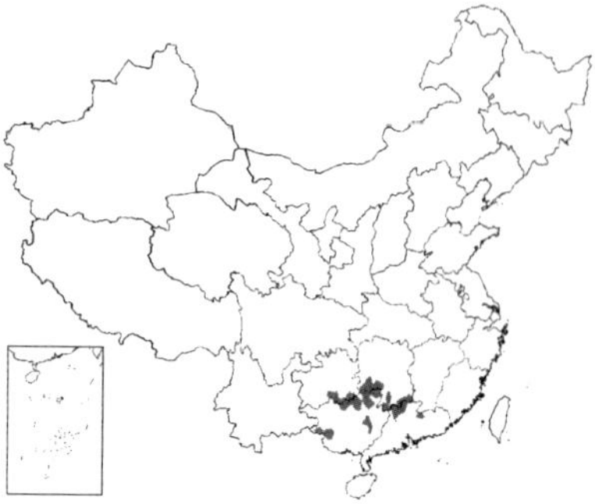

松科，常绿乔木。

球果柱状矩圆形或圆柱状卵形，成熟时淡红褐色，长4～9cm，径3～6cm，偶长达17 cm，径7cm，有梗；种鳞楔状倒卵形，鳞盾菱形。

种子椭圆形，长8.2～15.9mm，宽4.5～6.4mm，厚2.7～4.3mm，种子顶端有残翅，边缘窄翅状，黄褐色，表面有黑斑；种翅膜质，翅长17～23mm；种脐顶生，椭圆形。种皮厚0.5mm。子叶8～11枚。

球果成熟期：翌年10月。

产地：为我国特有树种，产于湖南南部、贵州独山、广西、广东北部及海南五指山。

# 白皮松

*Pinus bungeana* Zucc. ex Endl.

松科，常绿乔木。

球果卵圆形或圆锥状卵圆形，长5～7cm，径4～6cm，成熟时黄褐色，种鳞矩圆状宽楔形，先端钝，鳞盾近菱形，有横脊，鳞脐明显，三角状，有短刺。

种子倒卵形(彩图14)，长8.3～11mm，宽5.9～8.5mm，厚4.3～6.2mm，边缘钝，种子背面黄褐色，腹面黑褐色，表面纵棱明显，腹面带黄斑；种翅上部膜质，下部木质，翅长4～5mm；种脐偏生，圆形。种皮厚0.5mm。子叶9～11枚。

球果成熟期：翌年10～11月。

产地：为我国特有树种，产于山西、河南西部、陕西秦岭、甘肃南部及天水麦积山、四川北部江油观雾山及湖北西部等地，生于海拔500～1800m地带。

种子千粒重：140～165g。

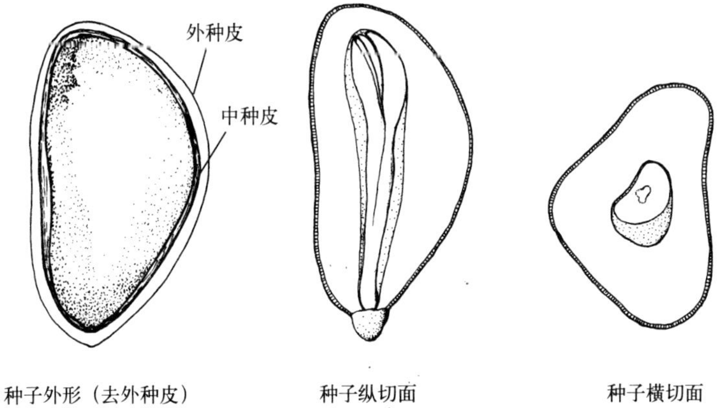


图29 白皮松

# 偃松

*Pinus pumila* (Pall.) Regel

松科，常绿乔木。

球果圆锥状卵圆形或卵圆形，成熟时淡紫褐色或红褐色，长3～4.5cm，径2.5～3cm；种鳞近宽菱形或斜方状宽倒卵形，鳞盾宽三角形，上部圆，背部微隆起，鳞脐明显，先端具突尖，微反曲。

种子倒卵形或三角状倒卵形，长7～13.2mm，宽4.9～8.2mm，厚4.6～7.1mm，下部稍锐，红黑色至黑色，背面有膜质包被，但中央缺；种子无翅，仅周围有隆起的棱脊；种脐偏生，椭圆形。种皮厚0.5mm，子叶10～12枚。

球果成熟期：翌年9月。

产地：产于我国东北大、小兴安岭。

种子千粒重：260～360g。

# 黑松

*Pinus thunbergii* Parl.

松科，常绿乔木。

球果卵形，长4～6cm，径3～4cm，成熟时茶褐色，中部种鳞卵状椭圆形，鳞盾微肥厚，横脊显著，鳞脐微凹，有短刺。

种子略呈六边状倒卵形，长5～6mm，宽2.5～3mm，厚约2.5mm，顶端微有短尖，基部窄尖，褐色，高倍解剖镜下可见有毛，上端具翅，连翅长15～18mm，宽4.5～5mm，翅淡黄色，有茶褐色条纹，上段种翅长约12mm，宽4mm，下段嵌于种子两侧至近基部；种脐位于基部窄尖一端，呈小乳头状突起。外种皮骨质，内种皮膜质。子叶常7～8枚。胚乳白色，油质。

球果成熟期：翌年10月。

产地：原产日本及朝鲜南部海岸地区。我国旅顺、大连、山东沿海地带和沂蒙山山区以及武汉、南京、上海、杭州等地引种栽培。

种子千粒重：16～20g。

种子外形

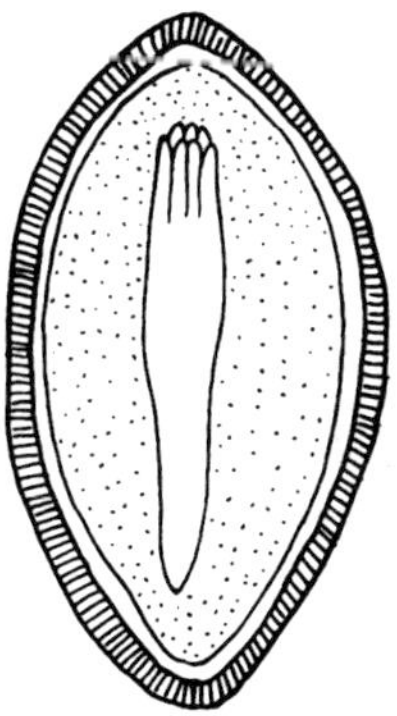

种子纵切面

图30 黑 松

# 高山松

*Pinus densata* Mast.

松科，常绿乔木。

球果卵圆形，成熟时栗褐色，长5～6cm，径约4cm；中部种鳞卵状矩圆形，鳞盾肥厚隆起，横脊显著，鳞脐突起，多有明显的刺状尖头。

种子椭圆形至倒卵状椭圆形，长4.6～7.5mm，宽2.7～4.6mm，厚1.5～2.4mm，边缘上部钝、下部锐；种脐顶生，小突尖状。外种皮厚0.1mm，黄褐色至黑褐色，表面带黑斑，有纵棱；种翅膜质，翅长9.8～17.2mm。子叶6枚。

球果成熟期：翌年10月。

产地：为我国西南高山地区的特有树种，产于四川西部、青海南部、西藏东部及云南西北部高山地区。

种子千粒重：11～26g。

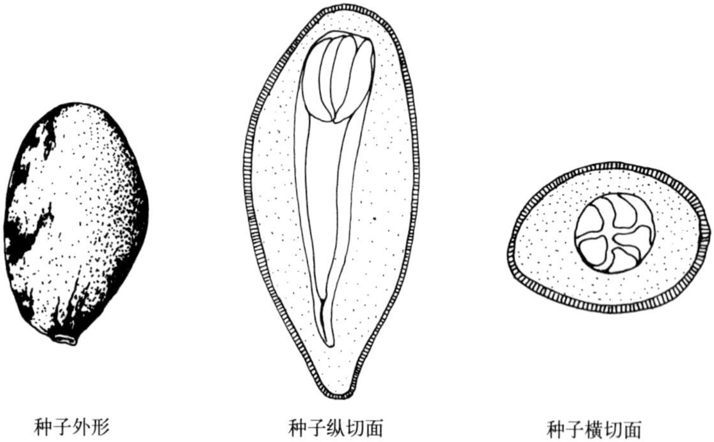

种子外形　　种子纵切面　　种子横切面

图31　高山松

# 赤松

*Pinus densiflora* Sieb. et Zucc.

松科，常绿乔木。

球果卵圆形或卵状圆锥形，成熟时暗黄褐色或淡褐黄色，长 3～5.5cm，径 2.5～4.5cm，有短梗；种鳞薄，鳞盾扁菱形，横脊明显，鳞脐平或微突起有短刺，稀无刺。

种子椭圆形，长3.6～5.9mm，宽2.0～3.2mm，厚 1.1～2.0mm，边缘上部钝、下部锐，种翅膜质，翅长 10.4～14.1mm；种脐顶生，小突尖状。种皮黄褐色至黑褐色，有光泽，带黑斑，厚 0.1mm。子叶 5～8 枚。

球果成熟期：翌年 9 月下旬至 10 月。

产地：分布于黑龙江东部、吉林长白山区、辽宁中部至辽东半岛、山东胶东地区及江苏东北部云台山区。

种子千粒重：7～12g。

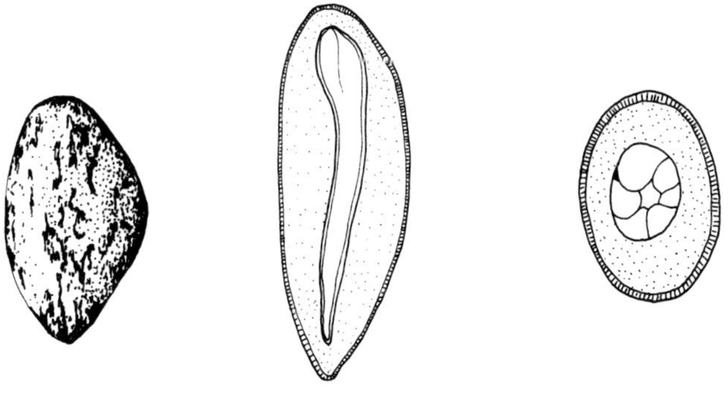

种子外形　　种子纵切面　　种子横切面

图32　赤　松

## 湿地松

*Pinus elliottii* Engelm.

松科，常绿乔木。

球果圆锥形或窄卵圆形，长6.5～13cm，径3～5cm，有梗；种鳞的鳞盾近斜方形，肥厚，有锐横脊，鳞脐瘤状，先端急尖。

种子三角状倒卵形，长5.7～8.1mm，宽3.6～5.6mm，厚2.4～3.5mm，边缘上部钝、下部锐；种翅膜质，翅长23～33mm；种脐顶生，小突尖状。种皮深灰黑色，厚0.1mm，表面有黑斑略突起。子叶5～10枚。

球果成熟期：翌年10月。

产地：原产美国东南部暖带潮湿的低海拔地区。我国南方多处有引栽，长势良好。

种子千粒重：25～40g。

# 思茅松

*Pinus kesiya* Royle ex Gord. var. *langbianensis* (A. Chev.) Gaussen

松科，常绿乔木。

球果卵圆形，长5～6cm，径约3.5cm；中部种鳞近窄矩圆形，先端厚而钝，鳞盾斜方形，隆起，横脊显著，鳞脐小，椭圆形，顶端常有短刺。

种子略呈三角状椭圆形（彩图15），长4.8 ～ 6.6mm，宽2.7～4.0mm，厚2～2.7mm，种子下部窄翅状；种翅膜质，翅长8～10.5mm；种脐顶生，小突尖状。种皮黑灰色，厚0.2mm，表面土黄色斑凸起，纵棱明显。子叶7～8枚。

球果成熟期：翌年2～3月。

产地：产于云南南部麻栗坡、思茅、普洱、景东及西部潞西等地。

种子千粒重：13～21g。

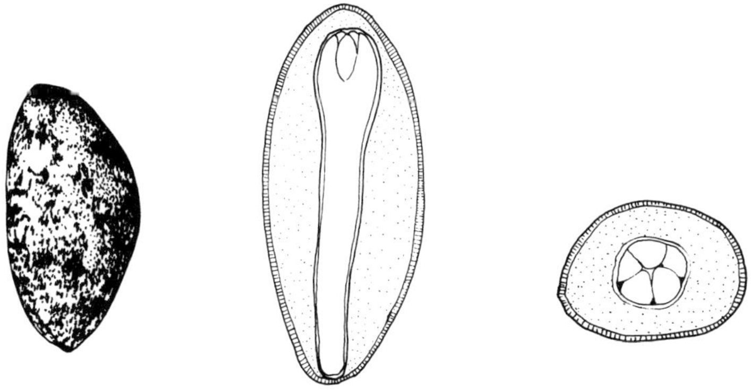

种子外形　　种子纵切面　　种子横切面

图33　思茅松

# 马尾松

*Pinus massoniana* Lamb.

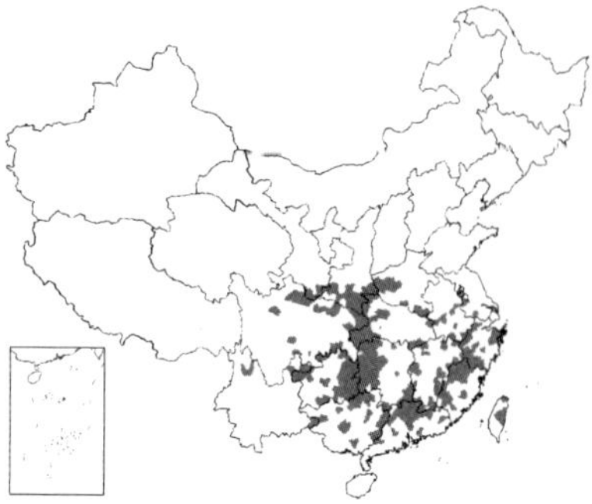

松科，常绿乔木。

球果卵圆形或圆锥状卵圆形，成熟时栗褐色，长4～7cm，径2.5～4cm；中部种鳞近矩圆状倒卵形或近长方形，鳞盾菱形，微隆起或平，横脊微明显，鳞脐微凹。

种子窄椭圆形，长4.6～6mm，宽2～3.4mm，厚1.4～2.4mm，边缘上部锐、下部钝。种翅膜质，翅长15～20mm；种脐顶生，小突尖状。种皮黄褐色，厚0.1mm，表面有黑斑，无纵棱。子叶5～8枚。

球果成熟期：翌年10～12月。

产地：产于江苏、安徽、河南西部、陕西汉水流域以南、长江中下游，南达福建、广东、台湾北部低山及西海岸，西至四川中部，西南至贵州贵阳、毕节及云南富宁等地。

种子千粒重：8.5～13.6g。

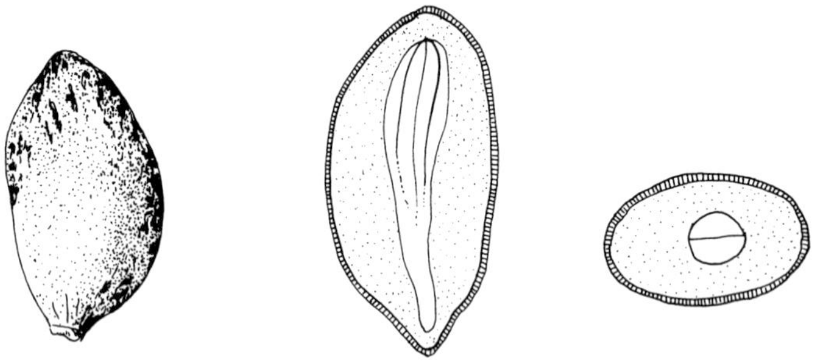

种子外形　　种子纵切面　　种子横切面

图34　马尾松

# 樟子松

*Pinus sylvestris* var. *mongolica* Litv.

松科，常绿乔木。

球果卵圆形或长卵圆形，成熟时淡褐灰色，长3～6cm，径2～3cm；中部种鳞的鳞盾多呈斜方形，纵脊横脊显著，肥厚隆起，多反曲，鳞脐呈瘤状突起，有易脱落的短刺。

种子不规则椭圆形(彩图16)，长3.7～5.3mm，宽2.3～2.8mm，厚1.3～1.5mm，边缘上部钝、下部锐；种翅膜质，翅长5.5～9.5mm；种脐顶生，小突尖状。种皮土黄褐色或黑色，厚0.1mm，表面有黑斑。子叶5～7枚。

球果成熟期：翌年9～10月。

产地：产于大兴安岭和呼伦贝尔草原，多生于沙丘上。在东北、西北广泛种植。

种子千粒重：5～10g。

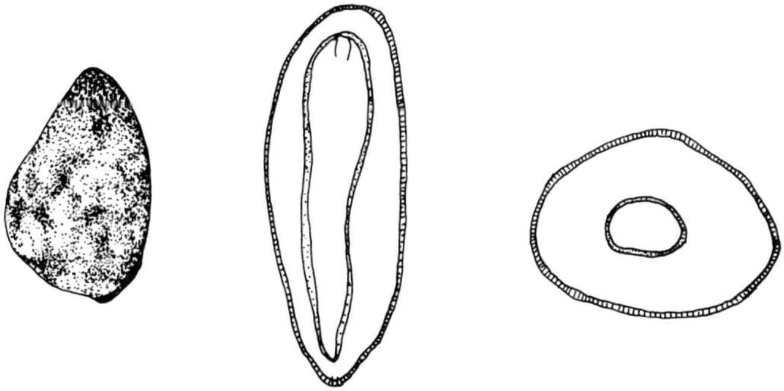

种子外形　　种子纵切面　　种子横切面

**图35　樟子松**

# 油松

*Pinus tabuliformis* Carr.

松科，常绿乔木。

球果卵形或卵圆形，成熟时淡黄色或淡黄褐色，长4～9cm，有短梗；中部种鳞近矩圆状倒卵形，鳞盾肥厚，隆起或微隆起，扁菱形或菱状多角形，横脊显著，多反曲，鳞脐突起，有尖刺。

种子稍不规则椭圆形（彩图17），长7.1～8.9mm，宽3.8～4.7mm，厚2.9～3.5mm，边缘上部钝、下部锐；种翅膜质，翅长10～17mm；种脐顶生，小圆点或小突尖状。种皮褐色，厚0.2mm，表面有黑斑，纵棱。子叶7～10枚。

球果成熟期：翌年10月。

产地：为我国特有树种，产于吉林南部、辽宁、河北、河南、山东、山西、内蒙古、陕西、甘肃、宁夏、青海及四川等地。

种子千粒重：32～50g。

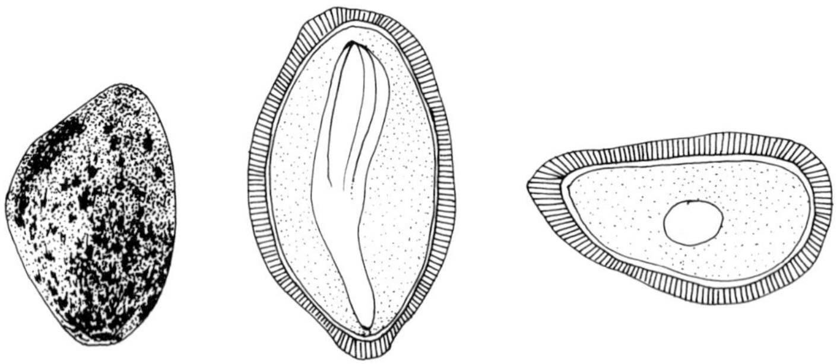

种子外形　　种子纵切面　　种子横切面

图36　油　松

# 黄山松

*Pinus taiwanensis* Hayata

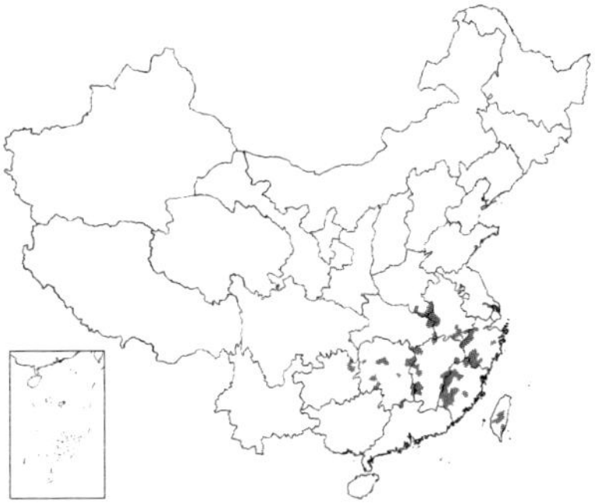

松科，常绿乔木。

球果卵圆形，成熟时褐色或暗褐色，长3～5cm，径3～4cm，几无梗；中部种鳞近矩圆形，近鳞盾下部稍窄，鳞盾稍肥厚，隆起，近扁菱形，横脊显著，鳞脐有短刺。

种子倒卵状椭圆形，长4.3～6.2mm，宽2.5～3mm，厚1.6～2.2mm，种子上部钝、下部锐；种翅膜质，翅长10～12mm；种脐顶生，小突尖状。种皮灰黑色，厚0.2mm，表面有黑褐色斑，纵棱明显。子叶6～7枚。

球果成熟期：翌年10月。

产地：为我国特有树种，分布于台湾中央山脉和福建东西部、浙江、安徽、江西、湖南东南部及西南部、湖北东部、河南南部。

种子千粒重：10～16g。

# 云南松

*Pinus yunnanensis* Franch.

松科，常绿乔木。

球果圆锥状卵圆形，成熟时褐色或栗褐色，长5～11cm，有短梗；中部种鳞近矩圆状椭圆形，鳞盾肥厚，隆起，有横脊，鳞脐微凹或微隆起，有短刺。

种子椭圆形至倒卵状椭圆形，长5.5～6.6mm，宽3.4～4.7mm，厚2.1～2.6mm，下部有浅色窄边；种翅膜质，翅长15～20mm；种脐顶生，小突尖状。种皮黑灰色，厚0.1mm，表面有土黄色斑凸起，纵棱明显。子叶6～8枚。

球果成熟期：翌年10月。

产地：分布于我国云南、贵州、四川和广西。

种子千粒重：11～18g。

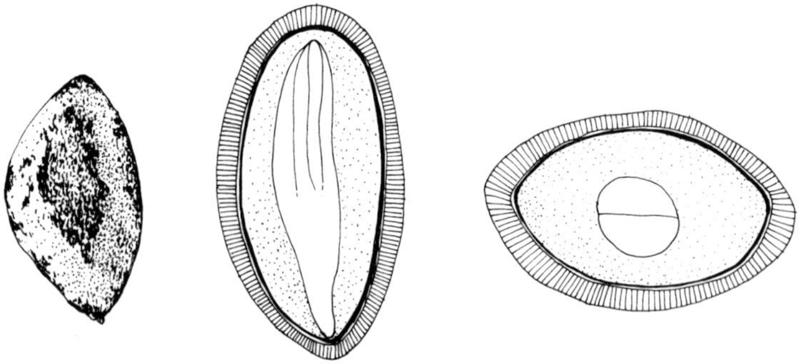

种子外形　　种子纵切面　　种子横切面

图37　云南松

# 火炬松

*Pinus taeda* Linn.

松科，常绿乔木。

球果卵状圆锥形或窄圆锥形，成熟时暗红褐色，长6～15cm，无梗或几无梗；种鳞的鳞盾横脊显著隆起，鳞脐隆起延长成尖刺。

种子三角状椭圆形至椭圆形（彩图18），长4.3～8.1mm，宽3.3～6mm，厚2.3～4.4mm，边缘窄翅状；种翅膜质，翅长15～24mm；种脐顶生，小圆点或小突尖状。种皮黑色至暗黑褐色，厚0.2mm，表面黑斑凸起，有纵棱。子叶5～9枚。

球果成熟期：10～11月。

产地：原产北美东南部。我国安徽、湖北、湖南、浙江、福建、广东、广西、海南、云南等地引栽，生长良好。

种子千粒重：22～32g。

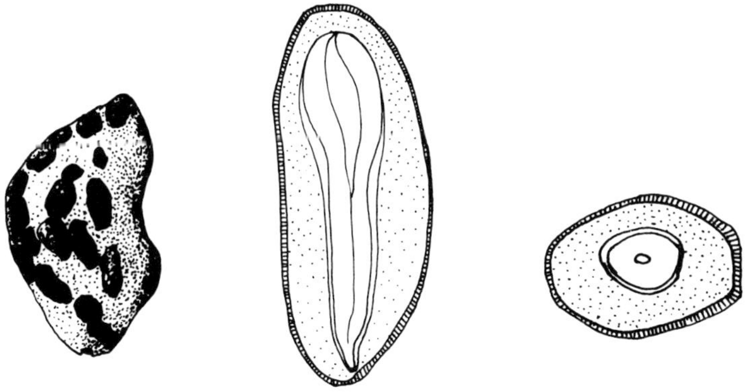

种子外形　　种子纵切面（去外种皮）　　种子横切面（去外种皮）

图38　火炬松

## 加勒比松

*Pinus caribaea* Morelet

松科，常绿乔木。

球果卵状圆柱形，长5～10cm，稀达12cm，径2.5～3.8cm，脱落后通常有基部的几枚种鳞残留在梗上；种鳞微反曲或斜伸，鳞盾有光泽，茶褐色或淡红褐色，肥厚隆起，有横脊，鳞脐顶端有小刺尖头。

种子三角状椭圆形，长7～10mm，宽3.5～4.7mm，厚1.6～2.5mm，边缘窄翅状；种翅膜质；种脐顶生，小突尖状。种皮背面灰褐色，腹面黄褐色，厚约0.1mm，背面有光泽，腹面有或无黑斑，有纵棱。

产地：分布于加勒比海地区的巴哈马群岛、古巴西部、中美东部沿海地区的洪都拉斯、危地马拉东部及尼加拉瓜东北部。我国于1964年引种。

种子千粒重：12～19g。

# 金钱松

*Pseudolarix amabilis* (Nelson) Rehd.

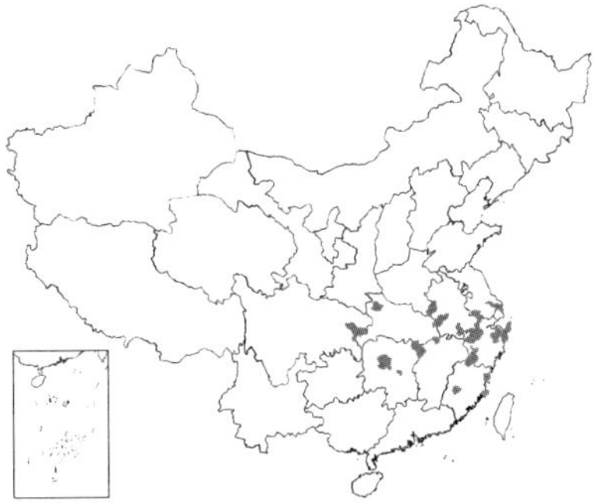

松科，落叶乔木。

球果卵圆形或倒卵圆形，长6～7.5cm，径4～5cm，成熟时淡红褐色，有短梗；中部种鳞卵状披针形，两侧耳状，先端钝有凹缺，脊上密生短柔毛；苞鳞卵状披针形，边缘有细齿。

种子倒卵形（彩图8），长6～8mm，宽4～4.5mm，先端截形，基部渐窄，腹面有2树脂囊，背面上部和两侧均有树脂囊，种子顶端具翅，连翅长23mm；翅三角状披针形，种子以上长约16mm，宽约8mm，两侧包着种子，底部微露出，淡褐黄色，膜质。种皮淡褐黄色，薄。胚棍棒形，长约6.5mm，宽约1mm，淡绿色，子叶5枚；下胚轴淡绿色，近基部白色，胚根朝向种子基部。胚乳丰富，白色，油质。

球果成熟期：10月。

产地：为我国特有树种，产于江苏南部、浙江、安徽南部、福建北部、江西、湖南、湖北及四川等地。

种子千粒重：40～50g。

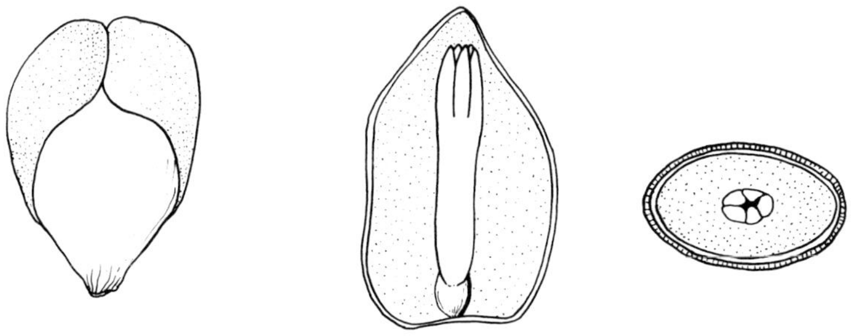

种子外形　　种子纵切面　　种子横切面

图39　金钱松

# 华东黄杉

*Pseudotsuga gaussenii* Flous

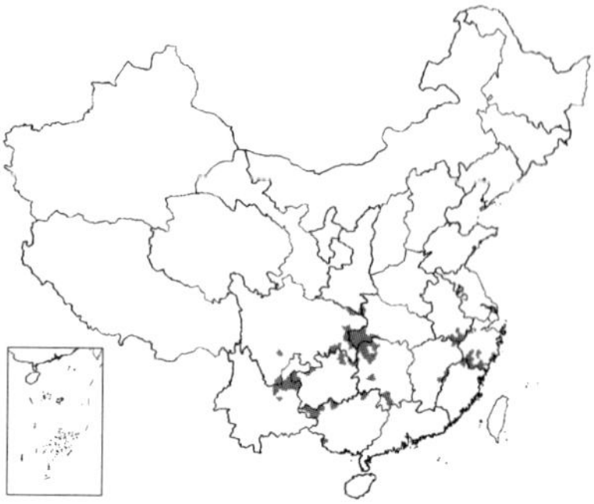

松科，常绿乔木。

球果圆锥状卵圆形或卵圆形，基部宽，上部较窄，长3.5～5.5cm，径2～3cm，微有白粉；中部种鳞肾形或横椭圆状肾形；苞鳞上部向后反伸，中裂较长，窄三角形，侧裂三角状，先端尖或钝，外缘常有细缺齿。

种子三角状卵形，长8～10mm，宽约5mm，厚3.5～4mm，先端扁平渐尖，基部渐尖，直边一侧微呈纵棱，弧边一侧呈锐棱状，背面有贴伏种翅，近顶端有毛，腹面褐色有淡褐色斑纹；种子上端有翅，种子连翅长约16～20mm，翅伸出种子上端8～10mm，最宽处在中下部，宽6mm，与种子背面贴生，下部包裹种子基部，在直线一侧包着种子厚的1/2左右，弧线一侧全包至腹面1.5～2mm以下，种翅厚膜质，不透明，有紫色杂色体，细胞壁直线形；种脐位于种子渐尖一端，近圆形。外种皮只一层细胞，中种皮骨质具石细胞，内种皮膜质。胚棍棒形，长5～6mm，子叶6～8。胚根朝向种子渐尖一端。胚乳油质。

球果成熟期：10月。

产地：为我国特有树种，产于安徽南部、浙江西部及南部。

种子千粒重：50g。

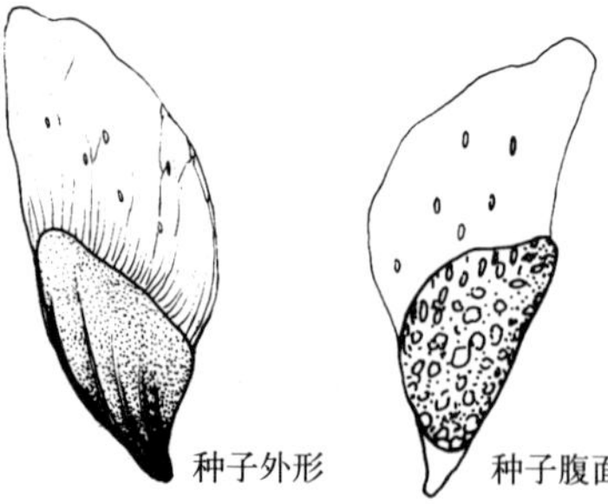


图40 华东黄杉

# 北美黄杉

*Pseudotsuga menziesii* (Mirbel) Franco

松科，常绿乔木。

球果椭圆状卵圆形，长约8cm，径3.5～4cm，褐色，有光泽；种鳞斜方形或近菱形，长宽相等或长大于宽；苞鳞直伸，长于种鳞，显著露出，中裂窄长渐尖，两侧裂片较宽而短，边缘有锯齿。

种子斜卵状椭圆形，长7～8mm，宽3.5～4mm，厚2～2.3mm，先端扁平，渐尖，基部渐尖，直线形一侧有2细纵棱，弧形边一侧翅状；种子具翅，顶端伸出种子上端，背面与种子紧贴不易分离，下部全包着种子基部，直线一侧包种子厚2/3，弧线一侧包至种子腹面1mm以下；种脐位于种子渐尖一端顶部，小而不明显，略近圆形。种皮褐色，有白色条形或椭圆形斑纹；中种皮骨质；内种皮膜质，淡褐色。直胚，棍棒形，长4.5mm，宽1mm，子叶8枚，淡黄色，下胚轴及胚根长3mm，白色，胚根朝向种子渐尖一端。胚乳油质。

球果成熟期：9～10月。

产地：原产美国太平洋沿岸。我国江西庐山和中国科学院北京植物园有引种栽培。

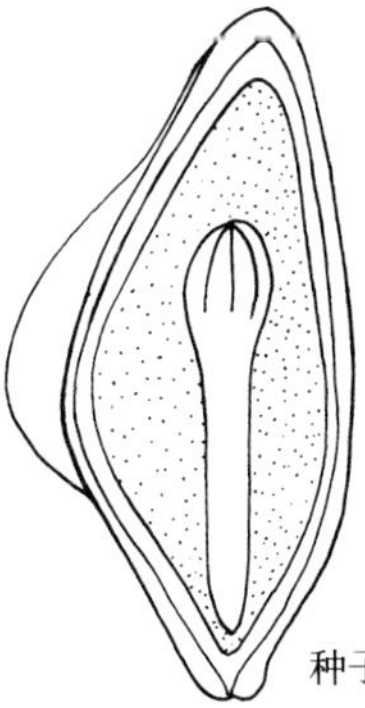


图41 北美黄杉

# 黄 杉

*Pseudotsuga sinessis* Dode

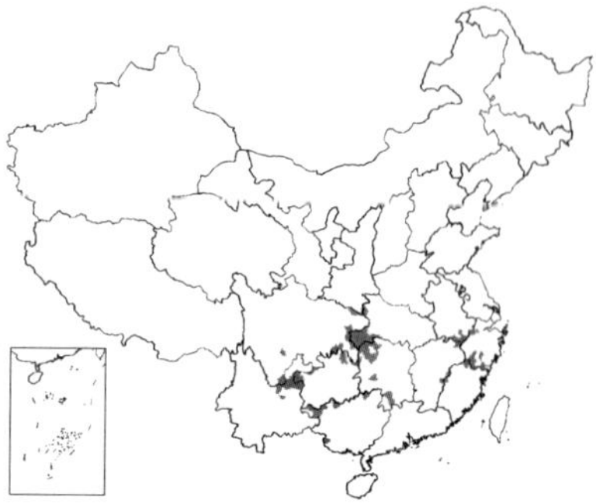

松科，常绿乔木。

球果卵圆形或椭圆状卵圆形，长4.5～8cm，径3.5～4.5cm；中部种鳞近扇形或扇状斜方形；苞鳞露出部分向后反伸。

种子三角状卵形，长7～11mm，宽约6mm，厚约4mm；种子具翅，翅位于一端，伸出种子外，翅长15～19mm，翅宽约10mm，种翅下部与种子愈合，不易分离，两侧包着种子极少，细胞壁直线形；种脐位于较尖一端。种皮骨质，浅褐色，有斑纹无树脂囊；外种皮为一层不连续的表皮细胞；中种皮由2～3层石细胞组成，接近内种皮还有2～3层不规则细胞；内种皮由薄壁细胞组成。直胚，胚棍棒形，长6～7mm，子叶6～8枚；下胚轴及胚根朝向基部一端。胚乳丰富。

球果成熟期：10～11月。

产地：为我国特有树种，产于云南、四川、贵州、湖北、湖南等地。

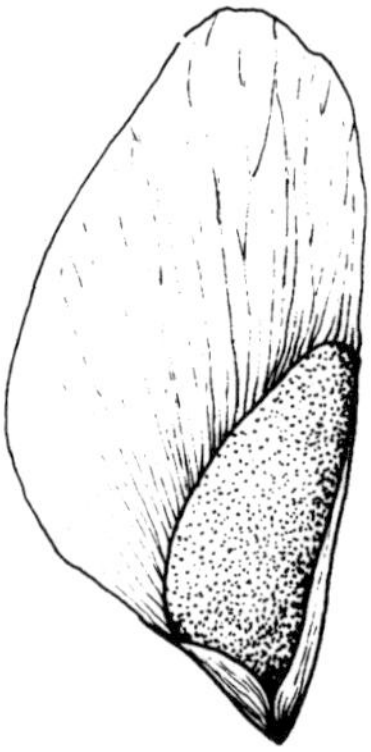

种子外形

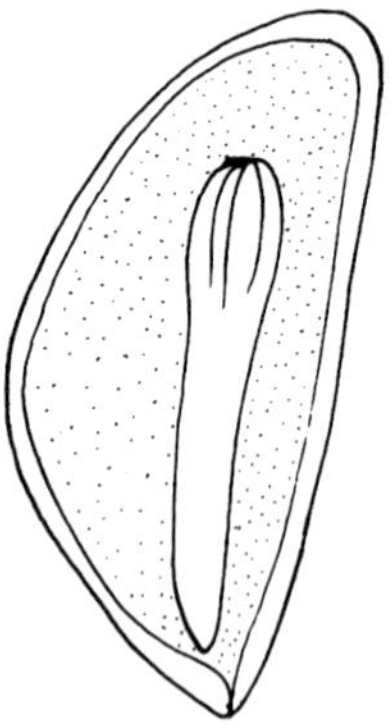

种子纵切面

图42 黄 杉

# 铁杉

*Tsuga chinensis* (Franch.) Pritz.

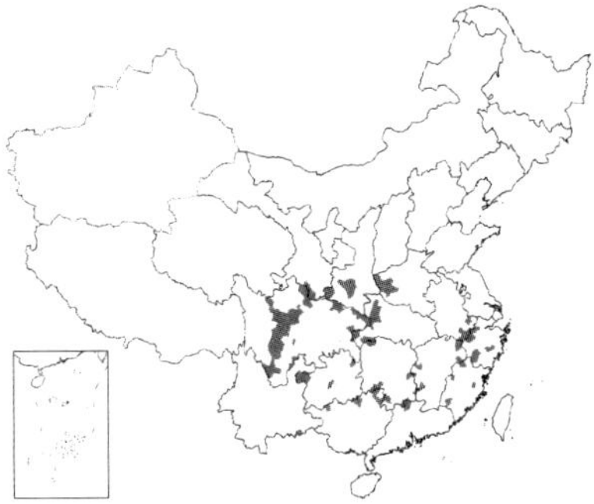

松科，常绿乔木。

球果卵圆形或长卵圆形，长1.5～2.5cm，径1.2～1.6cm，具短梗；中部种鳞五角状卵形、近方形或近圆形，稀短矩圆形；苞鳞倒三角状楔形或斜方形，上部边缘常有细缺齿。

种子长椭圆形，长4～4.5mm，宽2mm，厚1.5mm，先端窄圆，基部渐尖，两侧无棱脊，腹面露出部分有6～10个圆形或椭圆形树脂囊；种子连翅长6.5～9mm，翅宽处在中部以下，宽3.5mm，在种子顶部伸出长4～4.5mm，基部包着种子，长边一侧包着种子厚的4/5，弧边一侧包种子基部1mm以下2/3，种翅浅褐色，种翅不含杂色体，细胞壁直线形；种脐不明显，位于种子基部顶端。外种皮褐色，具一层细胞；中种皮骨质，由石细胞组成；内种皮膜质。胚棍棒形，长约3mm，子叶3；胚根朝向种子渐尖一端。胚乳油质。

球果成熟期：10月。

产地：为我国特有树种，产于甘肃、陕西、河南、湖北、四川、贵州等地。

种子千粒重：5.2g。

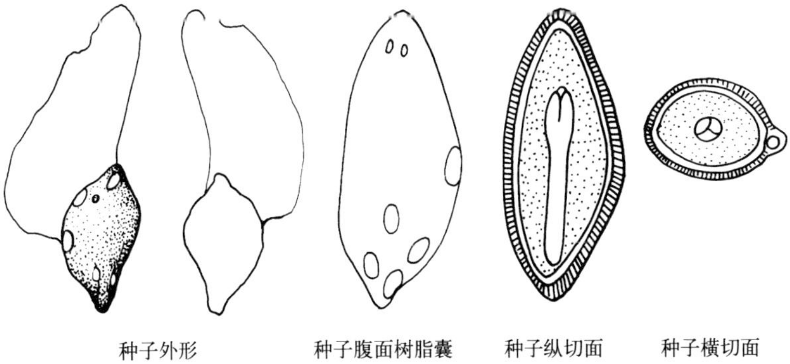


图43　铁　杉

# 云南铁杉

*Tsuga dumosa* (D.Don) Eichler

松科，常绿乔木。

球果卵圆形或长卵圆形，成熟时淡褐色，长1.5～3 cm，径1～2cm；中部种鳞矩圆形、倒卵状矩圆形或长卵形，上部边缘薄，微反曲，基部两侧耳状；苞鳞斜方形或近楔形，上部边缘常有细缺齿。

种子宽椭圆形，长约4.5mm，宽约2.8mm，厚约1.7mm，先端窄圆，基部渐尖，具不明显3纵棱，有密集长条形及圆形或椭圆形树脂囊；种子上端具翅，种子连翅长7～11mm，翅近卵形，最宽处在近基部，基部包着种子，在直线一边包着与种子腹面齐平，浅褐色，无杂色体，细胞壁直线形；种脐不明显。外种皮褐色，单层细胞；中种皮骨质；内种皮膜质。胚棍棒形，长约3mm，子叶3；胚根朝向种子渐尖一端。胚乳油质。

球果成熟期：10～11月。

产地：产于西藏、云南、四川等地。

种子千粒重：2.0～3.0g。

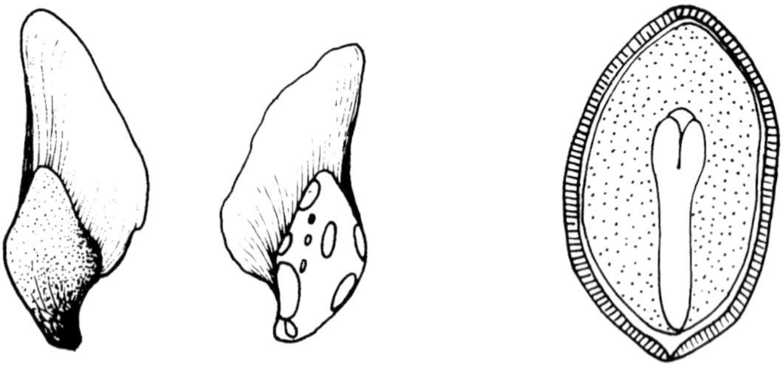

种子外形　　种子具树脂囊　　种子纵切面

图44　云南铁杉

# 长苞铁杉

*Tsuga longibracteata* Cheng

松科，常绿乔木。

球果直立，圆柱形或长卵圆形，长2～5.8 cm，径1.2～2.5cm；中部种鳞近斜方形，先端宽圆，基部两侧耳状；苞鳞长匙形，上部宽，边缘有细齿。

种子三角状斜卵形，长约6mm，宽约3mm，厚约2mm，先端斜截形，具流苏状残存物，基部渐尖呈弯钩形，一侧为直边，另一侧为弧边，最宽处近中部，直边两侧呈棱脊状，弧边一侧呈窄翅状；背面两侧具3～4个弧条形树脂道，腹面除与背面共有的树脂道外还具3～4个椭圆形或近圆球形树脂囊；种子连翅长13mm，最宽处在中部以下，种翅矩圆形，伸出种子顶端长7～8mm，宽4～5mm，贴生于种子背面，下端包裹种子基部，在直边一侧包着种子厚的2/3，在弧形一侧包至种子腹面近中部；种翅栗褐色，细胞壁为直线形；种脐不明显。外种皮栗褐色，粗糙，具一层不连续表皮细胞，树脂囊分布于表皮层处；中种皮有10～11层长椭圆形石细胞构成；内种皮膜质，细胞轮廓不明显。胚棍棒形，长3～4mm，宽0.5～0.8mm，子叶2枚。胚乳丰富，油质。

球果成熟期：10月。

产地：为我国特有树种，产于贵州东北部、湖南南部、广西东北部及福建南部山区。

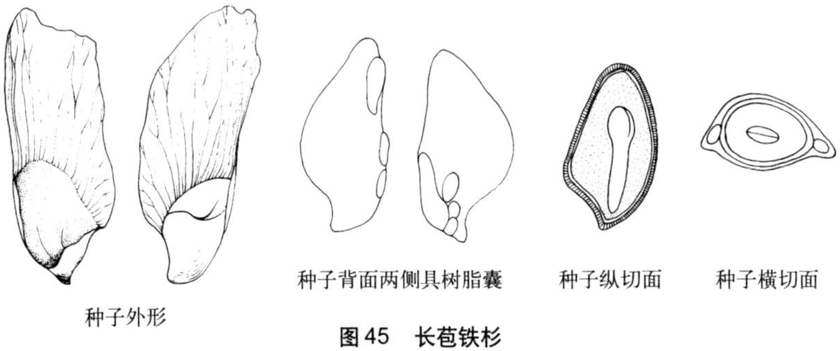


图45　长苞铁杉

# 丽江铁杉

*Tsuga forrestii* Downie

松科，常绿乔木。

球果圆锥状椭圆形或长卵圆形，长2～4 cm，径1.5～3cm，有短梗；中部种鳞矩圆形、方圆形或扁方圆形，先端宽圆，基部耳状；苞鳞倒三角状斜方形，上部边缘有不规则的细缺齿。

种子窄长椭圆形，长约4.5mm，宽1.5mm，厚1.5mm，先端窄圆形，略扁平，基部渐尖，微弯曲，两边均有不明显棱状；种翅长9mm，宽3.5mm，种子顶端翅伸出约5mm，下端包着种子基部，全包着种子直边一侧，边缘与种子腹面几等高，全包；种翅淡褐色，膜质，细胞壁为直边；种脐不明显，外种皮表面褐色，较平滑，单层细胞；中种皮骨质，为石细胞；内种皮膜质。胚棍棒形，长约3mm，白色，子叶3；胚根朝向种子较尖一端。具胚乳。

球果成熟期：10月。

产地：为我国特有树种，产于云南西北部、四川西南部等地。

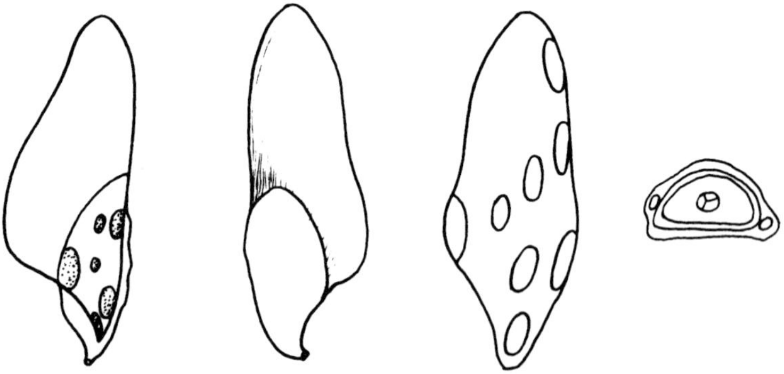

种子外形　　种子背面树脂囊　　种子横切面

图 46　丽江铁杉

# 大果铁杉

*Tsuga chinensis* (Franch.)Pritz.var.*robusta* Cheng et L.K.Fu

松科，常绿乔木。

球果较粗大，矩圆状圆柱形，基部圆；中部种鳞圆方形；苞鳞宽倒卵形，上部宽圆，中间有突尖。

种子椭圆形，长约4.5mm，宽2.5mm，厚1.7mm，先端窄圆，基部渐尖，弧边一侧微具棱，表面栗褐色，有密集树脂囊，圆形，椭圆形，大小不等；种子上端具翅，种子连翅长9～10mm，翅浅褐色，无杂色体；翅最宽处在近基部，宽4.5mm，在种子顶端伸出长5.5mm，基部包着种子，在直线一侧包着种子厚3/4，在弧线一侧包着1mm以内。其余与丽江铁杉相似。

球果成熟期：10月。

产地：为我国特有树种，产于湖北西部巴东。

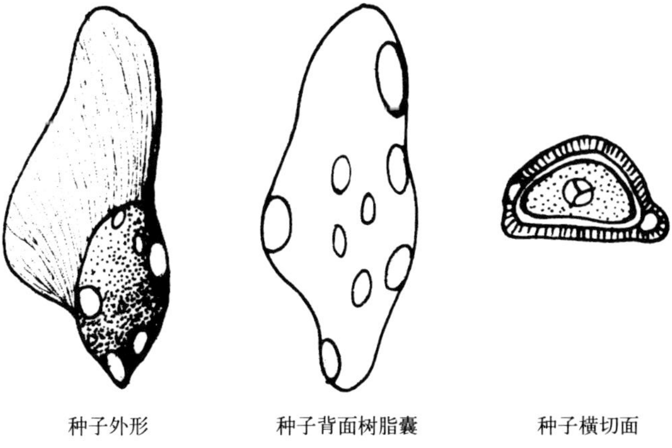

种子外形　　种子背面树脂囊　　种子横切面

**图47　大果铁杉**

# · 杉科 TAXODIACEAE ·

## 金松

*Sciadopitys verticillata* (Thunb.) Sieb. et Zucc.

杉科，常绿乔木。

球果卵状矩圆形，长 6～10cm，径 3.5～5cm，有短梗；种鳞宽楔形或扇形，先端宽圆，边缘薄，向外反卷；苞鳞先端分离部分三角形而向后反曲。

种子扁平椭圆形，长 11mm，宽 8mm，先端深凹缺，缺口长约 10mm，基部平截或微凹，周围有膜质翅，翅宽约 2mm，两面微凸起；种脐位于平截一端，半月形，长约 2mm。种皮膜质，红褐色，有细脉纹。胚棍棒形，长 5～6mm，径 1mm，白色，子叶 2，长 2.5mm；下胚轴及胚根长 3～3.5mm，胚根朝向种子先端。胚乳丰富，油质。

球果成熟期：10 月。

产地：原产日本。我国青岛、庐山、南京、上海、杭州、武汉等地有栽培。

种子千粒重：21～27g。

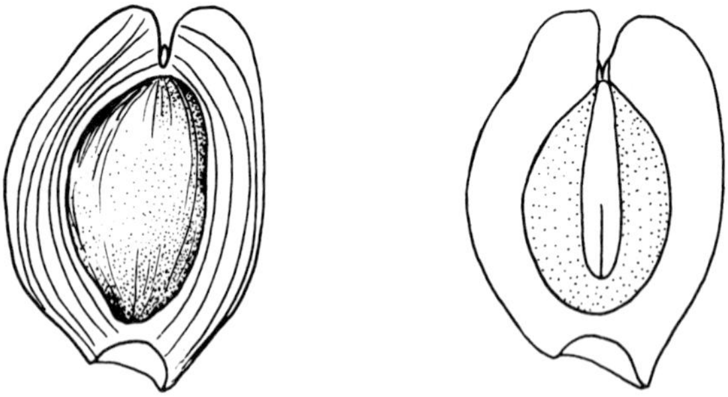

种子外形　　　　种子纵切面

图48　金　松

# 杉木

*Cunninghamia lanceolata* (Lamb.) Hook.

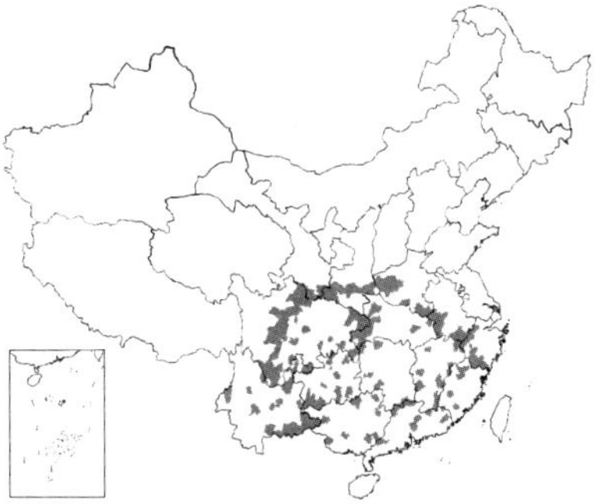

杉科，常绿乔木。

球果卵圆形，长2.5～5cm，径3～4cm；种鳞很小，先端三裂，侧裂较大，裂片分离，先端有不规则的细锯齿；苞鳞革质，棕黄色，三角状卵形，先端有坚硬的刺状尖头。

种子不规则扁平椭圆形（彩图19），卵状椭圆形或近圆形，两侧有翅，连翅长5～8mm，宽4～5mm，厚约1mm，先端凹缺，基部近圆形或宽楔形；翅宽0.5～0.7mm，褐色，不透明；种脐半圆形，长约1.5～2mm，位于种子基部一面中央。种皮褐色，革质，有细纹。胚棍棒形，长3～3.5mm，子叶2，长约1.5mm，白色；下胚轴及胚根长2～2.5mm，淡黄色，胚根朝向种子先端。胚乳白色，油质。

球果成熟期：10月下旬。

产地：在我国长江流域、秦岭以南地区栽培最广，为常见造林树种。

种子千粒重：5.9～9.7g。

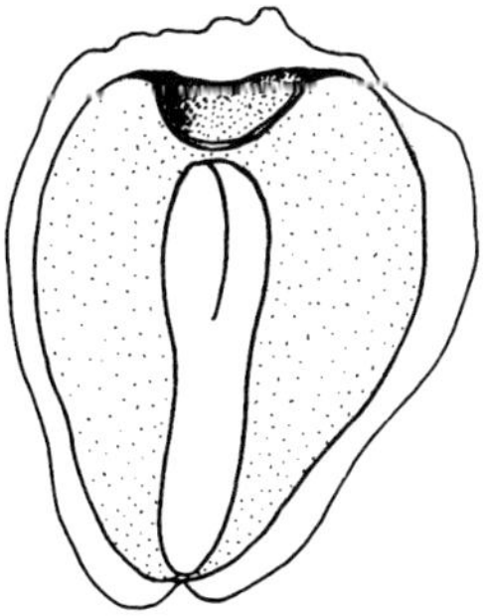

种子纵切面

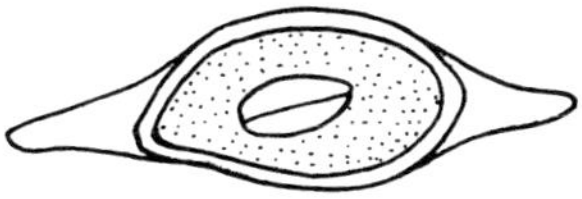

种子横切面

胚（示子叶2枚）

图49 杉 木

# 柳杉

*Cryptomeria fortunei* Hooibrenk ex Otto et Dietr.

杉科，常绿乔木。

球果圆球形或扁球形，径1.2～2cm；种鳞20枚，上部有4～5短三角形裂齿。

种子不规则扁平椭圆形（彩图20），长4～6.5mm，宽2.5～3.5mm，先端渐尖，基部截形，边缘为宽0.2mm的半透明膜质翅，翅淡褐色，两面扁平，中央微凸起，有细纵条棱；种脐位于平截一端，条形，延伸至种子一侧，长约为种子长的1/3～1/2，长3～4mm。外种皮黄褐色，内种皮膜质。胚棍棒形，长约4mm，子叶3枚，长1.5mm；下胚轴及胚根长2.5mm，白色，胚根朝向种子先端。胚乳油质。

球果成熟期：10月。

产地：为我国特有树种，产于浙江天目山、福建南屏及江西庐山等地。长江流域以南地区广泛栽培。

种子千粒重：3.2～4.2g。

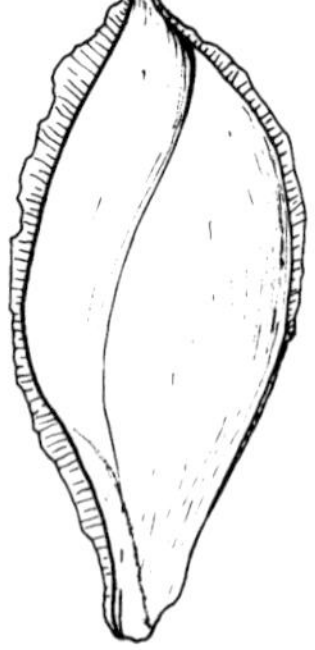

种子外形

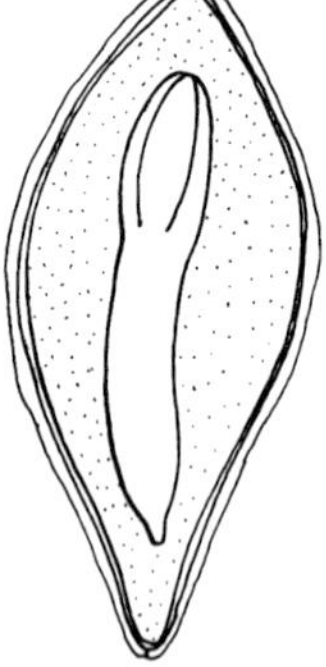

种子纵切面

图50 柳 杉

# 日本柳杉

*Cryptomeria japonica* (Linn. f.) D. Don

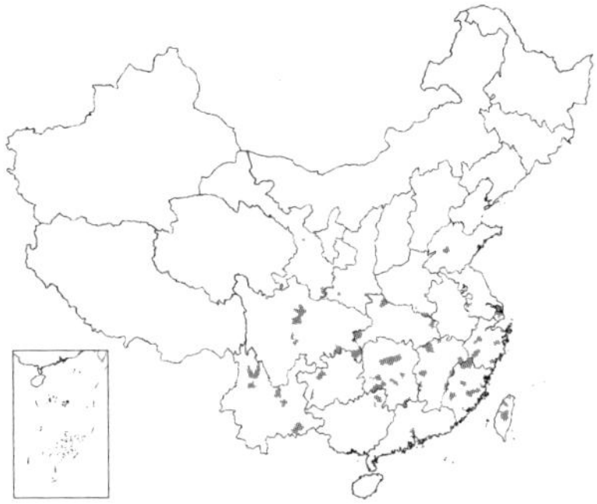

杉科，常绿乔木。

球果近球形，稍微扁，径1.5～2.5cm，稀达3.5cm；种鳞20～30枚，上部常4～5深裂，裂齿窄三角形。

种子不规则扁平椭圆形或倒卵状椭圆形，长5～6mm，宽2.5～3.5mm，厚约1.5mm，顶端渐窄有小突尖头，基部截形，周围有宽约0.3～0.5mm膜质翅，两面微有纵棱；种脐位于种子平截一端的一侧。种皮褐色，革质。胚棍棒形，长4～4.5mm，宽约1mm；子叶2枚，长1.5～2mm；下胚轴及胚根长2.5～3mm，胚根朝向种子具短尖一端。胚乳丰富，白色，油质。

球果成熟期：10月。

产地：原产日本，为日本的重要造林树种。我国山东、江苏、浙江、江西、湖南、湖北等地有栽培。

种子千粒重：3.3～4.5g。

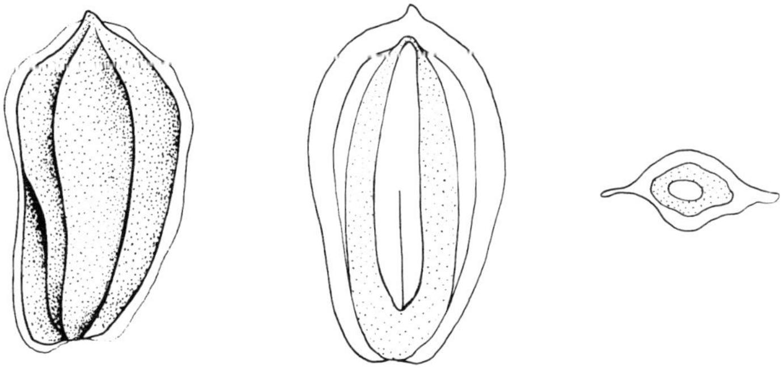

种子外形　　种子纵切面　　种子横切面

图51　日本柳杉

# 秃 杉

*Taiwania flousiana* Gaussen

杉科，常绿乔木。

球果圆柱形或长椭圆形，成熟时褐色，长1.5～2.2cm，宽约1cm，种鳞21～39枚，可育种鳞具2粒种子。

种子扁平椭圆形，两侧具翅，长6mm，连翅宽3.5mm，先端2深裂，缺口长约1.5mm，基部凹缺，翅宽0.5～1mm，淡褐色，无树脂囊，有深褐色细条纹；种脐位于种子较宽一端背面凹缺上部，黑褐色，椭圆形，宽0.5mm。种皮淡褐色，膜质。胚披针形，长3mm，宽1mm，淡褐色，子叶2，宽卵形，长约1.2mm，宽1mm；下胚轴及胚根长1.8mm，胚根轴向种脐相对一端。有丰富胚乳，白色，油质。

球果成熟期：10～11月。

产地：产湖北利川、贵州雷公山、云南腾冲、龙陵及台湾知本关山等地。

种子千粒重：1.2～1.6g。

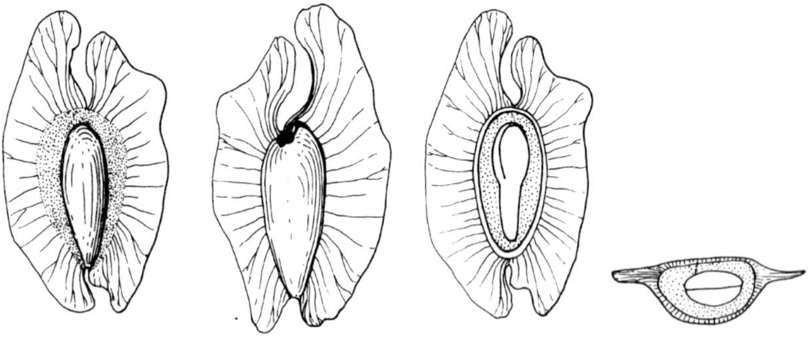

种子外形　　示种脐　　种子纵切面　　种子横切面

图52 秃 杉

# 水松

*Glyptostrobus pensilis* (Staunt.) Koch

杉科，常绿乔木。

球果倒卵状球形，长2～2.5cm，每种鳞有2粒种子；苞鳞和种鳞几全部合生。

种子窄长椭圆形或卵状披针形，微扁，具翅，种翅由顶端延伸到种子基部，种子连翅长10～13mm，宽3.5～4mm，厚约2mm，种翅薄，木褐色，边缘半透明，种子上端翅长6～7mm，一侧有小分叉，有细纵纹，两侧略包着种子，延伸出基部约长1mm；种子部分椭圆形，长7～8mm，宽约3mm；种脐位于短翅一端。种皮褐色，有细纵纹，膜质。子叶4～5枚。胚乳油质。

球果成熟期：秋后成熟。

产地：为我国特有树种，主要分布在广州珠江三角洲和福建中部及闽江下游。

种子千粒重：11～15g。

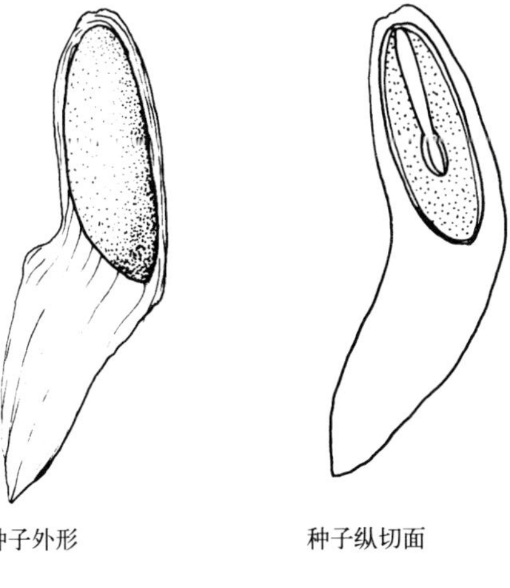

种子外形　　种子纵切面

图53　水　松

# 水杉

*Metasequoia glyptostroboides* Hu et Cheng

杉科，落叶乔木。

球果矩圆状椭圆形，成熟时深褐色，长1.8～2.5cm，径1.6～2.2cm，种鳞交叉对生，木质，可育种鳞有5～9粒种子。

种子倒卵状椭圆形（彩图21），间或扁平宽卵形、圆形或矩圆形，长3.8～4mm，周围有翅，连翅长约5mm，宽约4mm，先端具小尖头，基部凹缺；种翅淡褐色或黄褐色，中央栗褐色，具1～2个长椭圆树脂囊；种脐位于基部凹缺处上方，半圆形。种皮薄膜质，表面具1～2个长椭圆形树脂囊。子叶2枚，椭圆形长1.5～2mm，宽0.7mm；下胚轴及胚根长2～2.5mm，白色，胚根朝向种子下端。有胚乳。

球果成熟期：11月。

产地：天然分布仅限于四川、湖南、湖北3省交界处。中国沈阳以南广泛栽种。

种子千粒重：1.75～2.28g。

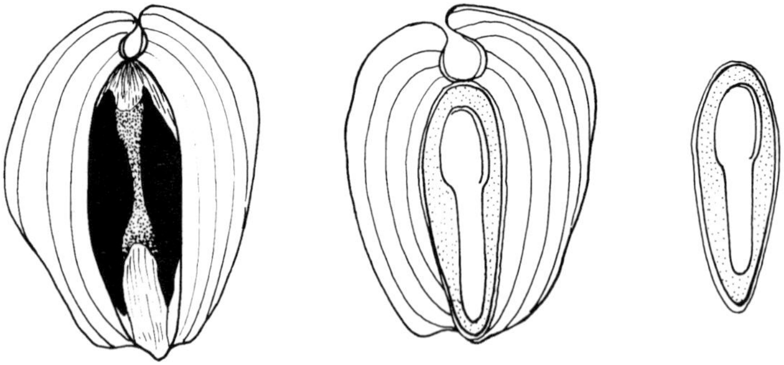

种子外形　　种子纵切面　　胚，示子叶2枚

图54　水　杉

# 落羽杉

*Taxodium distichum* (Linn.) Rich.

杉科，落叶乔木。

球果球形或卵圆形，成熟时淡褐黄色，径约2.5cm；种鳞木质，盾形，顶部有明显或微明显的纵槽。

种子为不规则三角形，长1.2～1.8cm，先端呈锐棱状突起，基部平截，两侧呈锐棱状；种脐位于底部平截面上，与底部等大且在一侧延伸至顶端，淡褐色。种皮黑褐色，表皮层易剥落，厚0.5～1mm；内种皮膜质。胚棍棒形，微弯曲，长7～8mm，径1.2mm，白色，子叶5枚，长约3～5mm；下胚轴及胚根长4～5mm，胚根朝向种子一侧。与池杉不同点是种皮黑褐色。胚乳丰富，油质。

球果成熟期：10月。

产地：原产北美东南部。我国广东、广西、浙江、上海、江苏、湖北、江西、云南、贵州、四川及河南（鸡公山）等地引种栽培。

种子千粒重：54～178g。

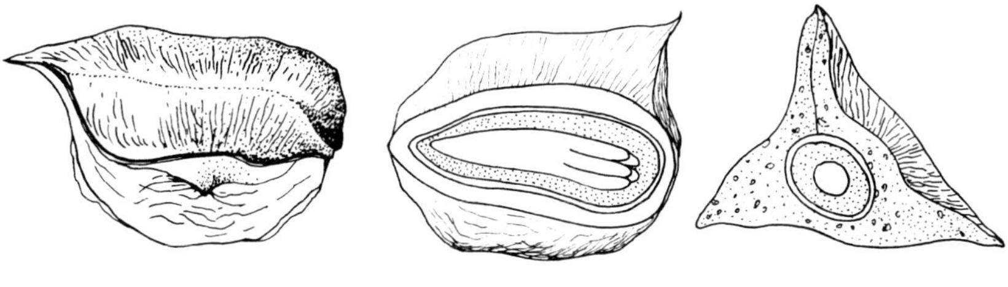

种子外形　　种子纵切面　　种子横切面

**图55　落羽杉**

# 池 杉

*Taxodium ascendens* Brongn.

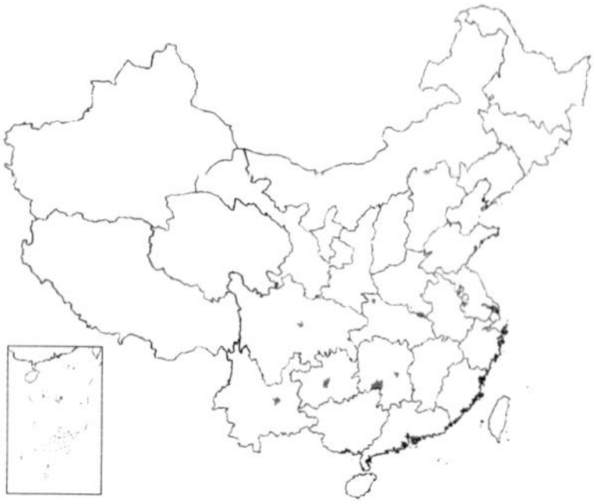

杉科，乔木。

球果圆球形或椭圆状圆球形，长2～4cm；种鳞木质，盾形，可育种鳞具2粒种子。

种子横向不规则三角状椭圆形或三棱形，长0.6～1cm，先端具锐棱，基部平截，基部两侧呈锐棱状；种脐不规则椭圆形，与种子底部等大，浅褐色，中央棱状突起。种皮栗褐色，木质，厚0.5～1mm，棱上可达4～5mm，表皮层极易剥落；内种皮膜质，褐色。胚弯曲棍棒形，长10～12mm，宽2～3mm；子叶5，长条形，长4～5mm，白色；下胚轴及胚根长6～7mm，宽1.8mm，白色，胚根朝向种子一侧。胚乳丰富，油质。

球果成熟期：10月。

产地：原产北美东南部。我国江苏和浙江、云南、四川、贵州、河南（鸡公山）及湖北等地引种栽培。

种子千粒重：35～128g。

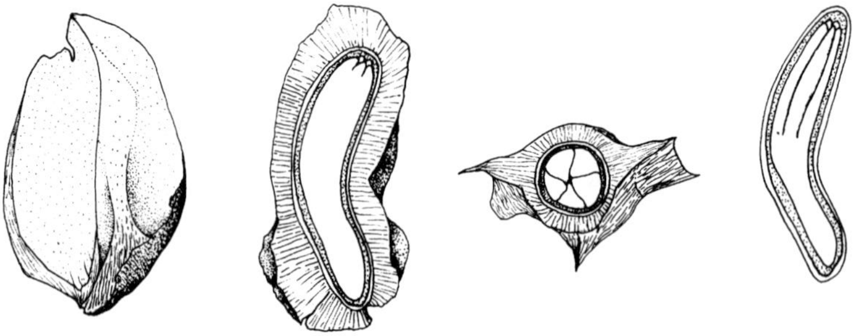

种子外形　　种子纵切面　　种子横切面　　子叶5枚

图56 池 杉

# ·柏科 CUPRESSACEAE·

## 香柏

*Sabina pingii* (Cheng ex Ferre) Cheng et W.T. Wang var.*wilsonii* (Rehd.) Cheng et L.K.Fu

柏科，常绿乔木。

球果浆果状，宽卵形，熟时黑色，长10mm，宽7mm，具有种子1粒。

种子菱状卵形或宽卵形，长5～6mm，宽3.5～4.5mm，略扁先端窄圆，中央有1小短尖，基部渐尖，两侧有小钝棱，近顶端约1/5未与种鳞愈合处深褐色，有黑色细短线纹，其余愈合处白色，有凹坑（树脂穴）及褐黑色短线纹。种皮骨质，厚0.5～1mm；内种皮褐色，膜质。胚棍棒形，长3.5mm，宽1～1.5mm，白色，子叶2，长1.3～1.5mm；下胚轴及胚根长2～2.2mm，白色，胚根朝向种子先端。胚乳充满种皮，白色，油质。

产地：产于湖北西北部、陕西南部、甘肃南部、四川、云南及西藏等地。

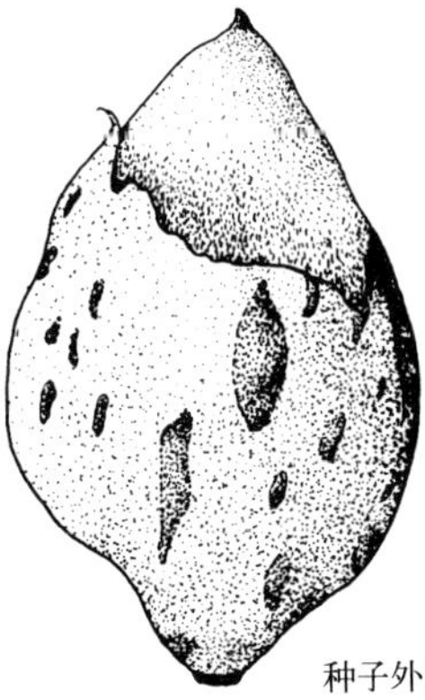

种子外形

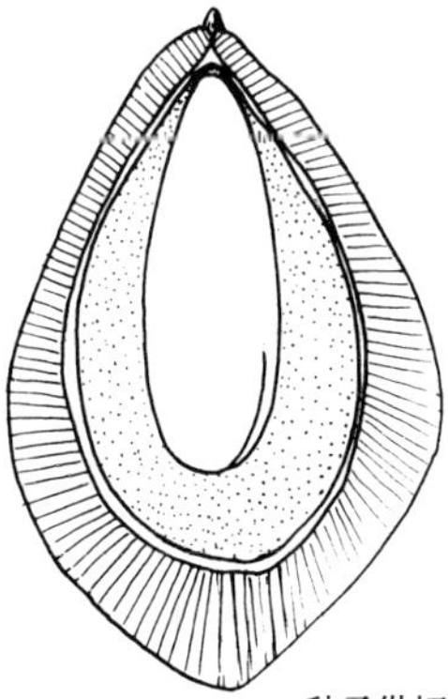

种子纵切面

图57 香 柏

# 圆柏

*Sabina chinensis* (Linn.) Ant.

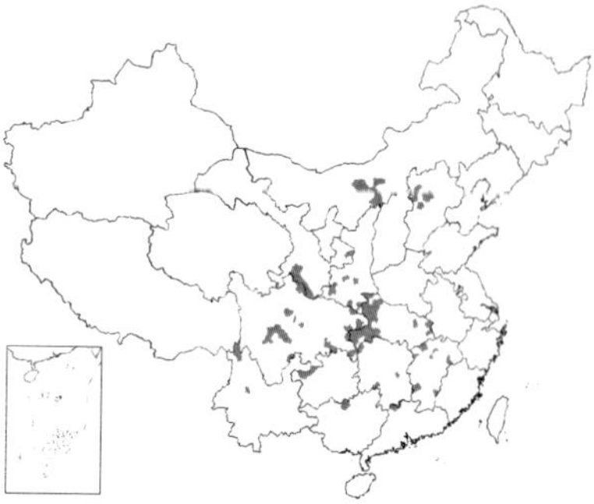

柏科，常绿乔木。

球果近球形，径6～8mm，熟时肉质，有白粉，具2～3对种鳞。

种子三角状卵形（彩图22），长5mm，宽3mm，先端渐尖，基部圆形，从基部延伸到两侧为种脐部，腹面平坦，中央有一细纵棱，背面中央呈背状，两侧沟槽状。外种皮褐色有光泽，骨质，厚1mm；内种皮淡褐色，膜质。胚棍棒形，长3～4mm，子叶2，长1mm；下胚轴及胚根长2～3mm，胚根朝向种子先端。胚乳丰富，油质。

球果成熟期：翌年4～9月。

产地：产于内蒙古南部、河北、山西、山东、河南、陕西，南至广东、广西北部，西至甘肃、四川等地。

种子千粒重：13～30g。

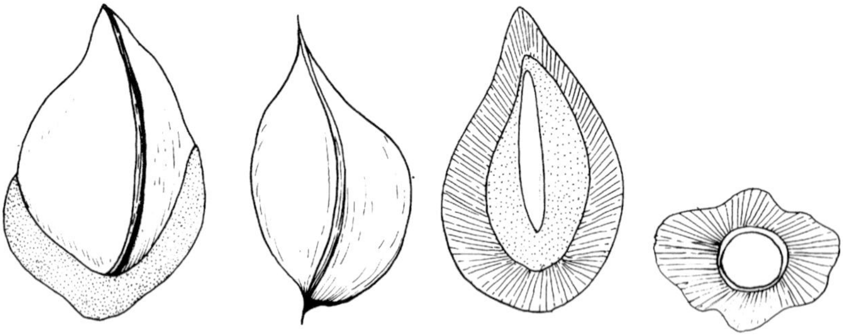

种子外形　示种子中央纵棱　种子纵切面　种子横切面

图58　圆　柏

# 翠柏

*Calocedrus macrolepis* Kurz

柏科，常绿乔木。

球果矩圆形、椭圆柱形或长卵状圆柱形，成熟时红褐色，长1～2cm；种鳞3对，木质，扁平，仅中间一对各有2粒种子。

种子圆锥状卵形，长5～6mm，宽约3mm；上端具一长一短分二叉之膜质翅，翅长13～15mm，宽5.5mm，种子贴生于翅腹面，基部两侧略被翅包裹着，胚棍棒形，子叶2枚，条形。具胚乳。

球果成熟期：10月。

产地：产于云南、贵州、广西、海南等地。

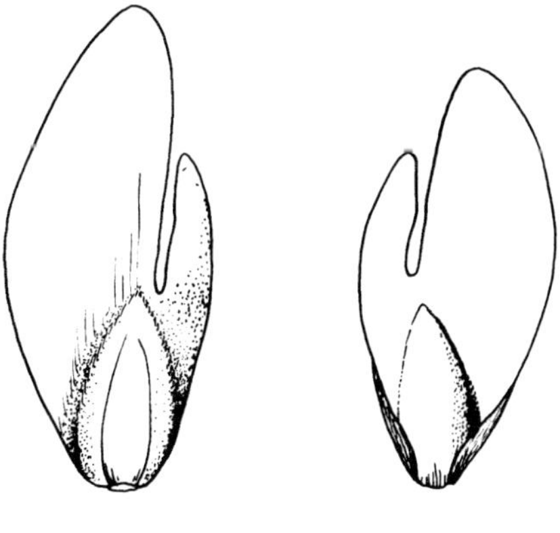

种子外形，示背（左）腹（右）面

图59 翠 柏

# 柏木

*Cupressus funebris* Endl.

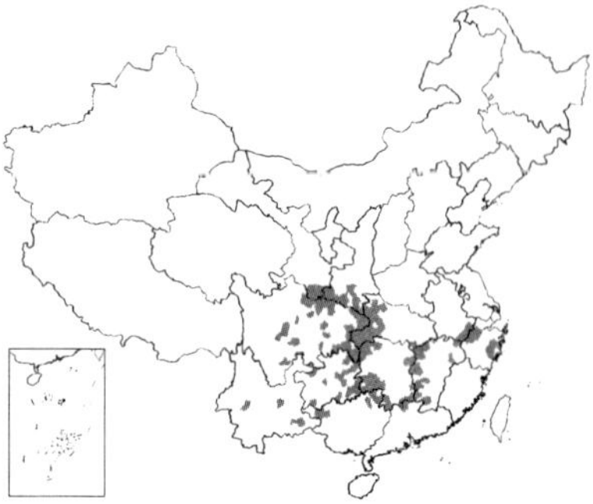

柏科，常绿乔木。

球果圆球形，成熟时暗褐色，径0.8～1.2cm；种鳞4对，顶端为不规则五角形或方形，可育种鳞具5～6粒种子。

种子近圆形或宽卵状椭圆形，扁平，长3～3.5mm，宽2.5～3.5mm，先端渐尖，有短尖，基部平截或微凹入；种翅宽约0.8～1mm；种脐褐色，位于种子平截一端，椭圆形，长约0.7mm。种皮褐色，革质。胚圆锥形，子叶2，长约1mm，宽0.6mm，白色；下胚轴及胚根长1.5mm，白色，胚根朝向种子先端。胚乳淡褐色，油质。

球果成熟期：翌年4～6月。

产地：为我国特有树种，分布很广。产于浙江、福建、江西、湖南、湖北西部、四川北部及西部、贵州东部及中部、广东北部、广西北部、云南东南部及中部等地。

种子千粒重：3.0～3.9g。

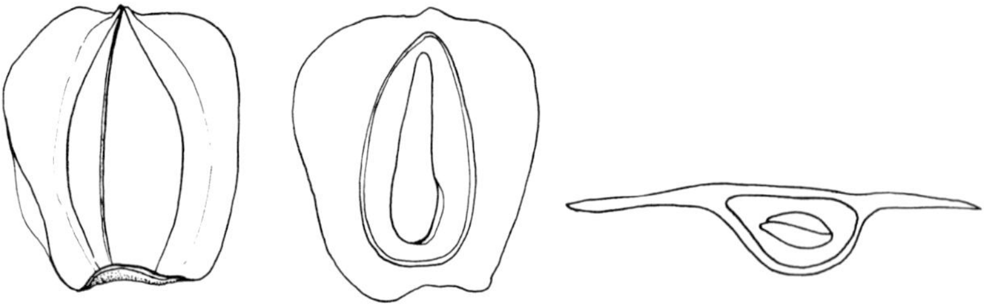

种子外形　　种子纵切面　　种子横切面

图60　柏　木

# 藏柏

*Cupressus torulosa* D. Don

柏科，常绿乔木。

球果宽卵圆形或近球形，成熟时深灰褐色，径1.2～1.6cm，生于长约4mm的短枝顶端。

种子扁平宽椭圆形（彩图23），长约4mm，宽3.5mm，厚1mm，先端短钝尖，基部平截或微凹入，背面中央呈脊状隆起，腹面较平坦，两侧具翅，翅宽0.5mm；种脐位于平截或微凹之一端，椭圆形，长约1mm，有时延伸出种子背面，淡褐色。种皮褐色，木质，有细纵条纹。胚棍棒形，长约3.5mm，子叶2；胚根朝向种子先端。胚乳丰富，油质。

球果成熟期：翌年9～10月。

产地：产于西藏东部及南部。

种子千粒重：7.3～9.5g。

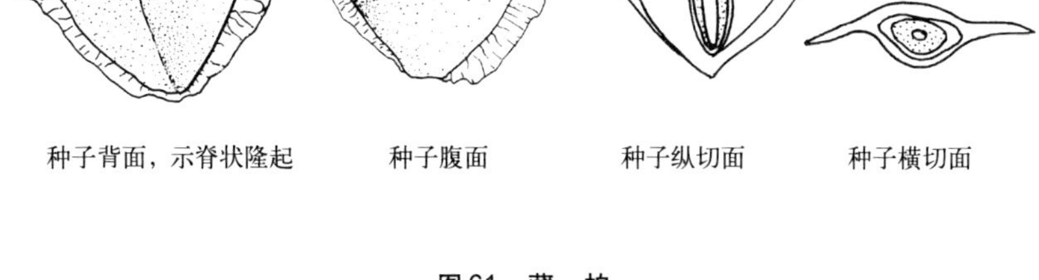

种子背面，示脊状隆起　种子腹面　种子纵切面　种子横切面

图61　藏　柏

# 巨柏

*Cupressus gigantea* Cheng et L. K. Fu

柏科，常绿乔木。

球果矩圆状球形，长1.6～2cm，径1.3～1.6cm；种鳞6对，木质，盾形，顶部平，多呈五角形或六角形，可育种鳞具多数种子。

种子扁平宽卵形或宽卵状椭圆形（彩图24），长4～4.5mm，宽3.5～4mm，厚1.5mm，先端微凹，基部凹陷，种脐位于凹陷处，两侧有窄翅。外种皮革质，褐色；内种皮膜质淡褐色。胚棍棒形，长3.5～4mm，子叶2，长1.5mm；下胚轴及胚根长3.5mm，白色，胚根朝向种子上端。胚乳充满种皮，白色，油质。

球果成熟期：翌年9～10月。

产地：产于西藏雅鲁藏布江流域的郎县、米林及林芝等地。

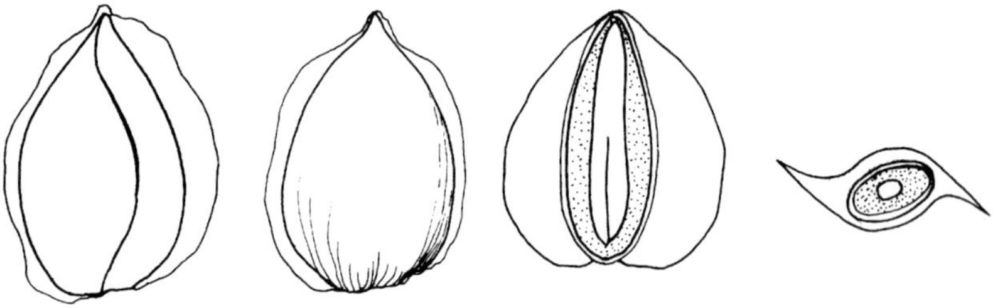


图62 巨 柏

# 福建柏

*Fokienia hodginsii* (Dunn) Henry et Thomas

柏科，常绿乔木。

球果近球形，成熟时褐色，径2～2.5cm；种鳞6～8对，木质，盾形排列，种鳞顶端六边状椭圆形，中央皱缩微凹下；每一成熟种鳞具2枚种子。

种子长卵形（彩图25），长约4mm，宽2.6mm，先端尖，基部平截，两侧各具黄褐色膜质翅，一大一小，大者卵形，长4～5mm，宽3～4mm，小者长1.5～2.5mm，宽2～3mm；种脐位于基部，椭圆形子叶2，长1～1.5mm，白色；下胚轴及胚根轴向顶端。胚乳充满种皮，白色。

球果成熟期：翌年10～11月。

产地：产于浙江南部、福建、广东北部、江西、湖南南部、贵州、广西、四川及云南东南部与中部。

种子千粒重：4.4～7.4g。

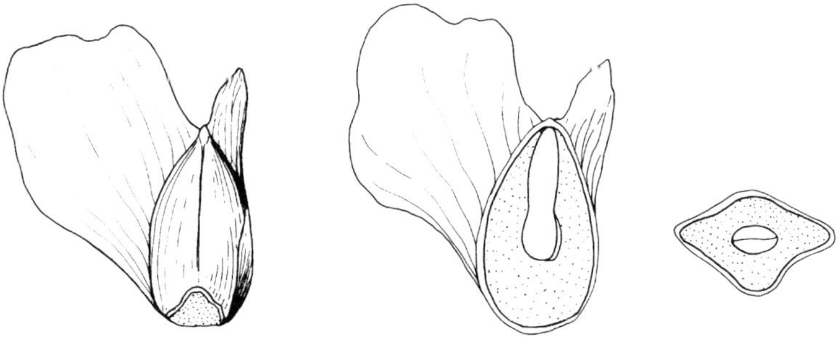

种子外形　　种子纵切面　　种子横切面

图63　福建柏

# 侧柏

*Platycladus orientalis* (Linn.) Franco

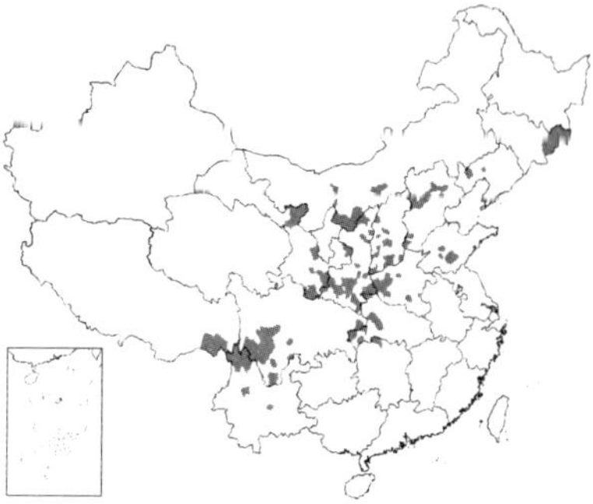

柏科，常绿乔木。

球果近卵圆形，成熟时红褐色，长1.5～2.5cm；中间两对种鳞倒卵形或椭圆形，上部1对种鳞长，细柱状，下部1对种鳞极小。

种子长卵形（彩图26），长5～7.5mm，宽2.3～3.5mm，先端渐尖，基部圆钝；表面有纵向条纹，或略呈3棱，棱处有翅状突起，下部种皮呈网纹状；腹面的疤痕长为种子的1/3，背面基部疤痕长约为种子长1/5。外种皮灰褐色，骨质；内种皮膜质淡褐色。胚长椭圆形，长5mm，宽1.2mm，子叶2，椭圆形，长约为胚长的1/2；下胚轴胚根均白色。胚乳白色，油质。

球果成熟期：10月。

产地：产于内蒙古南部、吉林、辽宁、河北、山西、山东、江苏、浙江、福建、安徽、江西、河南、陕西、甘肃、四川、云南、贵州、湖北、湖南、广东北部及广西北部等地。

种子千粒重：18.3～28.3g。

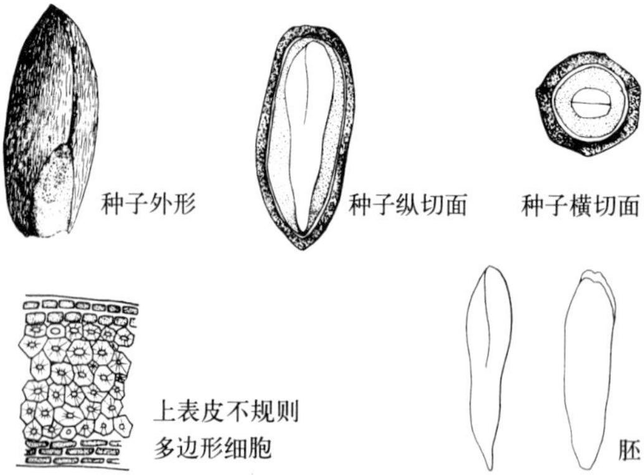


图64 侧 柏

# 朝鲜崖柏

*Thuja koraiensis* Nakai

柏科，常绿乔木。

球果椭圆状球形，成熟时深褐色，长9～10mm，径6～8mm；种鳞4对，交叉对生，薄木质，最下部的种鳞近椭圆形，中间两对种鳞近矩圆形，最上部的种鳞窄长，近顶端有突起的尖头。

种子扁平椭圆形，长4～5mm，宽2.5～3mm，两端凹缺，先端凹缺较浅，中央有一小尖头，基部凹缺较深，或微斜；种翅位于种子两侧，延伸至先端和基部，翅膜质，宽0.8～1mm；种脐位于凹缺较深一端，条形，褐色。种皮膜质，有树脂囊及纵条纹，褐色。胚棍棒形，长约2.8mm，宽0.5mm，子叶2，长0.5mm；下胚轴及胚根长约2.3mm，白色，胚根朝向种子先端。胚乳丰富，油质。

球果成熟期：10～11月。

产地：产于吉林长白山。

种子千粒重：1.1～1.3g。

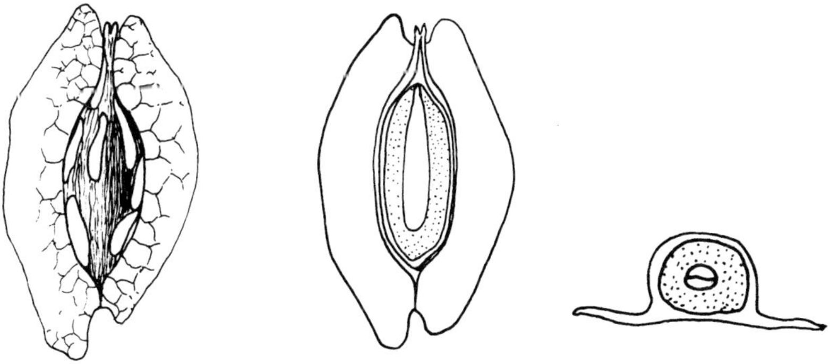

种子外形　　种子纵切面　　种子横切面

图65　朝鲜崖柏

# 北美香柏

*Thuja occidentalis* Linn.

柏科，常绿乔木。

球果长椭圆形，成熟时淡红褐色，长8～13mm，径6～10mm；种鳞4～5对，下部2～3对种鳞有种子，可育种鳞具1～2粒种子。

种子扁平椭圆形或长椭圆形，长5～7mm，宽3～4mm，厚约1mm，两侧具淡褐色膜质翅，宽1～1.2mm，先端与基部均凹缺。种皮膜质。子叶2，胚根朝向种子上端。具胚乳。

球果成熟期：10～11月。

产地：原产北美。我国青岛、庐山、南京、上海、浙江南部和杭州、武汉等地引种栽培。

种子千粒重：1.1～1.3g。

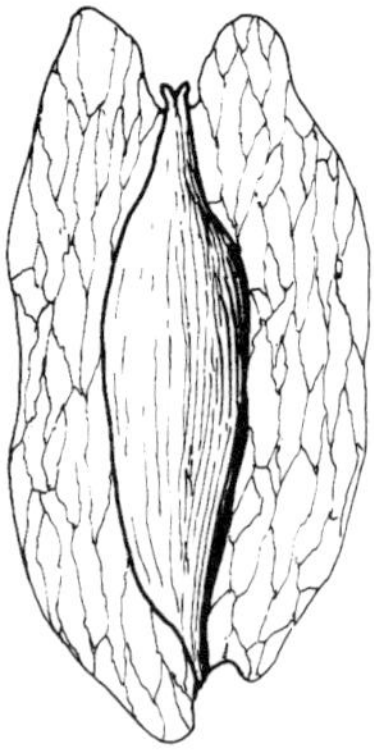

种子外形

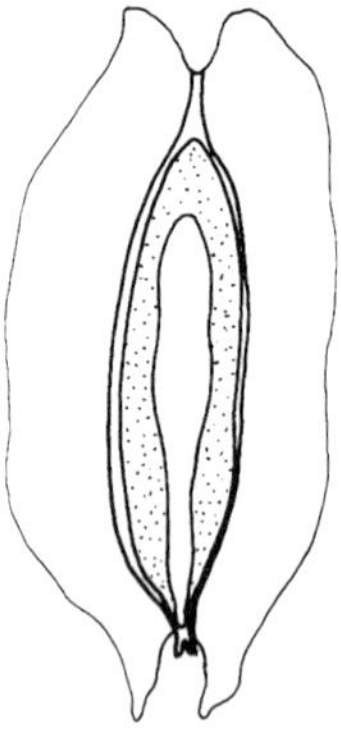

种子纵切面

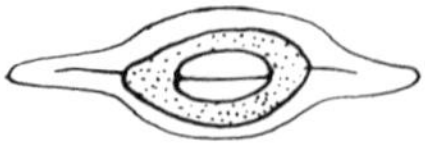

种子横切面

图66 北美香柏

# ·罗汉松科 PODOCARPACEAE·

## 罗汉松

*Podocarpus macrophyllus* (Thunb.) D. Don

罗汉松科，常绿乔木。

种子椭圆形，熟时黑紫色，长10～12mm，宽6～8mm，有白粉，具长约10mm肉质红色种托，先端鲜时圆形，干后缩成小尖头，基部渐窄，与种托连接处呈短尖头。外种皮干后皱缩，厚约0.5mm；内种皮膜质，褐色。胚圆柱形，长6～8mm，鲜黄色或黄褐色；子叶长1mm，先端有一小球形绿色附属物；下胚轴及胚根长约6mm。胚乳丰富，白色，淀粉质。

种子成熟期：8～9月。

产地：产于长江流域以南至广东、广西、云南、贵州等地。

种子千粒重：400～600g。

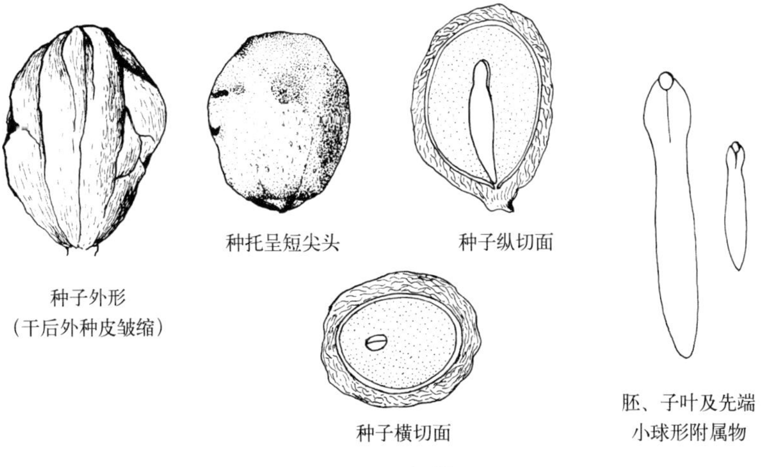


图67　罗汉松

# 鸡毛松

*Podocarpus imbricatus* Blume.

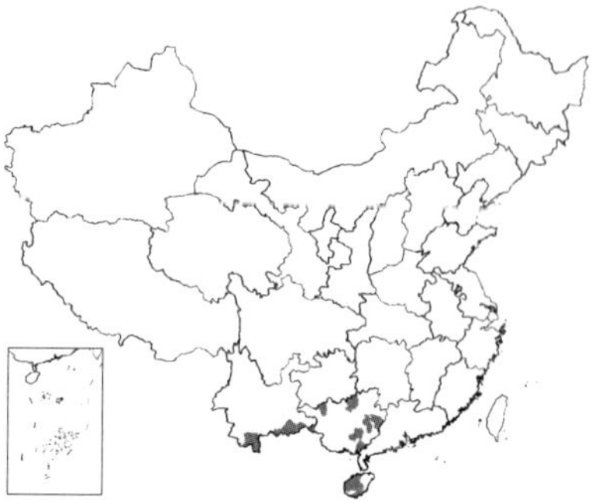

罗汉松科，常绿乔木。

种子核果状，种子椭圆形至近球形，长6～7mm，径约5mm，具种托，熟时具红色肉质假种皮，假种皮全包种子。其余同罗汉松。

种子成熟期：10～11月。

产地：产于海南五指山、尖峰岭等地。

种子千粒重：65～75g。

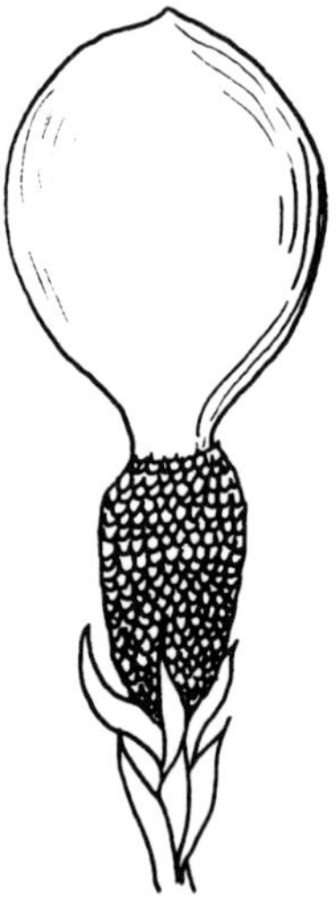

种子核果状，具种托

图68 鸡毛松

# 竹柏

*Podocarpus nagi* (Thunb.)Zoll. et Mor. ex Zoll.

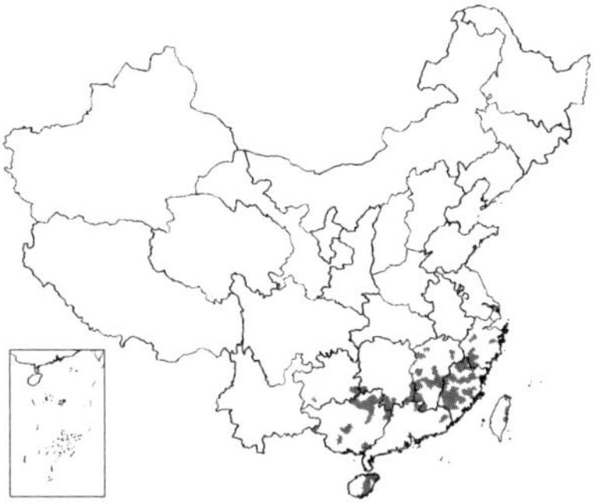

罗汉松科，常绿乔木。

种子球形或宽倒卵形，径12～15mm，有紫褐色肉质假种皮，被白粉，有梗；去假种皮以后的种子倒卵形，长9～13mm，宽8～11mm，先端圆，基部尖，有3条棱线；种脐位于基部。外种皮黄褐色，平滑，在高倍解剖镜下可见小乳头状突起，骨质，厚约0.4mm；内种皮膜质，淡褐色，基部有乳头状突起。胚棍棒形，长约8mm，淡黄色；子叶2枚，条形，长约2mm，宽约1mm；下胚轴及胚根长约3mm，淡黄色，有珠柄，珠柄丝状，长4mm。胚乳充满种皮，淡黄色，油质。

种子成熟期：10月。

产地：产于浙江、福建、江西、湖南、广东、广西、四川等地。

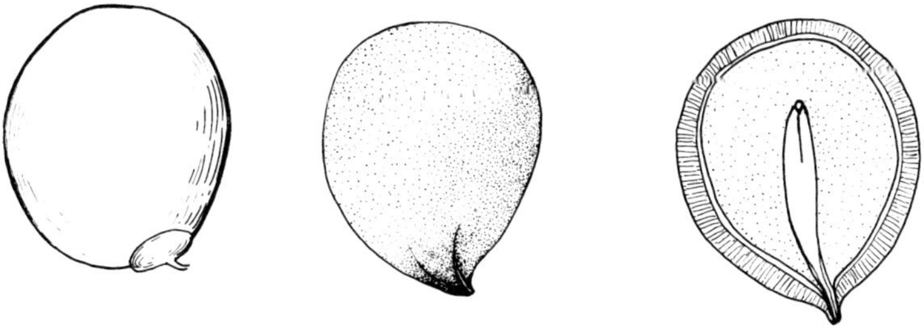


图69 竹 柏

# ·红豆杉科 TAXACEAE·

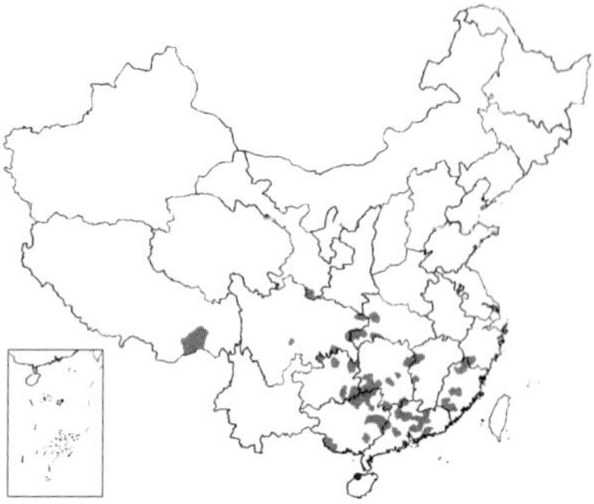

## 穗花杉

*Amentotaxus argotaenia* (Hance) Pilger

红豆杉科，常绿乔木。

种子椭圆形，成熟时有鲜红色假种皮，长2～2.5cm，径1～1.5cm，顶端露出小尖头；去假种皮后种子长约1.8～2.3cm，径0.8～1.3cm，先端有小尖头，基部圆形；种脐凹入，表面有10几条浅沟。种皮淡褐色，骨质，厚约0.2mm。胚棍棒形，长5mm，子叶2，近球形长1.5mm，淡黄色；下胚轴胚根长3.5～4mm，白色。胚乳丰富。

种子成熟期：10月。

产地：产于浙江西部和西南部、江西北部、湖北西部和西南部、湖南西部和南部、四川东南部和南部、甘肃南部、广东、广西、贵州北部和东北部等地。

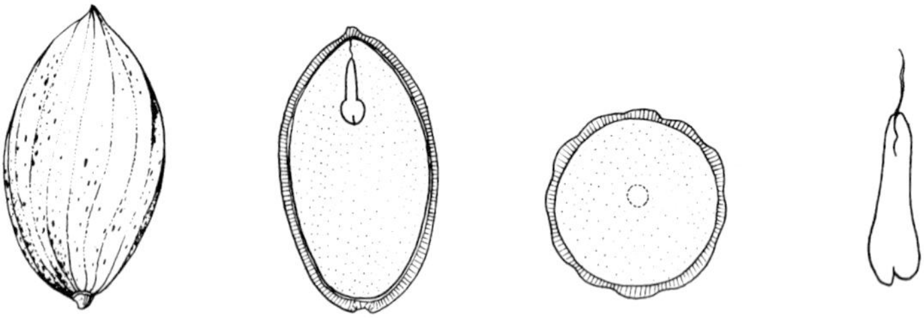

种子外形　　种子纵切面　　种子横切面　　胚

图70　穗花杉

# 云南穗花杉

*Amentotaxus yunnanensis* Li

红豆杉科，常绿乔木。

种子椭圆形，具红色假种皮，微被白粉，连假种皮长2.7～3.2cm，径1.2～1.5cm，先端圆钝，顶端有小尖头露出，基部渐窄；假种皮光滑无毛，去假种皮后种子梭形，长2.5～3cm，宽0.9～1.2cm，先端呈乳头状尖头，红褐色，基部渐尖。种皮黄褐色，有8～10条浅纵沟，平滑，骨质，厚约0.5mm。胚细小，长椭圆形，长6mm，子叶2，长2mm，白色，宽0.4mm；下胚轴及珠柄长4mm白色，胚根朝向种子先端。胚乳丰富，黄褐色，粉质。

种子成熟期：10月。

产地：产于云南东南部。

种子千粒重：1000～2500g。

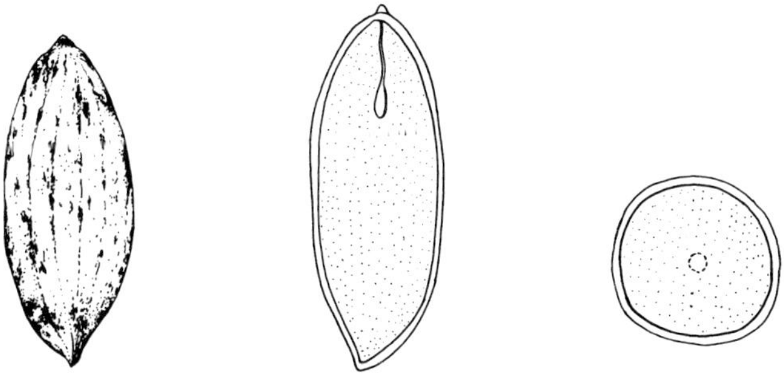

种子外形　　种子纵切面　　种子横切面

图71　云南穗花杉

# 红豆杉

*Taxus chinensis* (Pilger) Rehd.

红豆杉科，常绿乔木。

种子有红色假种皮包于种子下半部(彩图27)；种子倒卵形，长6.5～7.5mm，宽4.5～ 5.2mm，略扁，先端有小突尖，基部平截，种脐凹入，中央呈锅底状突起。种皮褐色，平滑，厚0.2～0.3mm，在高倍解剖镜下可见密布排列整齐的小椭圆形突起；内种皮膜质，褐色。胚棍棒形，长约3mm，子叶2，长不及1mm；下胚轴及胚根长约3mm，基部窄成胚柄，白色。胚乳淡黄色，油质。

球果成熟期：9～10月。

产地：为我国特有树种。产于甘肃南部、陕西南部、广西北部及安徽南部（黄山）等地。

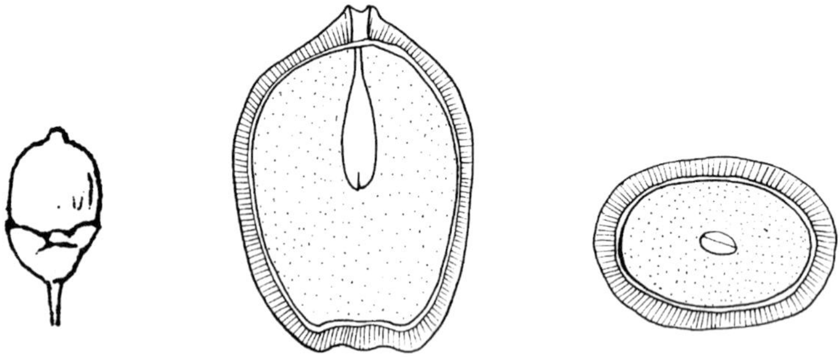

种子外形　　种子纵切面　　种子横切面

图72　红豆杉

# 东北红豆杉

*Taxus cuspidata* Sieb. et Zucc.

红豆杉科，常绿乔木。

种子有红色假种皮，呈杯状包着种子1/2以下；种子矩状宽卵形，长5.5mm，径4.5mm，厚4mm，先端短渐尖，基部圆形或平截，两侧上部微呈棱状；种脐位于圆或截形一端，椭圆形，长约2mm，宽约1mm，脐环微突起。外种皮膜质，较脆，褐色，在高倍解剖镜下可见小疣状突起；中种皮骨质，厚约0.2mm；内种皮膜质。直胚，棍棒形，长约2mm，宽0.5mm，淡黄色，子叶2，长约0.5mm；下胚轴及胚根长约1.5mm，有丝状珠柄胚根朝种子渐尖一端。胚乳丰富，黄白色，油质。

种子成熟期：9～10月。

产地：产于吉林老爷岭、张广才岭及长白山区。

种子千粒重：45g。

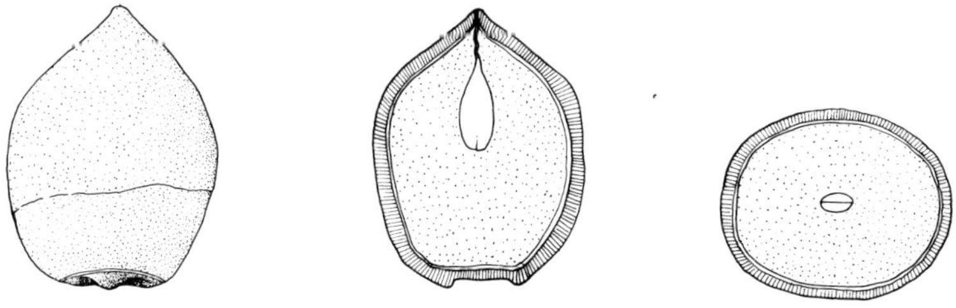

种子外形　　种子纵切面　　种子横切面

图73　东北红豆杉

# 矮紫杉

*Taxus cuspidata* Sieb. et Zucc.var. *nana* Hort.

红豆杉科，常绿灌木。

种子有红色杯状肉质假种皮（彩图28），假种皮长8mm，外径6mm，口径4mm；种子宽卵形，长5～5.5mm，宽4～4.6mm，先端渐尖，略具4棱，基部圆形；种脐方形或三角形，长约1.5mm，平坦，中下部有一环状细棱，细棱以下为种皮与假种皮结合部分。外种皮紫褐色，有灰白色蜡层，在高倍解剖镜下可见均匀而成行的小突起；中种皮黄褐色，骨质，厚0.3mm；内种皮膜质，淡黄褐色。胚棍棒形，长约1.5mm，珠柄长1.5mm，白色，胚根朝向种子先端。胚乳淡黄色，油质。

种子成熟期：9～10月。

产地：原产朝鲜、日本。我国东北、华北等地有栽培。

种子外形（杯状肉质假种皮）

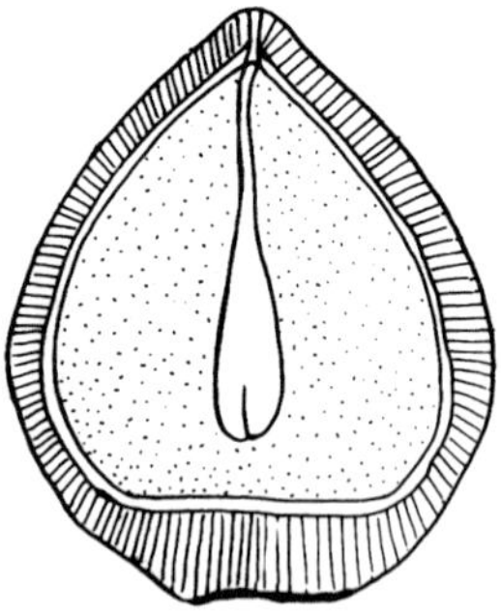

种子纵切面

图74 矮紫杉

# 白豆杉

*Pseudotaxus chienii*（Cheng）Cheng

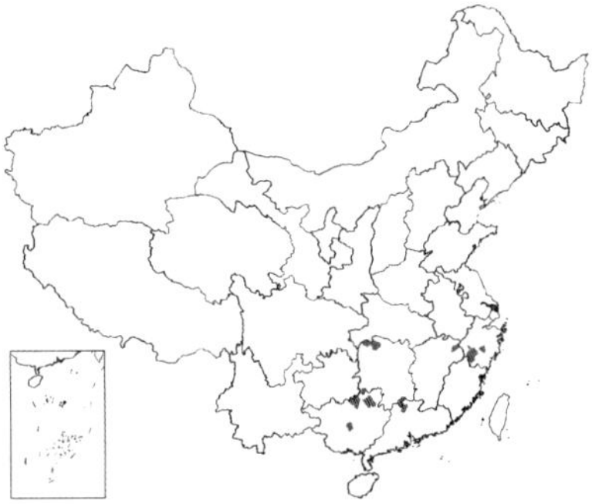

红豆杉科，常绿小乔木。

种子具杯状白色假种皮（彩图29）；种子矩圆状卵形，长5.5～6.5mm，宽4～4.5mm，厚约3.5mm，先端钝尖，基部平截，呈圆领状突起，表面绿褐色，有光泽，在高倍解剖镜下可见细线条纹；种脐位于种子平截一端，椭圆形，长约2mm，宽约1.5mm，枯黄色，脐环明显突起。外种皮厚0.2mm，骨质；内种皮膜质，紫红色。直胚，棍棒形，长2.5mm，宽0.5mm，白色，子叶长0.5mm；下胚轴及胚根长约2mm，有种柄，胚根朝向种子较尖一端。胚乳丰富，油质。

种子成熟期：10月。

产地：产于浙江南部和西南部、江西井冈山、湖南南部及西北部、广东北部、广西临桂与大明山。

种子千粒重：38～48g。

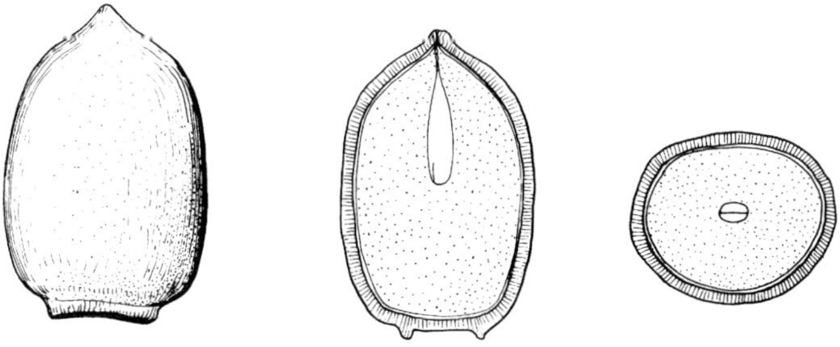

种子外形　　种子纵切面　　种子横切面

图75　白豆杉

# ·三尖杉科 CEPHALOTAXACEAE·

## 粗榧

*Cephalotaxus sinensis* (Rehd. et Wils.) Li

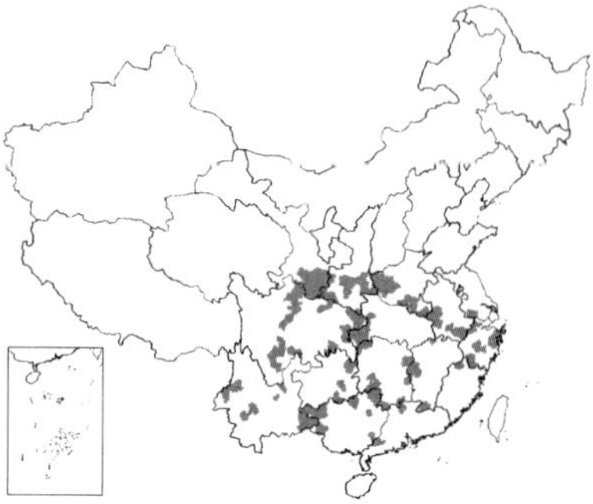

三尖杉科，常绿灌木或小乔木。

种子有肉质假种皮（彩图30），熟时由绿变为紫褐色；种子椭圆形，长1.7～2cm，宽1～1.1cm，厚1cm，顶端圆形，或具小尖头，基部渐窄，两侧有棱，先端截形；种脐位于种子基部先端，椭圆形长约2mm。外种皮褐色，具有极浅的雕刻状花纹，骨质，厚约0.5mm。胚条形，长8.5mm，宽约1mm，淡绿色，子叶长2mm；下胚轴与胚根长6.5mm，胚根朝向种子先端。胚乳白色，油质。

种子成熟期：10～11月。

产地：产于长江流域以南至广东、广西，西至甘肃南部、陕西南部、河南、四川、云南东南部及贵州东北部等地。

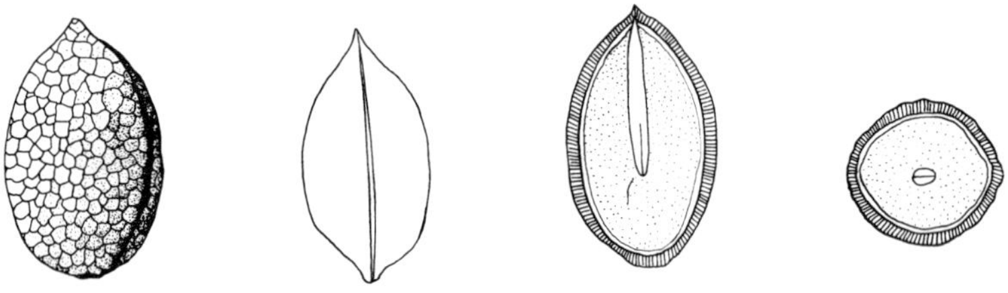

种子外形（示外种皮极浅雕刻状花纹）　种子外形（示两侧有棱）　种子纵切面　种子横切面

图76　粗　榧

# 三尖杉

*Cephalotaxus fortunei* Hook. f.

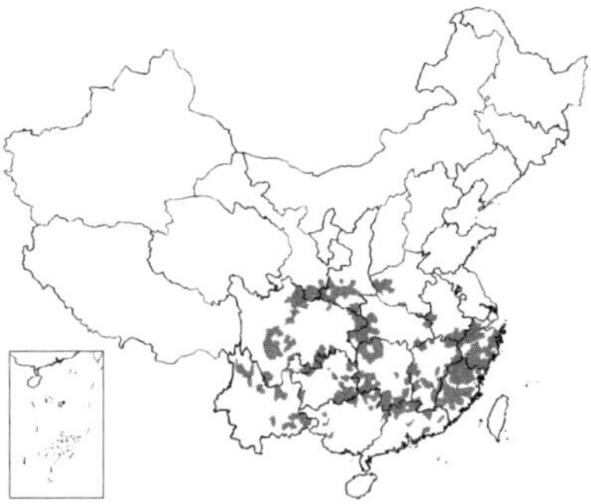

三尖杉科，常绿乔木。

种子有肉质假种皮（彩图31），熟时红色或紫红色；种子椭圆形，长2.1～2.5cm，宽0.9～1cm，顶端圆，微有小短尖，背腹扁平成舌状；基部窄圆形，两侧胁状棱；种脐小，位于种子窄圆的一端。外种皮紫褐色，表面粗糙，有不明显雕刻状花纹，坚硬骨质，厚约0.5mm，内壁有白色膜层；内种皮膜质，紫红色。胚棍棒形，长12mm，白色，子叶长3mm；胚根朝向种子顶端。胚乳丰富，淡黄色，油质。

种子成熟期：8～10月。

产地：产于浙江、安徽南部、福建、江西、湖南、湖北、河南南部、陕西南部、甘肃南部、四川、云南、贵州、广西及广东等地。

种子千粒重：1050～1250g。

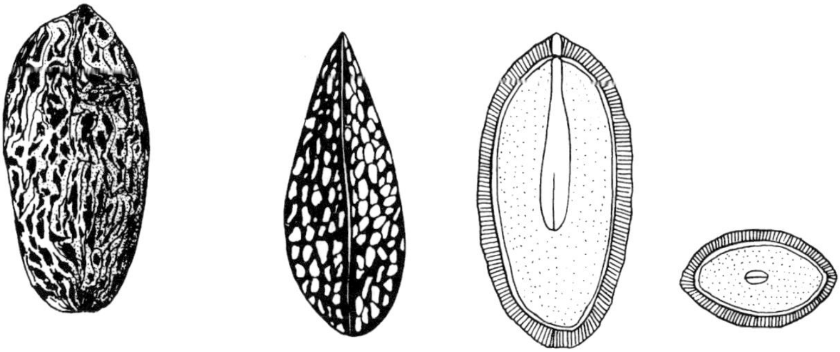

种子外形（示雕刻纹）　种子背腹扁平成舌状　种子纵切面　种子横切面

图77　三尖杉

# ·麻黄科 EPHEDRACEAE·

## 木贼麻黄

*Ephedra equisetina* Bunge

麻黄科，直立小灌木。

假花被形成革质假种皮，种皮膜质，珠被延长成珠被管；苞片发育成肉质部分；种子长卵形（彩图32），长约5mm，宽约2.1mm，厚约1.9mm，先端渐尖，基部近圆形，两侧棱状突起，背腹两面各有10多条断续细纵棱；种脐位于圆形一端，近圆形，径0.8～1mm。外种皮(假种皮)栗褐色，无毛，革质，厚0.2mm；内种皮膜质，淡褐色，先端伸长成管状长1～2mm。胚棍棒形，长3.5mm，宽1mm，子叶2，椭圆形，长约1.5mm；下胚轴及胚根长约2mm，胚根朝向种子较窄一端。胚乳肉质，白色。

种子成熟期：8～9月。

产地：产于河北、山西、内蒙古、陕西西部、甘肃及新疆等地。

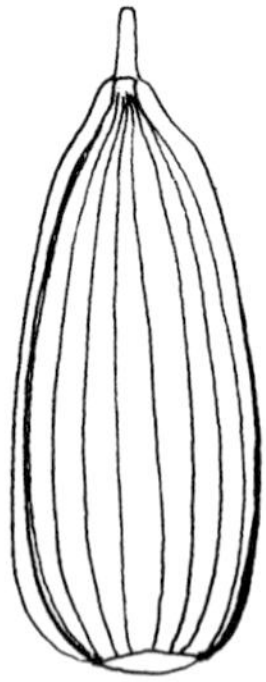

种子外形（两侧棱状突起，背腹数条细纵棱）

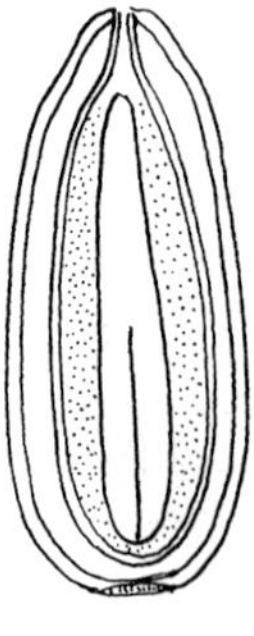

种子纵切面

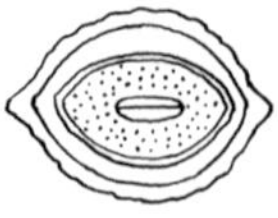

种子横切面

图78　木贼麻黄

# 中麻黄

*Ephedra intermedia* Schrenk ex Mey.

麻黄科，灌木。

种子具肉质假种皮，橘红色，包着种子2～3粒；种子长卵状圆锥形，长4.3mm，宽2.3mm，厚1.5mm，先端渐尖，顶端常有一微弯曲白色珠被管，基部窄圆形，外表有细条纹，两侧具2棱，或在腹面各有一小棱；种脐位于圆形一端，近圆形，径约0.5mm，淡褐色。外种皮（假种皮）厚0.1mm，革质，褐色；内种皮膜质。直胚长3.5mm，宽0.5mm，浅黄色，子叶长约1.5mm；下胚轴及胚根长2mm，胚根轴向种子较尖一端。胚乳丰富，油质。

种子成熟期：7～8月。

产地：为我国分布最广的麻黄之一，产于辽宁、河北、山东、内蒙古、山西、陕西、甘肃、青海、新疆等地，以西北最为常见。

种子千粒重：3.5～3.9g。

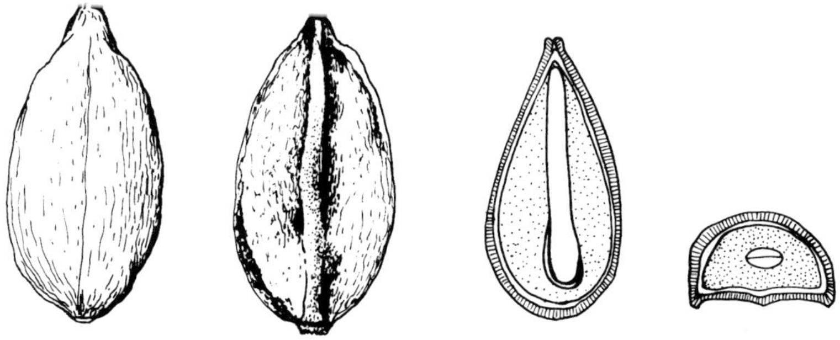


图79 中麻黄

# ·买麻藤科 GNETACEAE·

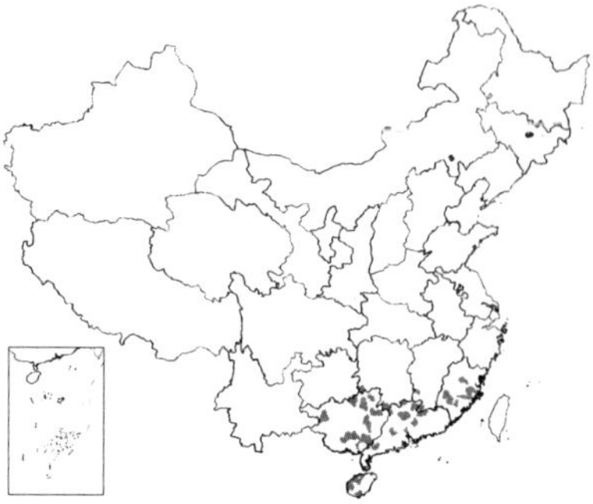

## 小叶买麻藤

*Gnetum parvifolium* (Warb.) C. Y. Cheng ex Chun

买麻藤科，木质藤本。

种子长椭圆形，长1.5～2cm，径约1cm，有红色假种皮；去假种皮后种子为梭状长椭圆形，长1.3～1.7cm，宽0.8cm，两端渐尖。外种皮褐色有数条细纵棱，厚0.2mm；内种皮膜质，褐色。胚直，子叶2枚。胚乳丰富，油质。

产地：产于福建、湖南、广西及广东等地。

种子外形

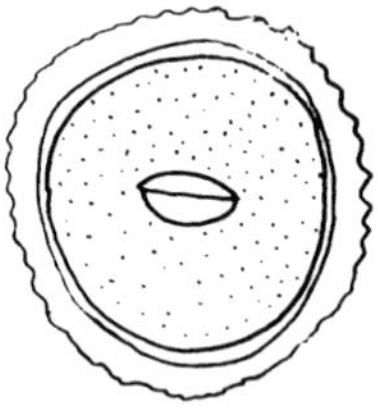

种子横切面

图80　小叶买麻藤

# 大子买麻藤

*Gnetum montanum* Markgr. f. *megalocarpum* Markgr.

买麻藤科，木质大藤本。

种子核果状，矩圆状椭圆形，有红褐色或黄褐色假种皮全包种子；去假种皮后种子为矩圆形或椭圆形，长2.3～3cm，径1.2～1.5cm，先端钝尖，基部窄圆形，表面淡褐色，有多数细纵棱；种脐位于窄圆一端，近圆形，径1～2mm。外种皮骨质，厚0.2mm；内种皮薄纸质或厚膜质，淡褐色，有细纵条纹。胚棍棒形，长约8～12mm，有螺旋状胚柄，子叶2枚，长约2～4mm；下胚轴及胚根朝向种子钝尖一端。胚乳丰富，肉质，干时坚硬。

种子成熟期：8～9月。

产地：产于云南南部及广西、广东等地。

种子千粒重：3500～5000g。

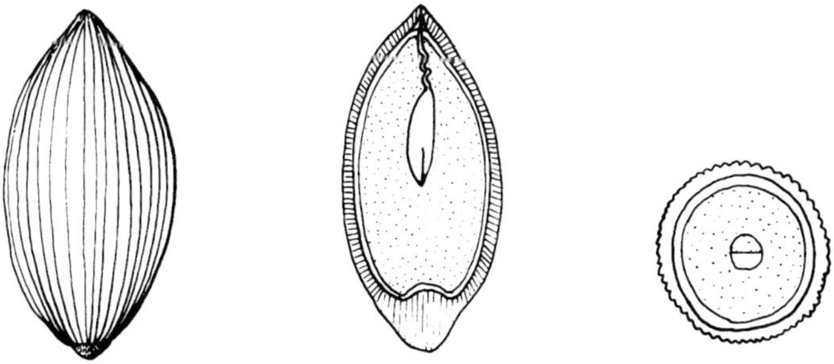

种子外形（有多数细纵棱）　　种子纵切面　　种子横切面

图81　大子买麻藤

# 第2篇

# 阔叶树

## （被子植物）

中国有阔叶树（被子植物）约8000种，分属291科。阔叶树的种子由胚珠发育形成，种皮一般分为外种 皮和内种皮，但有些植物，如蝶形花科等，其内珠被在种子形成过程中全部被吸收而消失，形成种子时一般只具一层种皮。

在林业生产实践中绝大部分树种产生的是真正意义上的种子，如蝶形花科、木兰科等；有些树种因果皮和种皮难于分离，果皮替代了种皮的保护功能，所谓的“种子”实际上是果实，如壳斗科、胡桃科等的坚果；也将一些树种的果核当作种子来处理，如桃、李及山茱萸科等的果核，而它们真正的种子在果核内，即俗称的种仁，如桃仁、杏仁等。

# · 杨梅科 MYRICACEAE ·

## 杨梅

*Myrica rubra* Sieb. et Zucc.

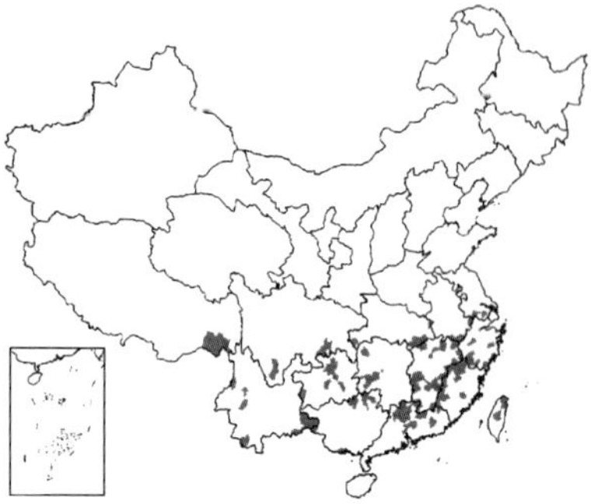

杨梅科，落叶乔木。

核果，外果皮具乳头状突起。

果核卵形、椭圆形或近球形，长8～15mm，宽6～10mm，先端钝尖，基部窄圆形，表面凹凸不平，有苍黄色绒毛状物。壁厚2mm，坚硬。种仁（种子）扁宽，倒卵形，长8～10mm，宽6～8mm。种皮淡褐色，膜质，有10条褐色纵条纹。子叶肥厚，油质，长8～10mm，先端平截；下胚轴及胚根长2～3mm，胚根朝向果核先端。无胚乳。

成熟期：6～7月。

产地：江苏、安徽、江西、湖北、湖南、福建、台湾、广东、广西、云南、四川、贵州等地。

种子千粒重：500～625g。

播种：湿沙层积越冬解除休眠，用种量100～140g/m$^2$。

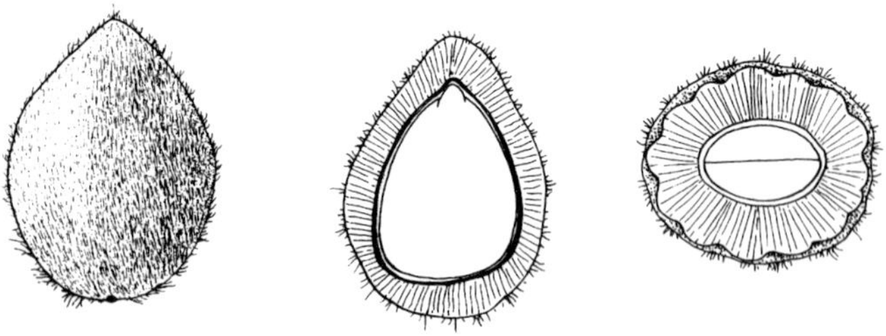

果实外形　　果实纵切面　　果实横切面

图82　杨　梅

# ·胡桃科 JUGLANDACEAE·

## 山核桃

*Carya cathayensis* Sarg.

胡桃科，落叶乔木。

坚果核果状，果皮四瓣裂。

果核宽卵形、近球形或宽倒卵形，长20～22mm，宽15～20mm，顶端具短尖，有残存花柱，基卵近圆形或微突起，表面褐色，有4条纵棱及雕刻状花纹。脑纹状子叶位于圆钝一端，近圆形，径约2mm。

成熟期：9～10月。

产地：浙江、安徽等地。

种子千粒重：3300～4500g。

播种：1～4℃低温层积30～150天，播前再用冷水浸种2～3天，用种量15～30粒/$m^2$。

果实外形

图83　山核桃

# 化香树

*Platycarya strobilacea* Sieb. et Zucc.

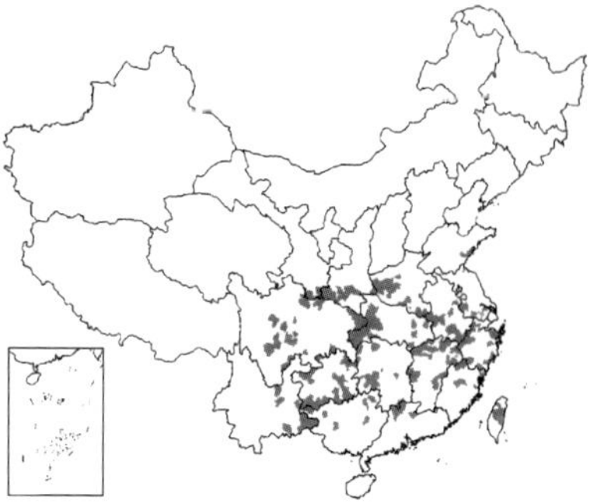

胡桃科，落叶乔木。

坚果带翅（彩图33），扁平，宽倒卵形，长4.5～6mm，宽4～5mm，厚约2mm，顶端凹缺，中央有残存花柱，基部深凹入，呈簸箕形，长1～5mm，宽1～2mm；两侧具窄翅，中上部翅宽约1～1.5mm，中下部翅较窄，背腹两面均凸起，在高倍解剖镜下可见肋状条纹，表面褐色，粗糙。

果核木质，厚约2mm。子叶长3mm，有皱纹，呈脑纹状，油质；胚根轴向种子较宽一端。无胚乳。

成熟期：10月。

产地：河南、陕西、江苏、安徽、江西、浙江、湖北、湖南、福建、台湾、广东、广西、云南、四川、贵州等地。

种子千粒重：7～9g。

播种：低温或自然变温层积30～90天，用种量25g/m$^2$。

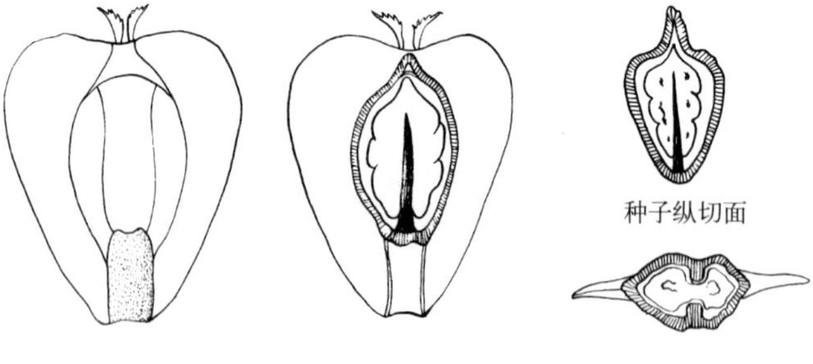


图84 化香树

# 枫 杨

*Pterocarya stenoptera* C. DC.

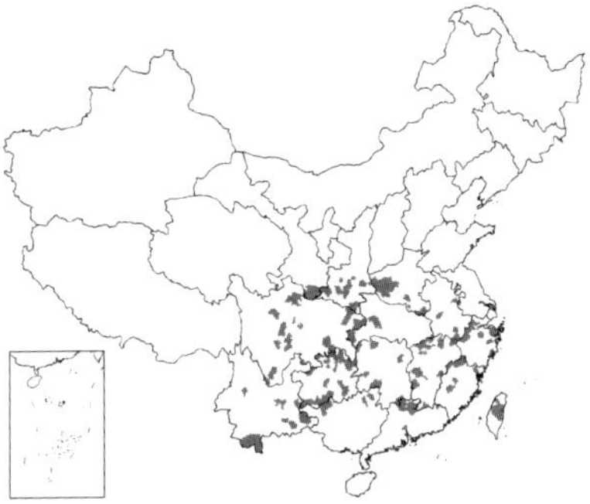

胡桃科，落叶乔木。

小坚果具条形翅，长15～20mm，宽5～6mm，两翅开展成60°～80°，黄褐色。

果核阔卵形或倒卵形，长8～12mm，宽5～7mm，先端渐尖，基部圆形，中央微凹陷，表面黑褐色，约有8条纵棱。果皮骨质，厚0.8～1mm，2～3宽。子叶脑纹状，油质。无胚乳。

成熟期：8～9月。

产地：陕西、河南、山东、江苏、安徽、江西、湖北、湖南、福建、台湾、广东、广西、云南、四川、贵州等地。

种子千粒重：80～100g。

播种：低温层积催芽，用种量20～30g/m²。

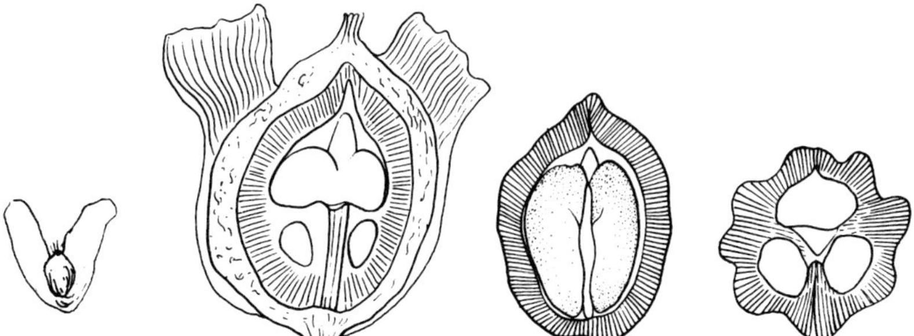

果实外形　果实纵切面　种子纵切面　种子横切面

图85　枫　杨

## 青钱柳

*Cyclocarya paliurus* Iljinsk.

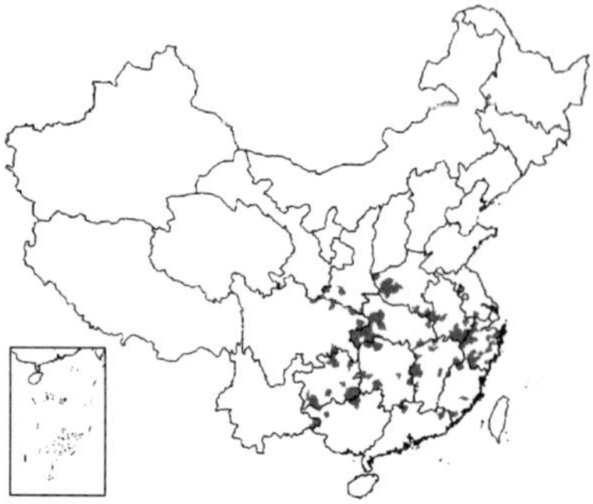

胡桃科，落叶乔木。

坚果周围具翅，近圆形，直径25～60mm，果翅薄革质，褐色，具脉纹，柔毛及株体边缘有大小不等缺刻；坚果短圆锥形，长6mm，宽8～10mm，先端有4个宿存花被及1花柱，果壁骨质，厚约1mm，2室。

种子“工”字形，长2～3mm，宽4～5mm，种皮褐色，子叶油质，胚根位于坚果上端。无胚乳。

成熟期：9月。

产地：陕西、江苏、安徽、江西、浙江、湖北、湖南、福建、台湾、广东、广西、云南、四川、贵州等地。

种子千粒重：200g。

播种：可将种子沙藏至第3年春播，用种量18～25g/m²。

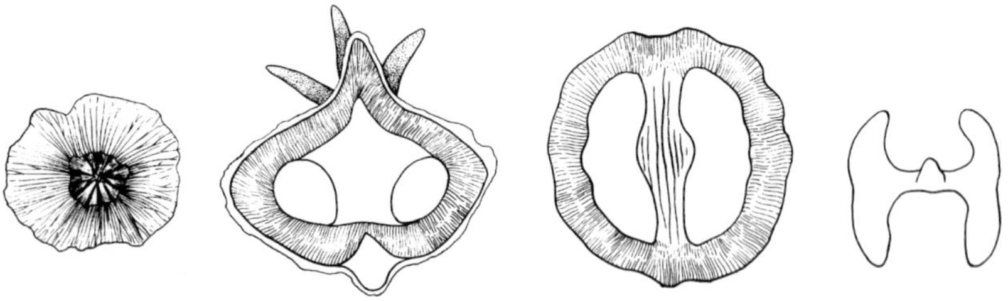

果实外形　果实纵切面　果实横切面　种子外形

图86　青钱柳

# 小核桃

*Juglans microcarpa* Berland. [*J.rupestris* Engelm.] 岩核桃

胡桃科，落叶乔木。

坚果核果状（彩图34），宽卵形，长35mm，径30mm，先端有小尖，基部圆，熟时茶褐色，密被短毛。

果核近球形，长20～25mm，径18～23mm，两端圆，果脐位于基部；表面黄褐色，有很多纵横构槽，形成雕刻状花纹，壁厚3～4mm，骨质，坚硬。种皮膜质，淡褐色。子叶脑状，油质；下胚轴及胚根位于顶部。无胚乳。

成熟期：10月。

产地：原产北美，北京植物园引栽。

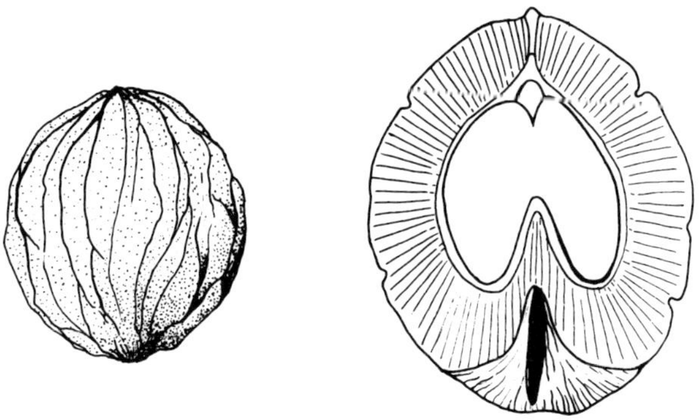

果实外形　　果实纵切面

图87　小核桃

# 核桃

*Juglans regia* Linn.

胡桃科，落叶乔木。

坚果核果状，卵形、椭圆形或近球形，长35～40mm，宽25～40mm。

果核先端有短突尖，基部圆形或平截，黄褐色，两侧各具一肋，表面有不规则纵向沟槽，沟槽间有细线状沟和凹坑，整个果皮呈不规则网格状。果皮厚1～3mm，内有2层木质隔膜。种子扁圆形，长宽2～3cm，脑状皱褶；种皮褐色，膜质，有深褐色脉纹。子叶充满整个种皮，下胚轴及胚根长10mm，均为白色，油质。胚变为黄色即为不良种子。无胚乳。

成熟期：9～10月。

产地：我国新疆、西藏有野生，辽宁以南广泛栽培。

种子千粒重：8000～19 680g。

播种：种子浸水吸胀后捞出摊晒，裂口后播种。用种量135g～210g/m²。

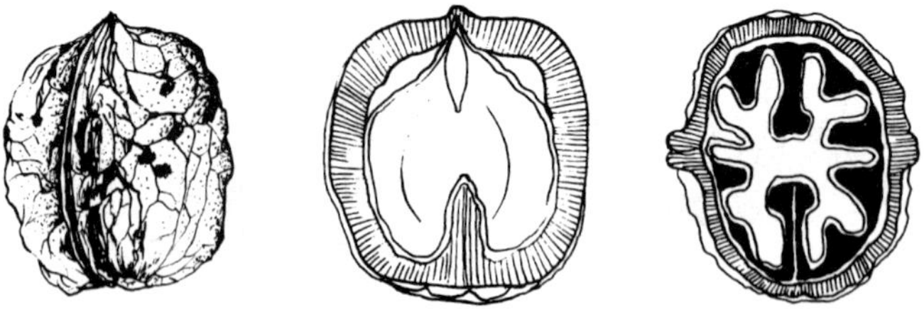

果实外形　　果实纵切面　　果实横切面

图88　核　桃

# 核桃楸

*Juglans mandshurica* Maxim.

胡桃科，落叶乔木。

坚果核果状（彩图 34），假果皮密被腺毛。

果核卵形或椭圆形，长 3.5～4.5cm，宽 3～4cm，先端有长锐尖，基部近圆形，暗褐色，有 8 条纵棱，其中 4 条从基部至顶端，表面有不规则雕刻状花纹。果皮厚约 1.5～2mm，内有木质隔膜。种子小，扁圆形，长约 2.5～3cm。子叶、胚根均为白色，油质。无胚乳。

成熟期：9 月。

产地：黑龙江、吉林、辽宁、内蒙古、河北、山西、河南、山东等地。

种子千粒重：7000～9900g。

播种：种子浸水吸胀后捞出摊晒，裂口后播种，用种量 112.5～150g/m$^2$。

果实外形

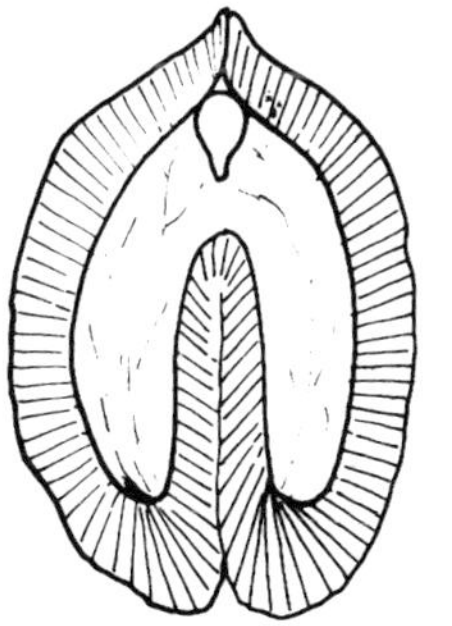

果实纵切面

图 89 核桃楸

# 黄杞

*Egelhardtia roxburghiana* Wall.

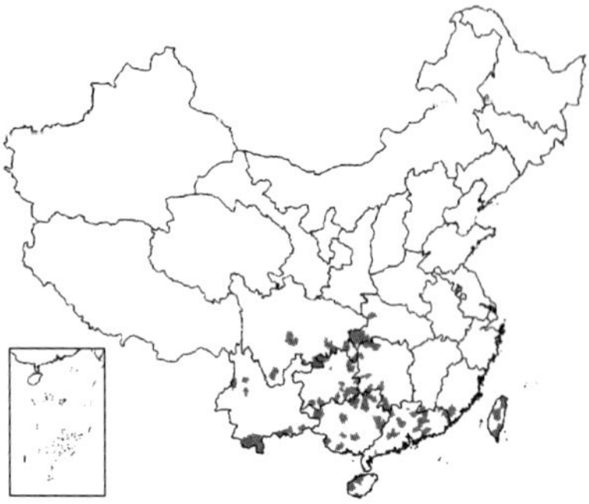

胡桃科，常绿乔木。

小坚果具3裂苞片，苞片叶状具羽状脉纹。

坚果宽卵形，长4.5mm，宽3.7～4mm，顶端渐尖，有密存花柱，基部钝尖，表面红褐色，有暗点，粗糙；果核圆形，径2mm，种厚0.2mm，木质，种子种皮膜质。胚宽卵形，长2～2.5mm，具脑纹状子叶，油质，胚轴向种子顶端。无胚乳。

成熟期：8～9月。

产地：湖南、福建、台湾、广东、广西、四川、贵州、云南等地。

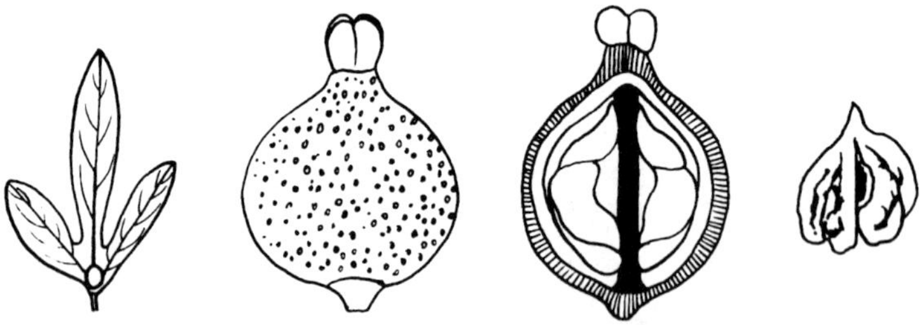

果实外形　　种子外形（示腺点及宿存花柱）　　种子纵切面　　胚

图90　黄　杞

# · 杨柳科 SALICACEAE ·

## 旱 柳

*Salix matsudana* Koidz.

杨柳科，落叶乔木。

蒴果长卵形，长 4～6mm，径 1.8～2mm，熟时黄白色，2 裂。

种子长椭圆形、倒卵状长椭圆形，长 1.2mm，宽 0.3～0.5mm，厚 0.3～0.5mm，深绿色。

成熟期：4～5 月。

产地：东北、华北、西北至淮海流域。为北方平原乡土树种。

种子千粒重：0.15～0.28g。

播种：用种量 0.8～1.2g/$m^2$。

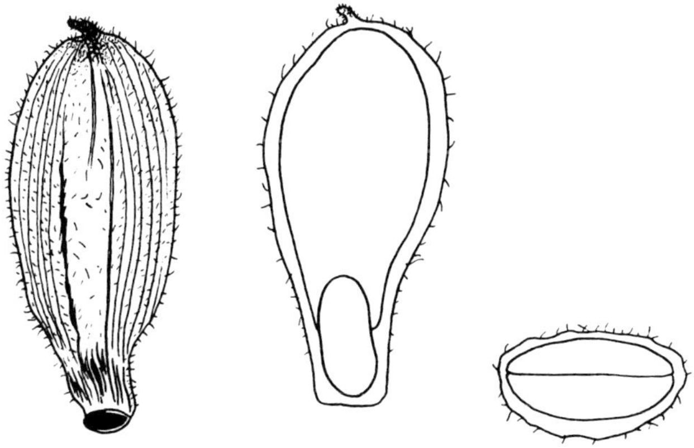

果实外形　　种子纵切面　　种子横切面

图 91　旱　柳

# 山杨

*Populus davidiana* Dode

杨柳科，落叶乔木。

蒴果卵圆锥形，长5mm，2裂。

种子圆形至倒卵形，很小，长1～1.3mm，宽0.5～0.8mm，厚0.5～0.6mm；顶端钝圆或微凹，基部渐窄，其一侧常有一条微突起棱线。种皮薄而透明，灰白色，被短柔毛。子叶扁平，淡黄色，长0.5mm。

成熟期：4～5月。

产地：东北、华北、西北、华中至西南高山地区。

种子千粒重：0.36～0.42g。

播种：用种量0.6～0.9g/m²。

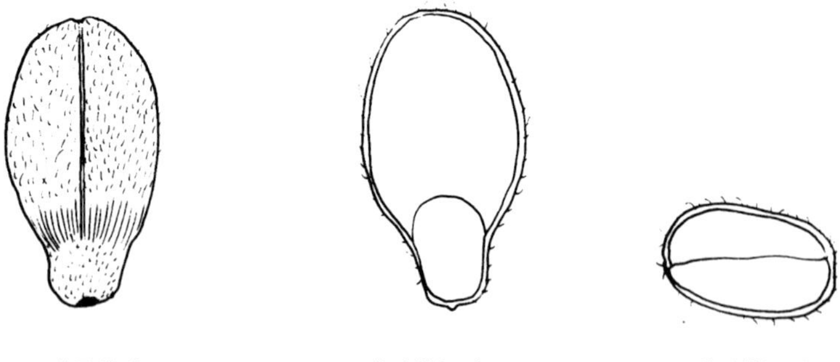


图92　山　杨

# 钻天杨

*Populus nigra* var. *italica* (Moench) Koehne

杨柳科，落叶乔木。

蒴果卵形，长6mm，径4mm，熟时黄绿色，2裂，种子多数。

种子长倒卵形，长3mm，宽1.3mm，厚0.8mm，顶端近圆形或有极短尖，基部渐窄；种脐长圆形。种皮乳白色至淡黄色，膜质，平滑或有极短毛。子叶扁平，长椭圆形，长2.5mm，宽1.5mm，淡黄色；下胚轴胚根位于下端，长约1mm，宽0.06mm，淡黄色。无胚乳。

成熟期：5月。

产地：原产意大利。我国西北和华北等地有栽培。

种子千粒重：0.18g。

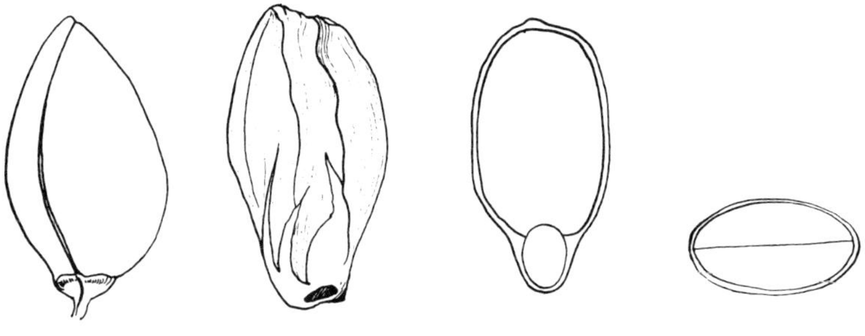

果实外形　种子外形　种子纵切面　种子横切面

图93　钻天杨

# 青杨

*Populus cathayana* Rehd.

杨柳科，落叶乔木。

蒴果卵圆形，长6～7mm，径5～6mm，熟时黄绿色，3～4裂，种子多数。

种子长倒卵形至圆柱形，长3～3.5mm，宽1～1.3mm，厚约1mm，顶端短尖或突起；种脐圆形，褐色。种皮乳白色或淡黄色，膜质，有极短毛。子叶扁平，长椭圆形，长2.5～3mm，宽1～1.5mm，黄绿色；下胚轴及胚根位于下端，长约1mm，宽0.1mm，黄绿色。无胚乳。

成熟期：6～7月。

产地：东北、华北、西北、华东、华中至西南各地。

种子千粒重：0.2g。

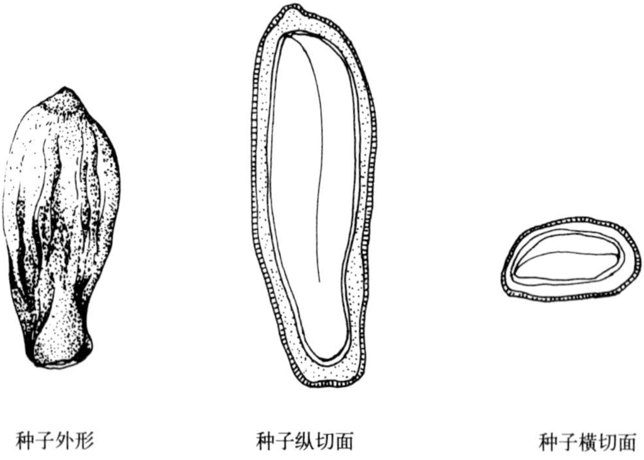

种子外形　　种子纵切面　　种子横切面

图94　青　杨

# 加 杨

*Populus canadensis* Meoch.

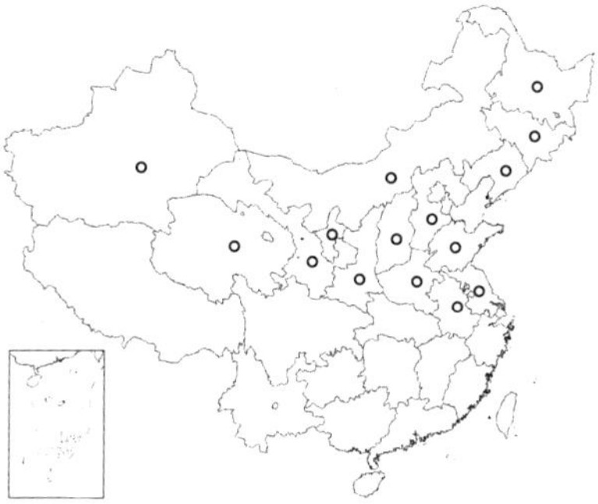

杨柳科，落叶乔木。

蒴果卵形，长约6～7mm，宽约4mm，2裂，种子多数。

种子倒卵状圆柱形，长2.5～3mm，宽1～1.3mm，厚0.6～0.8mm，顶端有短突起；种脐近圆形，深褐色。种皮薄，外种皮黄白色，散生短柔毛，顶部短尖处有极密白色柔毛；内种皮白色，膜质。子叶2，扁平，淡黄绿色；下胚轴与胚根长约1mm，宽0.08～1mm，淡黄绿色。无胚乳。

成熟期：5月。

产地：原产美洲东部。在我国西北、华北和东北广泛栽培。

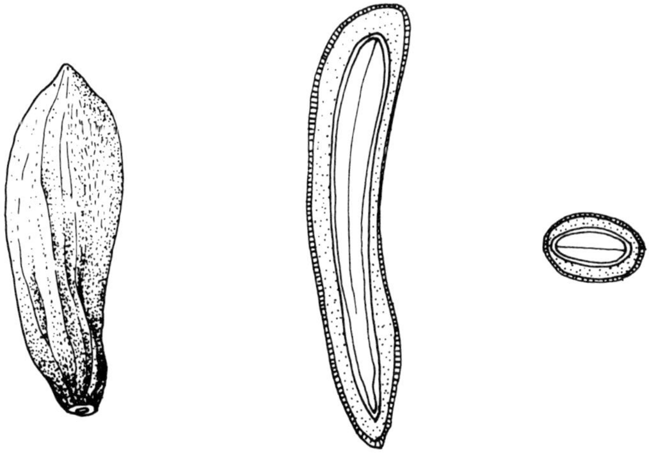

种子外形　　种子纵切面　　种子横切面

图95　加　杨

# 小叶杨

*Populus simonii* Carr.

杨柳科，落叶乔木。

蒴果卵形，长约7mm，宽约3.5mm，2裂，种子多数。

种子倒卵状椭圆形，长2.5～3mm，宽1～1.3mm，厚0.6～0.8mm，顶端有短尖，基部渐窄。种脐近圆形，深褐色。种皮薄，外种皮淡褐黄色，散生短柔毛，顶部短尖处有极密白色柔毛；内种皮白色，膜质。子叶2，扁平，淡黄色；下胚轴及胚根长约1mm，宽0.4mm，淡黄色。无胚乳。

成熟期：4～6月。

产地：东北、华北、西北、华东、华中至西南各地。

种子千粒重：0.3～0.5g。

播种：用种量0.375～1.5g/$m^2$。

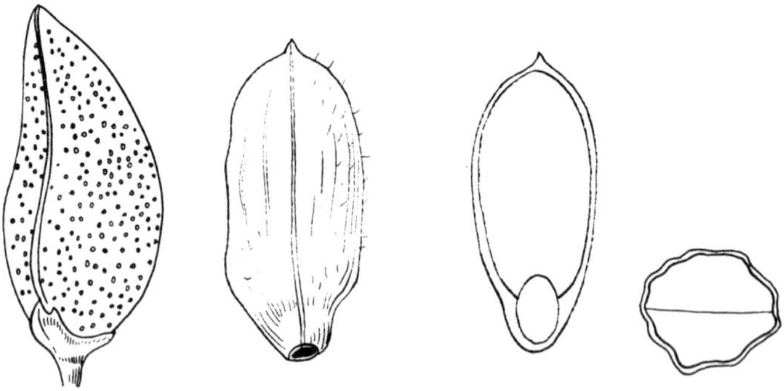

果实外形　　种子外形　　种子纵切面　　种子横切面

图96　小叶杨

# ·桦木科 BETULACEAE·

## 台湾桤木

*Alnus formosana* Makino

桦木科，落叶乔木。

小坚果扁平，倒卵形或宽倒卵形，两侧具翅，连翅长3～4mm，宽2～3mm，厚约0.5mm，顶端凹缺，常有残存2枚花柱，基部渐窄，呈截形或微凹，两侧翅薄纸质，宽约0.5～0.8mm，背面孤形，有5～6条细纵棱，腹面平坦，外壁及翅均灰白色。

种子（坚果）种脐位于种子较窄一端，褐色，宽约0.5mm。种皮薄，厚不及0.1mm；内种皮膜质。直胚，子叶椭圆形，长2mm，宽1.3mm，白色，油质；下胚轴及胚根长约1mm，胚根轴向种子顶端。无胚乳。

成熟期：11月。

产地：台湾等地。

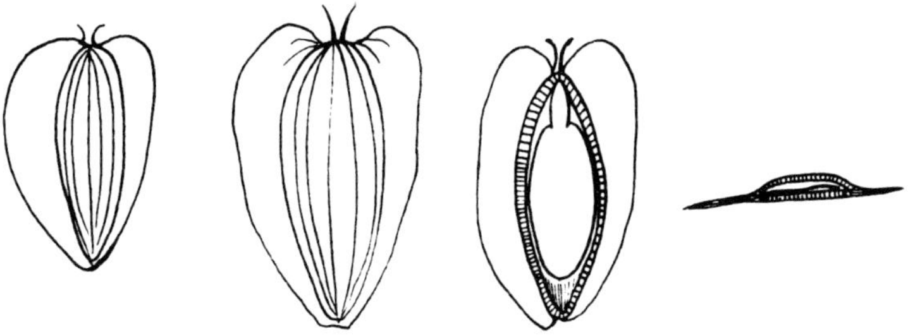

种子外形　　种子纵切面　　种子横切面

图97　台湾桤木

# 桤木

*Alnus cremastogyne* Burkill

桦木科，落叶乔木。

小坚果具翅，连翅扁平椭圆形，长4.0～4.5mm，宽2.5～3.5mm，厚不足0.5mm，先端有2枚宿存花柱，基部渐窄或截形，翅宽0.8～1.0mm，白色，膜质。

种子（坚果）长椭圆形，两端渐窄，种皮薄，厚不及0.1mm。子叶长椭圆形，长约2mm，宽1～1.5mm，白色，油质；下胚轴及胚根长0.5mm，白色，朝向种子先端。无胚乳。

成熟期：11月。

产地：四川、贵州、甘肃、陕西、湖南、湖北、安徽、江西、江苏、广东等地。

种子千粒重：0.3～2.2g。

播种：用种量4～5g/m$^2$。

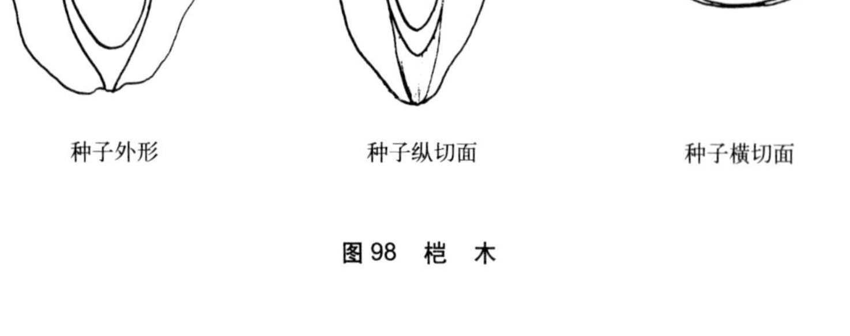

种子外形　　种子纵切面　　种子横切面

图98　桤　木

# 黄桦

*Betula costata* Trautv.

桦木科，落叶乔木。

果苞长6mm，宽4mm，中裂片，宽倒披针形，长3mm，宽1mm，先端渐尖，侧裂片长1mm，斜上升或下弯，顶苞片背面褐色，顶端有绒毛，腹面黄褐色，无毛。

种子（坚果）扁平椭圆形，长2～2.5mm，宽1.5mm，厚不足0.5mm，栗褐色，无毛，仅上部有绒毛，顶端有宿存花柱，两侧有膜质翅，宽约1mm；子叶白色，胚根白色，长0.5mm。

成熟期：8～9月。

产地：黑龙江、吉林、辽宁、河北等地。

种子千粒重：0.6～0.9g。

播种：播前10～20天用始温30℃水浸种24小时，捞出控干后混以2倍体积的河沙，在15～20℃下保持湿润，经常翻动，用种量5～6g/m$^2$。

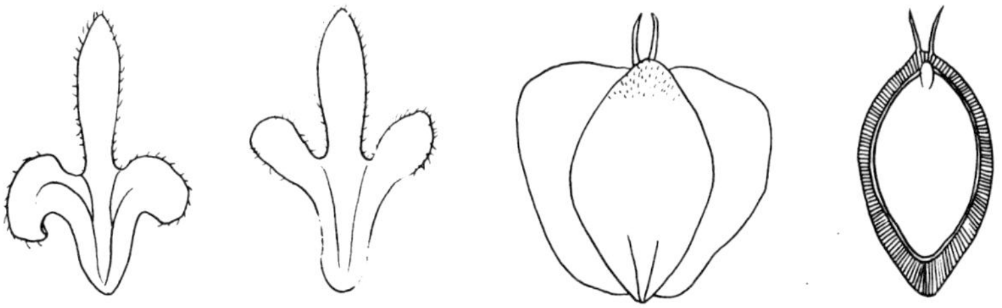


图99 黄 桦

# 坚桦

*Betula chinensis* Maxim.

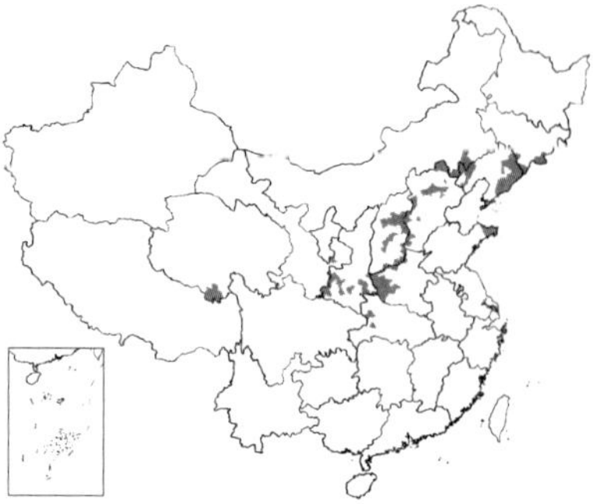

桦木科，落叶小乔木至乔木。

果苞长6mm，宽2.5mm，中裂片窄长，长3mm，宽0.6mm，顶端圆钝，两侧裂片长1mm，斜向上，背面褐色，顶端有腺毛和柔毛，腹面黄褐色，无毛。

种子（坚果）扁平宽椭圆形至宽卵形（彩图35），长3mm，宽2mm，厚0.5mm，顶端渐尖，基部圆形或平截，上部有绒毛，有宿存花柱，果翅很窄，宽0.1～0.2mm。子叶白色；胚根白色，长0.2mm。

成熟期：8月。

产地：辽宁、河北、河南、山东、山西、陕西等地。

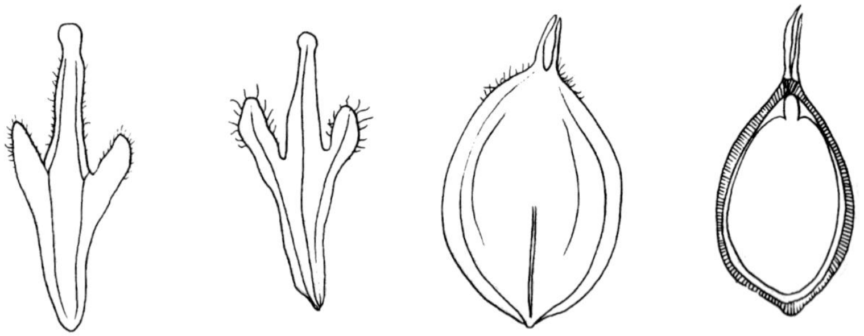


图100 坚 桦

# 白桦

*Betula platyphylla* Suk.

桦木科，落叶乔木。

果苞长4mm，宽5mm，3裂，中裂片三角状卵形，长1.5～2mm，2侧裂片大小与中裂片近等大，略向下弯曲，背面绿褐色，无毛，腹面淡黄褐色，有微柔毛。

种子（坚果）扁平长倒卵形（彩图36），长2～2.3mm，宽1.3～1.6mm，厚约1mm，黄褐色，顶端有微柔毛，有2枚宿存花柱，果皮厚0.1mm，两侧有膜质翅几与小坚果等宽。种子种皮淡褐色，膜质。子叶白色；胚根白色，长0.5mm。

成熟期：8～9月。

产地：黑龙江、吉林、辽宁、内蒙古、河北、山西、陕西、河南、宁夏、甘肃、青海、西藏、四川、云南等地。

种子千粒重：0.27～0.4g。

播种：播前10～20天用始温30℃水浸种24小时，捞出控干后混以2倍体积的河沙，在15～20℃下保持湿润，经常翻动，用种量4～5g/m$^2$。

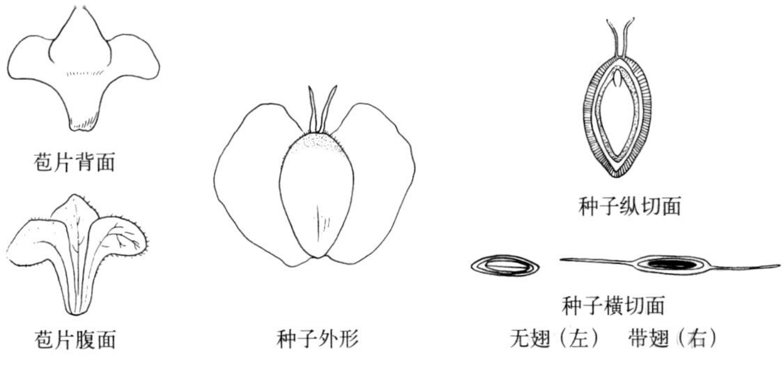


图101 白 桦

# 黑桦

*Betula dahurica* Pall.

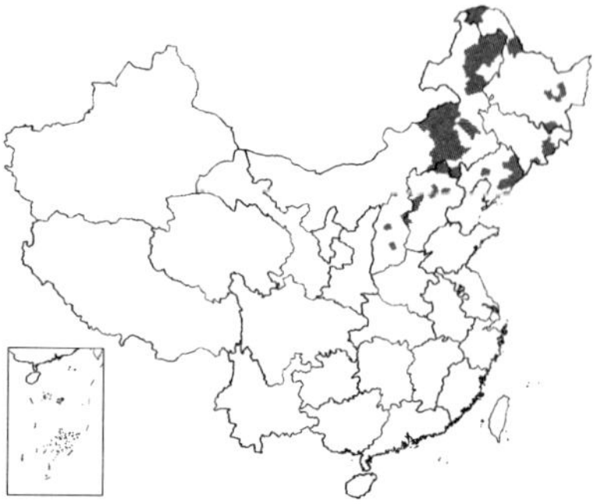

桦木科，果苞长6mm，宽3.5～4mm，中裂片长2～2.5mm，侧裂片略与中裂片等长但较宽，斜向上，背面被腺体，裂片顶端被白色微绒毛，腹面下段褐色，上段茶褐色，无毛。小坚果扁平倒卵状椭圆形，长约3.5mm，宽约2mm，厚不足1mm，先端窄圆形，基部楔形，栗褐色，顶端有白色绒毛，顶端有2枚宿存花柱，两侧有膜质翅，翅宽约1mm。

种子椭圆形，长2.2mm，宽1.8mm，厚不及0.5mm，两端渐尖；种皮淡褐色。子叶白色，胚根长0.3～0.5mm，白色。

成熟期：9月。

产地：黑龙江、吉林、辽宁、内蒙古、河北等地。

种子千粒重：0.7～1.0g。

播种：播前10～20天用始温30℃水浸种24小时，捞出控干后混以2倍体积的河沙，在15～20℃下保持湿润，经常翻动，用种量5～8g/m²。

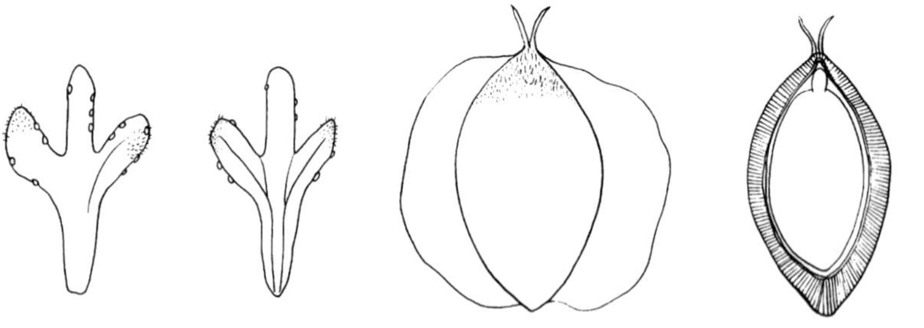


图102 黑 桦

# ·榛科 CORYLACEAE·

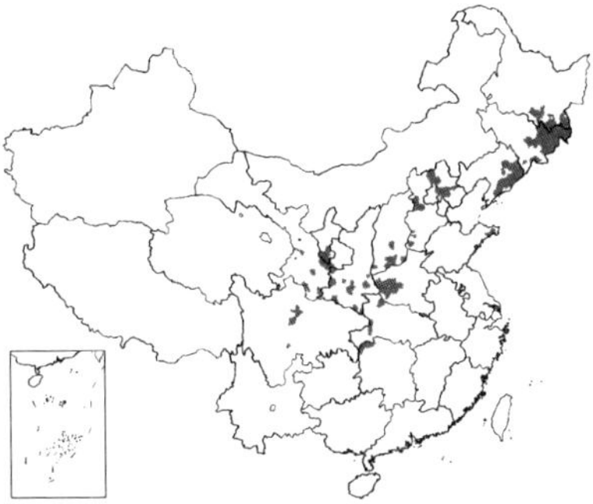

## 千金榆

*Carpinus cordata* Blume

榛科，落叶乔木。

小坚果生于叶状果苞内(彩图37)，果苞近卵形，长3.5cm，宽2.2cm，薄纸质，具6条纵脉及网脉，上部边缘两侧有锯齿，下部两侧边缘反折，无毛。坚果长卵形，长5～5.5mm，宽2.5～3mm，略扁，每顶端基部近圆形；果皮深褐色，有5～6条褐色纵肋，无毛，内果皮褐色，纤维质。

种子倒卵形，长约3.5mm，宽约2mm，略扁平。种皮鲜黄色，有淡黄色弯曲肋纹，无毛，有光泽。胚为鲜黄色。

成熟期：9～10月。

产地：黑龙江、吉林、辽宁、内蒙古、河北、陕西、山西、甘肃、宁夏、河南和山东等地。

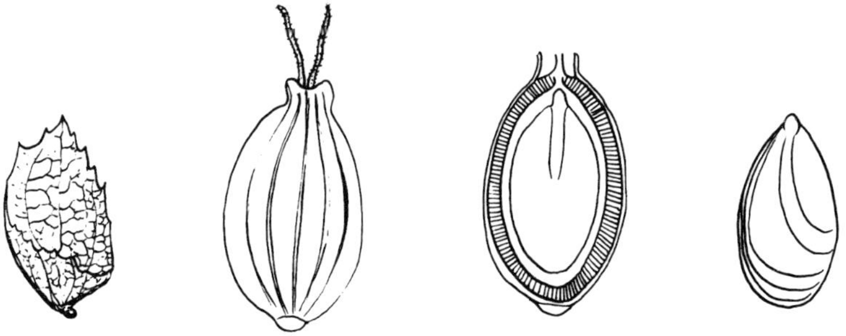

苞片　　坚果外形　　坚果纵切面　　胚

图 103　千金榆

# 鹅耳枥

*Carpinus turczaninowii* Hance

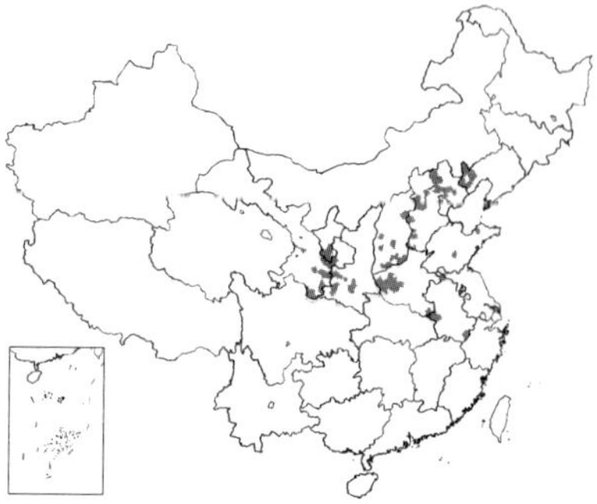

榛科，落叶乔木。

小坚果生于叶状苞片内，苞片长1.8cm，宽1cm，一侧有锯齿，基部一侧反折，半包果实，苞片绿色具网脉。小坚果卵形，长约5mm，宽约3.5mm，略扁，顶部宿萼呈齿状，外壁暗绿色有约10条纵肋。近顶端有黑色腺点和疏毛，宿存柱头2。

种子卵形或宽卵形，长3～3.5mm，宽1.5～2mm，厚约2mm。种皮浅黄色，膜质，有黄色弯曲条纹。子叶白色，一边向内反折，油质；胚轴及胚根长约1mm，淡黄色。

成熟期：11月。

产地：辽宁、河北、河南、山西、陕西、甘肃、山东、江苏等地。

种子千粒重：8.5g。

播种：低温层积处理后再用18～25℃的高温进行催芽。

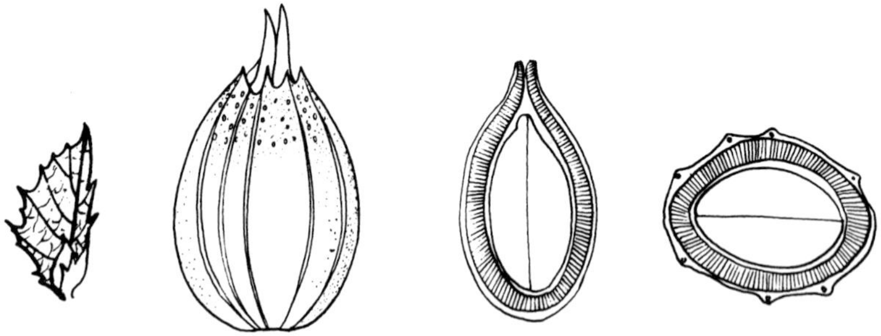

苞片　　坚果外形　　坚果纵切面　　坚果横切面

图104　鹅耳枥

# 铁木

*Ostrya japonica* Sarg.

榛科，落叶乔木。

小坚果生于全封闭囊状总苞内，总苞长椭圆形，长13～17mm，宽5.5～6mm，厚2～3mm，两端渐尖，薄纸质或膜质淡褐色，每面有深褐色纵肋3条及网脉，被稀疏微柔毛。小坚果卵形，长约6mm，宽约3mm，厚约2mm，淡绿色，顶端有宿存花萼，被疏毛，基部圆形，每面有绿色纵肋5条，无毛。

成熟期：10月。

产地：河北、河南、山西、陕西、甘肃、湖北、四川等地。

种子千粒重：11.9g。

播种：可在10月采种后剪破果苞，用150 μg/g赤霉素浸泡36小时，随即播种，也可经过层积处理后翌春播种。

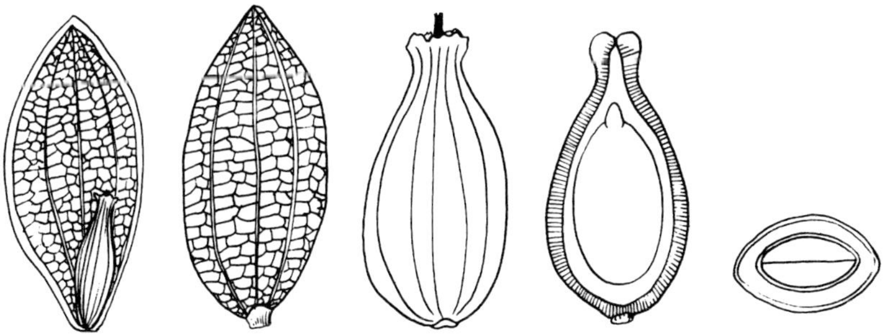


图105 铁 木

# 虎榛

*Ostryopsis davidiana* Decne.

榛科，落叶灌木。

总苞束状，革质，全包小坚果。

小坚果长卵形（彩图38），长4～5mm，径约4mm，连宿存花萼长8～9mm，先端渐尖，有白色宿萼和2裂花柱，基部圆形，果皮有10～12条细纵棱，被短柔毛，果皮3层，外果皮薄，中果皮较厚，内果皮海绵质褐色，无毛。

种子宽卵形，长宽各约3mm。种皮褐色，膜质，无毛。子叶白色，胚根椭圆形，长0.5mm，白色；种子含油脂。无胚乳。

成熟期：6～7月。

产地：辽宁、内蒙古、宁夏、甘肃、山西、四川等地。

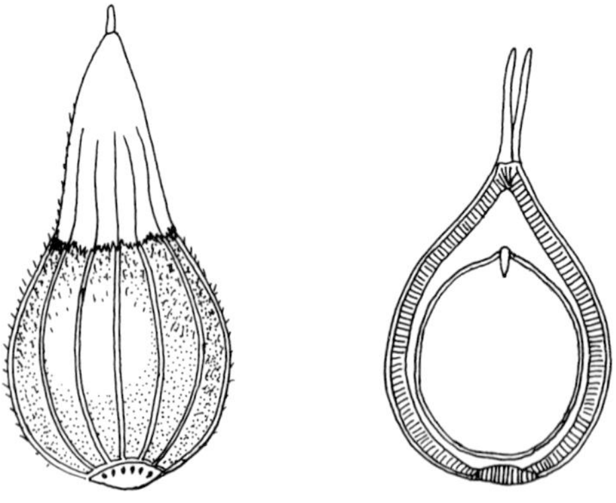

坚果外形　　坚果纵切面

图106　虎　榛

# 毛 榛

*Corylus mandshurica* Maxim.

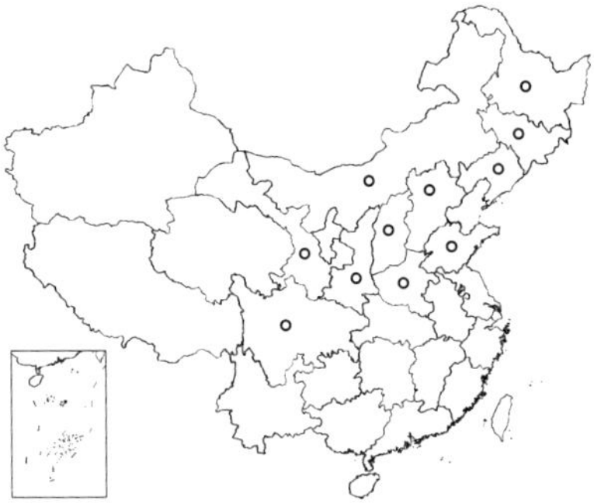

榛科，落叶灌木。

坚果具长管状总苞，圆锥状卵形，长1.6～1.8mm，径1.3～1.6mm，先端渐尖，顶部密被淡黄色绢毛，基部近圆形，果皮栗褐色，有纵向细线状棱，被灰白色短绒毛，果皮分3层，外果皮薄，厚0.3mm，骨质，中果皮木质，厚1mm，内果皮纤维质，褐色，无毛。果脐微凸起，直径与果径近相等。

种子卵状圆锥形，长1.2～1.4cm，径8～10mm，先端渐尖，基部圆形。种皮浅黄色，膜质，有叶脉状花纹。子叶肥厚，油质，白色；胚根白色，长1～1.5mm。无胚乳。

成熟期：8～9月。

产地：黑龙江、吉林、辽宁、内蒙古、河北、河南、山西、陕西、甘肃、山东、四川等地。

种子千粒重：650～970g。

播种：可于播前3个月将种子水浸4～5天，混沙后置于15～25℃温度下1个月，再转入0～5℃下2个月，播前再晒2～3小时，用种量67.5～150g/$m^2$。

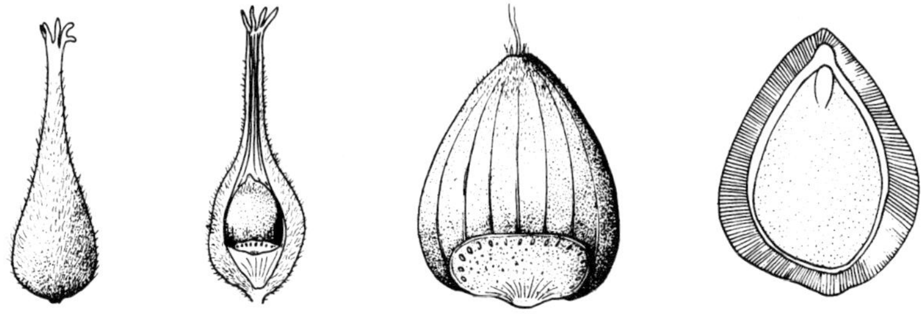

管状总苞　管状总芭纵切面（示坚果外形）　坚果外形　坚果纵切面

图107　毛　榛

# 榛

*Corylus heterophylla* Fisch.

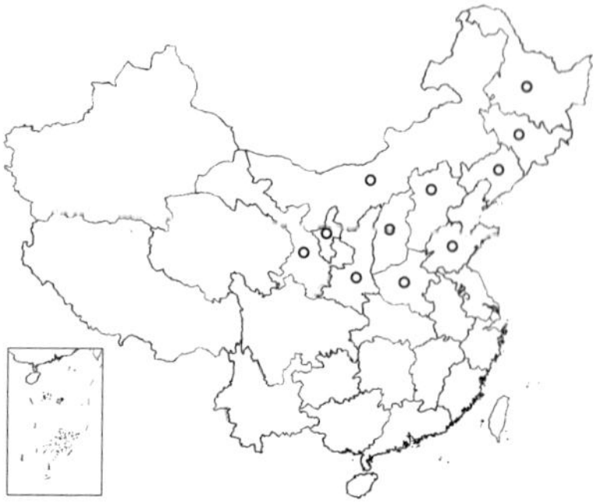

榛科，落叶灌木。

坚果具钟状总苞，扁球形或3棱状扁球形，长1.5～1.8cm，径1.7～2.0cm，先端平，中央微突尖，被短柔毛，果皮3层，外果皮栗褐色，很薄，紧贴中果皮，有细纵棱，被白色细绒毛，中果皮木质，厚1.5～2mm，内果皮咖啡色，纤维质，无毛。果脐与果径几等大，略呈三角形或不规则圆形，平或中央微突起。

种子宽卵形或长卵形，长1.2～1.5cm，宽约1.2～1.8cm。种皮褐色，无毛，有曲折纵条纹。子叶白色，肥厚、油质；胚根位于种子上端，长1～2mm。无胚乳。

成熟期：9月。

产地：黑龙江、吉林、辽宁、内蒙古、河北、河南、山西、陕西、宁夏、甘肃、山东等地。

种子千粒重：1000～1280g。

播种：可于播前3个月将种子水浸4～5天，混沙后置于15～25℃温度下1个月，再转入0～5℃下2个月，播前再晒2～3小时，用种量67.5～150g/m$^2$。

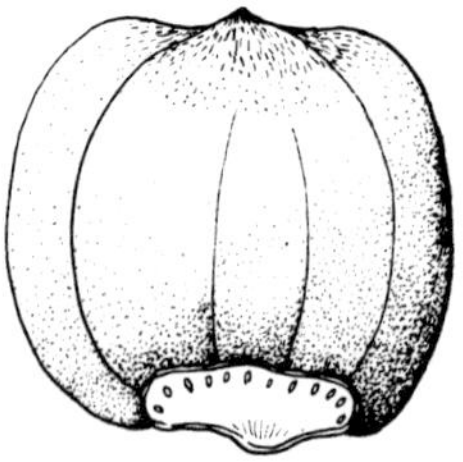

坚果外形

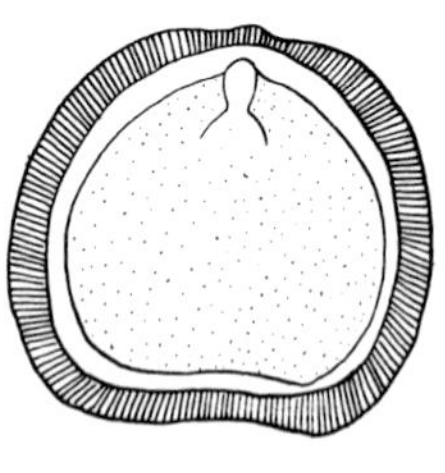

坚果纵切面

图108 榛

# 华榛

*Corylus chinensis* Franch.山白果

榛科，落叶乔木。

坚果具管状总苞，总苞外面被腺毛。果实宽椭圆形或宽卵形，长14～17mm，宽15～18，先端圆钝，微有小尖头，周围有短绒毛，基部圆形，约在果长1/2以下为果脐，果皮与果脐交界处有明显棱线，果皮淡褐色，厚2～3mm，坚硬，平滑，除顶端外均无毛；果脐较果皮颜色深，上缘有14～18个小凹坑，凹坑以下有纵条纹，并向果脐下部收缩，内壁无毛。

种子宽卵形，长宽各10～12mm，背腹面有浅沟槽。种皮膜质，黄褐色，有细脉纹。子叶充满种皮肉质，白色略带黄色，油质；下胚轴及胚根椭圆形，长约1.5mm，与子叶同色。无胚乳。

成熟期：9～10月。

产地：云南、四川、贵州、湖北、湖南等地。

坚果外形

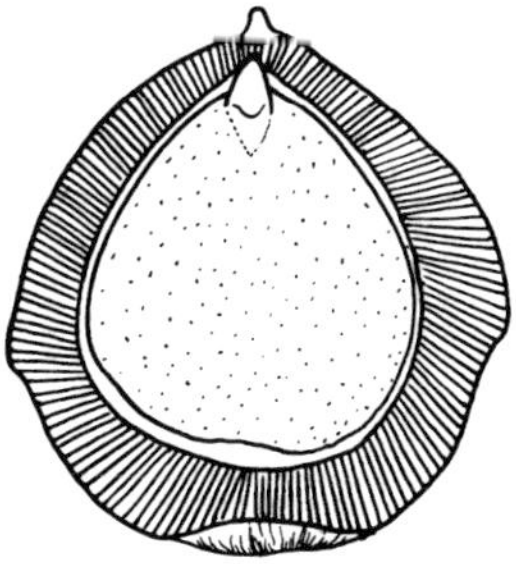

坚果纵切面

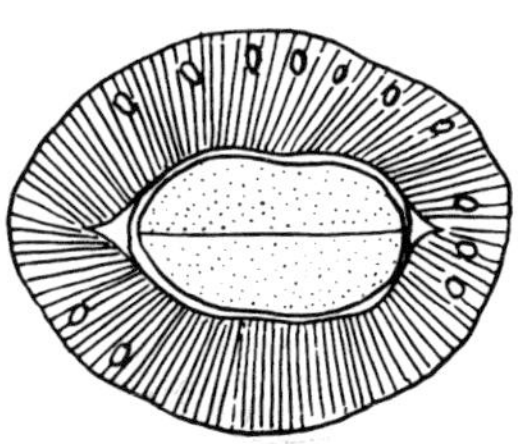

坚果横切面

图109 华 榛

# ·壳斗科 FAGACEAE·

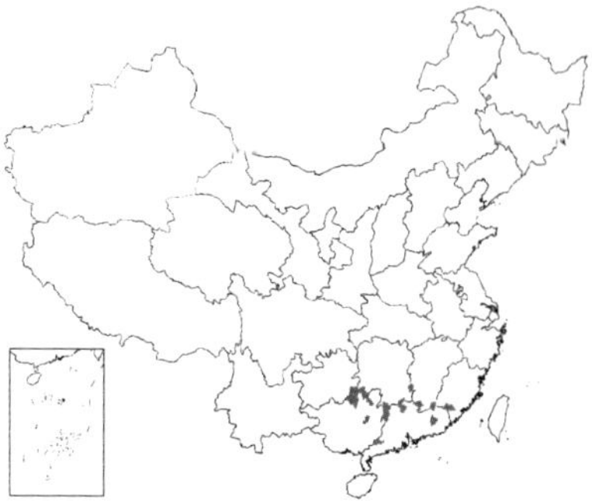

## 粤桂柯

*Lithocarpus calophyllus* Chun 美叶石栎

壳斗科，常绿乔木。

壳斗碟形，包着坚果基部，直径约15mm，外壁为三角形鳞片，覆瓦状排列，被绒毛。

坚果宽卵形或近球形，长1.5～2cm、宽16～19mm，先端圆，有小尖头，基部果略凹入；果脐直径约10mm，深约1mm，淡褐色，约有紫褐色维管束痕迹。果皮褐色，无毛，有白粉，厚1.5～2mm，内壁有疏毛。

种子宽卵形，充满果内。种皮褐色，膜质。子叶肥厚，肉质，有纵棱，淡褐色；下胚轴及胚根长2～3mm。无胚乳。

成熟期：7～9月。

产地：广东、广西等地。

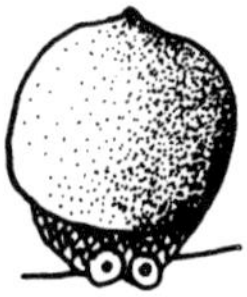

坚果外形

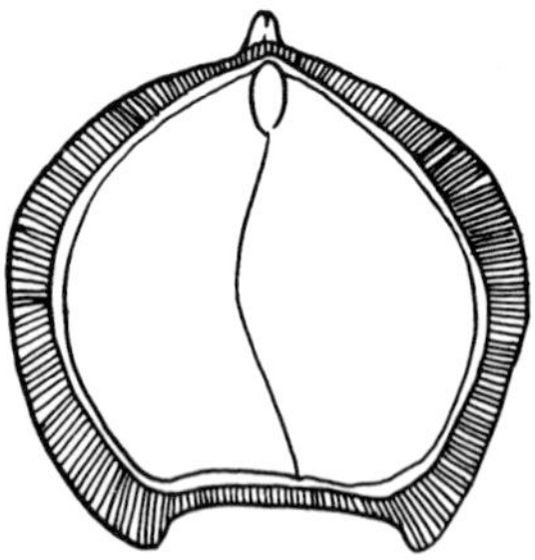

种子纵切面

**图110　粤桂柯**

# 多穗石栎

*Lithocarpus polystachyus* Rehd.
[*L. litseifolius* (Hance) Chun]

壳斗科，常绿乔木。

壳斗外有2个不发育壳斗，发育壳斗盘形，口径 18～20mm，高约 6～8mm，包着坚果基部，中央圆盘状突起，外壁三角形鳞片覆瓦状排列。壳斗无柄。

坚果卵形，长 20～25mm，宽 19～20mm，先端渐尖，有宿存短花柱，基部平截；果脐凹入，近圆形，径约 10mm，凹入深度约 1.5mm。果皮熟时褐色，有白粉，厚约 1mm，木质坚硬，内壁无毛。

种子充满果内。种皮淡褐色，膜质。子叶肥厚，白色；下胚轴胚根位于顶端，长约 2mm。无胚乳。

成熟期：5～9 月。

产地：长江以南各地。

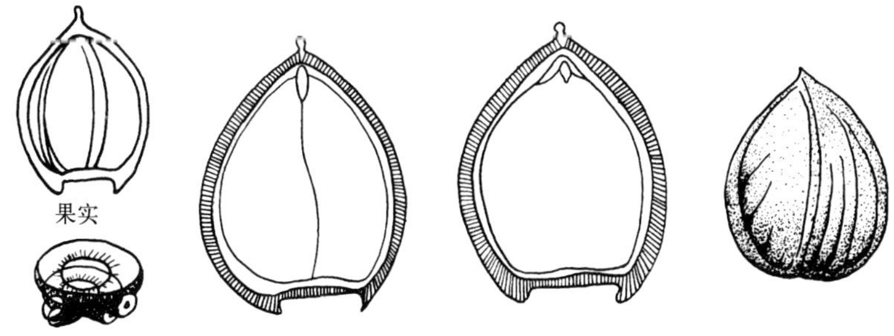

果实

示 2 个不发育壳斗　　坚果纵切面　　坚果纵切面（腹）　　种子外形

图 111　多穗石栎

## 罴蒴栲

*Castanopsis fissa* (Champ.) Rehd. et Wils.

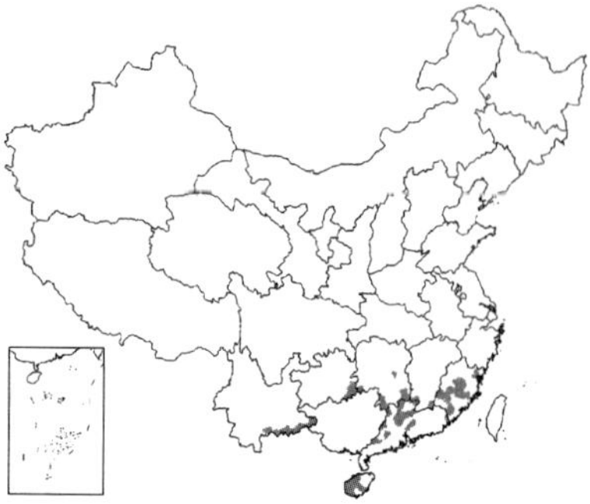

壳斗科，常绿乔木。

壳斗几全包坚果，熟时顶端芽破裂，稀包4/5～1/2。壳斗外壁密被灰白色短绒毛，小苞片三角形，下部连生成5～7条环带。

坚果椭圆形或宽椭圆形，连壳斗长13～22mm，宽12～20mm，先端渐尖，基部平截或微凹，上部略呈3棱形；果脐位于平截一端，比坚果基部略小，微凹近圆形，厚约1mm。果皮木质，内壁有长段状毛。

种皮膜质，紫红色。子叶呈脑纹状，间以紫红色，充满种皮内；下胚轴及胚根长约2mm，白色，位于种子顶端。无胚乳。

成熟期：10～12月。

产地：广东、广西、江西、福建、湖南、贵州、云南和海南等地。

种子千粒重：1400～2000g。

播种：混沙湿藏越冬，用种量190～230g/m$^2$。

# 苦槠

*Castanospsis sclerophylla* (Lindl.) Schott.

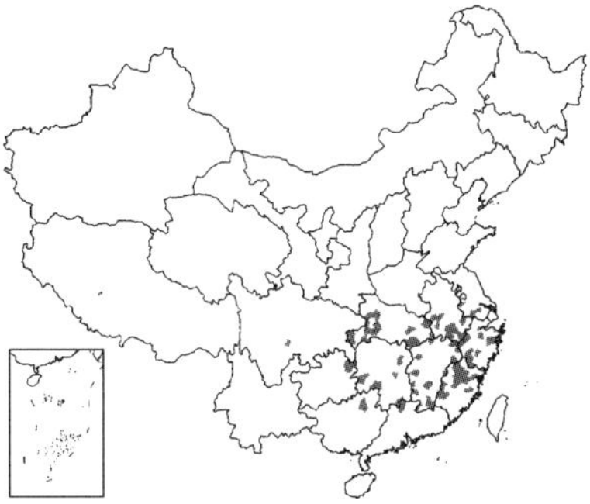

壳斗科，常绿乔木。

壳斗单生，杯形，包着坚果4/5，高约15mm，口径15mm，熟时先端2～3裂，外壁被5～7环形之瘤状小苞片，密被灰色绒毛，壳斗内壁密被黄色绒毛。

坚果宽卵形，长12～14mm，径10～13mm，先端圆，有短柱座及3柱头，基部平坦；果脐略小于果径，黄褐色，平坦。果皮褐色，厚约0.3mm，木质，有细纵棱，密被黄褐色短绒毛，内壁有疏毛。

种子宽卵形，长8～11mm，宽10～12mm，先端圆，基部平。种皮膜质，褐色，有深褐色纵条纹，无毛。子叶肥厚肉质，不等大，淡褐色，淀粉质；下胚轴及胚根位于坚果中部以下或近脐部，长约2mm，微弯曲，先端紫黑色，有时可穿过果皮微显露在叶面。无胚乳。

成熟期：9～11月。

产地：江苏、浙江、福建、广东、广西、江西、安徽、湖南和湖北等地。

种子千粒重：1000～1400g。

播种：混沙湿藏越冬，用种量180～250g/$m^2$。

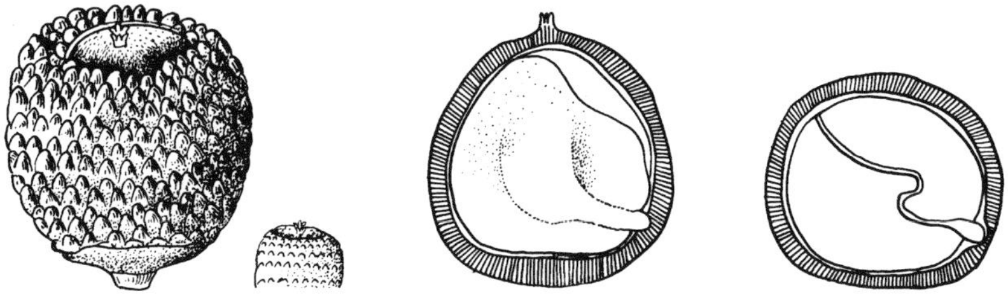

果实外形（带壳斗）　　坚果纵切面　　坚果横切面

图112 苦 槠

# 小果栲

*Castanopsis fleuryi* Hick. et A.Camus

壳斗科，常绿乔木。

壳斗卵形，长10～14mm，宽9～13mm，厚约0.2mm，全包坚果，先端渐尖，基部近圆形，背面中部以上具3～4环短刺，刺长约1～4mm，中下部有不连续2环小突起，灰褐色，刺及壳斗外壁均被短绒毛。内壁被白色绒毛。每壳斗1坚果。

坚果宽卵状圆锥形，长10～13mm，宽8～12mm，先端渐尖，基部平坦或微突起；果脐疤痕位于基部，椭圆形，与果径等大或略小于果径，淡褐色，粗糙。果皮栗褐色，有细纵条纹，被疏短绒毛，厚约0.5mm，内壁被短绒毛。

种子宽卵形，长10～13mm，宽8～11mm，先端渐尖。种皮褐色，膜质，有脉纹。子叶肥厚，淀粉质，白色；下胚轴及胚根椭圆形，长约1.5mm，淡黄色，位于坚果顶部。无胚乳。

成熟期：10～11月。

产地：云南等地。

果实外形（带壳斗）　　坚果纵切面　　坚果横切面

图113　小果栲

# 饭甑青冈

*Cyclobalanopsis fleuryi* (Hick. et A. Camus) Chun

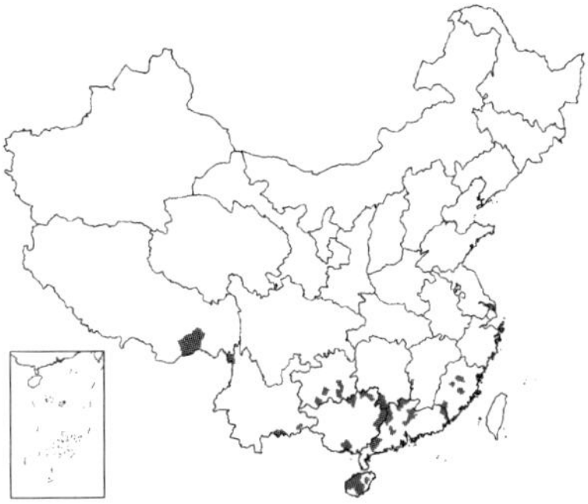

壳斗科，常绿乔木。

壳斗圆筒形，包着坚果约2/3，长30～40mm，口径20～40mm；外壁紫色有10～13条环带，环带全绿，密被黄褐色长绒毛，壁厚2～6mm，内壁栗褐色，被疏柔毛。

坚果圆柱形或柱状椭圆形，长30～45mm，宽20～30mm，先端有5mm长宿存花柱，花柱上有3条环纹；果脐疤痕凸起，黄褐色，粗糙，近圆形，径12～15mm。果皮外壁紫色，厚2.5～4mm，有细纵纹，被黄褐色短绒毛，近顶端毛密，壳斗包被部分稀疏，内壁有疏毛。

种子倒卵状长椭圆形，长25～40mm，先端有突尖，基部窄圆。种皮黄褐色，有栗褐色腹纹，被疏毛。子叶肥厚，黄色，淀粉质；下胚轴及胚根长约5mm，白色，位于坚果顶部。无胚乳。

成熟期：10～12月。

产地：江西、福建、广东、广西、贵州、云南等地。

种子千粒重：6500～9000g。

播种：混沙湿藏，用种量300g/m$^2$。

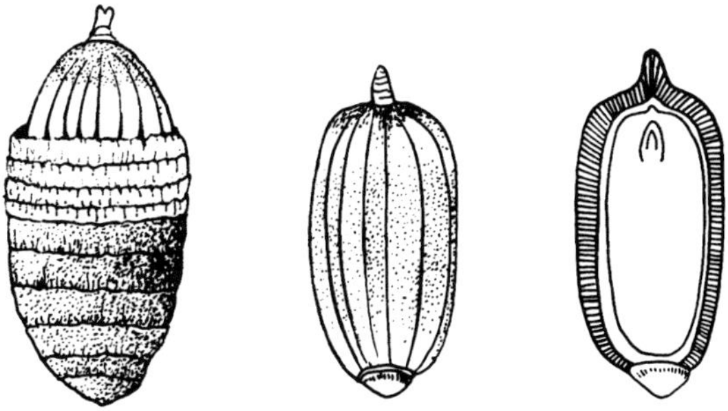

果实外形　　坚果外形　　坚果纵切面

图114　饭甑青冈

# 白 栎

*Quercus fabri* Hance

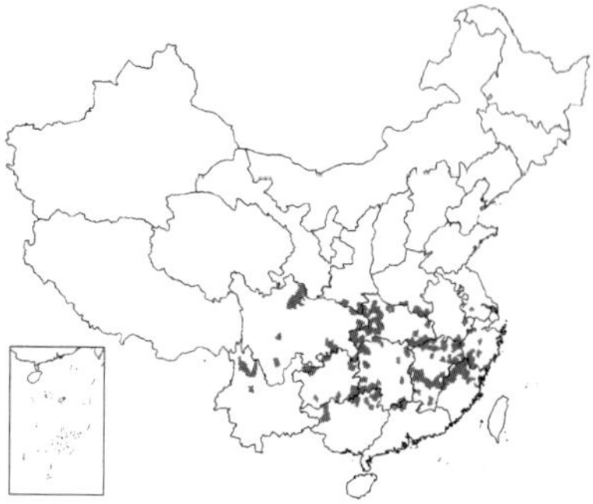

壳斗科，落叶乔木。

壳斗碗形，包着坚果1/4～1/3，高5～8mm，口径7～11mm，外壁有覆瓦状紧密排列的卵状披针形鳞片，壳斗中部鳞片长约2.5mm，宽约1mm，被灰褐色绒毛，内壁除口部外近无毛。

坚果长椭圆形，长15～20mm，宽8～12mm，先端渐尖，有宿存长1～1.5mm花柱，基部圆形；果脐平坦，直径约5mm。果皮黄褐色，厚0.15mm，除花柱周围有短绒毛外均无毛，内壁有绒毛。

种子椭圆形，长12～17mm，宽5～9mm。种皮膜质，褐色，有浅褐色脉纹。子叶肥厚，浅黄色，淀粉质；下胚轴及胚根位于坚果先端，长2～3mm，淡黄色。无胚乳。

成熟期：10月。

产地：淮河以南、长江流域和华南、西南等地。

种子千粒重：1500～2400g。

播种：破伤果皮，或用浓硫酸处理20分钟，彻底洗净后再浸泡2天，有可能解除休眠。用种量200～250g/m$^2$。

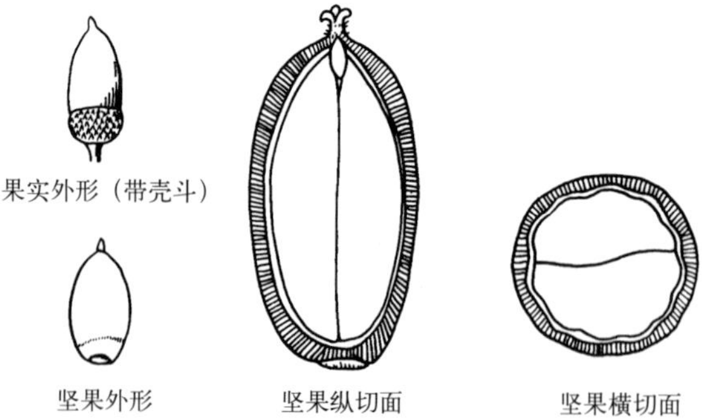


图115 白栎

# 栓皮栎

*Quercus variabilis* Blume

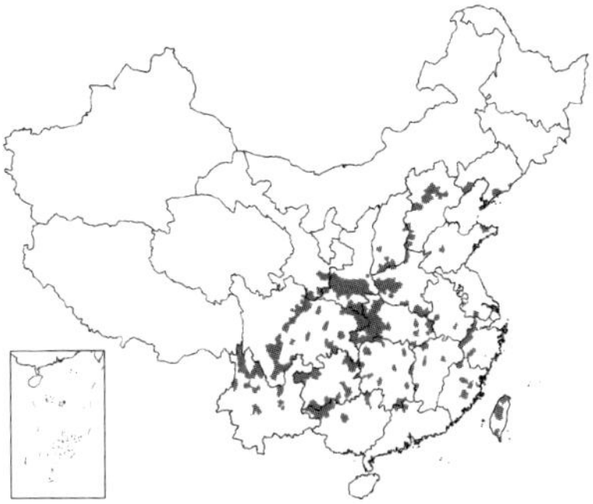

壳斗科，落叶乔木。

壳斗碗形，外壁木质刺状钻形苞片，连刺直径30～40mm，高15～20mm，密被灰白色短星状毛；内壁被淡褐色丝状毛。壳斗包被坚果约1/2～2/3。

坚果宽卵形或宽椭圆形（彩图39），或短柱状球形，高20～25mm，径15～23mm，先端平截，中央有短柱座及残存花柱，基部圆形或平坦；果脐微突起，圆形，直径12～15mm，略小于果径。果皮外壁褐色，厚0.5mm，有细纵棱，除顶部柱座周围有绒毛外其余无毛，内壁被褐色丝状毛。

种子宽卵形或椭圆形，长15～18mm，宽10～14mm。种皮膜质，栗褐色，有紫色纵纹。子叶肥厚，肉质，黄褐色，淀粉质；下胚轴及胚根位于果实先端，长2～3mm，淡黄色。无胚乳。

成熟期：9～10月。

产地：辽宁、河北、河南、陕西、山西、甘肃、江苏、浙江、安徽、江西、福建、台湾、广东、广西、湖南、湖北、云南、四川、贵州等地。

种子千粒重：3000～5000g。

播种：层积处理2～3周即可播种，用种量150～375g/m$^2$。

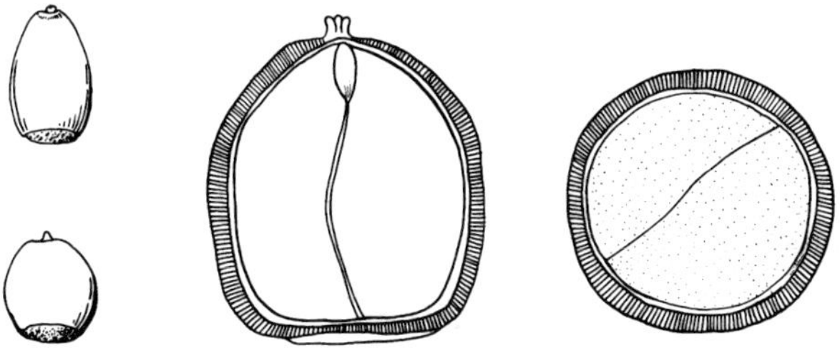

坚果外形　　坚果纵切面　　坚果横切面

**图116　栓皮栎**

# 辽东栎

*Quercus liaotungensis* Koidz.

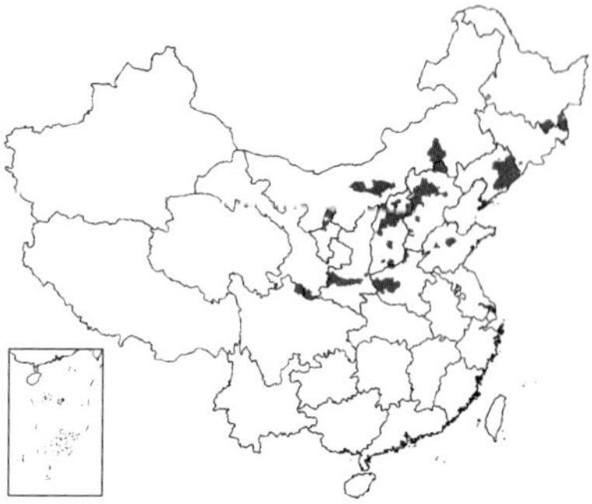

壳斗科，落叶乔木。

坚果生于杯状壳斗内，壳斗外壁小苞片为覆瓦状排列的三角形鳞片。

坚果椭圆形或卵状椭圆形（彩图40），长1.5～2cm，径1～1.5cm，褐色，顶端圆，有宿存2mm长花柱，基部圆，无毛；果脐微凸起，圆形，直径约6mm。果皮厚约0.2mm，坚韧，内壁有薄绒毛。

种子卵状椭圆形，长1～1.5cm，径0.8～1.2cm。种皮栗褐色，膜质，有不整齐纵棱。子叶2，肉质，淡黄褐色，外面有不规则纵棱，充满种皮内；胚长约2mm。白色。无胚乳。

成熟期：9～10月。

产地：黑龙江、吉林、辽宁、内蒙古、河北、山东、陕西、山西、青海、甘肃、宁夏、四川等地。

种子千粒重：1900～3400g。

播种：层积处理2～3周即可，用种量150～375g/m$^2$。

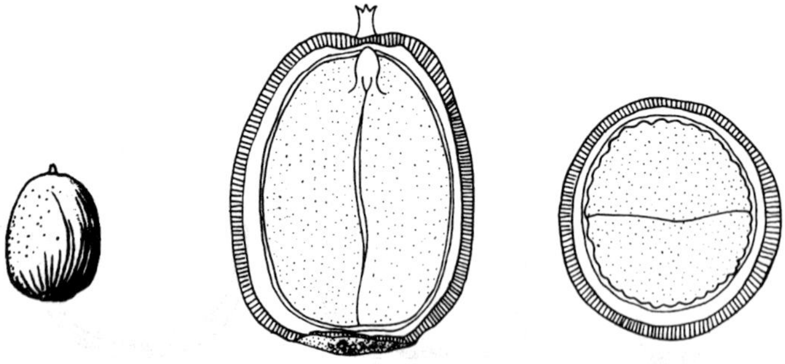

坚果外形　　坚果纵切面　　坚果横切面

**图117　辽东栎**

# 板栗

*Castanea mollissima* Blume

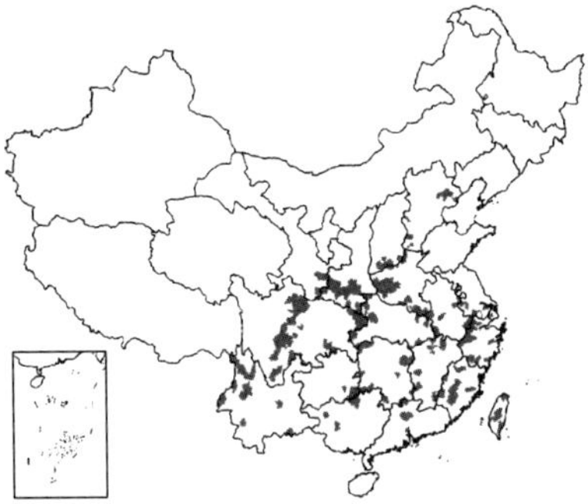

壳斗科，落叶乔木。

刺状总苞全包坚果，每总苞内有1～3个坚果。

坚果形状有球形、宽卵形、扁圆形、半圆形，长2.0～3.0mm，宽2.2～3.5mm。果脐椭圆、三角椭圆或不规则椭圆形；果皮褐色，疏被绒毛，厚1.5mm，内壁密被淡褐色绒毛。

种皮淡褐色，有叶脉状花纹。子叶肉质肥厚，黄白色，一大一小，表面脑状；胚根长约2mm，白色。无胚乳。

成熟期：9～10月。

产地：辽宁以南各地。

种子千粒重：7000～29 000g。

播种：秋播或湿藏后春播，用种量112.5～187.5g/$m^2$。

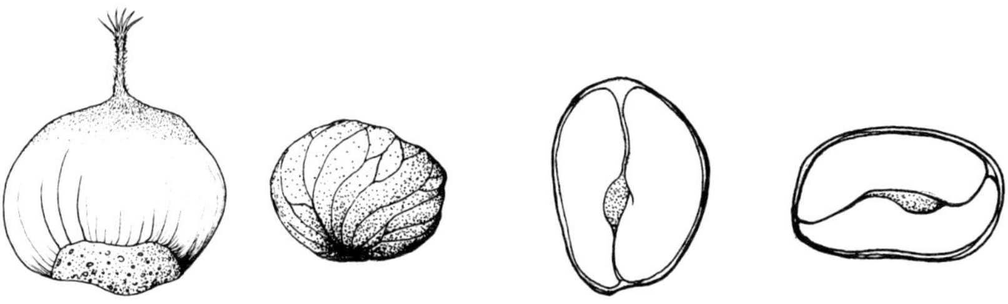

坚果外形　种子外形（去果皮）　种子纵切面　种子横切面

图118 板 栗

# 锥 栗

*Castanea henryi* Rehd.et Wils.

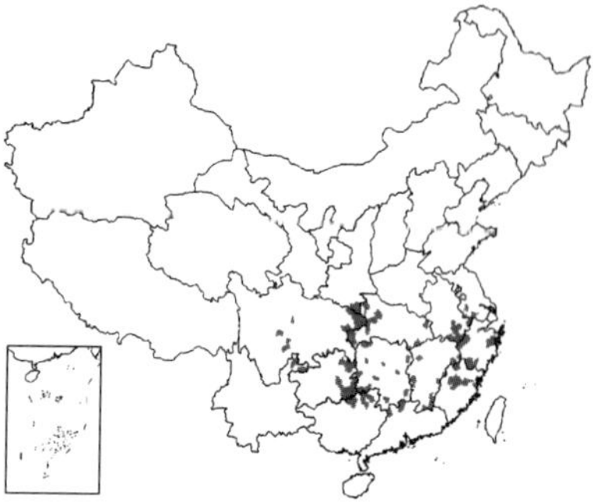

壳斗科，常绿乔木。

壳斗球形，外壁具长针刺，连刺直径约40mm，刺成束，刺长12mm，刺轴长2.5～3mm，壳斗内有1坚果。

坚果卵形或卵状椭圆形，长18～22mm，宽11～15mm，先端渐尖，基部圆形；果脐微突起，几与果径相等，与果皮交汇处有一黑色线环。果皮栗褐色，木质，厚约0.2mm，约有细纵棱，除顶端有淡褐色绒毛外无毛，内壁有8条以上沟，沟两侧密被淡褐色厚绒毛。

种子卵形，长15～18mm，宽8～10mm。种皮褐色，膜质，约有8条以上纵棱，纵棱两侧被淡褐色绒毛。子叶肥厚，肉质，淀粉质，淡黄色；下胚轴及胚根位于坚果先端，长约3mm，淡黄色。无胚乳。

成熟期：9～10月。

产地：浙江、安徽、江西、湖南、湖北、福建、广东、广西、云南、贵州、四川等地。

种子千粒重：2000～2850g。

播种：秋播或湿藏后春播，用种量150～180g/m$^2$。

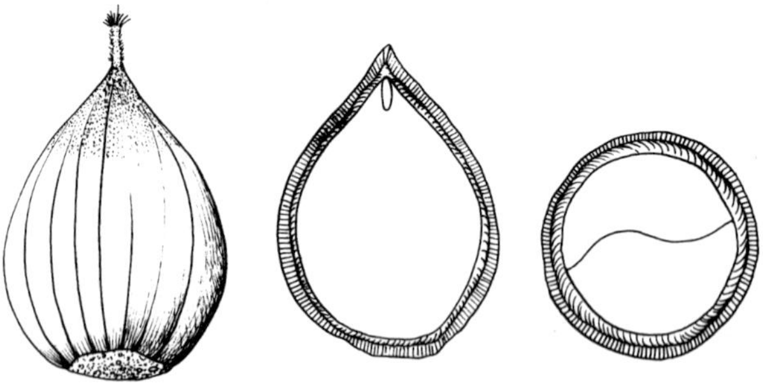

坚果外形　　坚果纵切面　　坚果横切面

图119 锥 栗

# · 马尾树科 RHOIPTELEACEAE ·

## 马尾树

*Rhoiptelea chiliantha* Diels et Hand.-Mzt.

马尾树科，落叶乔木。

小坚果四周具翅，连翅扁平圆形，长宽各4.5～6mm，先端分2叉，基部圆形，有宿存4片萼片，翅叶质，宽约2mm，有3条较明显的环纹。小坚果卵形，长约2mm，宽约1.4mm，先端渐尖，基部近圆形，两面平坦。果皮暗褐色，有雕刻状花纹，骨质，厚约0.2mm。种皮膜质，淡褐色。子叶宽椭圆形，长约1mm，宽0.8mm，白色；下胚轴及胚根长0.5mm，白色，胚根朝向小坚果先端。胚乳充满种皮，白色。

成熟期：7～8月。

产地：广西、贵州、云南等地。

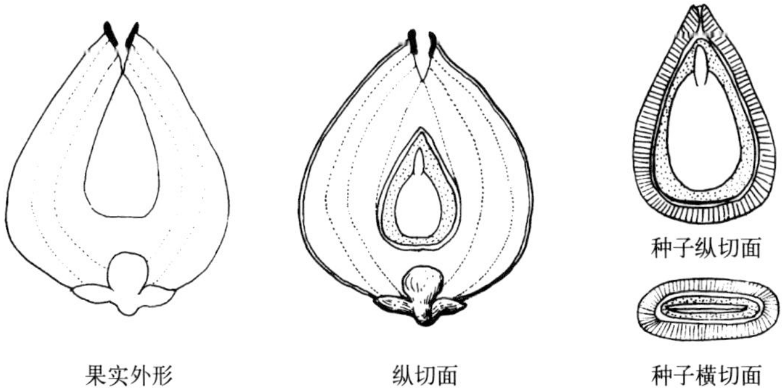

果实外形（有宿存萼片）　纵切面（示种子位置）　种子纵切面　种子横切面

图120　马尾树

# ·榆科 ULMACEAE·

## 刺榆

*Hemiptelea davidii* (Hance) Planch.

榆科，落木乔木。

小坚果，一侧有翅，连翅为斜卵形，长6mm，宽4.5mm，厚约1.5mm，先端分2叉，基部有宿萼；翅与种子近等宽，纸质，绿色。小坚果歪斜，长3～3.5mm，宽约2mm。果皮骨质，褐色，厚约0.2mm。种皮膜质，淡褐色。胚镰刀形，长3mm，宽2.5mm；子叶白色；下胚轴及胚根长2mm，白色朝向果实先端。少量胚乳。

成熟期：8～10月。

产地：东北、华北、西北、华东、华中等地。

种子千粒重：1.4～1.8g。

播种：用种量3～4.5g/$m^2$。

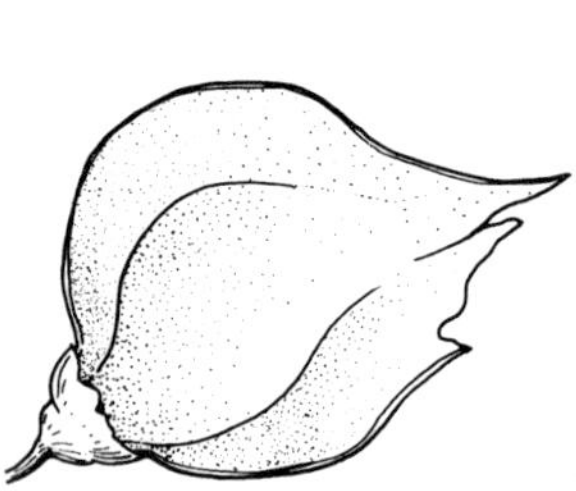

果实外形

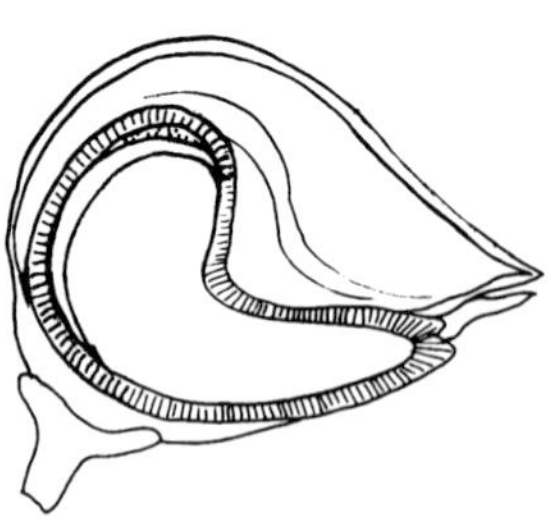

种子纵切面

图121 刺 榆

# 常绿榆

*Ulmus lanceaefolia* Roxb.

榆科，常绿乔木。

翅果扁平倒卵形，长30mm，宽20mm，先端有凹缺，基部略偏斜，子房柄。长5mm；翅膜质，有网脉。种子位于果翅上端，无毛。

种子卵形，长约4.8mm，宽约3mm，厚约1.5mm。种皮膜质，淡褐色，平滑。子叶倒卵形，长约4mm，宽3mm，厚0.6mm，白色，油质；下胚轴及胚根椭圆形，长约1mm，白色，胚根先端渐尖，基部圆形，胚根朝向果实顶端近口部。无胚乳。

成熟期：3～4月。

产地：云南。

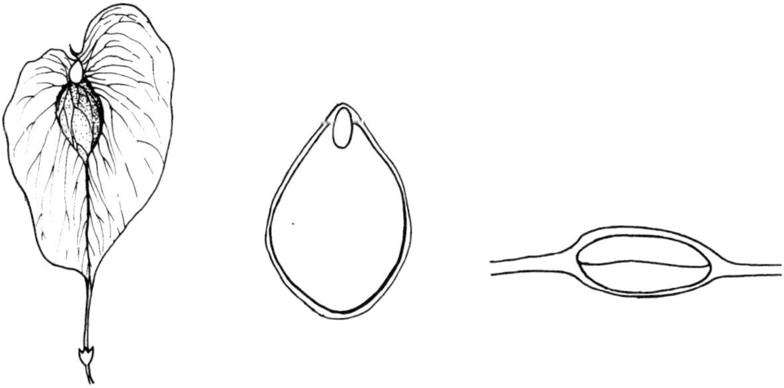

果实外形　　种子纵切面　　种子横切面

图 122　常绿榆

# 榆树

*Ulmus pumila* Linn.

榆科，落叶乔木。

翅果近圆形，连翅直径10～13mm，顶端凹下，有2宿存柱头，基部偏斜，熟时白色，无毛，翅宽3～5mm，膜质，有细脉纹。具黏液细胞。

种子位于翅果近中部，微突起，长约5mm，宽3～4mm，厚约1.5mm。种皮淡褐色，膜质。直胚，子叶倒卵形，长约3.5mm，宽约3mm，先端凹缺，肥厚白色，油质；胚根长椭圆形，长约1.5mm，白色，胚根朝向翅果先端。无胚乳。

成熟期：3～4月。

产地：东北、华北、西北、西南等地。

种子千粒重：5.9～8.9g。

播种：用种量7～10g/m$^2$。

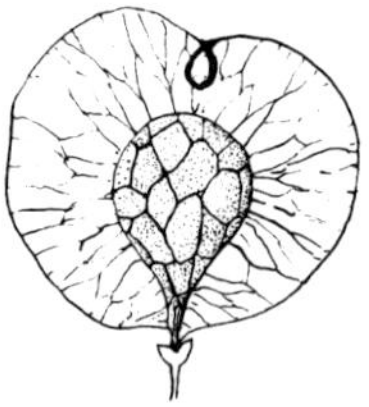

果实外形

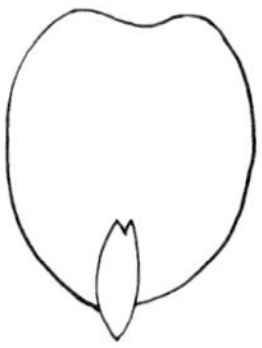

种子纵切面

种子横切面

图123 榆 树

# 脱皮榆

*Ulmus lamellosa* T. Wang et S. L. Chang 沙包榆

榆科，落叶乔木。

翅果宽椭圆形，连翅长约2.8～3.2cm，宽2.5～2.8cm，果皮有粗毛。

种子位于翅果中部，长8～10mm，宽7～7.5mm，两端圆。种皮淡褐色，膜质，微有皱纹。子叶近圆形，长约8mm，宽约7mm，白色；下胚轴长约2mm，白色。无胚乳。

成熟期：花春季与叶同时开放，约为3～4月。

产地：河北、河南、山西、辽宁等地。

种子千粒重：5.0～7.0g。

播种：用种量7～10g/$m^2$。

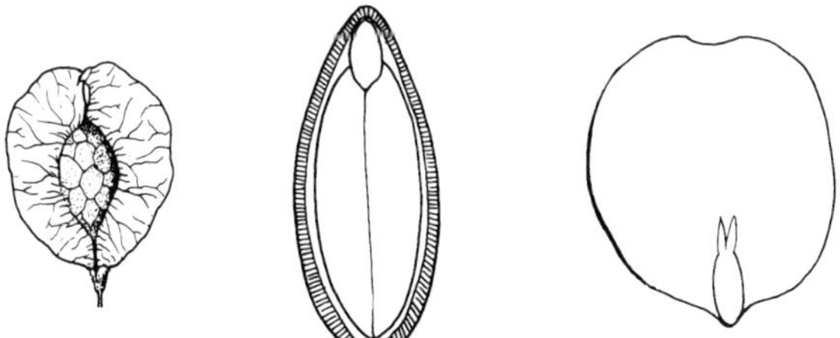

果实外形　　种子纵切面　　胚

图124　脱皮榆

# 糙叶树

*Aphananthe aspera* (Thunb.) Planch.

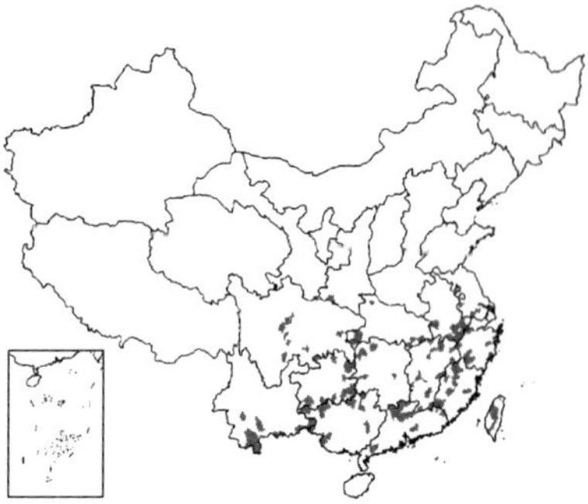

榆科，落叶乔木。

核果近球形或卵形，长8～10mm，被平状硬毛。

种子（果核），倒卵形，长7mm，宽5.5～6mm，先端圆形，基部渐窄，先端有一椭圆形突起，长约2.5mm。内果皮骨质，甚坚硬，厚0.3～0.5mm；种脐位于基部渐窄一端的突起上。种皮浅褐色，膜质，有半透明小球状突起，表面常有一层圆孔形膜。胚螺旋状弯曲，下胚轴及胚根长约5mm，位于种子一侧，胚根朝向种脐一端。无胚乳。

成熟期：10月。

产地：华中、华东、华南和华北南部。

种子千粒重：112g。

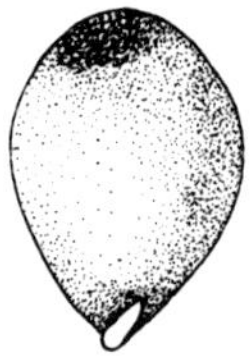

种子外形

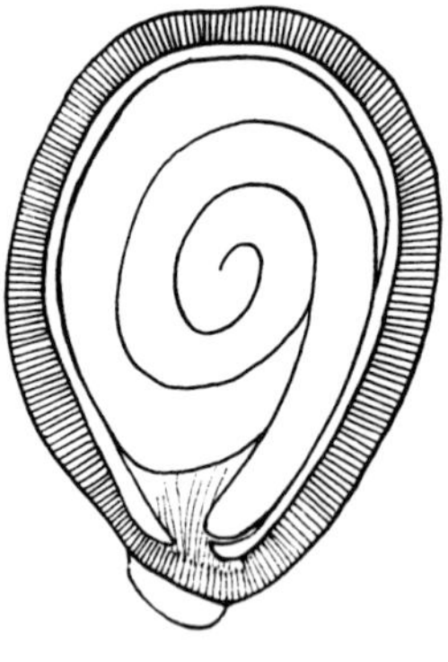

种子纵切面

图125 糙叶树

# 大叶榉树

*Zelkova schneideriana* Hand.-Mzt.

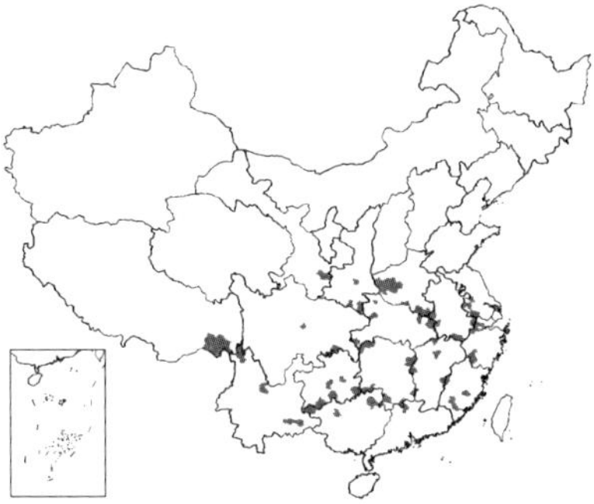

榆科，常绿乔木。

小坚果不规则三角状卵形（彩图41），长4mm，宽3.5mm，顶端渐尖，偏于一侧，有2残存花柱，基部圆形；果脐偏于一侧，圆形；花萼残存；果皮褐色，厚0.3mm，坚硬背、腹面各有一条纵肋，纵肋两侧有叶脉状细纹。

种子三角状卵形，长3.5mm，宽3mm。种皮褐色，膜质。子叶倒卵形，2片子叶大小肥厚不均匀，先端凹缺，白色，充满种皮；下胚轴胚根长0.5mm，白色。无胚乳。

成熟期：10～11月。

产地：秦岭淮河以南，长江中下游各地。

种子千粒重：12.5～15.5g。

播种：可在1～5℃低温下层积40天后春播，用种量9～18g/m²。

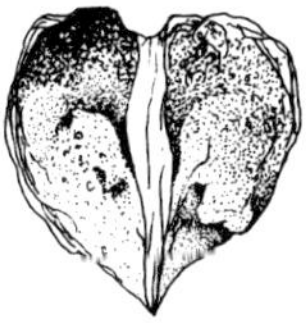

果实外形

果实外形（示先端）

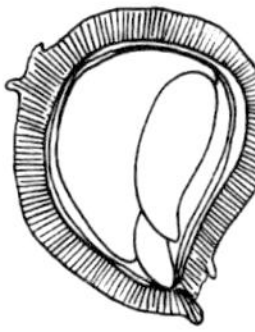

种子纵切面

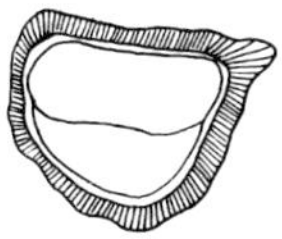

种子横切面

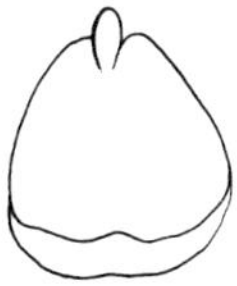

子叶

图126 大叶榉树

# 白颜树

*Gironniera subaequalis* Planch.

榆科，常绿乔木。

核果近球形（彩图42），稍扁，具纵棱，花被片和柱头宿存。

种子（果核）卵形，长6mm，宽4.5mm，厚约3.5mm，顶端短钝尖，基部截形，偏斜，背部有一纵脊，腹部有一沟槽，外表褐色，有雕刻状浅花纹，在高倍解剖镜下可见密生小洞穴；种脐位于截形一端，窄长椭圆形，长约2mm，宽不及1mm，白色。内果皮木质，厚0.3mm，内壁白色无毛，有孔洞。种皮褐色，膜质。胚根朝向种脐一端。有少量胚乳，胚白色，螺旋状卷曲。

成熟期：7～11月。

产地：广西、广东、海南、云南等地。

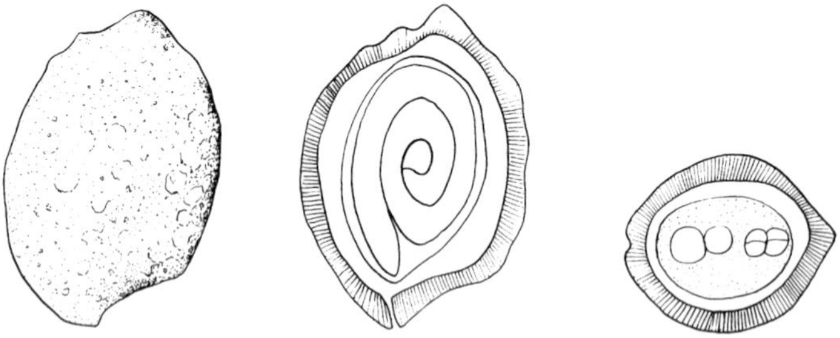

种子外形　　种子纵切面　　种子横切面

图127　白颜树

# 珊瑚朴

*Celtis julianae* Schneid.

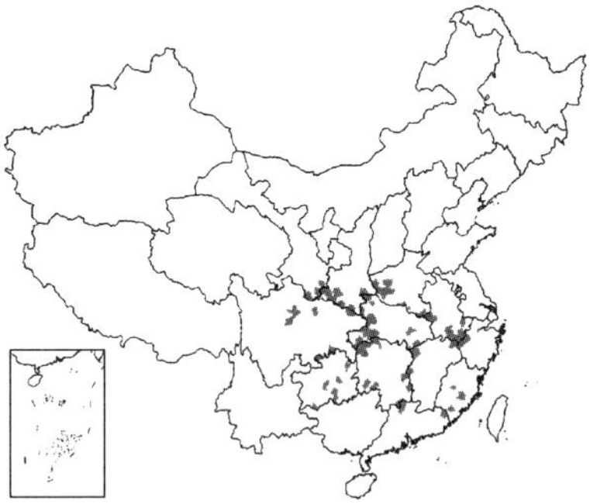

榆科，落叶乔木。

核果近球形，径10～12mm，熟时黄色。

种子（果核）宽倒卵形，长宽约6～8mm，先端圆钝，基部渐窄，截形，两侧有纵棱，表面白色，有浅雕刻状花纹；种脐位于渐窄之一端，微凹内，长椭圆形，长约1mm；内果皮骨质，厚0.7mm，内壁褐色。种皮膜质，淡褐色。胚弯曲，子叶肥厚，多次褶叠，油质；胚根朝向种脐一端。无胚乳。

成熟期：9～10月。

产地：河南、陕西、甘肃、浙江、江西、安徽、湖南、湖北、广西、广东、四川、贵州等地。

种子千粒重：50～60g。

播种：冬播或层积后春播，用种量8g/$m^2$。

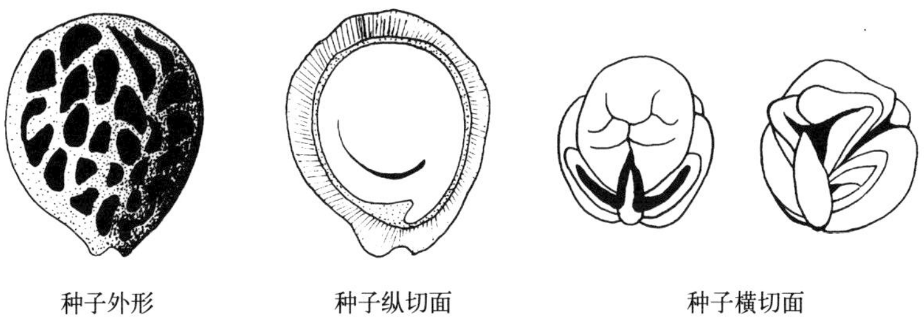

种子外形　　种子纵切面　　种子横切面

图128　珊瑚朴

## 油朴

*Celtis Wightii* Planch.

榆科，常绿乔木。

核果椭圆状球形，长1.5～1.8cm，宽1～1.3cm。

种子（果核）椭圆形，长13～15mm，宽10～12mm，厚约1mm，先端有短钝尖头，基部渐窄，中央微凹缺，一侧具棱，另一侧有沟槽，表面灰褐色，有雕刻状花纹；种脐位于凹槽内，长约1mm。内果皮骨质，厚约1mm，白色，内壁淡褐色，有光泽。种子种皮膜质，淡褐色。胚弯曲，子叶肥厚，白色，油质；下胚轴胚根位于一侧，弯曲，朝向种脐一端。无胚乳。

成熟期：5～10月。

产地：云南等地。

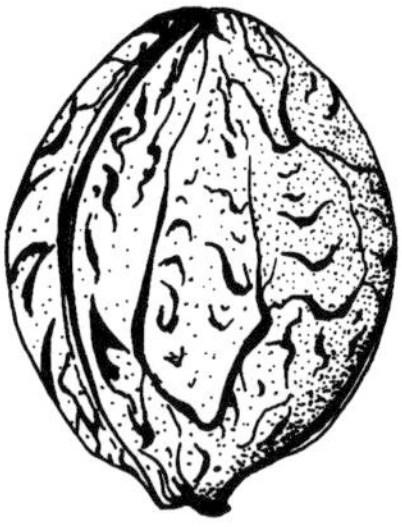

核果外形

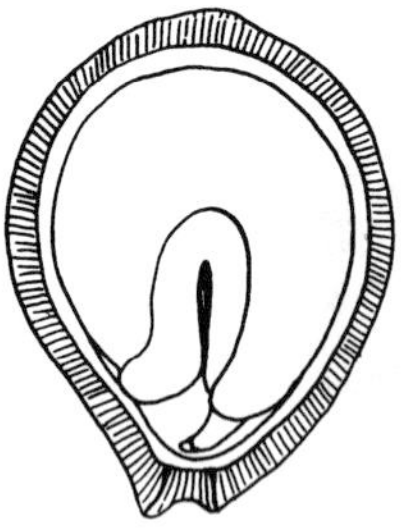

种子纵切面

图129 油 朴

# 黑弹朴

*Celtis bungeana* Blume

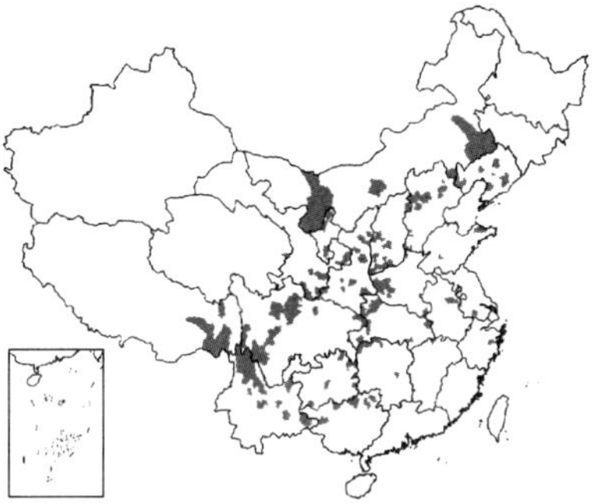

榆科，落叶乔木。

核果球形，直径4～5mm。

种子（果核）球形，径3.5～4mm，先端圆，微有小尖头，基部渐窄，内果皮紫黑色，木质，厚约0.5mm，有4～5条纵肋状小脉，并有许多不规则纵横交叉的细脉，形成网眼状花纹。种子种皮淡褐色，膜质。胚白色，子叶卷叠，胚根位于种子一侧。无胚乳。

成熟期：9～10月。

产地：辽宁、内蒙古、河北、山东、山西、河南、陕西、宁夏、甘肃、江西、江苏、安徽、浙江、湖北、湖南、四川、云南、贵州、西藏等地。

种子千粒重：73～87g。

播种：冬播或层积后春播，用种量10g/m$^2$。

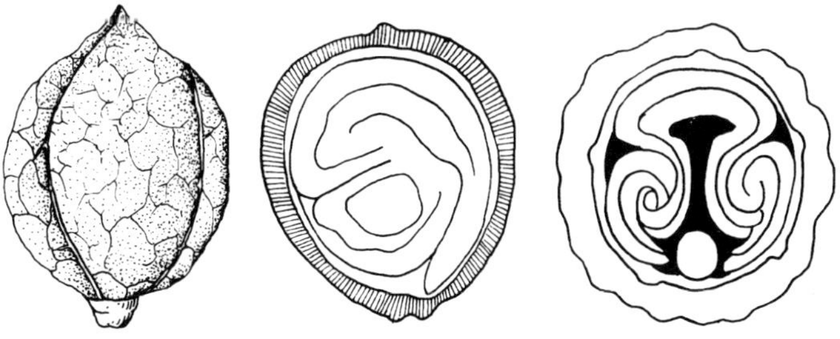

果实外形　　种子纵切面　　种子横切面

图130　黑弹朴

# 青 檀

*Pteroceltis tatarinowii* Maxim.

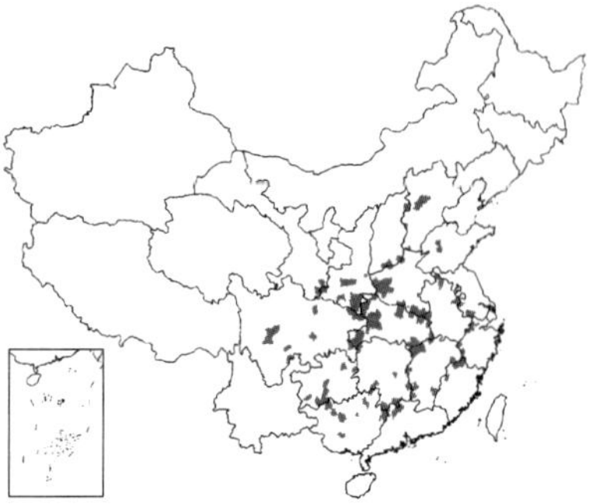

榆科，落叶乔木。

坚果周围具翅（彩图43）。果实宽卵形或近球形，长4～4.5mm，宽约4mm，或长宽近相等，厚约5mm，先端有小尖，基部圆形，外果皮褐色，具不规则分枝。果核近球形，果皮坚硬，近顶端有小凹坑。

种子种皮淡褐色。胚充满种皮；子叶脑膜状褶叠，白色，位于一侧；下胚轴弯曲，白色。

成熟期：7～8月。

产地：辽宁、河北、山东、河南、山西、陕西、甘肃、青海、江西、安徽、江苏、浙江、湖北、广东、广西、四川、贵州等地。

种子千粒重：21～28g。

播种：播前可用冷水浸种2天，换水1次，捞出稍阴干后即可播种，用种量3～5g/$m^2$。

坚果外形

果实外形

种子纵切面

种子横切面

图131 青 檀

# 异色山黄麻

*Trema tomentosa* (Roxb.) Hara

[*T.orientalis* L. Blume]

榆科，常绿乔木或灌木。

核果卵圆形，微扁，径3～5mm，无毛，紫黑色。

种子（果核）卵形，长3mm，宽2.5mm，厚约2.5mm，先端钝尖，基部圆形，两侧具棱，表面淡褐色有不规则雕刻状凹坑；种脐位于圆钝一端，近圆形，径约0.5mm。内果皮壁厚0.2mm，骨质。种皮膜质，褐色。胚微弯曲，两片子叶长椭圆形，长约2mm，在种子内向两侧反折；下胚轴及胚根长1.1mm，白色，胚根朝向种子较尖一端。有少量白色胚乳。

成熟期：9～11月。

产地：湖南、福建、台湾、广东、广西、海南、贵州、云南、西藏等地。

种子千粒重：2.5～3.2g。

播种：用种量2～4g/$m^2$。

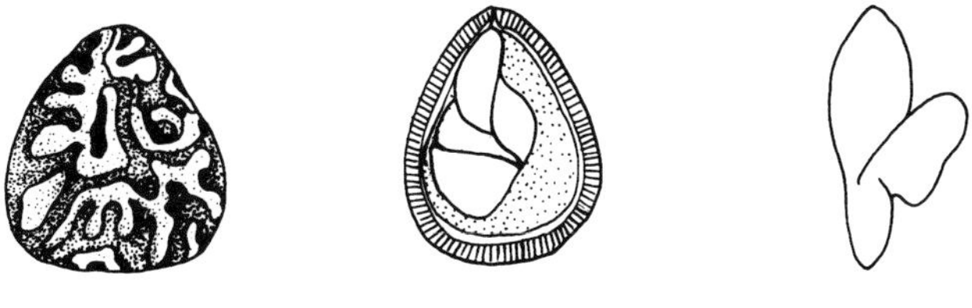

种子外形　　种子纵切面　　子叶反折

图132　异色山黄麻

# ·桑科 MORACEAE·

## 桑

*Morus alba* Linn.

桑科，落叶乔木。

聚花果卵状椭圆形，长1～2.5cm。

瘦果，倒卵形，长约2.3mm，宽约1.5mm，顶端圆形，基部渐窄成尖头，果皮褐色，平滑，厚约0.01mm。胚环形。有胚乳。

成熟期：5～6月。

产地：天然分布于华中、华北等地。东北、西北、西南和华南栽培。

种子千粒重：1.5～1.7g。

播种：春播前5～6天用始温45℃的清水浸泡24小时后，混拌2～4倍的湿沙，放在温暖之处催芽，经常翻动并保持湿润，用种量1.2～2.5g/m²。

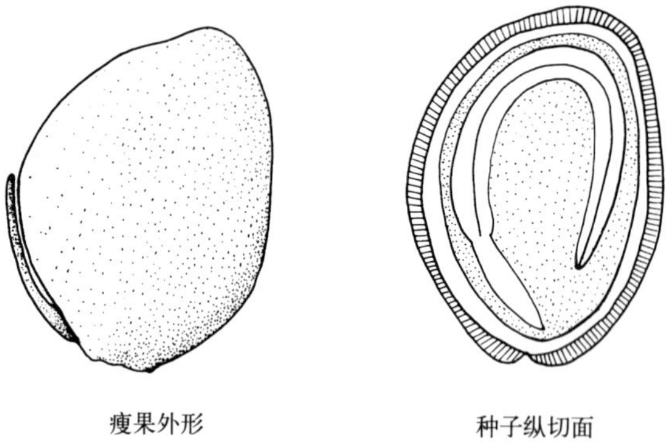

瘦果外形　　种子纵切面（示胚环形）

图133　桑

# 柘树

*Cudrania tricuspidata* (Carr.) Bur.
[*C. triloba* Hance]

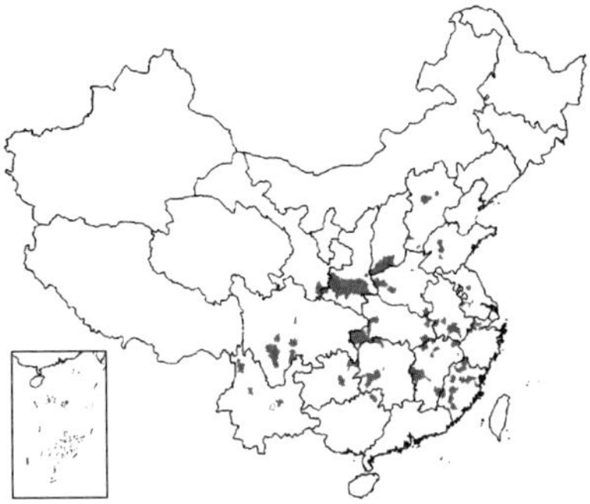

桑科，落叶乔木。

聚花果近球形，直径2～3cm，熟时红色，花萼肉质。

瘦果斜卵形或椭圆形，长4～5.5mm，宽3.8～4.2mm，厚约3mm，顶端微弯曲，基部近圆形，一侧有浅沟槽。果皮褐色，有细纵棱及白斑，骨质。

种子种皮淡褐色，膜质。胚弯曲交叉，下胚轴及胚根位于种子一侧，长超过5mm，子叶卵形，长约2mm，宽约1.5mm，均为白色。有胚乳，灰白色。

种子千粒重：千粒重2.4～3.0g。

成熟期：9～10月。

产地：华北（北京以南）、西北（陕西）、华东、华中、华南、西南等地。

播种：用种量3～4g/m²。

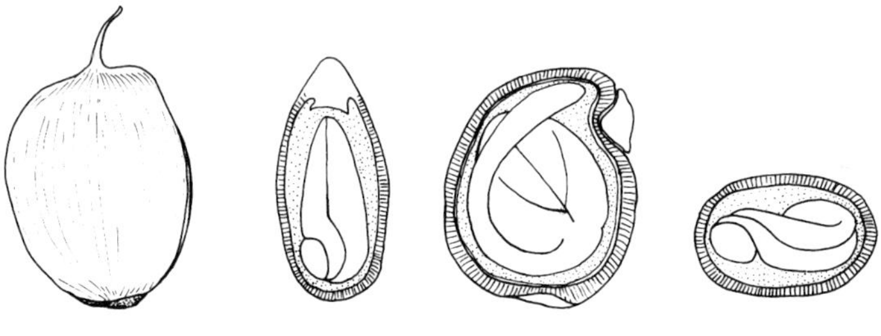


图134 柘 树

## 构树

*Broussonetia Papyrifera* (Linn.) L′ Hért. ex Vent.

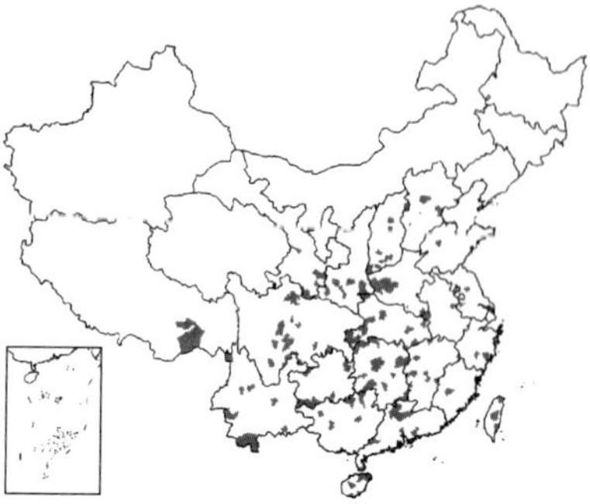

桑科，落叶乔木。

聚花果近球形，直径1.5～3cm，熟时红色，花萼肉质。

小核果，扁球形，径约1.8～2.2mm，两端均圆，一侧扁平，另一侧有纵沟；果皮红褐色，有椭圆状突起及白色纤维状浮皮。种子具弯胚，弯曲几成环形，白色。具白色胚乳。

成熟期：8～9月。

产地：黄河流域以南等地。

种子千粒重：2～3g。

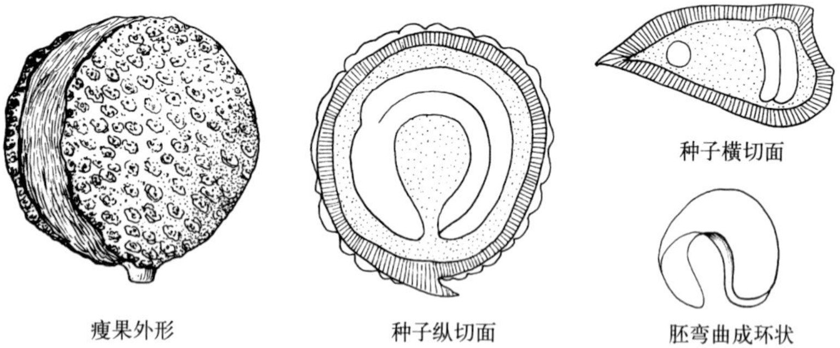


图135 构 树

# 见血封喉

*Antiaris toxicaria* (Pers.)Lesch. 箭毒木

桑科，常绿乔木。

果梨形，径2cm，肉质。

种子椭圆形，长17～20mm，宽10～12mm，厚9～11mm，先端钝圆或微具小突尖，基部渐窄，有短尖头；种脐椭圆形，长2.5mm，宽1mm，褐色。外种皮白色，骨质，平滑；内种皮厚0.2mm，褐色，粘连于外壁。子叶肥厚，白色，两个子叶不等大，椭圆形，长15～18mm，宽8～10mm，胚芽下胚轴小，长约1mm，胚根朝种子下方。无胚乳。

成熟期：3～4月。

产地：云南、广西、广东、海南等地。

种子千粒重：1500g。

播种：播前用冷水浸种24小时，捞出后稍晾干即可播种，用种量120～150g/m$^2$。

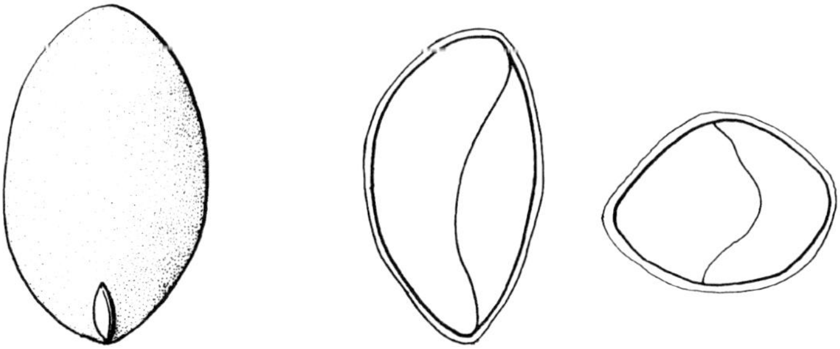

种子外形　　种子纵切面　　种子横切面

图136　见血封喉

# 爬藤榕

*Ficus sarmentosa* Buch.-Ham. ex J. E. Smith var. *impressa* Corner
[*F. martini* Lévl. et Vant.]

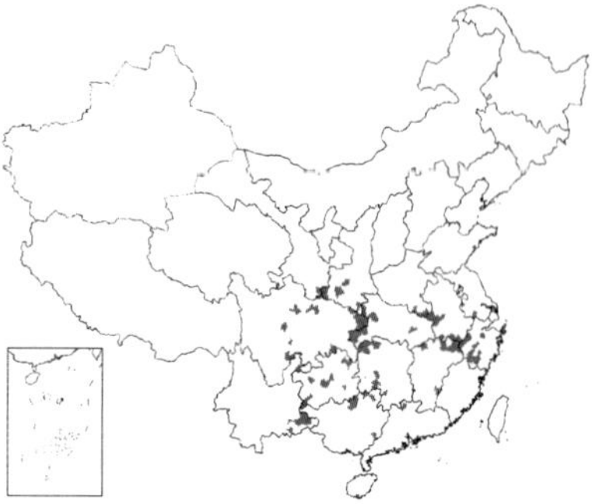

桑科，常绿木质藤本。

无花果球形，径6～7mm,平滑。

种子（瘦果）菱形，长2.5mm，宽约1mm，两端钝尖，表面淡褐色，平滑；种子种脐位于较尖的一端，不明显。外种皮（果皮）革质，厚0.1mm以下；内种皮膜质。直胚，长1.8mm，子叶长卵形，长1.3mm，宽0.5mm，白色；下胚轴及胚根长0.5mm，胚根朝向较钝一端。胚乳丰富，白色，油质。

成熟期：5～7月。

产地：华东、华中、华南、西南和西北的南部等地。

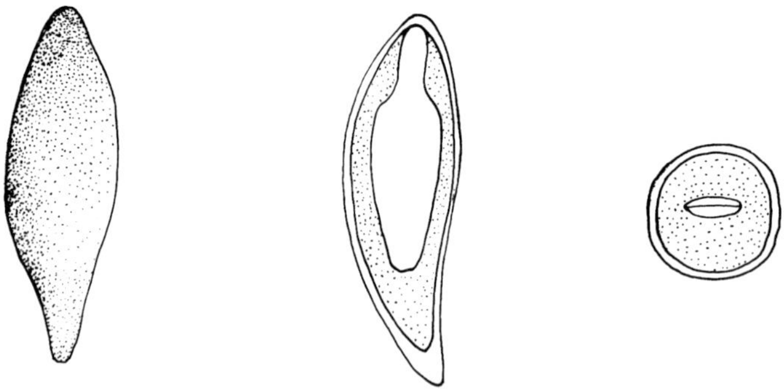


图137 爬藤榕

# 木波罗

*Artocarpus heterophyllus* Lam.

桑科，常绿乔木。

种子（瘦果）长卵形至椭圆形，长20mm，宽30mm，厚15mm，先端弧形，基部近平截，表面白色，平滑，高倍解剖镜下可见细小网状雕纹；种脐位于近平截一端，略近圆形，径约2mm，褐色。外种皮（果皮）厚膜质，厚约0.1mm，干时脆易碎裂；内种皮栗褐色，膜质。胚微弯曲，2枚子叶肥厚不等大，大者长25mm，宽14mm，小者长12mm，宽7mm，白色；下胚轴及胚根位于种子一侧倒三角形，长约2mm。无胚乳。

成熟期：7～8月。

产地：云南、广西、广东、海南、福建、台湾等地栽培。

种子千粒重：5500～7000g。

播种：用种量380～500g/$m^2$。

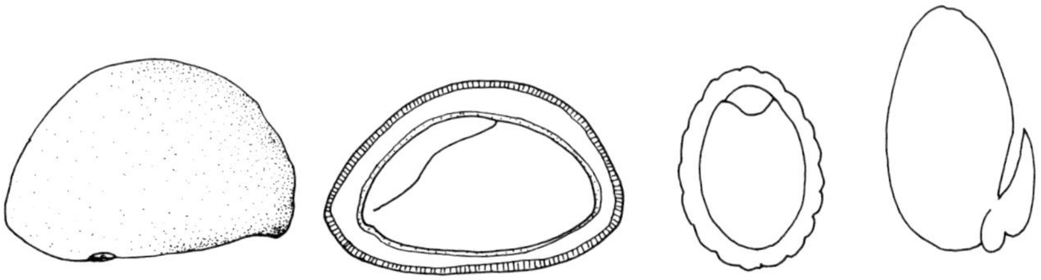

种子外形　　种子纵切面　　种子横切面　　胚

图138　木波罗

## ·杜仲科 EUCOMMIACEAE·

# 杜仲

*Eucommia ulmoides* Oliv.

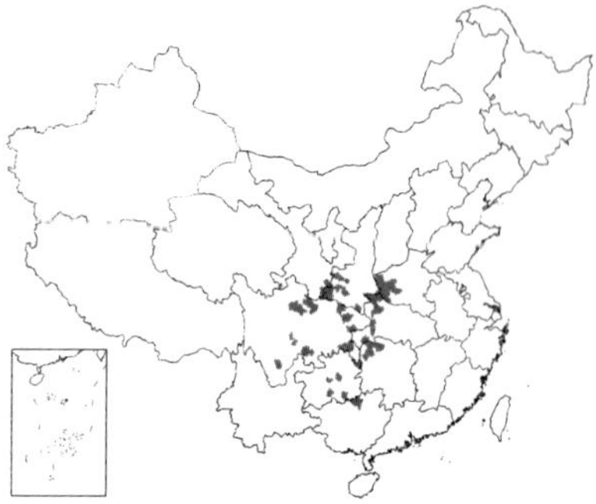

杜仲科，落叶乔木。

翅果扁平椭圆形，四周有翅，长3~4cm，宽1~1.4cm，种子部分厚约2mm，翅厚约0.1mm，先端有长约2mm裂缺口，基部窄成柄状，长约5mm，翅宽3~4mm，有边脉和横脉纹，果实部分有网状脉纹，果内有白色胶丝。

种子长椭圆形，红褐色，长1.5~2cm，宽0.4~0.7cm，厚约1.5mm，种皮微皱缩，一侧有棱脊。胚披针形，子叶长约1.5mm，下胚轴及胚根长约2.5~3mm，灰白色。胚乳位于胚周围，白色。

成熟期：9~10月。

产地： 黄河流域以南地区。北京有栽培。

种子千粒重：58~130g。

播种：最好在5℃左右的室温下混以10倍的湿沙层积30~35天春播，也可不经层积，浸种3~5天后冬播，用种量7.5~12g/m$^2$。

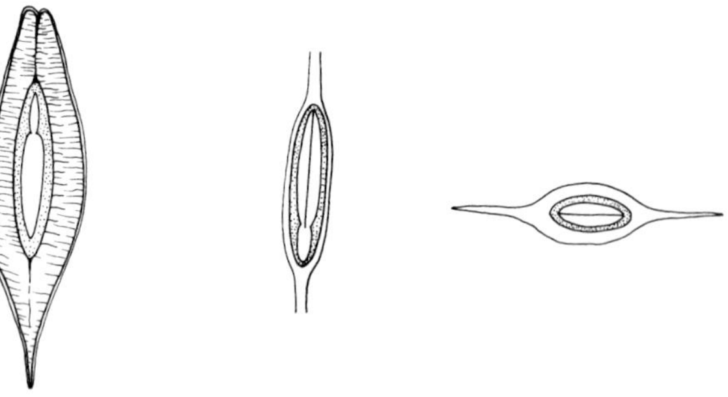

翅果纵切面（正面）　翅果纵切面（侧面）　翅果横切面

**图139　杜　仲**

# ·山龙眼科 PROTEACEAE·

## 银桦

*Grevillea robusta* A.Cunn.

山龙眼科，常绿乔木。

蓇葖果卵状长圆形，偏斜，花柱宿存。

种子扁平椭圆形，长14mm，宽8mm，厚约1mm，顶端圆形，基部窄尖。周围具宽约1～1.5mm窄翅；翅半膜质，半透明，有皱纹。种子种脐位于窄尖一端。外种皮茶褐色，有皱纹，厚0.3～0.5mm，内种皮膜质，淡褐色。直胚，子叶椭圆形，长8mm，宽3mm，白色；胚芽胚根位于种子窄的一端。无胚乳。

成熟期：6～8月。

产地：原产澳大利亚。福建、台湾、广东、广西、海南、江西、浙江、四川、云南、贵州等地栽培。

种子千粒重：8.1～10.2g。

播种：用种量12～15g/$m^2$。

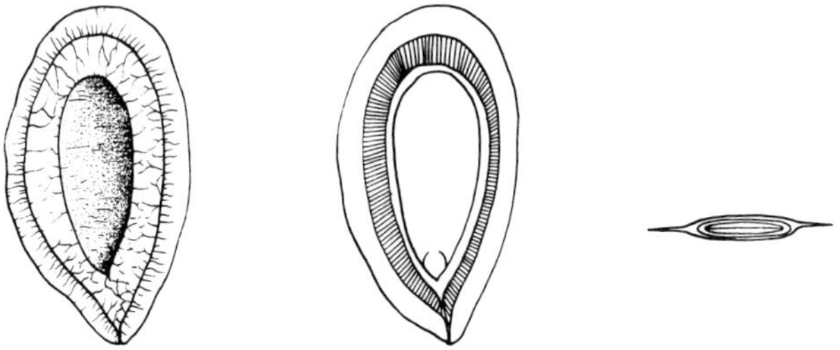

种子外形　　种子纵切面　　种子横切面

图140　银　桦

# 网脉山龙眼

*Helicia reticulata* W.T.Wang

山龙眼科，常绿乔木。

坚果椭圆形，黑色，顶端尖，果皮厚革质，具种子1～2。

种子宽卵形或近球形，长12～15mm，宽10～15mm，顶端钝尖中央具小尖头，基部圆形，一侧有一条不明显细凹槽；种脐位于较宽的一端，圆形，径约1mm。外种皮黑色，略粗糙，具极浅雕刻状花纹，厚2mm，内壁粗糙无毛；肉质内种皮干时坚硬，用水泡易软，有2层，黑褐色。子叶肥厚，近圆形，2片子叶大小不同，小者径约7～8mm，大者9～10mm，边缘右缺刻，含油脂；胚芽及下胚轴椭圆形，长约1mm，胚根朝向种脐一端。无胚乳。

成熟期：10～12月。

产地：江西、湖南、福建、广东、广西、贵州和云南等地。

种子千粒重：1000～2000g。

播种：用种量45～60g/m$^2$。

种子外形　　种子纵切面　　种子横切面

图141　网脉山龙眼

# ·檀香科 SANTALACEAE·

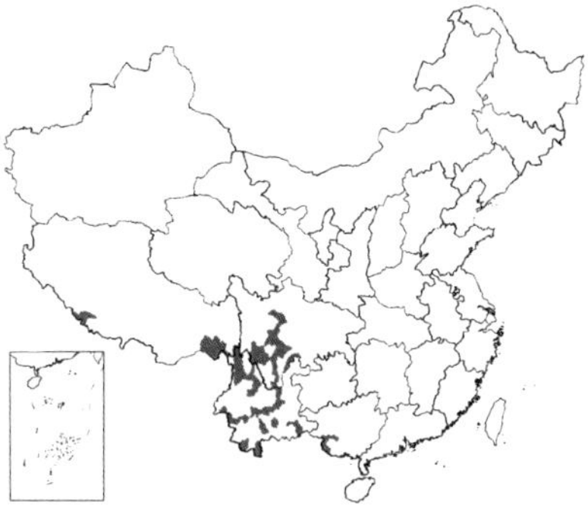

## 沙针

*Osyris wightiana* Wall.

檀香科，常绿灌木。

核果，熟时红色，干时皱缩，带黑色。

种子（果核）近球形，长、宽各5～6mm，先端具短突尖，基部圆形，中央微突起，表面淡褐色，具不明显3棱，有稀疏圆盘形突起；种脐位于较圆钝一端，很小，近圆形，径约0.2mm。外种皮脆骨质，厚约0.2mm；内种皮膜质，淡褐色。直胚，棍棒形，长约4mm，宽0.5mm，子叶长椭圆形；胚根朝向种子先端。胚乳丰富，油质。

成熟期：9～10月。

产地：广西、四川、云南、西藏等地。

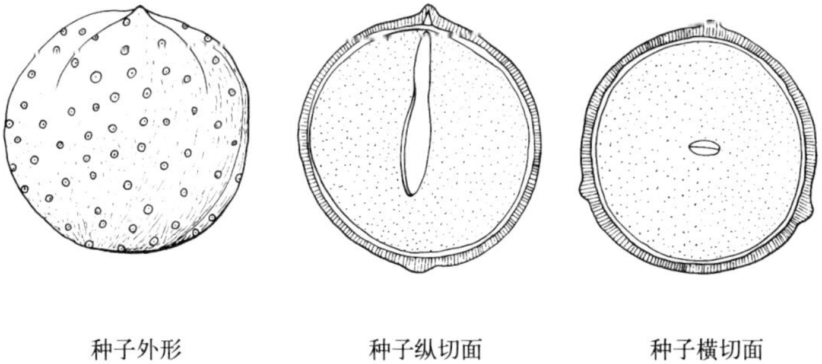

种子外形　　种子纵切面　　种子横切面

图142　沙　针

# 滇公硬核

*Scleropyrum wallichianum* var. *mekongense* Lec.

檀香叶

檀香科，常绿乔木。

核果倒卵状梨形，中果皮肉质，熟时浅黄色。

果核倒卵形，长24～26mm，宽20～22mm，先端平坦，径约10mm，中央有小尖头，基部窄圆，表面约有10条不整齐纵脊和不规则雕刻状花纹，浅褐色。果壳（内果皮）木质，壁厚2～3mm，内壁白色。

种子椭圆形，长18～20mm，宽14～16mm，两端圆形，表面有6～8条浅沟槽。种皮白色，膜质。胚小，棍棒形，位于中央；胚根朝向果核先端。胚乳丰富，油质。

成熟期：8～9月。

产地：云南。

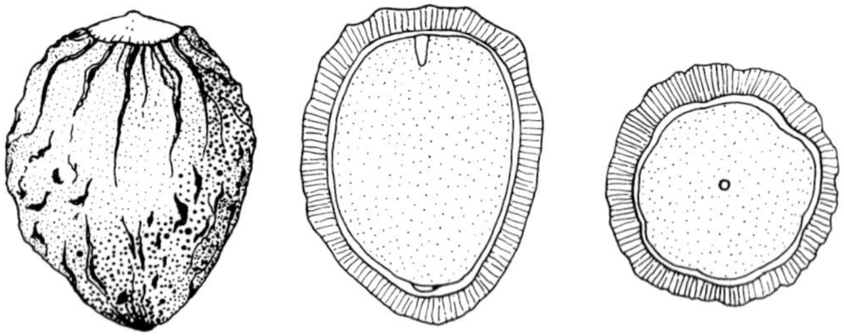

种子外形　　种子纵切面　　种子横切面

图143　滇公硬核

# ·蓼科 POLYGONACEAE·

## 沙木蓼

*Atraphaxis bracteata* A. Los.

蓼科，瘦果。

种子（瘦果）三棱状锥形，长5.5mm，厚2～2.5mm，先端长渐尖，有3个宿存柱头，基部窄圆形；种脐位于窄圆形一端，近圆形，径约0.3mm，浅褐色。外种皮（果皮）栗褐色，薄革质，厚0.2mm，在高倍解剖镜下可见小颗粒状突起；内种皮（种皮）膜质，淡褐色。胚位于种子一侧，胚苞白色，棍棒形，弯曲，长6mm，宽0.5mm，子叶长3mm，下胚轴及胚根长约3mm；胚根朝向种子渐尖一端。胚乳丰富，白色，粉质。

成熟期：7～8月。

产地：内蒙古、河北、辽宁、吉林等地。

种子千粒重：5g。

播种：用种量$3g/m^2$。

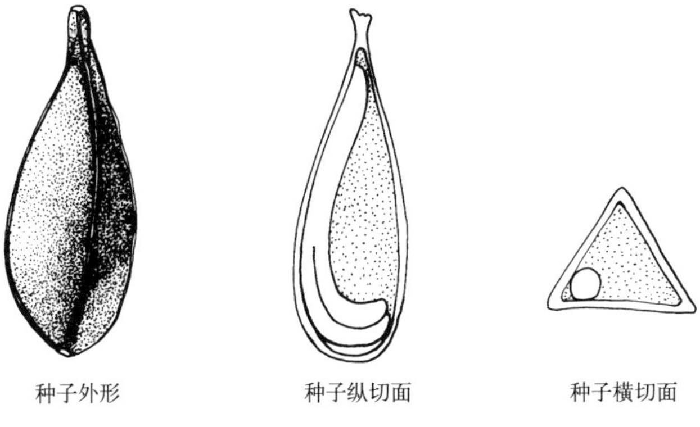


图144　沙木蓼

# 刺木蓼

*Atraphaxis spinosa* Linn.

蓼科，落叶小灌木。

瘦果宽卵形，扁平，顶端尖，褐色。

种子（瘦果）扁平卵形，长3.2～4mm，宽2～3mm，厚约1mm，先端钝尖，基部圆形或浅心形；两侧各有一条纵棱，湿时半透明；种脐（果脐）位于圆形或浅心形一端，很小，长约0.5mm。外种皮（果皮）膜质，褐色，在高倍解剖镜下可见细条纹；内种皮（种皮）薄膜质。胚弯曲棍棒形，长3.5～4mm，宽0.5mm，白色，子叶长1.5mm；下胚轴及胚根长2～2.5mm，胚根朝向种子钝尖一端。胚乳丰富，白色，粉质。

成熟期：7～8月。

产地：新疆北部。

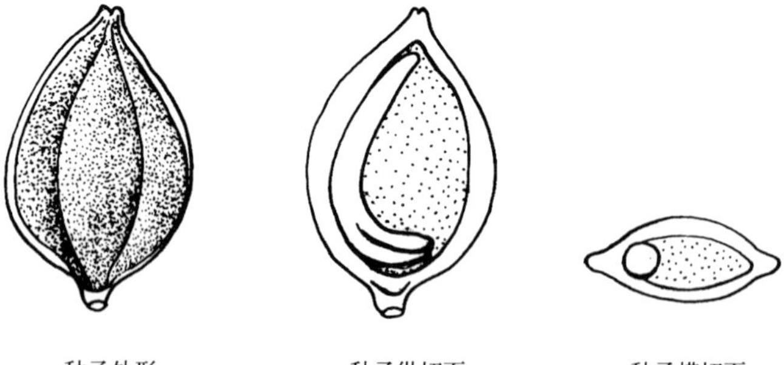

种子外形　　种子纵切面　　种子横切面

图145　刺木蓼

# 东北木蓼

*Atraphaxis manshurica* Kitag.

蓼科，落叶灌木。

瘦果具3棱，具宿萼，有光泽。

种子（瘦果）三棱状锥形，长3～4.5mm，宽、厚1.5～1.8mm，先端渐尖，有宿存0.5mm长的花柱，基部窄圆形，有3条纵棱；种脐（果脐）位于种子窄圆一端，近圆形，径约0.3mm。外种皮（果皮）薄膜质，紫黑色，在高倍解剖镜下可见颗粒状突起；内种皮（种皮）薄膜质。胚弯曲棍棒形，长4mm，宽0.5mm，白色，子叶长1.5mm；下胚轴及胚根长2.5mm，胚根朝向种子渐尖一端。胚乳丰富，白色，粉质。

成熟期：7～9月。

产地：内蒙古、吉林、辽宁、河北、陕西、甘肃、宁夏等地。

种子千粒重：6.5g。

播种：用种量3g/m$^2$。

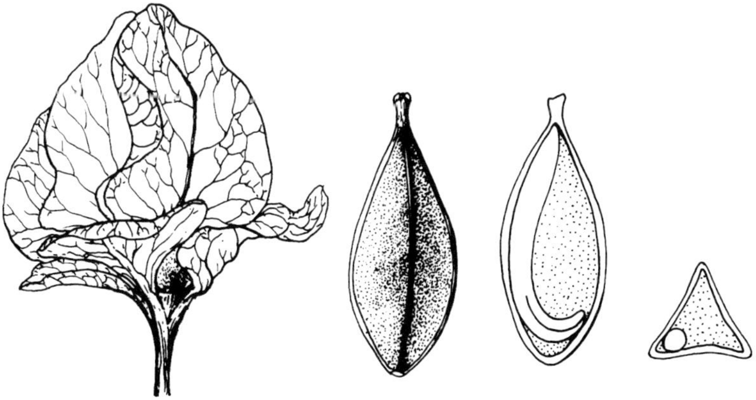

瘦果外形　　种子外形　　种子纵切面　　种子横切面

图146　东北木蓼

## 珊瑚藤

*Antigonon leptopus* Hook. et Arn.

蓼科，多年生攀援藤本。

瘦果，有5枚大型宿萼，宿萼内侧有膜质鳞片具8个小刺状尖头。

种子（瘦果）三棱状圆锥形，长9.5～10mm，宽、厚约6mm，先端长渐尖，明显3棱形，基部平截，或中央凹入；种脐位于基部平截一端，近圆形，径约2.5mm。外壁（果皮）坚硬，厚约0.2mm，栗褐色，有不明显凹坑，高倍解剖镜下有颗粒状突起；内种皮（种皮）膜质，紫红色。直胚，长椭圆形，长约6mm，白色，子叶长4mm，宽3mm，微向两侧弯曲；下胚轴及胚根长2mm，胚根朝向种子长渐尖一端。胚乳脑膜状，白色，粉质。

产地：原产墨西哥，广东和广西等地有栽培或野生状 。

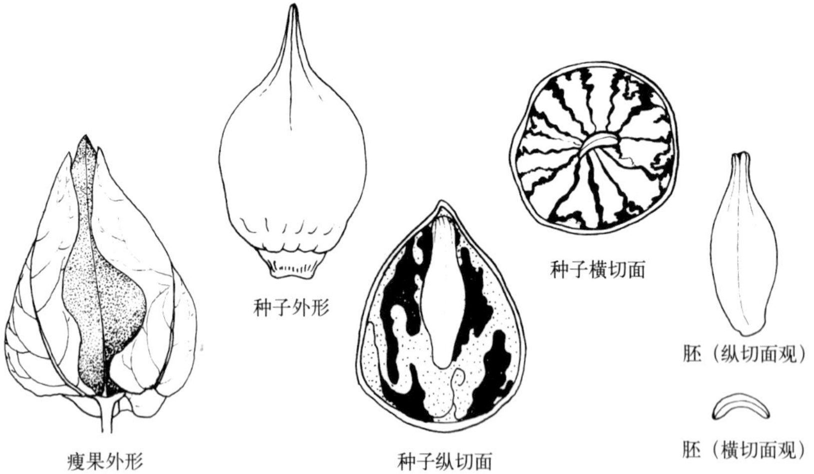


图147 珊瑚藤

# ·藜科 CHENOPODIACEAE·

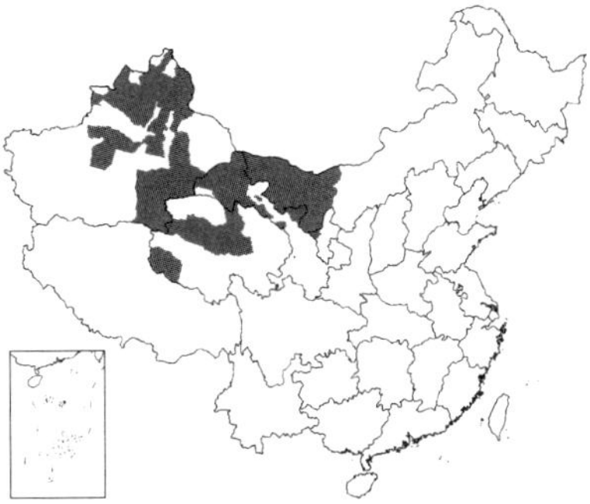

## 梭梭

*Haloxylon ammodendron* (C. A. May.) Bunge

藜科，落叶灌木。

胞果有膜质苞片。

种子（胞果）厚盘形，长约1mm，宽1.8mm，先端凹陷，周围棱状隆起，基部圆形；种脐位于圆形一端，很小。外壁膜质；褐色，粗糙。胚螺旋状，白色，子叶长条形，绕种子一周；下胚轴及胚根长亦绕种子一周。无胚乳。

成熟期：9月。

产地：内蒙古及西北地区。

种子千粒重：3～3.5g。

播种：用种量5g/m²。

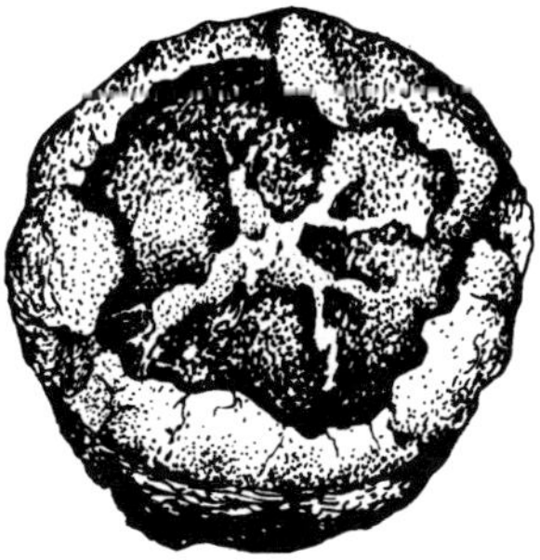

种子外形

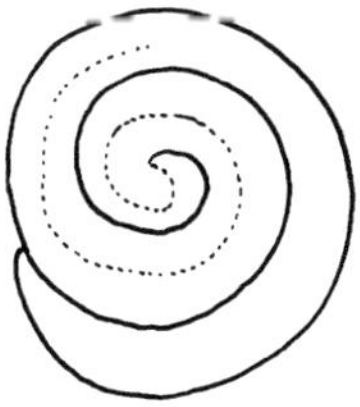

胚螺旋状

图148 梭 梭

# 驼绒藜

*Ceratoides latens* (J.F. Gmel.)Reveal et Holmgren

藜科，落叶小灌木。

胞果椭圆形，长约3mm，宽约2mm，厚约1mm，先端微尖，基部钝圆或短钝尖。果皮膜质，半透明，白色，被短绒毛及长达8mm的淡褐色长丝状毛；种脐位于种子较圆钝一端，很小。种皮薄膜质。胚弯曲成环状，长约6mm，宽约0.6mm，子叶长约占胚长的1/3，淡绿色；下胚轴及胚根白色，胚根位于种子基部。有少量胚乳，白色，粉质，位于环状胚的中间。

成熟期：8～9月。

产地：新疆、青海、甘肃、内蒙古、西藏等地。

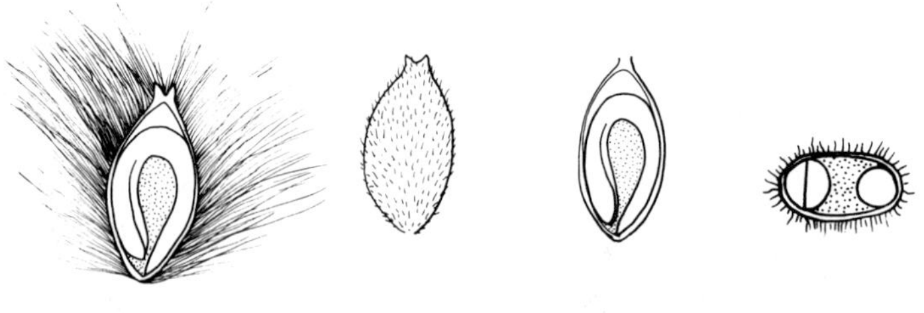

胞果，示果皮被丝状长绒毛（左）和短毛（右）　　种子纵切面　　种子横切面

图149　驼绒藜

# 盐穗木

*Halostachys caspica* (Bieb.) C.A.Mey.

藜科，落叶灌木。

胞果倒三角形，长1.1mm，宽1.5mm，白色，膜质。

种子矩圆状，长宽各0.6mm；种脐很少，带长种柄。种皮褐色，有浅雕纹，膜质。胚微弯曲，长约0.6mm，胚根朝向种脐一端。有胚乳。

成熟期：7～9月。

产地：新疆、甘肃等地。蒙古和中亚及西亚地区有分布。

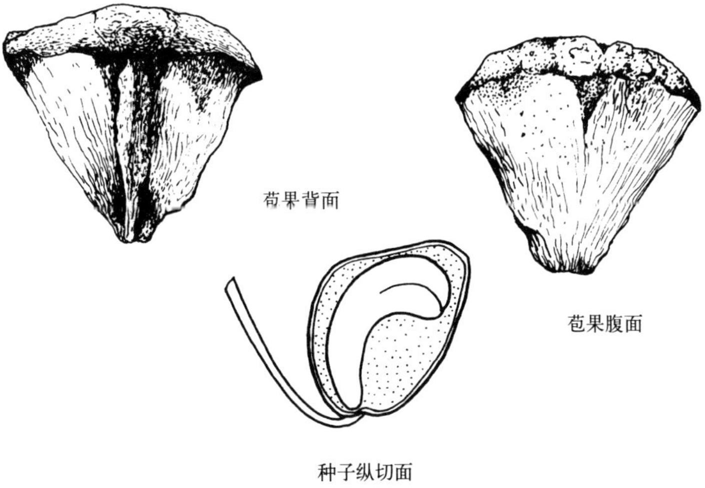


图150 盐穗木

# ·木兰科 MAGNOLIACEAE·

## 黄兰

*Michelia champaca* Linn.

木兰科，常绿乔木。

聚合蓇葖果长7～15cm；蓇葖倒卵状长圆形，长1～1.5cm。

种子倒阔卵形或卵形，外被红黄色肉质假种皮，厚0.7～0.8mm。种子长5～7mm，宽4～5mm，顶端渐尖，基部有一浅沟，腹面有纵纹突起，背部中央隆起。外种皮黑褐色，骨质，内种皮厚0.4～0.5mm，内面光滑，黄色，在高倍解剖镜下可见浅纵纹。胚甚小，乳白色，子叶长0.6mm，膜质透明；胚根长0.4mm，宽0.4mm，有淡黄色斑。胚乳丰富，淡黄色，油质。

成熟期：9～10月。

产地：西藏、云南等地。

种子千粒重：65～85g。

播种：随采随播或混沙室温层积后春播，用种量30～35g/m$^2$。

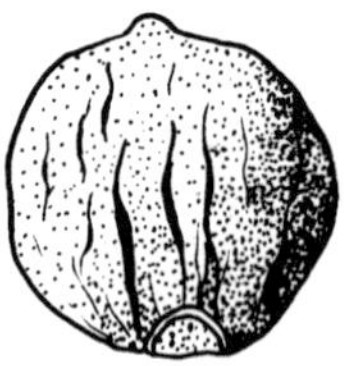

种子外形

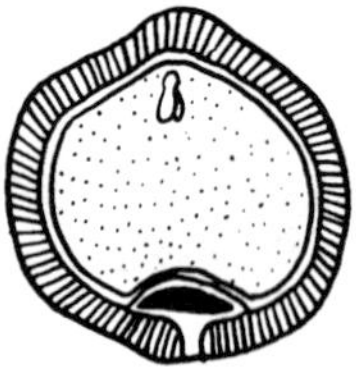

种子纵切面

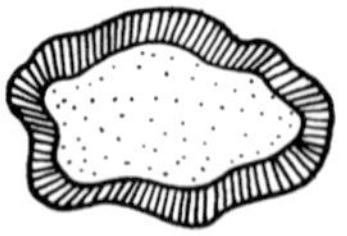

种子横切面

图151 黄 兰

# 深山含笑

*Michelia maudiae* Dunn

木兰科，常绿乔木。

聚合蓇葖果长10～12cm；蓇葖长圆形、倒卵形或卵形，长15～20mm，具小尖头，有大小不等的褐色皮孔。

种子三角状肾形，稍扁，外被红色肉质假种皮，厚0.2～0.8mm。种子长5.5～10mm，宽9mm，厚3.5mm，顶端有圆钝尖，基部平截，两侧有钝棱，背腹两面有浅雕刻状花纹；种脐位于种子平截一端近中央，圆孔形，径约0.5mm。外种皮厚0.2mm，黄褐色，骨质，厚0.2mm，内壁瘤状或脊状突起；内种皮膜质。胚甚小，黄褐色，椭圆形，长约1mm，宽0.5mm；胚根朝向种子具尖一端。胚乳丰富，油质。

成熟期：9～10月。

产地：浙江、福建、湖南、广西、贵州等地。

种子千粒重：70～80g。

播种：随采随播或混沙室温层积后春播。

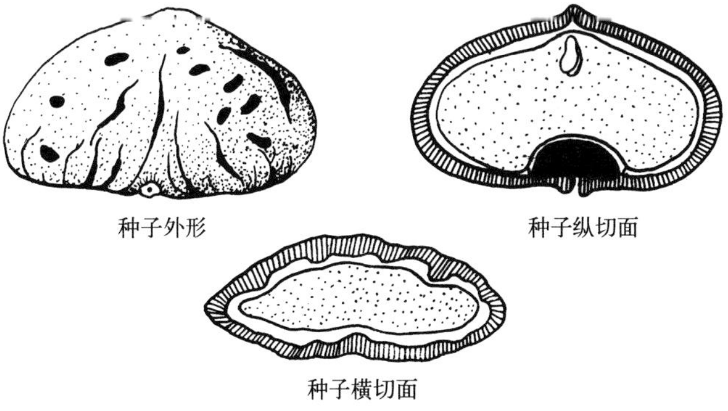


图152 深山含笑

# 乐昌含笑

*Michelia chapensis* Dandy

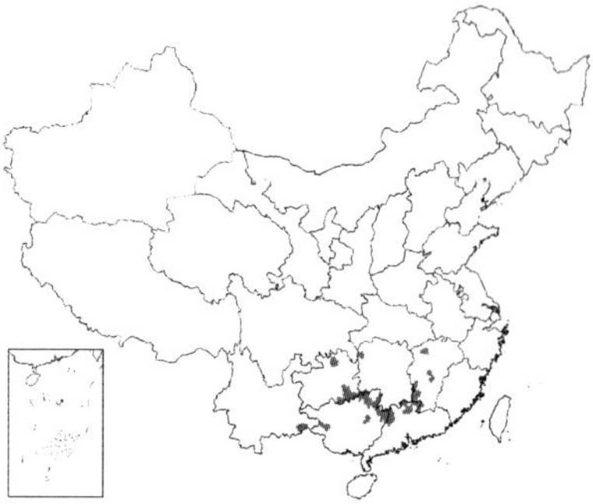

木兰科，常绿乔木。

聚合蓇葖果长约10cm；蓇葖长圆形或卵形，长1～1.5cm,先端具钝尖。

种子卵形（彩图44），扁三角状宽卵形，外被红色肉质假种皮。长8mm，宽7～10mm，厚约5mm，顶端有短尖头，基部截形或凹入，两侧有钝棱，背腹两面均有突起和凹陷的雕刻状花纹，背面弧形，腹面中央有沟槽；种脐位于种子基部凹陷处，椭圆形，长2mm。外种皮黑色，厚0.3mm，内壁乳白色，呈钟乳石状或瘤状突起，内种皮膜质。胚长1.5mm，胚根朝向种子具小尖头一端。胚乳丰富，油质。

成熟期：8～9月。

产地：江西、湖南、广西、广东等地。

种子千粒重：260～300g。

播种：随采随播或混沙室温层积后春播。

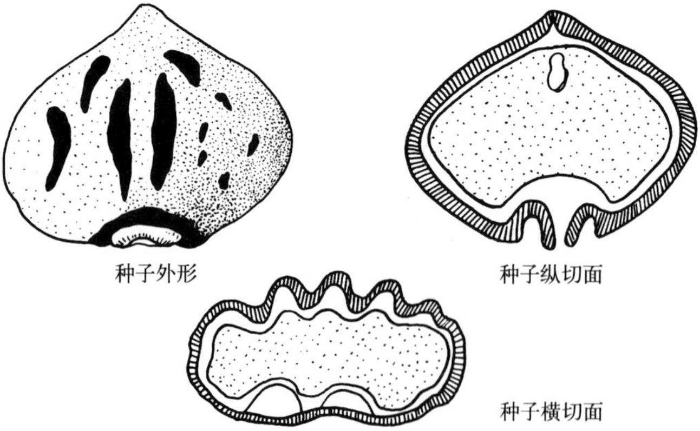


图153　乐昌含笑

# 醉香含笑

*Michelia macclurei* Dandy 火力楠

木兰科，常绿乔木。

聚合蓇葖果长3～7cm，具2～10个蓇葖；蓇葖长圆形、倒卵形或卵状长圆形，长1～3cm。

种子卵形、肾形、宽卵形或三角状卵形，外被鲜红黄色肉质假种皮，厚0.2～0.7mm。种子长8～13mm，宽5～7mm，厚4～6mm，外表光滑；种脐处凹陷，背部中央常隆起。外种皮骨质，内种皮厚0.1～0.2mm，白色光滑，常有不规则加厚突起。胚甚小，白色，长0.6mm，宽0.4mm，子叶长0.25mm；胚根胚轴弯曲，长0.35mm。胚乳丰富，淡黄白色，油质。

成熟期：9～11月。

产地：广西、广东、海南等地。

种子千粒重：110～170g。

播种：随采随播或混沙室温层积后春播，用种量13～15g/m²。

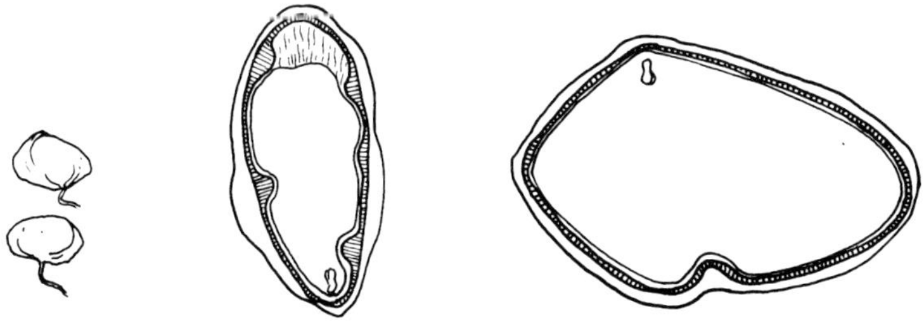

种子外形　　种子纵切面　　种子横切面

图154　醉香含笑

# 紫花含笑

*Michelia crassipes* Law 粗梗含笑

木兰科，常绿乔木。

聚合蓇葖果长2.5～5cm，被毛，具乳头状突起；蓇葖扁卵形或扁球形，长3.5～4mm。

种子倒卵形或斜卵形，有红色假种皮，去假种皮后，呈三角状宽卵形，长8mm，宽9～12mm，厚6mm，顶端渐尖，基部平截，中央凹陷；种脐位于基部凹缺处，圆形，径2mm。外种皮黑褐色，厚0.3mm，骨质，表面有不规则密雕刻状花纹，背部有两条隆起的脊，基部在腹面凹入，内壁白色；内种皮膜质。胚长1.7mm，子叶卵形，长1.1mm，宽0.8mm；下胚轴胚根长0.6mm，朝向种子较尖一端。胚乳丰富，白色，油质。

成熟期：8～9月。

产地：湖南、广西等地。

# 峨眉含笑

*Michelia wilsonii* Finet et Gagnep.

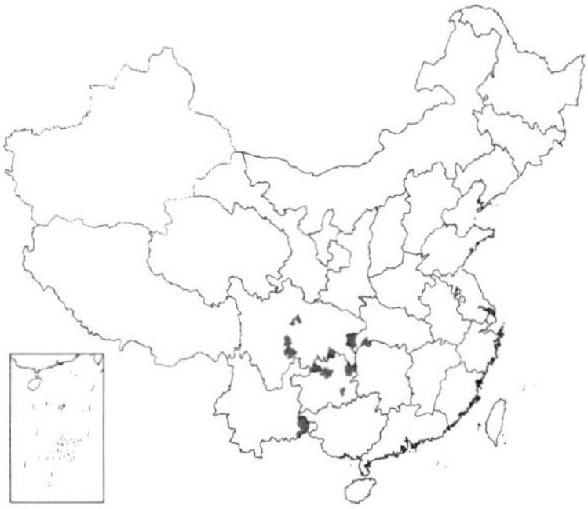

木兰科，常绿乔木。

聚合蓇葖果长 12～15cm，果轴扭曲；蓇葖紫褐色，长圆形或倒卵形，长1～1.5cm，尖端具弯曲短喙，有灰黄色皮孔。

种子斜卵形或宽卵形。长0.6～1.1cm，宽0.5～0.8cm。被橘红色假种皮，厚0.4～3mm。外种皮黑色，骨质，厚约 1.2mm，内面白色光滑，有脊状隆起。胚长 1.7mm，宽 1mm，子叶卵圆形，宽 1mm；胚轴胚根长0.7mm。胚乳丰富，乳白色。

成熟期：8～9 月。

产地：四川等地。

种子外形　　种子纵切面

图 155　峨眉含笑

# 荷花玉兰

*Magnolia grandiflora* Linn.

木兰科，常绿乔木。

聚合蓇葖果圆柱状长圆形或卵形，长7～10cm，蓇葖具喙。

种子被红色假种皮，扁平，长椭圆形，去假种皮后长椭圆形，长10mm，宽6mm，厚3.5mm，先端有短钝尖，基部圆形，近基部有一环状沟槽，两侧具纵棱，背面弧形，有数条不规则沟脊，腹面中央有宽沟槽；种脐位于种子腹面基部。外种皮黄白色，骨质，厚0.2mm，内壁有沟槽；内种皮膜质。胚小，长1.5mm，白色，子叶长1mm，宽0.7mm；下胚轴胚根长0.5mm，胚根轴向种子具小尖一端。胚乳丰富，浅黄色，油质。

成熟期：10月。

产地：原产美洲东部。长江流域以南广为栽培，在黄河中下游地区亦有栽培。

种子千粒重：66～86g。

播种：室温（3～15℃）层积135天，用种量18～25g/m$^2$。

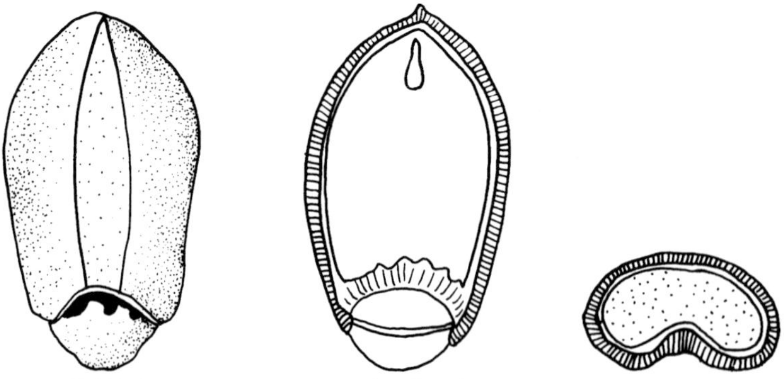

种子外形　　种子纵切面　　种子横切面

图156　荷花玉兰

# 日本辛夷

*Magnolia kobus* DC.

木兰科，落叶乔木。

聚合蓇葖果圆柱形，长 3～11cm；蓇葖扁球形，具白色皮孔。

种子被红色假种皮，扁球形，去假种皮后为倒宽卵形或斜卵形，长 9mm，宽 7～9mm，厚约 5mm，先端具小尖头，基部近圆形，近基部背腹面各有 3～4 个小孔，或连成沟槽，两侧具钝枝，背面弧形，腹面中央有一条宽沟槽，黑色平滑；种脐位于较宽一端，椭圆形，长约 1mm。外种皮厚约 0.3mm，在基部纵切面上具 5 棱，骨质；内种皮膜质。胚椭圆形，长 1mm，白色；胚根朝向种子具小尖头一端。胚乳丰富，淡黄色，油质。

成熟期：9～10 月。

产地：原产日本和朝鲜。山东、江苏和浙江栽培。

种子千粒重：165～185g。

播种：室温（3～15℃）层积 140 天，用种量 38～50g/m$^2$。

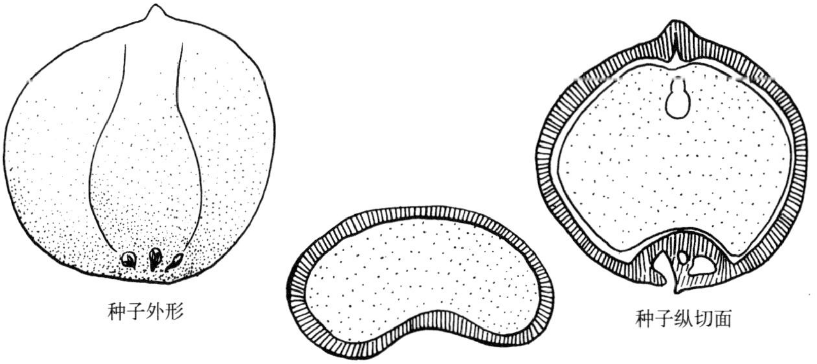

种子外形　种子横切面　种子纵切面

图 157　日本辛夷

# 黄山木兰

*Magnolia cylindrica* Wils.

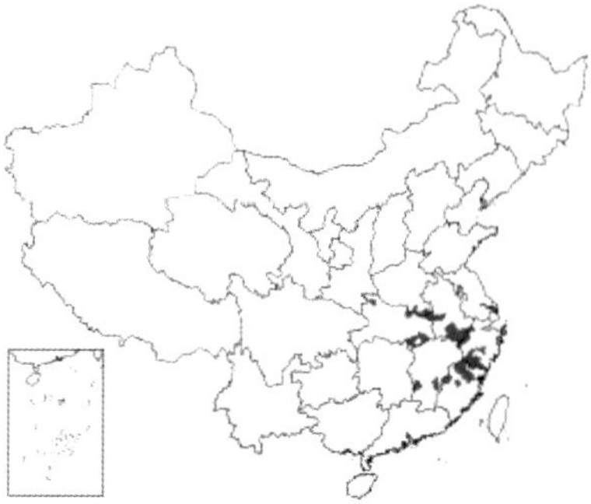

木兰科，落叶乔木。

聚合蓇葖果圆柱形，长 5～7.5cm，径 1.8～2.5cm。

种子被红色假种皮，去假种皮后为宽卵形、斜卵形、圆形、斜圆形，长7～10cm，宽6～8cm。外种皮骨质，褐黄色，厚0.5～2mm，坚硬；表面光滑，凸凹不平，有时呈深槽状，背面有两条脊，尖端呈短喙状，基部平截，内壁光滑，淡黄色。胚小，白色，长1.5mm，宽0.8mm，子叶椭圆形，长0.9mm；胚轴及胚根长0.6mm，尖端盾形。胚乳丰富，淡黄色，油质。

成熟期：8～9月。

产地：安徽、浙江、江西、福建等地。

种子千粒重：130～172g。

播种：室温（3～15℃）层积150天，用种量25～38g/m²。

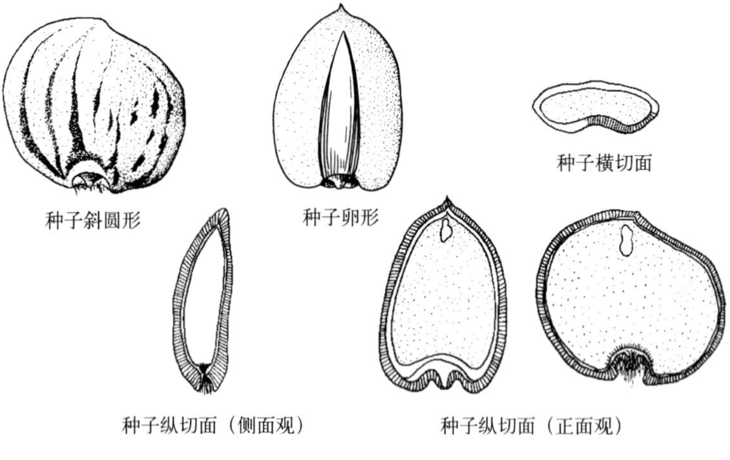


图158 黄山木兰

# 白玉兰

*Magnolia denudata* Desr.

木兰科，落叶乔木。

聚合蓇葖果圆柱形，长13～15cm；蓇葖木质，褐色，具白色皮孔。

种子有鲜红色假种皮（彩图45），去假种皮后的种子宽卵形，长6～7.5mm，宽7.5～9mm，厚约3.5mm，顶端具小尖头，稍下有一小孔（腹面）基部凹入呈浅心形，宽约3mm，背面弧形，腹面中央有宽构漕；种脐位于基部凹缺处，近圆形。外种皮骨质，厚约0.2mm，紫褐色，平滑，内壁蜡黄色，有少数浅沟槽；内种皮膜质。胚甚小，长约1mm，胚根朝向种子尖的一端。胚乳充满种皮，淡黄色，油质。

成熟期：8～9月。

产地：天然分布于安徽、浙江、江西、湖南、广东等地。黄河流域、河北、辽宁南部以南等地广为栽培。

种子千粒重：130～167g。

播种：室温（3～15℃）层积150天，用种量38～50g/m$^2$。

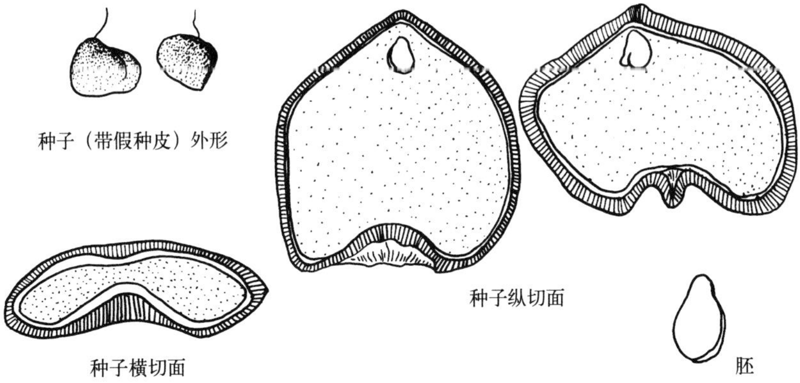


图159　白玉兰

# 凹叶厚朴

*Magnolia officinalis* Rhed. et Wils. ssp. *biloba* (Rehd et Wils.) Law

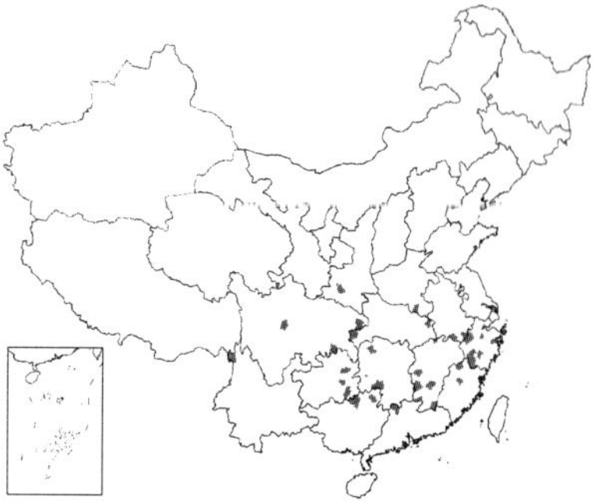

木兰科，落叶乔木。

聚合蓇葖果长圆状卵形，长9～15cm；蓇葖具长2～3mm喙。

种子有红色假种皮，去假种皮后为宽卵形，长9mm，宽9～10mm，厚约5mm，尖端具小尖头，基部截形，不凹入，有一小孔，两侧中上部有纵棱，背面弧形，腹面有凹槽；种脐位于较宽一端腹面，圆形径约1mm。外种皮黑色，骨质，厚0.5mm，内壁有雕刻状花纹，内种皮膜质。胚小，长椭圆形，长0.8mm，胚根朝向种子有小尖头一端。胚乳丰富，淡黄色，油质。

成熟期：10月。

产地：福建、浙江、安徽、江西、湖南、广西、广东等地。

种子千粒重：150～210g。

播种：室温（3～15℃）层积140天，用种量38～50g/m$^2$，发芽率60%～80%。

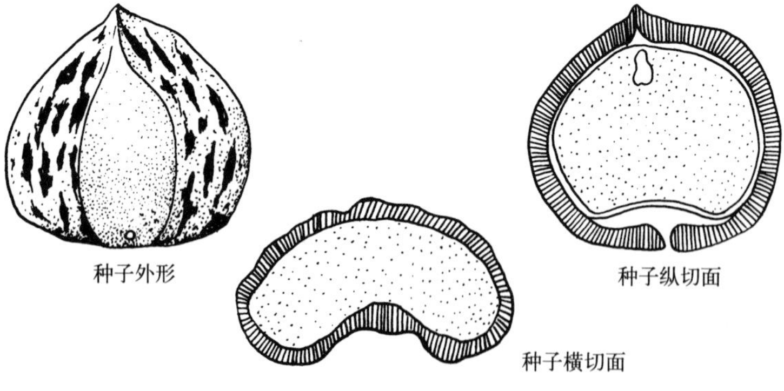


图160　凹叶厚朴

# 红花木莲

*Manglietia insignis* (Wall.) Blume

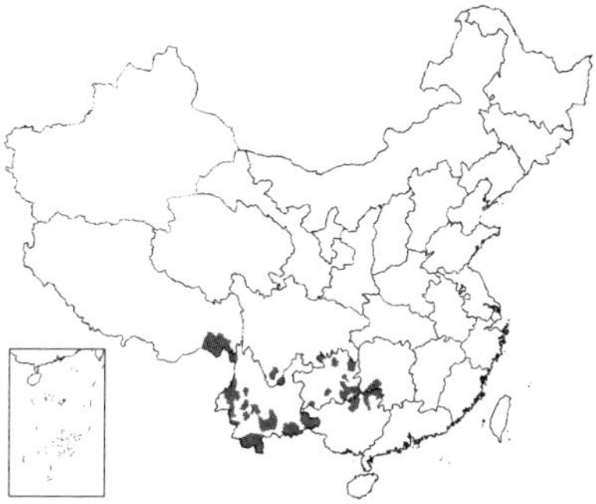

木兰科，常绿乔木。

聚合蓇葖果紫红色，卵状长圆形，长7～9cm；蓇葖具明显的瘤状突起，先端具短喙。

种子三角状卵形或心形（彩图46），外被紫红色假种皮。外种皮黑色，骨质，具明显纵沟和隆起，先端具喙，基部平截，长4.5～7mm，宽4～5mm，厚0.3～0.5mm，内面黑色。胚小，长0.8mm，子叶宽约0.5mm；胚轴胚根长2.5mm，稍弯曲。胚乳丰富，白色，油质。

成熟期：8～9月。

产地：云南、西藏、广西、贵州、湖南等地。

种子千粒重：23～40g。

播种：随采随播或混沙层积后春播，播前用0.5%高锰酸钾浸种30分钟，清水冲洗后晾干。

种子外形　　种子纵切面　　种子横切面

图161　红花木莲

# 木莲

*Manglietia fordiana* Oliv.

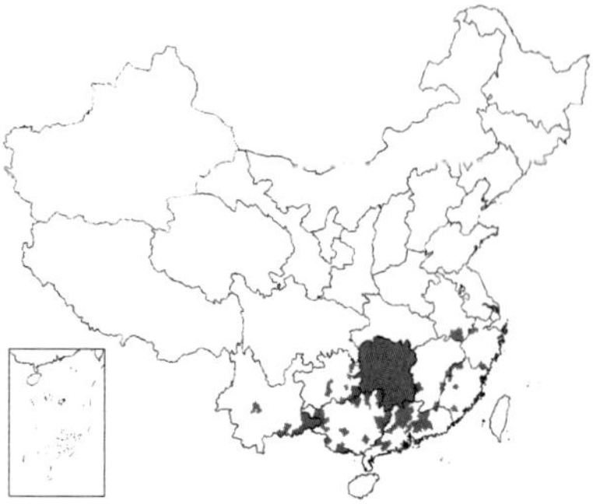

木兰科，常绿乔木。

聚合蓇葖果，卵状椭圆形，长2.5～3.5cm，先端具端喙。

种子宽倒卵形或斜倒卵形，长约6mm，宽6～7mm，厚3.5～4mm，顶端渐尖，基部截形或近圆形，两侧有棱，边缘缺刻状，背面弧形，有雕刻状花纹，腹面粗糙，中央有一沟槽；种脐位于腹面基部，圆孔形，径0.5mm。外种皮黑色，皮厚0.3mm，骨质，内壁黑色，有不规则突起。胚椭圆形，长约1mm，白色，胚根朝向种子具尖一端。

成熟期：10月。

产地：安徽、浙江、江西、福建、广东、广西、云南、贵州等地。

种子千粒重：50～60g。

播种：随采随播或混沙层积后春播，播前用0.5%高锰酸钾浸种30分钟，清水冲洗后晾干。

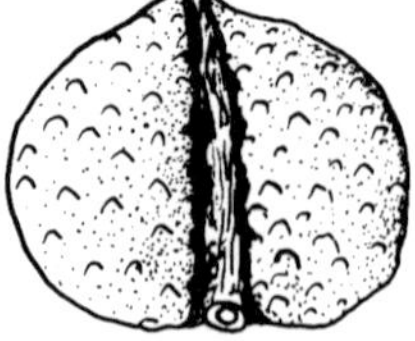

种子外形

种子纵切面

种子横切面

图162 木 莲

# 观光木

*Tsoongiodendron odorum* Chun 香花木

木兰科，常绿乔木。

聚合蓇葖果椭圆形，长10～13cm，宽9～10cm，果顶端圆形，熟时木质，果瓣厚1～2cm，暗绿色，具苍白色大型皮孔。

种子有红色假种皮，长卵形或宽卵形；去假皮后长8～12mm，宽7～10mm，略扁，厚5～6mm，顶端窄圆或钝尖，有不明显种孔，基部截形中央凹入，两侧具锐棱，背部弧形，有约10条不规则纵棱，腹部平坦或中央微凹陷，呈浅心形，亦具不规则纵棱；种脐位于基部凹缺处，椭圆形，长约3mm。外种皮黄褐色，骨质，厚约1mm，内壁膜黄色，平滑，有不规则纵棱；内种皮膜质，淡褐色。直胚，子叶椭圆形，长1.3mm，宽1.2mm；下胚轴及胚根长约1mm，胚根朝向种子较窄一端。胚乳丰富，油质。

成熟期：9～10月。

产地：福建、江西、广东、广西等地。

种子千粒重：350～480g。

播种：用种量60～80g/m$^2$。

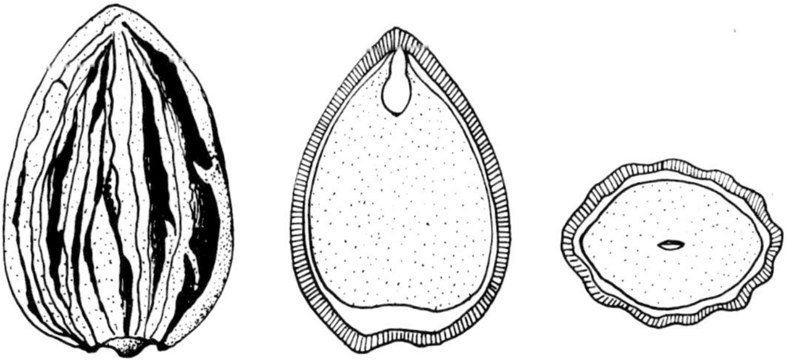

种子外形　　种子纵切面　　种子横切面

图163　观光木

# 乐东拟单性木兰

*Parakmeria lotungensis*（Chun et C. Tsoong）Law

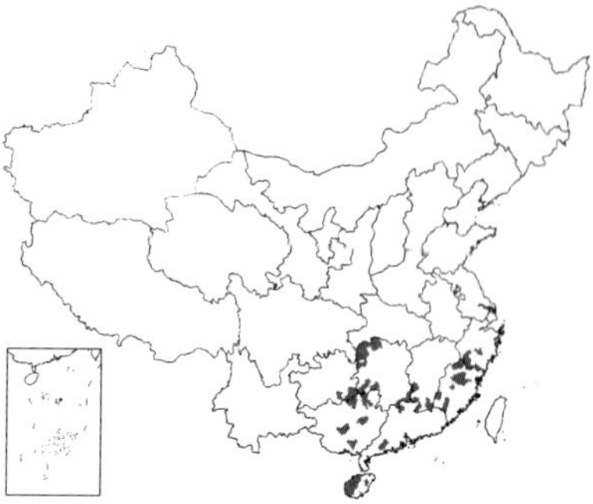

木兰科，常绿乔木。

聚合蓇葖果长圆形、椭圆状卵形或倒卵形，长3～6cm；蓇葖10～13个，椭圆形，长1.5～2.5cm。

种子具红色假种皮，去假种皮后呈卵形、斜宽卵形或宽倒卵形，长8～10mm，宽7～9mm，厚约4mm，顶端短渐尖，基部平截或凹陷，两侧具棱，背面有浅雕刻状纵纹，腹面中央有一沟槽；种脐位于腹面或基部凹陷处，圆形，径约2mm。外种皮黑紫色，厚约0.5mm，骨质，内壁蜡黄色，有沟槽；内种皮膜质。胚小，白色，长1.5mm，宽0.7mm，子叶白色卵形；胚根长0.5mm，朝向种子具尖一端。胚乳丰富，淡黄色，油质。

成熟期：8～9月。

产地：广东、海南等地。

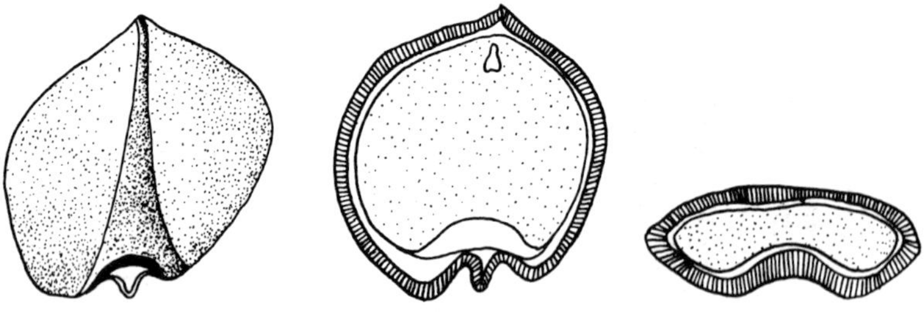

种子外形　　种子纵切面　　种子横切面

图164　乐东拟单性木兰

# 鹅掌楸

*Liriodendron chinense* Sarg.

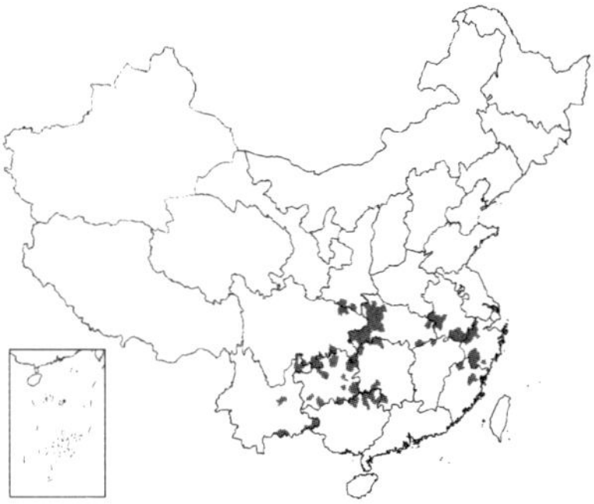

木兰科，落叶乔木。

聚合翅果，连翅长条形，尖端带有尖头，翅黄色，长30mm，翅宽7～8mm，有锈色斑点，背腹两面中肋突起，近基部弯曲达边缘，两侧有平行细条纹，基部平截，两侧斜削状至边缘，果脐位于基部。果实含种子1～2粒。

种子椭圆形（彩图47），长5.5mm，宽2.8mm，尖端渐尖，基部渐窄，微弯，尖端平截。种皮红褐色，腹面中央呈小沟状，高倍解剖镜下可见有纤维状薄层和大小不均匀小瘤状突起。胚长倒卵形，子叶卵形，长0.7mm，宽0.6mm；下胚轴及胚根长约0.8mm，径0.3mm，均为雪白色，胚根朝向果翅一端。胚根淡褐色。胚乳丰富，白色。

成熟期：9～10月。

产地：浙江、安徽、江西、湖南、湖北、陕西、贵州、广西、云南等地。

种子千粒重：22～35g。

播种：播前用2℃恒温或2～12℃变温处理90天可解除休眠，用种量25～40g/$m^2$。

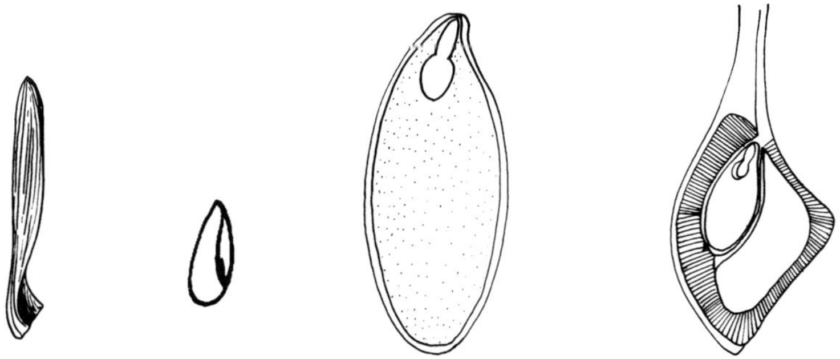

果实外形 种子外形 种子纵切面 种子横切面

图165 鹅掌楸

# 北美鹅掌楸

*Liriodendron tulipifera* Linn.

木兰科，落叶乔木。

聚合翅果，连翅长椭圆形，翅长20～25mm，翅宽8～10mm，果翅先端常平截或微凹，有褐色锈斑点，背腹两面中肋突起近基部弯曲达边缘，两侧有平行细条纹，基部截形，两侧斜削状至边缘，果脐位于基部。果实含种子1～2粒。

种子椭圆形、宽椭圆形，长5～7mm，宽3～4mm。种皮红褐色，先端和基部渐窄，腹面中央呈小沟状，高倍解剖镜下可见有纤维状薄层和大小不均匀小瘤状突起。子叶卵形，长0.8mm，宽0.7mm；下胚轴及胚根长约1.0mm，径0.45mm，均为雪白色，胚根朝向果翅一端。胚乳丰富，白色，靠近内种皮处为褐色。

成熟期：9～10月。

产地：原产北美。山东、江西、云南、江苏等地有栽培 。

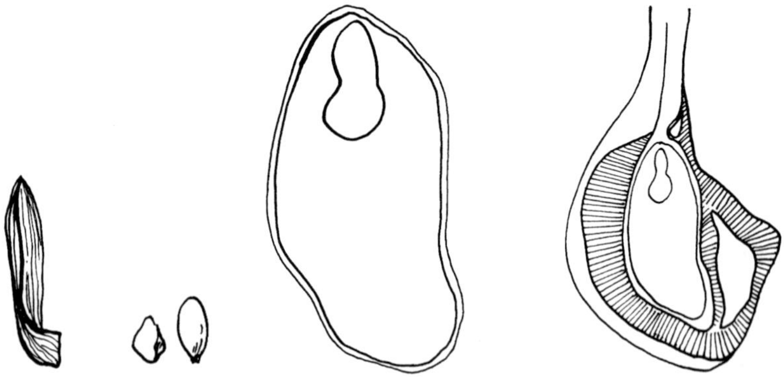

果实外形　种子外形　种子纵切面　种子横切面

图166　北美鹅掌楸

## 八角

*Illicium verum* Hook. f.

八角科，常绿乔木。

聚合蓇葖果，果径3.5～4cm，具蓇葖8枚，轮生成八角形，熟时红褐色，具香味，先端钝或钝尖。

种子扁椭圆形（彩图48），长9～11mm，宽5～7mm，厚3～4mm，先端短突尖，基部截形，平或倾斜，一侧较薄，边缘有棱，另一侧较厚，无棱或仅先端微有棱；种脐位于平截一端，椭圆形，长2mm。外种皮褐色，平滑有光泽，厚约0.2mm；内种皮褐色，膜质。胚很小，近球形，长宽约0.5mm，白色。胚乳丰富，充满种皮，油质。

成熟期：9～10月和3～4月。

产地：广西和云南。

种子千粒重：110～130g。

播种：沙藏种子用清水浸泡4～5小时，用种量12～20g/$m^2$。

果实外形

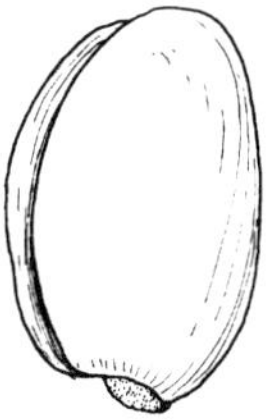

种子外形

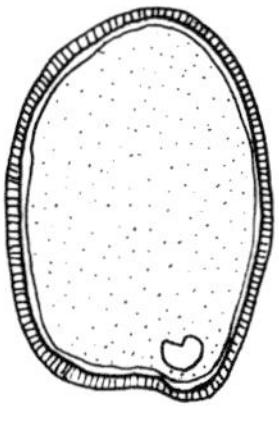

种子纵切面

图167　八　角

# ·五味子科 SCHISANDRACEAE·

## 华中五味子

*Schisandra sphenanthera* Rehd. et Wils.

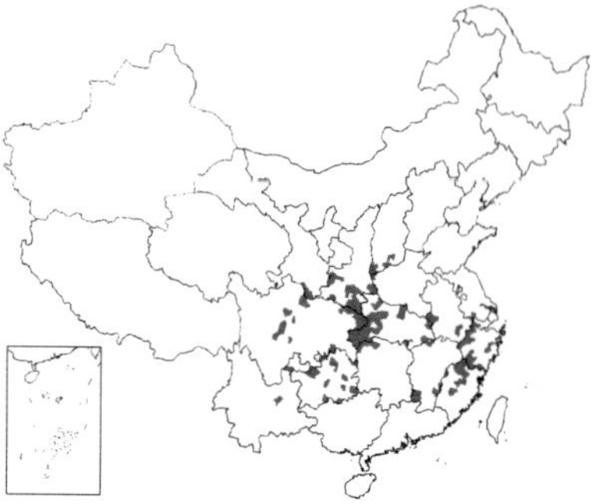

五味子科，落叶木质藤本。

聚合浆果近球形，径约4mm。小浆果倒卵形，长4.5～5mm，宽5～5.5mm，红色。

种子肾形，长4～4.5mm，宽5～5.5mm，厚2.8～3mm，先端圆，基部凹入，一端圆形，另一端微尖；种脐位于基部凹槽处，呈“U”形。外种皮灰褐色，有黑色斑纹，平滑有光泽，背灰，厚不及0.1mm。胚小，椭圆形，长0.8mm，白色，胚根朝向先端尖的一端。胚乳丰富，淡褐色，油质。

成熟期：6～10月。

产地：云南、贵州、四川、河南、山西、湖南、湖北、甘肃、安徽、江苏、浙江等地 。

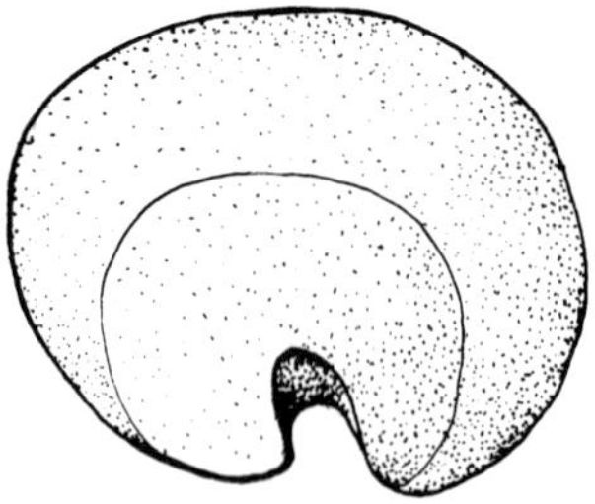

种子外形

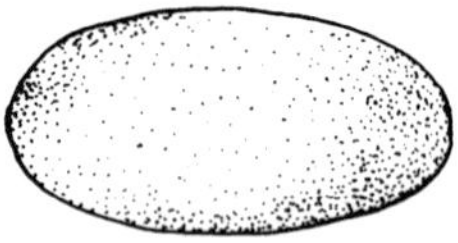

种子外形（示背脊）

图168　华中五味子

# 五味子

*Schisandra chinensis* (Tuecz.) Baill.

五味子科，落叶木质藤本。

聚合浆果，长1.5～8.5cm；小浆果红色，有酸味，球形，直径5～ 8 mm，具种子1～2。

种子肾形（彩图49），长3.5～4mm，宽4.5～5mm，厚约2mm，先端弧形；种脐位于基部凹缺处，呈“U”型。种皮橘黄色，有光泽，骨质，一侧有红色线纹。胚很小，长约0.5mm，位于一端。胚乳丰富，淡橘黄色，油质，弧形。

成熟期：8～9月。

产地：东北、华北等地。

种子千粒重：30g。

播种：用种量25g/$m^2$。

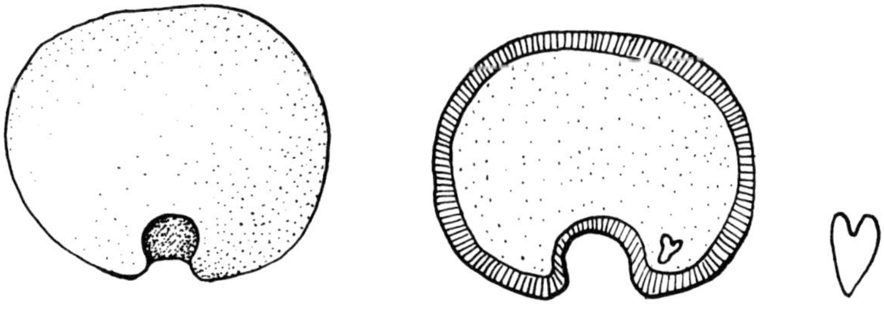

种子外形　　种子纵切面　　胚

图169　五味子

# 南五味子

*Kadsura longipedunculata* Finet et Gagnep.

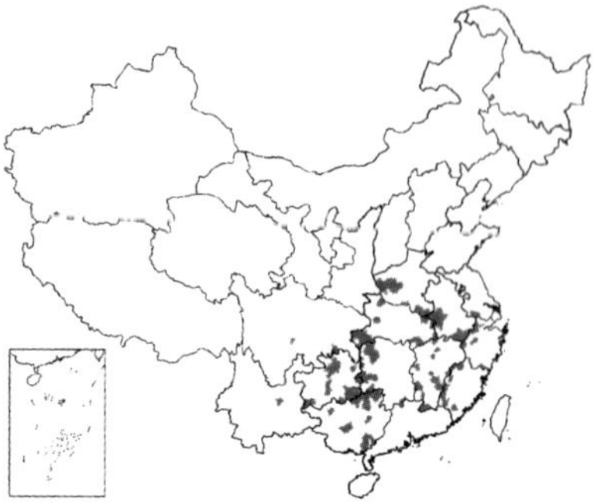

五味子科，落叶木质藤本。

聚合浆果头状，径1.5～3.5cm，成熟时肉质，黄红色；小浆果倒卵形，长8～14mm，外果皮革质，干时显出种子，具种子2～3粒。

种子肾形，长4.5～5mm，宽5～6mm，厚约3mm，先端圆弧形，基部凹入，两端近圆形。种皮黄褐色，有光泽，骨质，厚0.1～0.2mm，高倍解剖镜下可见密集小长方状花纹，内壁褐色。胚小，长约0.5mm，胚根朝向较尖的一侧。胚乳丰富，油质。

成熟期：9～12月。

产地：长江流域以南等地。

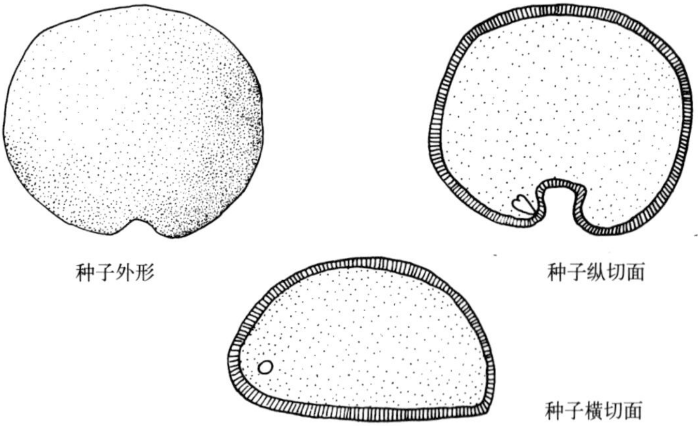


图170 南五味子

# ·番荔枝科 ANNONACEAE·

## 景洪暗罗

*Polyalthia cheliensis* Hu

番荔枝科，常绿乔木。

聚合果浆果状，小果球形、长圆形或卵圆形，各有2粒种子。

种子椭圆形，长25mm，宽15mm，两端圆钝；种脐位于种子基部略呈5角形，径约3mm。种皮紫黄色，有光泽，两侧有一条环形不整齐沟槽，茶褐色，背腹两面各有一条不整齐浅沟，微有横向细皱纹，革质，内壁成层状嵌入种子内部。胚小，长约4mm；子叶宽卵形，长2.5mm；下胚轴及胚根长1.5mm，胚根朝向种脐一端。胚乳丰富，纵切面成层片状。

成熟期：12月。

产地：云南。

种子千粒重：100～140粒。

播种：播前将种子浸泡2～3小时，用种量25～40g/m$^2$。

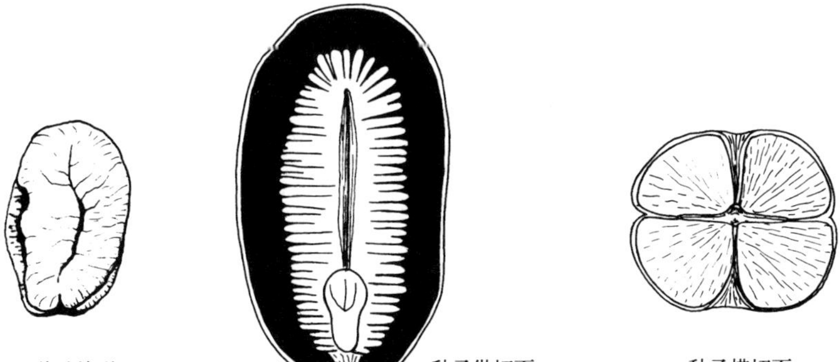

种子外形　　种子纵切面　　种子横切面

图171　景洪暗罗

# 山蕉

*Mitrephora maingayi* Hook. f. et Thoms.

番荔枝科，常绿乔木。

聚合果肉质，浆果状；小果卵形或短圆柱形，长2～4.5cm，径1.5～3cm，各有4粒种子。

种子卵形或长卵形，长约21mm，宽12～15mm，厚7mm，先端圆钝，基部截形，两面周围有浅沟槽；种脐椭圆形，长8mm，宽约4mm，淡褐色。种皮褐色，光亮，有横向浅皱纹，厚0.2mm，革质；内种皮膜质。胚直，棍棒形，长2.5mm，宽0.8mm，白色，子叶椭圆形，长13mm，宽0.8mm；下胚轴及胚根长1.2mm，宽0.6mm，胚位于种脐一端。胚乳层片状，约有30条层，淡褐色，油质。

成熟期：6～12月。

产地：海南、广西、贵州、云南等地。

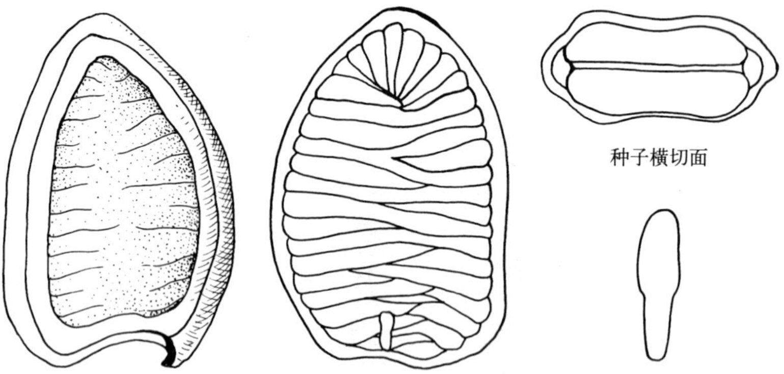


图172 山 蕉

# 牛心果

*Annona glabra* Linn.

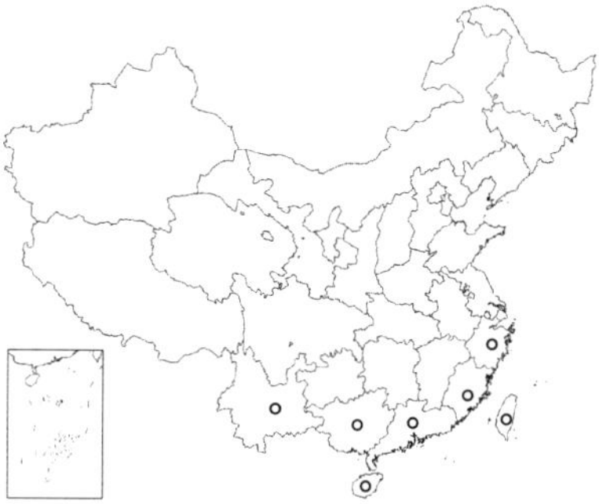

番荔枝科，常绿小乔木。

聚合浆果牛心形，长8～10cm，径6～8cm，平滑无毛，熟时淡黄色。

种子矩状长椭圆形，长15mm，宽6mm，先端钝，基部钝尖，略扁，具2棱。外种皮茶褐色光滑，革质，厚约1mm，微有横向皱纹；内种皮褐色膜质，呈层片状插入胚内。胚棍棒形，长约2mm，白色，胚根朝向种子基部。胚乳白色，呈层片状，叠生，油质。

成熟期：8月。

产地：原产热带美洲，台湾、广东、海南、广西和云南有栽培。

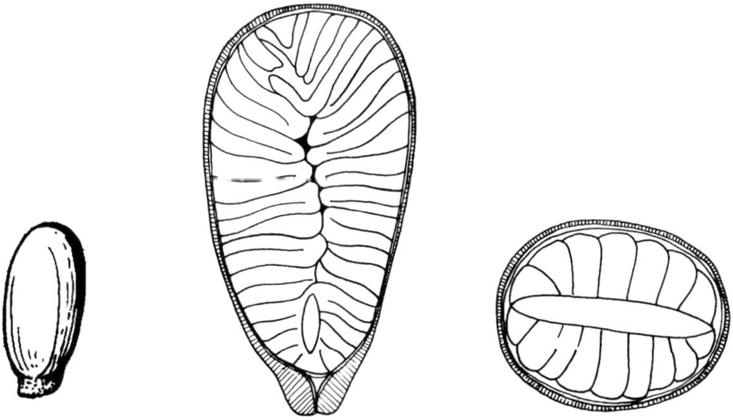

种子外形　　种子纵切面（示胚孔层片状）　　种子横切面

图173　牛心果

# 刺果番荔枝

*Annona muricata* Linn.

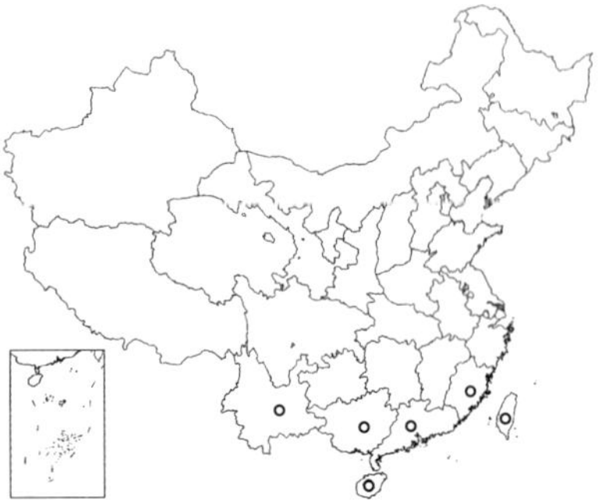

番荔枝科，常绿乔木，高达8m。

聚合浆果卵圆状，长10～35cm，直径7～15 cm，深绿色。

种子矩圆状椭圆形，长15mm，宽8mm，厚约5mm，先端圆钝，基部略偏斜，微凹入，周围有一锐棱；种脐椭圆形，长约2mm；种皮苍黄色，厚约1mm，平滑，有光泽，内壁呈成层状伸入至胚内。胚根棒形，长约2mm，位于种子基部，胚根朝向种脐。胚乳丰富，呈层状充满种皮，白色，油质。

成熟期：7月至翌年3月。

产地：原产热带美洲。台湾、广东、广西、云南、海南等地有栽培。

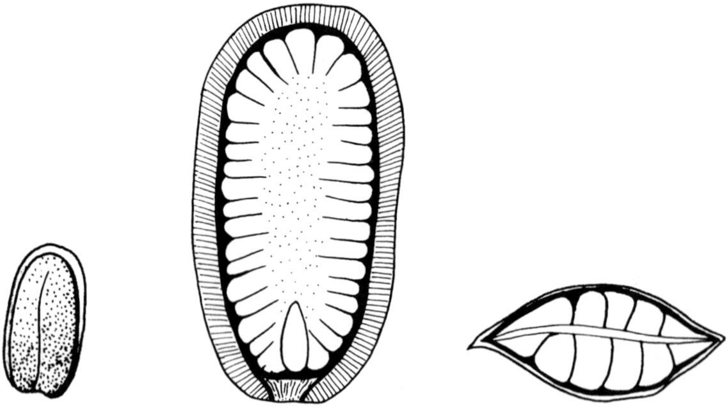

种子外形　　种子纵切面（示胚孔层片状）　　种子横切面

图174　刺果番荔枝

# ·肉豆蔻科 MYRISTICACEAE·

## 狭叶红光树

*Knema cinerea* (Poir.)Warb. var. *glauca* (Bl.) Y. H. Li

肉豆蔻科，常绿乔木。

蒴果椭圆形，长2.5～2.8cm，2裂，密被锈色星状毛。

种子有肉质红色假种皮；假种皮完整或顶端微撕裂状；种子连假种皮卵形，长30mm，宽17～20mm，先端钝尖，基部圆形，略偏斜，平滑无毛。外种皮骨质，有鹌鹑蛋花纹，厚约0.5mm。胚很小，长约1.5mm，白色，位于种脐一端。胚乳丰富，白色，有栗褐色、分布均匀的折线状条纹，油质。

成熟期：4～5月。

产地：云南。

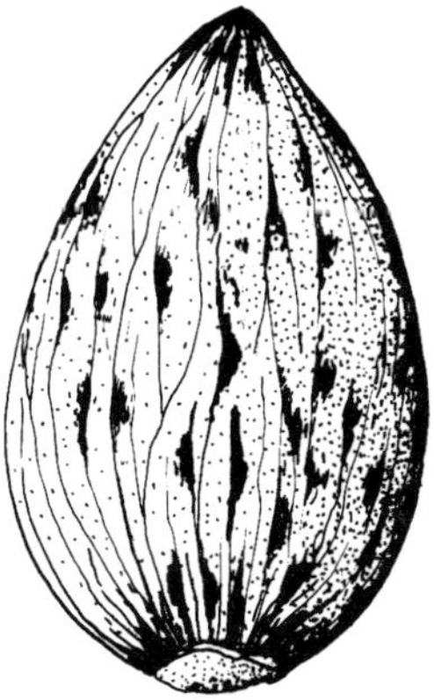

种子外形

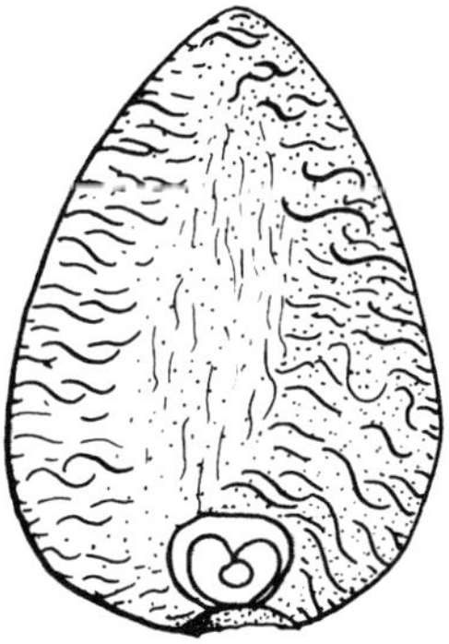

种子纵切面

图175　狭叶红光树

# ·蜡梅科 CALYCANTHACEAE·

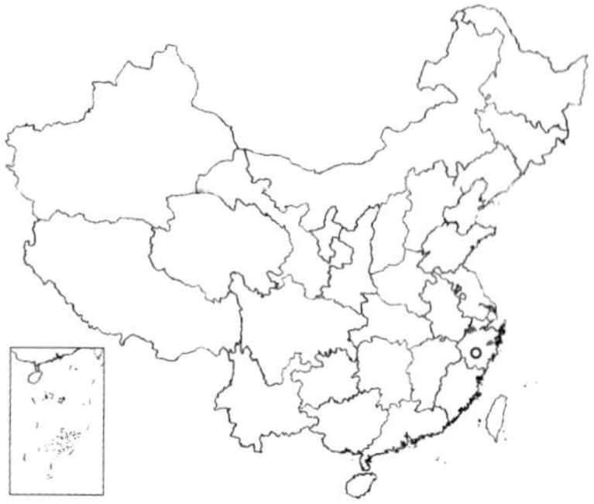

## 夏蜡梅

*Calycanthus chinensis* Cheng et S. Y. Chang

蜡梅科，落叶灌木。

聚合瘦果，果托钟形，长3～5cm，内壁密被长毛。

种子（瘦果）长椭圆形，中上部略扁平，长14mm，宽约7mm，厚约5mm，顶端圆形，略偏向一侧有一小突起，基部截形，中央微凹陷，背部有一纵棱，腹面有一沟槽（无翅状物）；种脐位于较厚的一端，窄椭圆形，长约3mm，宽1mm。种皮（果皮）茶褐色，坚硬，被白色绒毛，尤以顶端和基部较密；内种皮（内果皮）淡褐色。胚圆筒形，长15mm，宽5mm，子叶白色，席卷状；胚根长约5mm，朝向种脐一端。种子与蜡梅不同处为种子较长，全体被长毛。无胚乳。

成熟期：10月。

产地：浙江等地。

种子千粒重：230～260g。

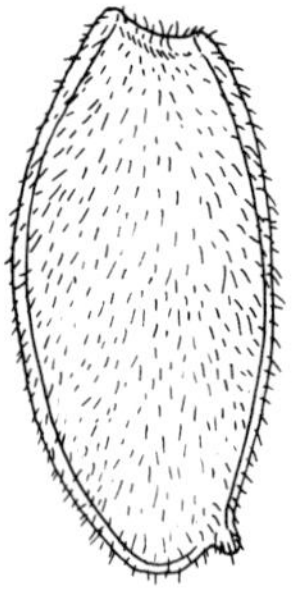

种子外形

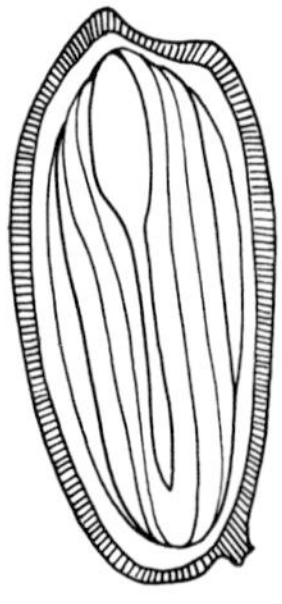

种子纵切面

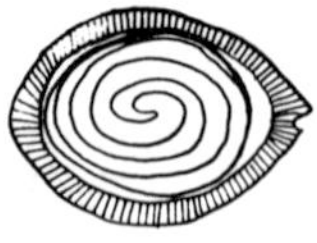

种子横切面

图176 夏蜡梅

# 蜡梅

*Chimonanthus praecox* (Linn.) Link.

蜡梅科，落叶灌木。

聚合瘦果。果托椭圆形，长4cm。

种子（瘦果）长椭圆形，长12mm，宽5mm，略扁，顶端圆形，基部较顶端略宽亦为圆形，背部有一条纵棱，腹面窄翅状，中央有一窄槽；种脐位于较宽的一端底部，条形，长约3mm。种皮厚0.3mm，坚硬，黑褐色，有横向皱纹，背部棱上和基部被粗毛，内种皮黄褐色，较厚。子叶席卷状；胚芽、下胚轴、胚根包裹在子叶基部，长约5mm，胚根朝向种脐一端。无胚乳。

成熟期：6月。

产地：江苏、浙江、湖北、四川、陕西等地。北京以南各地均有栽培。

种子千粒重：180～260g。

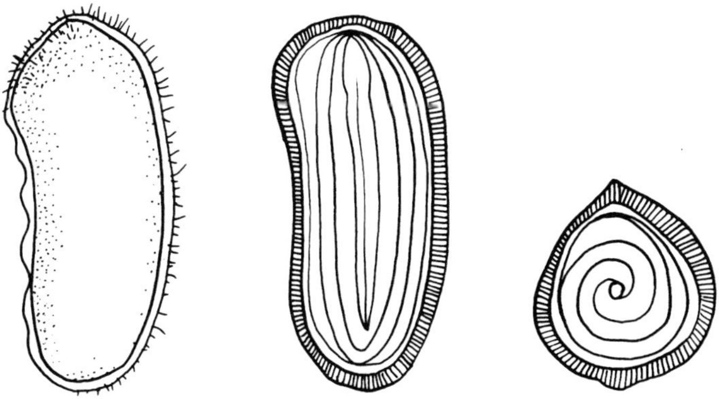

种子外形　　种子纵切面　　种子横切面

图177　蜡　梅

# ·樟科 LAURACEAE·

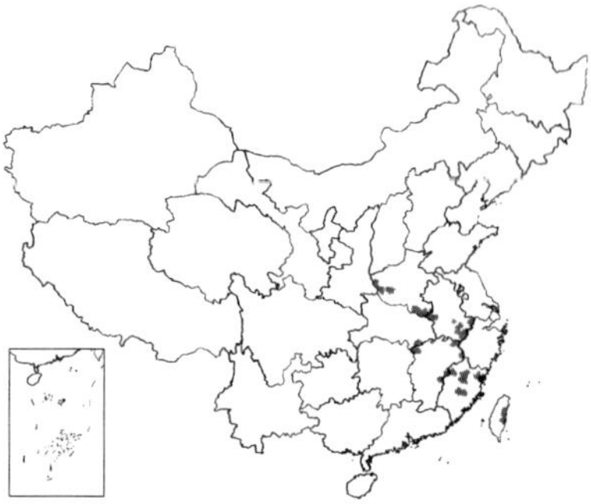

## 天竺桂

*Cinnamomum japonicum* Sieb.

樟科，常绿乔木。

浆果核果状，长椭圆形或长卵状椭圆形，长10～12mm，宽5～6mm，熟时黑紫色。

种子（果核）倒卵状椭圆形，长约11mm，宽约5.5mm，顶端圆，基部渐窄成尖头，两侧微凹，表面褐色，具7～8条细纵棱；种脐位于渐尖一端，略呈六边形，淡褐色，宽约1.5mm；果核壁（内果皮）厚约0.2mm，革质。种皮膜质，淡褐色。子叶肥厚，长倒卵形，充满种皮内，白色，油质；胚长约1.5mm，胚根朝向种子渐尖一端。无胚乳。

成熟期：7～9月。

产地：江苏、安徽、浙江、湖北、江西、福建、台湾等地。

种子外形　　种子纵切面　　种子横切面

图178　天竺桂

# 黄樟

*Cinnamomum porrectum* Kosterm.

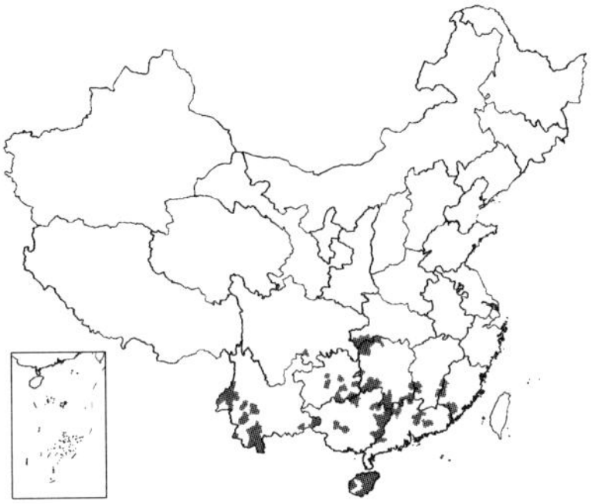

樟科，常绿乔木。

核果浆果状，球形，径6～8mm，黑色。外果皮膜质，中果皮多汁，干后黑色。

种子（果核）球形，径5～6mm，先端有隆起的脊；果核壁（内果皮）黑色光滑，骨质，厚0.3～0.5mm。子叶肥厚，2枚，充满种皮，白色，油质；下胚轴及胚根短，长仅0.5mm，宽1mm，白色。无胚乳。

成熟期：7～10月。

产地：广东、海南、广西、福建、江西、湖南、贵州、云南等地。

# 樟树

*Cinnamomum camphora* Presl

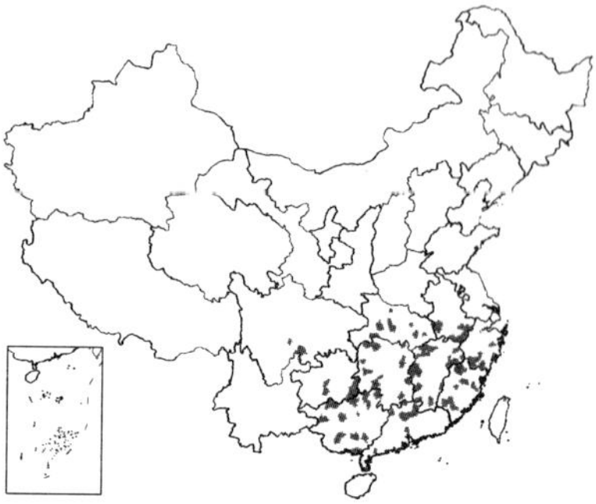

樟科，常绿乔木。

核果浆果状，近球形或宽卵形，长6～8mm，熟时紫黑色。

种子(果核)近球形，径5.5～7mm，两顶端圆形，周围有细纵棱，基部有枝状突起，较宽，黑色，平滑；种脐位于较宽纵棱处。果核壁（内果皮）厚0.3～0.4mm，骨质，内壁无毛。种皮膜质，褐色。子叶肥厚，近圆形直径4～5.5mm，淡黄色，油质；下胚轴及胚根长0.1mm，胚根先端是褐色，朝向种脐一端。无胚乳。

成熟期：8～11月。

产地：长江流域以南各地，主产台湾、浙江、福建、江西、广东、广西、湖南、湖北、云南等地。

种子千粒重：80～150g。

播种：用种量25～35g/$m^2$。

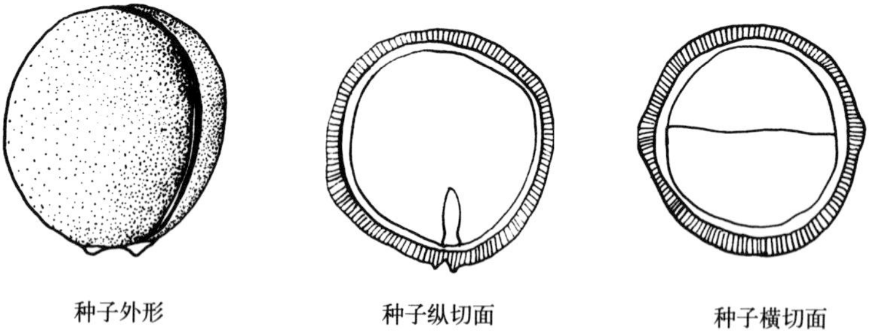


图179 樟 树

# 银 木

*Cinnamomum septentrionala* Hand.-Mzt.

樟科，常绿乔木。

核果浆果状，球形，直径8～9mm。

种子（果核）近球形，直径6～7mm，先端圆钝或中央有小突尖，基部圆形，中央微凹缺，周围有锐纵棱；种脐位于凹缺处。果核壁（内果皮）栗褐色，有不明显极浅雕刻状花纹，骨质。种皮褐色，膜质。子叶肥厚，近圆形，充满种皮内；胚小，长1mm，胚根朝向种脐一端。无胚乳。

成熟期：7～9月。

产地：四川、湖北、陕西、甘肃等地。

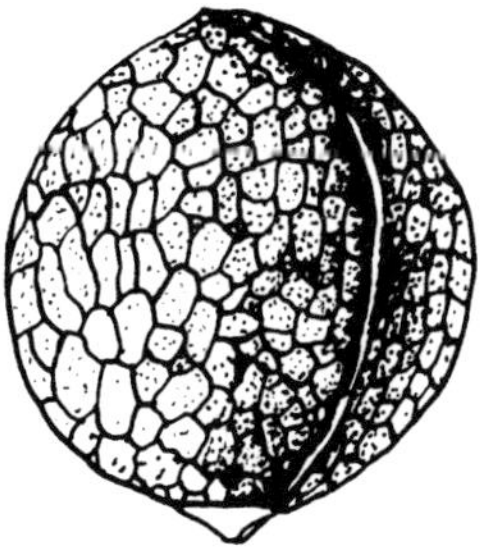

种子外形

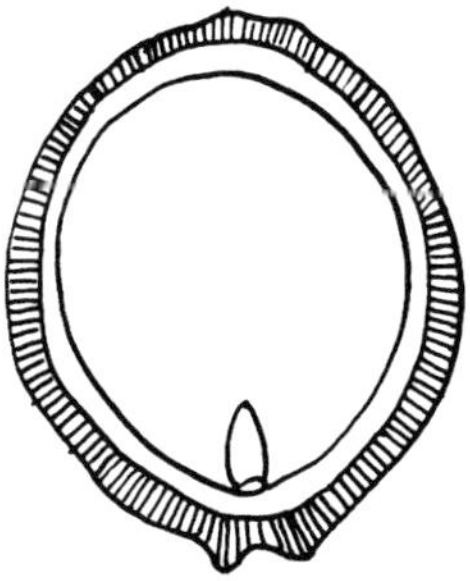

种子纵切面

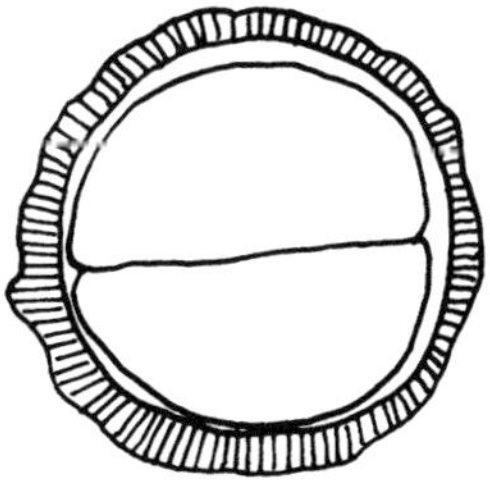

种子横切面

图180 银 木

# 猴樟

*Cinnamomum bodinieri* Lévl.

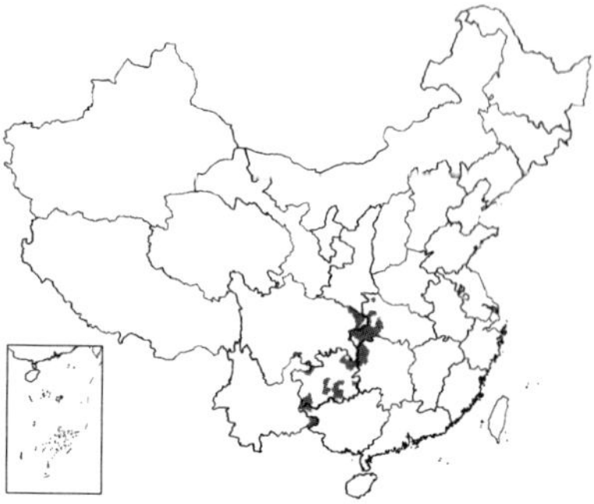

樟科，常绿乔木。

核果浆果状，球形，径7～8mm，无毛，黑色，干后收缩。果皮干后厚0.8～1mm；外果皮膜质，中果皮多汁干后黑色。

种子（果核）球形至扁球形，径5～6mm，果核壁（内果皮）骨质，厚0.2～0.3mm，淡黄色，上有两条隆起，在先端交汇呈短喙状；表面有网状隆起。子叶肥厚，充满种皮内，淡黄色，油质；下胚轴及胚根长约0.5mm，呈三角形，先端褐色。无胚乳。

成熟期：7～8月。

产地：湖北、湖南、贵州、四川、云南等地。

种子外形

种子横切面

图181 猴 樟

# 紫楠

*Phoebe sheareri* (Hemsl.) Gamble

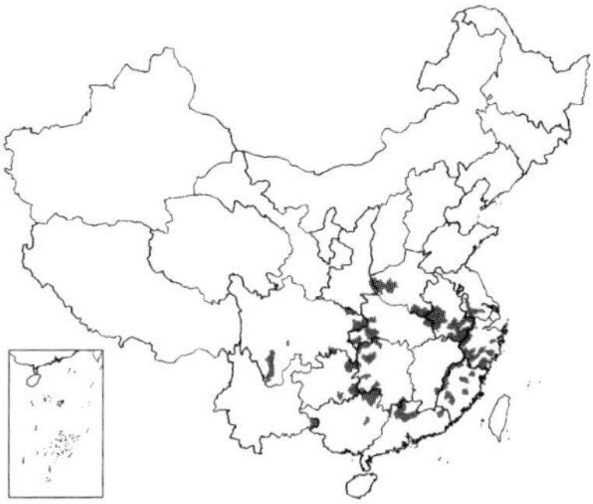

樟科，常绿乔木。

核果卵形，长1cm，宽6～8mm。

种子（果核）长倒卵形，长7～9mm，宽5～7mm，顶端圆形，基部渐尖，中央有小尖头，光滑；种脐位于渐尖一端，圆形，径不及1mm。果核壁（内果皮）骨质，厚约0.1mm，有白色和紫色相间鹌鹑蛋式花纹，平滑无毛，脆骨质，内壁无毛。种皮薄膜质，半透明。子叶肥厚，倒卵形，径约8～8.5mm，宽5.5mm，淡黄色，油质；胚芽及下胚轴卵形，长1～1.5mm，胚根朝向种子较尖一端，长0.5mm，呈三角形，先端透明。无胚乳。

成熟期：9～10月。

产地：长江流域以南地区。

种子千粒重：220～270g。

播种：随采随播或混沙层积春播，用种量60～75g/m$^2$。

种子外形

种子纵切面

种子横切面

图182 紫 楠

# 峨眉紫楠

*Pboebe sheareri* Gamble var. *omeiensis* (Yang) N. Chao

樟科，常绿乔木。

核果长倒卵形，长11mm，宽5～7mm，表皮肉质多汁，干时呈黑色。果核卵形长8～10mm，宽4～6mm，先端突起，中间有凹陷孔，孔周围有白色丝状毛。

种子（果核）卵形，长6～9mm，宽4～5mm。果核壁（内果皮）骨质，表面有淡褐色不规则网状斑纹，厚约1mm。种皮白色，膜质。子叶肥厚，多为3个（或2～4个），肉质淡黄色，充满种皮，油质；下胚轴及胚根红褐色，三角形。无胚乳。

成熟期：9～10月。

产地：四川等地。

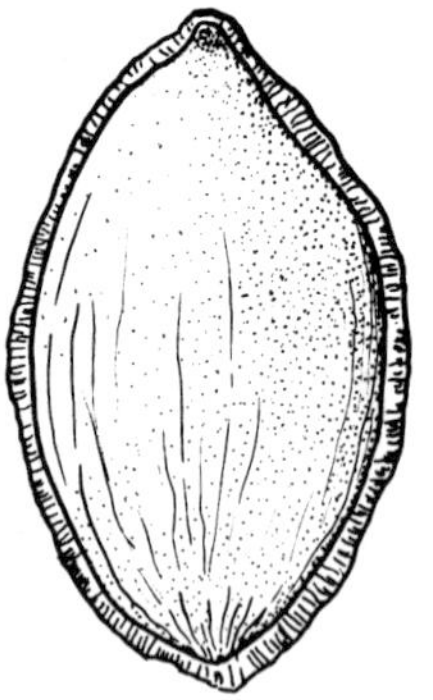

种子外形

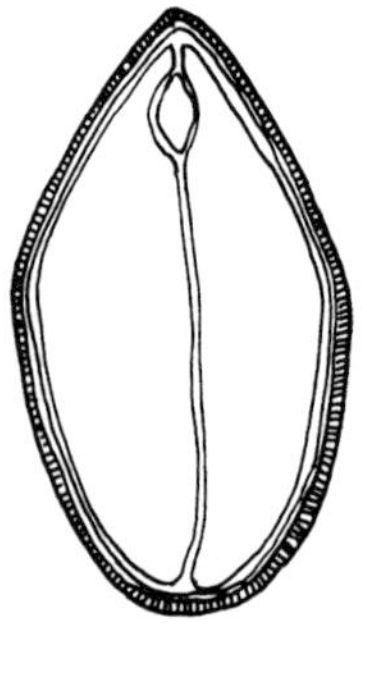

种子纵切面

种子横切面

图183 峨眉紫楠

# 白楠

*Phoebe neurantha* (Hemsl.) Gamble

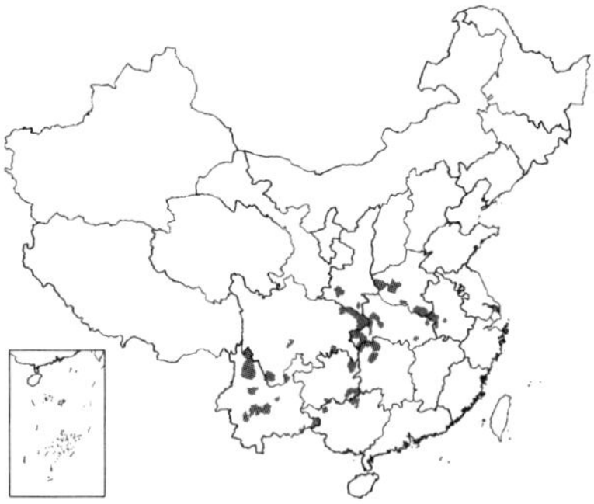

樟科，常绿乔木。

核果近球形，长9mm，宽8mm，6片花萼包裹果基部，无毛。

种子（果核）近宽卵形，长宽各8～9mm，略扁，顶端圆形，基部微窄；种脐位于较尖的一端，三角形，很小。果核壁（内果皮）平滑有黑紫色和浅棕色相间的斑纹，厚0.1mm，脆骨质。种皮膜质，白色，常贴生于外种皮内壁。直胚，子叶宽椭圆形，长8mm，宽6.5mm，肥厚；胚根朝向种子较尖一端。无胚乳。

成熟期：8～10月。

产地：江西、湖南、湖北、广西、陕西、甘肃、贵州、四川、云南等地。

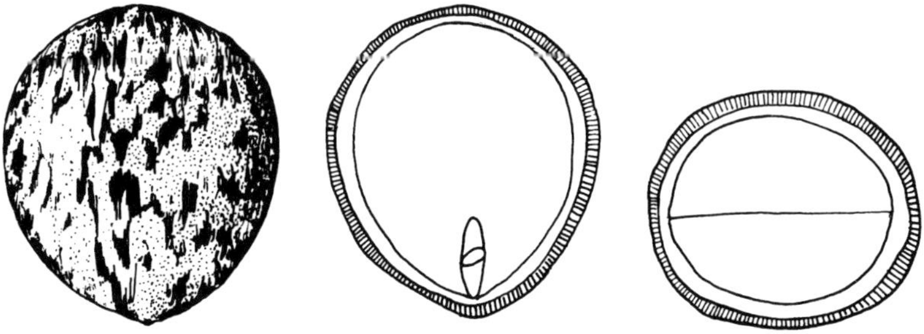

种子外形　　种子纵切面　　种子横切面

图184　白　楠

# 桢楠

*Phoebe zhennan* S. Lee et F. N. Wei

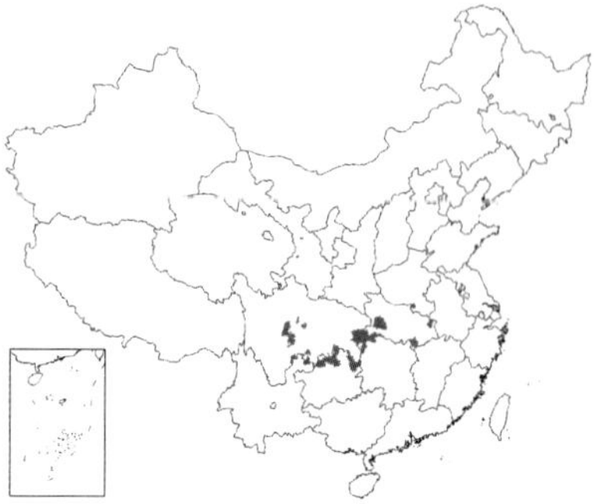

樟科，常绿乔木。

核果椭圆形或矩圆形，蓝黑色，长1.1～1.3cm，径0.6～0.8cm。干时果皮收缩，表面呈浅网状。

果核椭圆形，灰黄褐色，径0.4～0.6cm，长1.0～1.2cm。单胚或2～3胚。

成熟期：9～12月。

产地：浙江、安徽、江西、湖北、湖南、四川等地。

种子千粒重：300～360g。

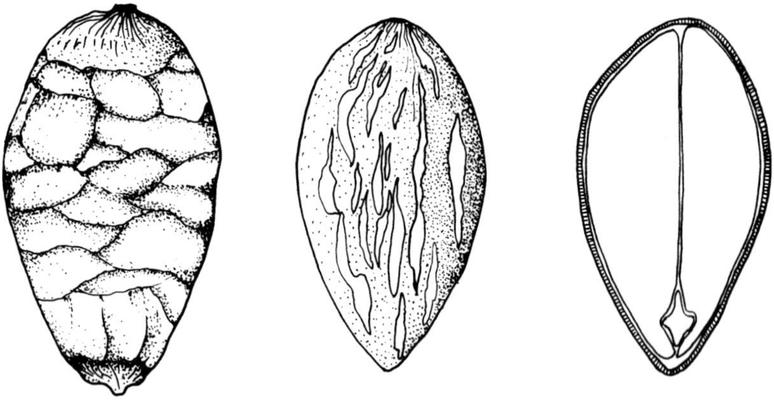

核果　　种子外形　　种子横切面

图185 桢 楠

# 闽楠

*Phoebe bournei* (Hemsl.) Yang

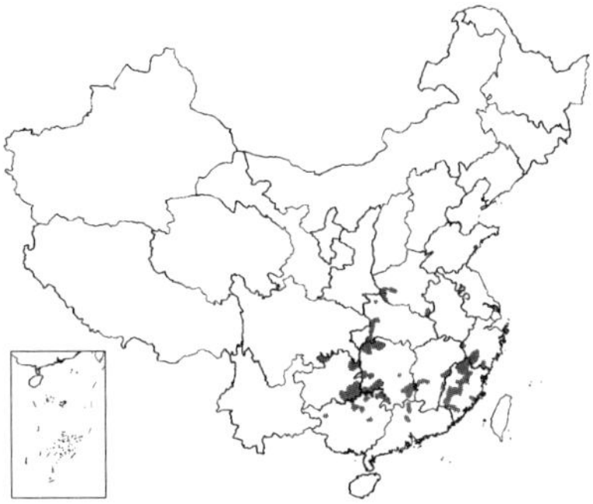

樟科，常绿乔木。

核果椭圆形或倒卵状椭圆形，长1.1～1.3mm，宽6mm，花萼紧贴果实，无毛。

种子（果核）椭圆形，长11mm，宽6.8mm，顶端圆形，基部渐窄成尖头；种脐位于渐尖一端，椭圆形，长约1mm。果核壁（内果皮）平滑，有棕白相间的斑纹，骨质，厚0.1mm，内胚无毛。种皮膜质，白色，常粘着在外种皮内壁。子叶椭圆形，长约9.5mm，宽5.5mm，肥厚，等大对称；胚芽及胚轴棍棒形长约1mm，胚根朝向种子渐窄一端。无胚乳。

成熟期：10～11月。

产地：江西、福建、浙江、广东、广西、湖南、湖北、贵州等地。

种子千粒重：250～345g。

播种：随采随播或混沙层积春播，用种量50～60g/m$^2$。

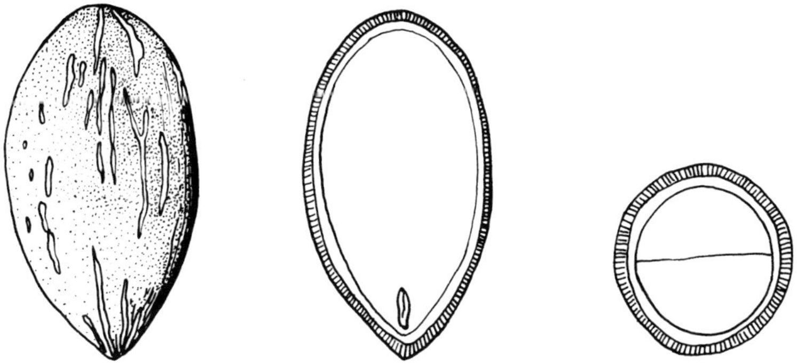

种子外形　　种子纵切面　　种子横切面

图186　闽　楠

# 浙江楠

*Phoebe chekiangensis* C. B. Shang

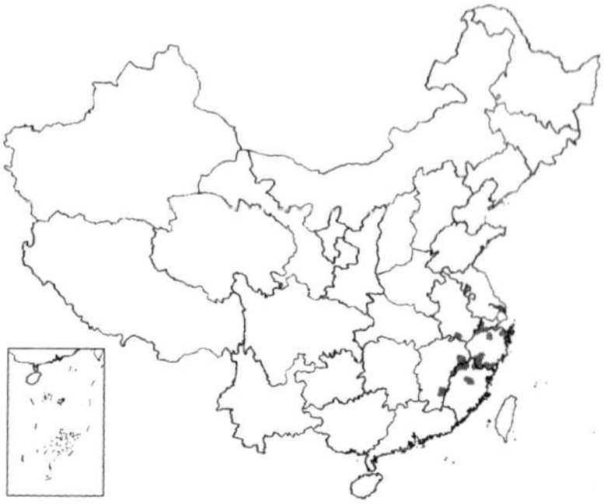

樟科，常绿乔木。

核果倒卵状椭圆形或椭圆形，长12～15mm，宽8～9mm。

种子（果核）长倒卵形，长11～13mm，宽7～7.5mm，顶端圆，基部渐窄成尖头，背腹面各有一不明显浅沟槽；种脐位于较尖一端。果核壁（内果皮）黄褐色，有紫黑色斑纹，厚约0.5mm。种皮膜质白色。有多胚现象，子叶不等大，不对称，肥厚；胚根朝向种脐一端。无胚乳。

成熟期：9～10月。

产地：浙江、福建、江西等地。

种子千粒重：240～290g。

播种：随采随播或混沙层积春播，用种量60～75g/m$^2$。

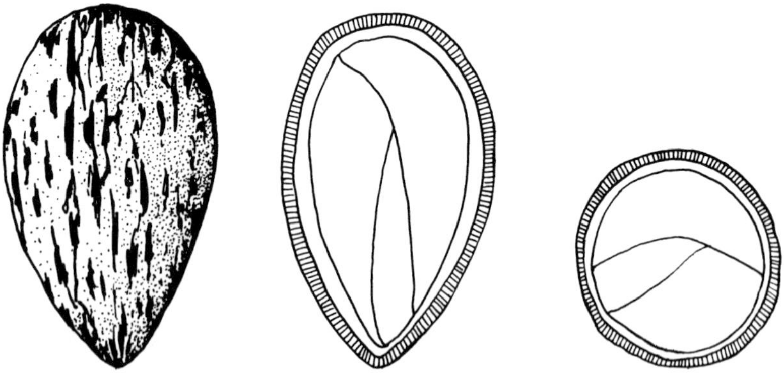

种子外形　　种子纵切面　　种子横切面

图187　浙江楠

# 湘楠

*Phoebe hunanensis* Hand.-Mzt.

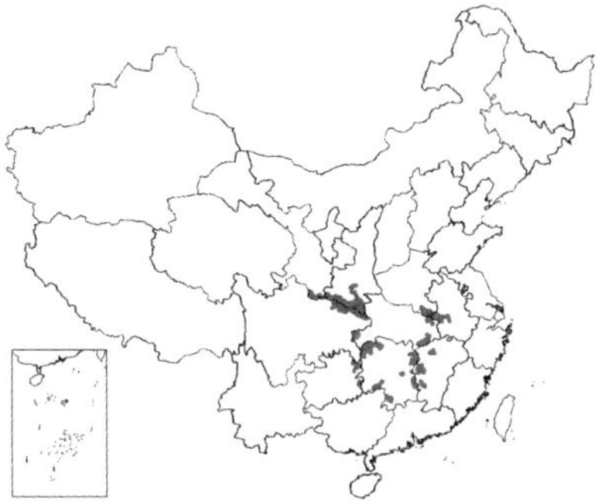

樟科，常绿乔木。

核果宽椭圆形，宽卵形，果核卵形，长7～10mm，宽5～8mm，淡褐色，先端具突起，内果皮骨质，具黑白相间不规则花纹，厚约1mm。

种子（果核）倒卵形，长约9～10mm，宽约5～7mm。种脐位于较尖一端。果核壁（内果皮）有疏黑色斑纹，骨质。种皮膜质，淡褐色。子叶肥厚，2个或3个，椭圆形，淡黄色，油质，充满种皮内；胚根朝向种子较尖的一端，下胚轴及胚根长约0.4mm，透明，呈三角状。无胚乳。

成熟期：8～9月。

产地：陕西、甘肃、江西等地。

种子千粒重：千粒重290g。

播种：随采随播或混沙层积春播，用种量38g/m²。

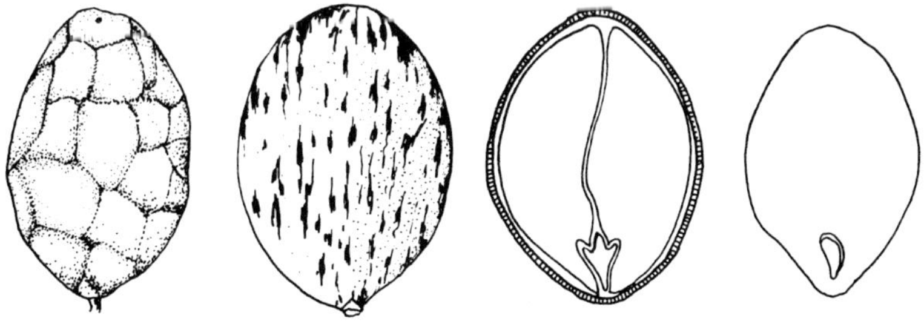

核果　　种子外形　　种子纵切面　　种子横切面

图188　湘　楠

# 川鄂新樟

*Neoccinnamomum fargesii* Kosterm.

樟科，常绿小乔木。

核果近球形，径1.4～1.8cm，先端具小突尖，红色，干时具细密瘤状突起，果核近球形，径1.3～1.7cm。

种子（果核）近球形，长1.5cm，宽1.2cm。果核壁（内果皮）骨质，厚约0.2cm，白色。种皮褐色膜质，多丝状柔毛。子叶油质，表面收缩呈不规则皱纹，淡黄色；胚轴及胚根呈三角形。无胚乳。

成熟期：9～11月。

产地：四川、湖北等地。

核果

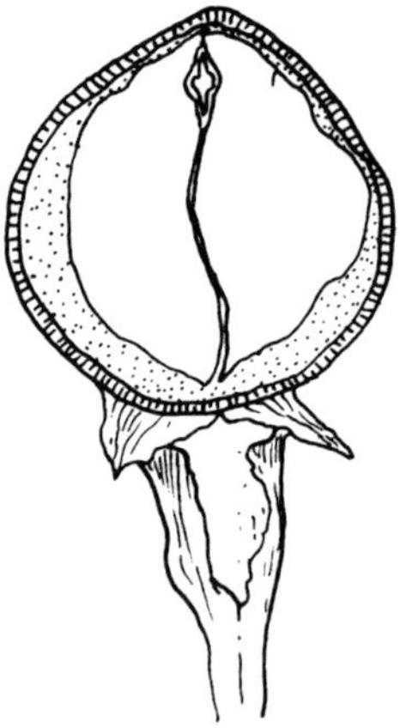

核果纵切面

图189 川鄂新樟

# 大果山胡椒

*Lindera praecox* (Sieb. et Zucc.) Blume.

樟科，落叶灌木。

核果，近球形，直径达15mm。

种子（果核）球形，直径10～11mm，顶端圆形，基部圆形中央有突尖，两侧有不明显纵棱；种脐位于有小突起的一端，椭圆形，直径1mm；果核壁（内果皮）紫褐色，有淡褐色斑纹，厚0.2～0.3mm，脆骨质，内壁褐色，无毛。种皮具淡褐色浅纹。胚倒陀螺形，长宽各8～9mm，一端顶部平坦，中央凹陷，白色，另一端较窄，皱缩成脑状，子叶肥厚，肉质，充满种皮内，外表具脑状皱纹；胚芽、下胚轴及胚根长约1mm，胚根朝向种脐一端。无胚乳。

成熟期：9月。

产地：浙江、安徽、湖北等地。

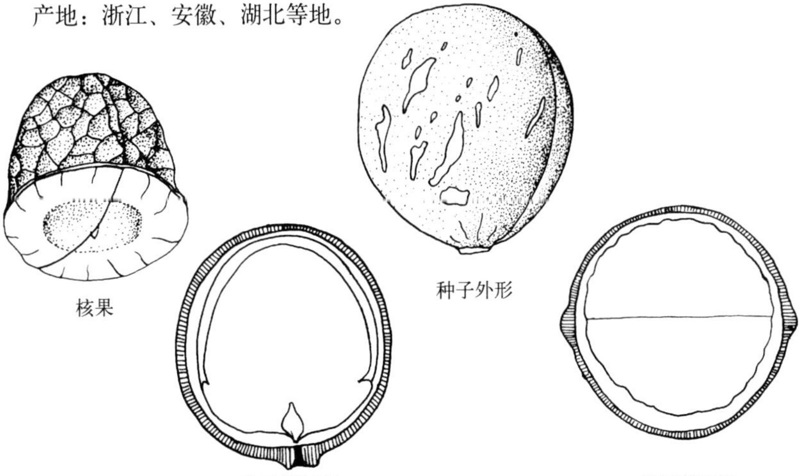


图190 大果山胡椒

# 红脉钓樟

*Lindera rubronervia* Gamble

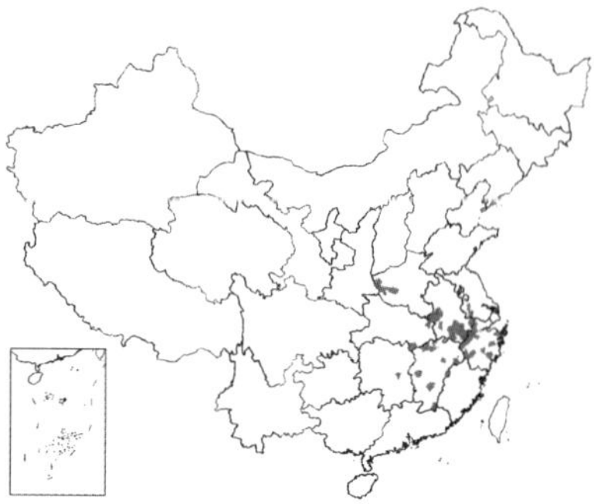

樟科，落叶灌木或小乔木。

核果球形，径10mm。

种子（果核）球形（彩图50），径约8mm，顶端圆钝，基部微尖，两侧有浅纵棱；种脐位于略尖的一端，近圆形，径约1mm。果核壁（内果皮）苍黄色，有紫色斑纹，厚0.2mm，骨质。种皮褐色，膜质。子叶肥厚，油质，近圆形，径6mm，淡黄色；胚芽胚根长约2mm，胚根朝向种脐一端。无胚乳。

成熟期：8～9月。

产地：河南、安徽、江苏、浙江、湖北等地。

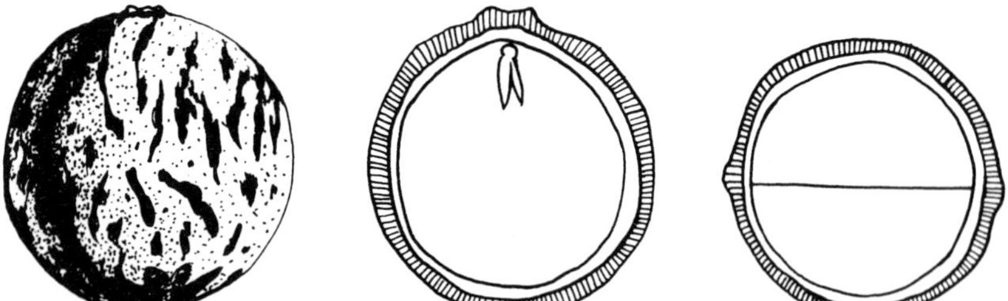

种子外形　　种子纵切面　　种子横切面

图191　红脉钓樟

# 香叶树

*Lindera communis* Hemsl.

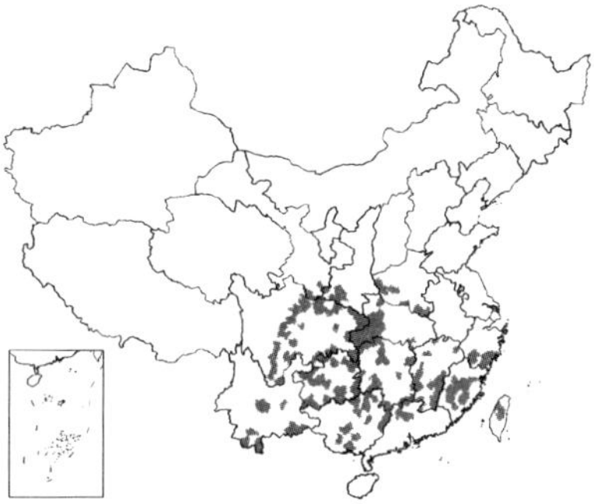

樟科，常绿乔木。

核果近球形或卵形，长7～8mm，宽5～6mm，熟时红色，无毛，仅果梗上有黄褐色微柔毛，干时呈黑褐色或红褐色。

种子（果核）卵形或椭圆形（彩图51），长7.5mm，宽5.5mm，先端圆形基部有三角状棱状突起，沿小突起向两侧延伸成一小纵背；种脐位于基部棱状突起上，条形。果核壁（内果皮）平滑，淡黄色，骨质，厚0.1～0.2mm，有褐色和紫黑色相间斑纹，先端可厚达0.6mm。种皮膜质，褐色。子叶卵形，长6mm，宽4mm，肥厚肉质，油质；胚长1～1.2mm，淡黄色，下胚轴及胚根有一条形突起，胚根朝向种脐一端。无胚乳。

成熟期：9～10月。

产地：贵州、云南、四川、陕西、甘肃、湖南、湖北、江西、浙江、福建、台湾、广东、广西等地。

种子千粒重：50～60g。

播种：种子湿沙层积越冬，用种量7～12g/m$^2$。

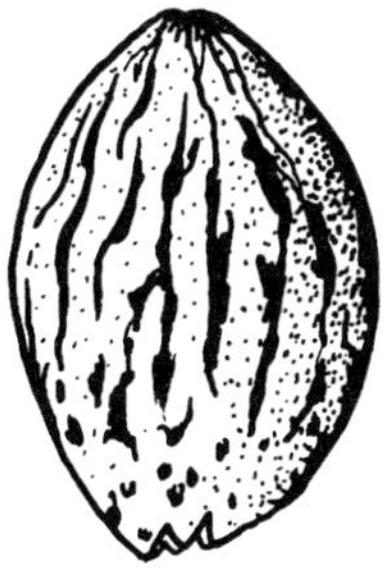

种子外形

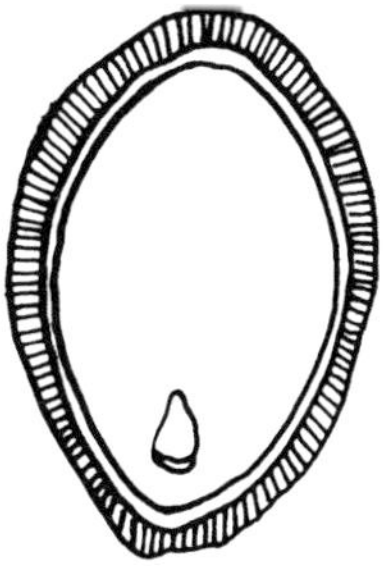

种子纵切面

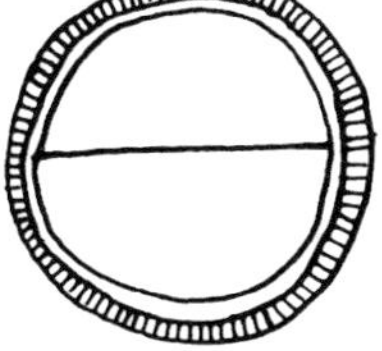

种子横切面

图192 香叶树

# 绒毛山胡椒

*Lindera nacusua* (D. Don) Merr.

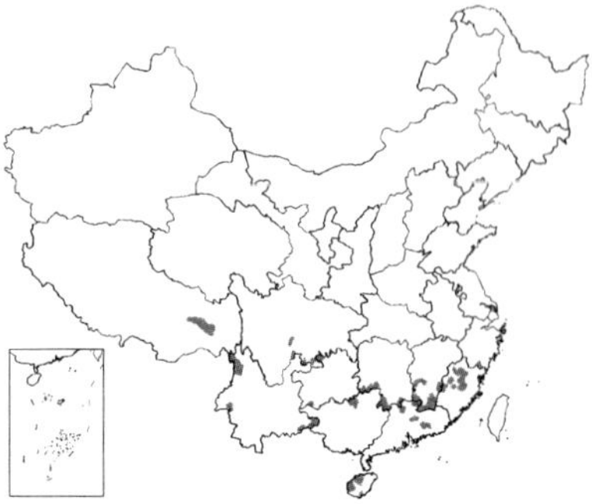

樟科，常绿灌木或小乔木。

核果近球形，径8mm，熟时红色。

种子（果核）倒卵形或近球形，长7mm，宽6～6.2mm，先端圆形，基部渐窄成小尖头；种脐位于渐窄的一端。果核壁（内果皮）黑色，粗糙，厚0.2mm，骨质。种皮褐色，膜质。子叶近圆形，径5.5～6mm，白色，肥厚，油质；胚芽及胚根长1mm，胚根朝向种脐一端。无胚乳。

成熟期：7～9月。

产地：江西、福建、广东、广西、海南、云南、四川等地。

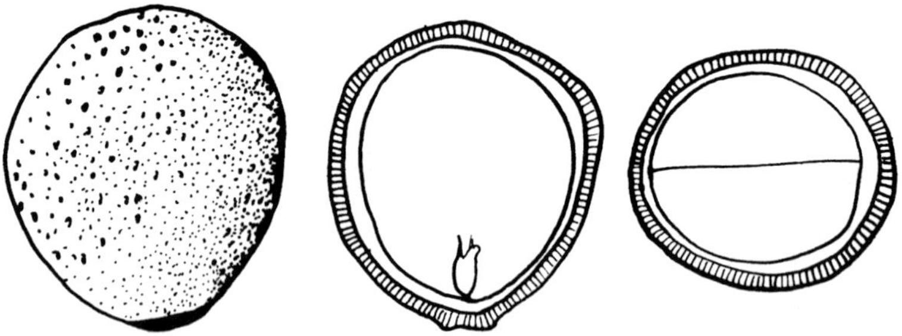

种子外形　　种子纵切面　　种子横切面

图193　绒毛山胡椒

# 乌药

*Lindera aggregata* (Sims) Kosterm.

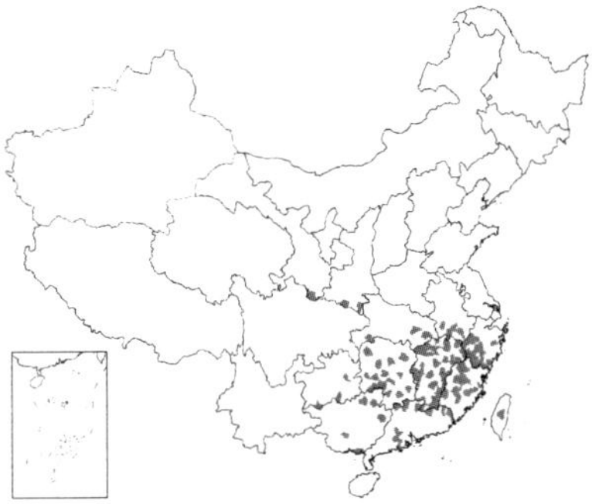

樟科，常绿灌木或小乔木。

核果卵形或近球形，长8～10mm，宽6～7mm，熟时黑色。

种子（果核）近球形或倒卵形，径5～6mm，顶端圆形，基部微窄，中央有一小突起，长约1mm，近基部两侧微有棱，果核壁（内果皮）苍黄色，有紫色斑点，平滑，内壁平滑。种皮膜质，褐色。胚椭圆形，长5.5mm，宽4.5mm，子叶肥厚油质；胚芽胚根长卵形，长约1mm，胚根朝向种脐一端。无胚乳。

成熟期：10～11月。

产地：江西、浙江、安徽、陕西、甘肃、湖南、广东、广西、台湾等地。

种子千粒重：45～55g。

播种：种子湿沙层积越冬，用种量7～12g/m$^2$。

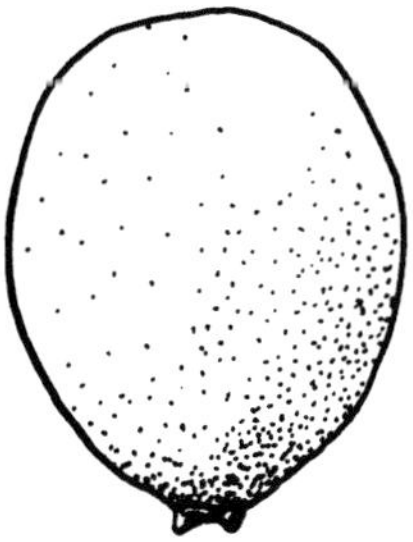

种子外形

种子纵切面

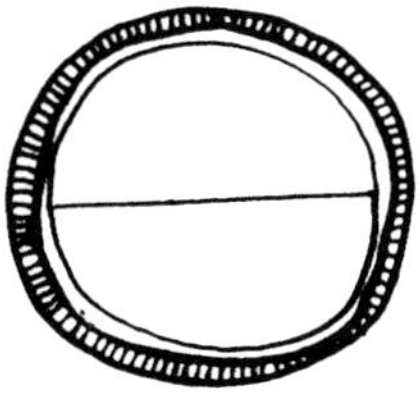

种子横切面

图194 乌 药

# 山胡椒

*Lindera glauca* (Sieb. et Zucc.) Blume

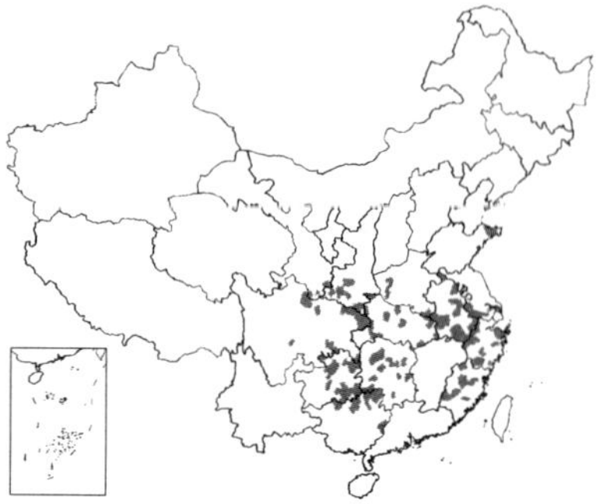

樟科，落叶灌木或小乔木。

核果球形，径约6mm，熟时黑紫色。

种子（果核）球形（彩图52），径3.5～5mm，先端圆形，基部有一线形小突起及不明显细小孔眼，淡褐色，茶褐色；种脐位于小突起上。果核壁（内果皮）骨质，厚0.1～0.2mm。内壁淡褐色。种皮膜质，黑褐色。子叶肥厚平滑，肉质，油质，充满种皮内，淡黄色，子叶外面下胚轴及胚根向种脐一端，长约1mm，淡黄色；胚芽有时很大，呈椭圆形。无胚乳。

成熟期：7～9月。

产地：山东、河南、山西、陕西、甘肃、江苏、安徽、浙江、江西、福建、湖南、湖北、广东、广西、台湾、云南、贵州、四川等地。

种子外形　种子纵切面　种子横切面

图195　山胡椒

# 绿叶甘橿

*Lindera fruticosa* Hemsl.

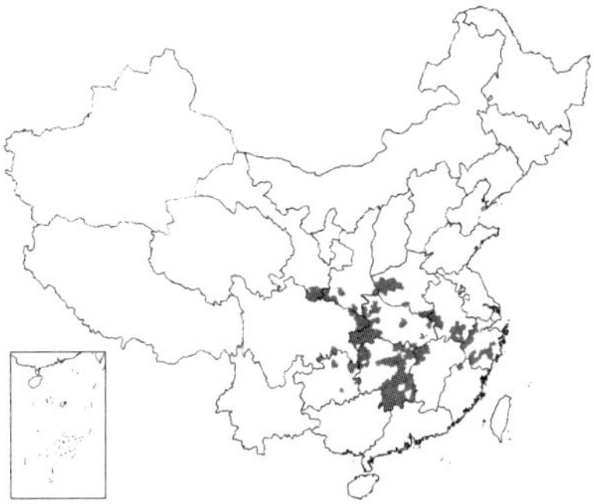

樟科，落叶灌木或小乔木。

核果近球形，直径达6～8mm，熟时红色。

种子（果核）近球形，直径5mm，先端圆形，基部有小棱状突起，两侧有纵棱；种脐位于种子基部小突起上。果核壁（内果皮）骨质，黑褐色，平滑，却因残存果肉而粗糙，厚0.1mm。种皮白色，膜质。子叶肥厚，近圆形，直径4～4.5mm，白色，油质；胚芽长1mm，胚根朝向种脐一端。无胚乳。

成熟期：9月。

产地：河南、山西、安徽、江西、浙江、湖南、湖北、云南、四川、贵州、西藏等地。

种子外形　　种子纵切面　　种子横切面

图196　绿叶甘橿

# 黑壳楠

*Lindera megaphylla* Hemsl.

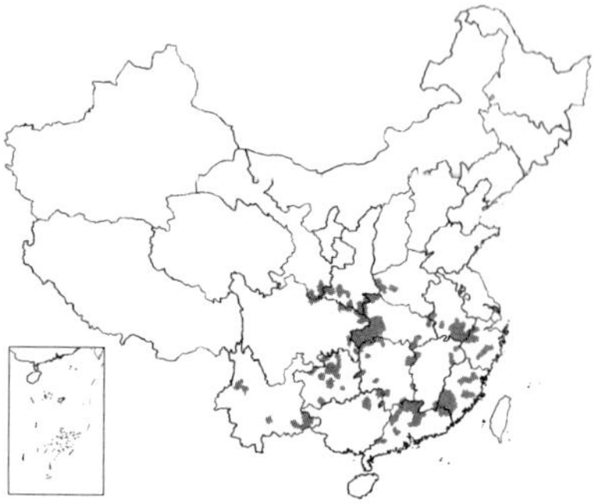

樟科，常绿乔木。

核果椭圆形或卵形，长约1.8cm，宽1.3cm，熟时黑色。

种子（果核）长卵形，长约15mm，宽约10mm，顶端较窄，圆形，中部以下较宽，基部有一小突起，两侧有不明显棱；种脐位于基部小突尖处，长约1mm。果核壁（内果皮）厚0.1mm，骨质，白色，光滑，有光泽，有浅凹槽和隆起，表面有浅黄色网状斑。种皮膜质，褐色，内面具黑褐色条纹。种仁椭圆形或卵形，长约14mm，宽8mm。子叶肥厚，肉质，充满种皮内，淡黄色，油质，外面平滑；下胚轴及胚根呈三角形，长1mm，先端褐色，胚芽椭圆形，淡黄色，胚根朝向种脐一端。无胚乳。

成熟期：9～10月。

产地：山西、甘肃、安徽、江西、浙江、湖南、湖北、云南、四川、贵州、广东、广西、福建等地。

种子千粒重：270～390g。

播种：种子湿沙层积越冬，用种量7～12g/m$^2$。

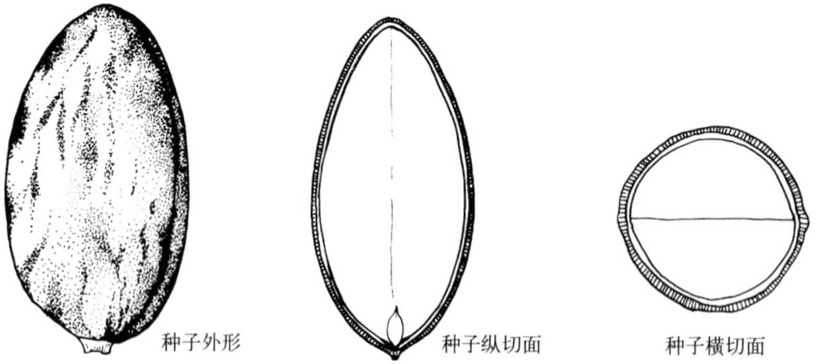

种子外形　种子纵切面　种子横切面

图197　黑壳楠

# 山橿

*Lindera reflexa* Hemsl.

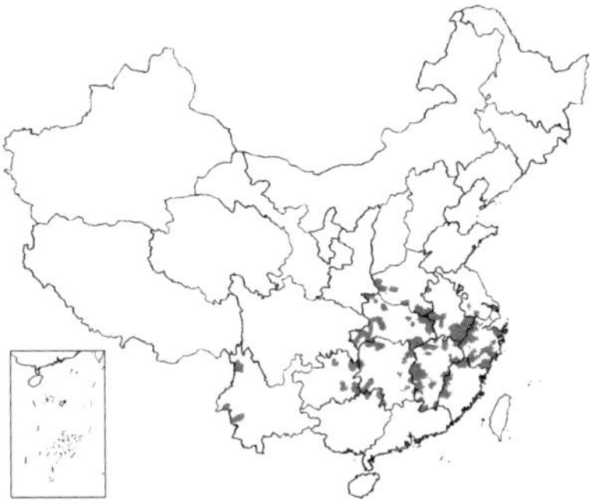

樟科，落叶灌木或小乔木。

核果近球形，直径8mm，熟时红色。

种子（果核）近球形（彩图53），直径6mm，顶端圆，基部有一突起小尖头；种脐位于基部小突尖上。果核壁（内果皮）厚0.2mm，骨质，黑紫色，有不规则雕刻状浅凹坑。种皮褐色，膜质。子叶圆形，径5.2mm，肥厚，淡黄色，油质，外面平滑；胚芽及胚轴长约1.2mm，胚根朝向种脐一端。无胚乳。

成熟期：8月。

产地：河南、江苏、安徽、江西、浙江、湖南、湖北、云南、四川、贵州、广东、广西、福建等地。

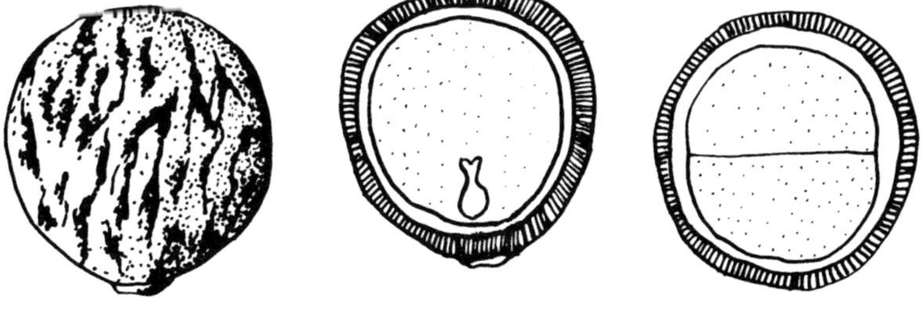

种子外形　　种子纵切面　　种子横切面

图198　山　橿

# 木姜子

*Litsea cubeba* (Lour.) Pers.山鸡椒、山苍子

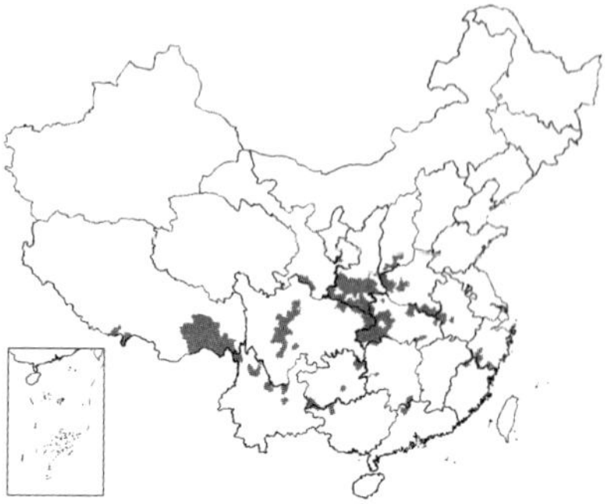

樟科，落叶灌木或小乔木。

核果近球形，径约5mm，熟时黑色。

种子（果核）近球形，径4～4.5mm，顶端圆形，基部微凹入，周围有细纵棱；种脐位于基部凹缺处。果核壁（内果皮）黑色或黑紫色，平滑，脆骨质。种皮膜质。子叶近圆形，充满种皮内，浅黄色，油质；胚芽长1mm，胚根朝向种子基部凹缺处。无胚乳。

成熟期：7～8 月。

产地：江苏、浙江、安徽、江西、福建、台湾、广东、广西、湖北、湖南、四川、云南、贵州、西藏等地。

千粒重 30～43g。

播种：用种量 4～7g/m$^2$。

# 豹皮樟

*Litsea coreana* Lévl. var. *sinensis* (Allen) Yang et P. H. Huang

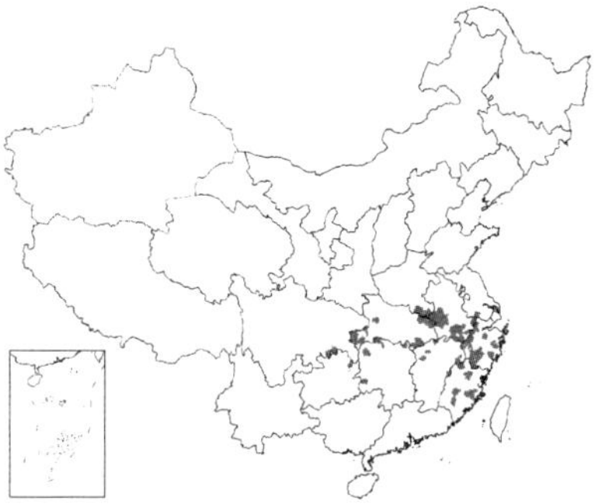

樟科，常绿乔木。

核果近球形，径7～8mm，熟时紫黑色。

种子（果核）卵形，长约7mm，宽约5.3mm，先端窄圆形，基部较宽圆形，中央有一小扁突起；种脐位于小突起上。果核壁（内果皮）苍黄色，有黑色斑纹和小黑点，厚0.1mm，脆骨质。种皮褐色，膜质。子叶卵形，肥厚，充满种皮内，淡黄色，油质；胚长不及1mm，胚根朝向种脐一端。无胚乳。

成熟期：6～7月。

产地：江苏、浙江、福建、安徽、河南、江西、湖北等地。

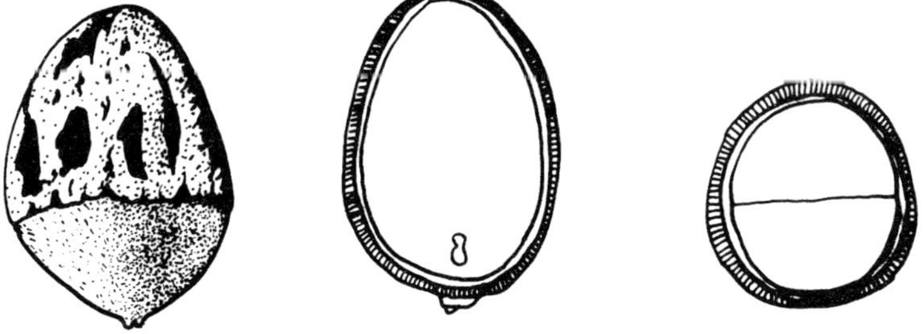

种子外形　　种子纵切面　　种子横切面

图199　豹皮樟

# 潺槁木姜子

*Litsea glutinosa* C. B. Rob.

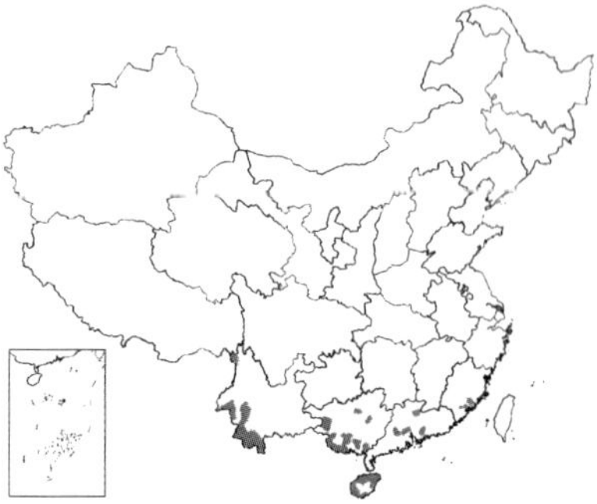

樟科，常绿乔木。

核果浆果状，球形，径约7mm。外果皮膜质，灰褐色，具褐色斑点，中果皮肉质。熟时灰白色，油质，厚约0.1mm。

种子（果核）球形，径4～6mm，种皮骨质，厚约0.1mm，下部有半圆形萌发孔，突起部分呈褐色，另一端不突起，呈椭圆状。果核壁（内果皮）灰白色，具褐色不规则斑纹，内面光滑深褐色。子叶肥厚，充满种皮内，淡褐黄色；下胚轴及胚根向下有一条形小突起，长约0.5mm，先端褐色，胚芽呈椭圆形。无胚乳。

成熟期：9～10月。

产地：福建、广东、广西、海南、云南等地。

种子外形　　种子纵切面　　胚及子叶

图200　潺槁木姜子

# 黄丹木姜子

*Litsea elongata* (Wall. ex Nees) Beath. et Hook. f.

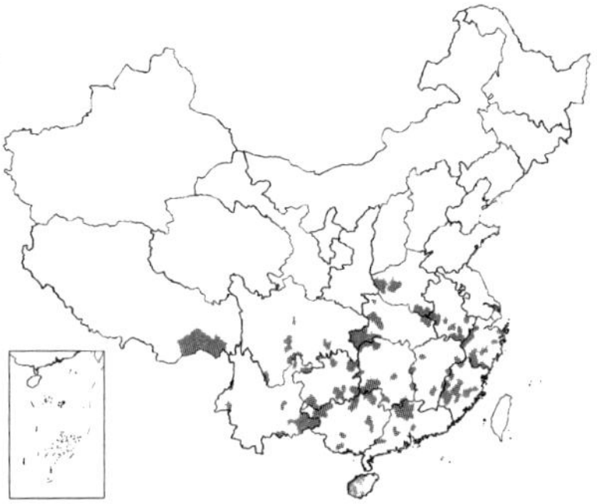

樟科，常绿灌木。

核果长圆形，长11～13mm，宽7～8mm，熟时呈紫色。

种子（果核）倒卵状长椭圆形，长11.5mm，宽约6.5mm，顶端窄圆形，基部渐窄成小尖头，背部有一浅纵棱，腹部有一浅沟槽，近中部较尖；种脐位于较尖一端。果核壁（内果皮）平滑浅黄色，有褐色斑纹及黑色小点，厚0.2mm，脆骨质。种皮栗褐色，膜质。子叶肥厚充满种皮；胚芽及胚根长2mm，胚根朝向种子尖的一端。无胚乳。

成熟期：2～6月。

产地：江苏、浙江、安徽、江西、福建、广东、广西、湖北、湖南、贵州、四川、云南、西藏等地。

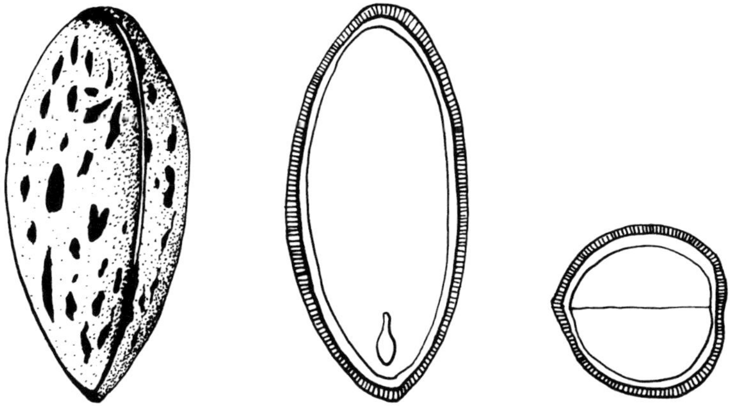

种子外形　　种子纵切面　　种子横切面

图201　黄丹木姜子

# 天目木姜子

*Litsea auriculata* Chien et Cheng

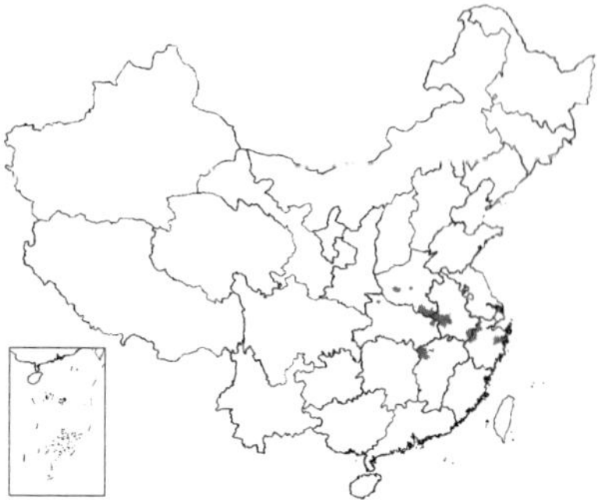

樟科，落叶乔木。

核果卵形或长卵形，长13～17mm，宽11～13mm，熟时黑色。

种子（果核）倒卵形或宽椭圆形，长11～15mm，宽 9～11mm，略扁，顶端圆形，基部略窄，中央有一小尖头，腹面有一条浅沟槽，背部略呈纵脊；种脐位于较尖一端，近圆形，直径约 1mm。果核壁（内果皮）褐色，平滑，厚 0.2mm，骨质。种皮栗褐色，有紫色花纹，膜质。子叶卵形，肥厚，充满种皮，淡黄色，油质；胚芽及胚根长 15mm，胚根朝向种脐一端。无胚乳。

成熟期：7～8 月。

产地：浙江、安徽等地。

种子千粒重：450～540g。

播种：用种量 25g/m$^2$。

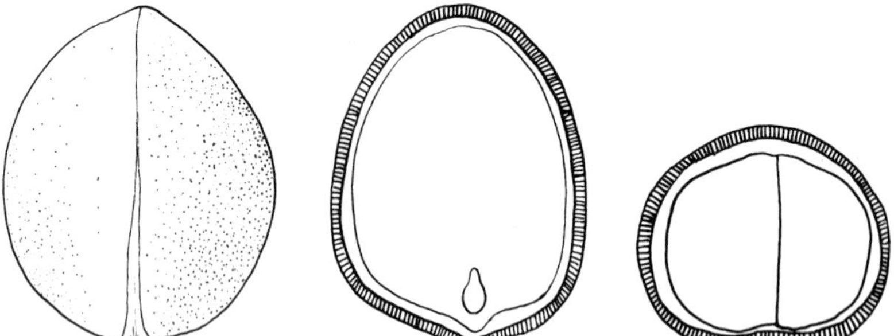

种子外形　　种子纵切面　　种子横切面

图 202　天目木姜子

# 檫木

*Sassafras tsumu* (Hemsl.) Hemsl.

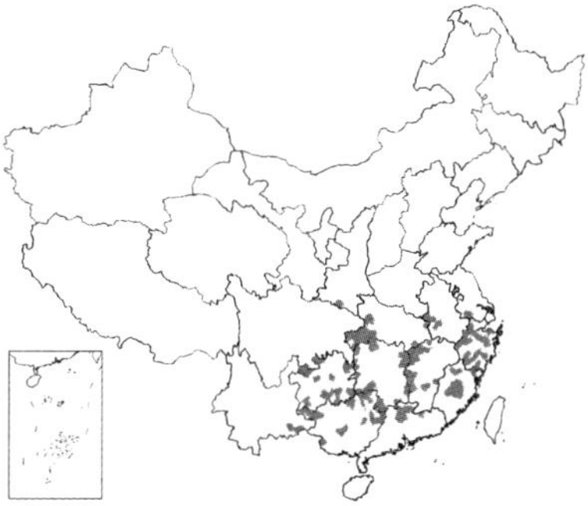

樟科，落叶乔木。

核果浆果状，径8mm，蓝黑色；果梗肉质，肥大，深红色。

种子近球形，径约5～6mm，先端圆钝，基部略尖，顶端有一短头，两侧具不明显浅纵棱；种脐位于略尖一端，条形，长约0.5mm。果核壁（内果皮）黑色，被苍黄色蜡层，厚0.2mm，骨质，内壁也是黑色。子叶肥厚，近圆形，长宽约5mm；下胚轴及胚根长约1mm，位于种子略尖一端。无胚乳。

成熟期：5～9月。

产地：长江流域以南地区。

种子千粒重：58～75g。

播种：用种量6～10g/$m^2$。

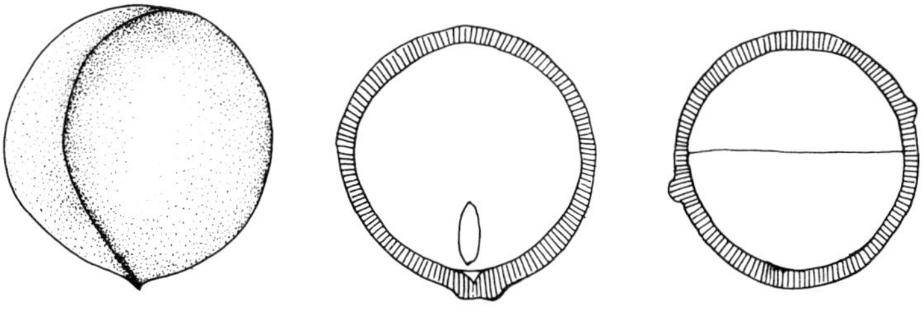

种子外形　　种子纵切面　　种子横切面

图203　檫　木

# ·领春木科 EUPTELEACEAE·

## 领春木

*Euptelea pleiosperma* Hook. f. et Thoms.

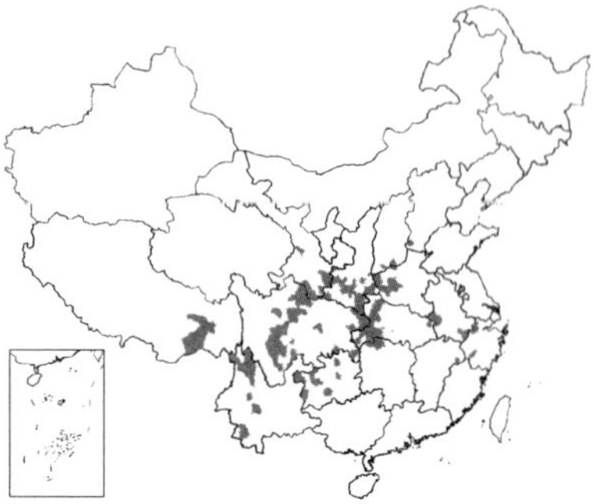

领春木科，落叶乔木。

翅果倒卵形，歪斜，长5～8mm，宽4～5mm，具长柄。每果具1～2粒种子。

种子倒卵形，长约2mm，宽约1mm，先端圆形，基部渐尖，一侧弧形，另一侧微扁呈棱状，外壁褐色，有覆网状雕纹；种脐位于渐尖一端，很小。种皮脆骨质，厚0.1mm。胚圆锥状卵形，长0.3～0.4mm，白色，位于种子渐尖一端。有胚乳，浅黄色，油质。

成熟期：7～10月。

产地：甘肃、湖北、四川、贵州、云南等地。

果实　　种子外形　　种子纵切面

图204　领春木

# ·水青树科 TETRACENTRACEAE·

## 水青树

*Tetracentron sinense* Oliv.

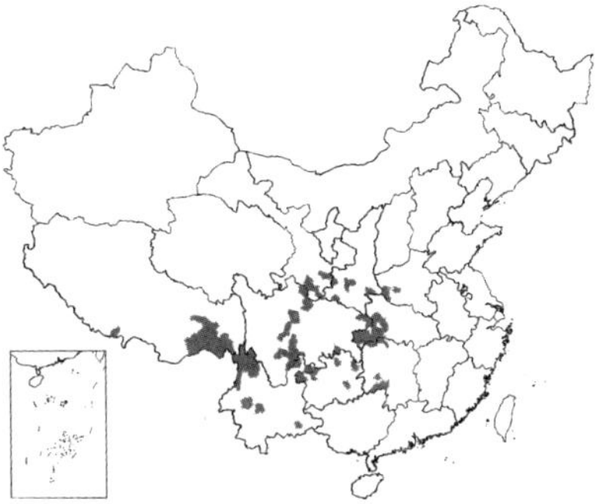

水青树科，落叶乔木。

蒴果长3～5mm，4深裂，花萼宿存。

种子条状长圆形，长0.5～3mm，宽约1mm，有棱脊，两端具淡褐色膜质覆网形翅，连翅宽2.5mm。种皮栗褐色，有细棱浅突起；内种皮紫红色膜质，极薄。胚椭圆形，长0.2mm，宽0.1mm，白色，位于种子长翅的一端。胚乳丰富，白色，油质。

成熟期：8～9月。

产地：甘肃、山西、湖北、湖南、四川、贵州、云南等地。

种子千粒重：0.100～0.145g。

播种：播前种子用0.15%高锰酸钾溶液处理3～5分钟，洗净后再用始温25℃水浸泡24小时，捞出装入纱布袋中催芽10～12天，每天早晚各洒温水1次，翻动数次，保持种子均匀湿润。

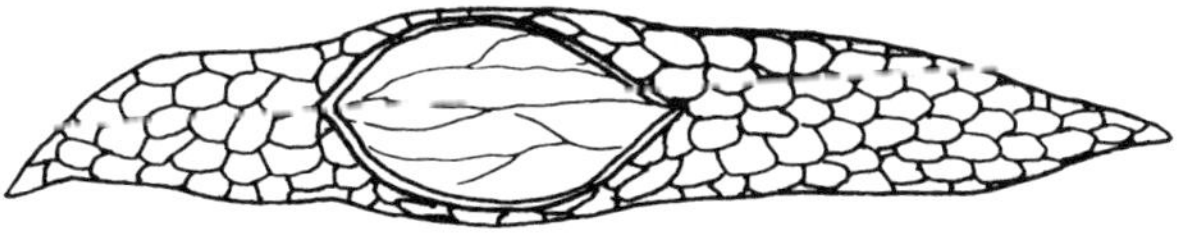

种子外形

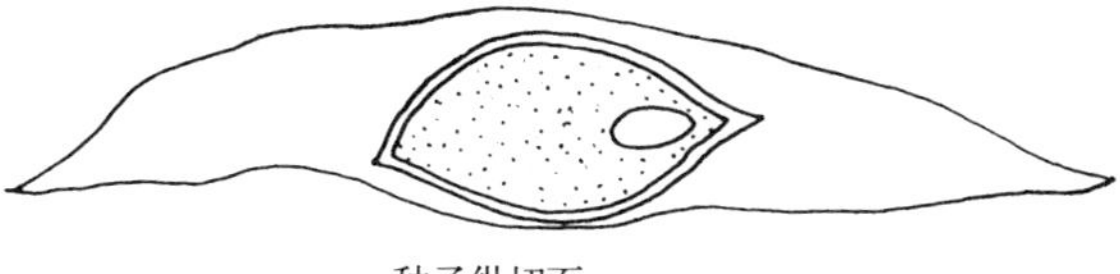

种子纵切面

图205　水青树

# ·连香树科 CERCIDIPHYLLACEAE·

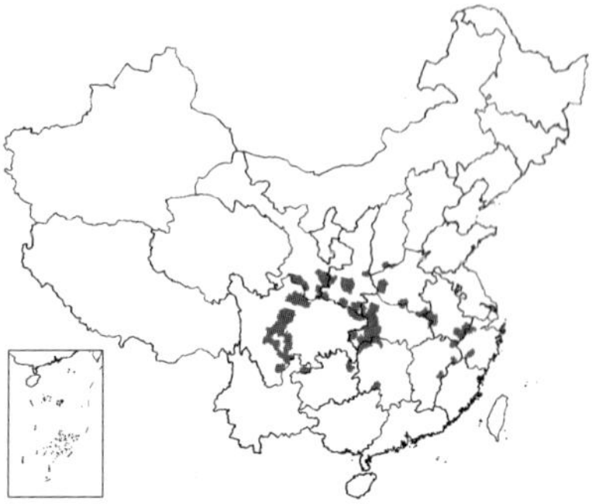

## 连香树

*Cercidiphyllum japonicum* Sieb. et Zucc.

连香树科，落叶乔木。

聚合果蓇葖 2～6 个，蓇葖圆柱形，稍弯曲，长 16mm，宽 4mm；果皮革质，褐色，熟时沿缝线开裂，种子多数。

种子扁平宽披针形，上端具膜质翅，连翅长约 4～6mm，宽 1.6～2mm，厚约 1mm。先端长渐尖，基部偏向一侧渐尖；种脐位于基部，翅淡褐色，有脉纹。种皮薄膜质，具皱纹。种仁棒状，长约 2.5mm，宽约 0.9mm。先端圆形，基部窄尖。胚棍棒形，长 1.5mm，宽 0.3mm，子叶长椭圆形，长约 1mm；下胚轴及胚根长约 2mm。胚根斜向伸入种子一侧。胚乳油质。

成熟期：8 月。

产地：安徽、浙江、江西、山西、陕西、甘肃、四川、湖北等地。

种子千粒重：0.75～0.9g。

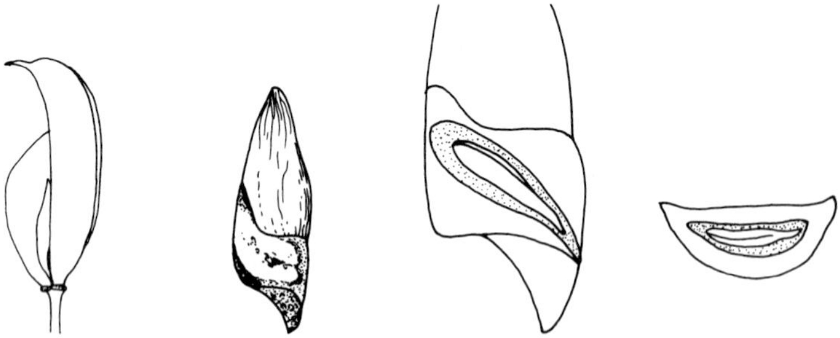

果实　　种子外形　　种子纵切面　　种子横切面

图 206　连香树

# ·小檗科 BERBERIACEAE·

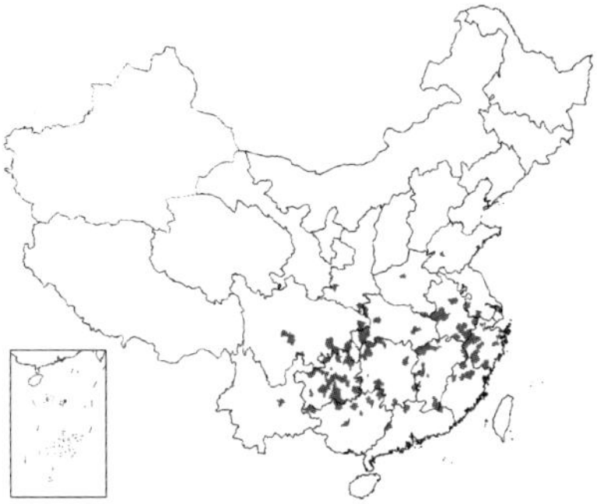

## 南天竹

*Nandina domestica* Thunb.

小檗科，常绿灌木。

浆果球形，鲜红色，偶有黄色或白色，径6～7mm，先端圆形，花柱宿存。具2粒种子。

种子扁圆形，长宽各约5mm，先端微有钝尖，基部圆形，背面凸镜形，腹面凹镜形；种脐位于基部，圆点状或为长达7mm的脐带。种皮膜质，表面具不规则斑点状花纹，黄褐色或紫色。胚小，短圆柱形，长约1mm，两端圆钝，中央微凹，子叶长约0.5mm，白色；胚根朝向种子先端。胚乳丰富，白色，淀粉质。

成熟期：1～2月。

产地：常见长江流域各地。

种子千粒重：25～43g。

播种：干藏种子播前浸种。

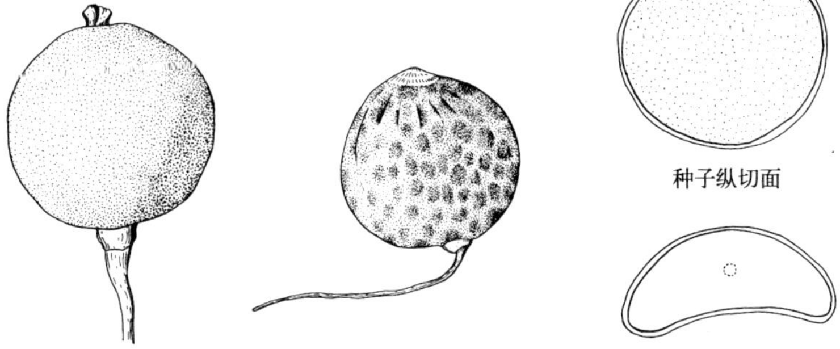


图207　南天竹

# 紫叶小檗

*Berberis thunbergii* DC. var. *atropurpurea* Chenault.

小檗科，落叶灌木。

浆果长椭圆形，略扁，长约10mm，宽约5mm，熟时红色。

种子（果核）长倒卵形（彩图54），长6～7mm，宽2.5～3mm，厚约0.2mm，先端圆或有短尖，基部渐窄，两面均弧形或一侧平坦。种皮膜质、淡褐色；果核深褐色，在高倍解剖镜下有小凹坑。子叶椭圆形，长约2mm，宽约1.2mm，浅黄色；下胚轴及胚根长约3mm，浅黄色。胚乳丰富，鲜黄色。

成熟期：9月。

产地：原产日本。华北、西北各城市常见美化树种。

种子千粒重：12.3g。

播种：播前温水浸种2～3天后湿沙层积20～50天，用种量5～8g/m²。

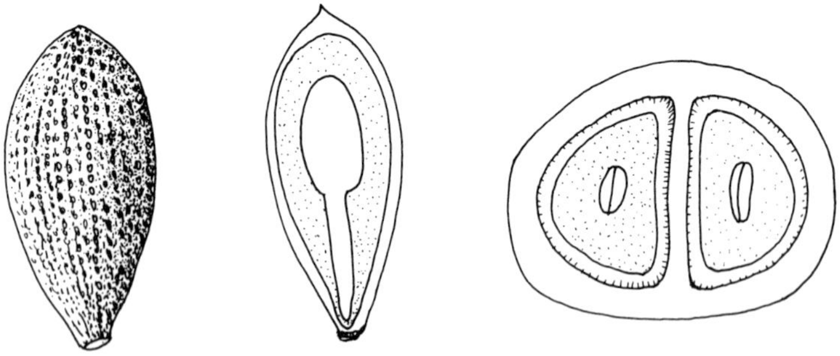

种子外形　　种子纵切面　　种子横切面

图208　紫叶小檗

## ·木通科 LARDIZABALACEAE·

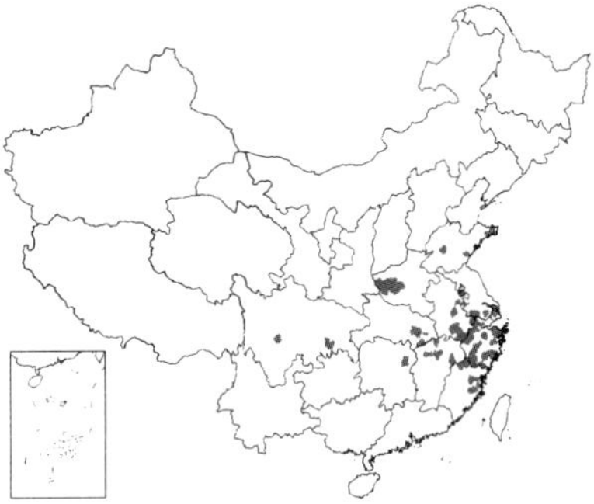

# 木通

*Akebia quinata* Decne.

木通科，木质藤本。

浆果椭圆形，长6～8cm，熟时暗红色，具种子多数。

种子扁平斜卵形，长6～7.5mm，宽8～9mm，厚3mm，先端钝尖，基部凹入，表面皱缩不平；种脐白色。种皮厚0.2mm，黑色，有光泽。胚小，圆锥形，长1.5mm，子叶长0.8mm，白色；下胚轴及胚根长0.7mm，粗0.5mm，微带黄色，胚根朝向种脐一端。胚乳丰富，半透明，灰白色，淀粉质。

成熟期：8～9月。

产地：山东、河南，南至华南、西南等地。

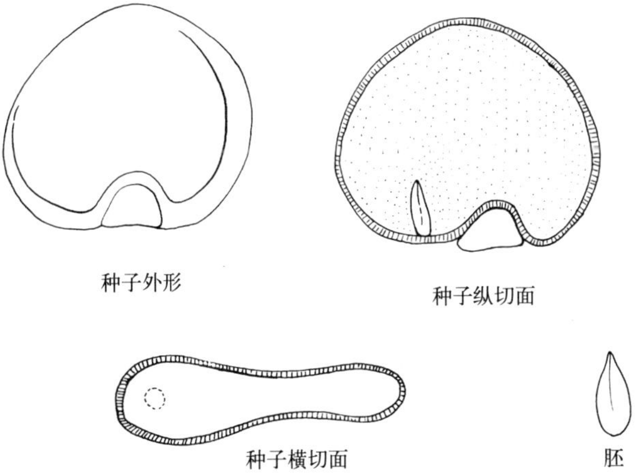


图209 木 通

# 猫儿屎

*Decaisnea fargesii* Franch.

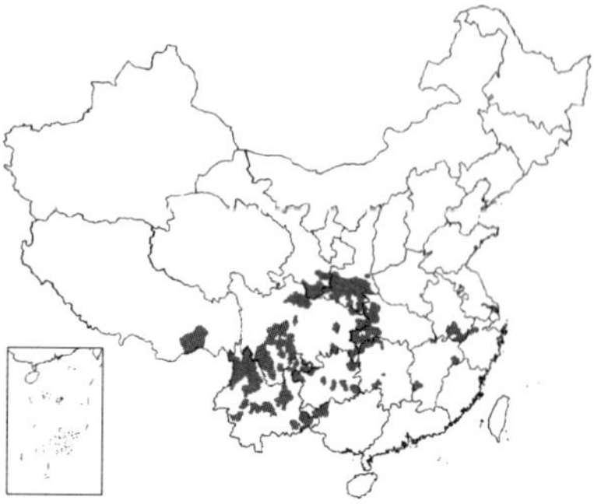

木通科，落叶灌木。

浆果圆柱形，长5～10cm，熟时蓝紫色，种子多数。

种子扁平椭圆形，长10～12mm，宽5～7mm，厚约2mm，先端短钝尖，略偏斜，基部平截，中央微凹；种脐位于凹处，呈圆形，径约0.6mm。外种皮茶褐色，平滑有光泽；内种皮褐色，膜质。子叶白色，椭圆形，长约1.3mm，白色微带黄色；下胚轴及胚根长约1.5mm，淡黄色。胚乳丰富。

成熟期：9～10月。

产地：河南、陕西、甘肃等地。

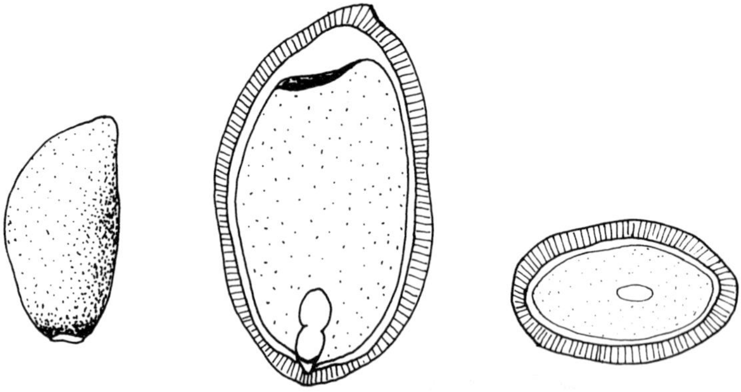

种子外形　种子纵切面　种子横切面

图210　猫儿屎

# ·防己科 MENISPERMACEAE·

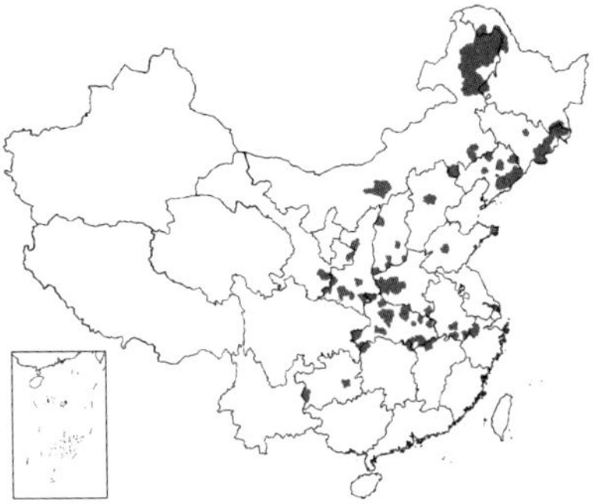

## 蝙蝠葛

*Menispermum dauricum* DC.

防己科，落叶木质藤本。

核果近球形，径8～10mm，熟时黑色、肉质、多浆。

果核扁平，倒“U”字形，长8.5mm，宽10mm，厚3mm，近边缘有两层三角形短刺，中央有一纵棱，下部凹下；内果皮木质，厚约1mm。种皮膜质。胚弯成半环形，长12～15mm，宽不足1mm，子叶线形；下胚轴及胚根长3～4mm，胚根朝向种子一侧弯处。胚乳丰富，白色。

成熟期：8～10月。

产地：黑龙江、吉林、辽宁、河北、陕西、山西、山东、河南、安徽、江苏、江西等地。

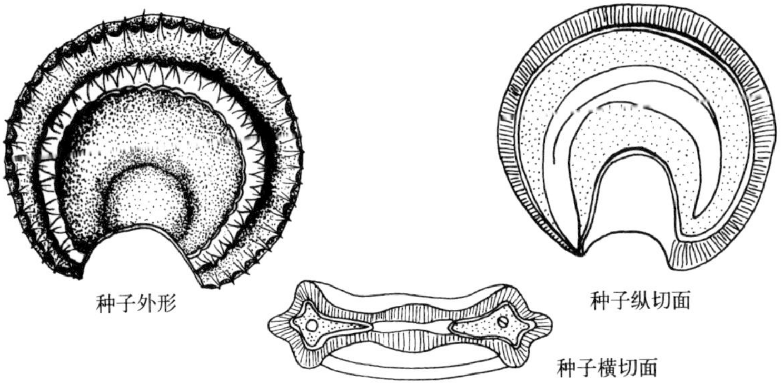


图211　蝙蝠葛

# · 金粟兰科 CHLORANTHACEAE ·

## 接骨金粟兰

*Sarcandra glabra* (Thunb.) Nakai

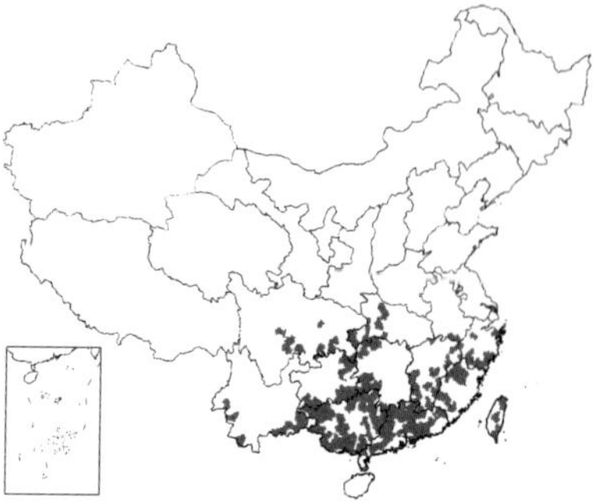

金粟兰科，半灌木。

核果球形，红色，径 3～4mm。

种子卵状球形，长约4mm，宽3.5mm，先端钝尖，基部圆形；种脐位于种子基部，圆形，径约0.5mm。内种皮平滑，黄白色，有褐色斑纹，薄纸质。胚近球形，直径约0.3mm，淡绿色，位于种子上端。胚乳油质。

成熟期：8～10 月。

产地：安徽、浙江、江西、福建、香港、广东、广西、湖南、四川、贵州、云南等地。

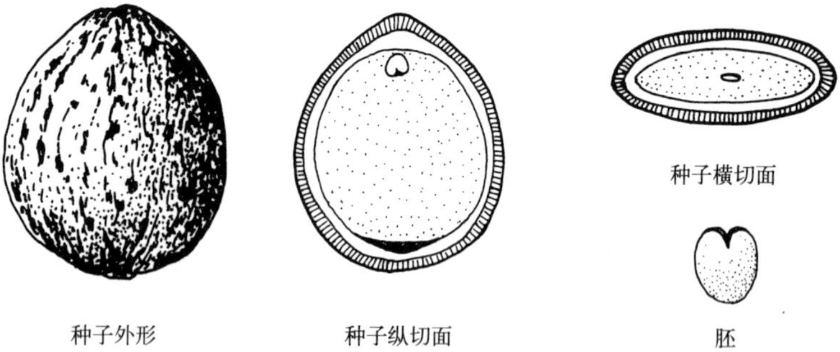


图 212　接骨金粟兰

# ·芍药科 PAEONIACEAE·

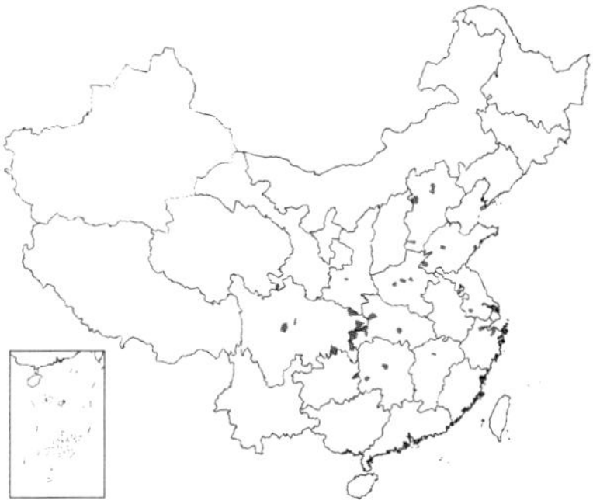

## 牡丹

*Paeonia suffruticosa* Andr.

芍药科，落叶灌木。

蓇葖果具5个蓇葖，每个具种子2～3粒。

种子长方状椭圆形，长约11mm，宽约9mm，厚约8mm，先端圆钝，基部略窄尖。具不规则3～4钝棱，外壁黑色，平滑有光泽；种脐位于略具窄尖一端，长条形，长约2mm，宽0.5mm，淡褐色。种皮厚约0.5mm，骨质、坚硬，内壁白色。胚倒卵形，长3mm，宽2mm，两侧微凹入，白色，位于种脐一端。胚乳丰富，白色，油质。

成熟期：8～9月。

产地：原产中国，在全国各地栽培观赏。

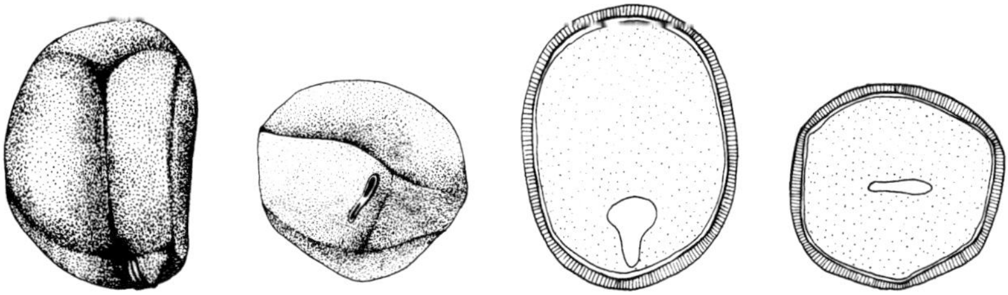

种子外形　　种子纵切面　　种子横切面

图213　牡　丹

# ·猕猴桃科 ACTINIDIACEAE·

## 软枣猕猴桃

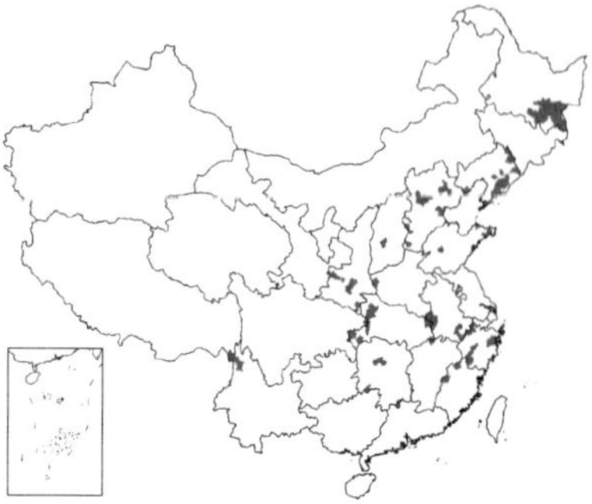

*Actinidia arguta* (Sieb. et Zucc.) Planch. ex Miq.

猕猴桃科，落叶藤本。

浆果椭圆形，径约2.5cm。

种子矩圆状椭圆形（彩图55），长2.5～2.7mm，宽1.7mm，顶端圆或微平，基部渐窄缩，一侧具短尖，边缘微具棱；种脐位于种子基部尖端，白色，椭圆形，长0.3mm。种皮褐色，骨质，厚0.1mm，具矩形单网纹。胚白色，“Y”字形，长1.7mm，子叶2枚，有时3枚，长0.7mm；下胚轴及胚根长1mm，胚根朝向种脐一端。胚乳白色，油质。

成熟期：9～10月。

产地：主产东北，长江流域有分布。

种子千粒重：1.5g。

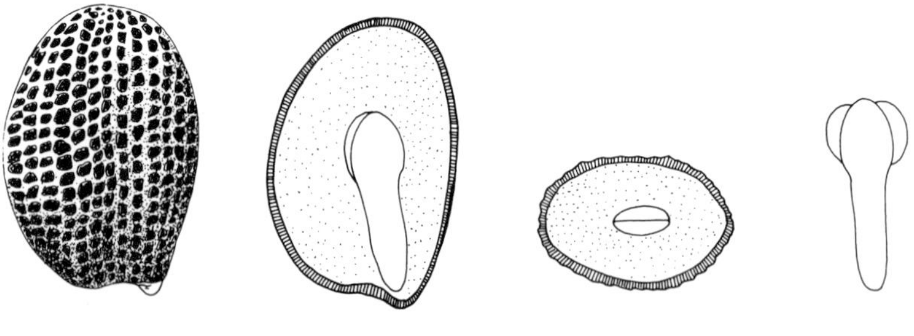

种子外形　　种子纵切面　　种子横切面　　胚

图214　软枣猕猴桃

# 中华猕猴桃

*Actinidia chinensis* Planch.

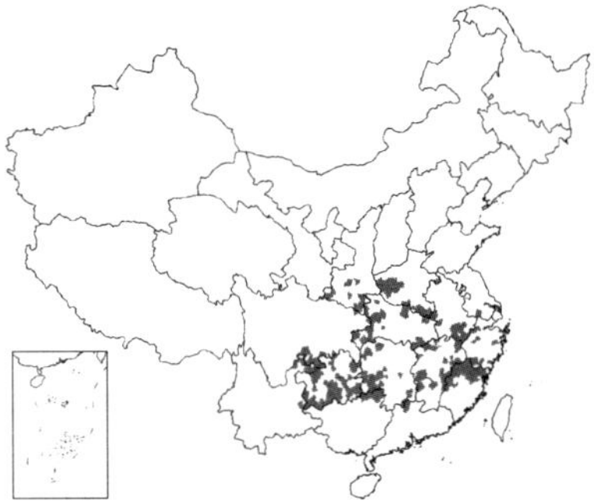

猕猴桃科，落叶藤本。

浆果椭圆形，径3～5cm以上，被棕色毛，熟时绿褐色。

种子倒卵形、长倒卵形、椭圆形，长约2mm，宽约1.7mm，略扁，顶端圆，基部渐尖；种脐小，位于渐尖一端。种皮脆骨质，亮褐色，在高倍解剖镜下有排列整齐的单正网眼。胚棍棒形，子叶长0.5mm；下胚轴及胚根长1mm，均为白色。胚乳充满整个种子。

成熟期：8～9月。

产地：长江流域等地。

种子千粒重：1.2g。

播种：层积处理，用种量2.5g/m²。

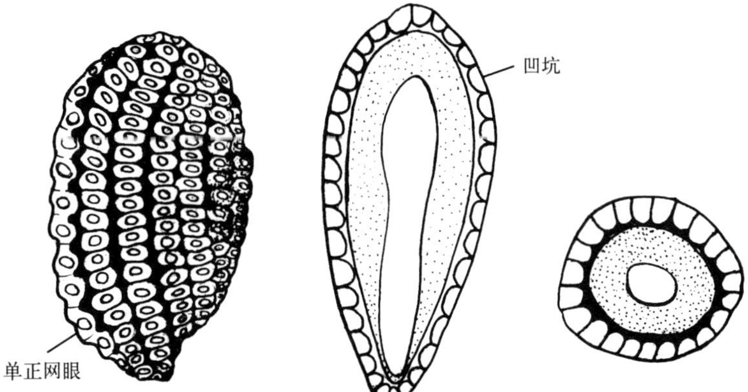


图215　中华猕猴桃

## 毛花猕猴桃

*Actinidia eriantha* Benth.

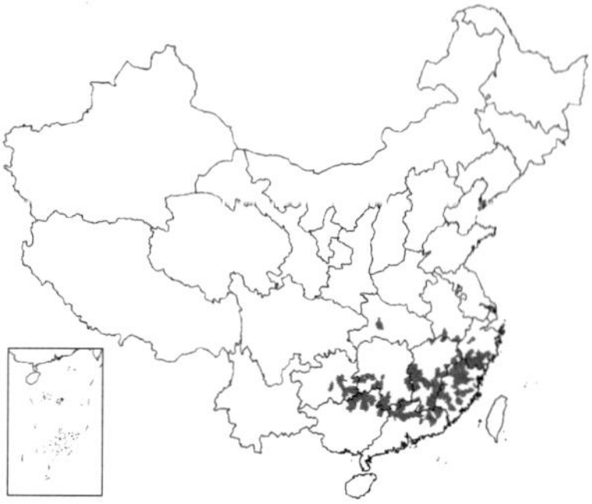

猕猴桃科，落叶藤本。

浆果椭圆形，长30mm，径15～20mm，密被白色绒毛。

种子矩状椭圆形，长1.5mm，宽1.1mm，顶端圆形，基部略窄斜截，长的一侧具短尖，一侧较厚，背部弧形，另一侧较薄，具窄棱；种脐位于种子基部斜截一侧先端。种皮骨质，茶褐色，具排列整齐的椭圆形凹坑。胚直棍棒形，长0.7mm，淡绿色，胚根朝向种脐一端。胚乳油质。

与中华猕猴桃种子不同处为种子较小；种皮颜色较深，为茶褐色。

成熟期：11月。

产地：浙江、福建、江西、湖南、贵州、广西、广东等地。

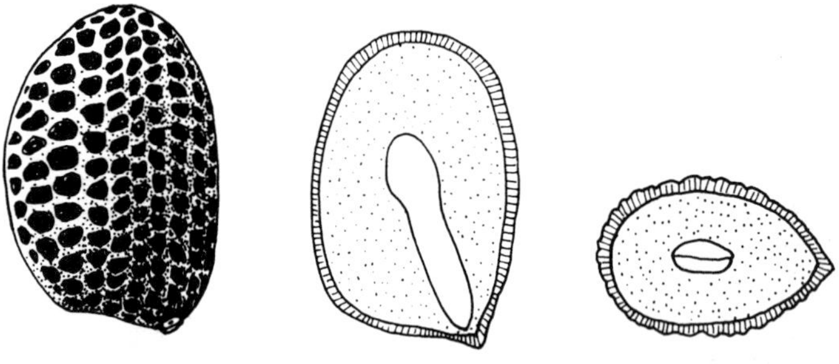

种子外形　　种子纵切面　　种子横切面

图216　毛花猕猴桃

# ·龙脑香科 DIPTEROCARPACEAE·

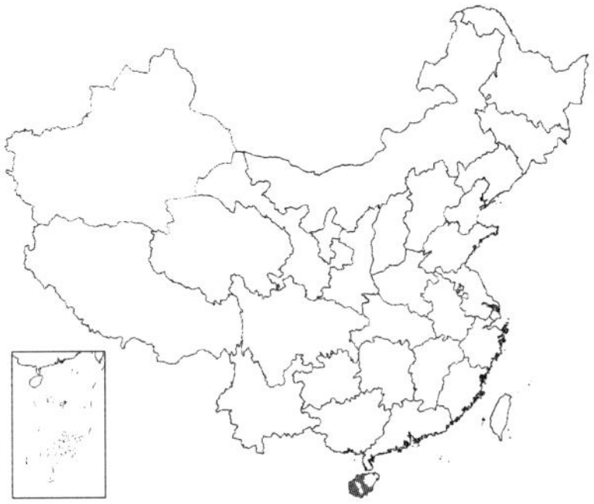

## 海南坡垒

*Hopea hainanensis* Merr. et Chun

龙脑香科，常绿乔木。

坚果顶端具2萼片发育成的长椭圆形翅，翅长6～7cm，宽1.5～2cm，具9～11条脉。果卵状圆锥形，长7cm，宽4cm，果皮厚0.5mm，先端长渐尖，基部平截，表面褐色，有椭圆状小突起，有树脂。

种子长卵形，长5～6mm，宽3～4mm，先端长渐尖，基部近圆形。种皮膜质，褐色。子叶2枚呈席卷状向下弯曲，绿色，肉质，先端有凹缺，基部2裂，外侧一枚子叶包着内侧另一枚；下胚轴和胚根长约1.5mm，下胚轴绿色，胚根白色，朝向果实先端。种子内还常有1～2小胚，倒三角形，子叶长1mm，宽约2mm；下胚轴及胚根长1mm，均为绿色。无胚乳。

成熟期：2月。

产地：海南。

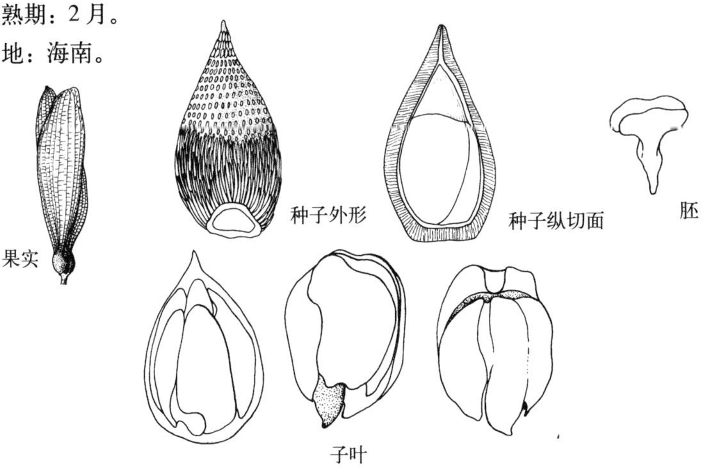


图217　海南坡垒

# 龙脑香

*Dipterocarpus turbinatus* Gaertn. f.羯布罗香

龙脑香科，常绿大乔木。

坚果为宿存萼筒包围，其中2萼片发育成长翅。翅长条带形，长12～15cm，宽2.5cm，具基出3出脉及羽状脉。坚果椭圆形，长2～3cm，宽1.5～2cm，萼筒全包坚果，褐色，有脉纹。

成熟期：5～7月。

产地：云南和西藏。

种子千粒重：3800g。

播种：用种量70～50g/m$^2$。

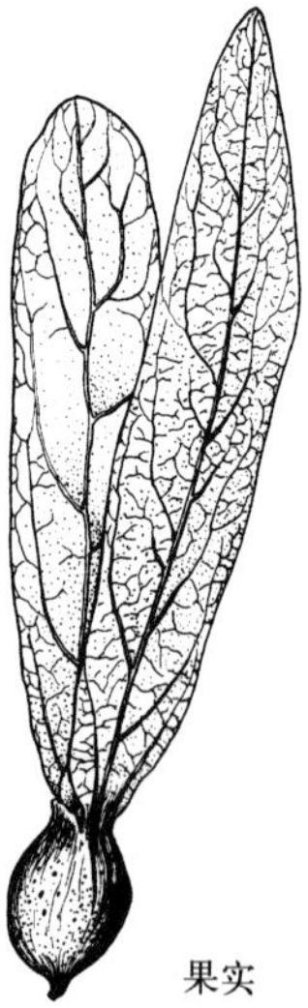


图218 龙脑香

# ·山茶科 THEACEAE·

## 梨茶

*Camellia octopetala* Hu

山茶科，常绿灌木。

蒴果近球形，直径5～10cm，果皮厚1.5～2.5cm。每果有种子8～9粒。

种子倒三角形、梯形、半圆形或不规则多边形，长1.8～2.3cm，宽1.4～2.0cm，先端弧形基部窄尖，具不规则3～5棱；种脐位于种子窄狭一端，椭圆形，长6mm，宽2mm。外种皮茶褐色，骨质厚约1mm；内种皮膜质，有浅色、叶脉状花纹。子叶肥厚肉质、淡黄色，2片子叶不等大，形状大小因种子形状而异，大致有倒三角形或卵形等，长1.2～1.6cm，宽1.0～1.8cm；胚芽及胚根长约2mm，黄色，位于种脐一带，种脐部分组织疏松，种子萌发时胚根由种脐处伸出。无胚乳。

成熟期：10月。

产地：广西、福建、江西、浙江等地。

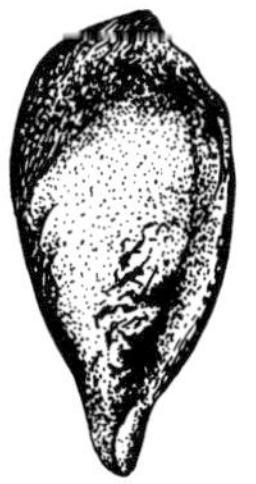

种子外形

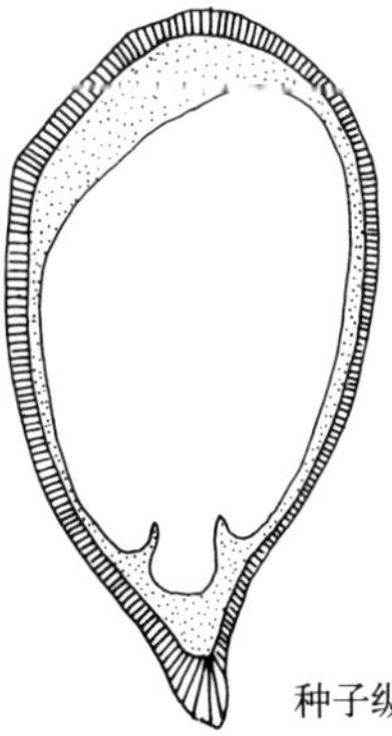

种子纵切面

种子横切面

图219 梨 茶

# 浙江红山茶

*Camellia chekiang-oleosa* Hu

山茶科，常绿小灌木。

蒴果卵球形，径4～6cm，顶有短喙，果瓣木质。

种子三角状宽倒卵形或梯状倒卵形，长2.0～2.5cm，宽1.5～2.5cm，顶端圆弧形或斜截，基部渐窄，周围具3～4棱；种脐位于较窄的一端，卵状椭圆形，长3～5mm，宽2～3mm，黄褐色。外种皮厚1～1.5mm，茶褐色，平滑，高倍解剖镜下可见小脉点，内壁有毛，排成叶脉状；内种皮膜质。子叶肥厚；胚芽长2～3mm，胚根朝向种脐一端。无胚乳。

成熟期：8～9月。

产地：浙江、安徽、江西、福建、湖南等地。

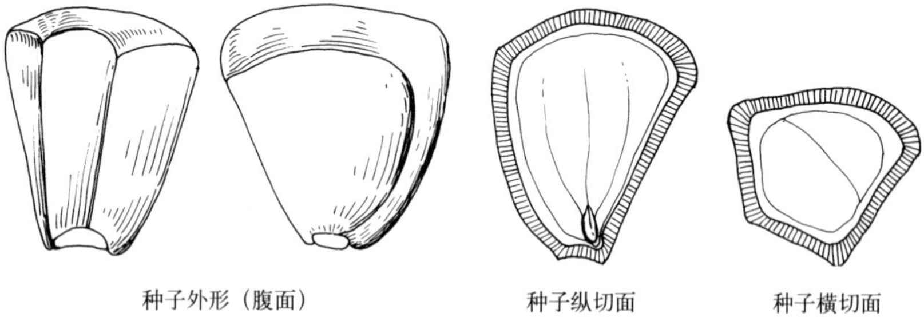

种子外形（腹面）　　种子纵切面　　种子横切面

图220　浙江红山茶

# 糙果茶

*Camellia furfuracea* (Merr.) Cohen-Stuart

山茶科，常绿小乔木。

蒴果球形，径 2～4cm，果皮厚 2～4mm。

种子三棱状倒卵形，长 1.3～2.0cm，宽1.3～1.5cm，顶端圆弧形，基部较窄，周围具 3 棱；种脐位于较窄一端，椭圆形或三角形，长 2～3mm，宽约 2mm，黄褐色。外种皮栗褐色，有伏贴绒毛，内壁有叶脉状毛；内种皮膜质。子叶肥厚，浅黄色，油质；胚芽小，长约 2mm，胚根朝向种脐。无胚乳。

成熟期：10 月。

产地：广东、广西、湖南、江西、福建等地。

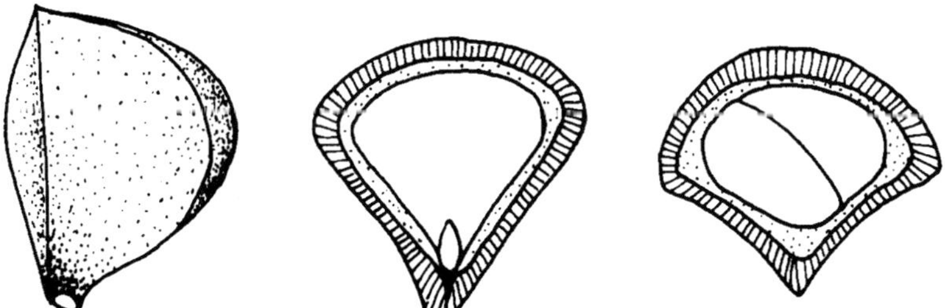

种子外形　　种子纵切面　　种子横切面

图 221　糙果茶

# 茶

*Camellia sinensis* (Linn.) O. Kitze

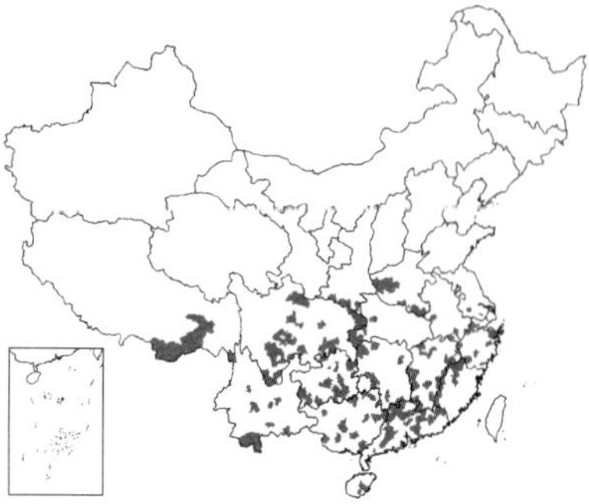

山茶科，常绿灌木或乔木。

蒴果扁球形，果皮薄，具种子1～2粒。

种子近球形，径1.0～1.2cm，顶端圆，基部微平，周围圆形或一侧平坦，无沟槽；种脐位于较平坦一端，椭圆形或圆形，长2～3mm，宽约2mm。外种皮褐色，平滑，厚0.5mm，内壁具毛；内种皮膜质。子叶肥厚，油质；胚根朝向种脐一端。无胚乳。

成熟期：10月。

产地：秦岭、淮河流域以南地区。

种子千粒重：1300g。

播种：用种量90g/$m^2$。

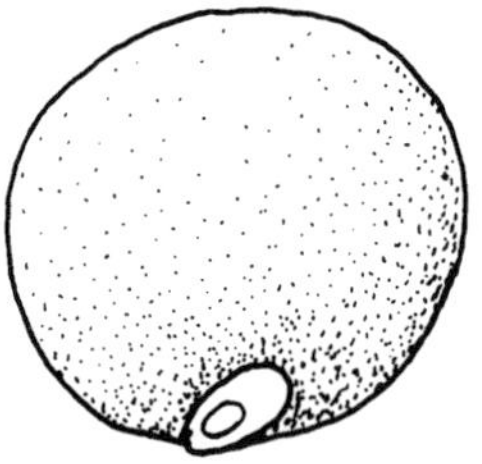

种子外形

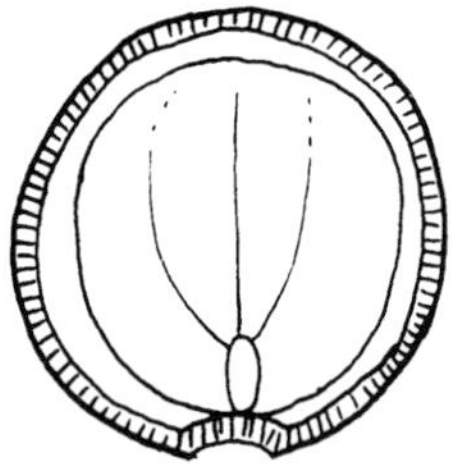

种子纵切面

种子横切面

图222　茶

# 毛花连蕊茶

*Camellia fraterna* Hance

山茶科，常绿小乔木。

蒴果球形，径1.5cm，果皮薄。

种子近球形，直径约1.4cm，顶端圆形，基部微凹，一侧2/3长度有一沟槽，另一侧具小纵棱，与沟槽上端相连；种脐位于种子基部凹缺内，椭圆形，长2～2.5mm，淡褐色。外种皮黑褐色，密被腺点，厚0.8mm，内壁无毛，有脉点；内种皮膜质，白色。胚位于种子基部，长3mm；子叶肥厚，半圆形，直径3mm，先端3浅齿，基部近圆形，背面有不规则凹穴，浅黄色，油质；胚根朝向种脐一端。无胚乳。

成熟期：9～10月。

产地：江苏、浙江、安徽、福建、江西等地。

# 长尾毛蕊茶

*Camellia caudata* Wall.

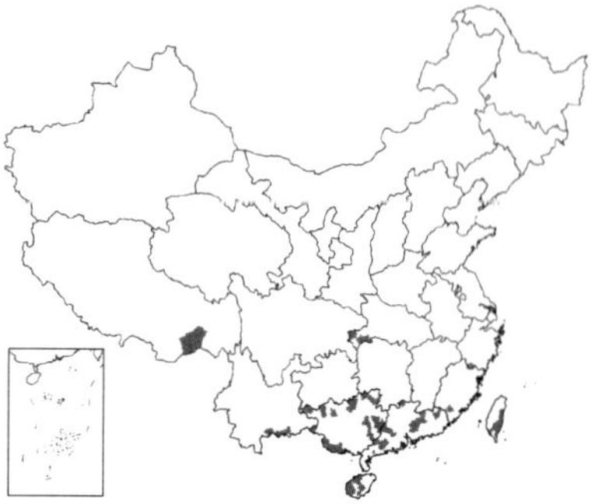

山茶科，常绿小乔木。

蒴果球形，径1.2～1.5cm，果皮薄，被毛。

种子倒卵形，长1.4cm，宽1.2cm，先端圆形，中央有小尖头，基部凹下，略不对称，一侧有浅沟槽，沟槽长多达种子顶端，另一侧有小纵棱；种脐位于沟槽的一端，椭圆形，长3mm，宽2mm。种皮厚约1mm，褐色，有极浅雕刻状花纹，有腺点，内壁有毛；内种皮膜质。子叶肥厚，倒卵形，长12mm，宽约10mm；胚根朝向种脐一端。无胚乳。

成熟期：夏季。

产地：广东、广西、云南、西藏、浙江、台湾等地。

种子千粒重：290g。

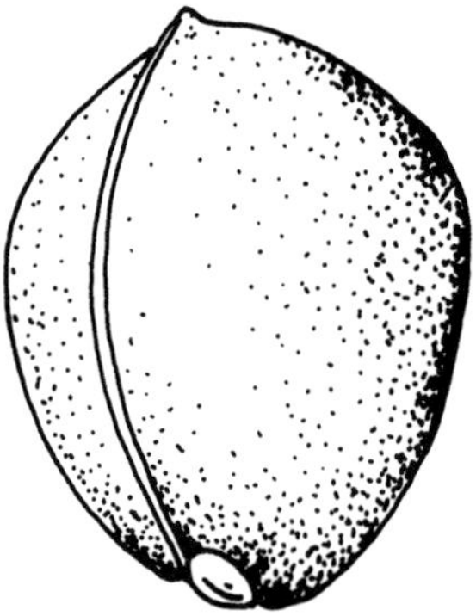

种子外形

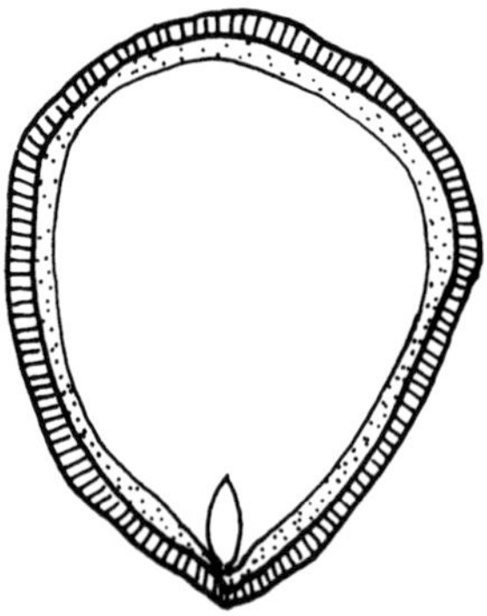

种子纵切面

图223 长尾毛蕊茶

# 尖连蕊茶

*Camellia cuspidata* (Kochs) Wright

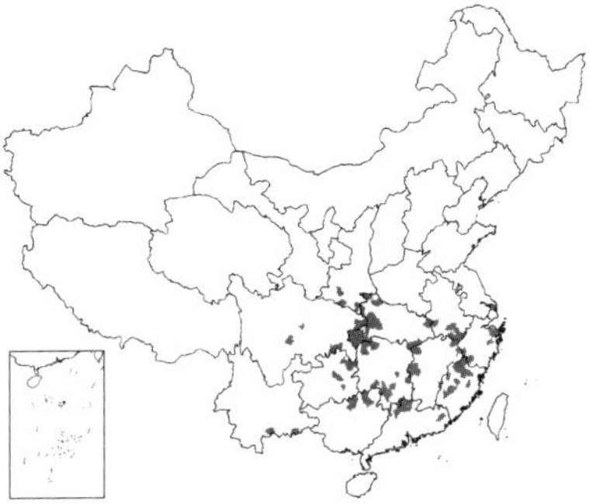

山茶科，常绿灌木。

蒴果球形，径 1.5cm，果皮薄。

种子球形，径0.8～1.0cm，两端圆形，一侧有浅沟槽，另一侧有细棱脊；种脐位于凹槽宽的一端，椭圆形，长约2mm，宽约1mm。外种皮紫褐色，厚1mm，有腺点，内壁有毛；内种皮褐色，膜质。子叶肥厚，油质，半圆形，浅黄色；胚芽小椭圆形，长 1.5mm，胚根朝向种脐一端。无胚乳。

成熟期：9～10 月。

产地：福建、江西、安徽、广东、广西、湖南、湖北、贵州、云南、四川、陕西等地。

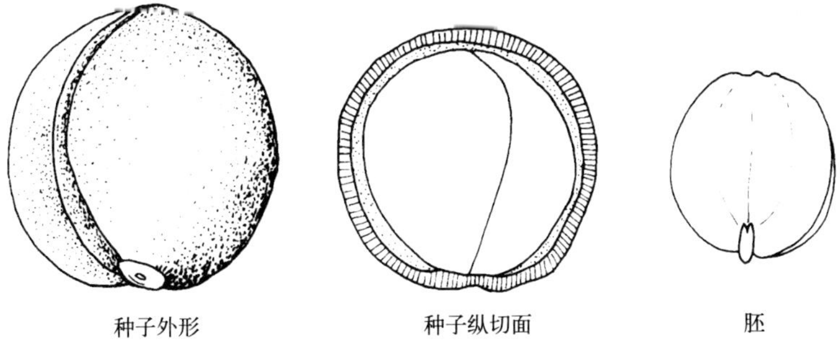


图 224 尖连蕊茶

## 短柱油茶

*Camellia brevistyla* (Hayata) Cohen-Stuart

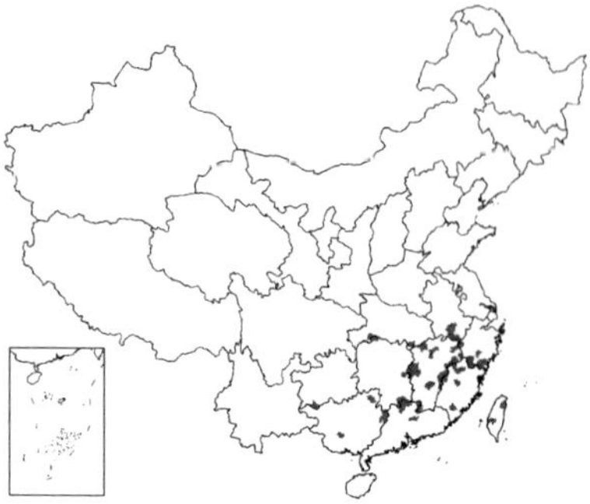

山茶科，常绿小乔木。

蒴果球形，径1.4cm。

种子球形，径1.2～1.3cm，顶端圆形，具小尖头，基部凹陷，一侧有浅沟槽，另一侧微有细棱；种脐位于种子凹陷处，椭圆形，长约2mm，宽1～1.5mm。外种皮茶褐色，厚1mm，内壁有毛；子叶肥厚，油质；胚根轴向种脐一端。无胚乳。

成熟期：9～10月。

产地：台湾、福建、浙江、江西、广东、广西、安徽等地。

# 油茶

*Camellia oleifera* Abel

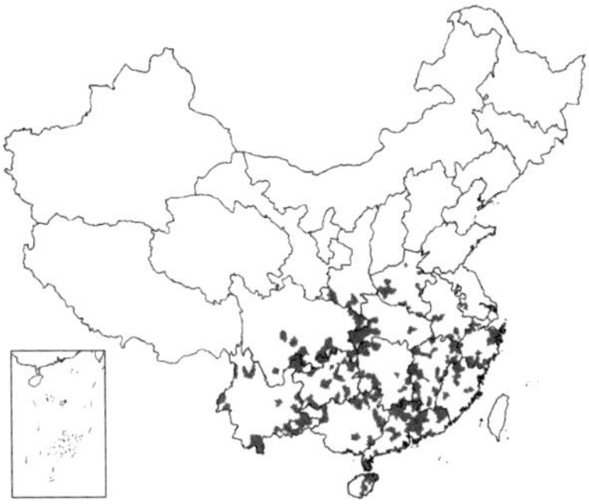

山茶科，常绿小乔木。

蒴果球形，径2～4cm，果皮厚3～5mm。

种子横向三棱状椭圆形，长1.5cm，宽2.3cm或竖向三棱状椭圆形，长2.0～2.5cm，宽约2.0cm，顶端圆形，基部截形或楔形，两侧斜削成平面，通常具3棱；种脐位于棱线中部或一端，卵状圆锥形，长5～6mm，宽约2mm。外种皮褐色，厚约1mm，有皱纹，有黑斑及密生细纵纹，内壁有毛，叶脉状；内种皮膜质，褐色。子叶肥厚，椭圆形或不规则，2片子叶不对称，胚根朝向种脐一端。无胚乳。

成熟期：9～10月。

产地：河南、湖北、江西、湖南、广东、广西、浙江、福建、安徽、贵州、云南等地。

种子千粒重：290g。

种子外形图（侧面）

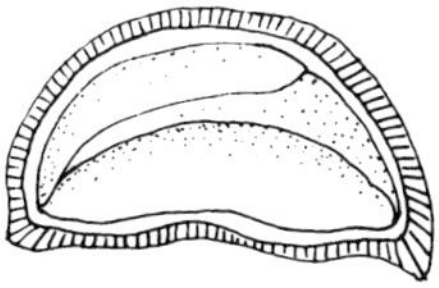

种子纵切面

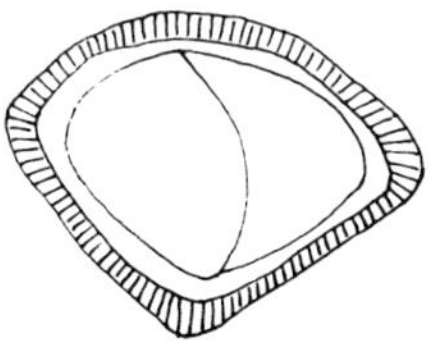

种子横切面

图225 油 茶

# 越南油茶

*Camellia vietnamensis* Huang ex Hu

山茶科，常绿灌木或小乔木。

蒴果球形，径5～6cm，长4～5cm，宽4～6cm，3～5片裂开，熟时青绿色或黄绿色，果皮木质，果片厚5～9mm，外面有毛，中轴长3.5cm，种子6～15粒。

种子三角状半圆形、椭圆形或不规则形，长1.5～2.5cm，宽1.2～2.0cm，有不规则棱角；种脐椭圆形，长约1.5mm。外种皮褐色，厚0.3mm，表面有浅凹坑和小突起；内种皮褐色，膜质，有排列整齐的纤维。子叶充满种子，肥厚肉质，大小不等也不对称，淡黄色；下胚轴及胚根位于种脐一端，长约1mm，淡黄色。无胚乳。

成熟期：9～10月。

产地：原产越南，广东、广西等地栽培。

种子千粒重：2500g。

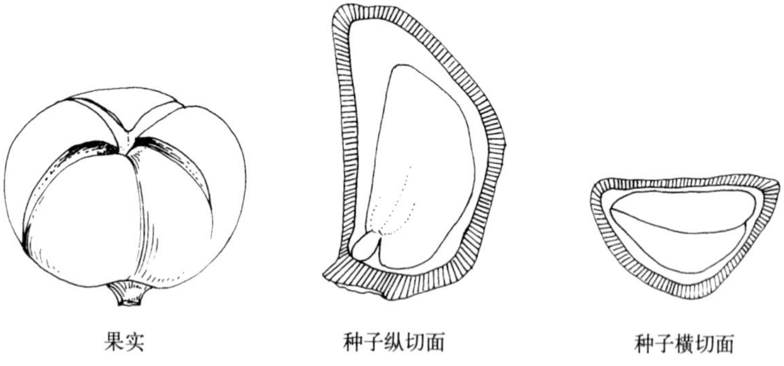


图226 越南油茶

# 木荷

*Schima superba* Gardn. et Champ.

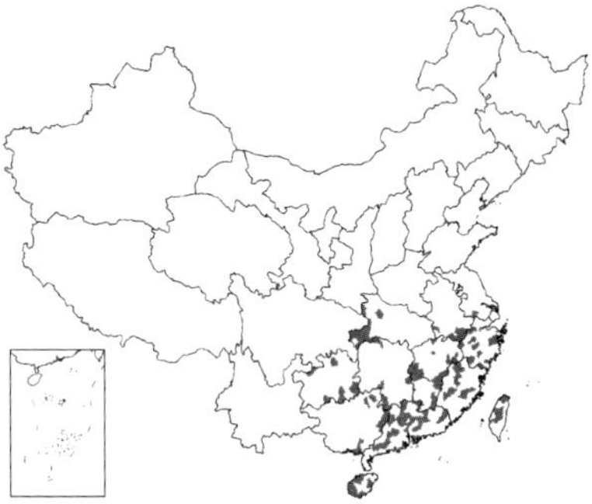

山茶科，常绿乔木。

蒴果近球形或扁球形，径1.4～2.0cm，先端平，果皮木质5裂，基部有5枚宿存萼片。

种子扁平肾形(彩图56)，长5～7mm，宽8～10mm，厚1～1.5mm，种子表面部分微起，背面平坦，周围有薄翅，宽约1mm。种皮淡褐色，约0.1mm，高倍解剖镜下可见表面密被鳞片状突起。胚横卧，子叶椭圆形，白色，长4～5mm，宽3mm，褶囊3折，形成3沟3背；下胚轴和胚根位于一侧，长约4mm，白色。有胚乳。

成熟期：10～11月。

产地：江苏、安徽、台湾、云南、四川、贵州、福建、江西、浙江、湖南、湖北、广东、广西等地。

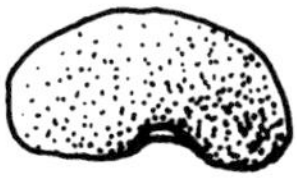

种子外形图

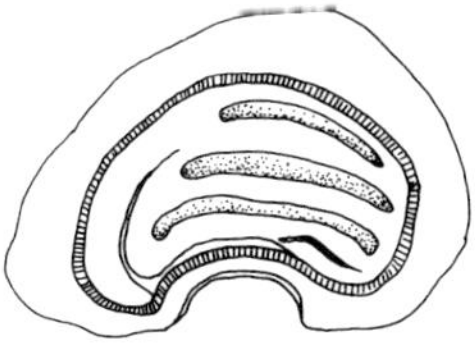

种子纵切面

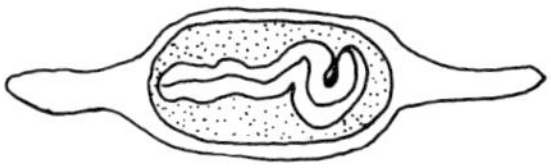

种子横切面

图227 木 荷

# 银木荷

*Schima argentea* Pritz.

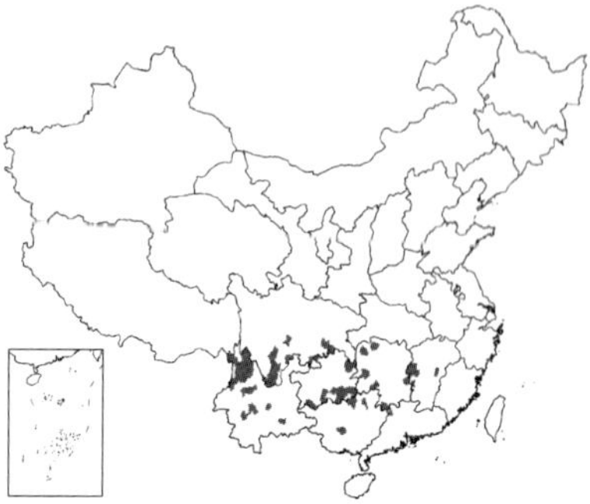

山茶科，常绿乔木。

蒴果球形，径1.5～2cm。

种子扁平肾脏形，周围具翅，连翅长5.5～6mm，宽7.5～8mm，厚约2mm，顶端圆弧形，基部近截形，近中央有2缺刻，背面微弧形，腹面平坦；翅宽2mm，顶端翅分为2层，基部仅1层，具腺点。外种皮褐色，表面凹凸不平。胚根朝向种子较窄的一端。有胚乳。

成熟期：2～3月。

产地：四川、云南、贵州、广西、广东等地。

# 大头茶

*Gordonia axillaris* Dietr.

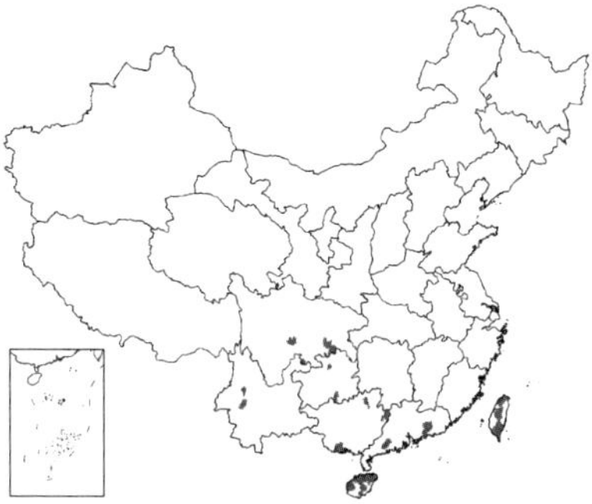

山茶科，常绿灌木或乔木。

蒴果矩圆形，长至3.5cm，有5棱，熟时5裂，果轴宿存。

种子顶端具褐色膜质翅，连翅长2.0cm，翅宽约0.7cm，种子位于种翅下部偏于一侧，斜扁平卵状圆锥形，伸向种子一侧的种翅长约4～5mm，种子位于该侧，另一侧种翅长约4～5mm；种子背面隆起，腹面平坦。外种皮茶褐色，坚硬，质脆，光滑而有光泽。子叶长条形，长5～6mm，宽1mm；下胚轴与胚根长1mm均为白色，胚根向种子下端。有胚乳。

成熟期：10～11月。

产地：广东、广西、台湾等地。

种子千粒重：21～25g。

播种：用种量5g/m$^2$。

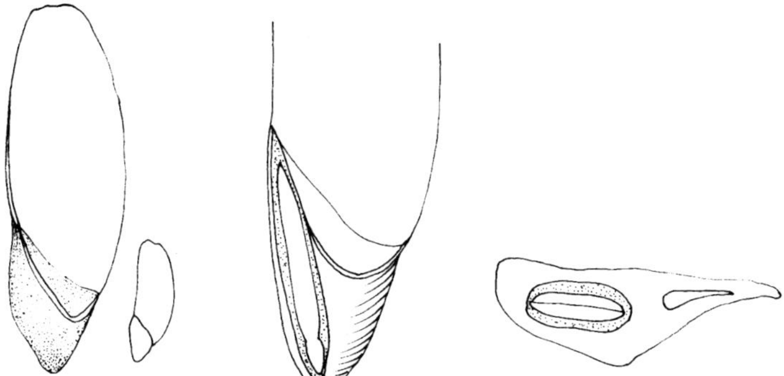

种子外形图　　种子纵切面　　种子横切面

图228　大头茶

# 厚皮香

*Ternstroemia gymnanthera* (Wight er Arn.) Sprague

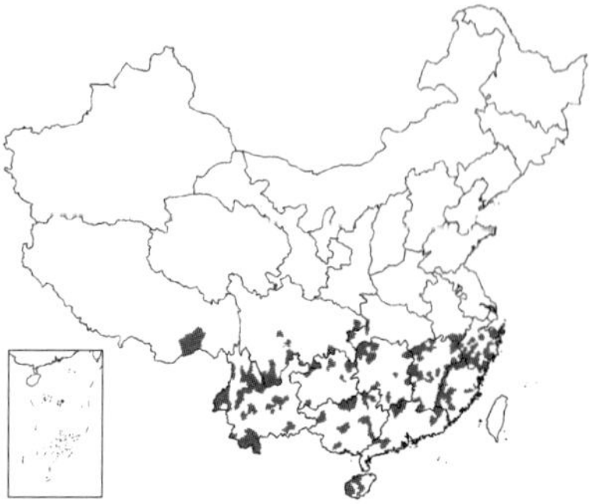

山茶科，常绿灌木或乔木。

蒴果球形，不开裂，径1.2cm。

种子矩圆状椭圆形，长7～7.5mm，宽4.2～4.6mm，厚3～3.5mm，有红色假种皮，顶端圆，基部凹入；种脐位于凹陷处。外种皮淡褐色，骨质，厚约3mm，背面近中央有一条浅纵沟，背面一侧斜削形；内种皮膜质，淡褐色。胚呈弯钩形，子叶窄长椭圆形，长4～5mm；下胚轴及胚根长6～7mm，均为白色。无胚乳。

成熟期：7～10月。

产地：长江流域以南等地。

种子千粒重：21～25g。

播种：用种量5g/m²。

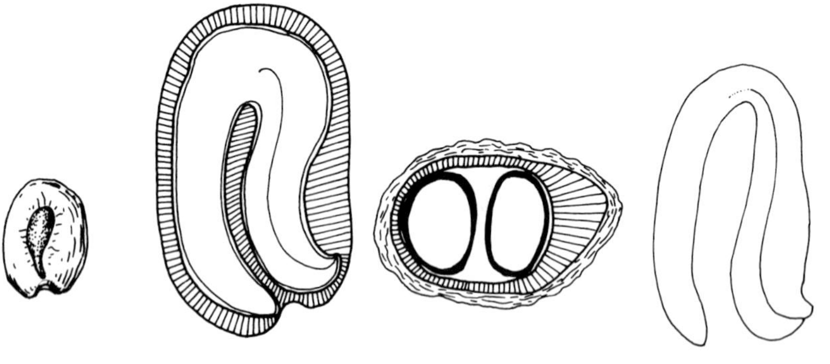

种子外形图　　种子纵切面　　种子横切面　　胚

图229　厚皮香

# 亮叶厚皮香

*Ternstroemia nitida* Merr.

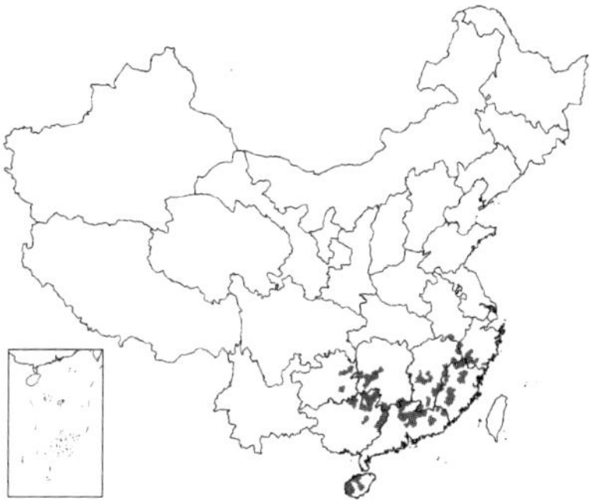

山茶科，常绿小乔木。

蒴果长卵形，径 2cm。

种子扁平椭圆形，长6.5mm，宽4mm，厚2.5mm，顶端圆形；基部凹入，较长一侧渐尖，另一侧圆钝；种脐位于种子凹缺处。外种皮淡褐色，皮骨质，厚0.2mm，常有残存红色果肉，背腹两面中央有一条小钝棱，表面有极浅雕刻状花纹；内种皮膜质，白色。胚弯曲，长约7mm，白色，子叶条形，长约3mm，胚根朝向种子尖的一端。有胚乳，油质。

产地：云南、广西、广东、湖南、福建、江西、浙江等地。

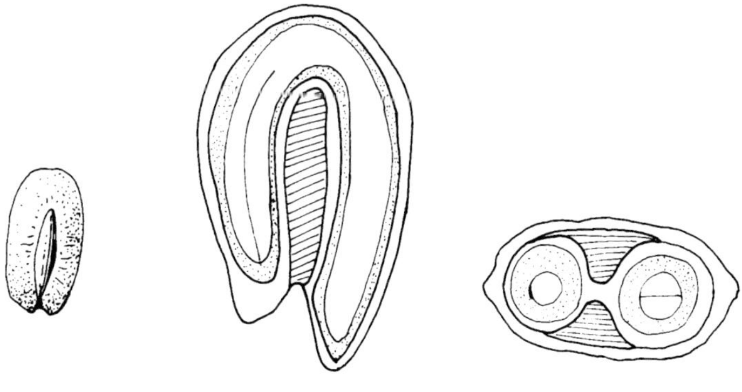

种子外形图　　种子纵切面　　种子横切面

图 230　亮叶厚皮香

# 微毛柃

*Eurya hebeclados* L. K. Ling

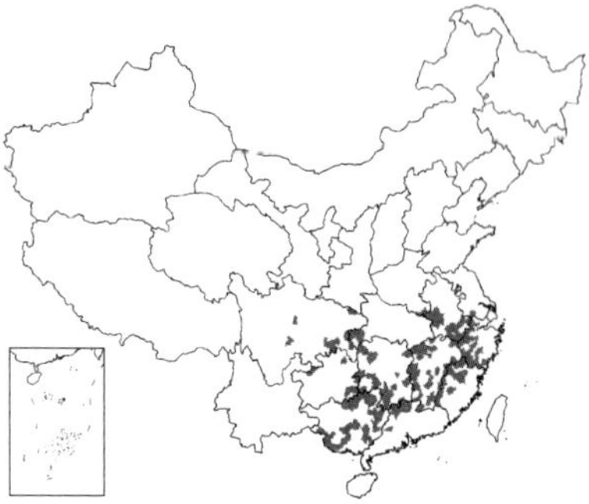

山茶科，常绿灌木。

浆果球形，径3～4mm，种子多数。

种子矩圆状倒卵形、梯状倒卵形，长约1mm，宽1～1.2mm，厚约0.7mm，顶端略呈弧形，基部渐窄，具不整齐4棱。外种皮黄褐色，具排列整齐的6边形单网纹；内种皮膜质。胚弯曲棍棒形，长0.8mm，宽0.2mm，白色，子叶长0.2mm；下胚轴及胚根长0.6mm，胚根朝向种子较窄一端。胚乳白色，油质，半透明，胶质，可溶于水。

与格药柃不同之处是种子小，长宽各1～12mm，种皮黄褐色。

成熟期：8～10月。

产地：华东各地和广东、湖南、贵州等地。

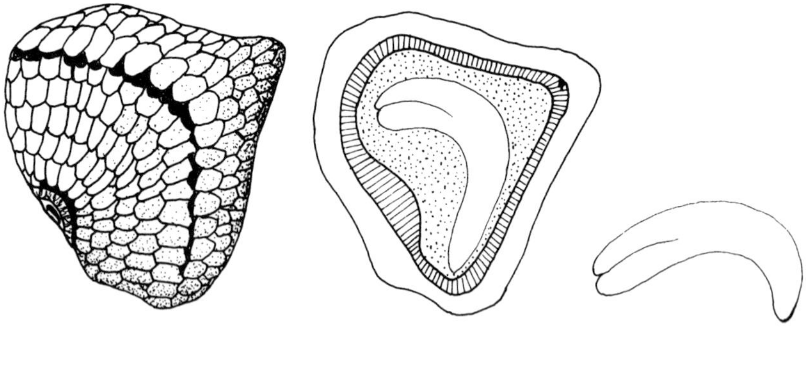

种子外形图　　种子纵切面　　胚

图231　微毛柃

# 格药柃

*Eurya muricata* Dunn

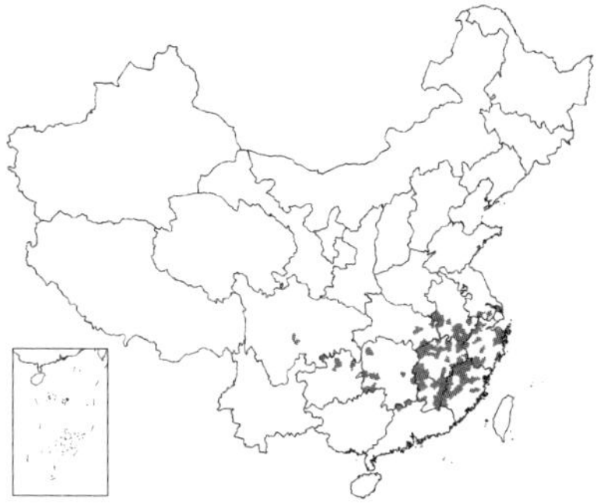

山茶科，常绿小乔木。

浆果球形，径4～5mm。

种子矩圆状倒卵形，梯状倒卵形，长1.2mm，宽1.4mm，厚0.8mm，顶端近弧形，基部渐窄，略具4棱，外种皮黑褐色，脆骨质，薄不及0.1mm，有排列整齐的六角状网纹；内种皮膜质。胚白色，弯曲棍棒形，长1mm，宽0.2mm；胚根朝向种脐一端。胚乳白色，油质。

与微毛柃不同之处为种子稍大，外种皮黑褐色。

成熟期：6～8月。

产地：江苏、安徽、浙江、江西、福建、湖南、广西、广东等地。

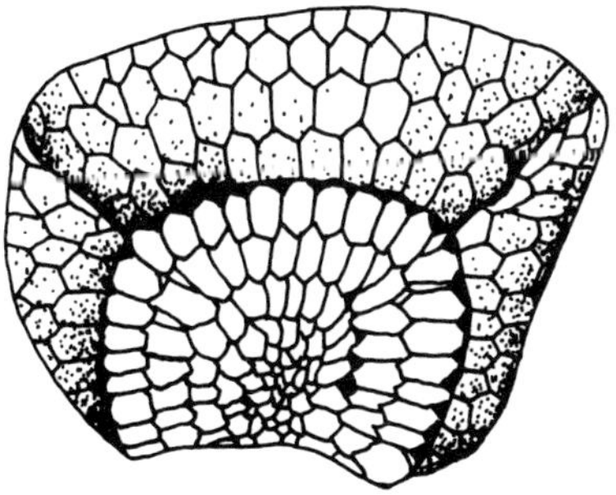

种子外形

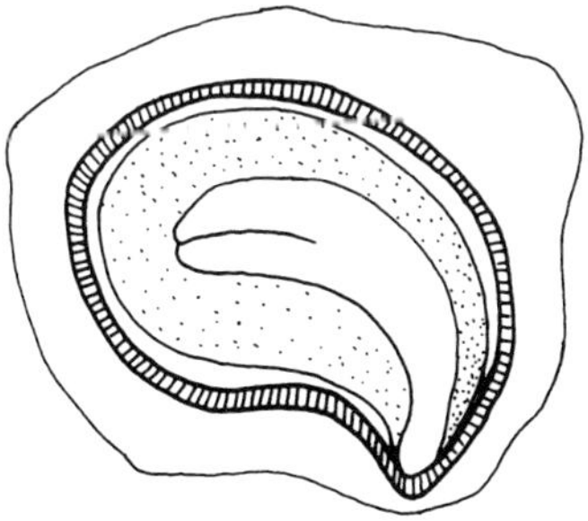

种子纵切面

图232 格药柃

# 紫茎

*Stewartia sinensis* Rehd. et Wils.

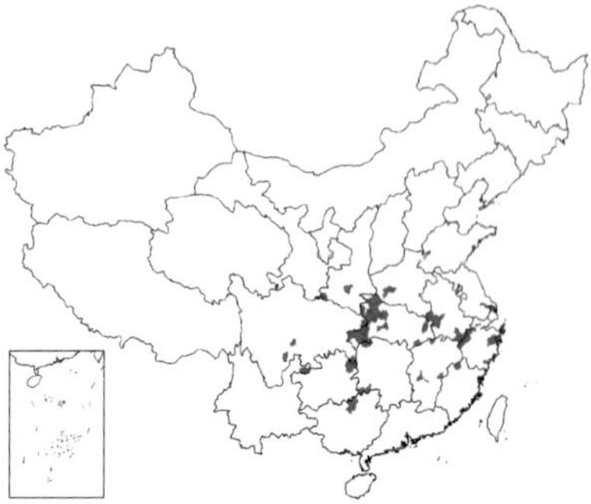

山茶科，落叶乔木。

蒴果长卵形，顶端渐尖，径约1cm。

种子扁平倒卵形，长6～7mm，宽4～4.5mm，厚约1.2mm。先端圆形，基部斜截形，微凹入，周围有窄翅，宽约1mm；种脐位于种子凹入处，菱状棱形，长约1mm。外种皮褐色，厚约0.1mm，无明显网状脉纹，在高倍解剖镜下可见小疱状突起。直胚，长约5mm，白色，油质，子叶椭圆形，长约2.5mm，宽约1.5mm；下胚轴及胚根长2.5mm，胚根朝向种脐一带。胚乳白色。

成熟期：9～10月。

产地：湖北、湖南、江西、浙江、河南等地。

种子千粒重：9～12g。

播种：层积处理。

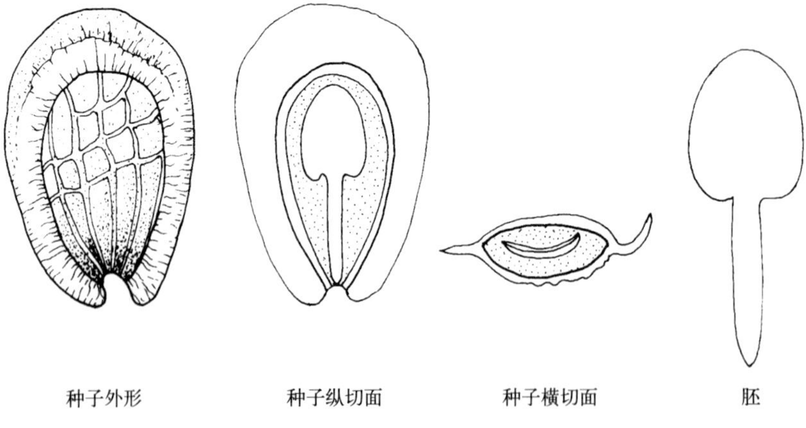


图233 紫 茎

# 长柱紫茎

*Stewartia rostrata* Spongberg

山茶科，常绿乔木。

蒴果卵形，木质，熟时5裂。

种子扁平倒卵状椭圆形，周围具翅，连翅长10mm，宽约6～7mm，厚2.2～2.5mm，顶端圆形，基部凹入，翅纸质，宽约1.5～2mm；种脐位于种子凹缺一端，菱形，长约1mm。种皮栗褐色，纸质，具网状脉纹。高倍解剖镜下可见小疱状突起；内种皮膜质，褐色。胚直，白色，子叶椭圆形，长2.5mm，宽2mm；下胚轴及胚根长3mm，粗0.6mm，白色，胚根朝向种子凹缺处。胚乳白色。

成熟期：9～10月。

产地：江苏、安徽、浙江、江西、福建等地。

# 石笔木

*Tutcheria spectabilis* Dunn

山茶科，常绿乔木。

蒴果球形，径4～7cm，果皮木质，3～6裂。

种子扁平，横椭圆形，长15mm，宽20～25mm，顶端弧形，基部平截一端圆钝一端较尖，或斜三角状卵形，常具棱角，或背面弧形，腹面平坦；种脐长椭圆形或卵状长椭圆形，长15～18mm，宽3～5mm，位于较长的一边。种皮褐色，平滑，厚3～5mm，木质，坚硬。胚直，长20mm，宽8mm，白色，油质；子叶4次折叠，胚根长6mm，胚根朝向较尖一端。无胚乳。

成熟期：6～11月。

产地：广东、福建等地。

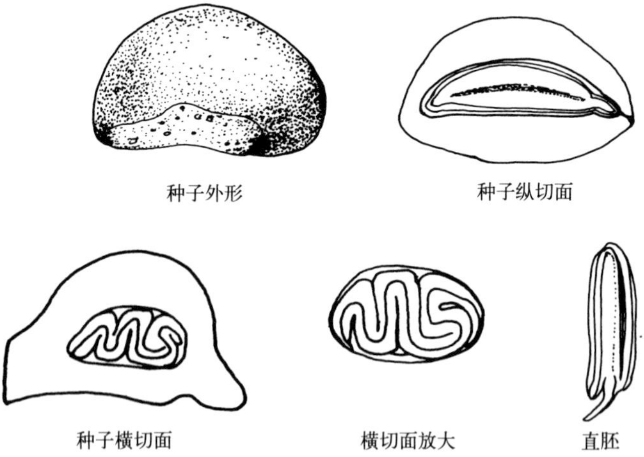


图234 石笔木

# ·山竹子科 CLUSIACEAE·

## 多花山竹子

*Garcinia multiflora* Champ.ex Benth. 多花藤黄

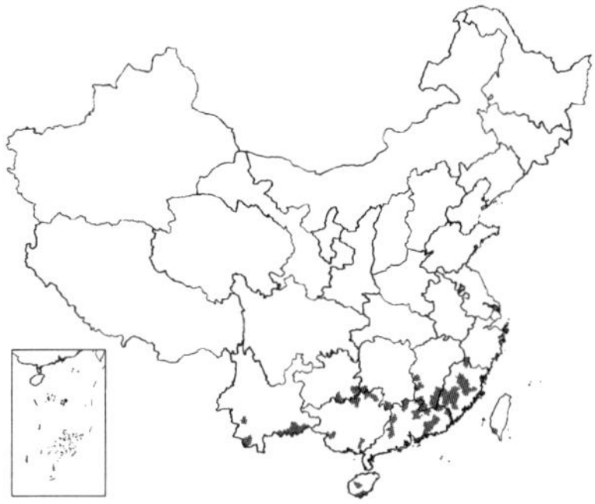

山竹子科，常绿乔木。

浆果近球形，径3.7～5.8cm，熟时黄色，内含黄色胶质，顶端有宿存柱头。

种子长椭圆形，长2.5～3.5cm，宽1.2～1.7cm，浅褐色，先端圆弧形，基部微弓弯，两端圆钝。种皮纸质，有叶脉状条纹。胚棍棒形，长约30mm，宽3mm，两端渐尖，鲜黄色，子叶条形，很难分开2片，长约22mm；下胚轴及胚根长约8mm。胚乳丰富，胶质、肉质，淡黄色，与胚紧密粘合，很难剥离，浅黄色。

成熟期：11～12月。

产地：广东、广西、台湾、福建、江西、湖南、海南、贵州、云南等地。

种子千粒重：3000～4000g。

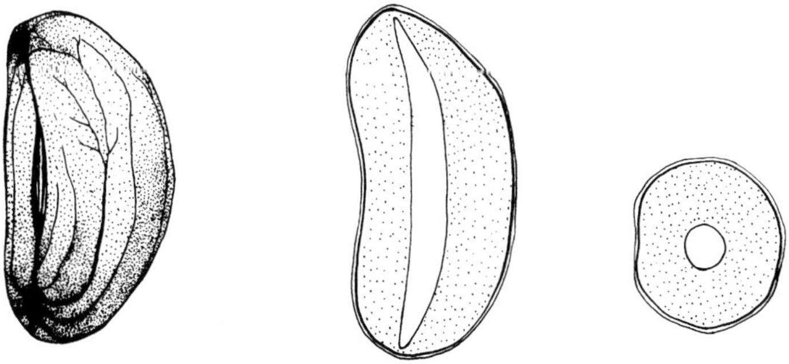


图235　多花山竹子

# 大叶山竹子

*Garcinia xanthochymus* Hook. f. ex J. Anders.

大叶藤黄

山竹子科，常绿乔木。

浆果球形，径4～5cm，熟时黄色，被圆形斑点。

种子椭圆形，淡黄色，微弯曲，长3.2cm，宽1.5cm，两端微钝尖，种皮有横线状浅沟和叶脉状纵条纹；种脐小，近圆形，径1～1.5mm。子叶鞘连成筒形，似单子叶；胚根小，位于子叶一端。

成熟期：8～10月。

产地：云南、广西等地。

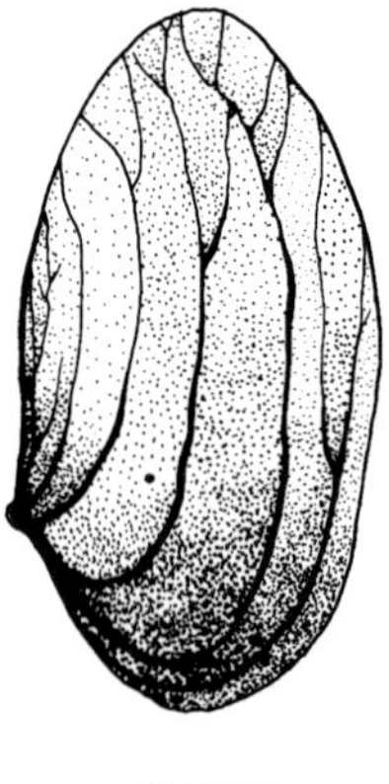

种子外形

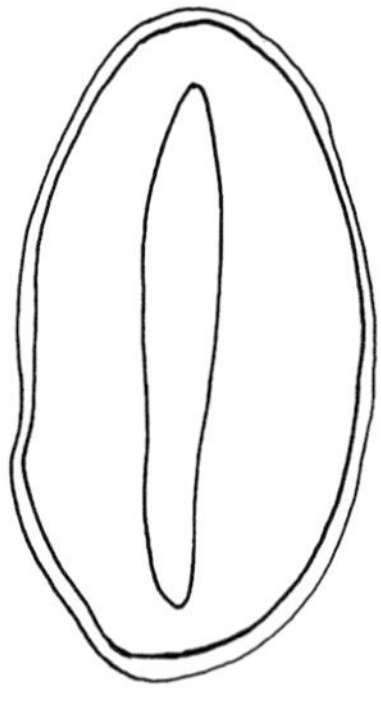

种子纵切面

图236 大叶山竹子

# ·白花菜科 CAPPARIDACEAE·

## 鱼木

*Crateva adansonii* DC. ssp. *formosensis* Jacobs

白花菜科，灌木或乔木。

浆果核果状，椭圆形或近球形，长4.5～6.0cm，宽2.8～5.0cm，先端渐尖，基部渐尖或窄圆形，熟时黄褐色，有黑紫色小点。有种子5～10粒。

种子肾形，长9～14mm，宽11～15mm，先端弧形，基部中央斜深凹入，一侧圆钝一侧较尖；种脐位于基部凹槽内，条形。外种皮褐色微有皱纹，黑紫色，厚0.3mm；内种皮淡褐色，膜质。胚弯曲，肥厚，白色，油质，胚根白色，朝向尖的一侧。无胚乳。

成熟期：7～8月。

产地：台湾、广东、广西等地。

# ·金缕梅科 HAMAMELIDACEAE·

## 水丝梨

*Sycopsis sinensis* Oliv.

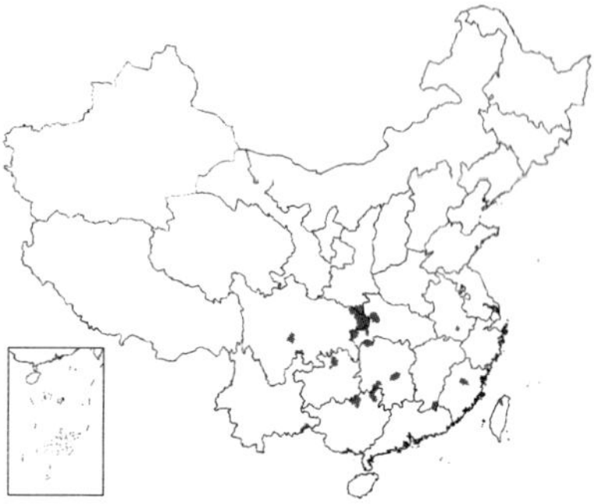

金缕梅科，常绿灌木或乔木。

蒴果长0.8～1cm，有长丝毛，宿存萼筒长4mm，被鳞垢，不规则裂开，宿存花柱短，长1～2 mm。

种子卵状长椭圆形，长约6mm，宽3mm，厚约3mm，顶端圆形，基部圆形，中央微凹入，基部两侧有淡褐色疤痕，疤痕长达1.8mm，径1mm；种脐位于种子基部凹缺处，呈“V”字形，长约2mm。种子表面黑褐色，有光泽，平滑；外种皮厚0.2mm，角质化，内壁黑褐色、平滑；内种皮膜质，淡褐色。直胚，长6mm，子叶椭圆形，长4.5mm，宽2.2mm；下胚轴及胚根长1.5mm，胚根朝向种脐一端。胚乳粉末状，白色，油质。

与杨梅叶蚊母极近似，但本种子为卵状椭圆形，顶端渐尖，基部较圆，宽厚差不多。

成熟期：10 月。

产地：陕西、湖北、安徽、浙江、江西、福建、台湾、湖南、广东、广西、四川、贵州、云南等地。

种子外形图

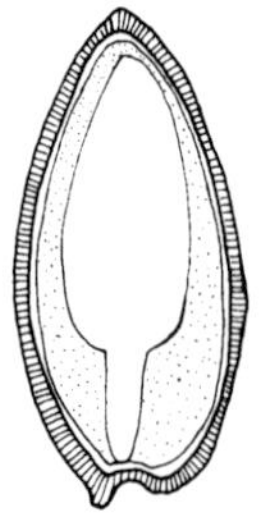

种子纵切面

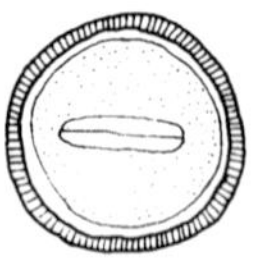

种子横切面

图237　水丝梨

# 金缕梅

*Hamamelis mollis* Oliv.

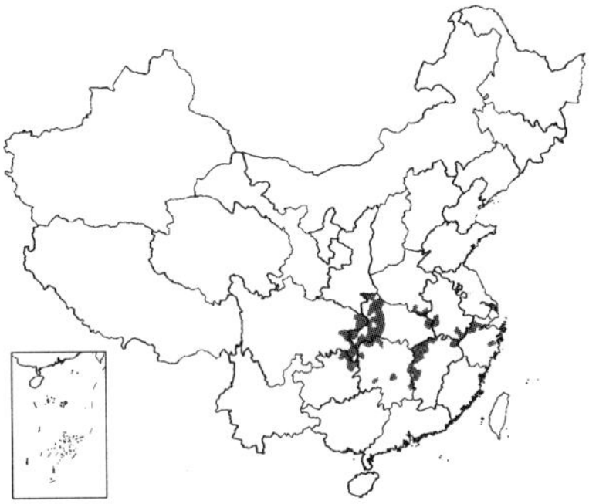

金缕梅科，落叶小乔木。

蒴果卵圆形，被褐色星状绒毛，熟时上半部2片裂。内果皮骨质，干后常与木质外果皮分离。

种子卵状长椭圆形(彩图57)，长9.5mm，宽4mm，顶端钝尖，基部窄圆形，有一凹缺；种脐位于凹缺处，呈浅“V”字形，长约3mm，浅褐色。种皮黑褐色，厚0.3～0.5mm，角质化，平滑而有不规则细棱状凸起；内种皮膜质。直胚，长8.0mm，白色，子叶长卵形，长5.5mm，宽3mm；下胚轴及胚根长2.5mm，胚根朝向种脐一端。胚乳粉末状，白色。

成熟期：10月。

产地：江苏、安徽、浙江、江西、湖南、湖北、四川、广西等地。

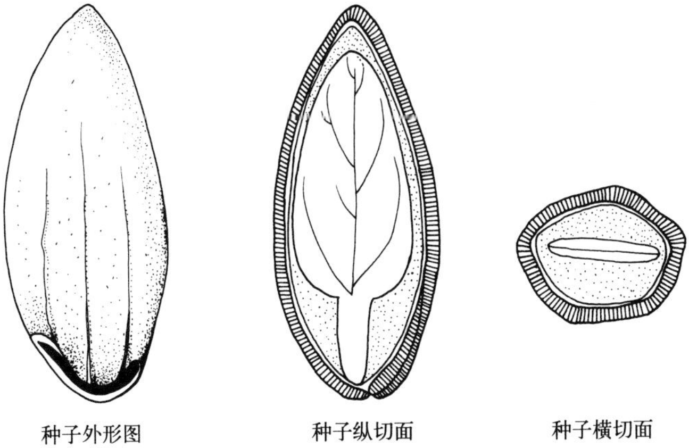


**图238　金缕梅**

# 蜡瓣花

*Corylopsis sinensis* Hemsl.

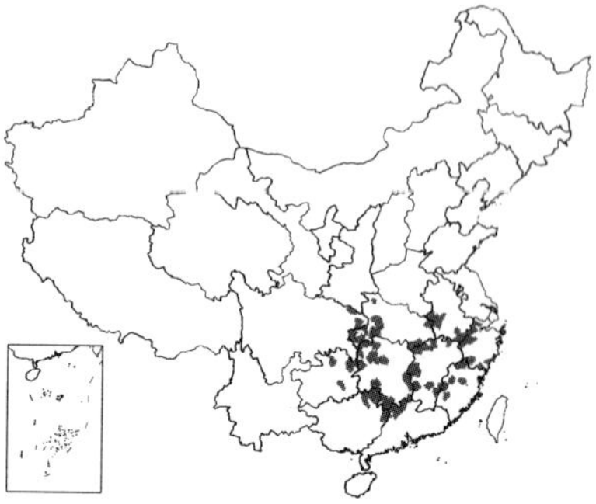

金缕梅科，落叶灌木。

蒴果近球形，木质，长7～8mm，被褐色星状毛，4裂。

种子倒卵状椭圆形，长4.5～5mm，宽3mm，厚2.5～3mm，顶端具短钝尖，基部窄圆形；种脐位于较窄一端基部的两侧，黄褐色，两片不等大，大者近圆形，直径2.5～3mm，小者长条形，长约2mm，宽约0.7mm，两块底部不连续。外种皮黑褐色，平滑，有光泽，厚0.3mm，角质；内种皮膜质。直胚，长约4.5mm，白色，子叶卵形，长约3mm，宽2.2mm；下胚轴及胚根长1.5mm，胚根朝向种脐一端。胚乳粉状，油质。

成熟期：10月。

产地：湖北、安徽、浙江、福建、江西、湖南、广东、广西、贵州等地。

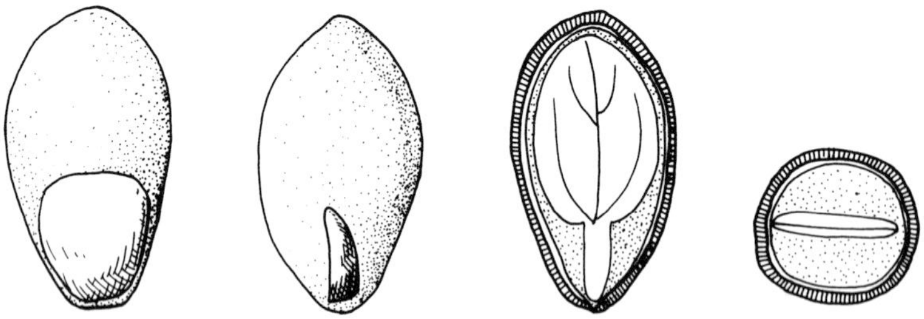

种子外形（腹面）　种子外形（侧面）　种子纵切面　种子横切面

图239　蜡瓣花

# 蚊母树

*Distylium racemosum* Sieb. et Zucc.

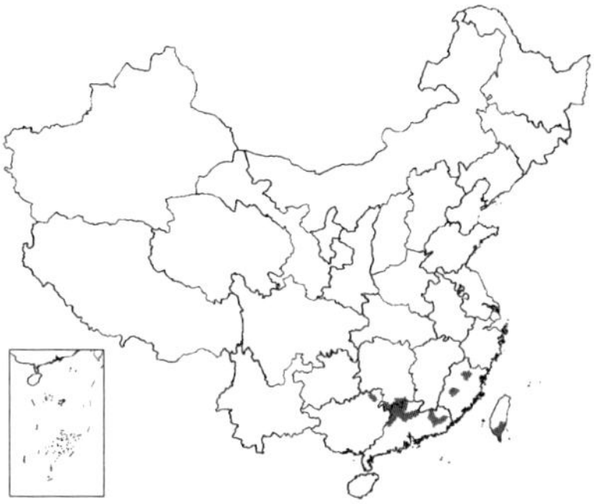

金缕梅科，常绿乔木。

蒴果卵形，长1～1.5cm，先端尖，上半部两片裂开，被褐色星状毛，2裂。

种子倒卵状长椭圆形，长6.5～7mm，宽3.2～3.5mm，厚3mm，顶端短钝尖，基部长渐尖，近尖端一侧微凹缺；种脐位于凹缺处，向两侧延伸成长2.5～3mm，宽1.2mm的疤痕。种皮黄褐色，平滑，有光泽，厚0.3mm，角质化，内壁黄褐色。直胚，长6mm，子叶椭圆形，长4mm，宽2mm；下胚轴及胚根长2mm，胚根朝向种脐一端。胚乳粉质，油质。

本种与杨梅叶蚊母接近，但种子较长，种皮黄褐色。

成熟期：8～10月。

产地：台湾、浙江、广东、海南等地。

种子千粒重：30g。

播种：秋播或层积越冬后春播。

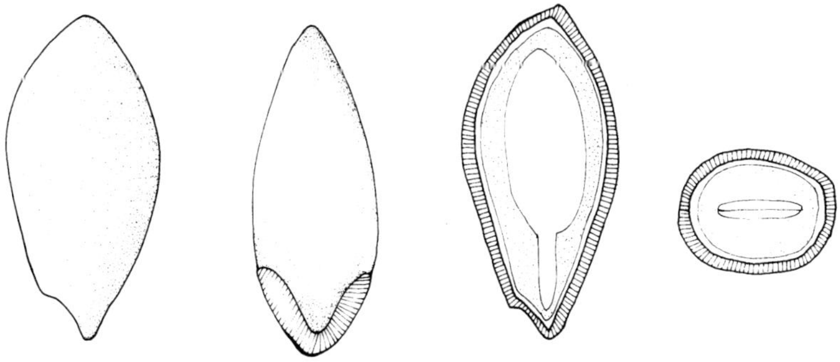

种子外形（背面）　种子外形（侧面）　种子纵切面　种子横切面

图240　蚊母树

# 杨梅叶蚊母

*Distylium myricoides* Hemsl.

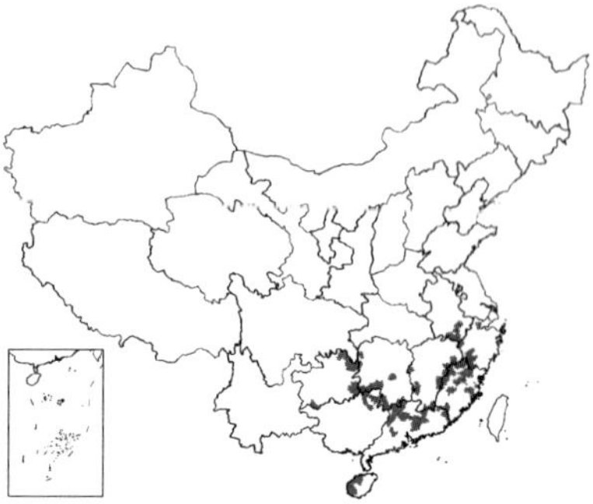

金缕梅科，常绿小乔木。

蒴果卵圆形，长1～1.3cm，被黄褐色星状毛。

种子倒卵状椭圆形，长6.5～7mm，宽3.5mm，厚2.5mm，顶端渐尖，基部渐窄，一侧有凹缺；种脐位于种子凹缺处向两侧延伸长约2mm的疤痕。种皮黑褐色，平滑，有光泽，厚0.3mm，外壁角质化，内壁黑褐色；内种皮膜质，褐色。直胚，长6mm，白色，子叶卵形，长4mm，宽2.5mm；下胚轴及胚根长2mm，胚根朝向种脐一端。胚乳粉状，油质。

与水丝梨极近似，但本种子倒卵状椭圆形，两端均渐尖，较扁。

成熟期：9～10月。

产地：四川、安徽、浙江、福建、江西、广东、广西、贵州等地。

种子千粒重：28g。

播种：秋播或层积越冬后春播。

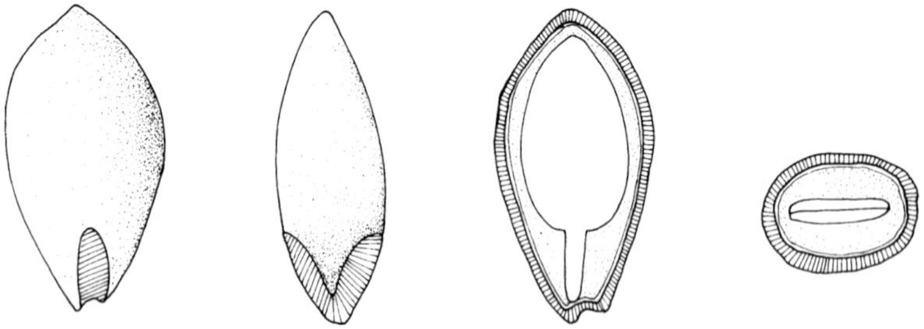

种子外形（背面）　种子外形（侧面）　种子纵切面　种子横切面

图241　杨梅叶蚊母

# 壳菜果

*Mytilaria laosensis* Lec.

金缕梅科，常绿乔木。

蒴果卵形，长1.5～2cm，2片裂，每片2浅裂，外果皮肉质，黄褐色，内果皮木质。

种子不规则横卵形或横椭圆形，长约6mm，宽8～10mm，顶端弧形，基部弧形或截形，两侧有不定型挤压成的切削面，表面亮褐色，有排列整齐密集的短条状凸起，一端较尖，另一端较钝或微凹入；种脐位于较平缓的基部，圆锥形，长与种子宽相等，宽的一端约3mm，黄褐色。外种皮厚0.5mm，坚硬；内种皮膜质，除一端褐色外，均为白色。直胚，长8mm，白色，子叶两侧向相反方向折叠，长6mm，宽2mm；下胚轴及胚根长2mm，白色，胚根朝向较窄的一端。胚乳白色，油质。

成熟期：10～11月。

产地：广东、广西、和云南。

种子千粒重：146～180g。

播种：播前用始温50℃水浸种1昼夜，捞出后装入竹筐，裹以湿稻草，置于20～30℃的温暖处催芽，用种量20g/m$^2$。

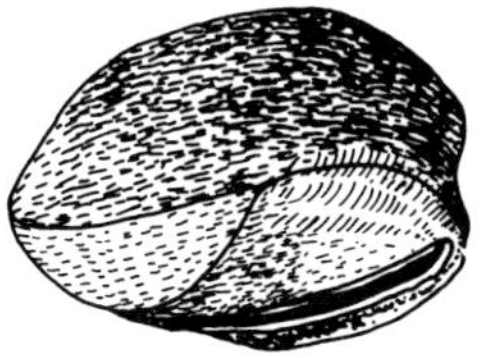

种子外形

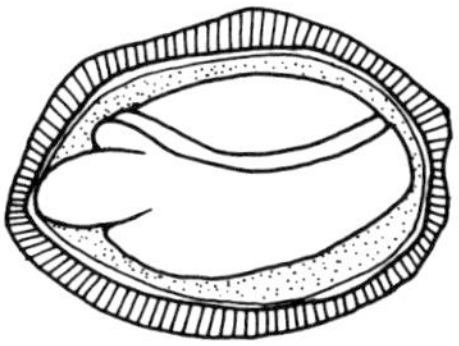

种子纵切面

种子横切面

图242 壳菜果

## 蕈树

*Altingia chinensis* (Champ.) Oliv. 阿丁枫

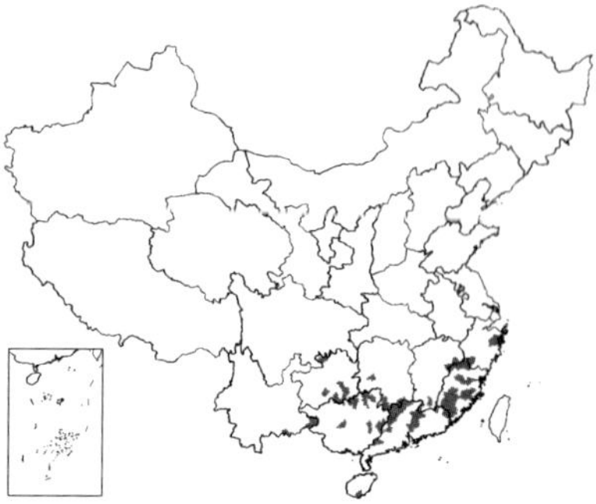

金缕梅科，常绿乔木。

蒴果，径1.7～2.8cm，木质，2裂。

种子2型，即有胚种子和无胚种子。有胚种子扁平盾形，长约1.5mm，宽约6mm，厚约3mm，顶端平，褐色，有不规则紫褐色条纹，基部微窄，有微突起不规则细纵棱；种脐位于基部（腹面）。外种皮薄革质，厚不及0.1mm；内种皮淡褐色，膜质。子叶椭圆形，长约5mm，宽约2.5mm，白色；下胚轴及胚根长1mm，白色。胚乳包围着胚。无胚种子为不规则方形、条形，长宽约1～2mm，褐色，无胚。

成熟期：9～10月。

产地：浙江、福建、江西、湖南、广东、广西、贵州、云南等地。

种子千粒重：7～11g。

播种：用种量10g/$m^2$。

# 细柄蕈树

*Altingia gracilipes* Hemsl. 细柄阿丁枫

金缕梅科，常绿乔木。

蒴果2裂。

种子2型，即有胚种子和无胚种子。有胚种子扁平盾形，长1.1mm，宽6～7mm，厚5mm，顶端近平缓，基部渐窄，周围有宽0.5～1mm窄翅，表面灰褐色，有紫色斑点；种脐位于渐窄一端。外种皮纸质，厚0.1mm；内种皮膜质。直立胚，长约5mm，白色，子叶椭圆形，长4mm，宽2.5mm；下胚轴及胚根长1mm，微弯曲，胚根朝向种子一侧。胚乳白色，油质。无胚种子不规则方形，条形，无胚。

成熟期：9～10月。

产地：广东、福建、浙江等地。

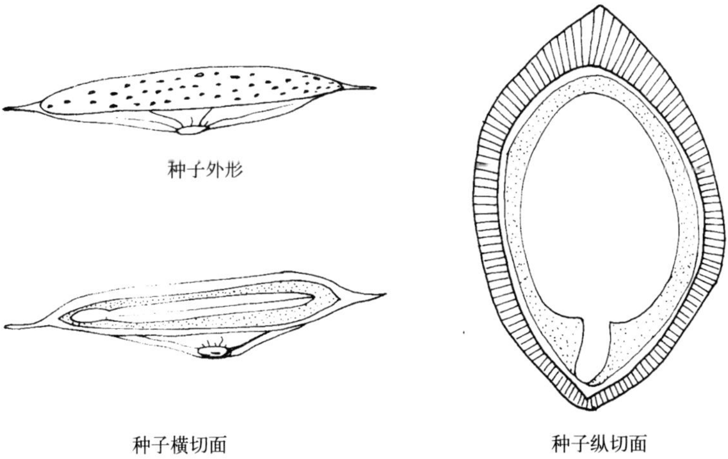


图243 细柄蕈树

# 枫香

*Liquidambar formosana* Hance

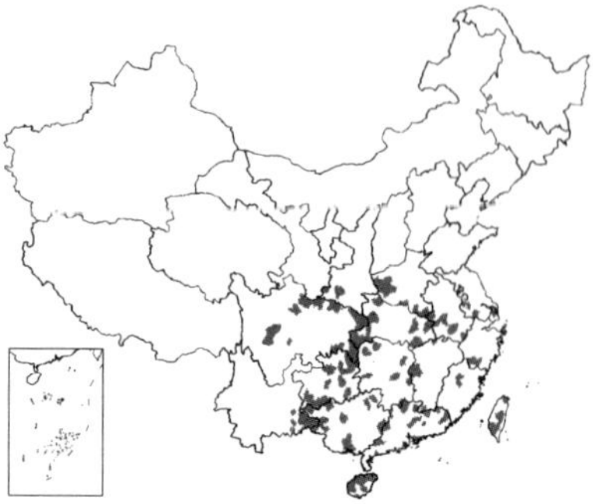

金缕梅科，落叶乔木。

头状果序。小果为蒴果，熟时2瓣裂。

种子周围有窄翅，扁平长椭圆形，带翅长6～8.5mm，宽2～3.5mm，先端圆钝，基部渐窄，略翘起，种子中下部翅宽0.3mm，上部0.5mm。种皮黄褐色或褐色，膜质，厚约0.1mm，一面平滑有不规则条状或点状紫色斑点，另一面中央呈脊状突起，上部有密集紫色斑点。子叶椭圆形，长约3.5mm，宽2.2mm；下胚轴及胚根长1.5mm，白色，胚根朝向种子渐尖的一端。胚乳充满种子，白色。

成熟期：10月。

产地：秦岭、淮河流域以南地区。

种子千粒重：4.3～6.4g。

播种：用种量2.5～4g/m²。

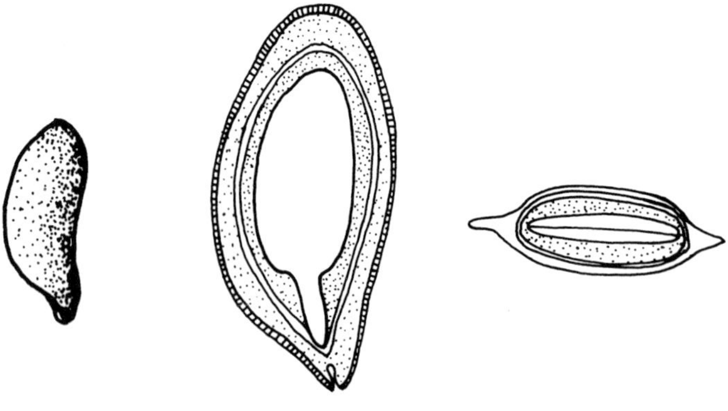


图244 枫 香

# 檵木

*Loropetalum chinense*(R.Br.) Oliv.

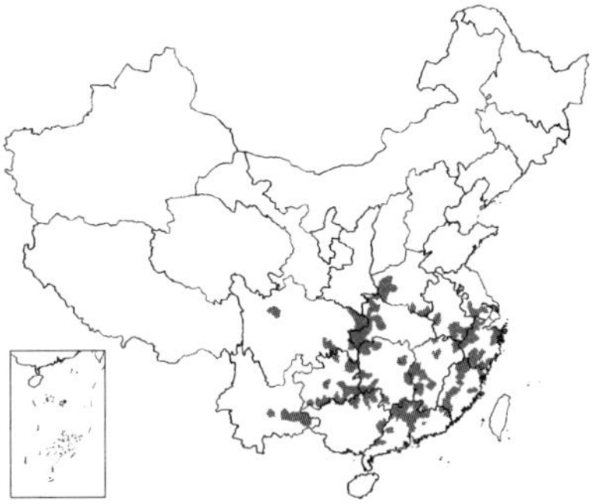

金缕梅科，常绿灌木。

蒴果卵圆形，长7～8mm，宽6～7mm，木质，外壁被星状毛。

种子椭圆形（彩图58），长5～6mm，宽2～3mm，略扁，顶端均渐尖，先端有小尖头，基部渐窄，先端微凹缺，种脐位于基部之一侧，边缘有浅纵沟。种皮黑色，光滑，坚硬，厚0.3mm；内种皮浅褐色，膜质。胚长4～4.5mm，子叶椭圆形，长约1.5mm，宽0.8mm；下胚轴及胚根长约3mm，均为灰白色。胚乳丰富，油质。

成熟期：9～10月。

产地：山东及长江流域以南。

种子千粒重：20g。

播种：秋播或湿沙层积90天后春播。

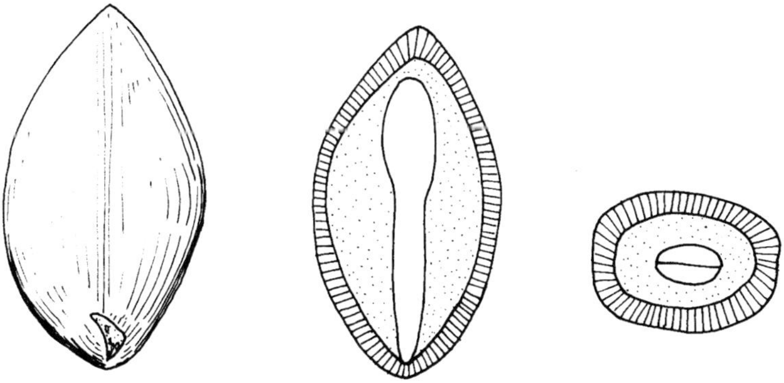

种子外形　　种子纵切面　　种子横切面

图245　檵　木

# 长柄双花木

*Disanthus cercidifolius* Maxim. var. *longipes* Chang

金缕梅科，落叶小灌木。

蒴果倒卵形，长12～14mm，宽11～13mm，熟时果皮木质，室背开裂，2室，每室有种子5～6个。

种子卵形或倒卵形，长5～5.5mm，宽3～3.5mm，黑色，有光泽，先端渐尖或圆钝，基部渐尖，有不规则棱角；种脐长椭圆形，长约2mm，褐色。外种皮厚0.2mm，骨质；内种皮淡褐色，膜质。胚棍棒形，长4mm，子叶长约2mm，宽1mm，白色；下胚轴及胚根长约2mm，白色，胚根朝向种脐一端。胚乳油质。

成熟期：10月。

产地：江西、湖南等地。

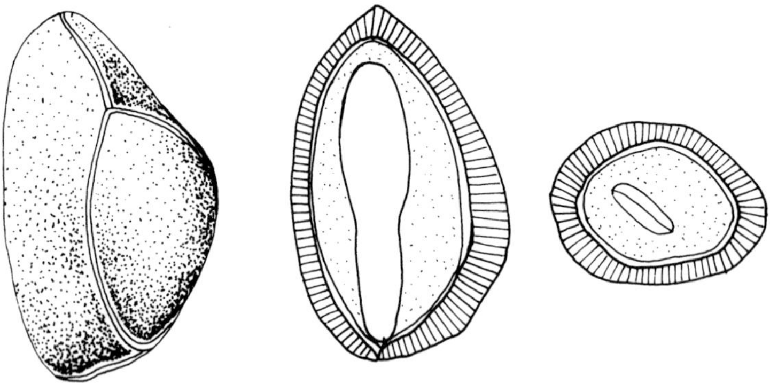

种子外形　　种子纵切面　　种子横切面

图246　长柄双花木

# ·八仙花科 HYDRANGEACEAE·

## 东陵八仙花

*Hydrangea bretschneideri* Dippel

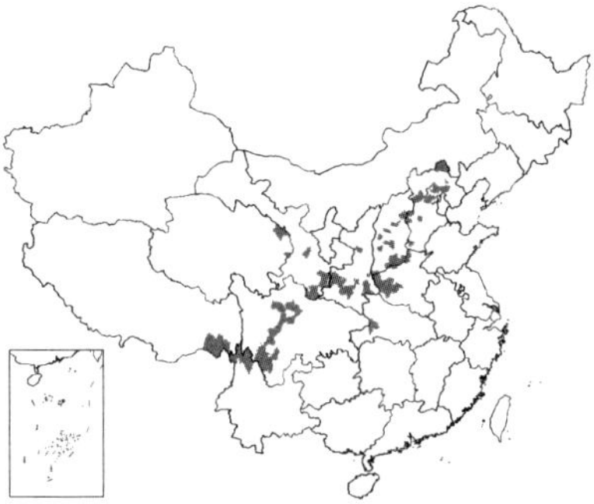

八仙花科，落叶灌木至小乔木。

蒴果卵形，长3mm，顶端开裂。

种子披针形或棍棒形，长约1mm，宽约0.5mm，先端有长约0.6mm、膜质、半透明附属物，顶端3裂，基部渐窄成鱼尾状。种皮橙黄色，薄，半透明，有纤维状纵棱，有光泽。胚棍棒形，长0.6mm～0.8mm，白色，透明；子叶长约为下胚轴及胚根长的一半。胚乳丰富。

成熟期：9月。

产地：辽宁、河北、河南、陕西、内蒙古、甘肃、宁夏、青海、四川等地。

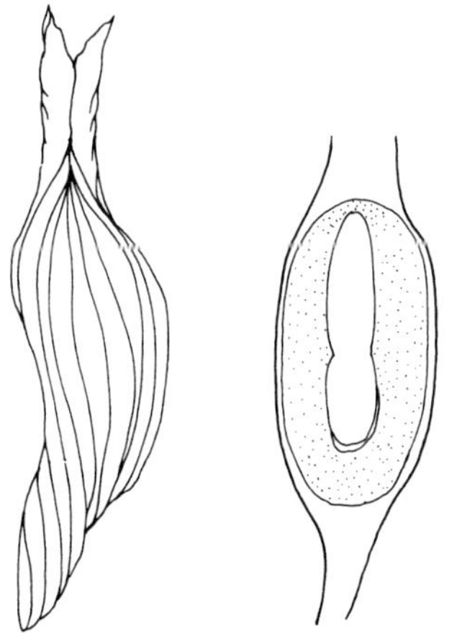

种子外形　　种子纵切面

图247　东陵八仙花

# 东北茶藨子

*Ribes mandshuricum* (Maxim.) Kom.

八仙花科，落叶灌木。

浆果红色，有光泽，每果有6～15粒种子。

种子椭圆形（彩图59），长2.8mm，宽2～2.3mm，先端尖，基部圆形。种皮鲜红色，有两层，外种皮膜质；内种皮薄纸质，鲜红色。胚圆柱形，长不及1mm，白色。胚乳丰富，白色。

成熟期：7～8月。

产地：东北、华北、西北等地。

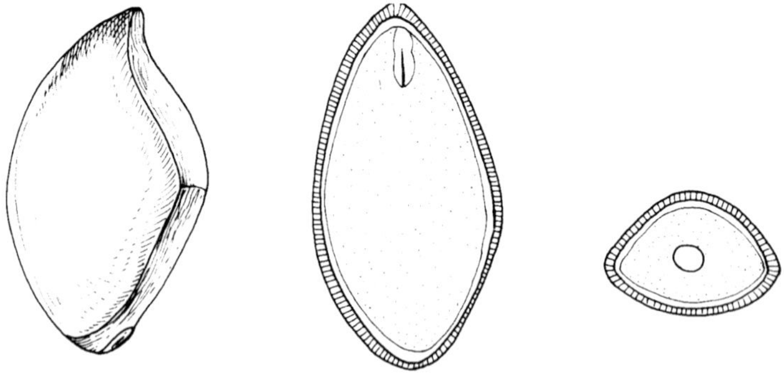

种子外形　　种子纵切面　　种子横切面

图248　东北茶藨子

# 刺果茶藨子

*Ribes burejense* Fr. Schmidt

八仙花科，落叶灌木。

浆果球形，径 1cm，熟时黄红色，有刺。

种子椭圆或长卵形，长 2.8mm，宽 1.8mm，厚1.5mm，先端渐尖，基部圆形。种皮革质，栗褐色，有光泽无毛。胚小，圆柱形，长约1mm。胚乳丰富，灰白色。

成熟期：7～8 月。

产地：东北、华北山区、西北等地。

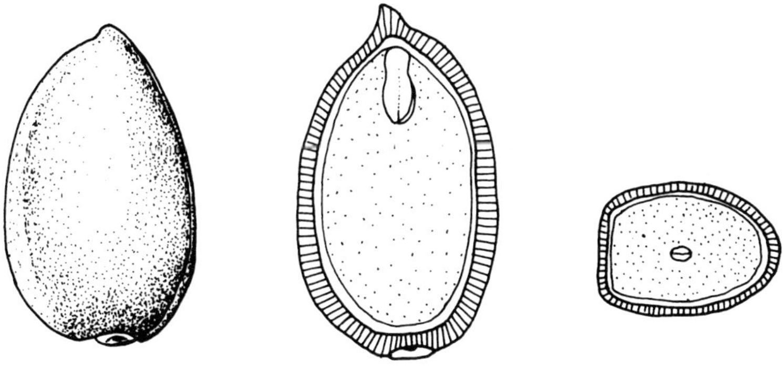

种子外形　　种子纵切面　　种子横切面

图 249　刺果茶藨子

# ·鼠刺科 ESCALLONIACEAE·

## 矩形叶老鼠刺

*Itea chinensis* Hook.et Arn. var. *oblonga* (Hand.-Mzt.)Wu

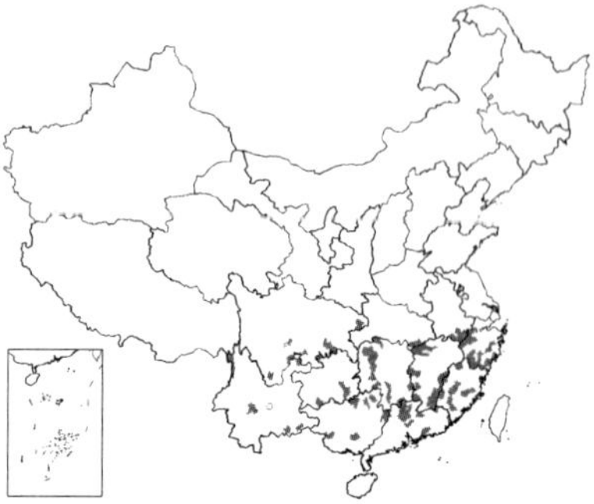

鼠刺科，常绿灌木。

蒴果圆锥形，长7～8mm，宽2.5mm，熟时2裂。果被柔毛，有种子多个。

种子纺锤形，长2.5mm，宽0.4mm，两端细尖，种脐位于下端。种皮紫褐色，膜质，表面有细纵纹。胚椭圆形，长约1.5mm，白色，子叶长0.3～0.4mm；下胚轴及胚根白色，胚根朝向种子下部。胚乳白色，油质。

成熟期：9～10月。

产地：长江以南各地。

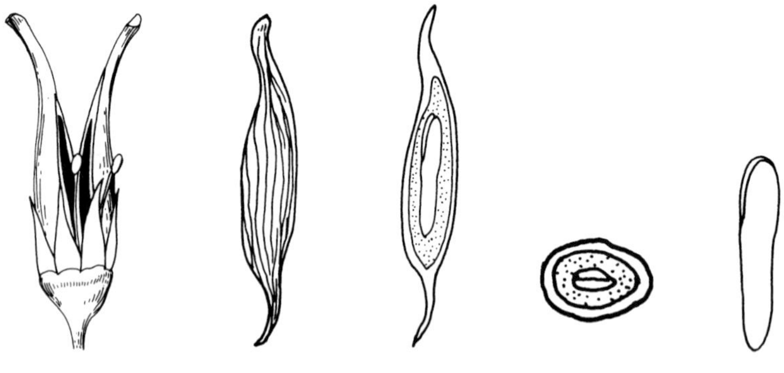

果实　　种子外形　　种子纵切面　　种子横切面　　胚

图250　矩形叶老鼠刺

# · 海桐科 PITTOSPORACEAE ·

## 海 桐

*pittosporum tobira* (Thunb.)Ait.

海桐科，常绿小乔木或大灌木。

蒴果三角状倒卵形，长1.5～2.0cm，宽1.5cm，熟时黄色或黄绿色，3瓣开裂，果皮木质。种子形状多样，不规则肾形、椭圆形和多边形，长3.5～4mm，宽3～6.5mm，假种皮鲜红色，胶质，有光泽。胚位于种子一侧，长椭圆形或棍棒形，长1.2～1.5mm，宽0.5mm，子叶长0.5mm；下胚轴及胚根长7～10mm，胚根朝向种脐一端。胚乳丰富，白色，角质。

成熟期：9～10月。

产地：长江以南地区。

种子千粒重：24～44g。

播种：5～15℃变温湿沙层积40天，用种量6～8g/m$^2$。

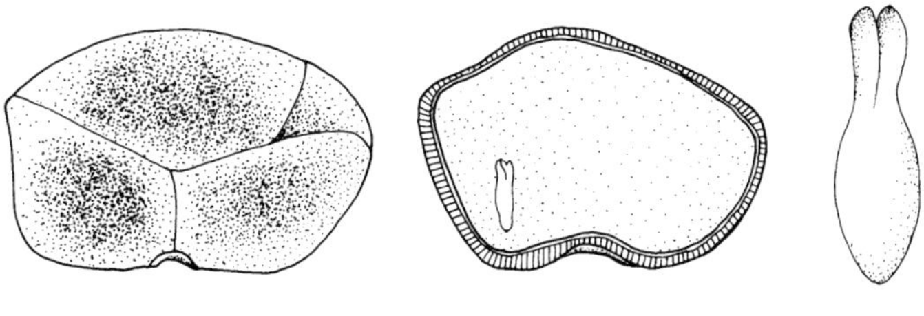

种子外形　　种子纵切面　　胚

图251　海　桐

# 柄果海桐

*Pittosporum podocarpum* Gagnep.

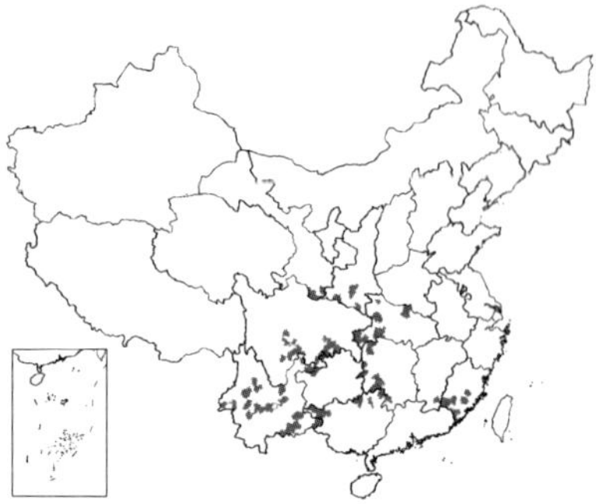

海桐科，常绿灌木。

蒴果梨形或椭圆形，长2～3cm，果皮粗糙，薄革质，2～3瓣裂，每果瓣具种子3～4。

种子形状不一，多有棱角，肾形或横椭圆形，长3.5～4mm，宽5～7mm，先端平截或圆形，基部种脐处微凹入。假种皮鲜红色；种皮膜质，胚小，"V"字形或椭圆形，长0.7～1mm，宽0.5～0.8mm，白色，位于种子一侧，子叶长略短于下胚轴及胚根；胚根朝向种脐一端。胚乳丰富，充满种皮，角质，淡红色。

成熟期：8～10月。

产地：甘肃、湖北、四川、贵州、云南等地。

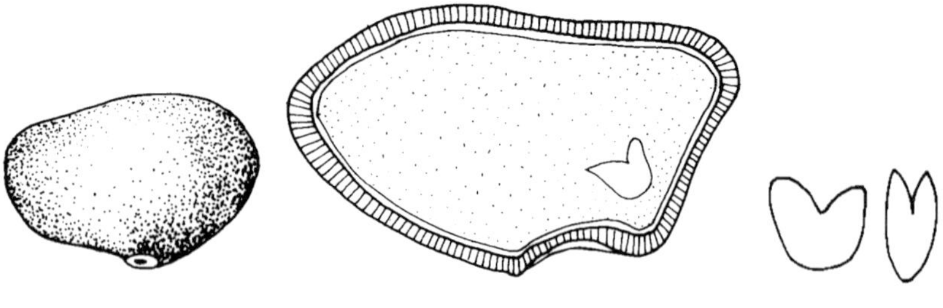

种子外形　　种子纵切面　　胚

图252　柄果海桐

# ·蔷薇科 ROSACEAE·

## 多花栒子

*Cotoneaster multiflorus* Bunge

蔷薇科，落叶灌木。

梨果近球形或卵状球形，长1cm，宽7～9mm，红色，内有一核。果核宽倒卵形，长宽各约5mm，顶端呈乳头状突起，基部渐窄呈圆锥形，栗褐色，骨质，有不规则条纵棱，2室一般具1枚种子。

种子扁平卵形，长约4～5mm，宽3～3.5mm。种皮淡褐色，膜质。子叶卵形，长3mm，宽2.5mm，白色，先端微凹；下胚轴及胚根长约1mm，白色。有少量胚乳或近无胚乳。

成熟期：8～9月。

产地：内蒙古、新疆、青海、黑龙江、辽宁、河北、河南、陕西、山西、甘肃、四川、云南、西藏等地。

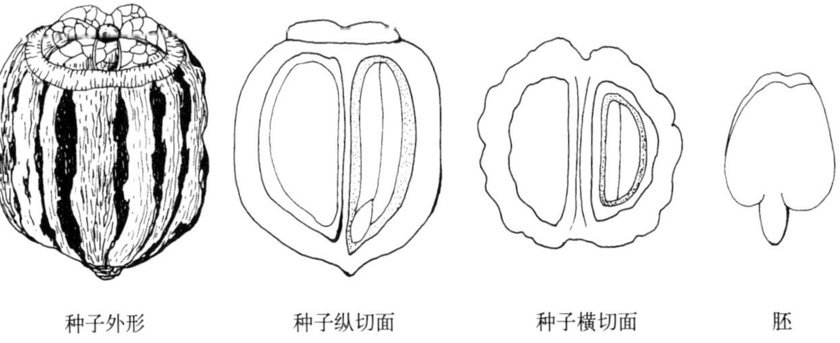


图253　多花栒子

# 山楂

*Crataegus pinnatifida* Bunge.

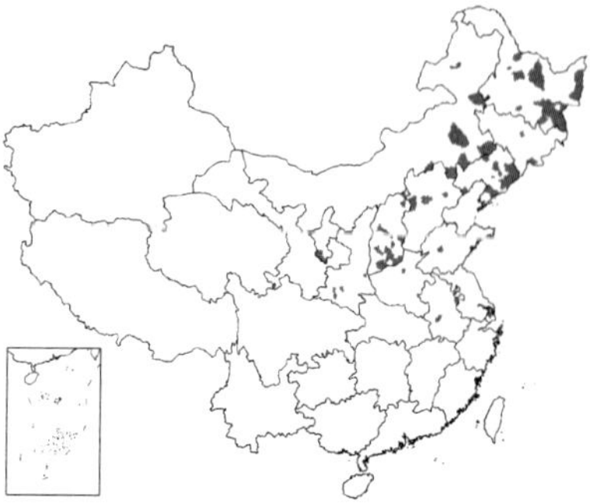

蔷薇科，落叶乔木。

梨果近球形或梨形，熟时深红色，具白色皮孔；内果皮骨质，有2粒种子，但通常只发育一个，或2个全不发育。果核三角状长卵形，长9～12mm，宽4～6mm，厚4～6mm，背部圆弧形，腹部楔形，表面有微凸起棱和沟。内果皮厚1.5～2mm，淡棕色。

种子窄长椭圆形，长8mm，宽3mm，厚1.5mm，顶端尖，基部圆。种皮淡褐色，膜质。胚油质，子叶长6mm，宽3mm；下胚轴及胚根长约1.5mm，均为白色。无胚乳。

成熟期：9～10月。

产地：内蒙古、黑龙江、辽宁、河北、河南、陕西、山西、江苏、浙江等地。

种子千粒重：62～110g。

播种：用种量38～50g/$m^2$。

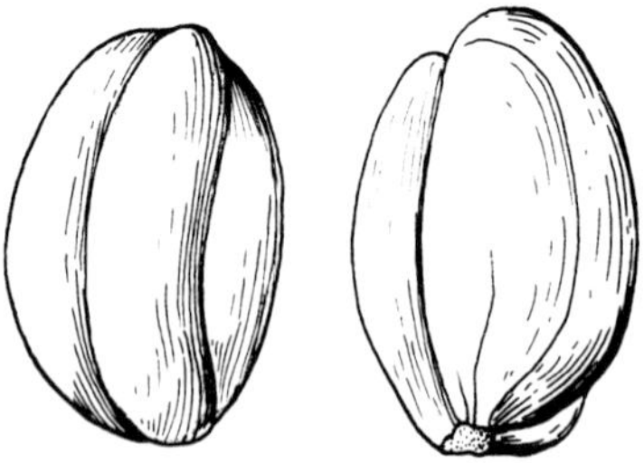

种子外形

种子外形（示种脐）

图254 山 楂

# 苹果

*Malus pumila* Mill.

蔷薇科，落叶乔木。

梨果扁球形，径2cm以上。

种子倒卵形，长6～8mm，宽4～6mm，厚2～3mm，顶端圆，基部渐尖，两面微凸起；种皮褐色，有深褐色纵细条纹，无毛，种脐小。外种皮厚0.1 mm，革质；内种皮膜质，胚倒卵形，充满种子，子叶长约6mm，宽约4.2mm；下胚轴及胚根长1.5mm，均为白色。无胚乳。

成熟期：7～10月。

产地：原产欧洲和亚洲中部。新疆、内蒙古、辽宁、山东、河北、河南、陕西、山西、甘肃、宁夏、四川、云南、贵州、安徽、江苏、浙江等地栽培。

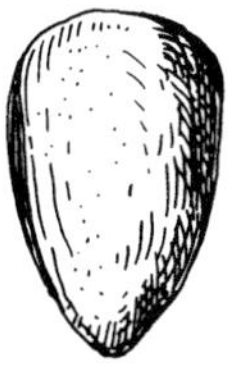

种子外形

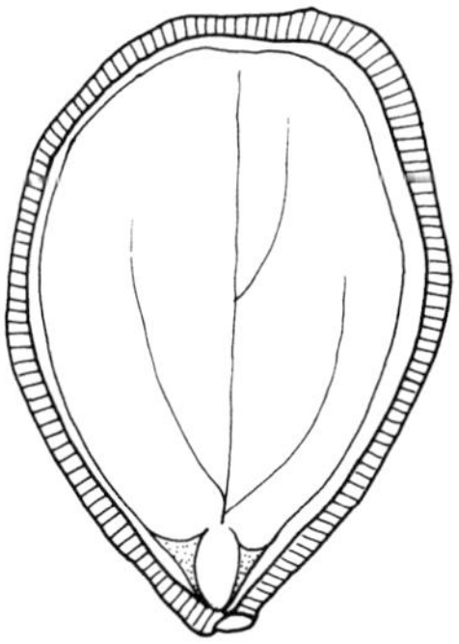

种子纵切面

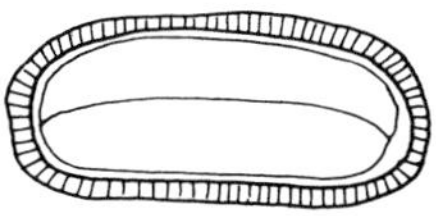

种子横切面

**图255 苹 果**

# 山荆子

*Malus baccata* (Linn.) Borkh.

蔷薇科，落叶乔木。

梨果椭圆或近球形，径约5～8mm，长8～10mm，熟时红色，具长约3cm果柄，内果皮淡棕色，具不规整瘤状突起。

种子长楔状倒卵形（彩图60），棕色有光泽，长约5mm，宽约2mm，厚约1mm，顶端圆，基部渐窄成尖状，一侧厚边缘弧形，一侧边直。外种皮平滑，有褐色纤细纹，皮薄，革质；内种皮膜质；胚充满整个种子，子叶3.5mm；胚根及下胚轴长约1mm，均为白色。无胚乳。

成熟期：9～10月。

产地：新疆、内蒙古、辽宁、山东、河北、河南、陕西、山西、甘肃、宁夏等地。

种子千粒重：5.6～7.6g。

播种：0～5℃低温层积3～4个月，用种量5～6g/$m^2$。

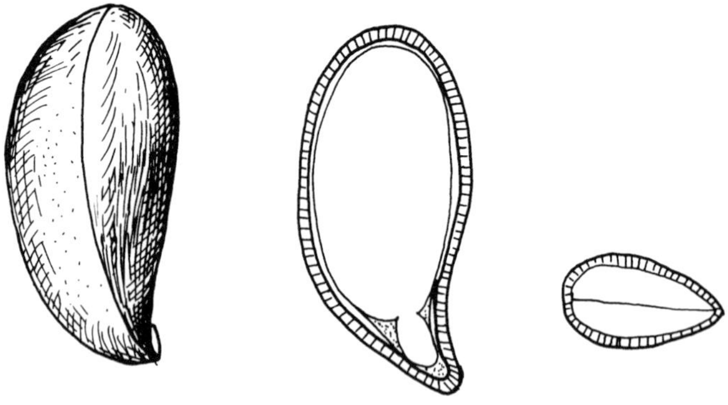

种子外形　　种子纵切面　　种子横切面

图256　山荆子

# 花红

*Malus asiatica* Nakai

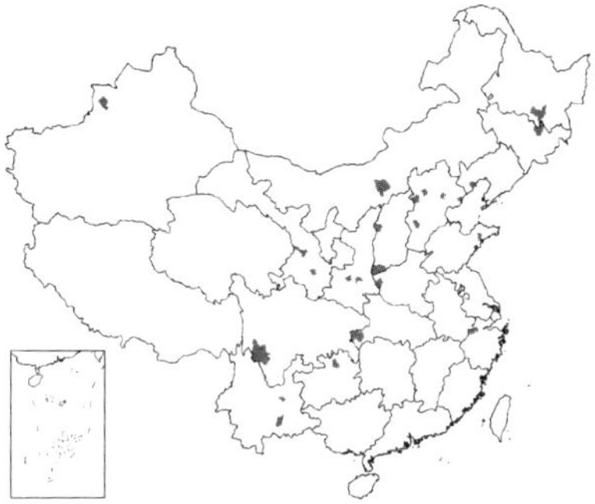

蔷薇科，落叶乔木。

梨果近球形或扁球形，径2～3cm，熟时黄色或红色，有宿萼。

种子深褐色，倒卵形，长约10mm，宽4.5mm，厚2.2mm，先端圆，基部窄成尖，两侧均为圆弧形，表面有密细白色线纹，种皮革质。胚充实，子叶长约6mm，宽4mm，厚1.8mm；胚根长1mm，均为白色。无胚乳。

成熟期：8～9月。

产地：新疆、内蒙古、辽宁、山东、河北、河南、陕西、山西、甘肃、宁夏等地。西南及长江流域各地有栽培。

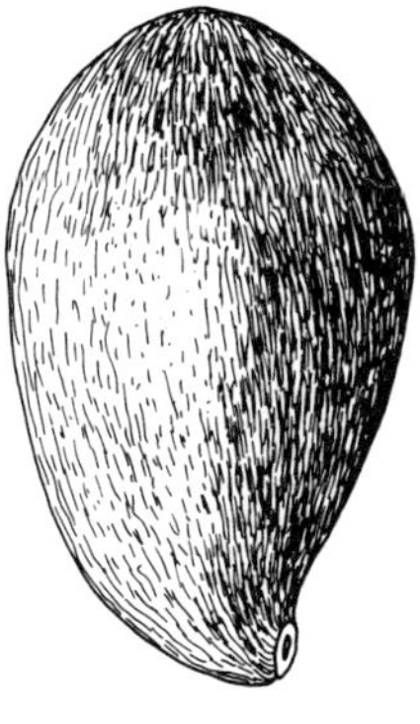

种子外形

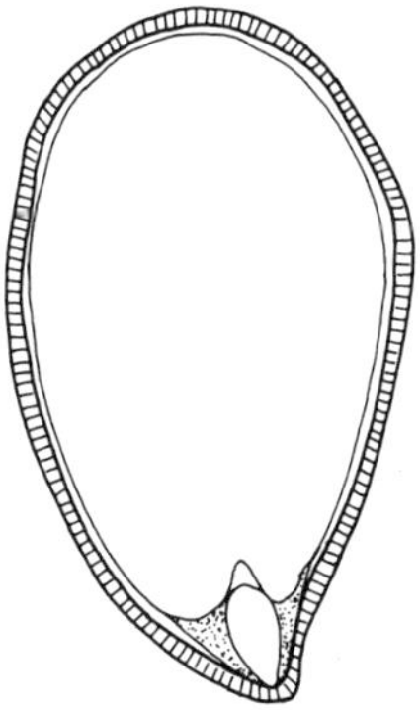

种子纵切面

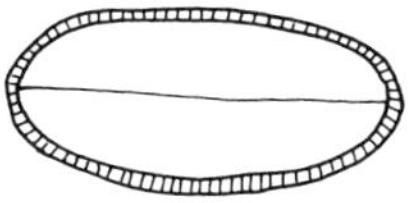

种子横切面

图257 花 红

# 榆叶梅

*Prunus triloba* Lindl.

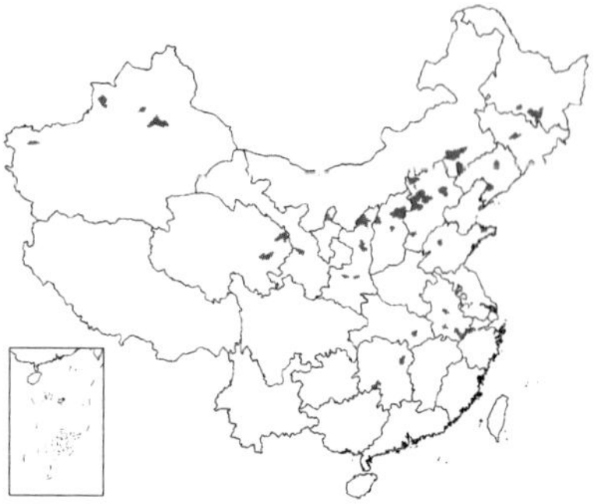

蔷薇科，落叶灌木。

核果近球形，径1～1.5cm，密被长柔毛，熟时黄色，中果皮薄。

果核近球形或椭圆形，长12～16mm，宽8～12mm，略扁，顶端圆钝，基部略尖，果脐凹入，淡褐色，一侧有缝沟，表面有浅雕刻状花纹无毛。内果皮木质，厚约2mm，浅褐色。

种子倒卵形，长4mm，宽3.5mm，先端圆，基部渐尖。种皮淡褐色，膜质。子叶白色；下胚轴及胚根长约0.5mm，白色。无胚乳。

成熟期：6～7月。

产地：东北、华北及江苏、浙江等地。

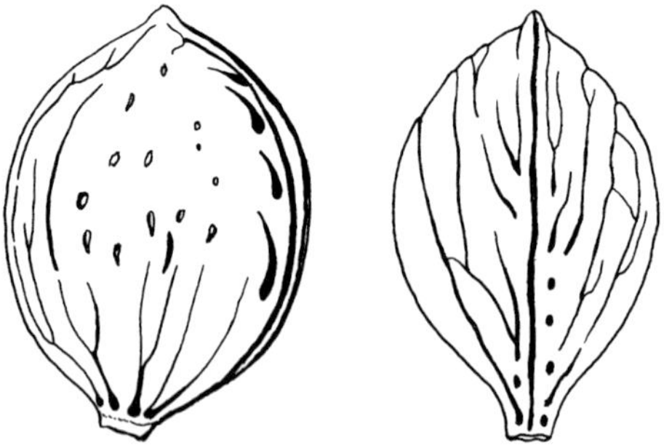

种子（果核）外形

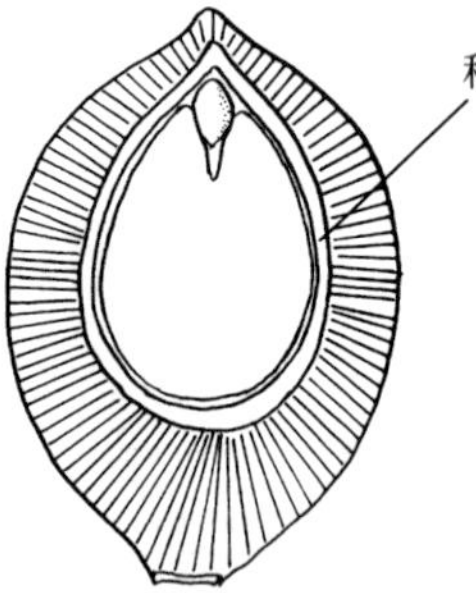


种子（果核）纵切面

图258 榆叶梅

# 蒙古扁桃

*Prunus mongolica* Maxim.

蔷薇科，落叶灌木。

核果椭圆形，两侧稍扁，密被绒毛，果肉薄，熟时开裂。

果核斜卵形，长16mm，宽11mm，厚约8mm，先端渐尖，略歪斜，基部凹缺，一侧具棱，另一侧具一浅沟槽，表面浅褐色，有叶脉状浅雕纹；种脐（果脐）位于凹缺一端，长条形，长约3mm，宽不及1mm。外壁（内果皮）厚1～2mm，木质。

种子种皮膜质，褐色，鲜时有小疱状突起，干时呈蜂巢状凹陷。子叶肥厚，倒卵形，长约12mm，宽约7mm，白色、油质；胚芽及下胚轴长约3mm，胚芽淡黄色，下胚轴及胚根白色，胚根朝向种子（果核）先端。无胚乳。

成熟期：6月。

产地：内蒙古、宁夏、甘肃等地。

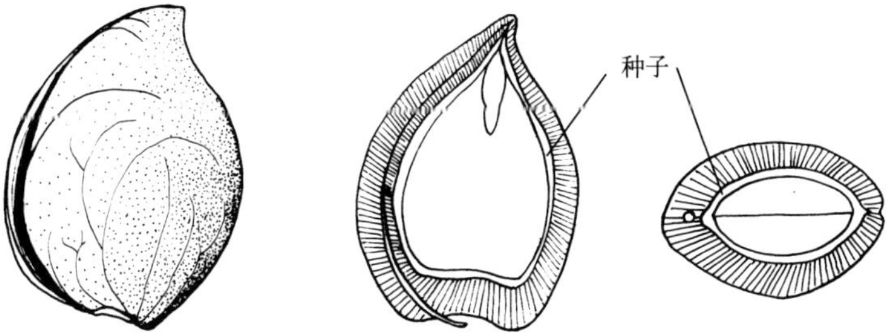


种子（果核）外形　　种子（果核）纵切面　　种子（果核）横切面

图259　蒙古扁桃

# 李

*Prunus salicina* Lindl.

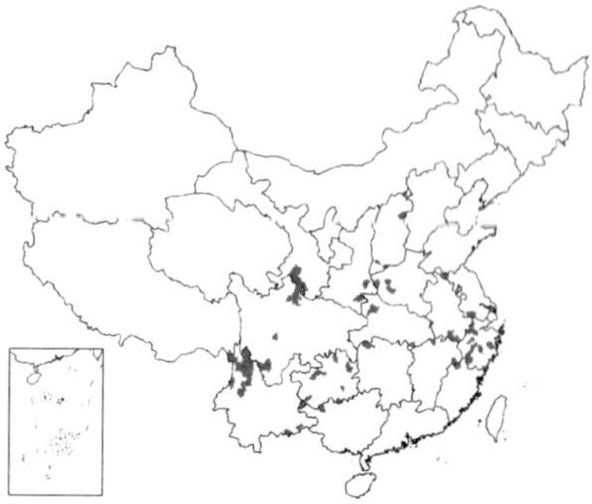

蔷薇科，落叶乔木。

核果近球形，径25～30mm，一侧有沟槽，熟时紫红色或绿色，被白粉，无毛。

果核卵形，长15～18mm，宽10～13mm，略扁，先端渐尖，基部截形，一侧有钝棱，另一侧有锐棱，两侧棱各有一沟槽，表面凹凸不平，有残留果肉。内果皮木质，厚2～3mm；果脐维管束近到果核先端，微凹，椭圆形，长约3mm，周围皱缩。

种子卵形，长8～10mm，宽5～8mm，先端尖，基部圆。种皮褐色，膜质，有脉纹及颗粒状腺点。子叶圆形或椭圆形，长6～8mm，宽5～8mm，白色，油质；下胚轴及胚根朝向果核先端，长约3mm，白色。有胚乳，多集中在胚两端。

成熟期：7～9月。

产地：东北、华东、华中等地。

种子千粒重：800～1200g。

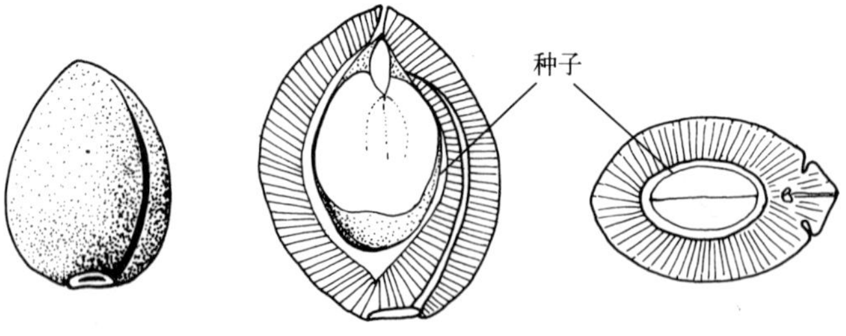


种子（果核）外形　　种子（果核）纵切面　　种子（果核）横切面

图260　李

# 杏

*Prunus armeniaca* Linn.

蔷薇科，落叶乔木。

核果球形，径2.0～2.5cm，密被短绒毛，淡黄色。

果核宽卵形（彩图61），黄棕色，平滑，长1.8～2.5cm，宽1.8～2.3cm，厚约1.5cm，侧扁，一侧有1条纵肋，基部有3～5条小肋，先端短渐尖，基部略偏斜。核壳木质坚硬，厚3～4mm，一侧有种脐维管束，内壁光滑。

种子扁宽卵形，长1.5～1.8cm，宽1～1.5cm，厚6～7mm，先端渐尖，基部近圆形。种皮棕色，膜质，一侧有深褐色种脐维管束，两面具褐色脉纹和小球形突起。胚充满种皮内，子叶白色；胚芽至胚根长约3～4mm，白色。无胚乳。

成熟期：6～7月。

产地：全国广泛栽培，新疆伊宁等地为野生。

种子千粒重：3000～4000g。

播种：秋播或湿沙层积处理。

种子（果核）外形

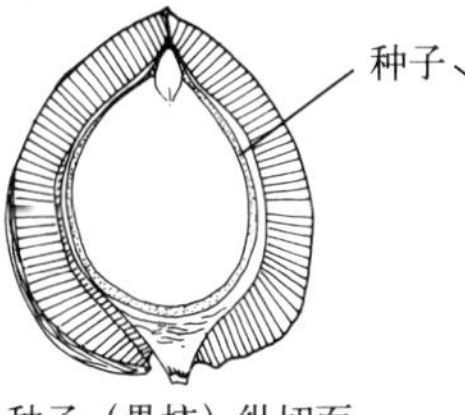


种子（果核）纵切面

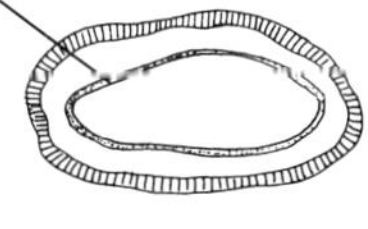

种子（果核）横切面

种子外形

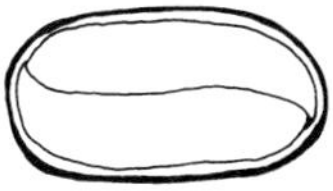

种子横切面

图261 杏

# 桃

*Prunus persica* (Linn.) Batsch.

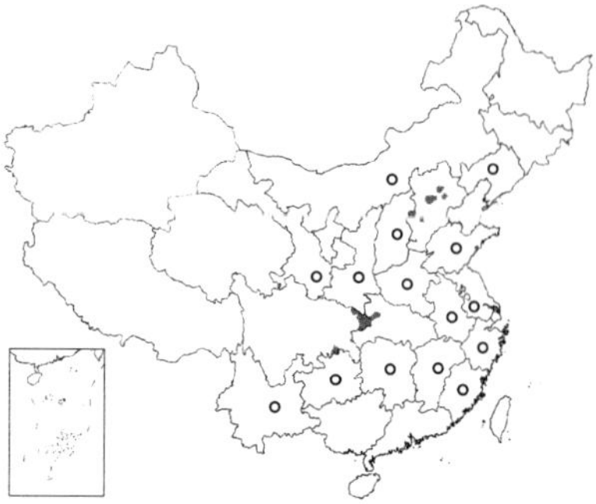

蔷薇科，落叶乔木。

核果卵圆形或卵状椭圆形。

果核长卵形或长倒卵形(彩图62)，长3.5～4cm，宽2.5～3cm，厚约1.5cm，先端锐尖，基部歪斜，两侧有棱，外表面黄褐色或略带红色，有雕刻状花纹；果脐椭圆形，长约5mm，略歪斜。果核壁厚约3mm，一侧有脐带维管束通入基部。

种子椭圆形，长约2.5cm，宽约1.5cm，略扁，先端钝尖，基部圆形。种皮栗褐色，膜质一侧有种脐维管束，两面有褐色脉纹和小球形突起，极密。子叶椭圆形，长约2cm，宽约1cm。子叶白色；胚根及下胚轴长约0.5mm，白色。无胚乳。

成熟期：6～8月。

产地：我国大部分地区均栽培。

种子千粒重：1640～6250g。

播种：秋播或湿沙层积处理。

种子（果核）外形（示腹面）

种子（果核）外形（示侧面）

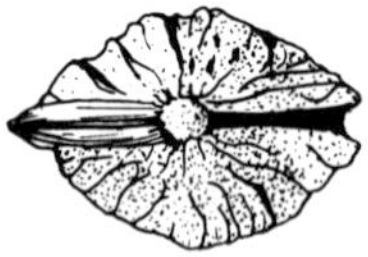

种子（果核）外形（示基部）

图262 桃

# 樱桃

*Prunus pseudocerasus* Lindl.

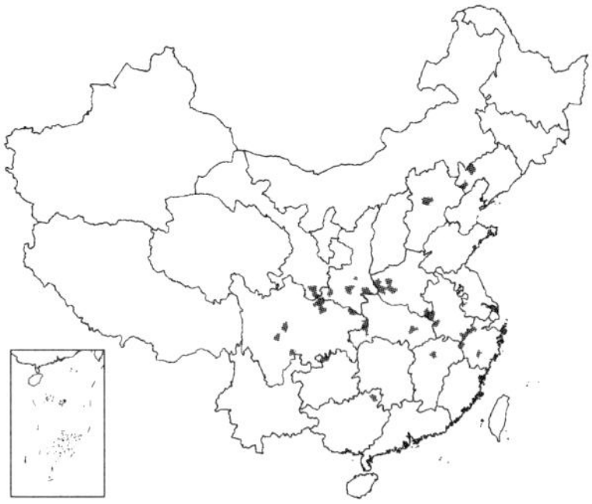

蔷薇科，落叶乔木。

核果，近球形，直径9～13mm，熟时红色，无毛，有光泽。中果皮多汁。

果核倒卵状椭圆形或椭圆形，长11～13mm，宽8～10mm，厚7～8mm，先端圆钝，中央有小尖头，基部平截，中央凹陷，周围有皱缩，一侧有细纵棱，另一侧有3条沟槽，中央一条较深，表面淡褐色，平滑。内果皮骨质，厚0.6mm～1mm，纵切面上果皮维管束沟长只有果核的2/3。

种子卵形，长8～9mm，宽约5mm，先端尖，基部圆。种皮膜质，淡褐色有褐色脉纹。胚充满种皮内，子叶长6～7mm，宽3.5～4mm，白色，油质；下胚轴及胚根长约1mm，白色。无胚乳。

成熟期：5～6月。

产地：陕西、甘肃、辽宁、河北、山东、河南、安徽、江苏、浙江、江西、湖南、四川 等地。

种子千粒重：180～240g。

播种：秋播或湿沙层积处理。

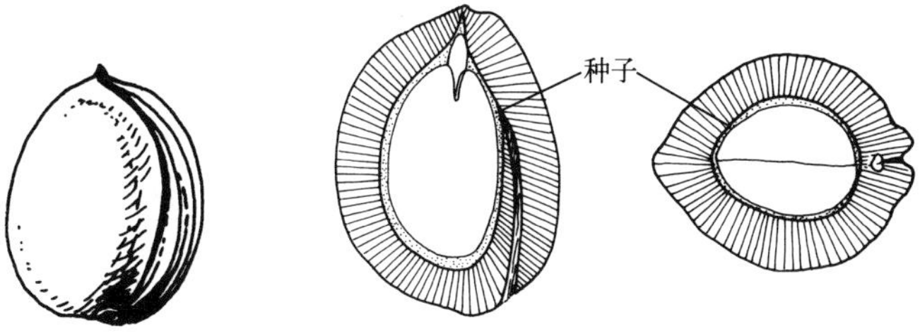


种子（果核）外形　　种子（果核）纵切面　　种子（果核）横切面

图263　樱　桃

## 毛樱桃

*Prunus tomentosa* Thunb.

蔷薇科，落叶灌木。

核果，近球形，径5～12mm，熟时红色，被绒毛。

果核长卵形，长7～9mm，宽4～6mm，先端渐尖，基部平截，微凹陷一侧较厚，有一条窄线状沟，另一侧较薄，呈龙骨状隆起，隆起两侧各有一浅沟槽，表面淡褐色，平滑；果脐位于平截一端，椭圆形，长约1mm，脐周围皱缩，内果皮骨质，厚约0.8mm，在龙骨状隆起一侧纵切面上的果脐维管束沟直达内果皮顶端。

种子卵形，长6～7mm，宽3～4mm，先端尖，基部平截。种皮膜质，淡褐色，有褐色脉纹。胚充满种子，子叶椭圆形，长约6mm，宽约3.5mm，白色，油质；下胚轴及胚根长约1mm，白色。无胚乳。

成熟期：6～9月。

产地：黑龙江、吉林、辽宁、内蒙古、河北、山西、河南、山东、陕西、甘肃、宁夏、青海、湖北、四川、贵州、云南、西藏等地。

种子千粒重：62～70g。

播种：秋播或湿沙层积处理。

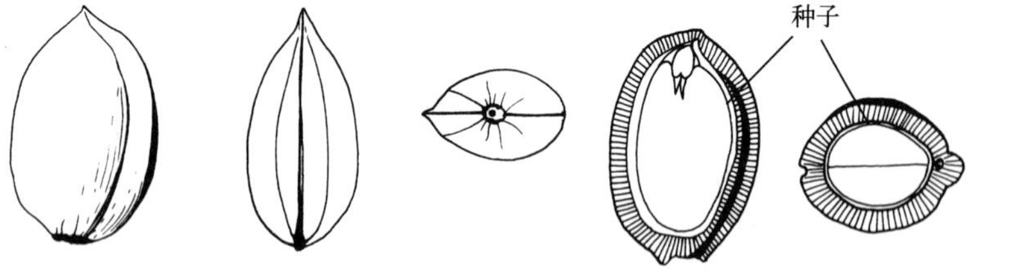


图264　毛樱桃

# 稠李

*Prunus padus* Linn.

蔷薇科，落叶乔木。

核果近球形，黑色，平滑，无毛有光泽，直径约1cm，两端圆形，果肉多汁。

果核近球形（彩图63），直径约7mm，顶端有短尖，基近圆形，两侧有棱线，淡褐色，表面有雕刻状花纹。核壁厚1～1.5mm，骨质坚脆。

种子宽卵形，长4.5～5mm，宽4～4.5mm，略扁，厚约3.5mm，先端渐尖，基部圆形。种皮褐色，膜质。胚充满种皮，子叶倒宽卵形，长4mm，宽约4.5mm，白色；下胚轴及胚根长1.5mm，白色。无胚乳。

成熟期：7～9月。

产地：黑龙江、吉林、辽宁、内蒙古、河北、山西、河南、山东、陕西、甘肃、宁夏、青海和新疆。

种子千粒重：46～60g。

播种：秋播或湿沙层积处理。

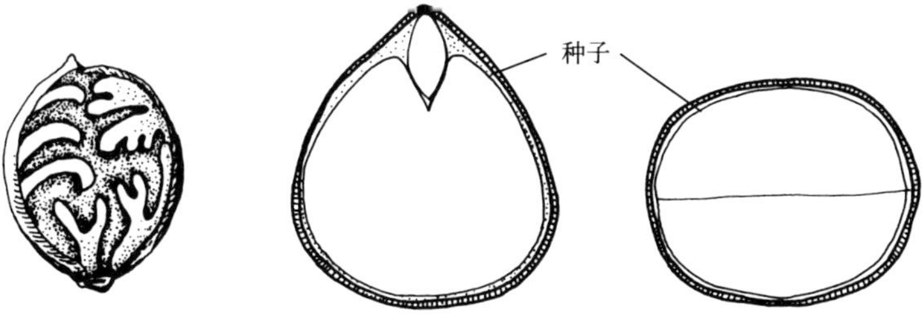


种子（果核）外形　　种子（果核）纵切面　　种子（果核）横切面

图265　稠　李

# 火棘

*Pyracantha fortuneana* (Maxim.) Li

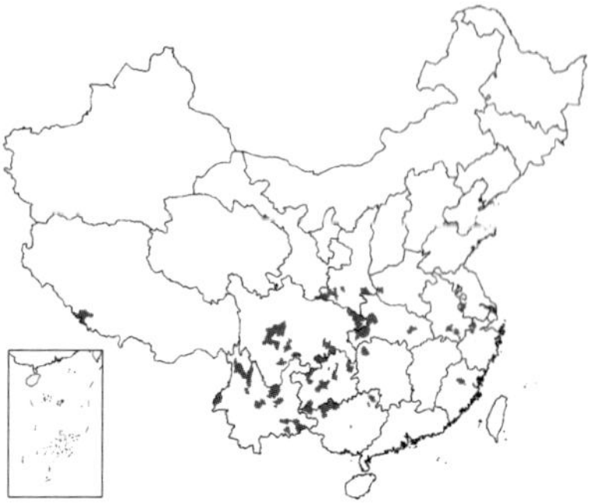

蔷薇科，常绿灌木。

梨果近球形，径约5mm，熟时红色，有5小核。

果核三角状椭圆形，长2mm，宽1mm，壁厚0.1mm，暗褐色，骨质，坚硬，先端圆钝，有残存花柱，基部渐窄，背面弧形，中下部中央有一浅沟槽，腹面脊状突起，中央有一纵沟槽。

种子倒卵形，长1.5mm，宽0.8mm，种皮膜质，褐色。胚白色，子叶肥厚；胚根近球形，朝向果核下端（果柄方向）。无胚乳或有极少胚乳。

成熟期：8～11月。

产地：陕西、甘肃、河南、江苏、浙江、福建、广西、湖南、湖北、贵州、四川、云南、西藏等地。

种子千粒重：2.1g。

播种：湿沙层积3～4个月。

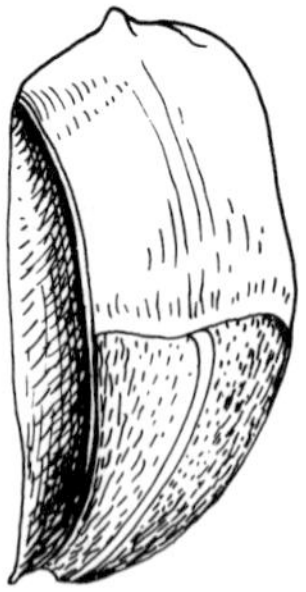

种子外形

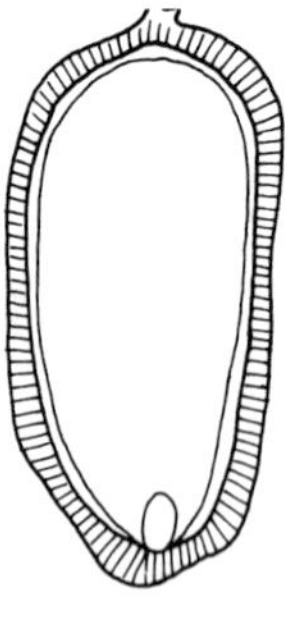

种子纵切面

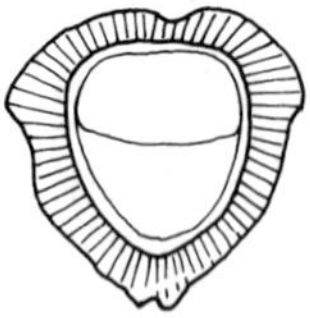

种子横切面

图266 火 棘

# 白梨

*Pyrus bretschneideri* Rehd.

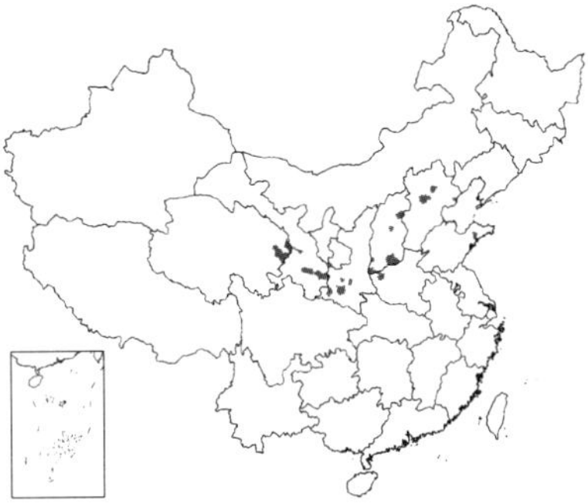

蔷薇科，落叶乔木。

梨果卵形或近球形，长2.5～3cm，黄色，皮孔细密。

种子扁平，长倒卵形，长11～13mm，宽4～6mm，厚约3.5mm，先端圆，微向一侧偏斜，中央有一小突起，基部楔状尖头，一侧平，另一侧凸起，呈凸透镜形，边缘有肋状突起，深褐色，有光泽，边缘紫褐色，平滑。种皮分为2层，外种皮厚约0.2mm；内种皮淡褐色，纸质，两层种皮中间呈海绵质。胚长8mm，子叶椭圆形，长6.5mm，宽约3.5～4mm；胚根长1.5mm，均为白色。无胚乳。

成熟期：8～9月。

产地：陕西、甘肃、青海、新疆、辽宁、河北、山西、河南、山东、江苏等地。

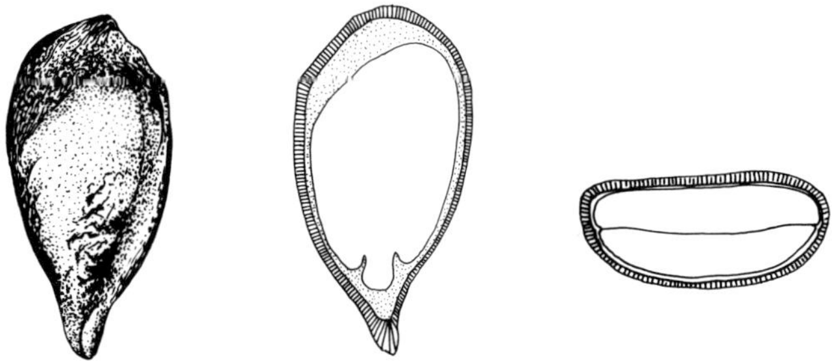

种子外形　　种子纵切面　　种子横切面

图267　白　梨

# 木梨

*Pyrus xerophila* Yü

蔷薇科，落叶乔木。

梨果卵球形或椭圆形，褐色，径10～15mm，有宿萼。

种子倒卵形，长5～8mm，宽4～6mm，厚2.5mm，顶端圆，略偏一侧，基部渐尖，一侧平，一侧凸透镜形；种脐三角形，长约0.5mm，褐色。外种皮厚约0.15mm，黑褐色，平滑；内种皮褐色，膜质。胚长6mm，子叶椭圆形，长约5mm，白色；胚根及下胚轴长1～1.5mm，均为白色。无胚乳。

成熟期：8～9月。

产地：山西、甘肃、山西、河南等地。

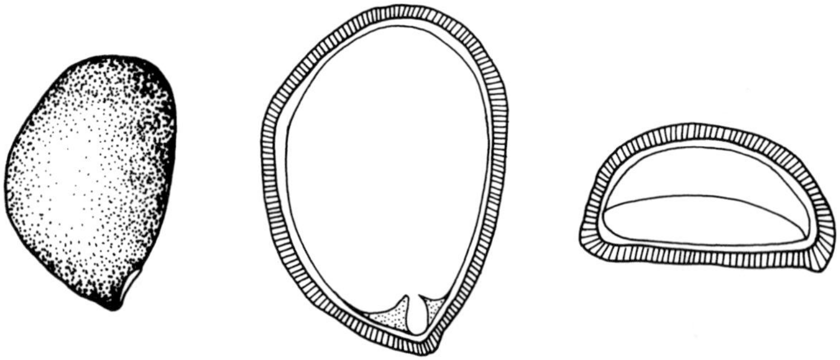

种子外形　　种子纵切面　　种子横切面

图268　木　梨

# 鸡麻

*Rhodotypos scandens* (Thunb.) Makino

蔷薇科，落叶灌木。

核果斜椭圆形，长6～8mm，宽5～6.5mm，微扁，顶端圆，基部平截，果脐凹入，一侧有缝线，缝线上方有一小弯头，壳黑色，无毛。外果皮黑色，干燥，核骨质，外壁有网状线纹，厚约0.5mm，内壁红褐色。

种子近卵形，长约4mm，宽约3mm，种皮淡褐色。子叶长约3.5～4mm，宽约3mm，白色；下胚轴与胚根横生，长约2.5mm，白色。在子叶两侧有黄白色胚乳。

成熟期：9～10月。

产地：辽宁、陕西、甘肃和华北各省，南至浙江、安徽、湖北等地。

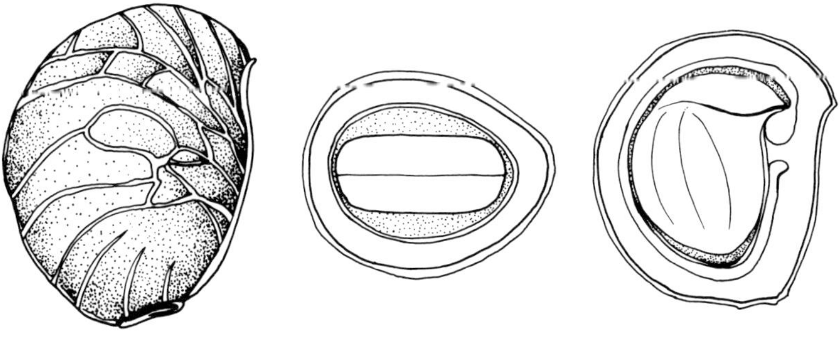

种子外形　　种子纵切面　　种子横切面

图269　鸡　麻

# 美蔷薇

*Rosa bella* Rehd. et Wils.

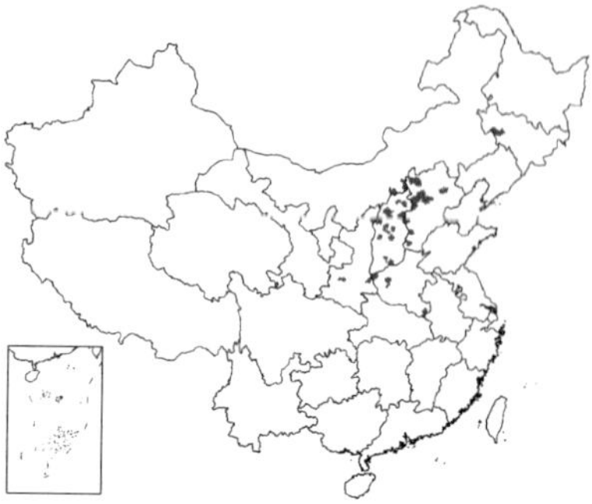

蔷薇科，落叶灌木，茎具皮刺。

蔷薇果长椭圆形，长2.5～3.5cm，径1～1.5cm，熟时红色或橘红色，被腺毛。果柄长2～2.5cm，被腺毛，宿存萼片5，直立，长2～2.5cm，被腺毛。具多数种子。

瘦果长卵形，长6～8mm，宽厚各3～3.5mm，顶端渐尖，基部圆形，浅黄白色，有一条腹缝线，顶端基部有白色毛，果皮坚硬，厚0.6～0.8mm，内壁有网状白毛；果脐长椭圆形，长1mm。

种子窄长椭圆形，长5～6mm，宽1.5～2mm，先端渐尖，基部圆形。种皮一层膜质，平滑，先端和基部为茶褐色，其余为黄褐色。子叶2，窄长椭圆形，白色，油质。无胚乳。

成熟期：7～8月。

产地：河北、内蒙古、陕西、山西等地。

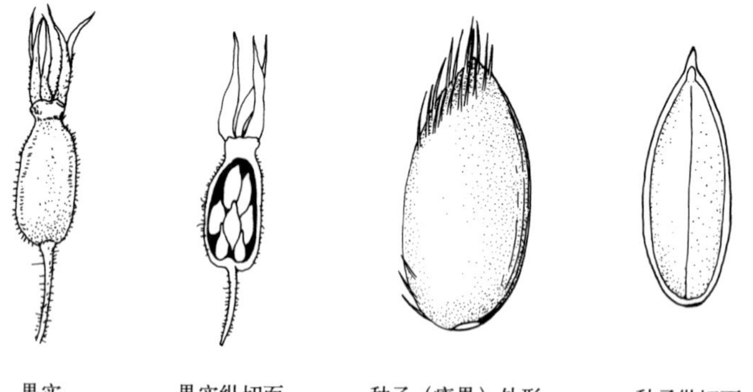


图270 美蔷薇

# 玫瑰

*Rosa rugosa* Thunb.

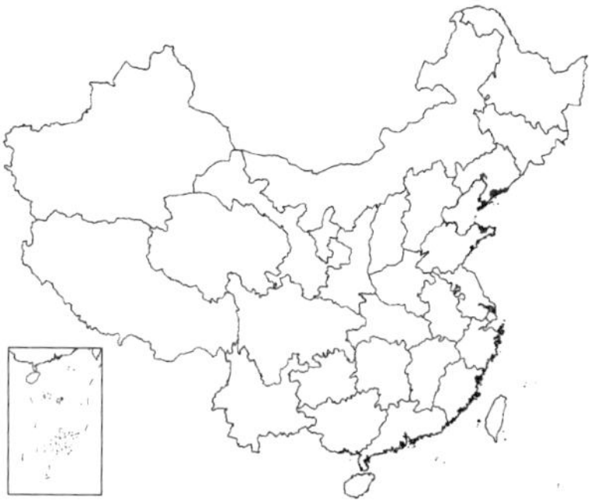

蔷薇科，蔷薇果扁球形，径2.2～2.5cm，高1.2～1.5cm，桃红色；有宿萼5枚，长约2cm，披针形，先端尖，栗棕色，表面有短刚毛；果柄长约2.5mm，径1.5mm，有绒毛。小果为坚果状，长卵形，径约2.5～3mm，高约5mm，淡黄棕色，坚硬，厚约0.8mm。

种子长卵形，长4.5mm，宽1.5mm。种皮一层，栗紫色，薄膜质。子叶白色。无胚乳。

成熟期：8～9月。

产地：河北、山西、陕西等地。

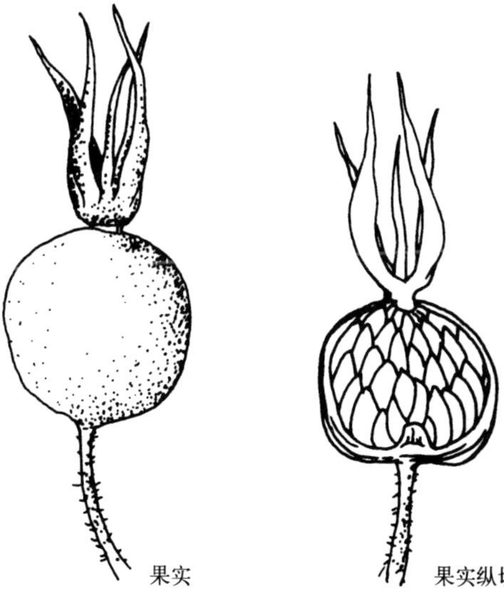


图271 玫 瑰

# 陕甘花楸

*Sorbus koehneana* Schneid.

蔷薇科，落叶小乔木。

梨果白色，近球形，径6～8 mm，平滑无毛，顶端有宿存闭合花萼。

种子斜卵形，长4～4.2mm，宽约2mm，厚1mm，两端渐尖，微弯曲；种脐一侧平直，相对一侧弓形，紫褐色，无毛。种皮厚，革质。子叶长3mm，宽1.8mm，乳白色；下胚轴与胚根长0.8mm，乳白色。胚乳乳白色。

成熟期：9月。

产地：陕西、甘肃、宁夏、青海、山西、河南、湖北、四川等地。

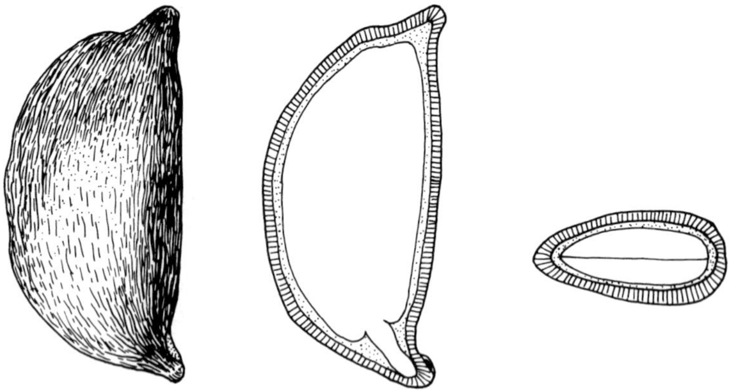

种子外形　　种子纵切面　　种子横切面

图272　陕甘花楸

# 百花花楸

*Sorbus pohuashanensis* (Hence) Hedl.

蔷薇科，落叶乔木。

梨果近球形，直径6～8mm，红色或橘红色，顶端有宿存闭合花萼。

种子倒卵形，长3.2mm，宽2mm，厚约1～1.5mm，先端圆，基部渐尖。种皮黄棕色，有栗褐色细条纹，无毛，厚约0.1mm。子叶椭圆形，长约2mm，宽1.7mm；下胚轴及胚根长约0.5～0.9mm，白色。有少量白色胚乳。

成熟期：9～10月。

产地：黑龙江、吉林、辽宁、内蒙古、甘肃、河北、陕西、山东等地。

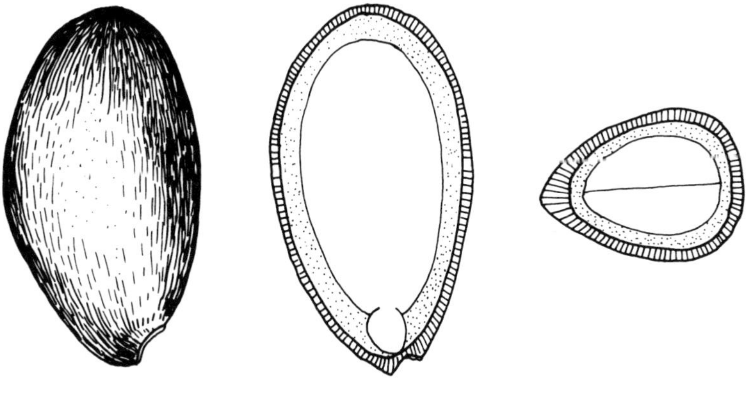

种子外形　　种子纵切面　　种子横切面

图273　百花花楸

# 野珠兰

*Stephanandra chinensis* Hance

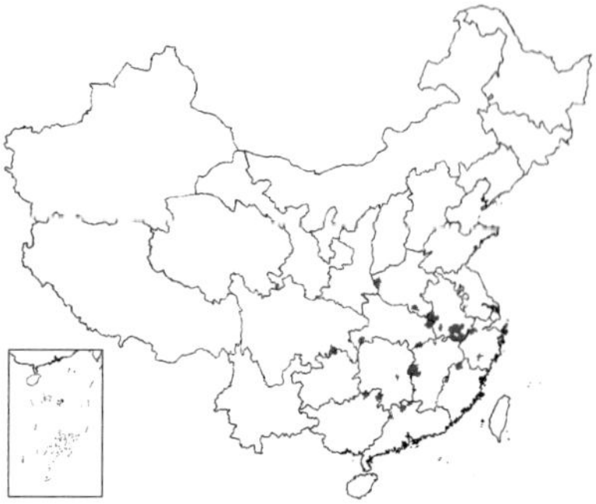

蔷薇科，落叶灌木。

蓇葖果偏斜，近球形，径约2mm，基部开裂。

种子倒卵形，长约2.5mm，宽约1.8mm，厚与宽几相等，先端圆形，基部窄圆形，一侧具一条淡褐色隆起脊，延伸至种子先端呈圆盘形，表面栗褐色，有光泽，近平滑，在高倍解剖镜下可见密集小乳头状突起；种脐位于种子较窄一端，圆形或椭圆形，长约0.5mm。外种皮骨质，厚0.1～0.2mm，内种皮膜质，淡褐色。直胚，子叶近圆形，长1.5～2mm，先端平或微凹，浅黄色；下胚轴及胚根长约0.5mm，胚根朝向种子较窄一端。胚乳丰富，白色，油质。

成熟期：7～8月。

产地：河南、安徽、江苏、浙江、江西、湖南、湖北、四川、广东、福建等地。

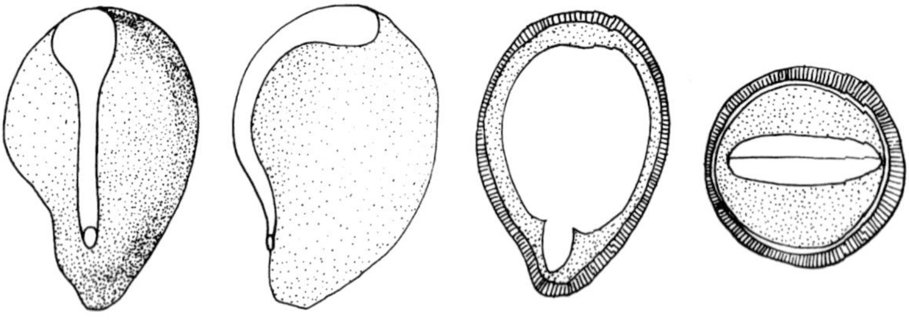

种子外形　　种子纵切面　　种子横切面

图274　野珠兰

# 珍珠梅

*Sorbaria sorbifolia* (Linn.) A. Br.

蔷薇科，落叶灌木。

蓇葖果长圆形。

种子钻状条形，长4.5～5mm，宽0.5～0.6mm，一端较窄，另一端较宽；种脐位于较宽一端，很小。种皮褐色，在高倍解剖镜下可见排列较整齐的糠秕状小片。种仁圆锥形，长1.8mm，宽0.3～0.4mm。内种皮膜质，淡褐色。直胚，子叶窄长椭圆形，长1.5mm，宽0.3mm，白色；下胚轴及胚根长0.5mm，胚根朝向种仁渐尖一端。无胚乳。

成熟期：9月。

产地：内蒙古、黑龙江、吉林、辽宁等地。

种子千粒重：0.9g。

播种：用种量5g/m$^2$。

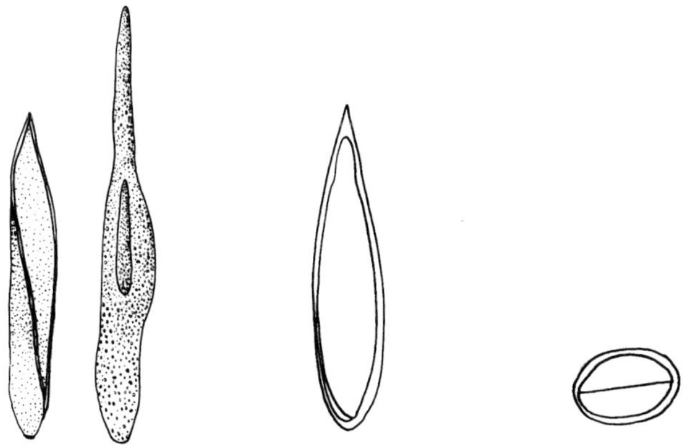

种子外形　　种子纵切面　　种子横切面

图275　珍珠梅

# 华北珍珠梅

*Sorbaria kirilowii* (Regel) Maxim.

蔷薇科，落叶灌木。

蓇葖果长圆形。

种子长椭圆形，长1.8～2mm，宽0.2～0.3mm，厚0.1～0.2mm，一端较窄，两端钝尖，表面白色，具1～3条纵棱，在高倍解剖镜下，可见不明显糠秕状薄片；种脐位于较宽一端，很小。外种皮膜质；内种皮膜质，淡黄色。直胚，子叶长椭圆形，长约1mm；下胚轴及胚根长0.5mm，胚根朝向种子一端。无胚乳。

成熟期：9～10月。

产地：内蒙古、青海、陕西、甘肃、山西、河北、河南等地。

种子千粒重：0.25～0.34g。

播种：用种量5g/m²。

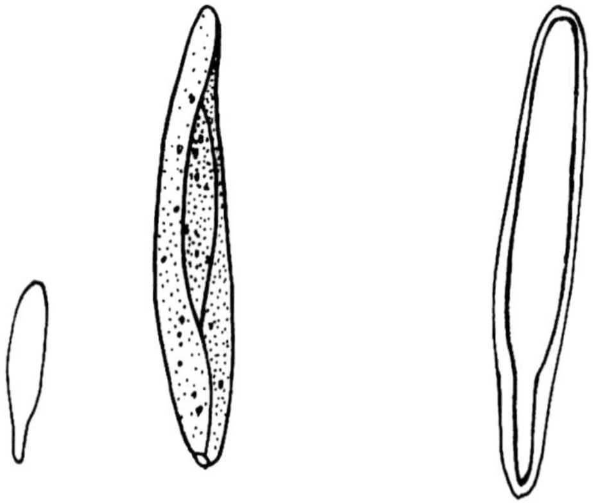


图276　华北珍珠梅

# 白鹃梅

*Exochorda racemosa* (Lindl.) Rehd.

蔷薇科，落叶灌木。

蒴果宽倒卵形，长12～14mm，宽约10mm，5裂。

种子扁平斜卵形（彩图64），长7～8mm，宽4～4.5mm，厚1～1.5mm，先端渐窄，顶端圆钝，基部圆形，一侧有凹缺；种脐位于基部一侧凹缺处，长条形，长约0.8mm，种子周围具薄翅状，两面均微凸起。外种皮栗褐色，纸质，微有皱纹，在高倍解剖镜下可见糠秕状物；内种皮淡黄色，膜质。子叶倒卵形，长约5mm，宽约3.5mm；下胚轴及胚根长约1.5mm，均为白色。无胚乳。

成熟期：6～8月。

产地：河南、江苏、浙江、江西等地。北京等地有栽培。

种子千粒重：12g。

播种：用始温40℃水浸种一昼夜后，用凉水浸泡3天，再混2～3倍湿沙，置于15～25℃温度下层积1个月，再转到0～5℃温度下1个月左右，春季温度升高时经常翻动，加水保湿，用种量10～20g/m$^2$。

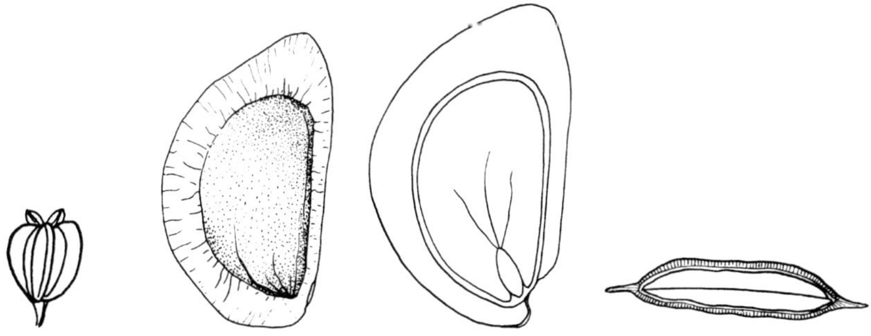


图277 白鹃梅

## 桤叶唐棣

*Amelanchier alnifolia* (Nutt.) Nutt.

蔷薇科，落叶灌木。

梨果球形，径约10mm，成熟时黑紫色，多汁，有宿萼反折，萼背有白毛。

种子椭圆形，长约4mm，宽约2mm，厚10～15mm，先端钝尖，基部弯钩状，背面弧形，腹面呈纵棱；种脐位于种子基部一侧凹陷处，近椭圆形，径0.3mm，白色。种皮革质，厚0.1mm，褐色，在高倍解剖镜下可见小点状联成细纵条纹。直胚，子叶椭圆形，长约3mm，宽1.7mm，白色；下胚轴及胚根长约1mm。无胚乳。

成熟期：9～10月。

产地：原产美洲西北部，我国引种栽培。

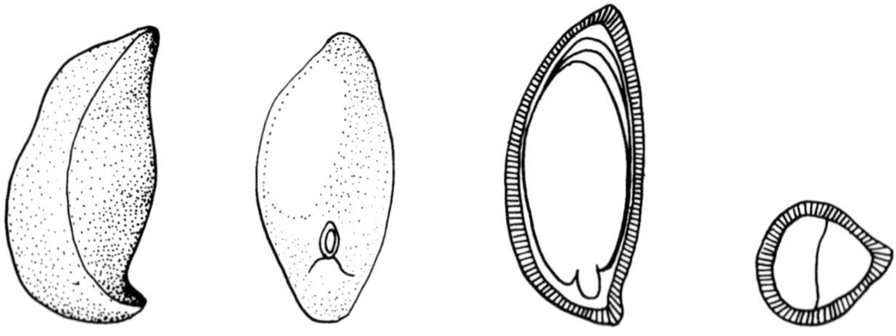

种子外形　　种子外形（示种脐）　　种子纵切面　　种子横切面

图278　桤叶唐棣

# 木瓜

*Chaenomeles sinensis* (Touin) Koehne

蔷薇科，落叶乔木。

梨果长椭圆形，长10～15cm，径约5cm，暗黄色，木质。

种子扁平斜倒卵形（彩图65），长约10mm，宽约5mm，厚2～3mm，先端渐尖向一侧弯呈小钩状，基部渐尖背腹两面均扁平，一侧边缘弯成弓形，一侧边缘直；种脐很小，位于基部顶端，径不及1mm。种皮黑褐色，有细腺纹；外种皮革质，内种皮薄，淡褐色，胚充满种子，子叶倒卵形，长6～8mm，宽3～4mm，胚根与下胚轴椭圆形，长约1mm，均为红色，胚根朝向种脐一端。无胚乳。

成熟期：9～10月。

产地：产于山西、山东、河南、陕西及长江流域以南各地，习见栽培。

种子千粒重：50～58g。

播种：随采随播或低温层积春播，用种量8～11g/m$^2$。

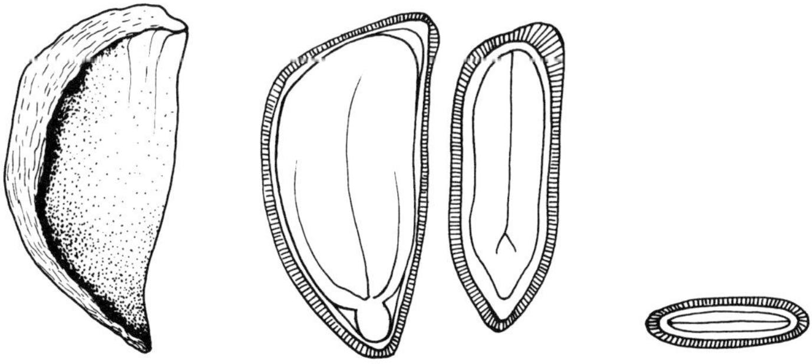

种子外形　　种子纵切面　　种子横切面

图279　木　瓜

# 皱皮木瓜

*Chaenomeles speciosa* (Sweet) Nakai

蔷薇科，落叶灌木。

梨果球形或卵球形，径4～5cm，黄色或黄绿色。

种子圆锥状倒卵形，长10～11mm，宽5～5.5mm，厚3.5mm，先端圆形，基部长渐尖；种脐位于长渐尖一端顶部，径约0.5mm，淡褐色。外种皮革质，紫褐色，在高倍解剖镜下可见白色糠秕状物及小凹坑；内种皮膜质，白色，直胚，子叶倒卵形，长约6mm，宽约4.5mm，白色；下胚轴及胚根长约1.5mm，胚根朝向种脐一端。无胚乳。

成熟期：9～10月。

产地：陕西、甘肃、河南、山东、安徽、江苏、浙江、湖南、湖北、四川、贵州、云南、广东等地。

种子千粒重：38～130g。

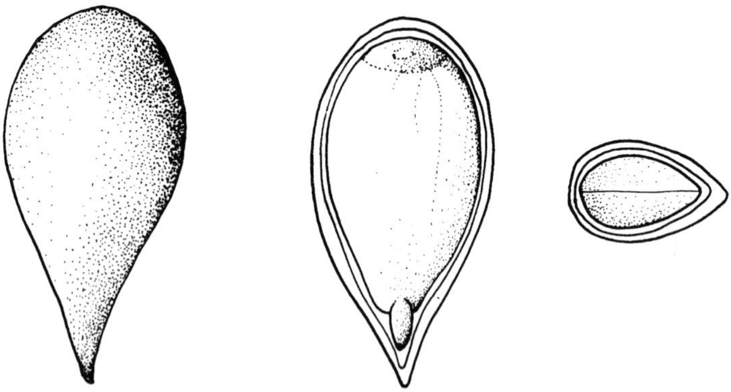

种子外形　　种子纵切面　　种子横切面

图280 皱皮木瓜

# 日本木瓜

*Chaenomeles japonica* (Thunb.) Lindl. ex Spach

蔷薇科，矮小灌木。

梨果近球形，径3～4cm，黄色。

种子斜倒卵形，长7～8mm，宽约5mm，厚2mm，先端长渐尖，向一侧弯曲呈小钩状，基部钝尖，两侧平坦；种脐位于钝尖顶端，小，径不及1mm。外种皮革质，厚0.1mm，栗褐色，在高倍解剖镜下可见细纵条纹；内种皮膜质。直胚，子叶倒卵形，长约5mm，宽3mm，白色；下胚轴及胚根长1mm，胚根朝向种脐一端。无胚乳。

成熟期：8～10月。

产地：原产日本。浙江、江苏等地栽培。

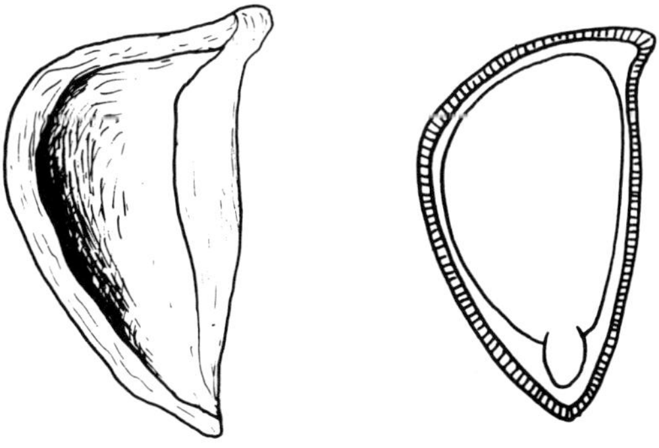

种子外形　　种子纵切面

图281　日本木瓜

# 三裂叶绣线菊

*Spiraea trilobata* Linn.

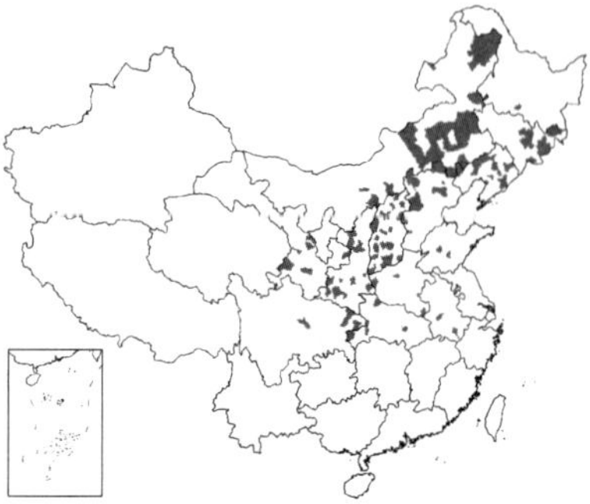

蔷薇科，落叶灌木。

蓇葖果具5个蓇葖，蓇葖卵形，长约2mm，宽0.8mm。

种子梭状，窄长椭圆形，长1.5～1.8mm，宽0.3～0.5mm，厚0.2～0.3mm，两端渐尖。一侧直线形，另一侧微呈弯弓，两端微向直线一侧弯曲；种脐位于一端近基部直线一侧微凹处，白色，宽约0.1mm。种皮膜质栗褐色，在高倍解剖镜下可见明显纵条纹。直胚，子叶长椭圆形，长约0.8～1mm，宽约0.3mm，白色；下胚轴及胚根长0.3～0.5mm，白色。无胚乳。

成熟期：7～9月。

产地：内蒙古、黑龙江、辽宁、陕西、甘肃、山西、河北、北京、河南、山东、安徽等地。

种子千粒重：0.04～0.06g。

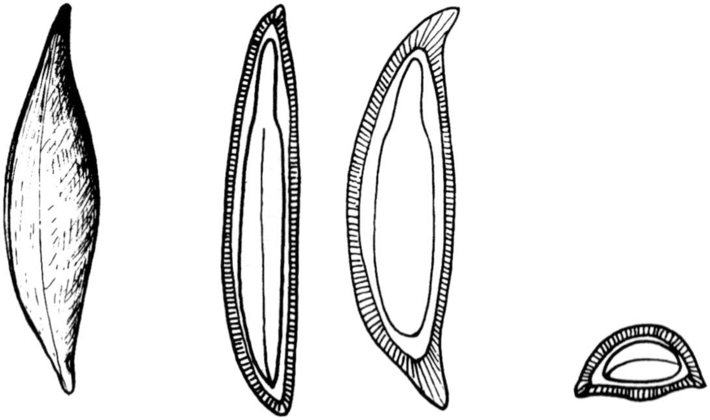

种子外形　　种子纵切面　　种子横切面

图282　三裂叶绣线菊

# 柔毛绣线菊

*Spiraea pubescens* Turcz. 土庄绣线菊

蔷薇科，落叶灌木。

蓇葖果开张，微被毛。

种子窄长椭圆形，长1.3～1.5mm，宽约0.5mm，厚约0.3mm，先端钝尖，具白色海绵状体，基部渐窄，背面弧形，腹面中央有一条细纵棱；种脐位于渐窄一端基部一侧，椭圆形，长约0.2mm。种皮膜质褐色，在高倍镜下可见小网格状花纹。直胚，子叶长椭圆形，长1.3mm，宽0.4mm，白色；下胚轴及胚根长0.3mm。无胚乳。

成熟期：7～8月。

产地：黑龙江、吉林、辽宁、内蒙古、陕西、甘肃、宁夏、山西、河北、北京、河南、山东、湖北、安徽等地。

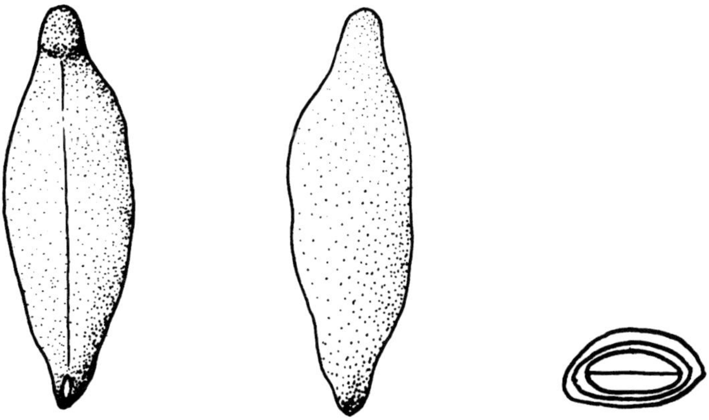

种子外形(腹面)　种子外形(背面)　种子横切面

图283　柔毛绣线菊

## 绣线菊

*Spiraea salicifolia* Linn.

蔷薇科，落叶灌木。

蓇葖果直立，被柔毛。

种子长三棱状圆锥形，长2.0mm，宽0.4mm，厚0.3mm，先端长喙状尖，基部较粗，钝。种皮栗褐色，无翅状棱。

成熟期：8～9月。

产地：黑龙江、吉林、辽宁、内蒙古、河北等地。

种子千粒重：0.16～0.2g。

# 日本绣线菊

*Spiraea japonica* Linn. f.

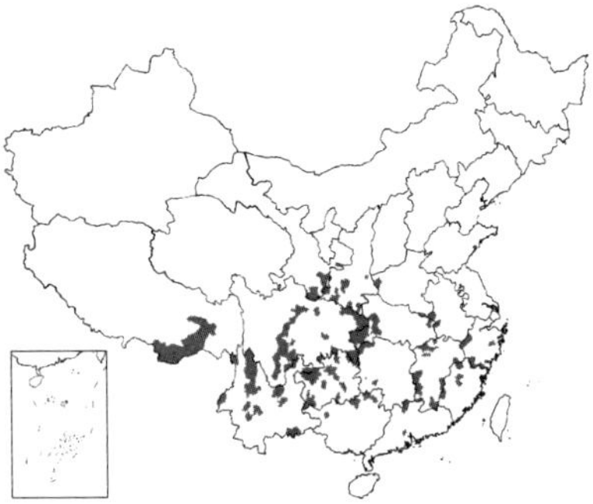

蔷薇科，落叶灌木。

蓇葖果半张开。

种子倒卵状椭圆形，长1.0mm，宽0.3mm，厚0.2～0.3mm。种皮褐色，腹面有一条不明显细纵棱，不成窄翅状。

成熟期：8～9月。

产地：原产日本和朝鲜。我国各地栽培，供观赏。

种子千粒重：0.14～0.18g。

## 绣球绣线菊

*Spiraea blumei* G. Don

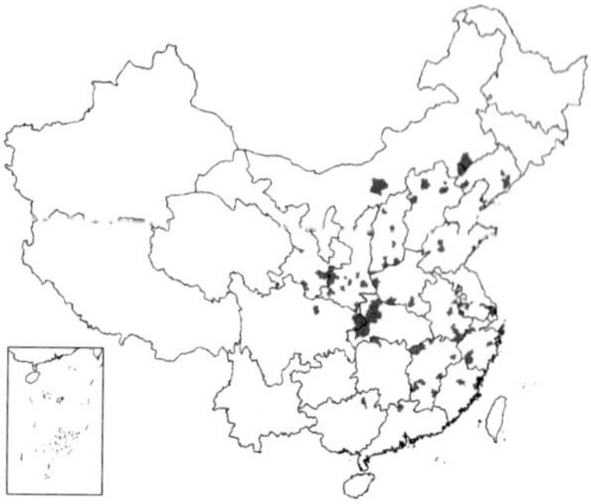

蔷薇科，落叶灌木。

蓇葖果较直立，无毛。

种子窄长椭圆形，长1.5～1.7mm，宽0.4mm，厚0.3mm，两端渐尖；种脐位于一端近基部侧面，长0.2mm。种皮褐色，膜质，腹面具半透明窄翅状纵棱，背面无翅状棱或两端具不完整棱，在高倍解剖镜下可见小凹坑。直胚，子叶长椭圆形，长1.2mm，白色；下胚轴及胚根长0.3mm，胚根朝向较窄一端。无胚乳。

成熟期：8～10月。

产地：辽宁、内蒙古、陕西、甘肃、河北、山西、河南、山东、安徽、浙江、江西、福建、广东、广西等地。

# 中华绣线菊

*Spiraea chinensis* Maxim.

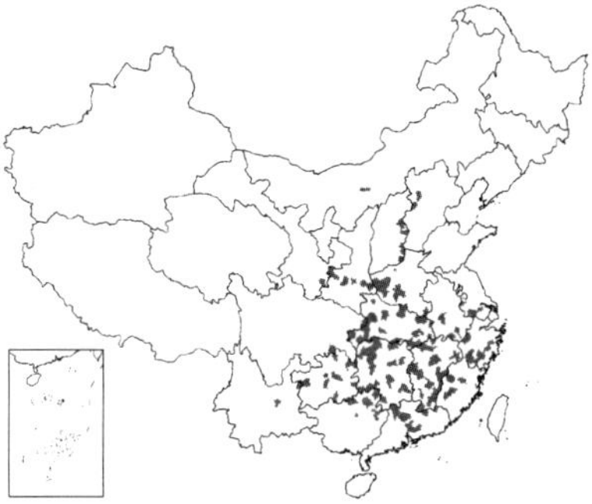

蔷薇科，落叶灌木。

蓇葖果张开，被柔毛。

种子长椭圆形，长1.8～2mm，宽约0.5mm，厚0.3～0.4mm，两端钝尖，腹面具半透明窄翅状纵棱，背面弧形有时具细纵棱；种脐位于一端近基部侧面，长0.2mm。种皮膜质，褐色，在高倍解剖镜下可见小凹坑。直胚，子叶长椭圆形，长1.2mm，白色；下胚轴及胚根长0.3mm，胚根朝向较窄一端。无胚乳。

成熟期：6～10月。

产地：内蒙古、陕西、甘肃、河北、山东、河南、江苏、安徽、浙江、江西、福建、广东、广西、湖南、湖北、云南、四川、贵州等地。

种子千粒重：＜0.1g。

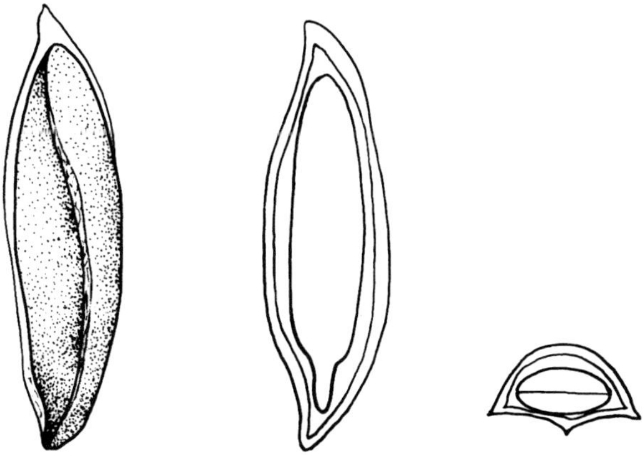

种子外形　　种子纵切面　　种子横切面

图284　中华绣线菊

# 风箱果

*Physocarpus amurensis* (Maxim.) Maxim.

蔷薇科，落叶灌木。

蓇葖果肿胀，卵形，熟时背腹两缝线开裂，外被星状柔毛。

种子横长卵形，长1mm，宽2mm，厚约1mm，两端均圆形，远离种脐一端较宽圆，种脐一端渐窄；种脐位于种子较窄一侧，凹入呈半月形。种皮淡黄褐色，平滑有光泽，革质，厚约0.1mm；内种皮膜质，淡褐色。直胚，胚倒披针形，长1.5mm，宽0.8mm；子叶长椭圆形，长约1mm，宽0.8mm；胚根长0.5mm，均为白色。胚根朝向种子渐尖一侧。有胚乳，淡褐色。

成熟期：7～8月。

产地：黑龙江、河北等地。

播种：用始温40℃水浸种一昼夜后混沙层积催芽，用种量$2g/m^2$。

种子千粒重：1.0g。

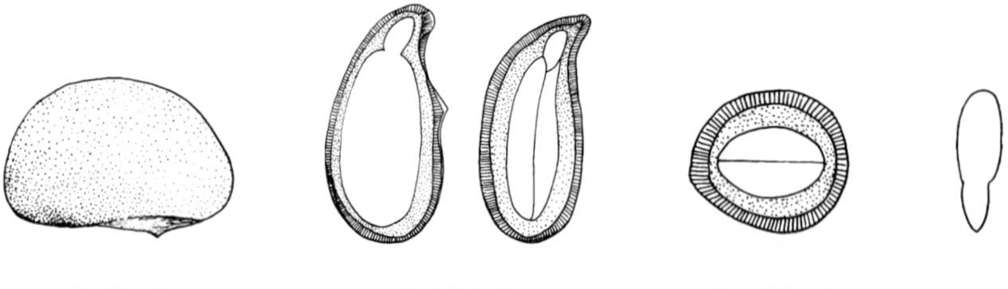

种子外形　　种子纵切面　　种子横切面　　胚

图285　风箱果

# ·含羞草科 MIMOSACEAE·

## 银荆

*Acacia dealbata* Link. [*Acacia decurrens* var. *dealbata* F. Muell.]

含羞草科，常绿乔木。

荚果带状，长2.8～12cm，宽0.8～1.3cm，淡紫褐色，被灰白色蜡粉。

种子长倒卵形，长4.5～5.5mm，宽2.6mm，厚1.8mm，先端圆形，基部渐窄，两侧棱状突起，中央略呈浅沟槽，两面略平坦；侧生环长倒卵形，下部环纹不明显，环心约为环外的2倍，开口处不闭合；种脐椭圆形，长约5mm，位于渐窄一端，有残存褐色种柄；脐长1mm，凹下，脐沟不明显，脐冠微突起，脐条不明显。种皮厚0.1mm，表面黑色，有光泽。直胚，子叶椭圆形，长约4mm，宽约2.2mm，浅黄色；下胚轴及胚根长1mm，位于种脐一端。无胚乳。

成熟期：5～6月。

产地：原产澳大利亚。我国云南、贵州、四川、广西、浙江、台湾等地栽培。

种子千粒重：14～17g。

播种：用热水、沸水浸种或用硫酸浸蚀，用种量0.9～1.5g/m$^2$。

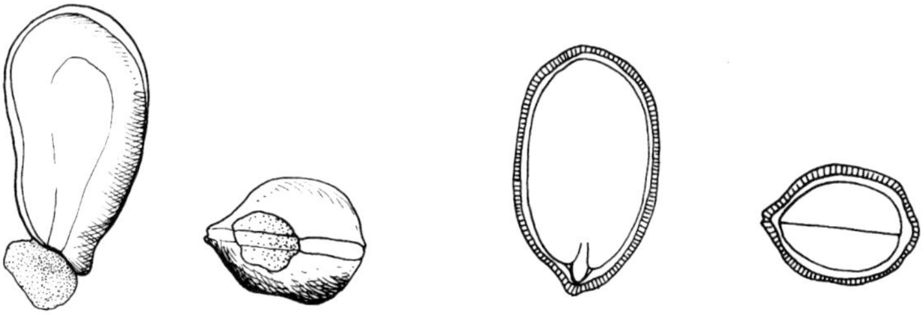

种子外形　　种子外形（示种脐）　　种子纵切面　　种子横切面

图286　银　荆

# 百莱相思

*Acacia bailegana* F. Muell.

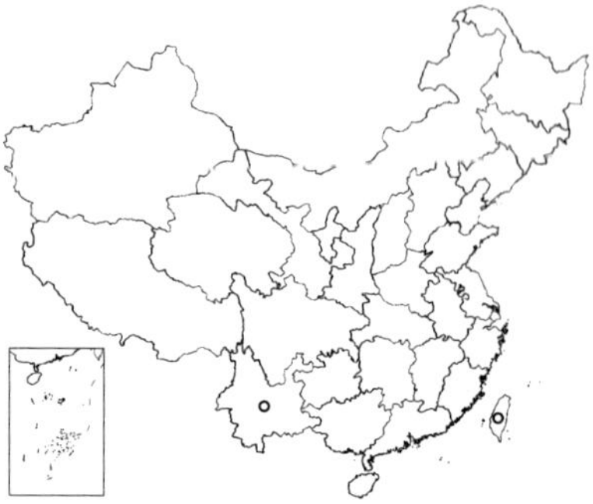

含羞草科，常绿灌木或小乔木。

种子矩圆状扁平椭圆形，长7mm，宽3mm，厚2.1mm，先端圆形，基部渐窄，两侧几平行，两面微突起，侧生环长椭圆形，环外宽度约为环内宽1/2，环口不封闭。种柄残存，淡褐色，宽椭圆形，长约1.5mm；种脐椭圆形，长约0.5mm，淡褐色、脐条，脐沟均不明显。种皮黑色，平滑，厚0.2mm，骨质。直胚，子叶长椭圆形，长6.5mm，宽2.8mm，浅黄色；下胚轴及胚根长1.5mm，浅黄色，胚根朝向种脐一端。无胚乳。

成熟期：7～8月。

产地：原产澳大利亚。我国云南、台湾等地栽培。

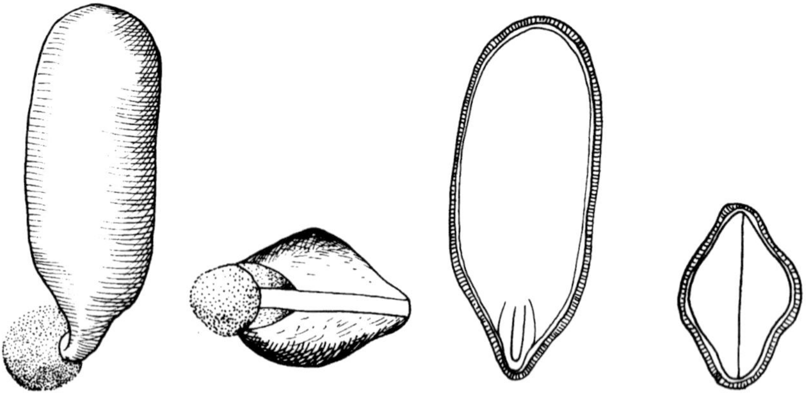

种子外形　种子外形（示种脐）　种子纵切面　种子横切面

图287　百莱相思

# 台湾相思树

*Acacia richii* A. Gray

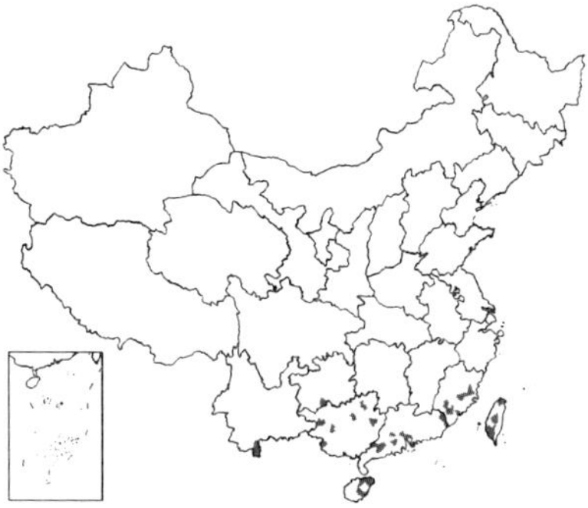

含羞草科，常绿乔木。

荚果扁平，带状，幼时被黄褐色柔毛，后脱落，长4～11cm，宽0.7～1cm；种子间稍缢缩。

种子近扁圆形或倒卵状扁圆形，长5.5mm，宽约5mm，厚1.8mm，先端圆弧形，基部略窄，表面栗褐色，平滑，侧生环纹倒卵形，封闭；种脐位于较窄一端侧面，近圆形，径约0.3mm，白色，无脐沟，脐冠微凸起，脐条长约0.1mm，常有残存种柄。直胚，子叶近圆形，径约5mm，浅黄色；下胚轴胚根长1mm，胚根朝向种脐一端。无胚乳。

成熟期：8～9月。

产地：台湾、福建、广东、广西、云南、四川、江西、浙江等地栽培。

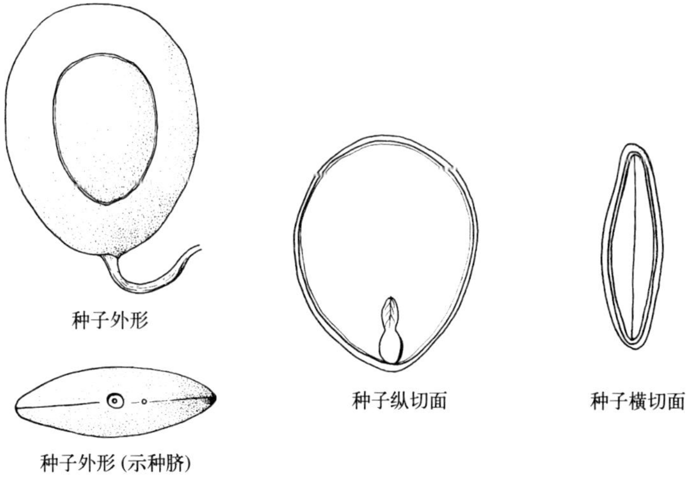

图288 台湾相思树

# 藤金合欢

*Acacia sinuata* (Lour.) Merr. (*Acacia concinna* DC.)

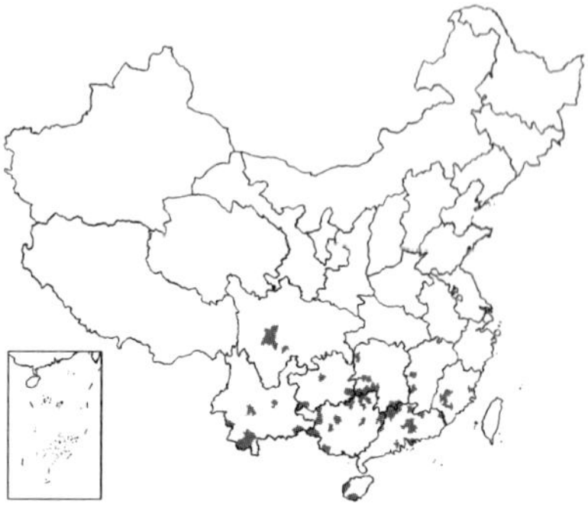

含羞草科，常绿多刺藤本。

荚果薄带状，长8～20cm，宽2～4.5cm，边缘浅波状，具种子8～12粒/个。

种子椭圆形或卵状椭圆形，长7.8mm，宽5.5mm，厚4mm，先端圆或钝尖，基部近圆形，两面凸起，侧生环倒卵形，在种子底部封闭；种脐位于较宽一端，菱形，长约0.7mm，白色，脐沟和脐冠不明显，脐条长约0.5mm。种皮栗褐色，平滑，厚0.8mm，有角质层。直胚，子叶椭圆形，长5.5mm，宽3.5mm，浅黄色；下胚轴及胚根长1mm，胚根朝向种脐一端。无胚乳。

成熟期：7月至翌年4月。

产地：广东、海南，广西、云南、福建、浙江等地。

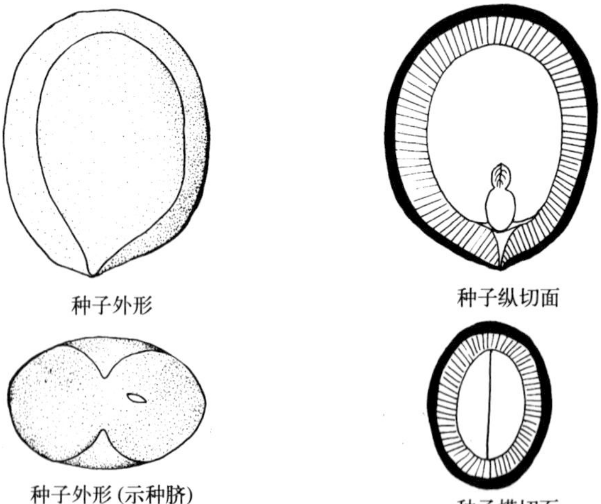


图289 藤金合欢

# 黑荆树

*Acacia mearnsii* De Wild.

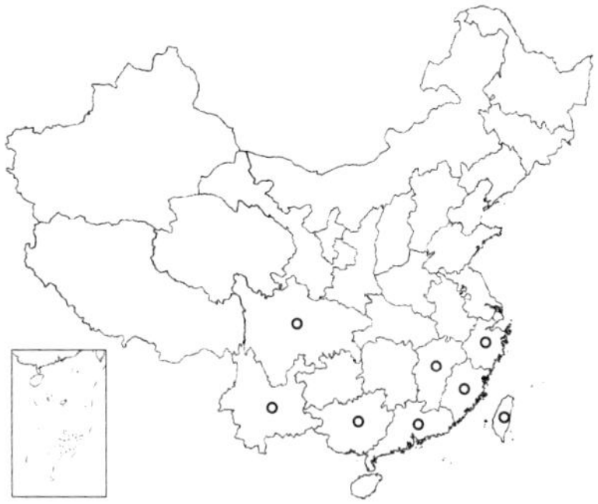

含羞草科，常绿乔木。

荚果带状，长3.5～11cm，宽4～7mm，种子间缢缩，密被柔毛。

种子椭圆形，长4.5～5mm，宽约3mm，厚2.3mm；先端圆弧形，基部渐窄，两面凸起，侧生环椭圆形，封闭，环心宽为环边宽2倍；种脐位于较窄一端，椭圆形，长约1mm，白色，脐沟和脐冠均不明显，脐条长约1mm。种皮黑色，平滑而有光泽，厚0.2mm，有角质层。直胚，子叶椭圆形，长4～4.5mm，宽2.6mm，浅黄色；下胚轴及胚根长1mm，浅黄色，胚根朝向种脐一端。无胚乳。

成熟期：5～10月。

产地：原产澳大利亚。我国云南、四川、广东、广西、江西、福建、浙江、台湾等地栽培。

种子千粒重：9～11g。

播种：用热水、沸水浸种或用硫酸浸蚀，用种量0.9～1.5g/m$^2$。

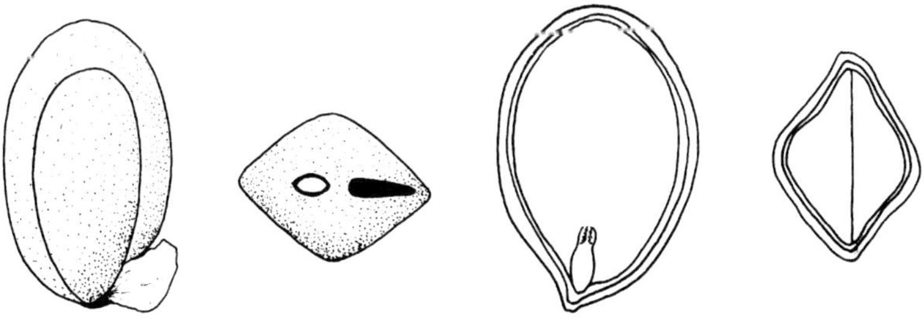

种子外形　种子外形(示种脐)　种子纵切面　种子横切面

图290　黑荆树

# 小果海红豆

*Adenanthera microsperma* Teijsm. et Binn. [*Adenanthera pavonina* Linn. var. *microsperma* (Teijsm. et Binn.) Nielsen]

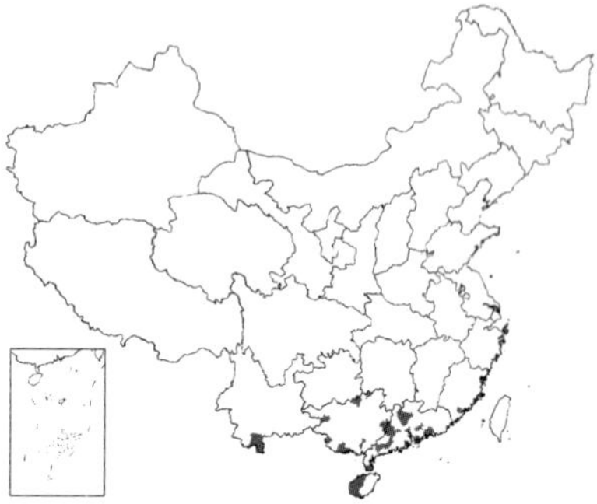

含羞草科，落叶乔木。

荚果长带状，长10～20mm，宽1.2～1.4mm，扭曲，具横膈膜，革质，开裂后旋卷。

种子近圆状肾形或横椭圆形，长4～7mm，宽5～8mm，厚约5mm，先端圆形，基部微凹入，周围略呈棱状，侧生环近边缘处，开口处不封闭，种脐位于微凹一端，椭圆形，长0.3mm，黑褐色，脐沟长约0.5mm，浅黄色，脐晕微突起。种皮鲜红色、光亮，厚0.2mm，外面为角质层，内壁浅黄色。直胚，子叶宽卵形，长约5.5mm，宽约7mm，浅黄色；下胚轴及胚根长2mm，位于种脐一端。具胚乳。

成熟期：8～10月。

产地：原产澳大利亚。福建、广东、广西、云南、海南和台湾等地栽培。

种子千粒重：90～132g。

播种：用种量15～20g/m$^2$

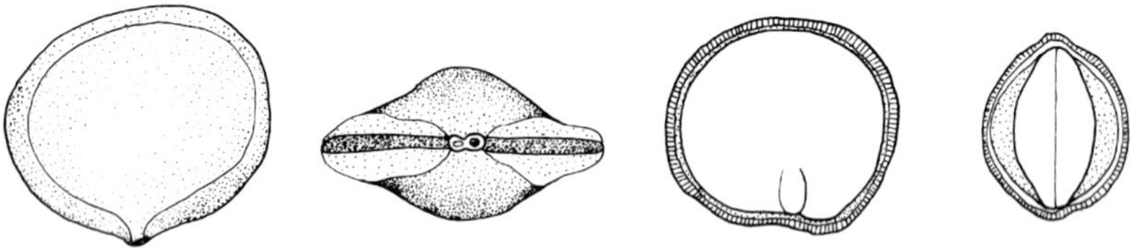

种子外形　种子外形(示种脐)　种子纵切面　种子横切面

图291　小果海红豆

# 合欢

*Albizia julibrissin* Durazz.

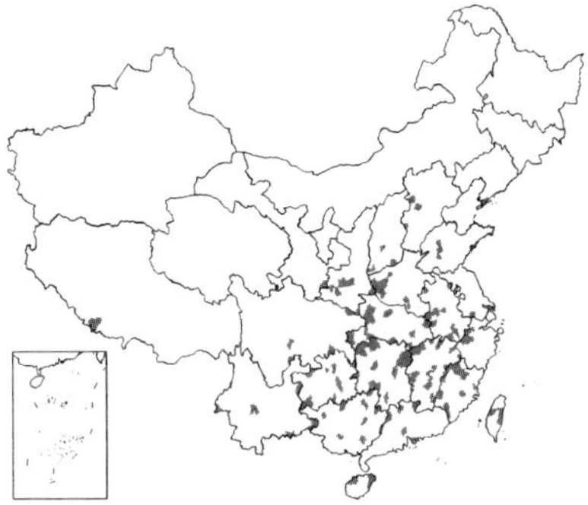

含羞草科，落叶乔木。

荚果扁平，带状长，16～20mm，果皮薄，不开裂。

种子扁平（彩图68），长椭圆形，长7～11mm，宽3.5～6mm，厚约2mm，顶端圆、平截或钝尖，基部一侧微凹，两面近平坦，侧生环长椭圆形，近达基部宽约1.5mm；种脐位于基部的一侧，微凹，长约0.3mm，中央突起，淡褐色，周围暗褐色，脐冠微突起，无脐沟，脐条不明显。种皮咖啡色，平滑，厚0.2mm，有光泽，两侧扁，中央两面微突起或平，有一长椭圆状环形细棱线。胚充满种子，子叶长椭圆形，长5～9mm，宽3～4.5mm，黄绿色；胚根、下胚轴长约1.5mm，长椭圆形，浅黄色，胚芽羽状分裂，胚根朝向种脐一端。无胚乳。

成熟期：9～10月。

产地：黄河流域以南各地。北至北京、西至陕西、甘肃、西南至四川、云南、南至广东、广西，东至台湾。

种子千粒重：27～40g。

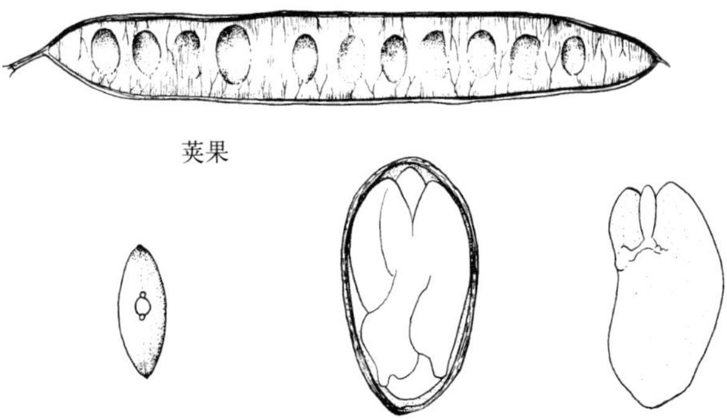


图292 合 欢

# 白花山合欢

*Albizia kalkora* Prain.

含羞草科，落叶乔木。

荚果长圆形，长9～16cm，宽2.6～2.8cm，具种子1～9粒。

种子倒卵形或倒卵状椭圆形，长7mm，宽4.5mm，厚1.5mm，先端圆弧形，基部渐窄，两面扁平，侧生环长倒卵形，宽.5mm，不甚明显；种脐位于种子渐窄一端，圆形，径0.1mm，脐冠微突起，无脐沟，脐条不明显。种皮黑褐色，平滑，厚0.2mm，有角质层，内壁与外同色。直胚，子叶椭圆形，长6.5mm，宽4mm，浅黄色，基部两侧耳状下垂；下胚轴及胚根长约2mm，白色，胚根朝向种脐一端。无胚乳。

成熟期：9～10月。

产地：湖南、广东、广西、云南等地。

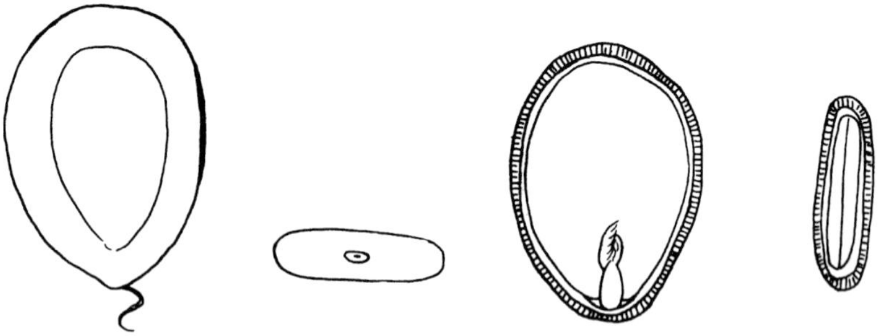

种子外形　　种子外形(示种脐)　　种子纵切面　　种子横切面

图293　白花山合欢

# 大叶合欢

*Albizia lebbeck* (Linn.)Benth.

含羞草科，落叶乔木。

荚果带状，长15～32cm，宽2～5.5cm。

种子扁平倒卵形，宽倒卵形或近圆形，长7.5～8mm，宽6.5～7mm，厚约1.5mm，先端圆弧形或微有凹缺，基部渐窄，两侧近平坦边缘略肥厚，两面有倒卵形或近圆形侧生环，环宽2.5～3mm；种脐位于种子渐窄一端近中部，圆形，径约0.2mm，无脐沟，种冠不明显，脐沟条形，长1.5mm，白色。种皮浅黄绿色，平滑，厚0.2mm，具角质层，内壁与外壁同色。直胚，子叶椭圆形，长7～7.5mm，宽6～6.5mm，绿色，两侧长耳形，胚芽可见羽状叶；下胚轴及胚根长4mm，黄绿色，胚根朝向种脐一端。无胚乳。

成熟期：8～10月。

产地：福建、广东、广西、四川等地。

播种：干藏种子用80℃水浸种，用种量12～30g/m$^2$。

种子千粒重：120～200g。

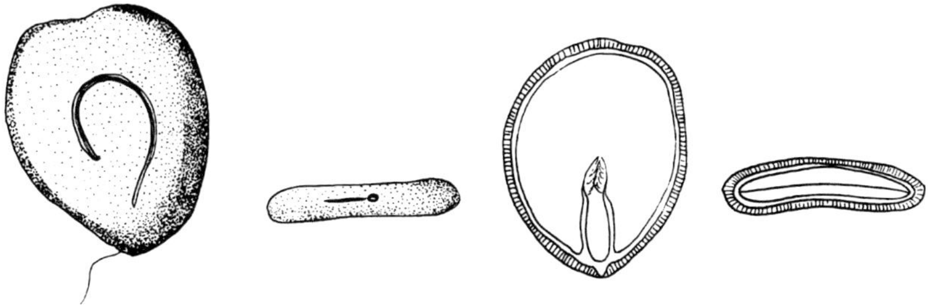

种子外形　　种子外形(示种脐)　　种子纵切面　　种子横切面

图294　大叶合欢

# 色穗木

*Dichrostachys cinerea* (Linn.)Wight et Arn.

含羞草科，有刺小乔木。

荚果带状，常聚成头状，扭曲，无毛。

种子倒卵形，长6mm，宽4mm，厚1.8mm，先端圆弧形，基部渐窄而呈截形，两面略平坦，侧生环呈深倒"U"字形，两端不闭合；种脐位于种子渐窄一端近中部，圆形，径0.2mm，白色，无脐沟和脐条，脐冠微凸起。种皮栗褐色，平滑，厚0.3mm，外面有角质层。直胚，子叶倒卵形，长5.4mm，宽3.4mm，1枚子叶边缘向背折叠，浅黄色；下胚轴及胚根长1.5mm，浅黄色，胚根朝向种脐一端。有少量胚乳。

成熟期：8～9月。

产地：原产非洲，印度、马来西亚及大洋洲北部。我国福建、广西、广东、云南、台湾等地有栽培。

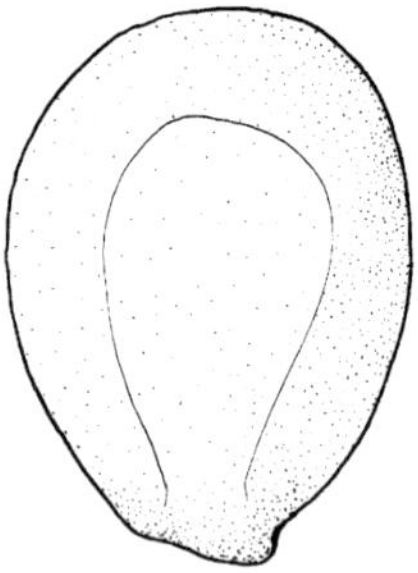

种子外形

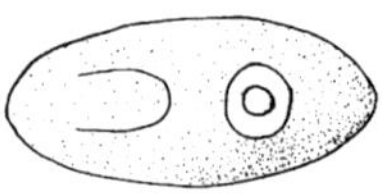

种子外形(示种脐)

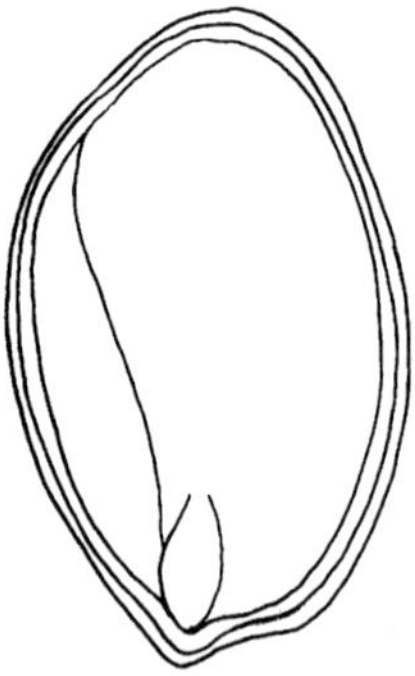

种子纵切面

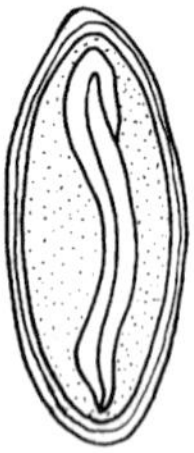

种子横切面

图295 色穗木

# 棋子豆

*Cylindrokelupha robinnsonii* (Gagnep.) Kosterm.

含羞草科，常绿乔木。

荚果圆柱形，长11～18cm，径2.8～4cm，锈黄色，皮薄，种子1～9粒，排列紧密。

两端的种子为半球形，形如陀螺，中间的扁平圆形，形如棋子；长40～45mm，径30～35mm，厚约2mm，两侧有浅棱状突起；种脐位于一端，近圆形，径约2mm。种皮褐色，粗糙，有浅纹，厚约1mm，脆骨质。子叶肥厚，充满种皮，直胚；下胚轴及胚根长约15mm，胚根朝向种脐一端。无胚乳。

成熟期：10～11月。

产地：广西、云南等地。

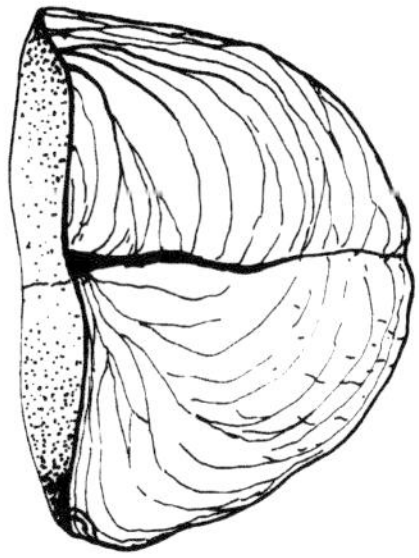

种子外形

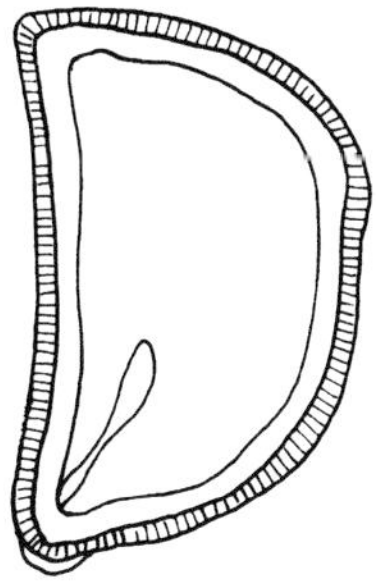

种子纵切面

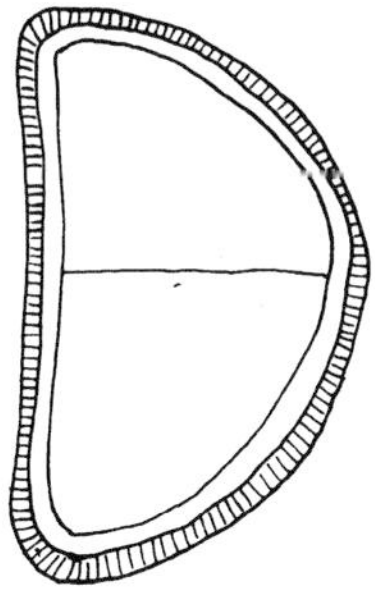

种子横切面

图296 棋子豆

# 红皮象耳豆

*Enterolobium cyclocarpum* (Jacq.) Criseb.

含羞草科，常绿乔木。

荚果弯成环状，长7～8cm，宽5～7cm，暗红褐色。

种子卵形，长10～12mm，宽5.5～7mm，厚4～6mm，先端圆钝或略尖，基部微凹，略偏斜，侧生环闭合卵形；种脐位于种子基部微凹，近圆形，径0.3mm，脐冠微突起，脐条椭圆形，常有丝状珠柄，白色，扭曲。种皮栗褐色，平滑，厚0.3mm，骨质，有角质层。直胚，子叶长卵形，长8.5～10.5mm，宽5～6.5mm，浅黄色，胚芽长1.5mm；下胚轴胚根长2mm，浅黄色，胚根朝向种脐一端。无胚乳。

成熟期：10月。

产地：原产南美。广东、广西和海南有栽培。

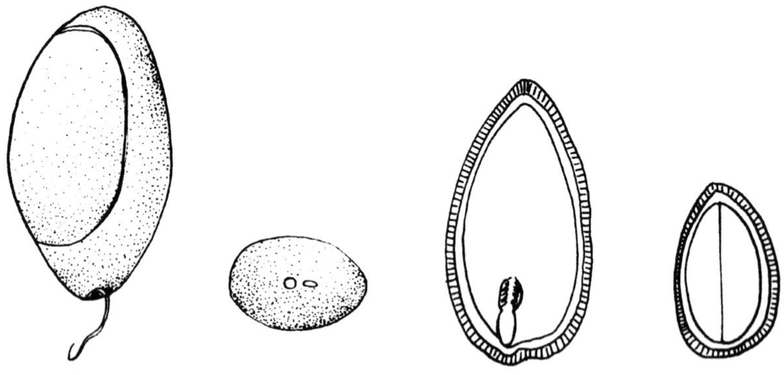

种子外形　种子外形(示种脐)　种子纵切面　种子横切面

图 297　红皮象耳豆

# 新银合欢

*Leucaena leucocephala* (Lam.) De Wit "Salvador"

含羞草科，常绿乔木。

荚果长24cm，宽2.2cm，具种子15～30粒。

种子倒卵形，长8mm，宽5.5mm，厚1.8mm，先端圆钝，基部渐窄，两面扁平，侧生环不闭合；种脐位于渐窄一端，椭圆形，长不及1mm，脐沟不明显，脐条不明显，脐晕微突起。种皮栗褐色，平滑，有光泽，厚0.2mm。直胚，子叶椭圆形，长约4.5mm，宽约5mm，浅黄色，下胚轴及胚根长2mm，位于种脐一端。有胚乳。

成熟期：冬季到春季。

产地：原产中美洲。广东、云南等地有栽培。

种子千粒重：50～60g。

播种：播前用硫酸拌种10分钟或用沸水浸种，彻底清洗，再用冷水浸种1昼夜，用种量6～8g/m²。

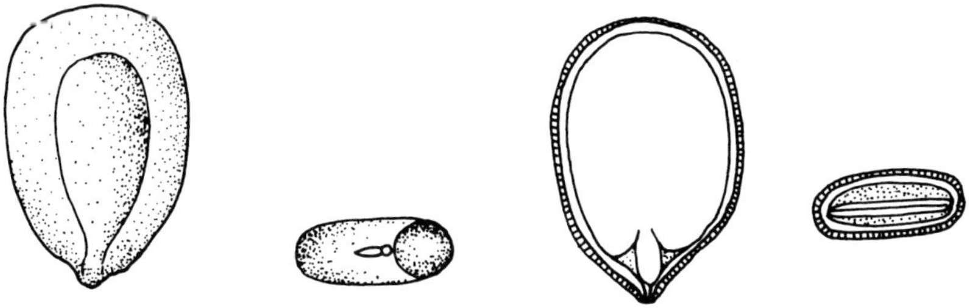

种子外形　种子外形(示种脐)　种子纵切面　种子横切面

图298　新银合欢

# 银合欢

*Leucaena leucocephala* (Lam.) De Wit

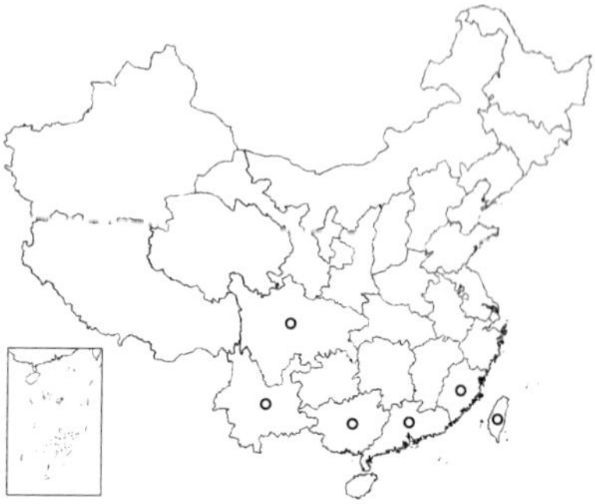

含羞草科，常绿小乔木。

荚果薄带状，长10～18cm，宽1.4～2cm，具种子6～25粒。

种子扁平宽倒卵形，长8.3mm，宽6mm，厚约1.4mm，先端圆形，基部渐窄，两面平坦，有残存糠秕状果皮，侧生环倒卵形，下端不封闭；种脐位于渐尖一端一侧，椭圆形，长约0.6mm。种皮褐色，厚0.1mm，有角质层。直胚，子叶矩圆状椭圆形，长7.8mm，宽5.5mm，淡黄色；上胚轴及胚根长2mm，卵形，浅黄色，胚根朝向种脐一端。有白色胚乳。

成熟期：10～11月。

产地：原产中美洲。广东、福建、广西、云南、四川、台湾等地有栽培。

种子外形　　种子外形(示种脐)　　种子纵切面

图299　银合欢

# 胀荚合欢

*Paralbizzia turgida* (Merr.) Kosterm.

含羞草科，小乔木。

荚果条状长圆形或镰状，肿胀，长7～16cm，宽3～4cm，具种子4～9粒。

种子楔状卵形或半圆状卵形，长27～30mm，宽20mm，厚20mm，先端圆钝，基部圆形，两侧平截或一侧弧形，一侧平截。背腹两面均有闭合侧环纹；种脐椭圆形，长5mm，宽2～3mm，浅褐色，脐沟不明显，脐冠也不明显。种皮紫褐色，平滑，有光泽，厚0.2mm，内壁与外表同色。直胚。无胚乳。

成熟期：9～11月。

产地：广东等地。

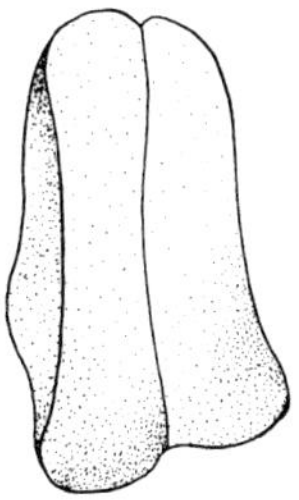

种子外形(腹面)

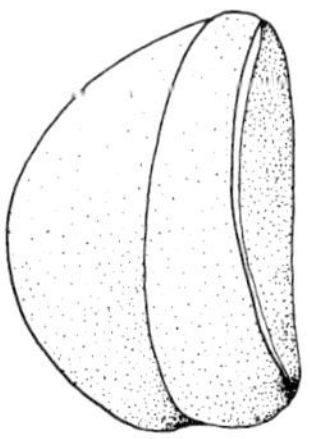

种子外形(背面)

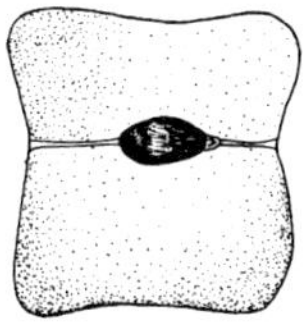

种子外形(示种脐)

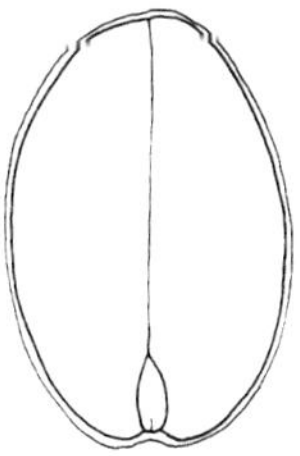

种子纵切面

图300 胀荚合欢

# 云南榼藤子

*Entada yunnanensis* P. C. Huang

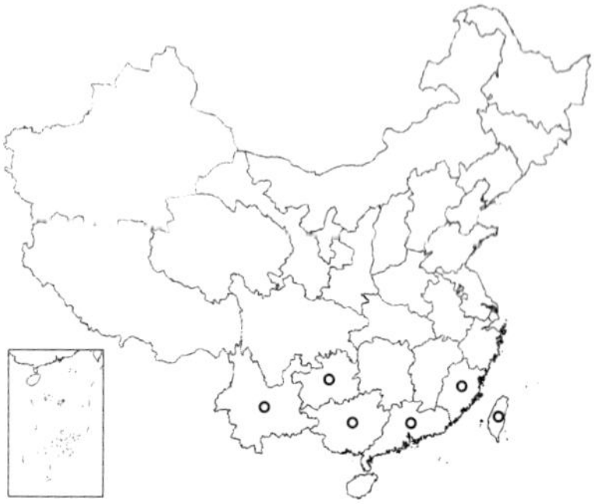

含羞草科，常绿藤本。

荚果长85cm或更长，宽8～12cm，具种子约10粒。

种子扁圆形或扁宽卵形，长38～45mm，宽35～70mm（35～38mm），厚16mm。先端圆弧形，基部平截或微尖，两面近平坦、中央平滑或微有残存覆网状小片状物，种瘤凸起；种脐位于较平坦或微尖一端，椭圆形，长约2mm，宽约1mm，脐沟不明显，脐冠近圆形，径约5mm，微凸起，脐条不明显或浅沟状，长约10mm。种皮紫褐色，周围平滑，厚1.5mm，外壁有角质层。子叶肥厚，近圆形，直径35～42mm，白色；下胚轴胚根长约2mm，位于种脐一端。无胚乳。

成熟期：8～10月。

产地：云南，贵州、广西、广东、福建、台湾等地。

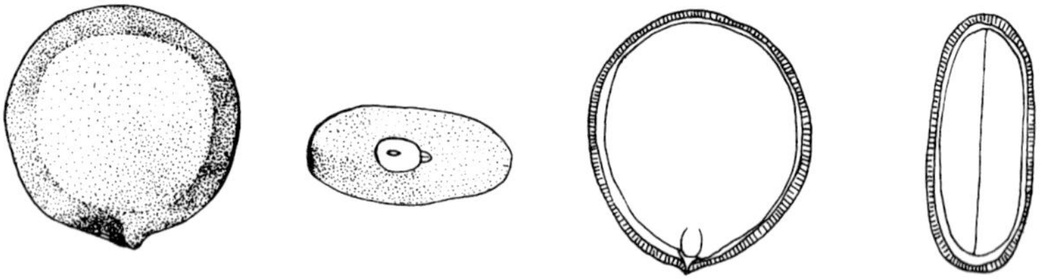

种子外形　种子外形(示种脐)　种子纵切面　种子横切面

图301　云南榼藤子

# 榼藤子

*Entada phaseoloides* (Linn.) Merr.

含羞草科，与云南榼藤子（*Entada yunnanensis*）相似，但种子较大。长55～70mm。

成熟期：8～10月。

产地：云南、西藏、广西、广东等地。

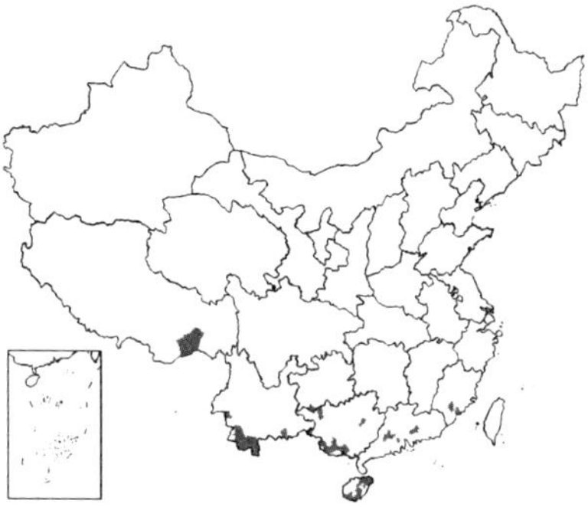

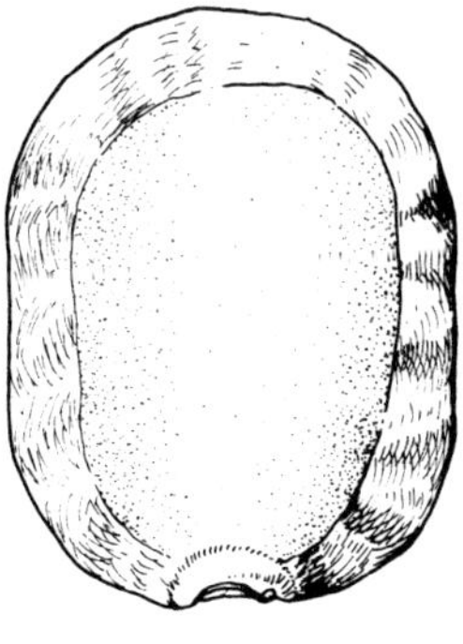

种子外形

图302 榼藤子

# ·苏木科 CAESALPINIACEAE·

## 羊蹄甲

*Bauhinia purpurea* Linn.

苏木科，常绿小乔木。

荚果长带状，长 13～24cm，宽 2～3cm，具种子 12～15 粒。

种子扁平近圆形，长17mm，宽15mm，厚4mm，顶端圆钝，基部微凹，一面呈凸透镜形隆起，有侧生环，环口部高于种脐两端，另一面平坦，无侧生环；种脐位于微凹一端，长椭圆形，长约 3mm，白色，脐沟和脐条均不明显。种皮表面淡褐色，有大小不等黑色斑点，平滑。胚根位于种脐一端。

成熟期：2～3 月。

产地：云南、广东、广西、海南、福建、台湾等地。

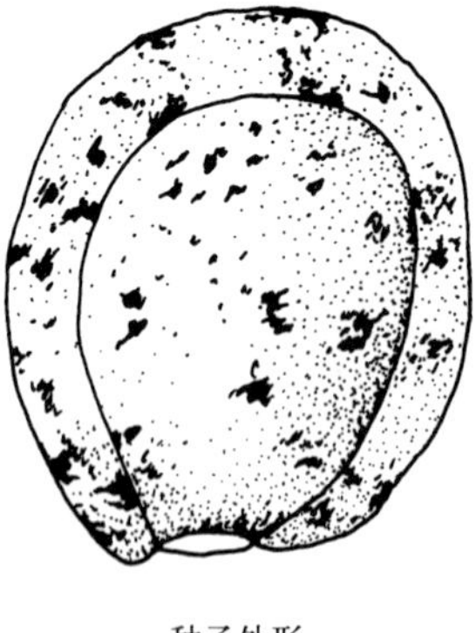

种子外形

种子外形（示种脐）

图 303　羊蹄甲

# 黄槐

*Cassia suffruticosa* Koen. ex Roth

苏木科，常绿小乔木。

荚果带状，长7～11cm，宽1～1.3cm，黄色，具长尖喙。果缘波状，有时缢缩；种子20～30粒。

种子扁平，长倒卵形，长6mm，宽3.1mm，厚1.5mm，顶端圆钝，近顶端两面各有一孔穴，基部渐尖，侧生环长倒卵形，下部封闭，表面黑褐色，光滑，侧生环内微凹下，淡褐色，有细纵条纹，条纹向有分隔；种脐位于渐尖一端，圆形，径约0.3mm，腹沟不明显，种脐下方左右两侧和中央有小突起。种皮厚0.2mm，有角质层。直胚，子叶倒卵形，长5.5mm，宽2.6mm，浅黄色；下胚轴胚根长1.5mm，浅黄色，胚根朝向种脐一端。有胚乳，白色。

成熟期：9～10月。

产地：原产印度。我国华南、西南有栽培，供观赏。

图304 黄 槐

# 槐叶决明

*Cassia sophera* Linn. 茳芒决明

苏木科，亚灌木。

荚果微膨大成圆筒状。

种子扁倒卵形，长5mm，宽3.5mm，厚2mm。先端圆形，基部渐尖，两面平坦，侧环纹近种子边缘，在种脐处封闭，表面栗褐色，平滑；种脐位于较尖一端，近圆形，径0.5mm，脐沟，脐条不明显。种皮厚0.2mm，外面有一层角质层。直胚，子叶矩圆状宽椭圆形，长4.6mm，宽3.1mm，绿色；下胚轴及胚根长2.2mm，浅黄色，胚根朝向种脐一端。具胚乳。

成熟期：10～12月。

产地：原产热带非洲；我国长江以南有栽培。

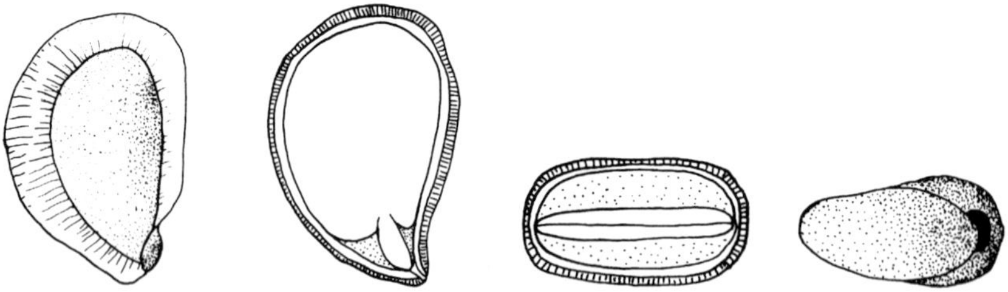

种子外形　种子纵切面　种子横切面　子叶

图305　槐叶决明

# 腊肠树

*Cassia fistula* Linn.

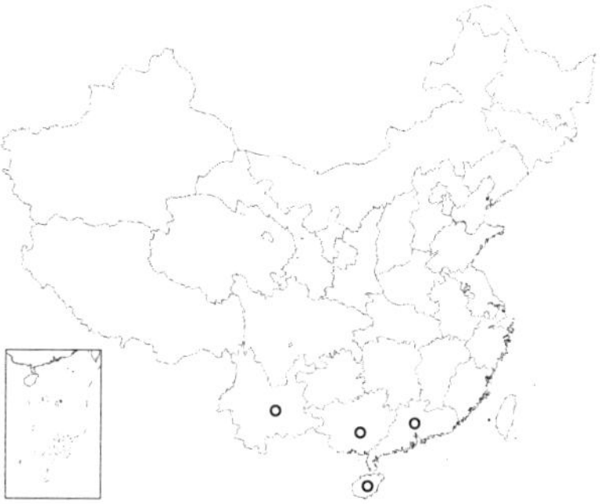

苏木科，落叶乔木。

荚果圆柱形，长30～60cm，直径2～25cm，不开裂。

种子倒卵形，长12mm，宽7.5mm，厚9mm，先端圆形，基部渐窄，中央微凹缺，两面突起，侧生环不明显，两侧略扁，有浅沟槽，表面栗褐色，无毛有不规则细环纹；种脐位于渐窄的一端，长条形，长约1mm，白色，脐沟不明显，脐晕突起，脐条呈沟槽状，长几等于种子周长。种皮厚0.2mm，外层有角质层。直胚，子叶倒卵形，长5.5mm，宽3.6mm，浅黄色；下胚轴及胚根长2mm，位于种脐一端。胚乳白色。

成熟期：9～10月。

产地：原产南亚地区。我国华南、西南南部等地栽培。

种子千粒重：110～140g。

播种：用种量17～20g/m²。

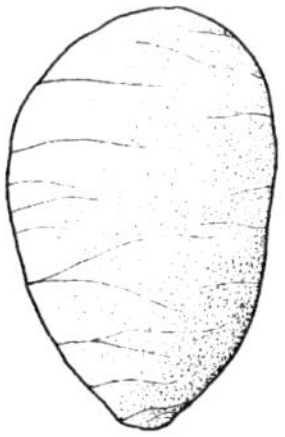

种子外形

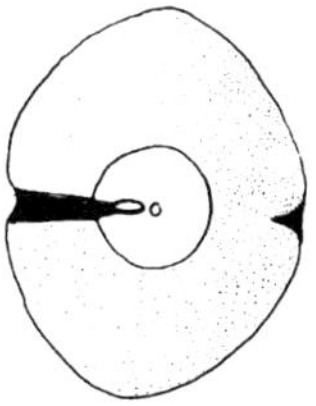

种子外形（示种脐）

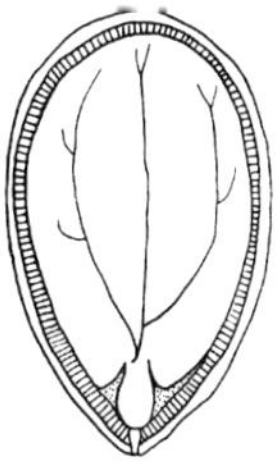

种子纵切面

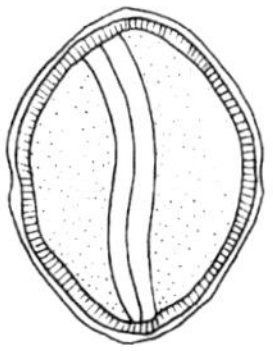

种子横切面

图306 腊肠树

## 云实

*Caesalpinia decapetala* (Roth) Alston

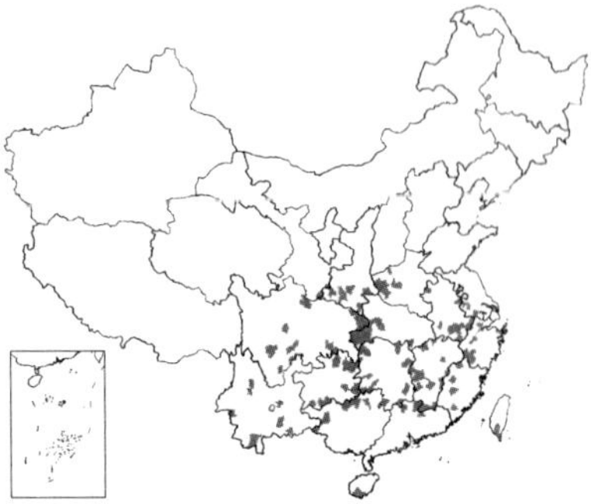

苏木科，攀援木质藤本。

荚果长椭圆形，长6～10.5cm，肿胀，具喙尖，腹缝具窄翅，开裂，栗色，具种子6～9粒。

种子椭圆形或倒卵状椭圆形，长9～11mm，宽6～8mm，厚5～6mm，先端圆钝，基部微凹，两侧圆弧形，表面紫褐色，有浅褐色长条状斑纹，无侧生环；种脐位于凹缺一端，近圆形，径约0.2mm，无脐沟，脐条椭圆形，长约1mm，脐晕微突起。种皮厚1mm，褐色，外壁为角质层。直胚，子叶椭圆形，长8～10mm，宽5～7mm，白色；下胚轴及胚根长约3mm，白色，位于种脐一端。无胚乳。

成熟期：9～10月。

产地：甘肃、陕西、河南、安徽、江苏、浙江、福建、江西、湖南、湖北、四川、贵州、云南、广东、广西、海南等地。

种子千粒重：200～280g。

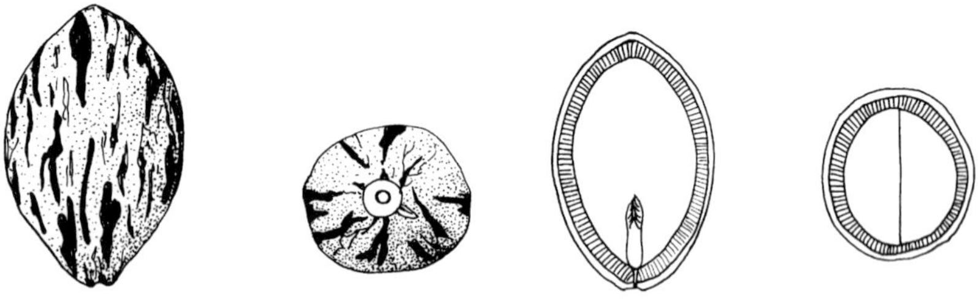

种子外形　　种子外形（示种脐）　　种子纵切面　　种子横切面

图307　云　实

# 喙荚云实

*Caesalpinia minax* Hance

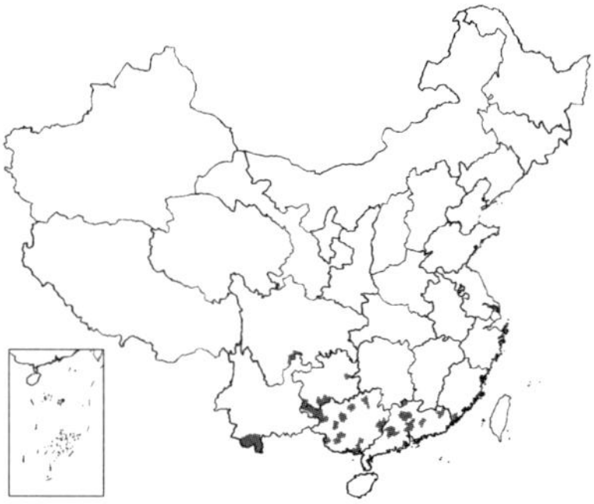

苏木科，攀援木质藤本，具刺。

荚果长圆形，长8～12cm，先端有喙，表面被棕色针状刺，具种子6～7粒。

种子柱状椭圆形，长16～18mm，宽8～10mm，厚7～9mm，先端圆钝，基部圆形，中央有一小突尖，表面黑色，有细环纹，无毛，有光泽；种脐略宽的一端，圆形，径不足1mm，常有残存种柄。种皮厚1.5mm，外面有角质层，内壁灰白色。直胚，子叶肥厚长13～15mm，宽约8mm，白色；下胚轴及胚根棍棒形，长约5mm，白色，位于种脐一端。无胚乳。

成熟期：8～9月。

产地：广东、广西、四川、贵州、云南等地。

播种：用种量100～120g/m$^2$。

种子千粒重：1150～1350g。

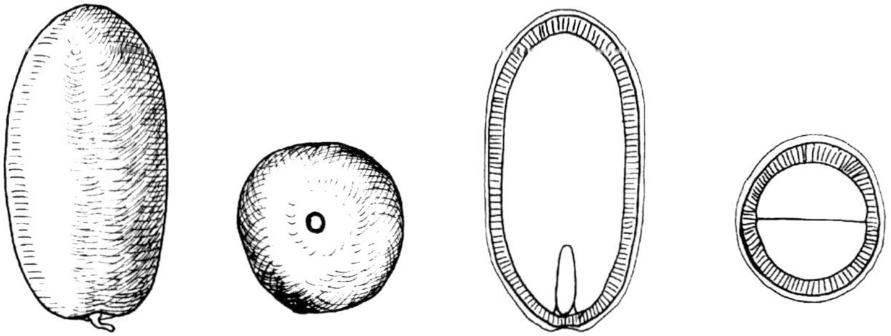

种子外形　种子外形（示种脐）　种子纵切面　种子横切面

图308　喙荚云实

# 紫荆

*Cercis chinensis* Bunge

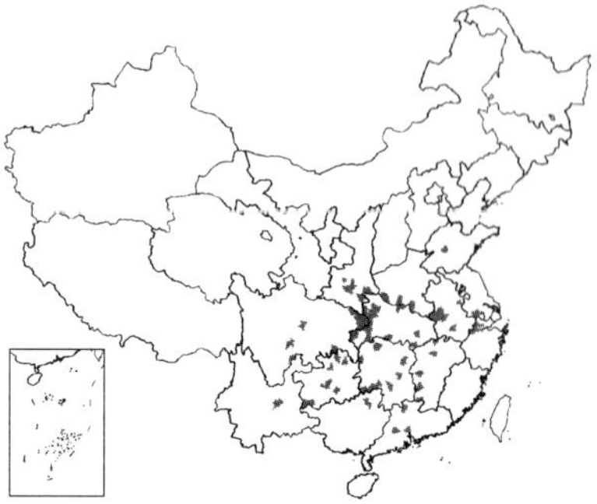

苏木科，落叶灌木或小乔木。

荚果长3～10.5cm，宽1.3～1.5cm，腹缝线具窄翅，开裂。

种子扁平宽椭圆形至近圆形（彩图66），长4.5～5mm，宽4～4.5mm，厚约2mm，先端圆形或钝尖，中央有小凹缺，基部微窄成截形微凹入，两面略平坦；种脐位于截形一端的凹陷处，圆形，径约0.5mm，黑褐色，脐冠微突起，脐沟、脐条均不明显。种皮厚0.2mm，黑紫色，平滑，有光泽。直胚，子叶近圆形，长宽约4mm，鲜黄色；下胚轴及胚根长1.2mm，鲜黄色，胚根朝向种脐一端。胚乳丰富，角质，白色。

成熟期：9～10月。

产地：黄河流域以南。我国大部分地区广为栽培、观赏。

种子千粒重：24g。

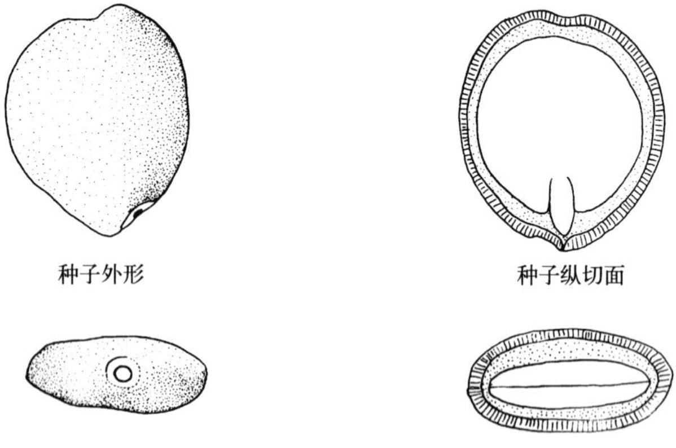


图309 紫 荆

# 垂丝紫荆

*Cercis racemosa* Oliv.

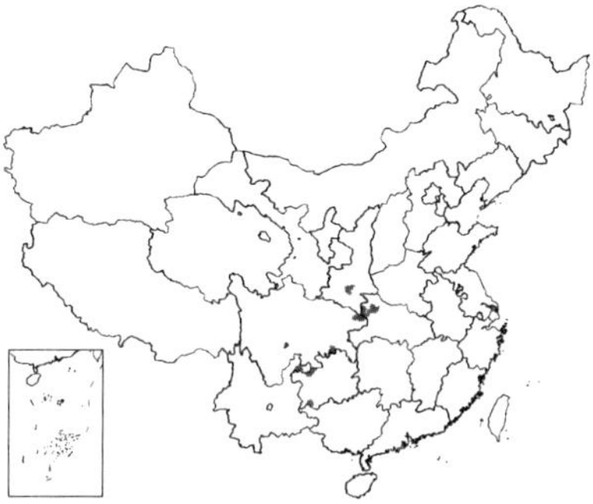

苏木科，落叶乔木。

荚果带状，长6～12cm，宽1.2～1.7cm。

种子扁平斜椭圆形，长5～6mm，宽5～6mm，厚约1.5mm，先端圆形或平缓，基部微凹缺，两面微突起，侧生环不明显；种脐位于种子凹缺一端，条形，长不及1mm，白色，脐晕微突起，脐沟条不明显。种皮厚0.2mm，绿褐色，无毛。直胚，子叶椭圆形，长约5.5mm，宽约5mm，浅黄色或略带绿色；下胚轴及胚根长1mm，位于种脐一端。具胚乳。

成熟期：8～9月。

产地：湖北、四川、贵州、云南等地。

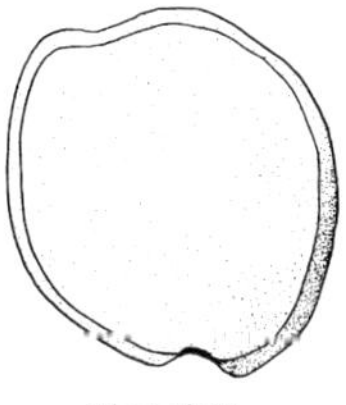

种子外形

种子外形（示种脐）

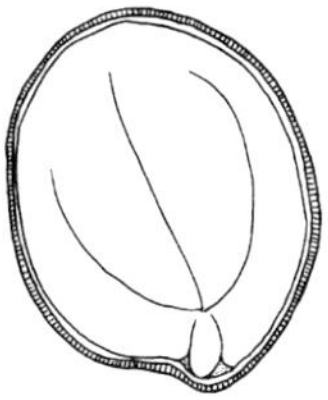

种子纵切面

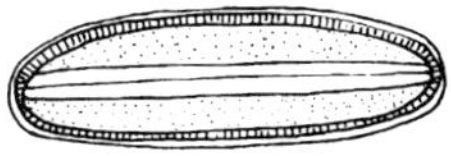

种子横切面

**图310 垂丝紫荆**

# 凤凰木

*Delonix regia* (Boj.) Raf.

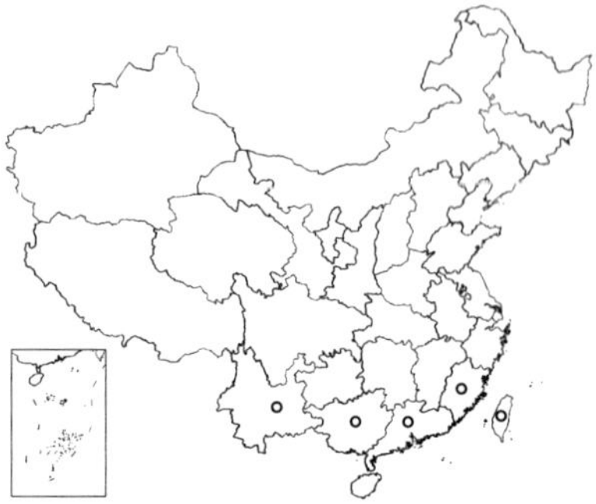

苏木科，落叶乔木。

荚果长带状，长25～60cm，黑褐色，果皮厚木质，具多数种子。

种子四棱状长条形，长18～20mm，宽6.5mm，厚约3～4mm，先端圆形，基部略凹入，两侧微具纵棱，背腹面平坦；种脐位于一端，圆形，径0.6mm，深褐色；脐条长4mm，呈沟槽状，种瘤不明显；常具宿存珠柄。种皮厚1mm，有黑白相间斑纹及纵横细裂纹，外壁有一层角质层，很坚硬。子叶宽条形，长16～18mm，宽4～5mm，黄绿色，有羽状脉纹，胚芽羽状复叶脉；下胚轴及胚根卵状椭圆形，长4mm，浅黄色，胚根朝向种脐一端。有薄层白色胚乳。

成熟期：10月。

产地：原产马达加斯加岛及热带非洲。我国台湾、福建、广东、广西、云南、贵州等地栽培。

种子千粒重：350～750g。

播种：用种量50～70g/m$^2$。

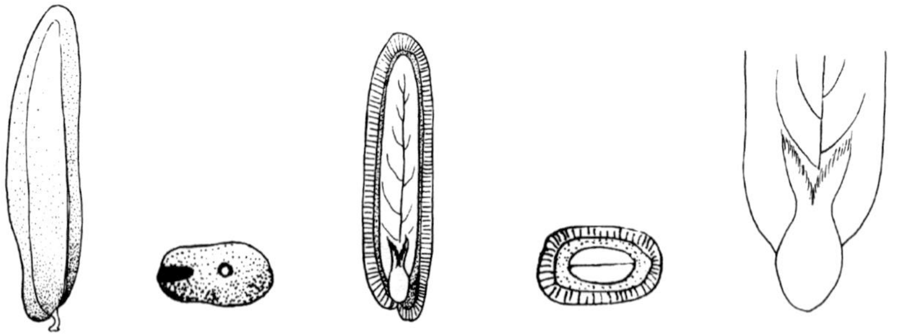

种子外形　种子外形（示种脐）　种子纵切面　种子横切面　子叶羽状复叶状

图311　凤凰木

# 格木

*Erythrophloeum fordii* Oliv.

苏木科，常绿大乔木。

荚果长圆形，长12～18cm，宽3～4cm，黑褐色，具皮孔。

种子扁平矩圆状椭圆形或矩圆状倒卵形，长15～17mm，宽12～14mm，厚6mm，顶端平截中央微凹缺，基部具钝尖，周围有沟槽；种脐近圆形，位于钝尖一端，脐条、脐沟均不明显。种皮黑色，厚0.5mm，外壁有一层厚角质层。直胚，子叶椭圆形，长约13～15mm，宽约11mm，绿色；下胚轴及胚根长5mm，白色，胚根朝向种脐一端。胚乳蓝灰色，角质。

成熟期：10～11月。

产地：浙江、台湾、福建、贵州、广东、广西等地。

种子千粒重：890～1100g。

播种：用硫酸浸种30分钟或沸水烫种至自然冷却，胶质膨胀后用清水洗净，再水浸1昼夜，用种量100g/m$^2$。

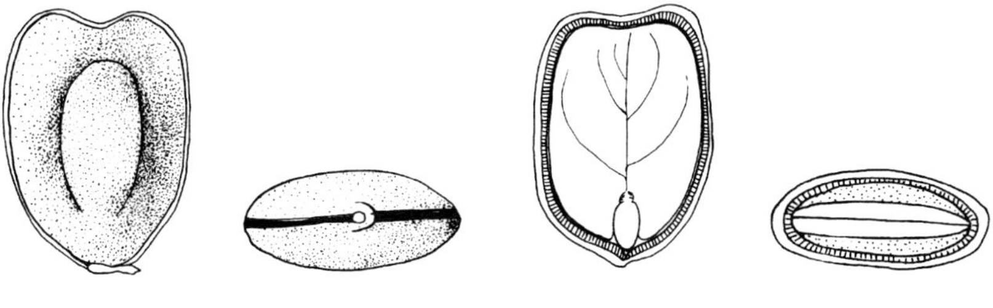

种子外形　　种子外形（示种脐）　　种子纵切面　　种子横切面

图312　格　木

# 日本皂荚

*Gleditsia japonica* Miq.山皂荚

[*Gleditsia melanacantha* Tang et Wang]

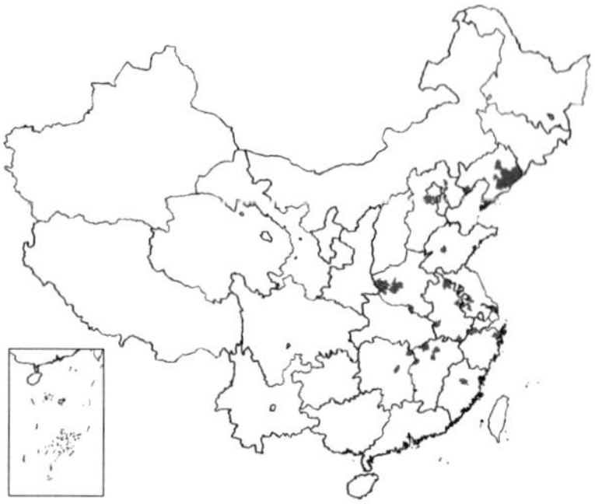

苏木科，落叶乔木。

荚果扁平，长15～25cm，宽2～3.5cm，常扭曲，暗红褐色。

种子矩圆状倒卵形（彩图67），长10～11mm，宽6.5～7.5mm，厚约3.5mm，先端圆形，基部渐窄，两面略平坦；种脐小，圆形，位于渐窄一端之一侧，直径约0～2mm，脐微突起，常有宿存珠柄，脐条长约5mm，浅槽状，黑色。种皮黑褐色，平滑，厚0.2mm，外壁有角质层甚坚硬。直胚，子叶倒卵形，长9mm，宽7mm，橘黄色；下胚轴及胚根长2mm，橘黄色，胚根朝向种脐一端。胚乳白色，角质。

成熟期：9～10月。

产地：吉林、辽宁、河北等地。

种子千粒重：190g。

播种：浸泡种子至吸水充分或破裂时秋播，也可浸种后混沙低温层积4～5个月春播。

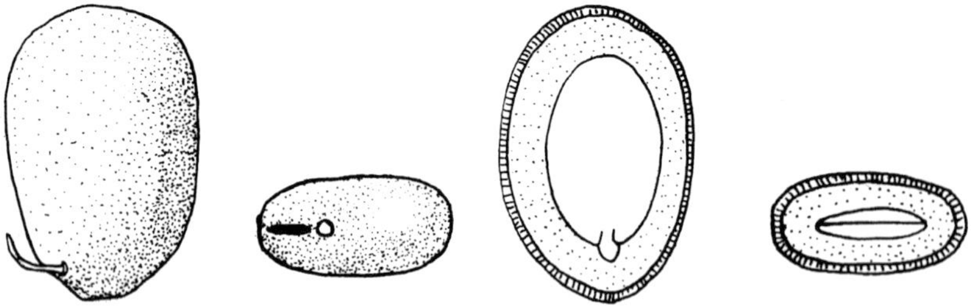

种子外形　　种子外形（示种脐）　　种子纵切面　　种子横切面

图313　日本皂荚

# 皂荚

*Gleditsia sinensis* Lam.

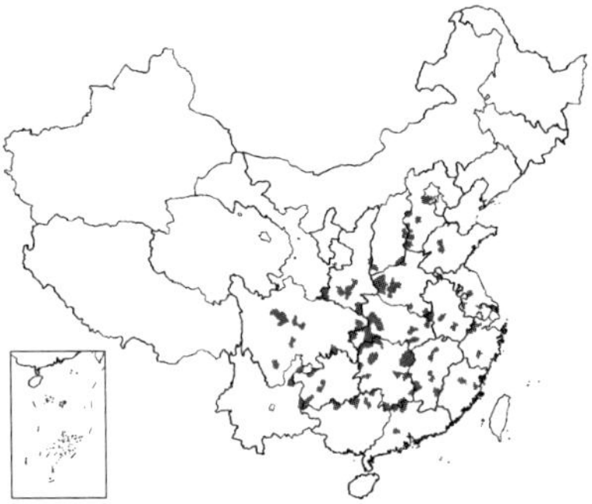

苏木科，落叶乔木。

荚果带状，长5～35cm，有时弯曲，黑褐色或紫红色，果皮木质。

种子倒卵形，长12mm，宽9mm，厚6～6.5mm，先端圆，基部略窄呈圆钝尖头；种脐位于较窄一端之侧面，圆形，径约0.2mm，白色，脐条长约1mm，黑紫色，脐条、脐冠、种瘤均不明显。种皮厚0.2mm，褐色，略有凸凹，光滑，有光泽，外有一层角质层。直胚，子叶宽倒卵形至近圆形，长约9mm，宽约7mm，橘黄色；下胚轴及胚根长约2mm，胚根朝向种脐一端。胚乳丰富，白色，角质。

成熟期：10月。

产地：黄河以南，北起河北、山西，西至陕西、甘肃，西南达四川、云南、贵州、南至福建、广东、广西等地。

种子千粒重：450～600g。

播种：用始温60～90℃水浸种，在18～25℃室内覆盖催芽每天用40℃水冲淋1～2次，或浓硫酸浸种0.5～1小时，清水冲洗后层积3～5天，也可秋末浸种，充分吸水后层积4～5个月，用种量50～100g/m²。

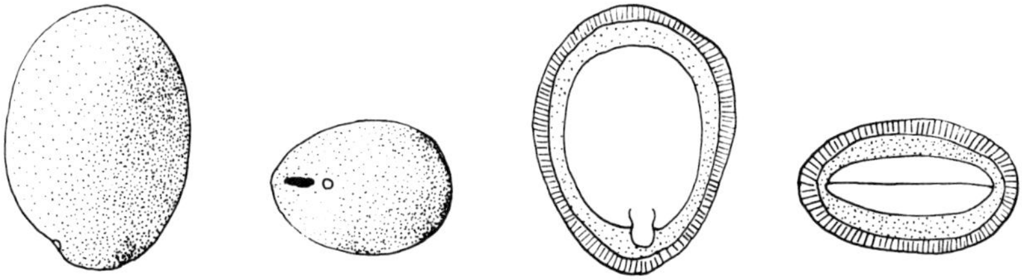

种子外形　种子外形（示种脐）　种子纵切面　种子横切面

图314 皂　荚

# 野皂荚

*Gleditsia microphylla* Gordon ex Y.T. Lee

苏木科，落叶小乔木或灌木。

荚果椭圆形，长3～6cm，果皮薄，红褐色，具喙；具种子1～3粒。

种子斜宽倒卵形或近圆形，长9mm，宽9mm，厚3.5mm，先端钝尖，基部微凹陷，两面略扁平；种脐位于凹陷处，椭圆形，长约0.5mm，脐沟不明显，脐冠微隆起，脐条长1.5mm，黑色。种皮厚0.2mm，栗褐色，平滑，有横向破裂浅纹。有角质层。直胚，子叶倒卵形或近圆形，长约7～10mm，宽约6～7mm；下胚轴及胚根长2mm，胚根朝向种脐一端。有胚乳。

成熟期：9月。

产地：河北、山西、河南、山东、陕西等地。

种子千粒重：130g。

播种：浸泡种子至吸水充分或破裂时秋播，也可浸种后混沙低温层积4～5个月后春播，用种量10～18g/m²。

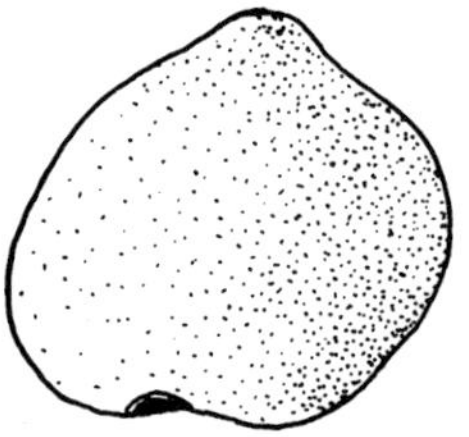

种子外形

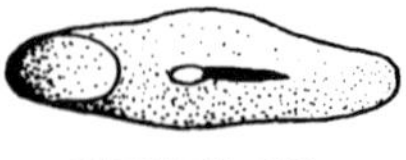

种子外形（种脐）

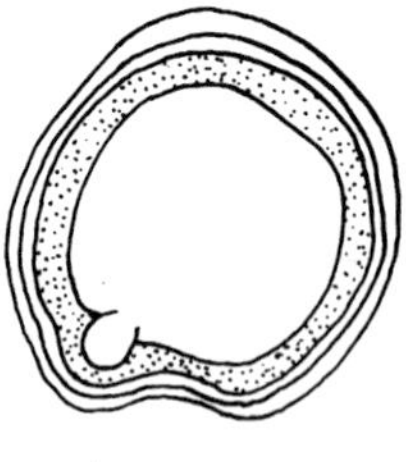

种子纵切面

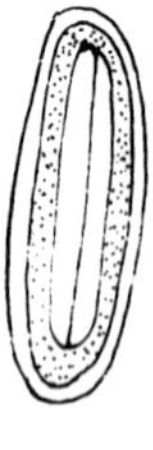

种子横切面

图315 野皂荚

# 美国肥皂荚

*Gymnocladus dioicus* (Linn.) K. Koch

苏木科，落叶乔木。

荚果长圆状镰形，长 10～25cm，宽 3.5～5cm，厚 1～2cm，暗褐色，果皮厚革质。

种子宽倒卵形，长 15mm，宽 12mm，厚10mm，先端圆弧形，基部渐窄，渐窄一端有残存珠柄；种脐圆形，径约1.3mm，浅黄色，脐晕不明显，种孔略可见，靠近种脐，脐条黑褐色，长约 2mm，呈浅沟槽。种皮厚 0.8mm，平滑，灰褐色或间有浅黄褐色。外壁有角质层，甚坚硬。子叶倒卵形，长 13mm，宽 10mm，浅黄色；胚芽羽状复叶状，下胚轴及胚根长 3mm，卵形，浅黄色，胚根朝向种脐一端。有薄层胚乳，白色。

成熟期：10 月。

产地：原产加拿大和美国。我国江苏、浙江、北京等地有栽培。

种子千粒重：1520～2270g。

播种：温水浸种或浓硫酸短时间浸泡，用种量 2～3g/$m^2$。

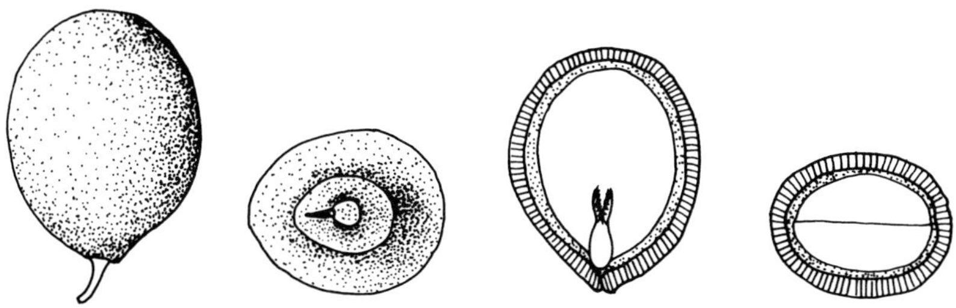

种子外形　　种子外形 (示种脐)　　种子纵切面　　种子横切面

图 316　美国肥皂荚

# 仪花

*Lysidice rhodostegia* Hance

苏木科，常绿大乔木。

荚果扁平，长15～25cm，宽3.3～5.5cm，果皮厚，木质，开裂扭曲。

种子形状多样，基本形状是扁平矩圆形和菱状矩圆形，长18～20mm，宽8～22mm，厚约5mm，先端平截，基部平截中央微凹陷；种脐位于凹陷一端，圆形，径不足0.5mm，常有残存种柄，脐沟、脐条均不明显。种皮栗褐色，平滑，有光泽，厚0.5mm，外面有角质层，侧生环近边缘，闭合。子叶肥厚，矩圆形，长17～21mm，宽7～21mm，白色；胚轴及胚根长1～2mm，位于种脐一端。无胚乳。

成熟期：9～10月。

产地：云南、贵州、广西、广东等地。

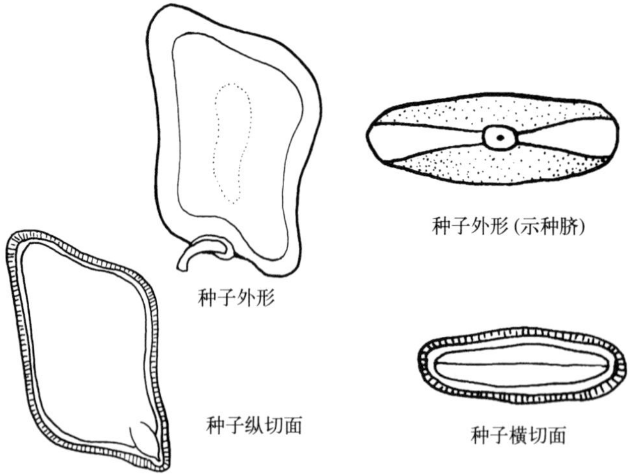


图317　仪　花

# 缅茄

*Afzelia xylocarpa* (Kurz) Craib

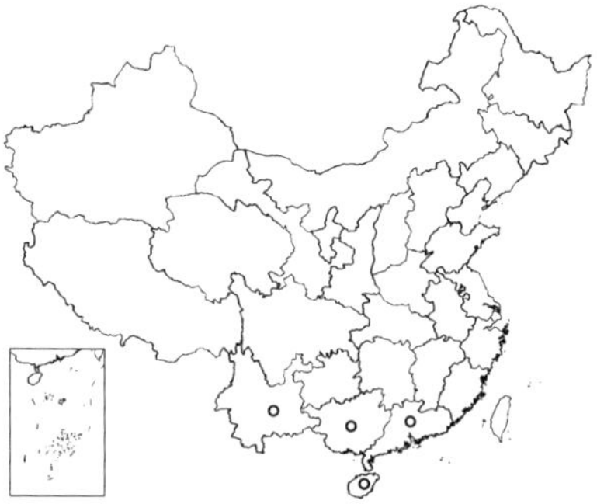

苏木科，常绿乔木。

荚果长圆形，长10～14cm，厚约4cm，棕褐色，种子间有横隔。

种子矩圆形，连种柄长40mm，宽20mm，厚约15mm，先端圆钝，中央呈乳头状小突起，基部平截。种皮黑色、平滑。种柄肥厚，短圆柱形，褐色，粗糙，肥厚，短圆柱形愈合，长18mm，宽16mm。

成熟期：8月。

产地：原产缅甸和泰国。广东、广西、海南等地有栽培。

## 东京油楠

*Sindora tonkinensis* A.Cheval

苏木科，常绿乔木。

荚果扁平，开裂，被短刺。

种子扁长倒卵形，长30mm，宽18mm，厚10mm，先端圆形，表面黑色，平滑，基部有倒三角形肥厚种柄，长约12mm，宽与长差不多厚8mm，褐色。

成熟期：9～10月。

产地：广东。

种子千粒重：2000～3000g。

播种：播前用始温为80～90℃的热水浸种，用种量370～500g/m$^2$。

# 云南无忧花

*Saraca dives* Pierre

苏木科，常绿乔木。

荚果扁平，长25～40cm，宽4～6cm，具种子12粒。

种子矩圆状扁平椭圆形，长18～22mm，宽11～14mm，厚4～5mm，先端圆弧形，基部略偏斜，微凹，两侧近平行，两面近平坦或中央微凹陷；种脐椭圆形，长约0.5mm，无脐沟，脐条不明显，脐晕微突起。种皮厚0.5mm，骨质，栗褐色，平滑，有光泽，有横浅状裂纹，侧生环近边缘，下面闭合；种柄宿存，坚硬、长约2mm。直胚，子叶矩圆形，长16～20mm，宽9～12mm，白色；下胚轴及胚根长1.5mm，位于种脐一端。

成熟期：9～10月。

产地：云南等地。越南和老挝有分布。

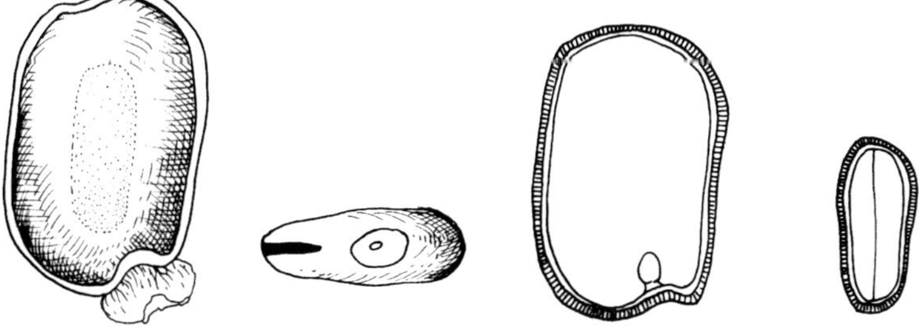

种子外形　种子外形（示种脐）　种子纵切面　种子横切面

图318　云南无忧花

# 酸角

*Tamarindus indica* Linn.

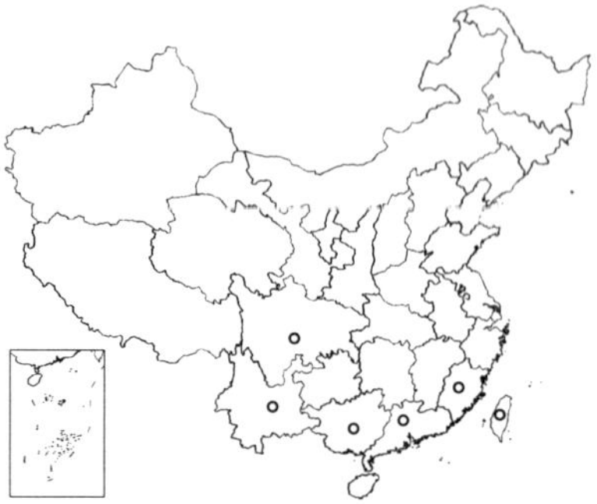

苏木科，常绿大乔木。

荚果长圆柱形，长5.3～15cm。外果皮薄而脆，中果皮纤维肉质，内果皮厚，革质。种子间有隔膜。

种子矩圆状扁卵形，长14mm，宽10mm，厚5mm，先端圆钝，基部微凹陷，周围有浅沟槽，两面近平坦，侧生环闭合矩圆状卵形；种脐位于种子较宽的一端基部凹陷处，圆形，径约1.5mm，浅褐色，脐沟、脐冠均不明显。种皮栗褐色，厚0.2mm。直胚，子叶矩圆状卵形，长13mm，宽约9mm，肥厚，白色，胚芽长约1mm，可见羽状复叶；下胚轴及胚根长约2mm，白色，胚根朝向种脐一端。无胚乳。

成熟期：1～3月。

产地：原产非洲中部，我国四川、云南、广西、广东、福建、台湾等地有栽培。

种子千粒重：900g。

播种：用种量150～200g/m$^2$。

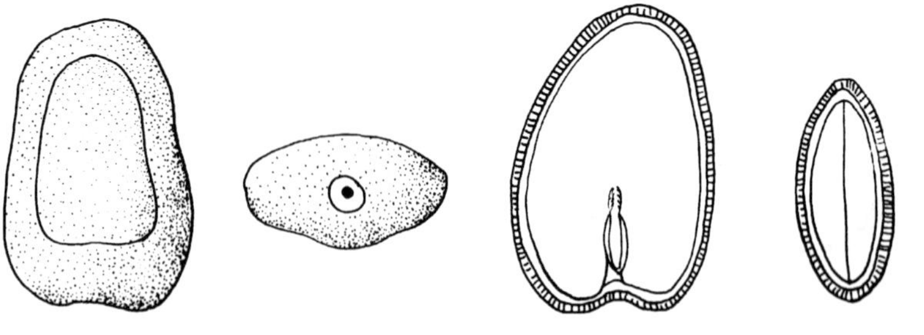

种子外形　　种子外形（示种脐）　　种子纵切面　　种子横切面

图319　酸　角

# 翅荚木

*Zenia insignis* Chun 任豆

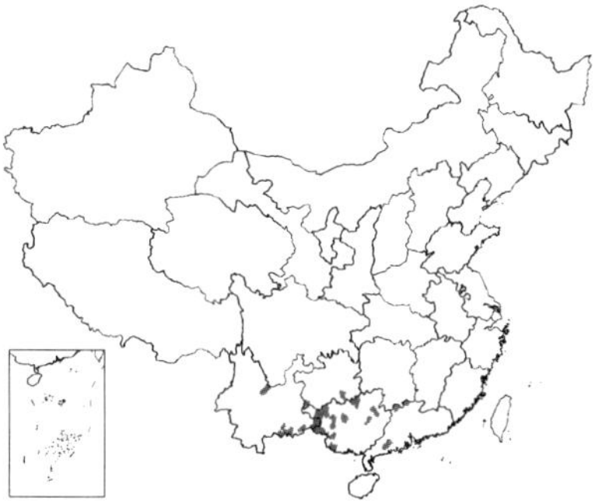

苏木科，落叶乔木。

荚果长椭圆形或椭圆状长圆形，长10～15cm，宽3～3.8cm，膜质，扁平，腹缝线具宽翅，翅宽0.6～1cm，不开裂，有网状脉纹。

种子正方状扁圆形，长宽各5～6mm，先端斜截、平截中央微凹缺，基部平截或近圆形，两面平坦；种脐位于平截一端，圆形，径0.3mm，白色，脐沟不明显，脐条长约6mm，紫褐色。种皮厚0.2mm，棕褐色，无毛，有纵横细脉纹，内壁白色。子叶方状宽倒卵形或宽椭圆形，长宽各约5.5mm，浅黄色，有脉纹；下胚轴及胚根长约1mm，浅黄色，位于种脐一端。有胚乳。

成熟期：9～11月。

产地：云南、贵州、广西、广东、湖南等地。

种子千粒重：46～50g。

播种：播前用始温为60～70℃的热水浸种，用种量5～8g/m²。

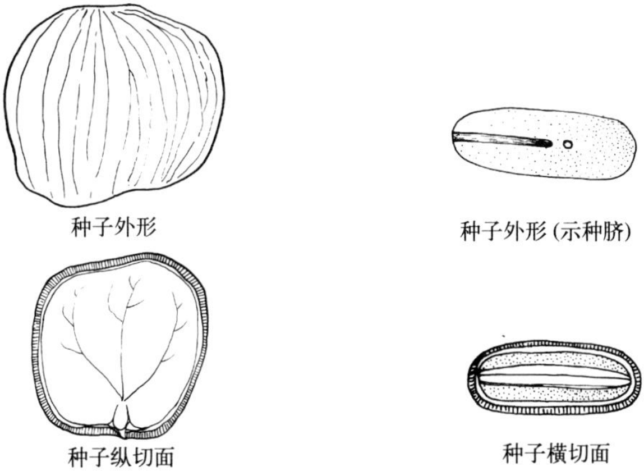


图320　翅荚木

# 老虎刺

*Pterolobium punctatum* Hemsl.

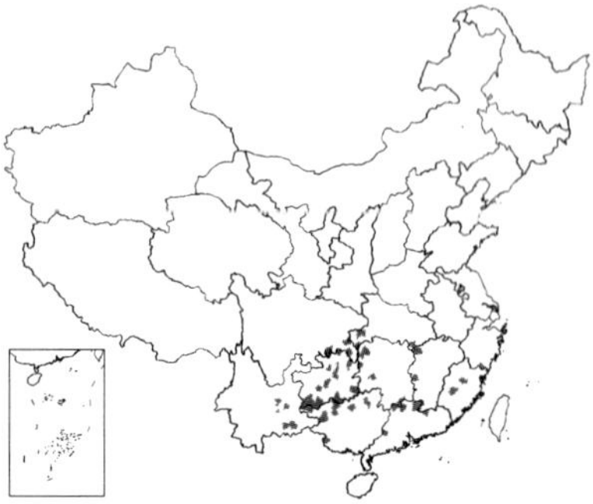

苏木科，攀援藤本，有刺。

荚果长圆状匙形，长2.5～3.5cm，宽0.9～1.5cm，顶部具膜质翅，翅长1.5～2.5cm，深红色，具1粒种子。

种子扁平椭圆形，长8～10mm，宽5～6mm，厚2.5～3mm，先端圆弧形，基部平截，微凹，两侧弧形，窄棱状，两面微扁平，侧生环不明显，位于种子近边缘处；种脐近圆形，径约0.2mm，白色，位于种子基部凹陷处，常有宿存白色丝状株柄，无脐沟，脐晕突起，淡褐色，脐条长约1.5mm，微凹陷。种皮厚0.2mm，茶褐色，平滑，有纵横细裂纹。直胚，子叶椭圆形，充满种皮内，浅黄色；下胚轴及胚根位于种脐一端。无胚乳。

成熟期：10～11月。

产地：华南、西南。

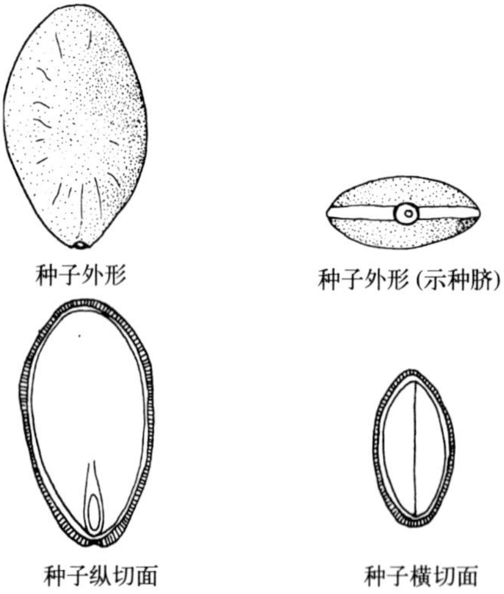


图321　老虎刺

## ·蝶形花科 FABACEAE (PAPILIONACEAE)·

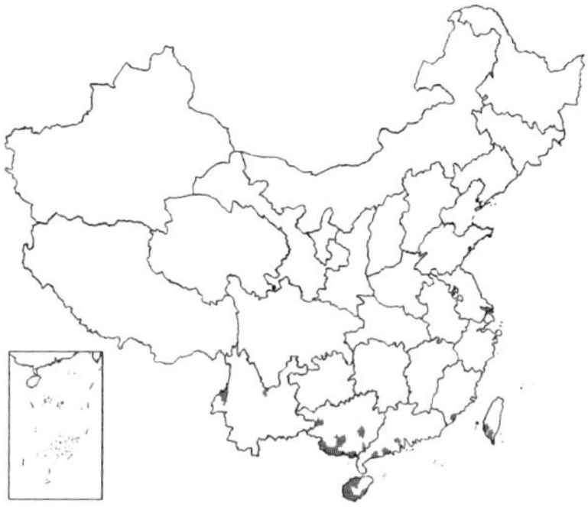

# 相思子

*Abrus precatorius* Linn.

蝶形花科，攀援灌木。

荚果长圆形，长2～4.5cm，肿胀，密被平伏柔毛，具种子4～6粒。

种子横椭圆形，长4～5mm，宽5.5～6mm，两端圆弧形，上端红色，近基部黑色，平滑有光泽；种脐位于黑色一侧下方，椭圆形，长约1mm，宽0.6mm，白色，脐沟明显，脐条淡褐色微凹下，脐晕环突起。种皮厚0.2mm，内壁浅黄色。弯胚，子叶肥厚，长约5.6mm，宽约4.6mm，浅黄色；下胚轴胚根长2.5mm，位于种脐一侧。无胚乳。

成熟期：10～11月。

产地：广东、广西、云南、海南、台湾等地。

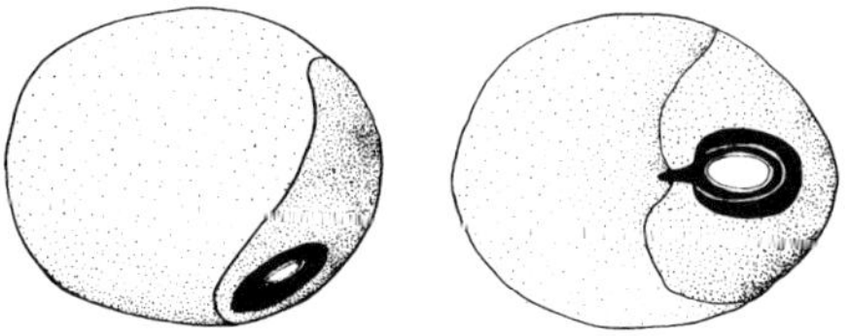

种子外形

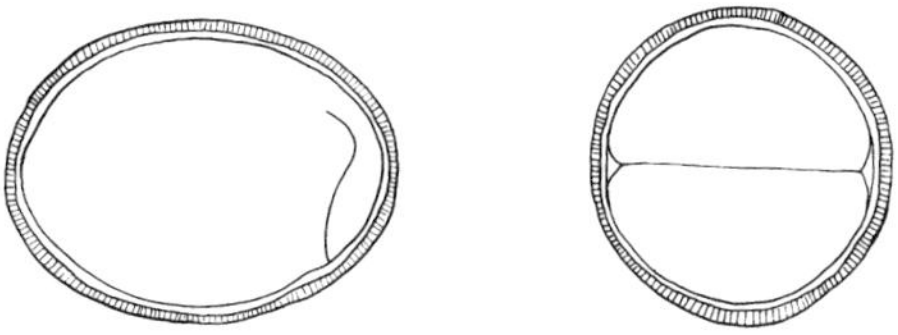

种子纵切面　　种子横切面

图322　相思子

# 银砂槐

*Ammodendron argenteum* (Pall.) Ktze.

蝶形花科，落叶带刺灌木。

荚果长1～2cm，宽0.5～0.6cm，基部被毛。

种子横矩圆状长卵形，长2.7mm，宽4.7mm，厚2.4mm，先端圆弧形，基部平截，近一端微凹入，两面凸起；种脐位于微凹处，圆形，径0.3mm，脐沟不明显，脐冠微凸起，脐条长1.5mm，褐色。种皮苍黄色，平滑，厚0.2mm。弯胚，子叶长卵形，长4mm，宽2.3mm，鲜黄色；下胚轴、胚根位于一侧，长1.5mm，鲜黄色，胚根朝向种脐一端。无胚乳。

成熟期：6月。

产地：新疆伊犁等地。

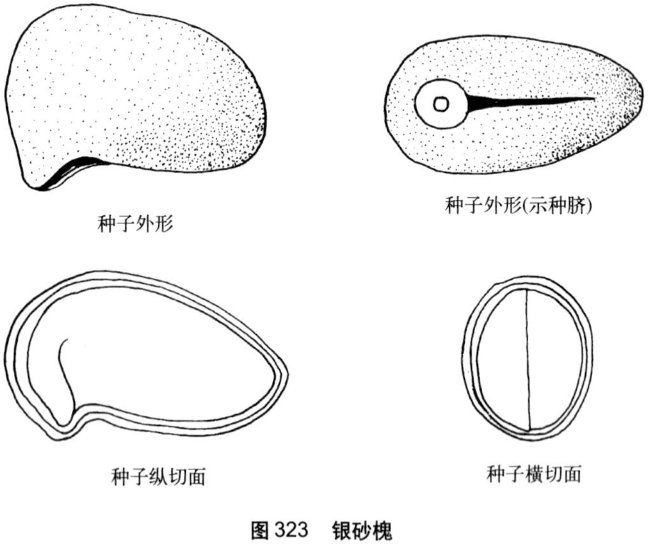


图323 银砂槐

# 紫穗槐

*Amorpha fruticosa* Linn.

蝶形花科，落叶灌木。

荚果短镰状，长7～9mm，宽约2～3mm，厚约2～5mm，果皮褐色，有腺囊，干时为腺点，有宿萼。

种子窄长（彩图69），横椭圆形，微扁，长1.8～2mm，宽约4～5mm，厚约1.2～1.5mm，先端弧形，基部偏一侧微凹陷；种脐位于弯曲一端的下方凹陷处，近圆形，径0.5mm，脐沟不明显，脐冠隆起，脐条长2mm，暗褐色。外种皮褐色，平滑有光泽，骨质，厚0.2mm。弯胚，子叶椭圆形，长4～5mm，宽1.5～1.8mm，微有脉纹，浅黄色；胚芽小，椭圆形，下胚轴及胚根位于种子一侧，长1.5mm，浅黄色，胚根朝向种脐一端。无胚乳或有少量胚乳。

成熟期：9～10月。

产地：原产北美。我国广为栽培，以华北平原生长最好。

种子千粒重：9.2～12.4g。

播种：播前用70℃热水浸种，水冷后继续浸种1～2天，捞出后每天洒温水1～2次，用种量8～10g/$m^2$。

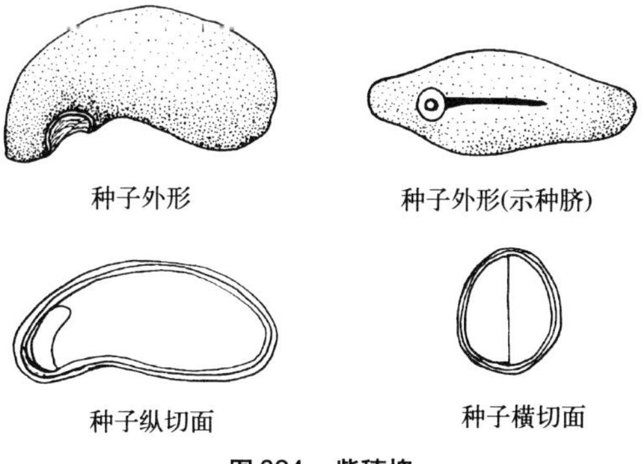


图324 紫穗槐

# 三棱杭子梢

*Campylotropis trigonoclada* (Franch.) Schindl.

蝶形花科，落叶小灌木。

荚果斜椭圆形，长7mm，被毛。

种子横倒卵形，长2.2mm，宽3.3mm，厚1.2mm，先端圆弧形，基部中央微凹，两端圆钝；种脐位于凹缺一端，圆形，黑色，脐沟不明显，脐环明显突起，呈浅黄色，脐条长约1mm。种皮表面黑色，平滑，有光泽，厚0.1mm。弯胚，子叶卵形，长约3mm，宽2mm，浅黄色；下胚轴及胚根位于较长一侧，长约2mm，浅黄色，胚根朝向种脐一端。无胚乳。

成熟期：8～9月。

产地：云南、贵州、四川等地。

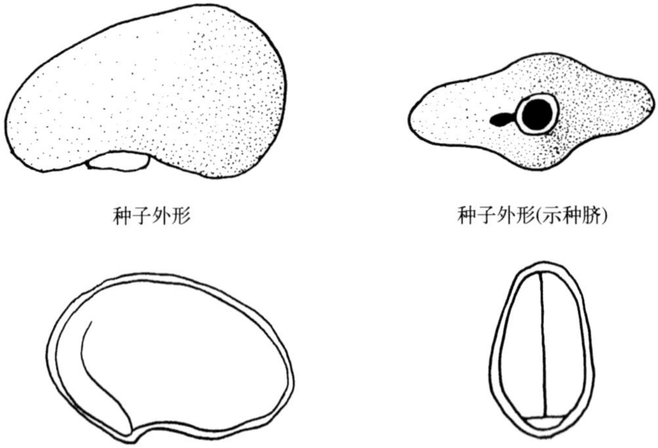


图 325　三棱杭子梢

# 毛三棱杭子梢

*Campylotropis banatiana* (Pamp.) Schindl.

蝶形花科，落叶小灌木。

荚果斜椭圆形，长7～8mm，被毛。

种子横肾形，长约1.7mm，宽约2.7mm，厚约1.1mm，先端圆弧形，基部微凹，两侧弧形，两面微突起；种脐位于微凹一端，椭圆形，长约0.5mm，脐晕凸起，白色，脐沟不明显，脐条长约1mm，微凹下。种皮紫褐色，有浅褐色不规则网状斑纹，平滑，无毛，厚0.1mm。弯胚，子叶椭圆形，长约2.5mm，宽约1.5mm，淡黄色；下胚轴及胚根长约1mm，位于种子一侧，胚根朝向种脐。无胚乳。

成熟期：11月。

产地：云南等地。

种子外形

种子外形(示种脐)

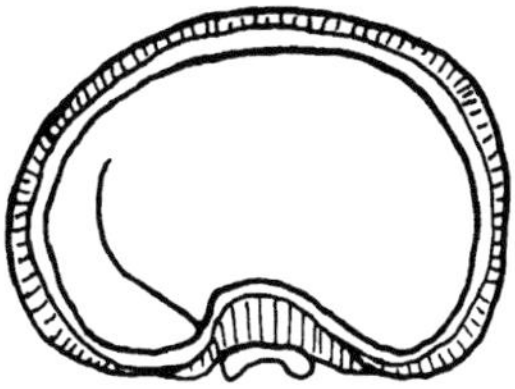

种子纵切面

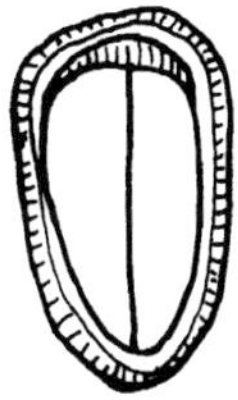

种子横切面

图326 毛三棱杭子梢

# 树锦鸡儿

*Caragana sibirica* Frabr.

蝶形花科，落叶小乔木。

荚果扁条形，长3.5～6.5cm，宽0.4～0.6cm，无毛。

种子横肾形或横椭圆形，长2.9mm，宽4.8mm，厚3.0mm，先端弧形，基部偏一侧微凹入，两面凸起；种脐位于微凹处，圆形，径0.5mm，白色，脐沟不明显，脐冠微突起，脐条浅沟状，长约3mm，种瘤不明显。种皮黑紫色，平滑，厚0.2mm。弯胚，子叶椭圆形，长4.4mm，宽2.5mm，黄褐色；下胚轴胚根位于种子一侧，长2mm，与子叶同色，胚根朝向种胚一端。无胚乳。

成熟期：8～9月。

产地：黑龙江、吉林、辽宁、内蒙古、河北、山西、陕西、甘肃、新疆等地。

种子千粒重：25～28g。

播种：用始温50～60℃水浸泡24小时，种子吸胀即可，用种量5～25g/m$^2$。

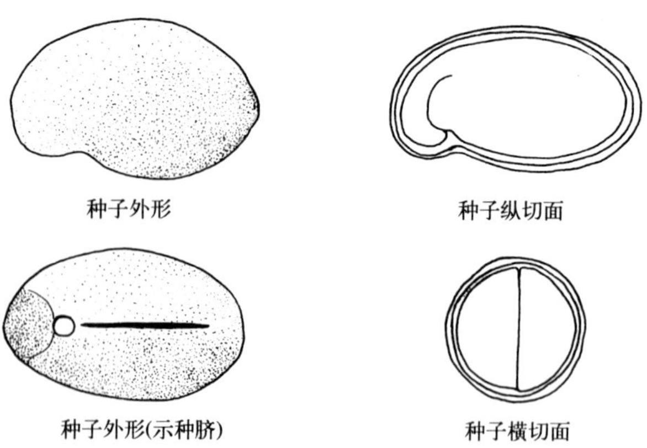


图327 树锦鸡儿

# 鬼箭锦鸡儿

*Caragana jubata* (Pall.) Poir.

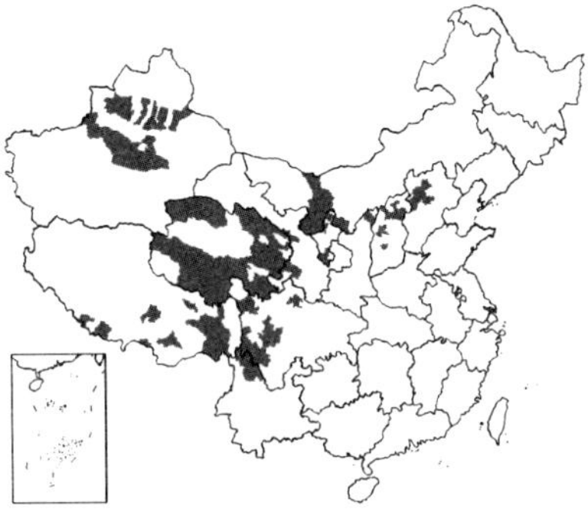

蝶形花科，直立或匍匐丛生灌木。

荚果被长毛。

种子呈宽肾形，长2.5mm，宽3.5mm，厚2.5mm，先端弧形，基部一侧微凹入，两面凸起；种脐位于凹入处，椭圆形，长5mm，白色，脐沟黑色，脐冠凸起，脐条长2.3mm，黑紫色。种皮苍黄色，有黑紫色斑纹，平滑，厚0.2mm。弯曲胚，子叶倒卵形，长3.1mm，宽2.1mm，浅黄色；下胚轴及胚根位于种子一侧，长1.5mm，浅黄色，胚根朝向种脐一端。无胚乳。

成熟期：8～9月。

产地：河北、山西、内蒙古、甘肃、宁夏、四川、云南、新疆、青海等地。

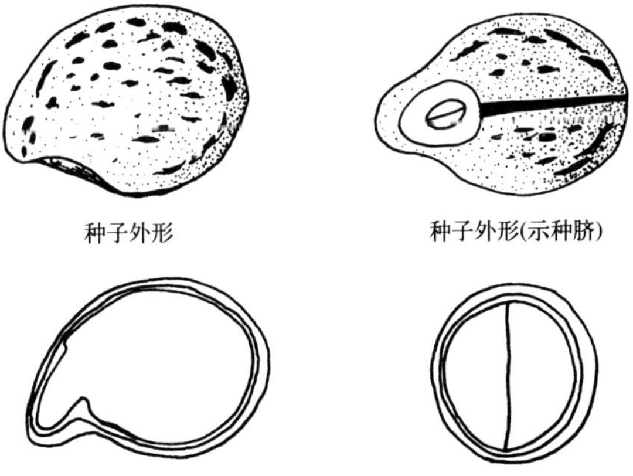


图 328 鬼箭锦鸡儿

# 翅荚香槐

*Cladrastis platycarpa* (Maxim.)Makino

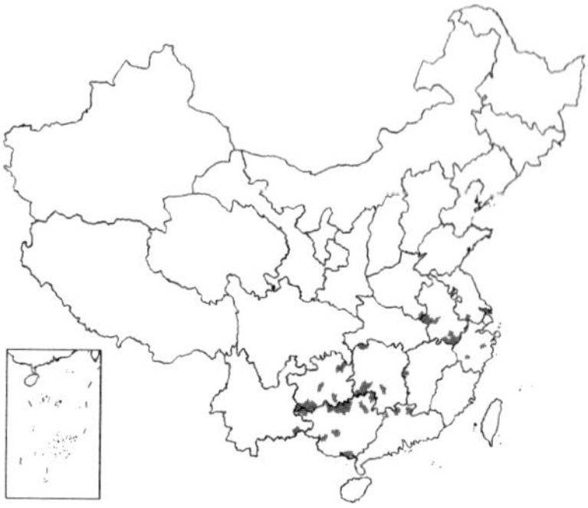

蝶形花科，落叶乔木。

荚果长圆形或披针形，长3～7cm，两边有窄翅，近无毛，具种子1～4粒。

种子呈倒卵形，长4.5～5mm，宽7.5～8mm，厚约1.7mm，先端弧形，基部平截，有3个凹缺，两面微突起；种脐位于深凹缺处，椭圆形，长约1mm，宽0.5mm，浅褐色，脐沟明显，脐冠明显突起，脐条长4mm，黑色，种瘤位于脐条中部。种皮黑褐色或茶褐色，平滑，厚0.1mm。弯曲胚，子叶横椭圆形，长8mm，宽4mm，深绿色；下胚轴及胚根位于种脐一侧，长3mm，深绿色，胚根朝向种脐一端。无胚乳。

成熟期：10月。

产地：江苏、浙江、湖南、广东、广西、贵州、云南等地。

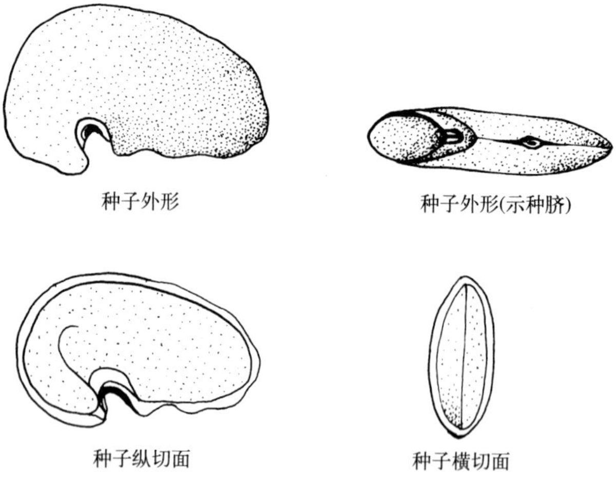


图329 翅荚香槐

# 香港黄檀

*Dalbergia millettii* Benth.

蝶形花科，藤本。

荚果窄椭圆形，长4.4～5.5cm，无毛，具种子1～2粒。

种子扁平椭圆形，长5～5.5mm，宽8.5～9mm，厚约1mm，周长23mm，先端弧形，基部平截，种脐一端一侧有一条沟槽，两面微突起；种脐位于种子基部约1/3处，种脐椭圆形，长0.5mm，宽0.2m，脐晕微突起，黑色，脐条长约4mm，黑色，种瘤不明显。种皮黄褐色，平滑，厚0.1mm，内壁浅黄色。子叶黄绿色；下胚轴及胚根弯曲长4mm，鲜黄色。无胚乳。

成熟期：9月。

产地：浙江、福建、湖南、广东、广西等地。

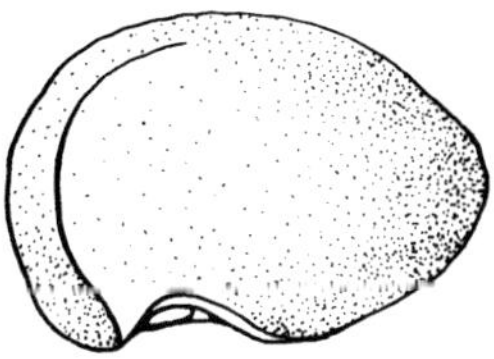

种子外形

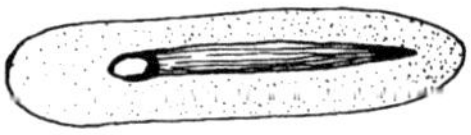

种子外形(示种脐)

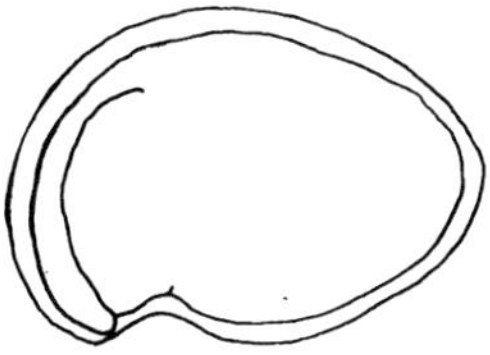

种子纵切面

种子横切面

图330　香港黄檀

# 黄檀

*Dalbergia hupeana* Hance

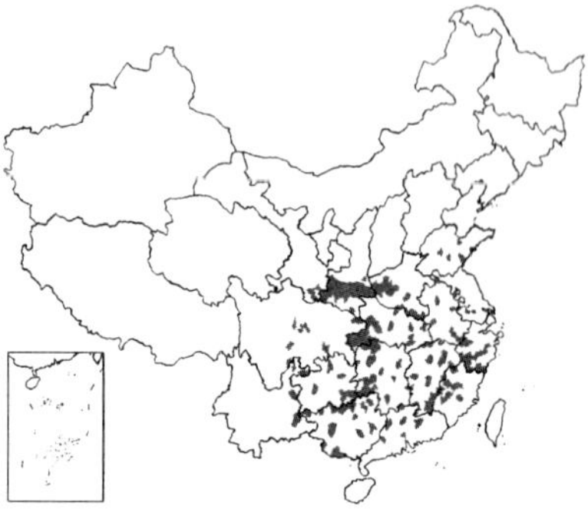

蝶形花科，落叶乔木。

荚果长圆形或带形，长3～7cm，具种子1～3粒。

种子扁平横椭圆形（彩图70），长5mm，宽7.5mm，厚1.5mm，周长19mm，先端弧形，基部平截，两面微凸起，平滑，无沟横；种脐位于基部一侧约1/4处，椭圆形，长0.5mm，宽0.2mm，脐晕微突起，黑色，脐条长3.5mm，微突起，栗褐色，种瘤不明显，位于脐条末端。种皮黄褐色。子叶鲜黄色；下胚轴及胚根位于种脐一侧，长约4mm，微弯曲，鲜黄色。无胚乳。

成熟期：9～10月。

产地：江苏、山东、河南、福建、广东、广西、四川、贵州、云南、安徽、江西、湖南、湖北、陕西等地。

种子千粒重：35～50g。

播种：用种量7～10/m$^2$。

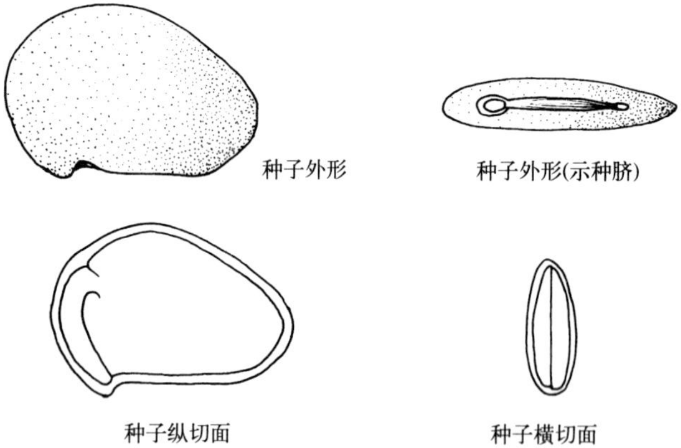


图331 黄 檀

# 南岭黄檀

*Dalbergia balansae* Prain

蝶形花科，落叶乔木。

荚果椭圆形，长5～6（13）cm，具种子1粒。

种子横椭圆形，长4～4.5mm，宽7～8mm，厚1.5mm，周长18mm，先端弧形，基部平截，两面略呈凸透镜形；种脐一端有一沟槽，具胚根一端伸长呈短尖头。种脐位于基部近边缘一侧，长椭圆形，长0.8mm，宽0.5mm，脐沟不明显，脐晕环微突起，脐条长约4mm，种瘤略明显，位于脐条末端。种皮紫褐色，平滑而有光泽，厚0.1mm。子叶黄绿色；下胚轴及胚根位于种脐一侧，淡黄色，长约3mm，微弯曲。无胚乳。

成熟期：11～12月。

产地：浙江、江西、湖南、广东、广西、海南、四川、贵州等地。

种子千粒重：30～50g。

播种：用种量7～10/m$^2$。

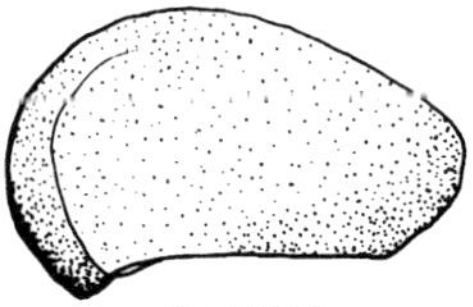

种子外形

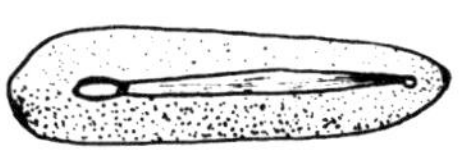

种子外形(示种脐)

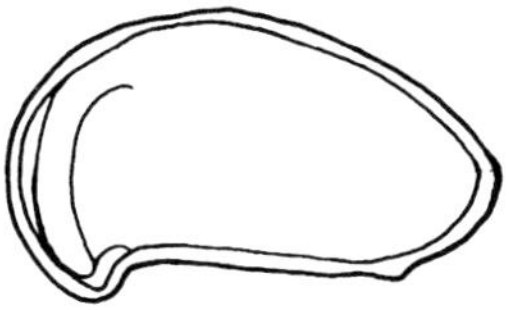

种子纵切面

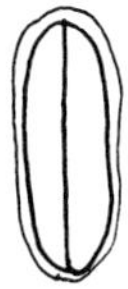

种子横切面

图332 南岭黄檀

# 降香黄檀

*Dalbergia odorifera* T.Chen

蝶形花科，落叶乔木。

荚果舌状长椭圆形，长4.5～8cm，宽1.5～1.8cm，具种子1粒。

种子扁平肾形，长5mm，宽8mm，厚1.5mm，周长20mm。先端弧形，基部凹陷，两侧弧形，两面平坦中央微突起，种脐一端有一沟槽；种脐位于基部近边缘一侧，椭圆形，长0.8mm，宽0.5mm，脐沟不明显，脐晕环微凸起，脐条长6mm，种瘤不明显。种皮黄褐色，厚0.1mm，内壁亮褐色。子叶充满种皮，深绿色；下胚轴及胚根位于种脐一侧，长约4.5mm，微弯曲，淡黄色。无胚乳。

成熟期：10～11月。

产地：广东、广西、福建、海南等地。

种子千粒重：55～85g。

播种：用种量12～15g/m$^2$。

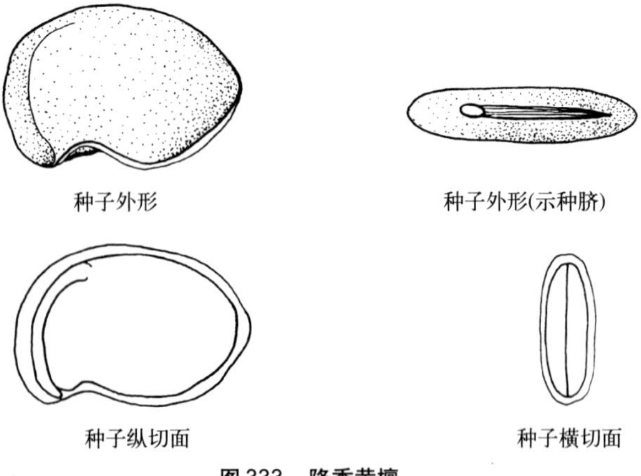

种子外形　　种子外形(示种脐)

种子纵切面　　种子横切面

图333　降香黄檀

# 盐豆木

*Halimodendron halodendron* (Pall.) Voss.

蝶形花科，落叶灌木。

荚果长1.5～2.5cm，径0.8～1.2cm，黄褐色，具种子多数。

种子横卵形或横卵状肾形，长2.2mm，宽3.3mm，厚1.6mm，先端圆弧形，基部平截，两面凸起；种脐位于平截一端，近圆形，径0.5mm，脐沟明显，脐冠隆起，脐条长约1mm，种瘤微隆起。种皮栗褐色，平滑，厚0.2mm。子叶卵形，长2.8mm，宽1.8mm，浅黄色；下胚轴及胚根位于近种脐一侧，长约1.5mm，胚根朝向种脐一端。无胚乳。

成熟期：7～8月。

产地：内蒙古、新疆、青海、甘肃等地。

种子千粒重：10g。

播种：浸种至膨胀或在0～5℃下混3倍湿沙层积10～15天，用种量12～15g/m$^2$。

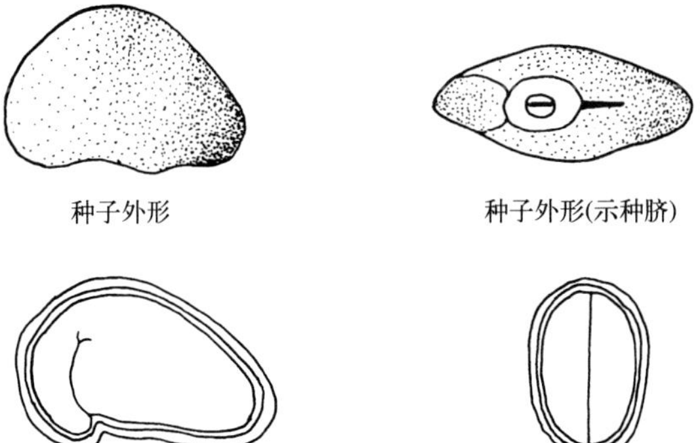

种子外形　种子外形(示种脐)

种子纵切面　种子横切面

图334　盐豆木

# 花 棒

*Hedysarum scoparium* Fisch. et May.

蝶形花科，落叶灌木。

果椭圆形，长5～6.3mm，宽3.5～5mm，厚3.5～4mm，表面有网状雕纹，被白色长绒毛，具2～4球形节荚，节荚断裂。

种子宽卵状横椭圆形，长3.1mm，宽4.5mm，厚2.5mm，先端圆弧形，基部平截，偏一侧微凹入，两面凸起，周围有窄棱；种脐位于基部凹陷处，椭圆形，长0.5mm，脐沟明显，脐冠隆起，脐条1.5mm。种皮紫红色，有不明显凹坑，厚0.1mm。弯胚。无胚乳。

成熟期：8～10月。

产地：甘肃、宁夏、内蒙古、新疆、青海等地。

种子千粒重：20～40g。

播种：18～20℃下湿沙层积催芽5～7天，或1～3℃下层积10～15天，也可用始温40～50℃水浸种24小时捞出沥干，用种量15～20g/m$^2$。

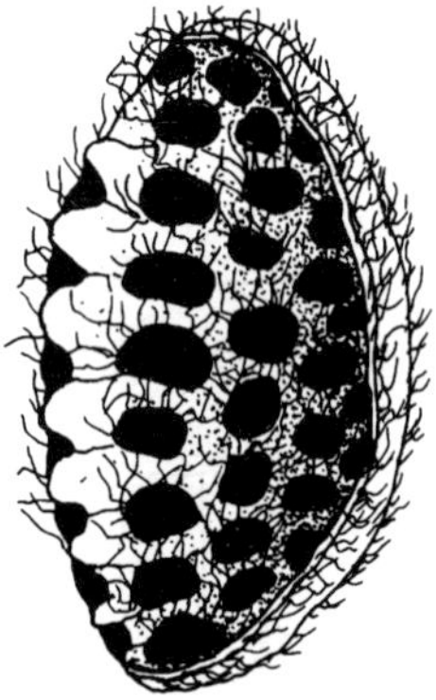

果实

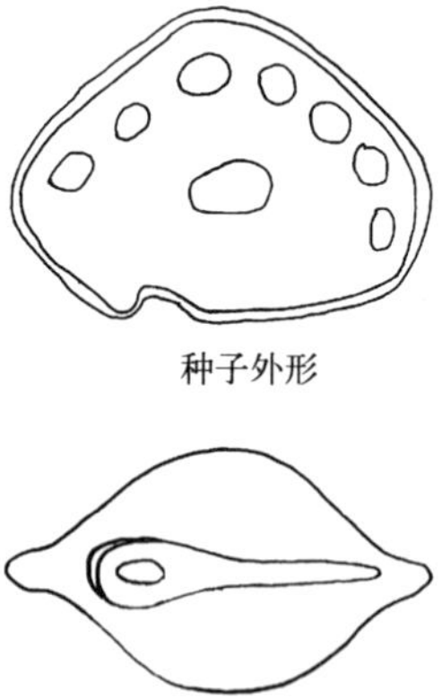

种子外形

种子外形(示种脐)

图335 花 棒

# 本氏木蓝

*Indigofera bungeana* Walp.

蝶形花科，小灌木。

荚果圆柱形，长1.5～2.5cm，宽约2mm，棕黑色。

种子近方形或横矩圆形，长1.5～1.7mm，宽1.7～2mm，厚1.5mm，四边几平行，基部微凹陷；种脐位于微凹处，圆形径不及0.5mm，白色，边缘黑褐色，脐晕微突起或近平坦，脐条黑褐色，长0.5mm。种皮浅褐色，平滑，有光泽，厚0.1～0.3mm。弯胚，子叶矩圆形，长1.5mm，宽1.3mm，浅黄色；下胚轴及胚根长1.6mm，位于种子一侧，胚根朝向种脐一端。无胚乳。

成熟期：8～9月。

产地：华北、华东、华中、西南和西北各地。

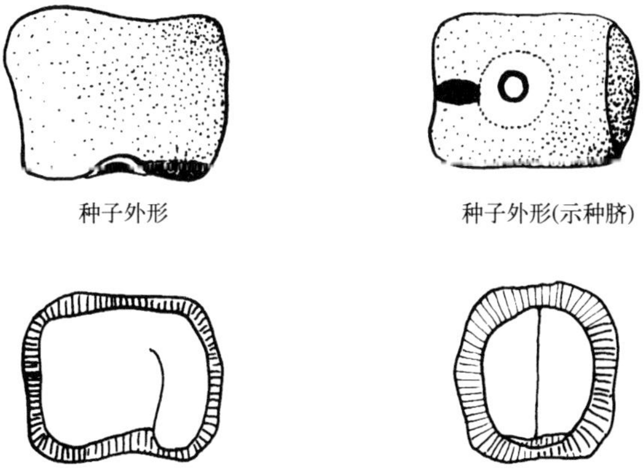


图336　本氏木蓝

## 庭藤

*Indigofera decora* Lindl.

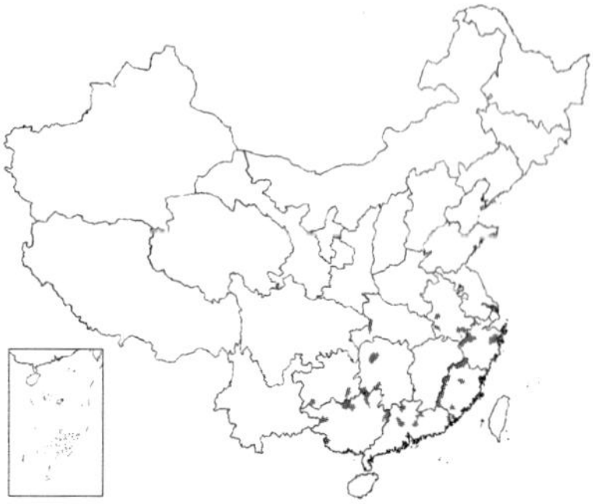

蝶形花科，落叶灌木。

荚果圆柱形，长4～6.5cm，径约4mm，黑褐色，无毛。

种子近球形或略扁，直径3～3.5mm，先端圆弧形，基部微窄，近基部两侧有浅沟槽；种脐位于基部近中央，椭圆形，直径0.5mm，淡褐色，脐晕很窄，脐沟不明显，脐条长约1mm，淡褐色，种皮很薄，灰褐色，有紫褐色斑点或不明显，平滑。弯曲胚，子叶近圆形，径约28mm，绿色；下胚轴胚根长1～1.5mm，绿色，位于种脐一侧。无胚乳。

成熟期：8～9月。

产地：江苏、浙江、安徽、江西、湖南、湖北、广东、广西等地。

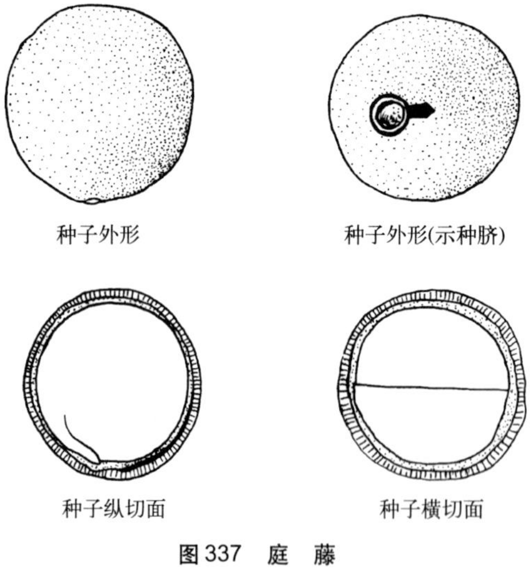


图337 庭 藤

# 花木蓝

*Indigofera kirilowii* Maxim. ex Palibin

蝶形花科，落叶灌木。

荚果圆柱形，长3.5～7cm，棕褐色，无毛。

种子矩圆形，长3.1mm，宽3.5～4mm，厚3.1mm，两端近平坦，基部中央凹入，一侧弧形，另一侧平截，两面突起；种脐位于凹陷处，宽椭圆形，长约0.5mm，宽约0.4mm，黑色，脐沟不明显，脐冠微隆起，脐条长1mm，末端有扩大的黑色斑。种皮浅褐色，有小凹坑，厚0.2mm。胚白色，子叶矩圆状椭圆形，长3～3.5mm，宽2.7mm，鲜黄色；下胚轴及胚根位于种子一侧，长约2mm，鲜黄色，胚根朝向种脐一端。无胚乳。

成熟期：8～9月。

产地：东北、华北各省及江苏、浙江、江西、湖北等地。

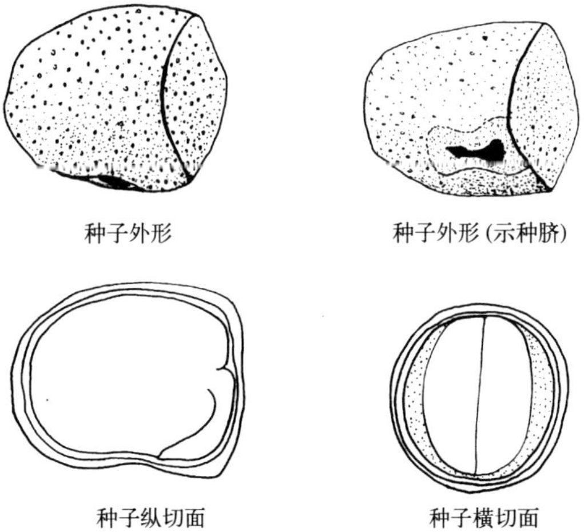


图338 花木蓝

# 贵州崖豆藤

*Millettia kueichouensis* Hu

蝶形花科，种子肾状横椭圆形，长12～14mm，宽约17mm，厚11mm，先端弧形，基部微下凹，周围呈棱状突起，干时皱缩；种脐位于凹缺一端，椭圆形，长约2mm，宽约1mm，脐沟不明显，脐条黑紫色，微突起，长约为种子周长的1/3，脐晕微突起。种皮薄革质，栗褐色或有浅褐色斑纹，在解剖镜下可见覆网眼状小圆坑，无毛。子叶肥厚，充满种皮，绿色；下胚轴及胚根长2mm，位于种子一端，近于直胚，胚根朝向种脐。无胚乳。

成熟期：10～11月。

产地：西南及华南。

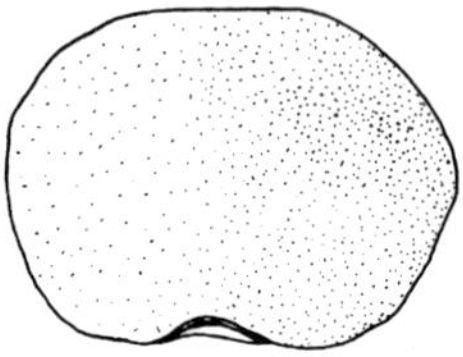

种子外形

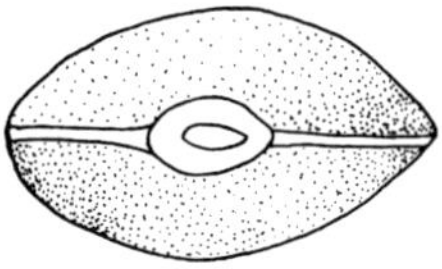

种子外形(示种脐)

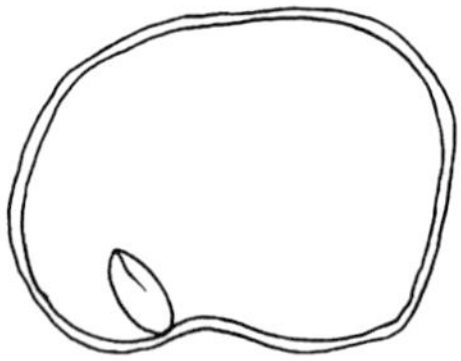

种子纵切面

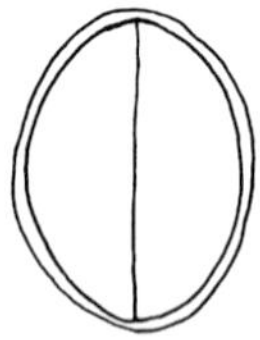

种子横切面

图339 贵州崖豆藤

# 亮叶崖豆藤

*Millettia nitida* Benth.

蝶形花科，攀援藤本。

荚果条状长椭圆形，扁平或稍肿胀，长6～15cm，宽1.5～2cm，木质，密被锈褐色绒毛。

种子扁平矩圆形，长7.5mm，宽7.5～8mm，厚2.8mm，先端弧形，基部平截或微凹，两侧近平截或弧形，边缘呈脊状突起，一面凸透镜形，另一面平坦，在突起一面有放射状脉纹；种脐位于凹缺处，窄椭圆形，长2.5～3mm，褐色，脐沟长2～4mm，与放射状脉纹连接，脐条不明显，脐晕微突起。种皮灰褐色，有紫色斑点，平滑，无毛，厚0.1mm。弯胚，子叶矩圆状椭圆形，长约7.7mm，宽约7.3mm，深绿色；下胚轴及胚根长约3mm，白色，位于一侧，胚根朝向种脐。无胚乳。

成熟期：11月。

产地：福建、台湾、江西、湖南、广东、海南、广西、贵州等地。

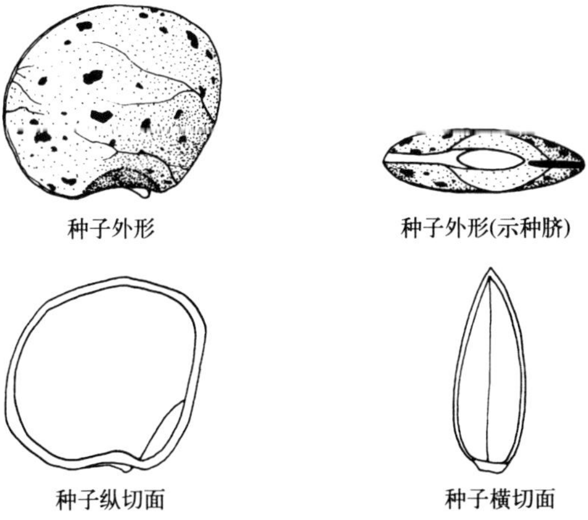


图340　亮叶崖豆藤

## 常春油麻藤

*Mucuna sempervirens* Hemsl.

蝶形花科，攀援藤本。

荚果长条形，长50～60cm，木质，种子间缢缩，被锈黄色柔毛。具种子10～17粒。

种子扁平矩圆状椭圆形，长23～25mm，宽20mm，厚6～9mm，两端圆弧，一侧较直，另一侧弧形，两面平坦，中央微凹陷；种脐C字形，由基部沿一侧包围至顶端，条形，宽约3mm，褐色；种孔位于基部一侧。种皮黑色、平滑，厚约1mm，外层骨质，坚硬；内层黑色松软。弯胚，子叶肥厚，白色充满种皮；胚根位于无种脐一侧，朝向种孔一端。无胚乳。

成熟期：9～10月。

产地：浙江、福建、江西、陕西、湖北、四川、贵州、云南、广西、广东等地。

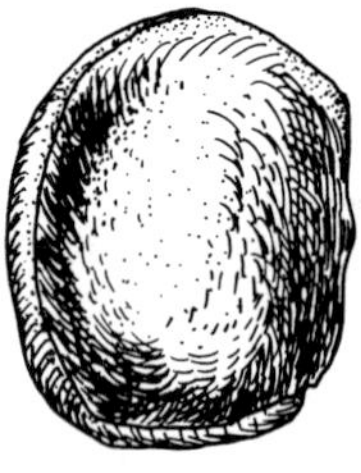

种子外形

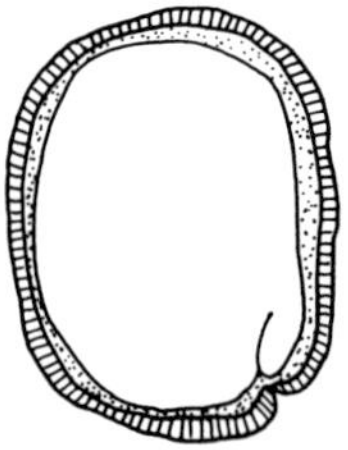

种子纵切面

种子横切面

图341 常春油麻藤

# 绢毛雀麻藤

*Mucuna championii* Benth.

蝶形花科，攀援半灌木。

荚果半圆形或条状长圆形，长7～18cm，宽3.5～5cm，果皮纸质，被锈褐色刺毛。具种子4～5粒。

种子横椭圆形，长约25mm，宽约29mm，厚约22mm，上部略平坦，基部弧形，两侧圆钝；种脐位于基部，条形，长50～60mm，宽约3.5mm，包围种子2/3，黑色；脐沟明显，脐条很短，长约3mm。种皮淡黄色，有黑色斑纹，平滑。

成熟期：10月。

产地：广东、广西等地。

种子外形

图342 绢毛雀麻藤

# 茸荚红豆

*Ormosia pachycarpa* Champ.ex Benth.

蝶形花科，常绿乔木。

荚果椭圆形或倒卵状椭圆形，肿胀，长2.5～5cm，径约2.5cm，果皮厚革质，厚约2mm，密被毡毛。具种子1～2粒。

种子横椭圆形或因在果实内挤压而成长椭圆形，长15mm，宽18mm，厚12mm，先端弧，基部弧形，中央微凹入，周围呈脊状隆起；种脐位于基部近中央凹陷处，椭圆形，长约1mm，白色，常有残存纤维状珠柄，脐冠、脐沟、脐条均不明显。种皮黑紫红色，平滑，干后种皮皱缩，厚0.2mm，内壁褐色。直胚，子叶肥厚，不对称，长约14mm，宽约17mm；浅黄色。下胚轴胚根长2mm，浅黄色，胚根朝向种脐一端。无胚乳。

成熟期：9～10月。

产地：广东、广西等地。

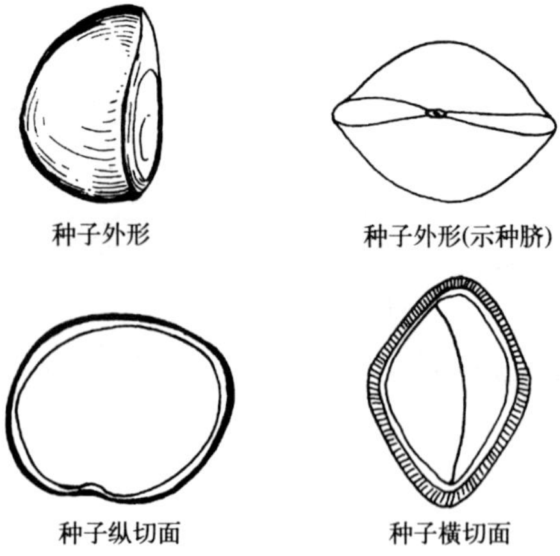


图343 茸荚红豆

# 花榈木

*Ormosia henryi* Prain

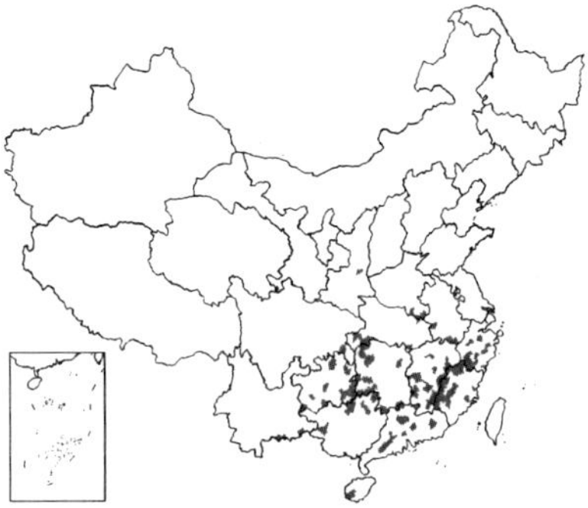

蝶形花科，常绿乔木。

荚果长圆形，长7～11cm，宽2～3cm，果皮厚革质，无毛。

种子倒卵状椭圆形，长12mm，宽8mm，厚5.5mm，先端圆弧形，基部渐窄；种脐位于渐窄一端之一侧，椭圆形，长3mm，宽1.5mm，浅褐色，脐沟略明显，脐冠微突起，脐条不明显，长约1mm，种瘤不明显。种皮鲜红色，平滑，有光泽，厚约0.2mm，内壁橘黄色。直胚，子叶肥厚，倒卵形，长11.5mm，宽7.5mm，略呈苍黄色；下胚轴及胚根长约1mm，胚根朝向种脐一端。无胚乳。

成熟期：10～11月。

产地：浙江、安徽、江西、福建、湖南、湖北、广东、广西、海南、四川、贵州、云南等地。

种子千粒重：200～300g。

播种：湿沙层积贮藏或用始温为50～80℃的热水烫种，并在自然冷却过程中继续浸种10～24小时，用种量25～32g/m$^2$。

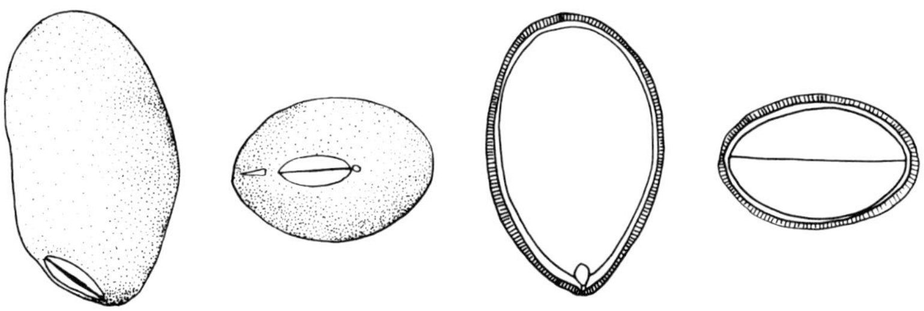

种子外形　　种子外形（示种脐）　　种子纵切面　　种子横切面

图344　花榈木

# 肥荚红豆

*Ormosia fordiana* Oliv.

蝶形花科，常绿乔木。

荚果扁椭圆形，长4～10cm，宽约5cm，近无毛，果皮木质，开裂后外卷，具种子1～4粒。

种子倒卵状宽椭圆形，长25～30mm，宽20～22mm，厚15～18mm，先端圆钝，中央有小突尖，基部略平坦，中央微凹；种脐位于种子基部凹陷处，近圆形，径约1mm，脐沟，脐条均不明显。种皮厚约0.2mm，紫红色，有6～8条不连续的纵棱。直胚，子叶倒卵形，长24～28mm，宽约20mm；下胚轴及胚根长2mm，胚根朝向种脐一端。无胚乳。

成熟期：9～10月。

产地：广东、广西、云南、海南等地。

种子千粒重：6000～7000g。

播种：湿沙层积贮藏或用始温50～80℃水烫种，并在自然冷却过程中继续浸种10～24小时，用种量380～500g/$m^2$。

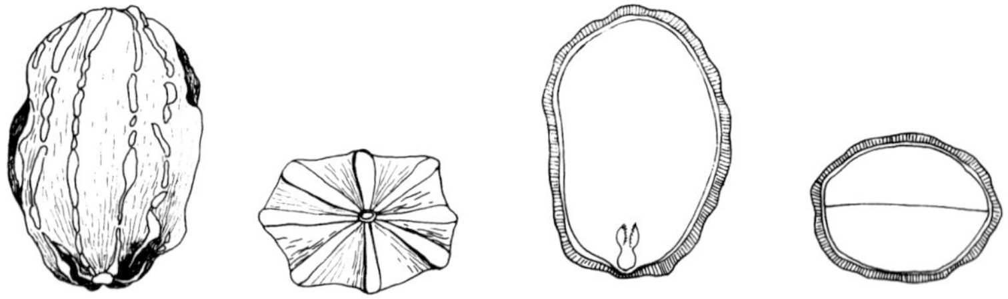

种子外形　种子外形(示种脐)　种子纵切面　种子横切面

图345　肥荚红豆

# 光叶红豆

*Ormosia glaberrima* Wu

蝶形花科，常绿乔木。

荚果长圆状倒卵形或长圆形，扁平，长3.5～5cm，先端急尖，果皮木质，无毛，具种子1～4（5）粒。

种子卵状椭圆形或卵形，长10mm，宽8mm，厚5mm，先端圆钝，基部平截，中央微凹入；种脐位于基部凹入处，长椭圆形，长约2mm，宽约1mm，白色，脐沟明显，脐冠微突起。种皮鲜红色，厚0.2mm，平滑有光泽，内壁浅黄褐色。直胚，子叶卵形，长9.5mm，宽7.5mm，浅黄色，下胚轴及胚根长2mm，胚根朝向种脐一端。无胚乳。

成熟期：10～11月。

产地：广东、广西、云南、海南等地。

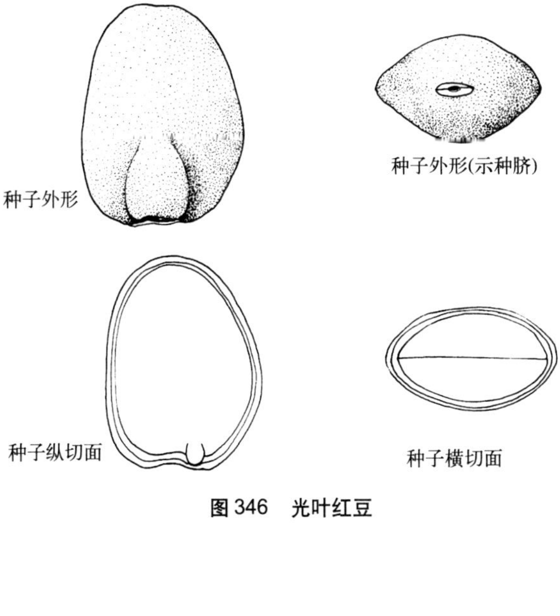


图346　光叶红豆

# 长脐红豆

*Ormosia balansae* Drake

蝶形花科，常绿乔木。

荚果卵圆形，宽3～4cm，果皮薄脆。

种子椭圆形，长11.5mm，宽15mm，厚9mm，先端圆弧形，基部平截；种脐位于平截一端，长条形，长12～14mm，白色，脐沟明显，有残存珠柄，脐冠不明显，脐条长约1mm，黑褐色。种皮厚0.2mm，鲜红色，平滑有光泽。直胚，子叶肥厚，下胚轴及胚根朝向种脐一端。无胚乳。

成熟期：9～11月。

产地：广东、广西、福建、云南、海南等地。

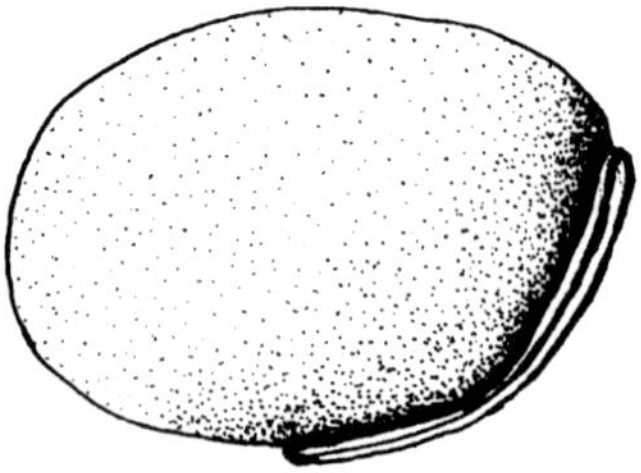

种子外形

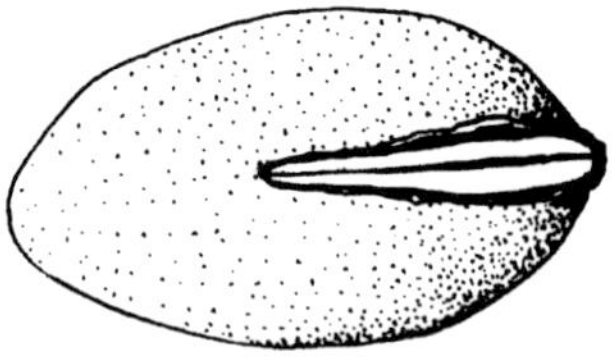

种子外形(示种脐)

图347　长脐红豆

# 红豆树

*Ormosia hosiei* Hemsl. et Wils.

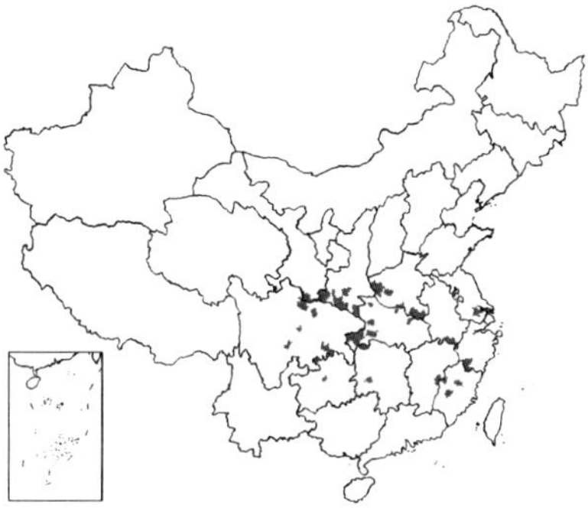

蝶形花科，常绿乔木。

荚果扁卵圆形，长3.5～4.7cm，果皮厚革质，无毛，有光泽，具种子1～2粒。

种子倒三角状宽卵形、倒宽卵形或楔形，长11.5mm，宽15mm，厚7.5mm，先端平截或弧形，基部渐窄，周围有微呈棱状突起；种脐位于较窄的一端，长条形，长约6mm，宽1mm，常有残存的白色珠柄，脐沟明显，脐冠微隆起，脐条长约占种子周围长1/2以上，浅沟状，种瘤不明显。种皮厚0.2mm，暗红色，平滑有光泽，内壁浅红色。直胚，子叶肥厚，不对称，有圆形，长13mm，宽约10mm，苍黄色；下胚轴及胚根长约2mm，位于种脐一端。无胚乳。

成熟期：10～11月。

产地：江苏、浙江、安徽、福建、湖北、湖南、陕西、四川等地。

种子千粒重：900～1170g。

播种：湿沙层积贮藏或用始温50～80℃水烫种，并在自然冷却过程中继续浸种10～24小时，用种量85～100g/m$^2$。

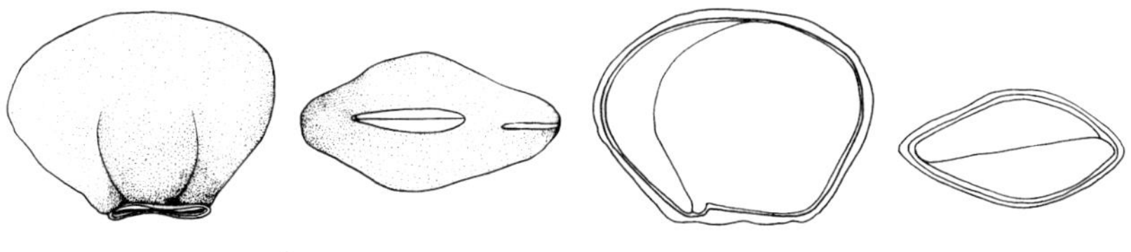

种子外形　　种子外形(示种脐)　　种子纵切面　　种子横切面

图348　红豆树

## 葛藤

*Pueraria lobata* (Willd.) Ohwi

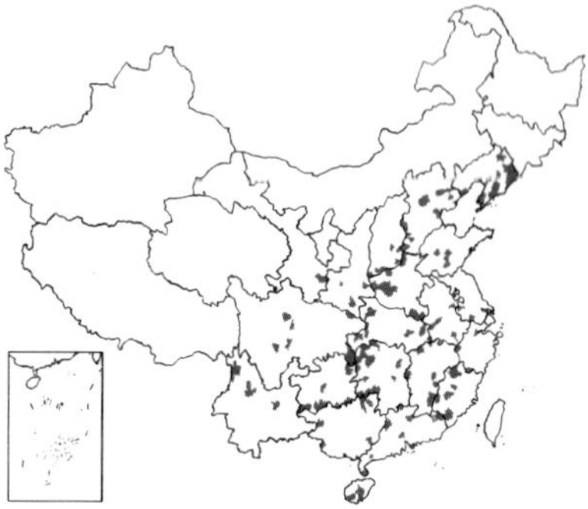

蝶形花科，落叶藤本。

荚果条形，长5～10cm，宽约9mm，密被锈褐色硬毛。

种子横椭圆形（彩图71），长2.8mm，宽4mm，厚2mm，先端圆弧形，基部微凹陷；种脐位于种子凹陷处，椭圆形，呈碟状凸起，白色，脐沟不明显，脐冠微隆起，脐条长0.8mm，深褐色。种皮厚0.2mm，浅褐色，有深褐色斑纹，平滑。弯胚，子叶椭圆形，长3.5mm，宽2.5mm，浅黄色；下胚轴及胚根位于一侧，长1.5mm，浅黄色，胚根朝种脐一端。无胚乳。

成熟期：9～10月。

产地：几分布全国。

种子千粒重：11.9～15.3g。

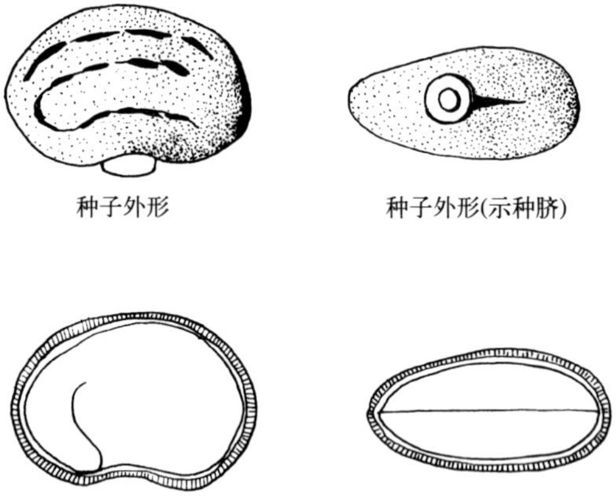

种子外形　　种子外形(示种脐)

种子纵切面　　种子横切面

图349　葛　藤

# 金链叶黄花木

*Piptanthus laburnifolius* (D.Don) Stapf 木本黄华

蝶形花科，落叶灌木。

荚果长达 14cm，宽 1.4～1.8cm，被柔毛。

种子横卵形，长4.2mm，宽5.3mm，厚2.5mm，先端弧形，基部平截，近一侧凹陷；种脐位于平截一端，近圆形，径 0.5mm，脐沟明显，脐冠隆起，脐条长1.5mm，黑褐色，种瘤位于脐条 2/3 处。种皮厚 0.1mm，褐色，平滑。子叶卵形，长 5mm，宽 4mm，浅黄色；下胚轴及胚根位于一侧，长约 2mm，胚根朝向种脐一端。无胚乳。

成熟期：5～10 月。

产地：西藏、云南、四川、甘肃等地。

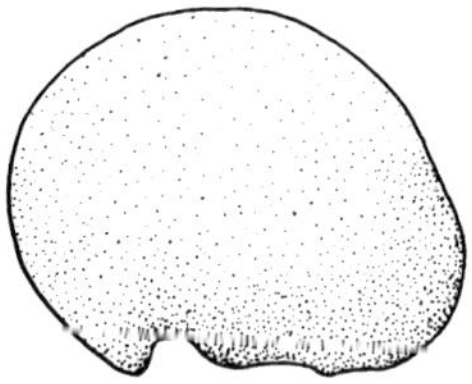

种子外形

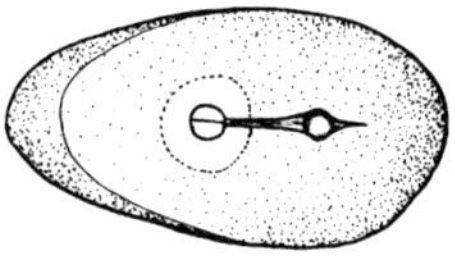

种子外形(示种脐)

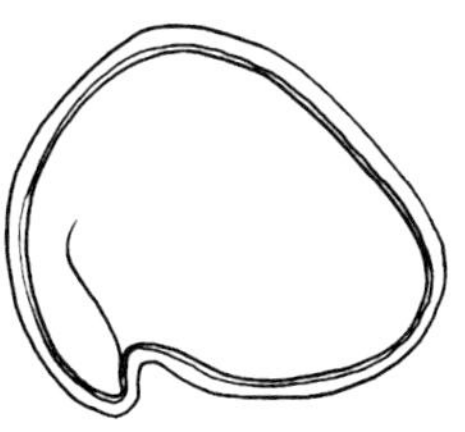

种子纵切面

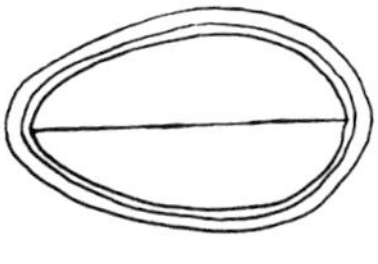

种子横切面

图 350 金链叶黄花木

# 刺槐

*Robinia pseudoacacia* Linn.

蝶形花科，落叶乔木。

荚果长条状，扁平，长4～10cm，腹缝线有窄翅，具种子3～10个。

种子横卵状椭圆形(彩图72)，长3.5mm，宽5mm，厚1.5mm，先端弧形，基部近平截，近一端处微凹陷；种脐位于凹缺处，圆形，白色，脐沟明显，脐条长约2mm，黑色，种瘤微突起，位于脐条末端，黑色，脐晕明显、浅褐色。种皮厚0.1mm，革质，平滑，暗褐色有不甚明显黑色斑纹。弯曲胚，子叶椭圆形，长4.5mm，宽3mm，浅黄色；下胚轴及胚根位于种子一侧，长2.5mm，浅黄色，胚根朝向种脐一端。无胚乳。

成熟期：9～10月。

产地：原产北美。我国大部分地区种植。

种子千粒重：17.3～24.8g。

播种：热水反复烫种子至吸胀，用种量10～12g/$m^2$。

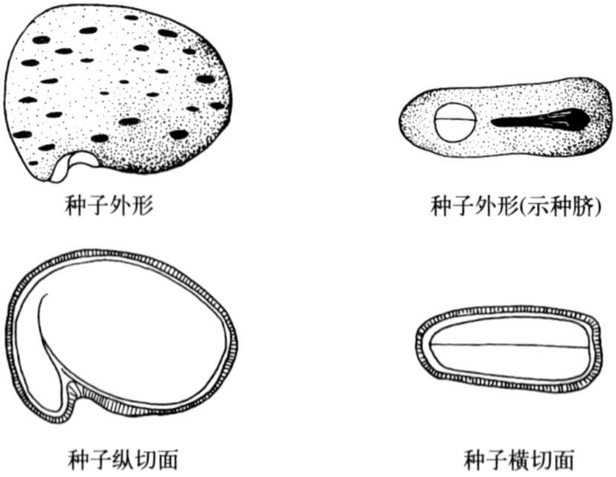


图351 刺 槐

# 白刺花

*Sophora davidii* (Franch.) Skeles

[*S.viciifolia* Hance] 苦刺花

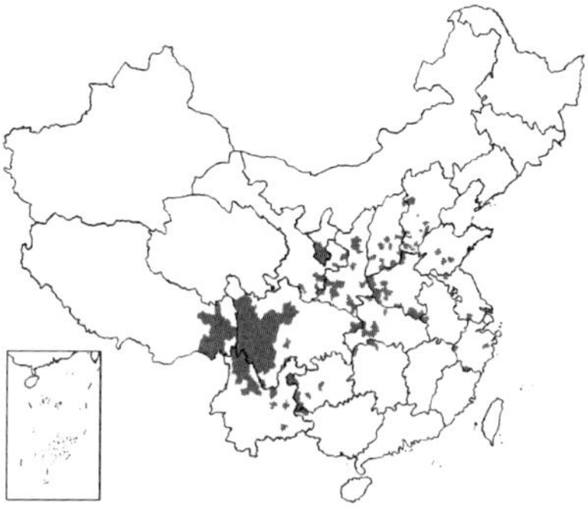

蝶形花科，落叶灌木。

荚果念珠状，长2～6cm，果皮近革质，开裂。

种子横椭圆形（彩图73），长3mm，宽4mm，厚3mm，先端圆弧形，基部平截；种脐位于平截一端，深凹入，圆孔形，种脐椭圆形，长约0.6mm，褐色，脐晕圆形，脐沟不明显，脐条长2mm，褐色。种皮厚0.2mm，浅黄褐色，平滑。弯胚，子叶椭圆形，长3.8mm，宽2.8mm，浅黄褐色；下胚轴及胚根位于种脐一侧，长2mm，浅黄褐色，胚根朝向种脐一端。无胚乳。

成熟期：8～10月。

产地：河北、河南、山西、陕西、甘肃、湖南、湖北、四川、贵州、云南等地。

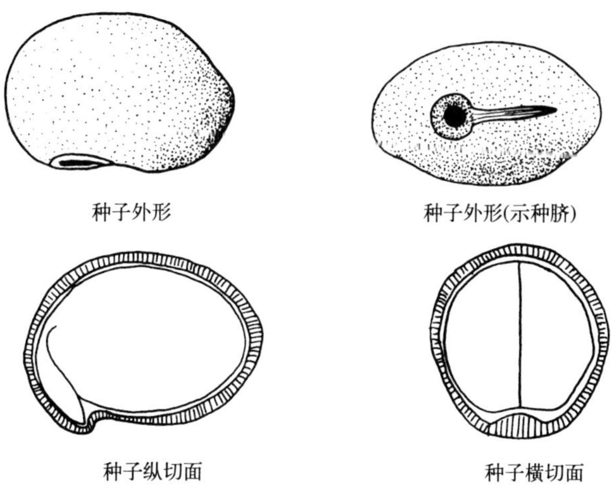


图352 白刺花

# 沙生槐

*Sophora moorcroftiana* (Grah.) Benth.ex Baker

蝶形花科，落叶灌木。

荚果念珠状，长6～10cm，开裂，密被绒毛。

种子横椭圆形，长4～4.2mm，宽5～5.5mm，厚4～4.2mm，先端圆弧形，基部略平缓，两端圆形；种脐位于略平缓一端，三角状、白色，长1mm，脐沟明显，脐晕茶褐色，微隆起，脐条长约2mm，披针形，紫褐色。种皮厚0.2mm，黄褐色，平滑。弯曲胚，子叶横椭圆形，长5mm，宽3.5mm，浅黄色；下胚轴及胚根位于一侧，长约2.5mm，胚根弯向种脐一端。无胚乳。

成熟期：7月。

产地：西藏等地。

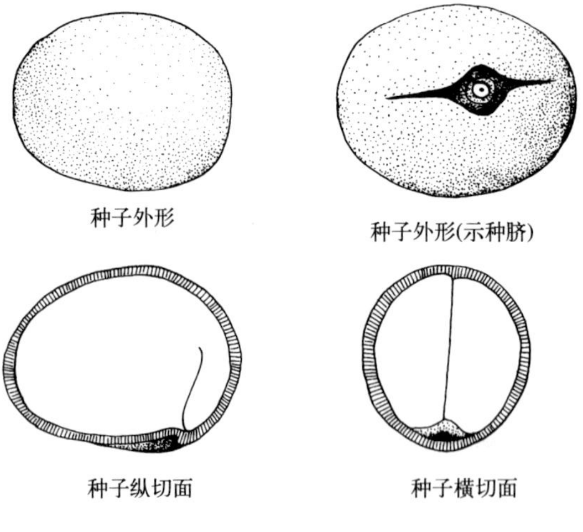


图353 沙生槐

# 槐树

*Sophora japonica* Linn.

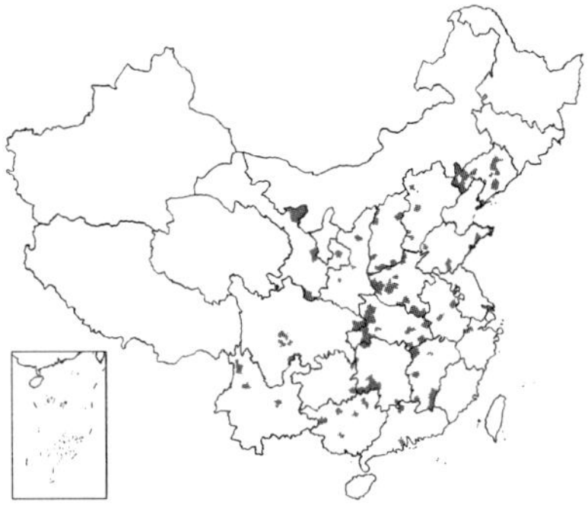

蝶形花科，落叶乔木。

荚果念珠状，长2.5～8cm，果皮肉质不开裂，具种子1～6粒。

种子横矩圆状椭圆形（彩图74），长5.5～6mm，宽8～8.5mm，厚3.8～4mm，先端圆弧形，基部一端有凹缺；种脐位于凹缺处，椭圆形，长1.5mm，宽1mm，白色，脐沟明显，脐冠隆起，脐晕明显，脐条长2.5mm，黑色。种皮黑色或黑褐色，平滑或微有凸凹。弯胚，子叶椭圆形，长7.5～8mm，宽4.5～5mm，绿色；下胚轴及胚根位于种脐一侧，长3mm，绿色，胚根浅黄色，朝向种脐一端。胚乳贴于子叶两侧，白色。

成熟期：9～10月。

产地：北至东北南部，西至陕西、甘肃，西南至四川、云南，南至广东、广西均有栽培。

种子千粒重：120～150g。

播种：用始温80℃热水浸种或混沙层积1个月，用种量25～38g/m$^2$。

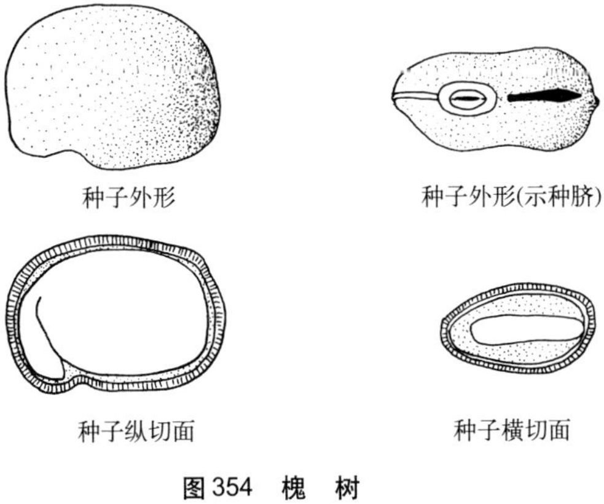


图354　槐　树

# 紫藤

*Wisteria sinensis* (Sims) Sweet

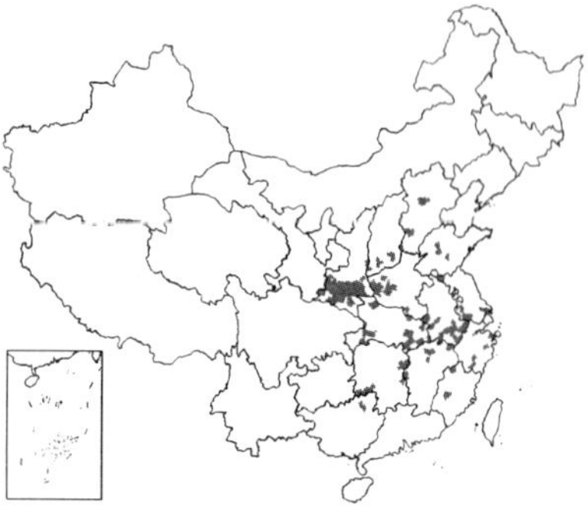

蝶形花科，落叶藤本。

荚果长条形，长10～15cm，具喙，密被灰黄色绢状绒毛。

种子扁平近圆形（彩图75），直径15～18mm，厚3～4mm；先端弧形，基部微凹陷，两面微突起呈双凸透镜形，或一面微突起，呈平凸透镜形，边缘薄；种脐位于基部微凹处窄长椭圆形，长约4mm，宽1.2mm，白色，脐晕不明显，脐条长8～10mm。种皮厚0.2mm，深灰褐色，有黑色不规则斑纹。子叶近圆形，径14～16mm，肥厚，浅黄色；下胚轴及胚根偏于一侧，长约7mm，浅黄色，胚根朝向种脐一端。无胚乳。

成熟期：9～10月。

产地：辽宁、河北、河南、山西、陕西、甘肃、山东、江苏、浙江、安徽、湖南、湖北、广东、四川等地栽培。

种子千粒重：450～550g。

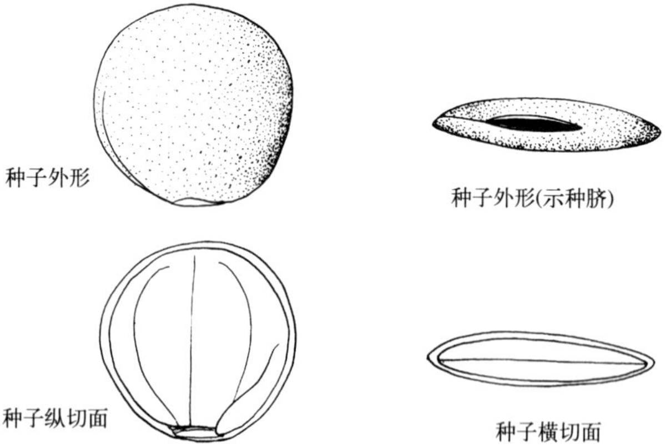


图355 紫 藤

# 怀槐

*Maackia amurensis* Rupr. et Maxim.

蝶形花科，落叶乔木。

荚果长椭圆形，扁平，长3～5cm，宽约1cm，腹缝线有翅，开裂，种子1～6粒。

种子横长椭圆形，长4.5mm，宽8.5mm，厚2.5mm，先端弧形，基部平截，两侧圆钝；种脐位于平截一端，椭圆形，长约1mm，脐晕突起，脐沟明显，脐条长约5mm，紫红色，种瘤位于脐条中部。种皮厚约0.2mm，黄褐色，平滑。子叶充满种皮；胚根弯曲，长约2mm，位于一侧。无胚乳。

成熟期：9～10月。

产地：黑龙江、吉林、辽宁等地。

播种：用种量100g/m$^2$。

种子千粒重：40～50g。

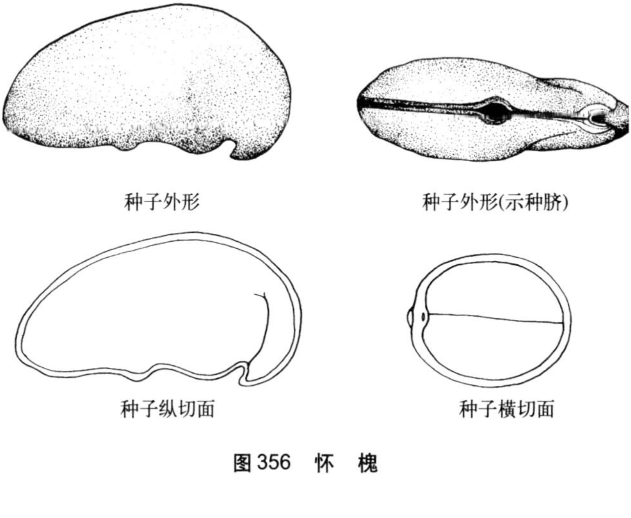

种子外形

种子外形(示种脐)

种子纵切面

种子横切面

图356 怀 槐

# 胡枝子

*Lespedeza bicolor* Turcz.

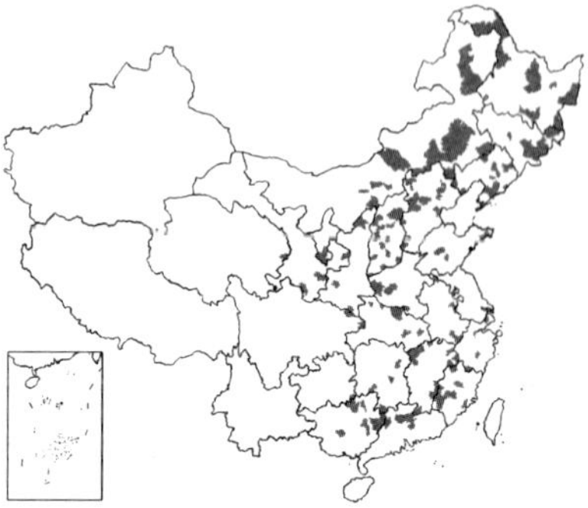

蝶形花科，落叶灌木。

荚果椭圆形，长8mm，宽4mm，果皮外面有网状脉纹，被疏毛。

种子横斜卵形，长3～3.5mm，宽2～2.5mm，厚约1.3mm，先端弧形，基部平截，两端圆钝；种脐位于平截一端，椭圆形，长0.5mm，脐环白色，呈衣领状突起。脐沟很浅，脐条长约0.5mm。种皮革质，厚约0.1mm，平滑，无毛，颜色因成熟阶段不同而异，初熟时为绿色，后成为淡褐色间茶褐色花纹，最后为黑紫色，且有不明显茶褐色花纹。弯曲胚，子叶卵形，充满种皮内，鲜黄色；下胚轴及胚根长2～2.5mm，位于种子较宽一侧。无胚乳。

成熟期：9～10月。

产地：黑龙江、吉林、辽宁、内蒙古、河北、山东、山西、河南、陕西、宁夏、甘肃、浙江、安徽、湖北、湖南、广东、广西等地。

种子千粒重：9～10g。

播种：播前用始温60℃水浸种1天，以后3～4天每天换1次清水，用种量10～15g/m$^2$。

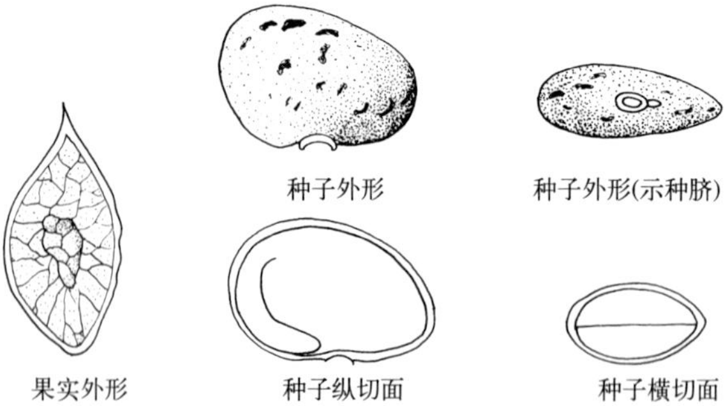


图357　胡枝子

# ·蒺藜科 ZYGOPHYLLACEAE·

## 盐生白刺

*Nitraria sibirica* Pall.

蒺藜科，落叶灌木。

核果近球形或椭圆形，长4～5mm，黑红色。

果核倒卵状圆锥形，长7～8mm，宽约3.5mm，顶端圆形，基部窄尖，表面浅褐色，上半部有8～10个大孔洞，直达种皮，顶端还有3～5个小孔穴，下半部有3条2分叉的沟槽，果核壁骨质，厚约0.8mm，很坚硬；真正种皮有2层膜质种皮，淡褐色。胚圆锥形，子叶肥厚，椭圆形，长3mm，宽2mm，油质；下胚轴及胚根长2～2.5mm，胚根朝向种子较尖一端。无胚乳。

成熟期：7～8月。

产地：东北、西北至华北北部等地。

种子千粒重：12～14g。

播种：用始温为60℃左右的水浸种24小时后，置于白天15℃、夜间0℃条件下混沙层积35～40天，用种量5～15g/m$^2$。

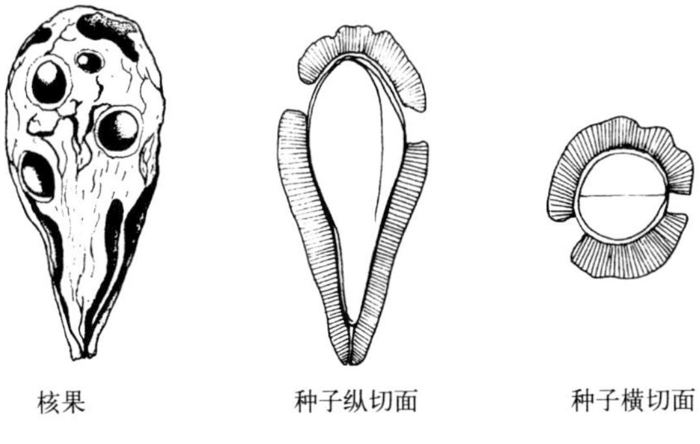

核果　　种子纵切面　　种子横切面

图358　盐生白刺

# ·大戟科 EUPHORBIACEAE·

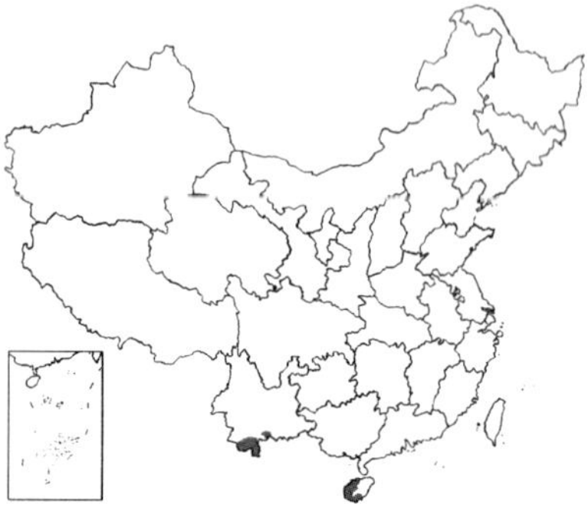

## 轮叶戟

*Lasiococca comberi* Haines var. *pseudoverticellata* (Merr.) H. S. Kiu

大戟科，常绿小乔木或灌木，高3～10m。

蒴果近球形，直径约1.2cm，果皮具子瘤。

种子横矩圆状椭圆形，长4～5mm，径5.5～6mm，淡褐色，平滑，先端圆弧形，基部略平坦。一侧较平坦，另一侧具小尖头；种脐宽卵形，长宽约1mm，白色，脐条条形，长约4mm，从种脐延伸至一侧。外种皮骨质，厚约0.1mm，黑褐色，有小颗粒状突起；内种皮膜质，褐色，有覆网状花纹。子叶近圆形，长宽各40～45mm，淡绿色，油质；下胚轴及胚根长约1mm，胚根朝向种子具小尖头的一侧。胚乳丰富，带绿白色，油质。

成熟期：4～10月。

产地：海南、云南等地。

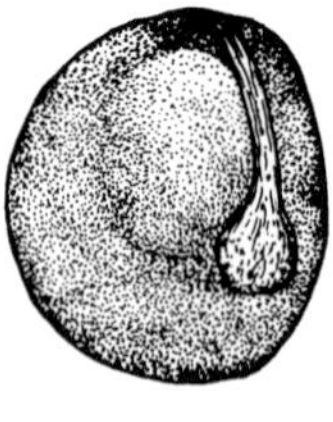

种子外形

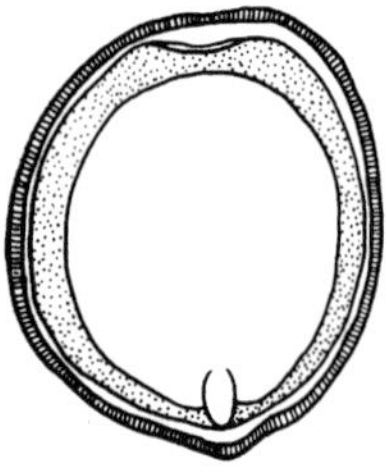

种子纵切面

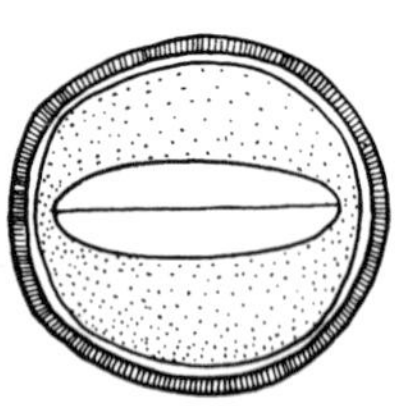

种子横切面

图359　轮叶戟

# 闭花木

*Cleistanthus sumatranus* (Miq.)Muell.-Arg.

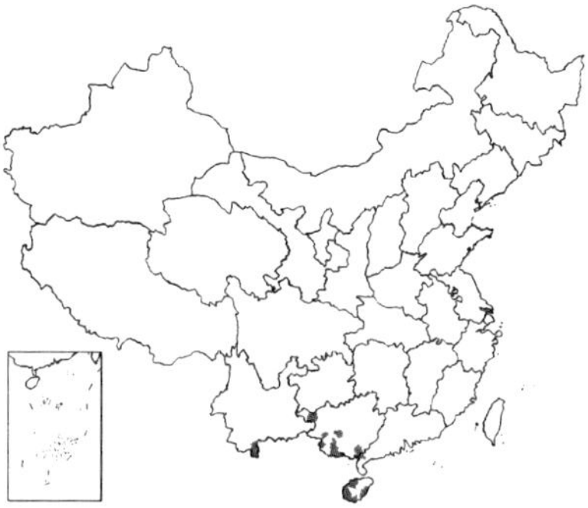

大戟科，乔木。

蒴果三棱状长圆形，长1cm，具2～3裂的分果瓣，每分果瓣具1粒种子。

种子横宽卵形，长5～5.5mm，宽6～6.5mm，先端圆弧形，基部平坦，一侧具小尖头，另一侧深凹入，底部具一条深沟槽。种脐不规则圆形，径约1mm，白色，脐条长1.5mm。外种皮薄革质，厚0.1mm，茶褐色，有长条状斑纹。子叶宽大，白色或带绿色，向两侧弯曲；下胚轴及胚根长约1mm，朝向种子具小尖头一端。胚乳白色，油质。

成熟期：4～10月。

产地：广东、广西、海南、云南等地。

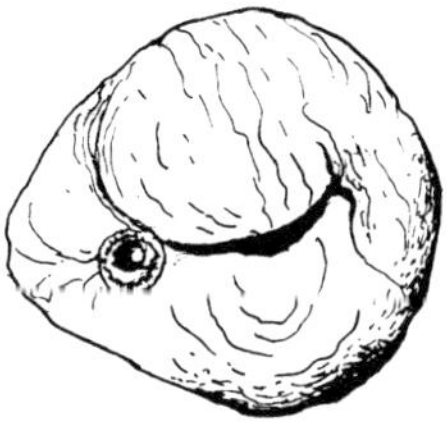

种子外形

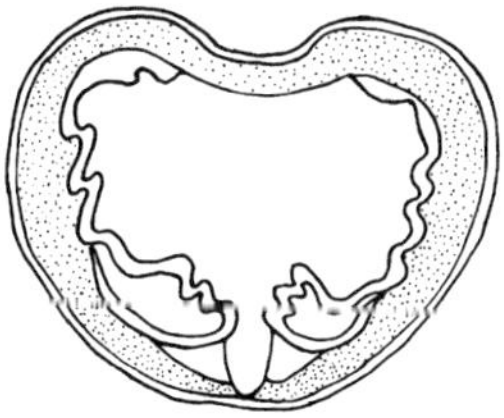

种子纵切面

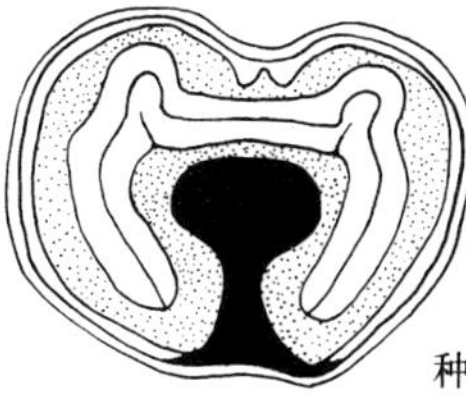

种子横切面

图360 闭花木

# 余甘子

*Phyllanthus emblica* Linn.

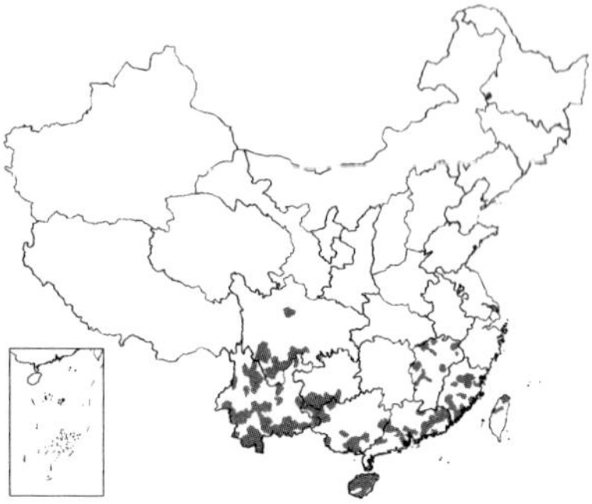

大戟科，落叶小乔木或灌木。

蒴果扁球形，肉质，核果状，径1～2.5cm，内果皮骨质，具6棱。

种子横三角状卵形（彩图76），长3mm，宽6.5mm，厚3.5mm，先端弧形，基部平截一侧尖，一侧截形，两面截形，有纵棱形；种脐位于平截一端，长卵形，长约3mm，宽约1.2mm，浅黄褐色。外种皮骨质，厚0.3～0.4mm，褐色，有极细小的网格状花纹；内种皮紫红色。直胚，子叶呈“V”字形，长约4mm，宽2mm，浅黄色；下胚轴及胚根长1.5mm，浅黄色，朝向种子较尖一侧。胚乳白色，油质。

成熟期：10～11月。

产地：西南、华南及福建、江西、台湾等地。

种子千粒重：12.5～14.5g。

播种：用种量3～4g/$m^2$。

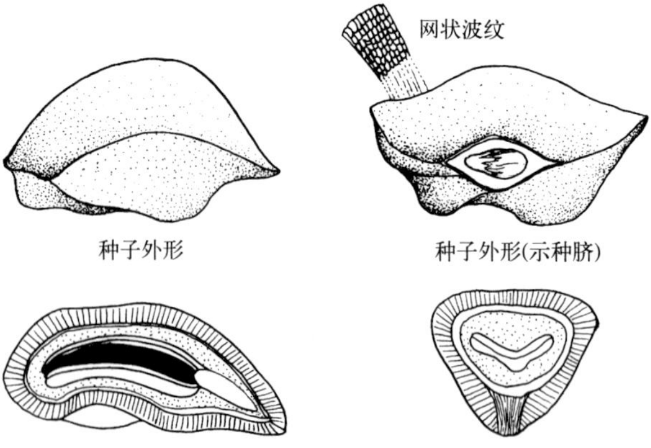


图361 余甘子

# 一叶萩

*Securinega suffruticosa* (Pall.) Rehd.

大戟科，落叶灌木。

蒴果扁球形，长宽各4～6mm，有网状花纹。

种子三角状横卵形，长约1.8mm，宽约2.2mm，近种脐的一端圆形，另一端渐尖并略钩弯曲。外种皮栗褐色，有略明显线纹，骨质；内种皮褐色膜质。胚弯曲，位于胚乳中间，子叶椭圆形，淡黄色，长1.5mm，宽1.1mm；下胚轴及胚根长0.5mm，淡黄色。胚乳充满种子，白色。

成熟期：8～9月。

产地：东北、华北、华东、华中、西南及陕西、宁夏等地。

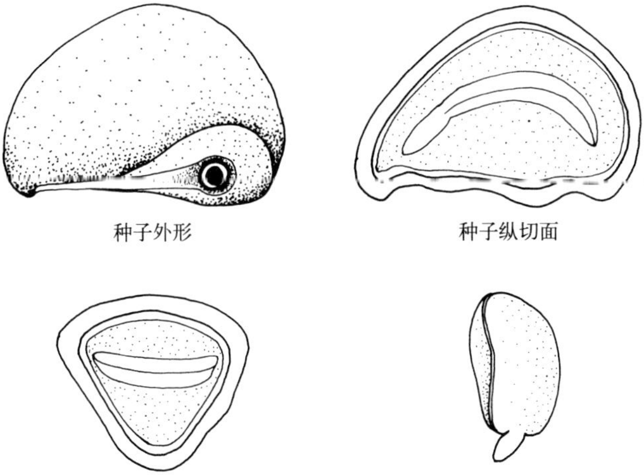


图362　一叶萩

# 油 桐

*Vernicia fordii* (Hemsl.)Airy-Shaw
[*Aleurites fordii* Hemsl.]

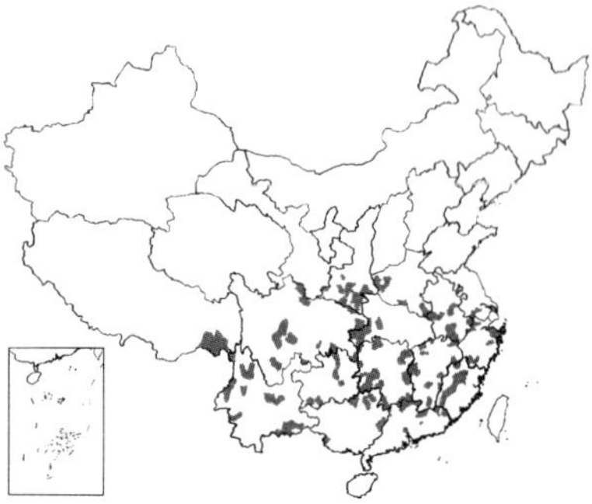

大戟科，落叶乔木。

核果状蒴果，宽倒卵形，径30～60mm，先端尖，基部圆，熟时黄褐色或红褐色，果皮平滑，具种子4～5粒。

种子倒卵形，长22～27mm，宽18～22mm，厚14～18mm，先端有小尖，基部平截微凹，背部弧形，腹面突起棱状两侧斜削；种脐位于基部凹处，圆形。外种皮褐色，有条状及球状突起呈断续条纹，厚约1mm，内壁雪白色海绵质。子叶卵形，长4mm，宽2.5～3mm，中脉凹陷，两侧翘起，白色，有明显3～5条脉；下胚轴及胚根长约3mm，白色。胚乳丰富，充满种皮。

成熟期：10～11月。

产地：淮河流域以南各地。

种子千粒重：1990～5700g。

播种：用始温50～70℃水浸种24小时后，每天换水连续浸种5～7天，或将温水浸过的种子与厚度相等的湿沙混合放4周左右播种，用种量75～90g/m$^2$。

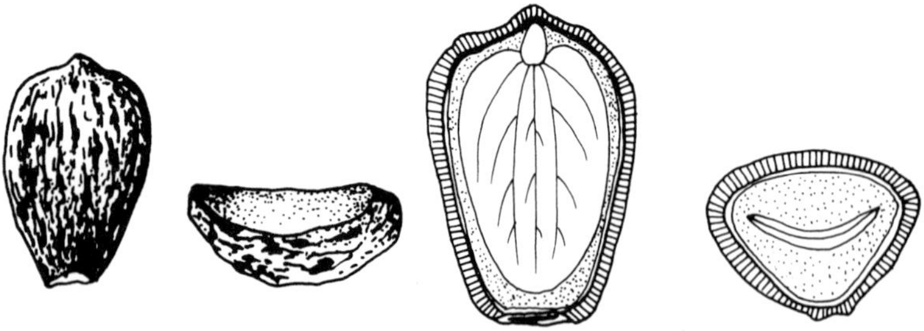

种子外形　　种子外形（侧面）　　种子纵切面　　种子横切面

图363　油　桐

# 乌 桕

*Sapium sebiferum* (Linn.) Roxb.

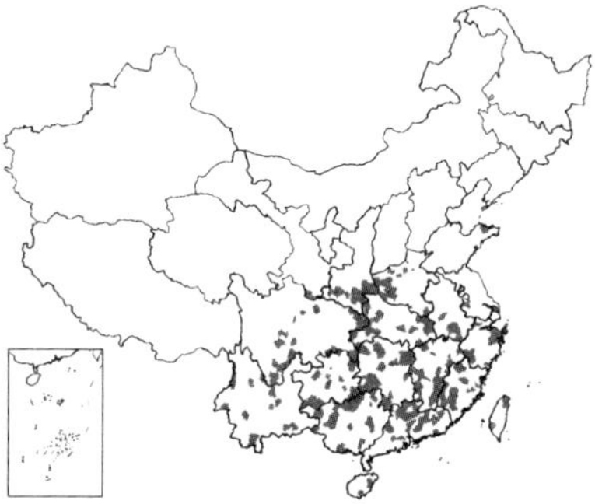

大戟科，落叶乔木。

蒴果三角状扁球形，径约15mm，熟时黄褐色，3裂，每室具种子1粒。

种子横三棱状椭圆形，长5～8mm，宽7～12mm，先端弓形，基部平截，向两面斜削，一侧微尖，另一侧圆钝；种脐位于平截的基部。种皮外有一层厚约1mm的白蜡层，去白蜡层后种皮黑褐色，骨质，厚约0.5mm。子叶近圆形，长约3mm，宽约3～3.5mm，先端有短尖，中央凹陷，两侧微翘起，白色；下胚轴及胚根长约1.7mm，白色。胚乳白色。

成熟期：10～11月。

产地：淮河流域以南，北达陕西、河南、甘肃等地。

种子千粒重：160～360g。

播种：将种子放在桶缸中，用始温80℃水浸泡并立即搅拌，在冷却过程中继续浸泡24小时，捞出放石臼中舂去蜡皮，再除去蜡粉，用种量7.5～12g/$m^2$。

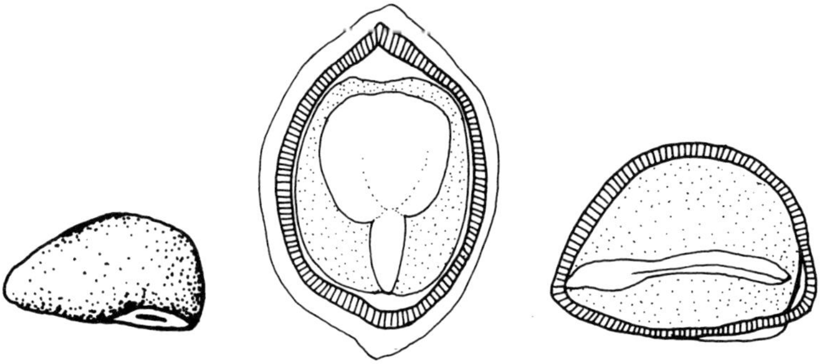

种子外形　　种子纵切面　　种子横切面

图364 乌 桕

# 重阳木

*Bischofia polycarpa* (Lévl.) Airy-Shaw

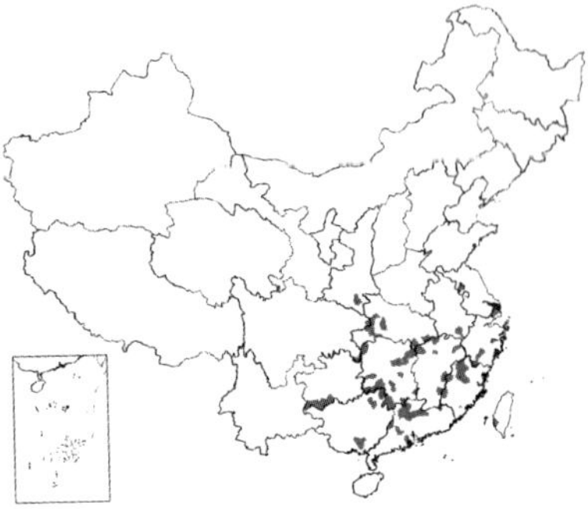

大戟科，落叶乔木。

浆果，球形，径5～7mm，熟时红褐色。

种子横卵形，高2.3mm，宽3.2mm，略扁，先端圆弧形，基部微凹，种脐在凹处，近种脐一侧渐尖，另一侧圆；种脐披针形，长约1.5mm，宽处0.3mm，橘红色。种皮黑色，平滑有光泽；内种皮膜质，淡褐色。子叶宽卵形，长宽各约2mm，白色；下胚轴及胚根长约0.7mm，白色，位于近种脐一端。胚乳白色。

成熟期：10～11月。

产地：淮河流域以南，在长江流域中下游常见。

种子千粒重：16～25g。

播种：用种量5～8g/m$^2$。

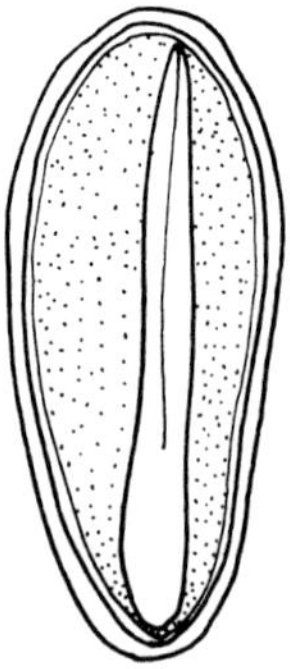

种子纵切面

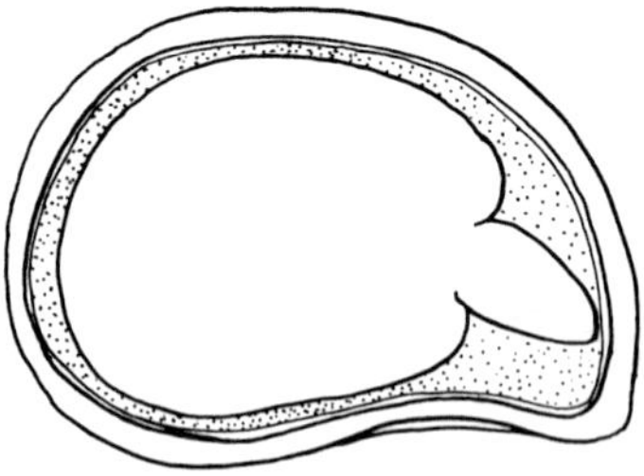

种子横切面

图365 重阳木

# 橡胶树

*Hevea brasiliensis* (H. B. K.) Muell.-Arg.

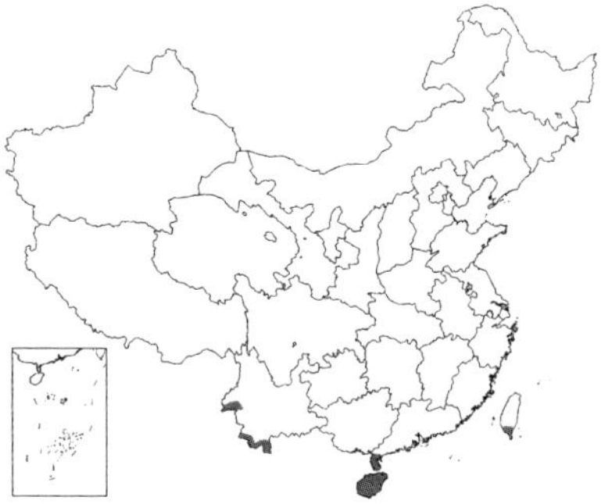

大戟科，常绿乔木。

蒴果，扁球形，径5～6cm，两端微凹，外果皮及中果皮薄，内果皮厚，木质。

种子椭圆形，长2～3cm，宽1.8～2.4cm，略扁，顶端圆或微凹，基部圆形，背部圆弧形，腹部中央有一缝线，中央微凹下，两侧斜削；种脐位于种子基部，圆形，径约2mm。外种皮咖啡色，有浅褐色斑纹，木质，厚1～1.5mm；内种皮膜质，灰白色。胚充满整个种皮，子叶椭圆形，长1.8～2.5cm，宽1.5～1.8cm，叶状，白色；下胚轴及胚根长约5mm。胚乳丰富，白色。

成熟期：6～9月。

产地：原产南美洲亚马孙河流域，主产巴西。我国海南、云南南部、广西南部、广东南部和台湾南部有栽培。

种子千粒重：4500g。

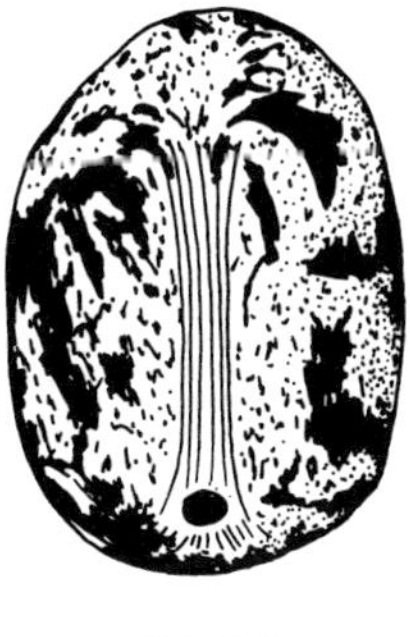

种子外形

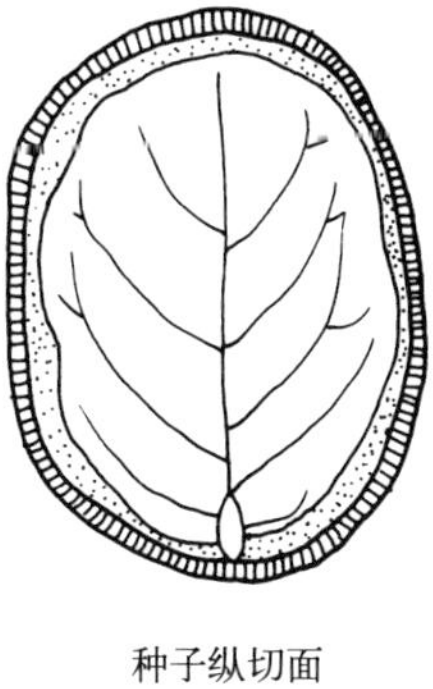

种子纵切面

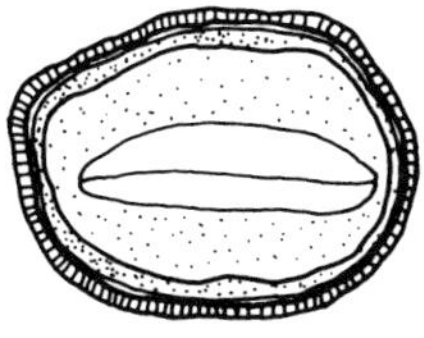

种子横切面

图366 橡胶树

## 小桐子

*Jatropha curcas* Linn. 麻疯树

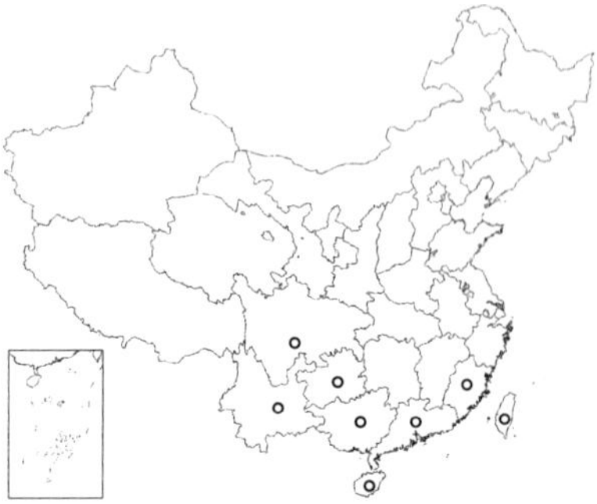

大戟科，落叶小乔木。

种子长圆形（彩图77），长1.5～2cm，直径0.5～0.8cm；种脐近圆形；种阜为不显著的长条状，深灰色。外种皮黑色，粗糙，有褐色不连续条纹，厚0.05cm，干后骨质，脆；内种皮白色，薄，纸质。胚为胚乳包被，白色，蜡质，长1～1.2cm。子叶两枚对折，质薄，长椭圆形，长0.8～1.0cm，宽0.6～0.8cm，具显著的离基三出脉，网脉不明显；胚根位于种脐一端，直伸，圆柱形，稍带黄色，长0.2～0.3cm。胚乳丰富，白色，分为明显的两瓣。

成熟期：7～10月。

分布：原产南美洲。广西、云南、贵州、四川、广东、海南等生于干热河谷地区，栽培或为半野生。

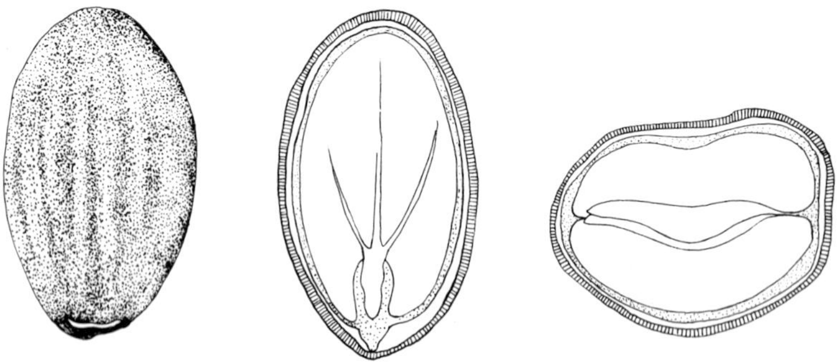

种子外形　　种子纵切面　　种子横切面

图367　小桐子

# ·酢酱草科 OXALIDACEAE·

## 阳桃

*Averrhoa carambola* Linn. 杨桃

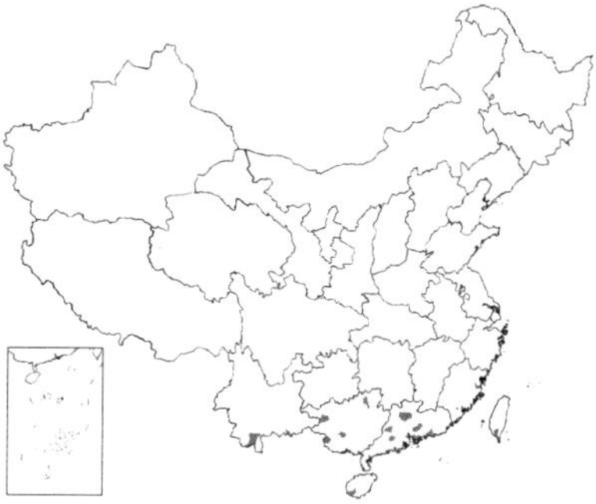

酢酱草科，常绿乔木。

浆果卵形、矩圆形或长椭圆形，长60～100mm，宽50～80mm，肉质具五翅状棱角。横切面为五角形，内有种子数粒。

种子扁平菱形，长5～8mm，宽12～15mm，先端和基部均弧形，两侧先端尖，微向下钩弯，种脐在整个种子下方，线形。种皮亮褐色，平滑，厚0.5mm，革质。子叶长椭圆形，微弯曲，长8～11mm，高3～5mm，淡黄色；下胚轴及胚根长2～2.5mm，微斜伸，胚根朝向种子弯曲度较大的一侧。胚乳白色，胶（淀粉）质，遇水不化开。

成熟期：长年有熟。

产地：原产东南亚和印度。广东、广西、福建、台湾、海南、云南等地有栽培。

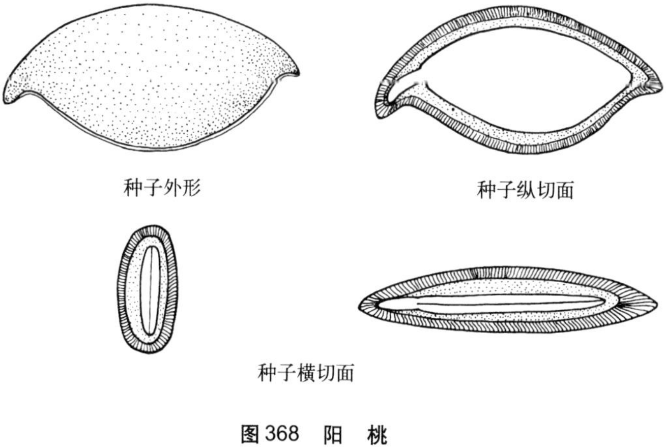


图368　阳　桃

# ·虎皮楠科 DAPHNIPHYLLACEAE·

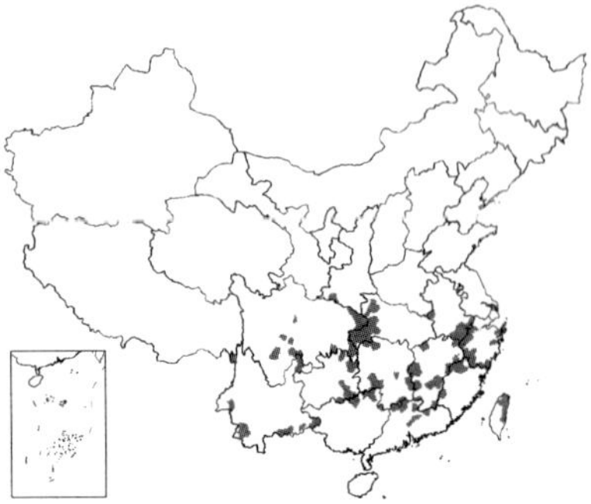

## 交让木

*Daphniphyllum macropodum* Miq.

虎皮楠科，常绿乔木或灌木。

核果长椭圆形，长约10mm，宽5～6mm，熟时黑色。具2宿存柱头。果核椭圆形，长7～7.5mm，宽4～4.5mm，先端圆，略偏斜处有短尖头，基部窄圆形，中央凹入，从凹入边缘伸出5～6条纵棱，达到果核长1/3。果皮灰褐色，有不规则突起和凹穴，壁厚0.5mm，革质。

种子长卵形，长5～6mm，宽3.5～4mm，先端尖茎部圆形。种皮褐色，膜质。胚小，直，长约1.4mm，宽0.4mm，子叶长0.6mm，宽0.4mm，先端微带黄色；下胚轴及胚根长0.8mm，白色，胚根朝向果粒先端。胚乳丰富，白色，淀粉质。

成熟期：9～10月。

产地：安徽、江西、浙江、福建、台湾、湖北、湖南、贵州、四川、广东、广西等地。

种子千粒重：75～90g。

播种：用种量20～25g/$m^2$。

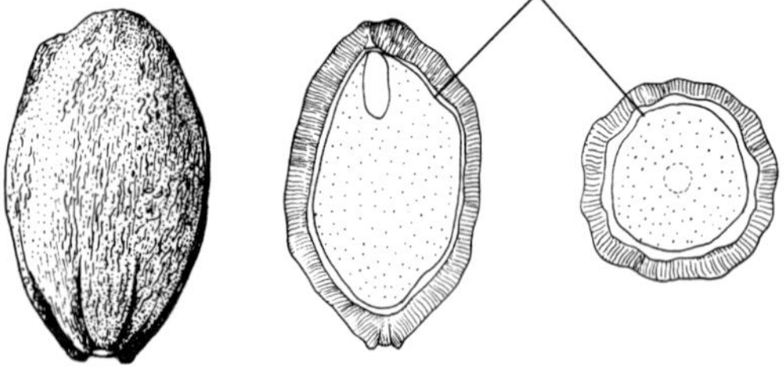


图369　交让木

# 虎皮楠

*Daphniphyllum oldhami* (Hesml.) Rosenth.

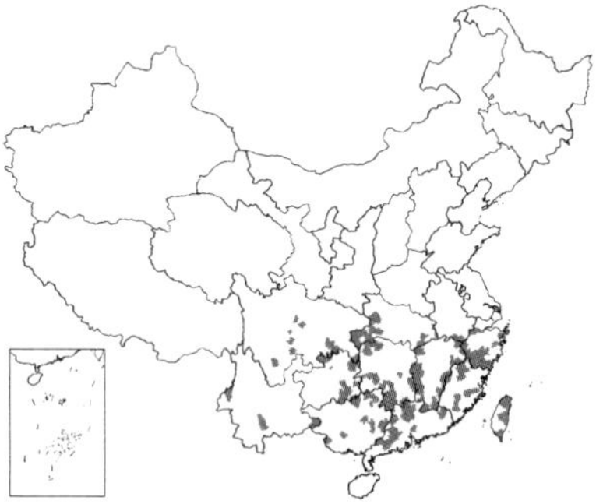

虎皮楠科，常绿乔木。

核果椭圆形，长0.6～1.4cm，径5～8mm，熟时黑色，顶端有宿存花柱。果核宽椭圆形，长7～8mm，宽5～6mm，顶端圆，略偏斜处有短尖，基部近圆形，中央有凹入，有不明显5～6棱，表面茶褐色，有不规则浅雕刻状突起和凹尖。

种子卵形，长6.5～7mm，宽4.5～6mm，先端窄圆，基部圆形。种皮膜质，褐色，有5～6条深褐色纵条纹。胚小，短棍棒形，长约1.5mm，宽约0.5mm，白色，子叶长约0.5mm；胚根朝向果核先端。胚乳丰富，白色，淀粉质。

成熟期：8～11月。

产地：台湾、福建、浙江、江西、湖南、湖北、广东、广西、四川、贵州、云南等地。

种子千粒重：75～90g。

播种：用种量12～15g/$m^2$。

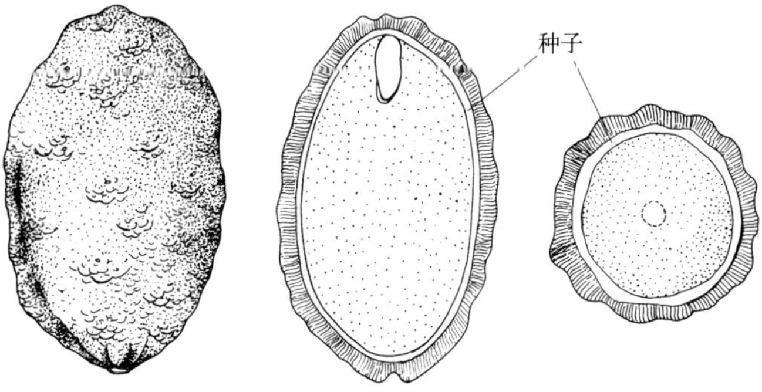


图370 虎皮楠

# 牛耳枫

*Daphniphyllum calycinum* Benth.

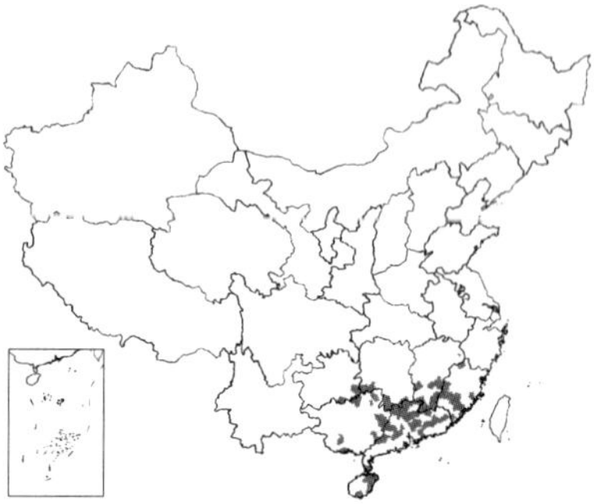

虎皮楠科，常绿灌木。

核果卵状椭圆形，长约10mm，宽约7mm，顶端较圆，中央有小尖头，基部圆，有宿存花萼长2～3mm，果熟时蓝紫色，有白粉，外表凹凸不平。果核卵状椭圆形，长6～8mm，宽4.2～4.6mm，两端圆，内果皮紫褐色，内果皮革质，厚不及0.1mm，外表有瘤状突起。

种皮淡褐色，膜质。胚很小，长约1.5mm，宽0.5mm，淡褐色，位于果核顶部。胚乳丰富，充满种皮，淡褐色，油质。

成熟期：8～9月。

产地：广东、广西、福建、湖南、江西等地。

种子千粒重：100～110g。

播种：用种量20～25g/m²。

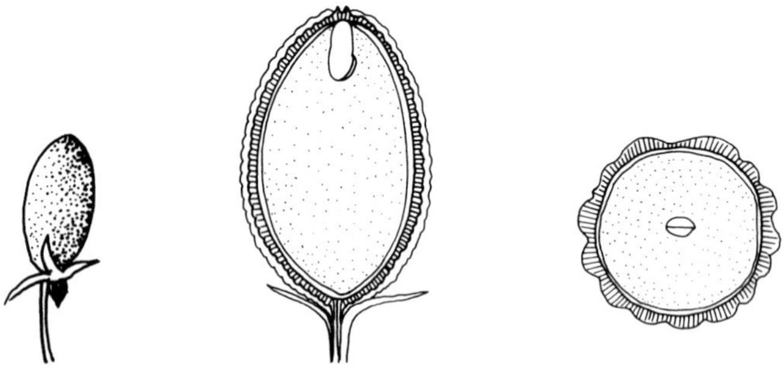

种子外形　　种子纵切面　　种子横切面

图371　牛耳枫

## ·芸香科 RUTACEAE·

# 小芸木

*Micromelum integerrimum* (Buch.-Ham.) Roem

芸香科，常绿小乔木。

浆果椭圆形，长 10mm，宽 8mm，果皮干燥，橘黄色，有腺点，具种子 1～2 粒。

种子肾形，长 5mm，宽 7mm，先端圆弧形，基部平截，背面凸透镜形，腹面平坦；种脐条形，长 2mm。种皮膜质，深茶褐色，有光泽和脐纹。子叶多次折叠，灰褐色，有紫色小腺点；下胚轴及胚根长 10mm，径 1.5mm，灰褐色，大部分被包在子叶内，有不明显腺点，胚根朝向种子一侧。无胚乳。

成熟期：7～9 月。

产地：广东 、广西、海南、贵州、云南、西藏等地。

种子千粒重：110～125g。

播种：用种量 15～20g/m$^2$。

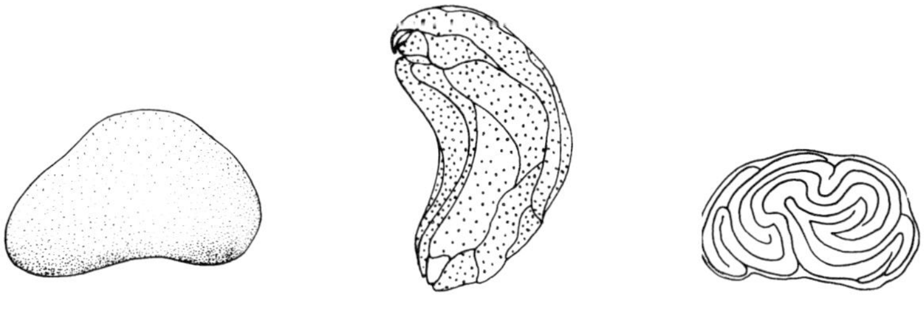

种子外形　　种子纵切面（胚有紫色子腺点）　　种子纵切面

图 372　小芸木

# 樗叶花椒

*Zanthoxylum ailanthoides* Sieb. et Zucc.

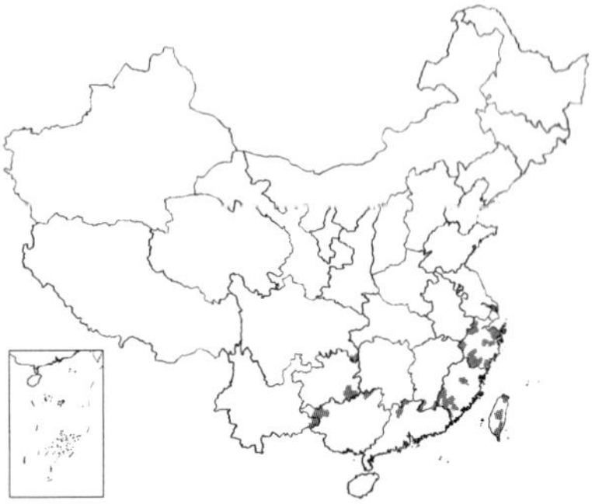

芸香科，落叶乔木，稀高达 15m。

蓇葖果分果瓣淡红褐色，干后淡灰或棕灰色，顶端无芒尖，径约4.5 mm。油点多，干后凹陷。

种子近球形，直径2.5mm，顶端圆形，基部截形或微凹入；种脐位于平截或微凹入一端，披针状条形凹槽，长约1.5mm。外种皮黑色，平滑，有光泽，骨质，厚0.2mm；内种皮膜质。直胚，长2.3mm，白色，子叶卵形，长1.7mm，宽1.2mm；下胚轴及胚根长0.5mm，胚根朝向种子较尖一侧。胚乳丰富，白色，油质。

成熟期：10～12 月。

产地：除江苏、安徽以外长江以南各地。

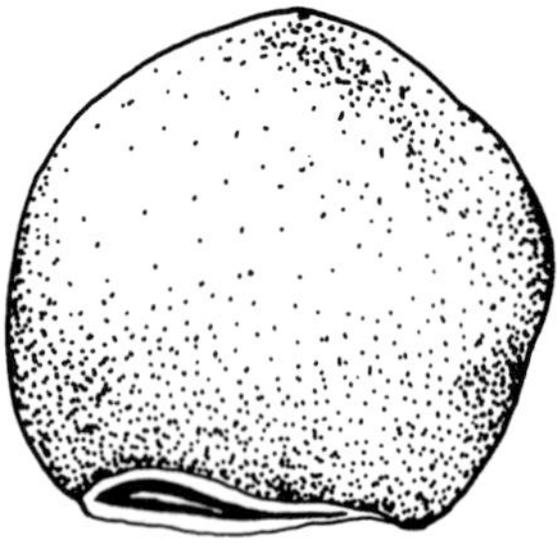

种子外形

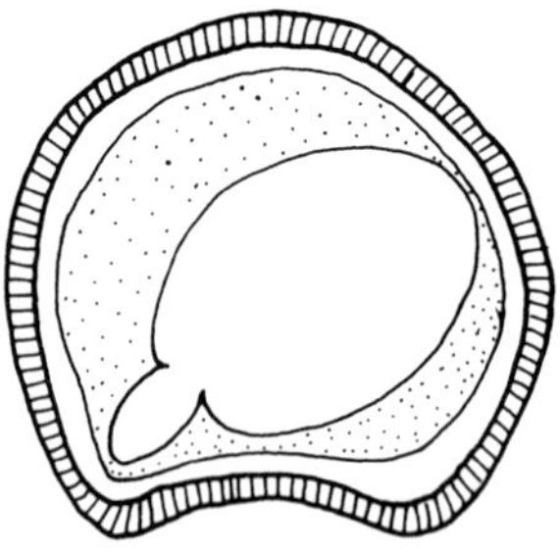

种子纵切面

图 373　樗叶花椒

# 竹叶椒

*Zanthoxylum planispinum* Sieb. et Zucc. [*Z. armatum* DC.]

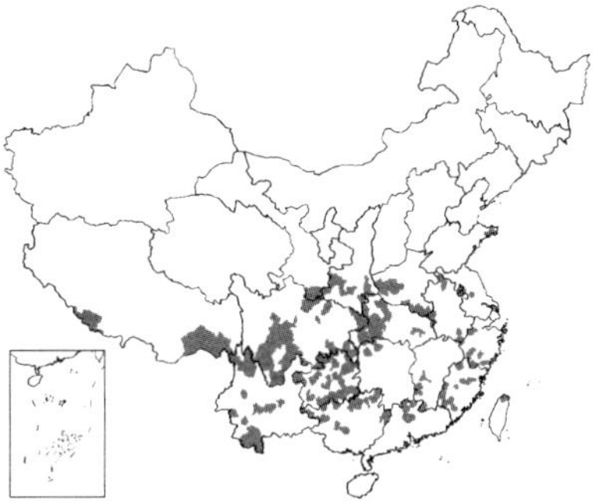

芸香科，落叶灌木。

蓇葖果1～2近球形，直径约3mm，熟时暗红色，具粗大隆起的腺点，内果皮纸质，黄白色。

种子近球形，长2.5～3mm，宽2.5～2.8mm，先端圆钝，基部微凹入；种脐位于凹处，椭圆形淡褐色。外种皮黑色，有光泽，厚0.3mm，骨质，质脆；内种皮褐色，膜质。子叶椭圆形，长约2mm，宽比长略小或近相等，白色；下胚轴及胚根长约0.6mm，白色。胚乳丰富，白色，油质。

成熟期：8～10月。

产地：山东以南，从东南至西南，北至陕西、甘肃等地。

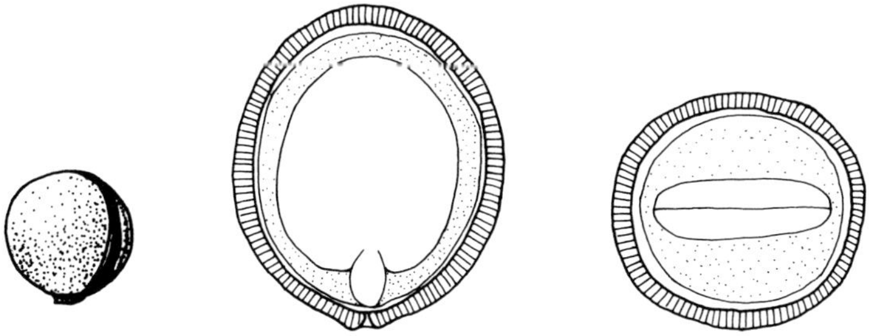

种子外形图　　种子纵切面　　种子横切面

**图374　竹叶椒**

# 黄檗

*Phellodendron amurense* Rupr.,黄波罗

芸香科，落叶乔木。

核果近球形，径约1cm，5室，绿色，熟时黑色，油质，具香气。

种子横卵形(彩图78)，长5～6mm，宽2～3.5mm，厚1mm，先端弧形，基部近平；种脐位于种子一侧。种皮有两层；外种皮苍黄色，易剥落；内种皮褐色，骨质，黑色中等硬度，略有皱纹。子叶椭圆形，长约4.5mm，白色。胚乳白色。

成熟期：9～10月，落叶后果仍宿存。

产地：东北至华北北部。

种子千粒重：14.26g。

播种：0～5℃低温层积30～90天，或混雪埋藏，用种量垄播7～8g/$m^2$，床播15g/$m^2$。

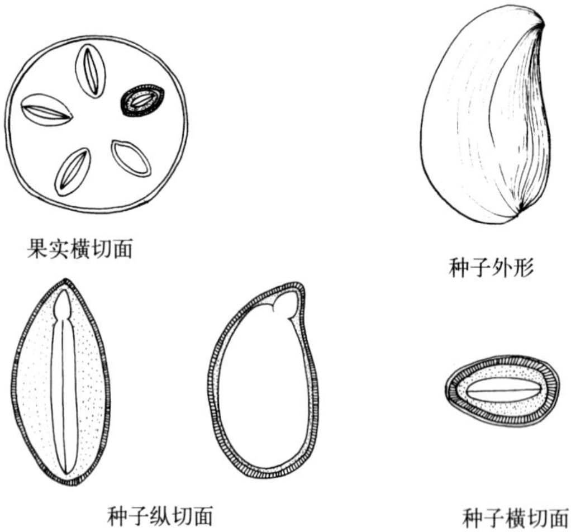


图375 黄 檗

# 柚子

*Citrus grandis* (Linn.) Osbeck

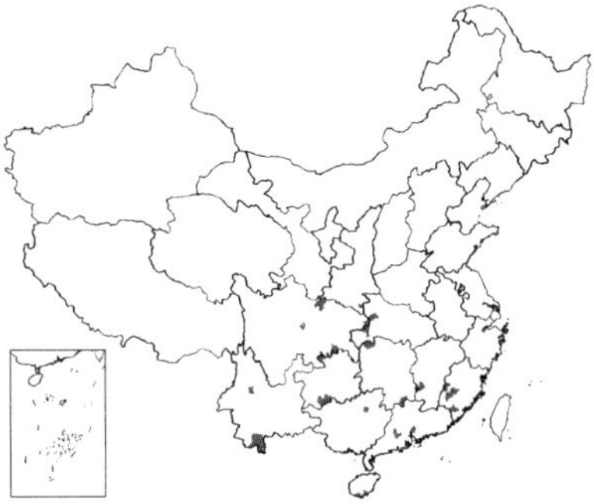

芸香科，常绿小乔木。

柑果梨形、球形或扁球形，径10～25cm，黄色。中果皮厚，白色，海绵质，不易与果皮分离。

种子不整齐楔状长方形，长22～25mm，宽10～12mm，厚4～5mm，先端截形，扁平，基部渐窄，伸出许多不规则小尖状突起，表面苍白色，具不规则细纵棱，种脐难分辨。外种皮革质，厚约0.1mm；内种皮膜质，灰褐色。直胚，子叶肥厚，白色，椭圆形，长约15mm，宽约8mm；胚小，长约1mm，位于种子截形一端。无胚乳。

成熟期：10～12月。

产地：亚洲东南部热带及亚热带。我国长江以南栽培。

种子千粒重：190～240g。

播种：用始温40～45℃水浸种24小时，或浸种后将种子置于25℃室内催芽。

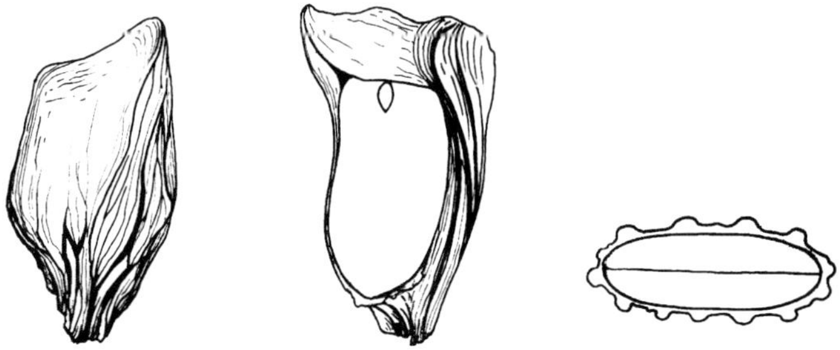

种子外形　　种子纵切面　　种子横切面

图376　柚　子

# 柑橘

*Citrus reticulata* Blanco

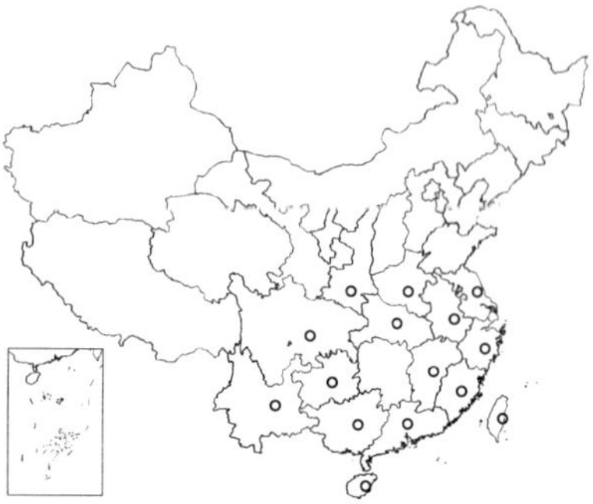

芸香科，常绿乔木。

柑果扁球形或球形，径5～8cm，橙黄色或橙红色，平滑或凸凹不平，果皮疏松，易与瓢囊分离；果心大，疏松或中空。

种子倒卵形，长11mm，宽6.5mm，顶端近圆形，基部渐尖，略弯曲，一侧有棱，表面白色有细纵纹；种脐位于较窄一端的侧面凹槽内，圆形，径约1mm。外种皮革质，白色，厚约0.2mm；内种皮膜质，淡褐色，多胚，常有几个大小不等的小胚，大胚长6mm，宽约3mm，小胚长2～3mm；子叶肥厚，淡绿色，倒卵形，长8.5mm，宽5.5mm；胚根朝向种脐一端。无胚乳。

成熟期：10～12月。

产地：我国东南部。长江以南广泛栽培。

种子千粒重：90～130g。

播种：用始温40～45℃水浸种24小时，或浸种后将种子置于25℃室内催芽。

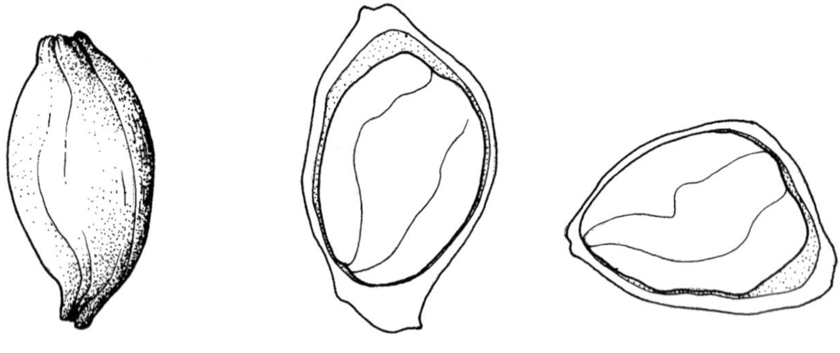

种子外形　　种子纵切面　　种子横切面

图377　柑　橘

# 枸橘

*Poncirus trifoliata* (Linn.) Raf.

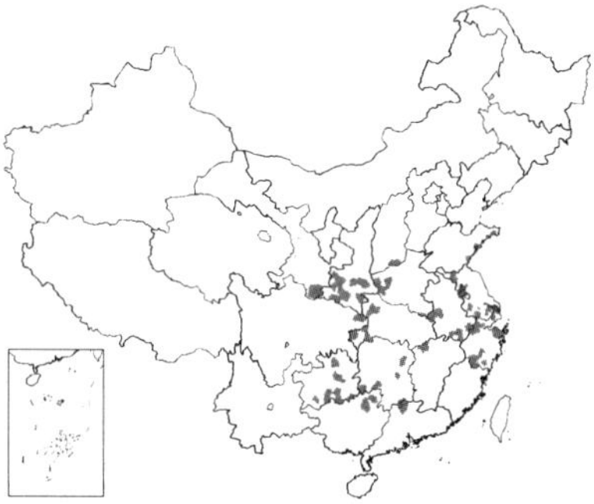

芸香科，落叶灌木或小乔木。

柑果球形，直径3～5mm，熟时橙黄色，被短柔毛，有香气。

种子倒卵形或椭圆形，长10～13mm，宽6～8mm，略扁，先端圆，顶端有约直径4mm扁平突起，基部渐窄，先端有小尖头，背面弧形，腹面常有细纵棱。外种皮白色，纵裂，顶端有淡紫色或白色纤维，薄，革质，厚0.1mm；内种皮淡褐色，膜质。有多胚现象，通常有1主胚和1～3个小胚，子叶肥厚，一大一小不对称，淡绿色。无胚乳或有少量胚乳。

成熟期：9～10月。

产地：我国中部。华东、华南、西南等广泛栽培。

种子千粒重：160～225g。

播种：35～40℃温水浸种1小时后浸入冷水中半天，取出放在垫有秸草的箩筐中，盖草，以后5～9天每天继续用35～40℃温水淋浇3～4次并翻动，用种量50～100g/m²。

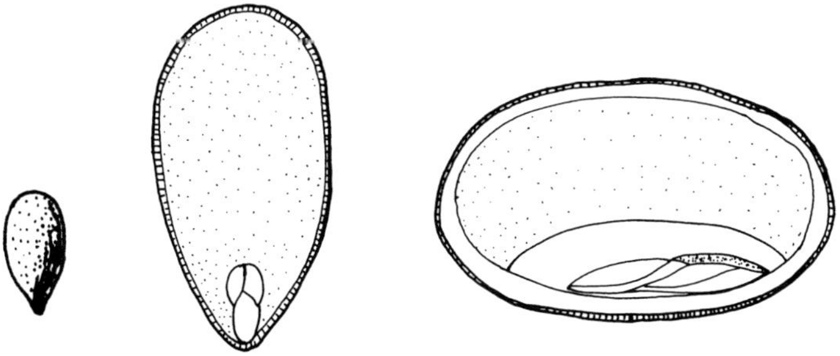

种子外形　　种子纵切面　　种子横切面

图378　枸　橘

# 楝叶吴茱萸

*Evodia meliaefolia* Benth.

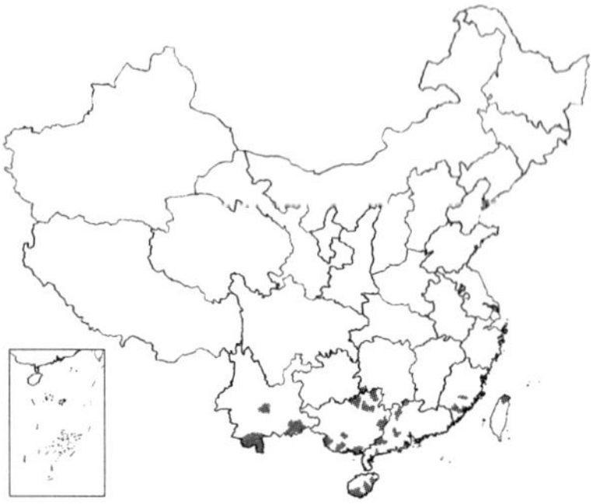

芸香科，落叶乔木。

蓇葖果近球形，径4.5～5mm，熟时紫红色，表面呈网状皱褶，每果瓣有种子1粒。

种子横卵形，长2～3mm，宽2.8～4mm，一侧略扁，另一侧圆钝；种脐长条形，浅沟状，茶褐色。外种皮黑色，骨质，有光泽，厚约0.1mm；内种皮淡褐色，膜质。子叶椭圆形，长约1.5mm，宽约1.2mm，白色；胚根位于有尖头的一端。胚乳丰富，油质。

成熟期：11月。

产地：福建、广东、广西、云南等地。

种子千粒重：9～12g。

播种：用种量2.5～3.5g/m$^2$。

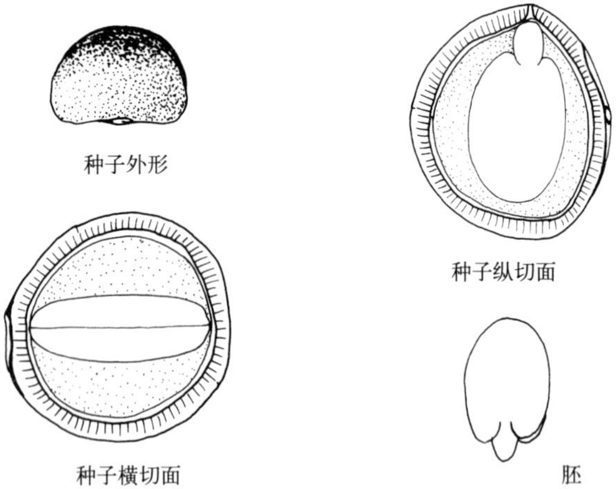


图379 楝叶吴茱萸

# 九里香

*Murraya paniculata* (Linn.) Jack.

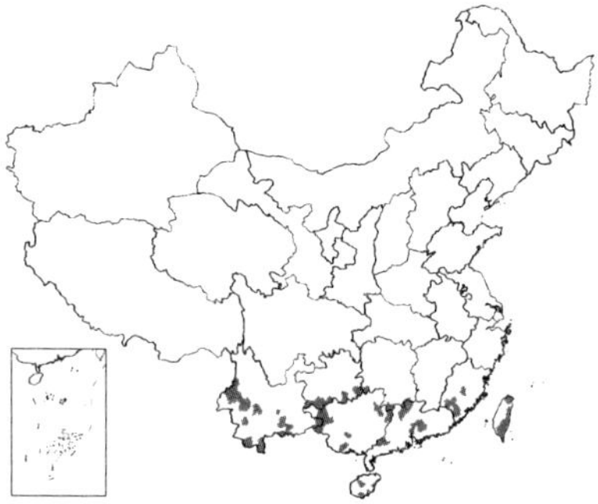

芸香科，常绿灌木。

浆果近球形或椭圆形，大小不一，一般长6～12mm，宽5～9mm，先端有短尖，熟时鲜红色。

种子扁卵形，长5.5～10mm，宽4.5～8mm，厚3～4mm，先端渐尖，基部近圆形，腹面平坦或凹入，密布苍白色绒毛，靠一侧有一条细棱，背面凸起有10余条肋状棱，棱上密布苍白绒毛。种皮薄，革质，易剥离，子叶椭圆形，肥厚，有油点；下胚轴及胚根长约1.3mm，黄绿色，胚根朝向种子尖的一端。无胚乳。

成熟期：9～12月。

产地：广东、广西、福建、云南等地。长江以南均有栽培。

种子千粒重：55～75g。

播种：用种量30g/m$^2$。

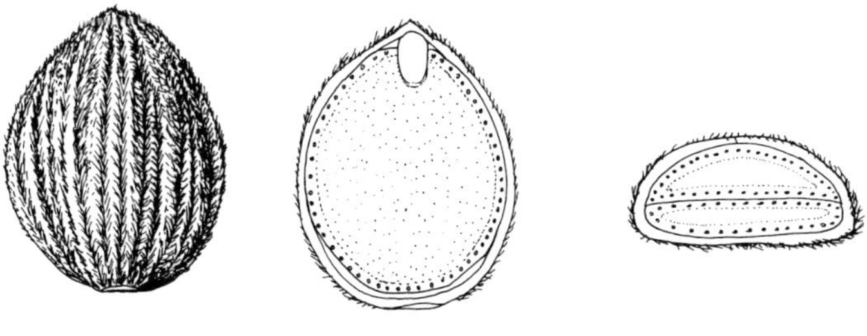

种子外形　　种子纵切面　　种子横切面

图380　九里香

# ·苦木科 SIMARUBACEAE·

## 苦木

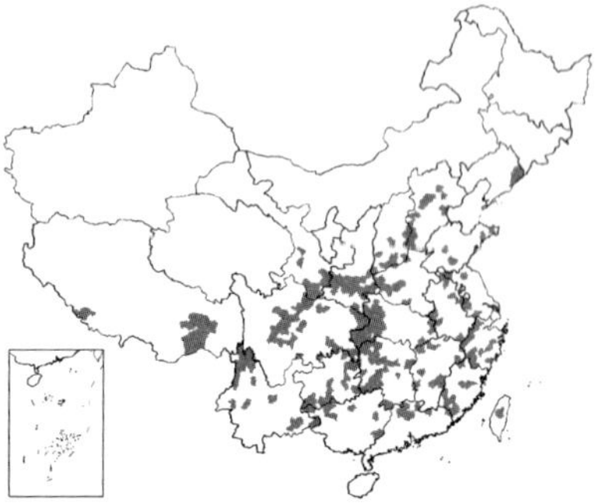

*Picrasma quassioides* (D.Don) Benn.

苦木科，落叶乔木。

核果倒卵状，球形，径5～6mm，蓝色至红色，具宿萼；果核倒卵形，长4.5～5mm，径3～4mm，厚不及0.1mm，半透明，骨质，先端圆，基部渐尖，在种脐部位有“山”字形加厚，加厚部份淡褐色，其余部分褐色，有大小不等紫黑色斑纹。

种子椭圆形（彩图79），长4.5mm，宽4mm，种皮膜质，淡褐色，皱褶不平，基部有一条披针形种脐，在披针形先端处微突起，为胚根所在位置，与此相对的种子另一面有一块椭圆形颜色为茶褐色，其中有一树状脉纹。胚根长约1.5mm，白色，子叶0.5mm，下胚轴加厚，比胚根长约1mm。胚乳丰富，油质。

成熟期：9～10月。

产地：辽宁、河北、山东、河南、陕西、江苏、江西、湖南、湖北、四川等地。

种子千粒重：46～52g。

播种：随采随播或自然变温层积春播。

种子外形

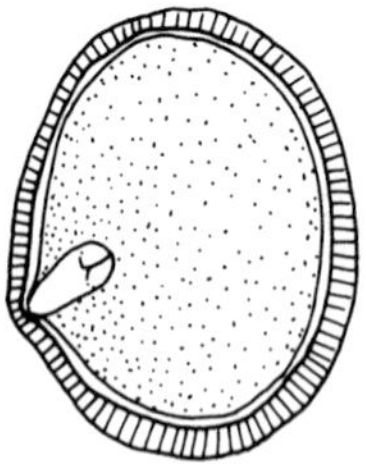

种子纵切面

图381　苦　木

# 臭椿

*Ailanthus altissima* (Mill.) Swingle

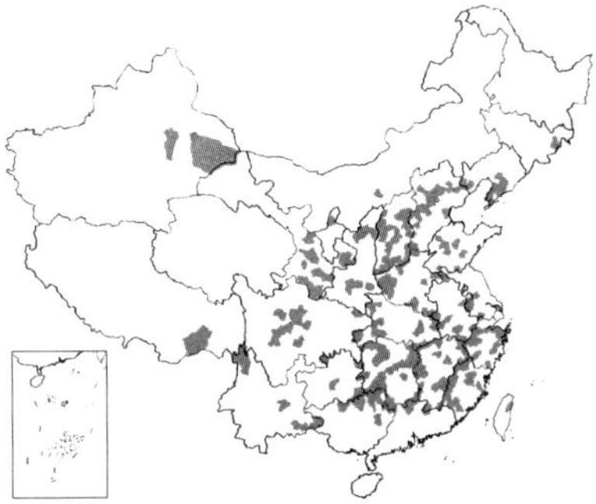

苦木科，落叶乔木。

翅果扁平长椭圆状纺锤形（彩图80），膜质，长4～4.5cm，宽约1cm，厚约1mm，熟时黄褐色，两端钝，具网状脉纹，无毛，中部斜生1粒种子。

种子宽倒卵形，扁平，长宽约5mm，厚约1～2mm，种脐 一端平截，另一端渐尖，两侧有膜状突起肋棱。种皮膜质淡褐色，无毛。胚宽倒卵形，长宽约3～4mm，厚1cm，子叶宽卵形，先端向内外折；胚根短柱形，长约1mm，黄色；胚芽不明显，下胚轴短。胚乳薄，围在胚的外面，厚约为胚的1/3，乳白色，油质。

成熟期：9～10月。

产地：北至辽宁、河北，南到江西、福建，东起江苏、浙江，西至甘肃。以西北和华北分布最多。

种子千粒重：28～32g。

播种：40℃水浸种，冷却后再以室温水浸种1昼夜，捞出后在向阳处盖草帘催芽10天左右，每天用水淋浇1～2次，用种量50粒/$m^2$。

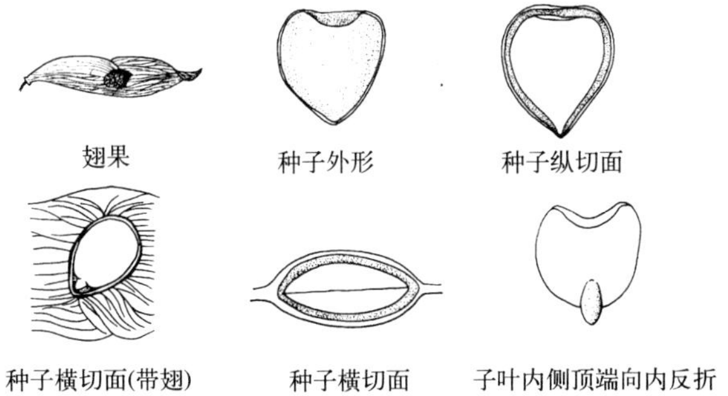


图382 臭 椿

# · 橄榄科 BURSERACEAE ·

## 方榄

*Canarium bengalense* Roxb.

橄榄科，常绿乔木，高 15～25m。

核果三棱状椭圆形，长约 50mm，宽约27mm，两端短渐尖，果熟时褐色，肉质。

种子（果核）三棱状椭圆形，长约45mm，宽约22mm，先端突尖，基部渐尖，边缘呈木质翅状，每面有 2 条弧线，中央有一纵脊，核外面褐色，无毛，木质。

种子披针形，长约23mm，宽 8mm，两端钝，凹缺处为种脐。种皮褐色，膜质。胚充满种皮，紧贴种皮，子叶折叠成 2～4 折，白色油质；下胚轴及胚根长约 6mm，白色，朝向种脐一端。有极少胚乳。

成熟期：7～8 月。

产地：广西和云南。

种子千粒重：4000～5100g。

播种：果核调制后地面曝晒，并趁热置于冷水中浸泡，或调制后混湿沙置于床中，发芽后移入圃地，用种量 300～370g/$m^2$。

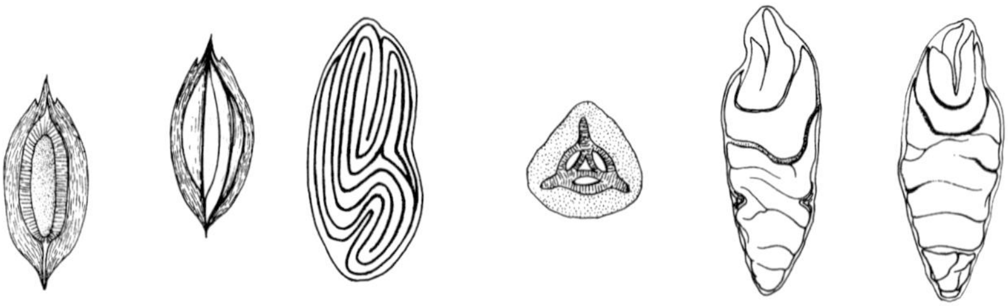

种子（果核）外形　　种子纵切面　　种子（果核）横切面　　子叶折叠

图383　方　榄

# 橄榄

*Canarium album* (Lour.)Raeusch

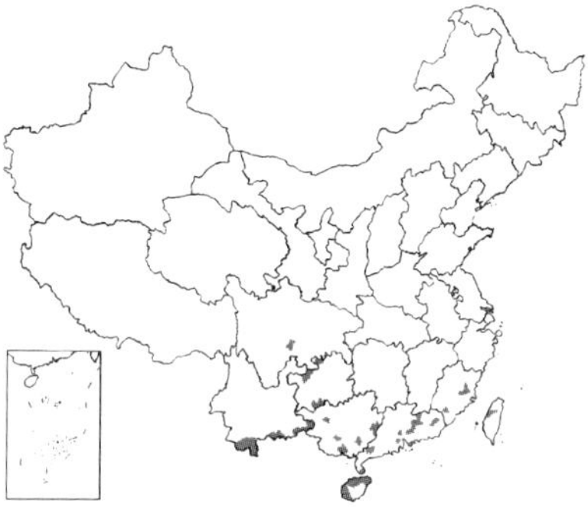

橄榄科，常绿乔木。

核果卵形或椭圆形，长2.5cm，黄绿色，核两端尖。

种子（果核）梭形，长30～35mm，宽13～15mm，两端渐尖，顶端锐尖，具3个椭圆形小孔（发芽孔），基部先端平截；表面褐色或红褐色，具3条纵棱，6条弧形通沟槽，稀4条纵棱8条通形浅沟槽。外种皮(内果皮)木质，坚硬，厚约1.5mm，通常3室稀4室。种子倒卵状椭圆形，长约15～18mm，宽约5mm，厚约2mm；种脐位于较钝的一端。种皮褐色，膜质。子叶折叠。胚根朝向果核先端。几无胚乳。

成熟期：9～10月。

产地：福建、广东、广西、台湾、海南、云南等地。浙江、贵州、四川等地有栽培。

种子千粒重：1090～2300g。

播种：果核调制后地面曝晒，并趁热置于冷水中浸泡，或调制后混湿沙置于床中，发芽后移入圃地，用种量100～125g/m$^2$。

种子(果核)外形

种子(果核)横切面

图384　橄　榄

# ·楝科 MELIACEAE·

## 毛红椿

*Toona ciliata* Roem. var. *pubescens* (Franch.) Hand.-Mazz.

楝科，落叶乔木。

蒴果长椭圆形，长2～3.5 cm，木质，干后紫褐色，有白色皮孔。

种子扁平，两侧具膜质翅，连翅长约5mm，宽19mm，厚约1mm；翅淡褐色，微有皱纹，种子斜位于近中部，一侧翅长约10mm，另一侧略短，长约6mm。种子去翅后长卵形，长约4mm，宽约2mm，厚约1mm，顶端渐尖，基部圆形，表面有不规则线纹状突起；种脐位于圆形一端，褐色，近圆形，长约0.5mm。种皮膜质，白色。直胚，长4mm，浅黄色，子叶椭圆形，长2.8mm，宽1.8mm；下胚轴及胚根长1.2mm，胚根朝向种子较尖一端。胚乳粉质，充满种皮。

成熟期：10～12月。

产地：福建、湖南、广东、广西、四川、云南等地。

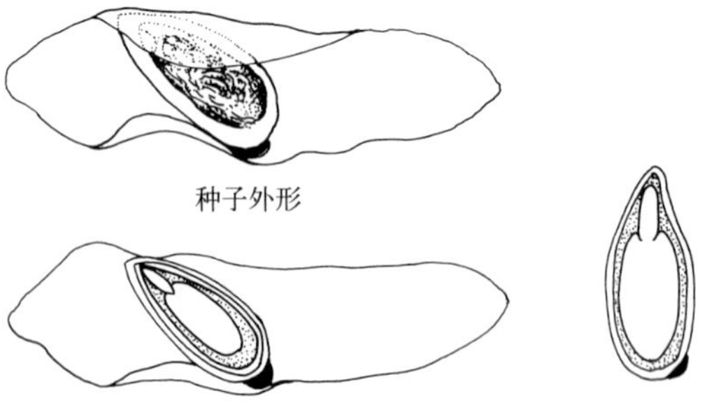

种子外形

种子纵切面（带翅）

种子纵切面

图385　毛红椿

# 香椿

*Toona sinensis* (A. Juss.) Roem.

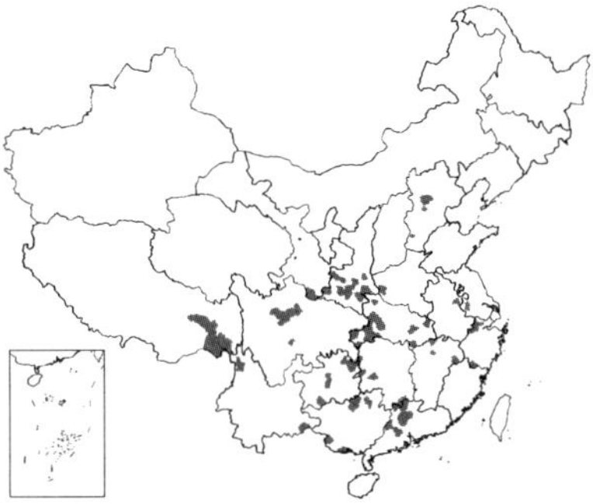

楝科，落叶乔木。

蒴果椭圆形，长25～30mm，径6～10mm，先端有小尖头，基部渐窄，果皮木质，黑色，有圆形或椭圆形淡褐色皮孔，每室有种子千粒，熟时从先端5裂；中轴肥厚，宿存。

种子先端有翅（彩图81），连翅长椭圆形，长17～20mm，宽3～5mm，翅膜质；淡褐色，长约11～13mm，宽3～5mm。种子去翅后近卵形，长约6mm，宽约4mm，厚约1mm。种皮栗褐色，薄，纸质。胚绿色，位于种子与翅连接处，子叶椭圆形，长约2mm，宽约1.5mm；下胚轴及胚根长约1.5mm，绿色。胚乳充满种皮。

成熟期：10～11月。

产地：分布广，北自辽宁南部，南达广东、广西，西至甘肃、陕西，西南至云南、贵州等地。

种子千粒重：10～15g。

播种：用种量10g/m²。

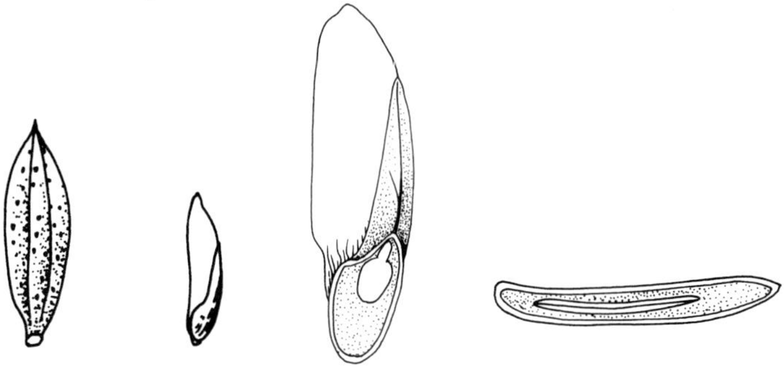

果实　　种子　　种子纵切面　　种子横切面

图386　香　椿

# 麻楝

*Chukrasia tabularis* A.Juss.

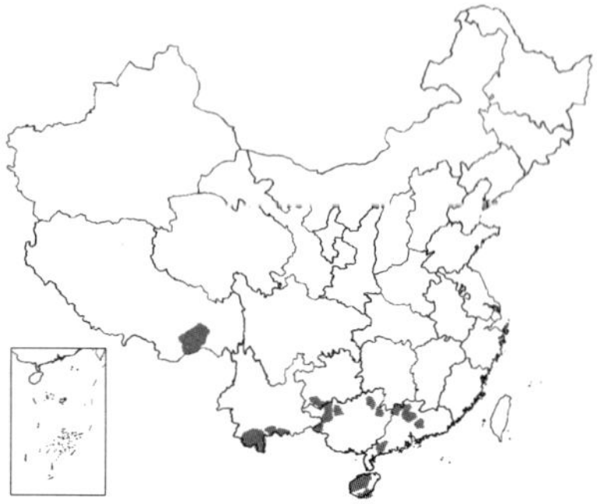

楝科，落叶大乔木。

蒴果球形或椭圆形，长40～45mm，宽35～40mm，外壁粗糙，有红褐色小瘤状突起，熟时褐色，木质，3裂，每果瓣有种子多数，两个果瓣的种子翅相互重叠成层片状，生于中轴上。

种子扁平（彩图82），有膜质翅，连翅横长椭圆形，长15～20mm，宽6～8mm，翅褐色，长为种子2倍，位于种子一端，先端弧形，基部弯曲。种子去翅后椭圆形，长约5.5mm，宽约4.5mm，厚约4mm；种脐位于基部弯钩处，很小，不足0.5mm。外种皮褐色，膜质；内种皮薄膜质，褐色。子叶椭圆形，长5.5mm，宽4mm，白色，油质；下胚轴及胚根位于一侧，白色，胚根朝向种脐。胚乳薄，白色。

成熟期：11月至翌年2月

产地：台湾、福建、广东、广西、云南、海南等地。

种子千粒重：10～15g。

播种：播前浸种2～3小时，捞出晾干，用种量2～2.5g/m$^2$。

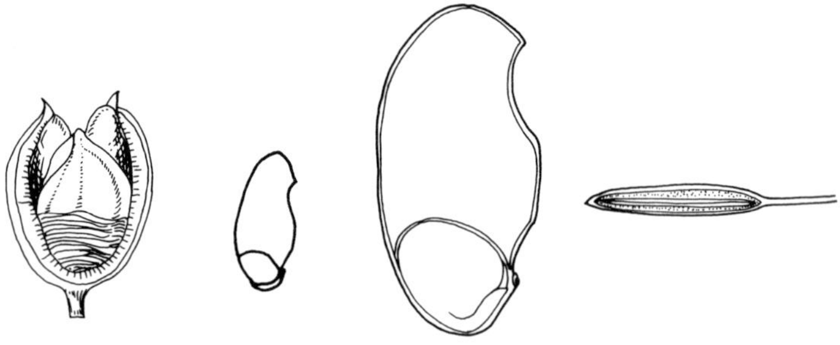

果实　种子外形　种子纵切面　种子横切面

图387　麻　楝

# 苦楝

*Melia azedarach* Linn.

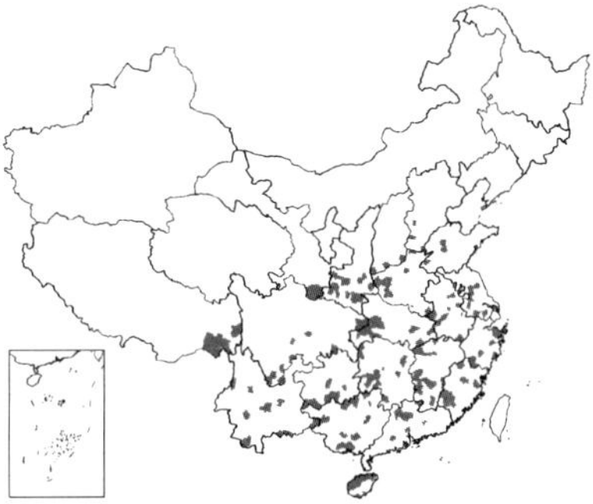

楝科，落叶乔木。

核果椭圆形或近球形，长12～18mm，直径10～12mm。

果核长椭圆形，长9.5～18mm，宽约7～10mm，苍黄色或带白色，顶端渐尖而呈钝尖头，基部渐窄，中央呈小孔状，表面有5～6条纵棱脊和5～6条纵沟槽，在高倍解剖镜下可见叶脉状的花纹，果核壁厚1～1.5mm，木质，坚硬，4～5室，通常只1～2室有发育种子。

种子倒卵状长椭圆形，长约10mm，宽4～5mm，先端尖，基部渐窄而扁平，两侧有棱。种皮紫色，膜质。子叶椭圆形，长6～7mm，宽3.5～4mm，黄白色；下胚轴及胚根长1～1.5mm，黄白色。有胚乳。

成熟期：10～11月。

产地：黄河流域以南至华东及华南等地。

种子千粒重：550～830g。

播种：果核先曝晒2～3天，用始温80℃水浸种24小时，捞出拌草木灰，1天后再混沙堆放，用种量30～37.5g/$m^2$。

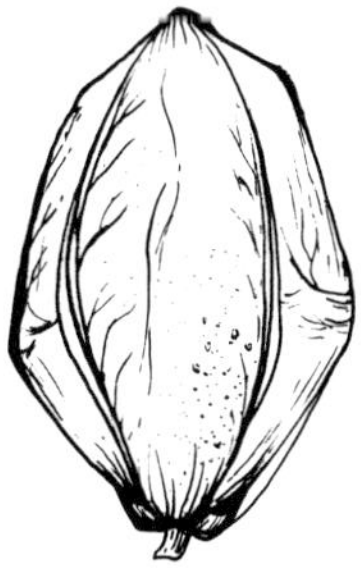

种子外形

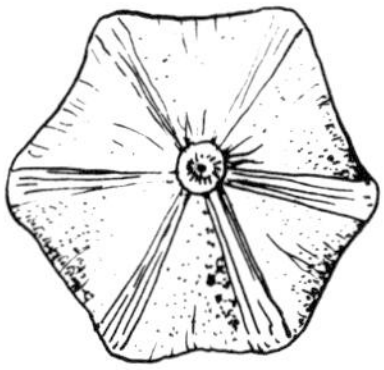

种子外形(示种脐)

图388 苦 楝

# 川楝

*Melia toosendan* Sieb.et Zucc.

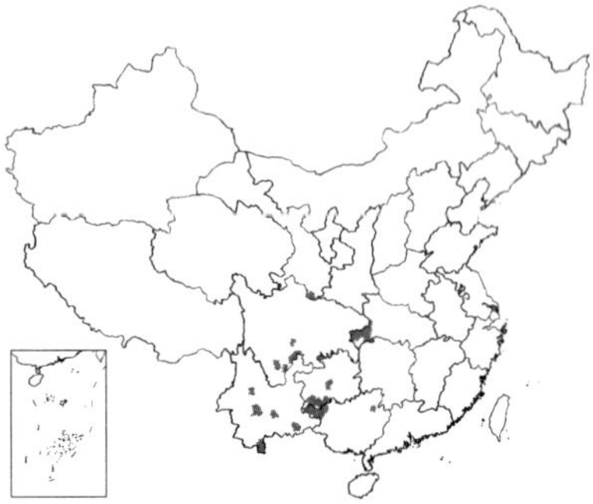

楝科，落叶乔木。

核果椭圆形或近球形，长约30mm，宽约25mm，两端圆，熟果由青变黄色，果皮有乳头状小突起。

果核矩圆状椭圆形或近球形，长15～20mm，宽13～18mm，厚2mm，淡褐色或灰白色，坚硬木质，有6～8条纵棱，两端平截，中央凹入，上端有6～8孔；6～8室，通常只2～3室有发育成熟种子。

种子长卵形，长6～7mm，宽3～4mm，种皮黑紫色，较厚。胚椭圆形，子叶椭圆形，长约6.5mm，宽约3.2mm，白色；下胚轴与胚根卵形，长约1mm，白色，朝向果核有孔洞之一端。胚乳白色。

成熟期：11月。

产地：四川、湖北、甘肃、贵州、云南等地。

种子千粒重：1100～1880g。

播种：果核先曝晒2～3天，用始温80℃水浸种24小时，捞出拌草木灰，1天后再混沙堆放，用种量45～75g/m$^2$。

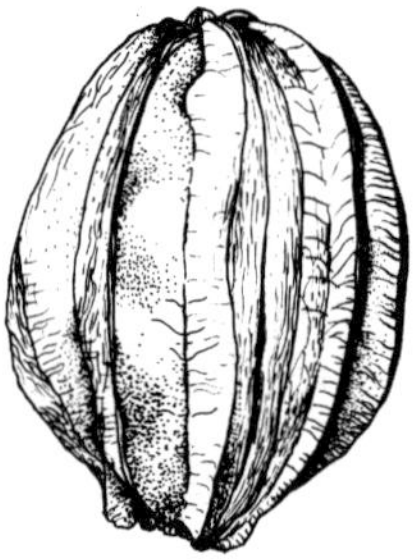

果实外形

果实横切面

图389 川 楝

# 粗枝崖摩

*Amoora dasyclada* (How et T. Chen) C. Y. Wu

楝科，常绿乔木。

蒴果近球形、倒卵状或三角状球形，长20～28mm，直径20～40mm，先端圆钝，基部渐窄呈短柄状，熟时红褐色，不开裂，果皮木质，厚约1mm，具种子1～3粒。

种子三棱状椭圆形，有褐色肉质假种皮，去假种皮后为卵形，长约16mm，宽约12mm，先端钝尖，基部圆形；种脐淡褐色，长条形。种皮栗褐色，薄革质。子叶肉质，肥厚，油质；下胚轴及胚根很短，长不及5mm。无胚乳。

成熟期：翌年4～6月。

产地：海南、云南等地。

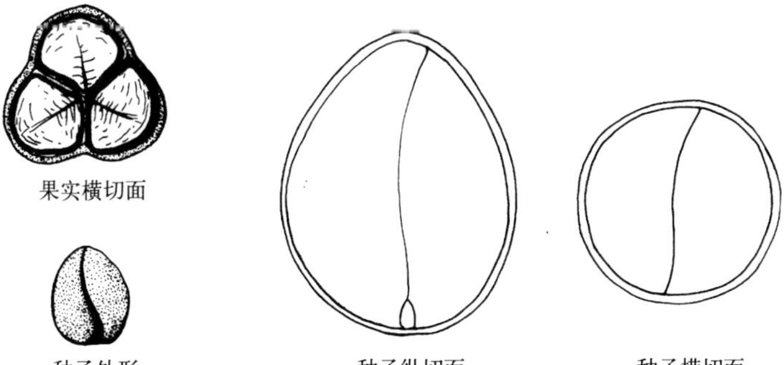


图390 粗枝崖摩

# ·马桑科 CORIARIACEAE·

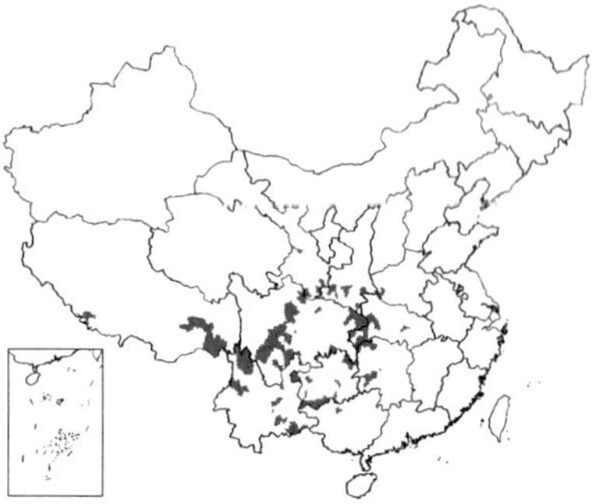

## 马桑

*Coriaria sinica* Maxim.

马桑科，小乔木或灌木。

瘦果外面有宿存肉质花被。

种子（瘦果）横椭圆形，长1.6mm，宽2.1mm，厚0.8mm，先端弧形，基部截形或宽楔形，一侧圆钝，另一侧较窄，近顶端有一弧形细棱，表面黑紫色，有极浅雕刻状花纹；种脐位于截形或楔形一端，条形，约占种子基部一半。外种皮厚0.1mm，脆骨质；内种皮膜质，褐色。直胚，椭圆形，长1.6mm，宽1.1mm，白色，胚芽胚轴极小，胚根朝向种子较窄一侧。几无胚乳。

成熟期：8～9月。

产地：西南和华中及山西、陕西、河南等地有分布。

种子千粒重：0.9～1.45g。

播种：用种量1.8～2.5g/$m^2$。

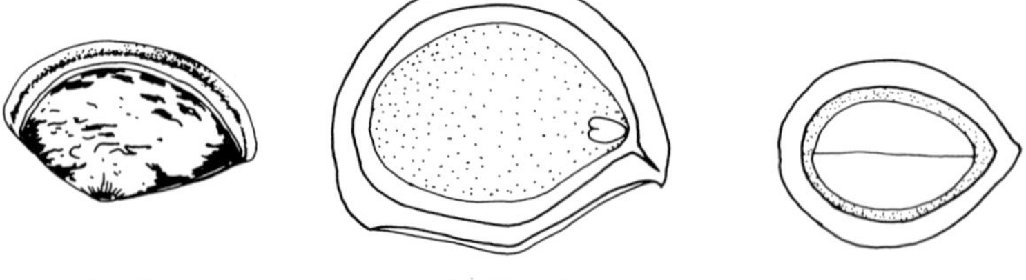

种子外形　　种子纵切面　　种子横切面

图391　马　桑

# ·漆树科 ANACARDIACEAE·

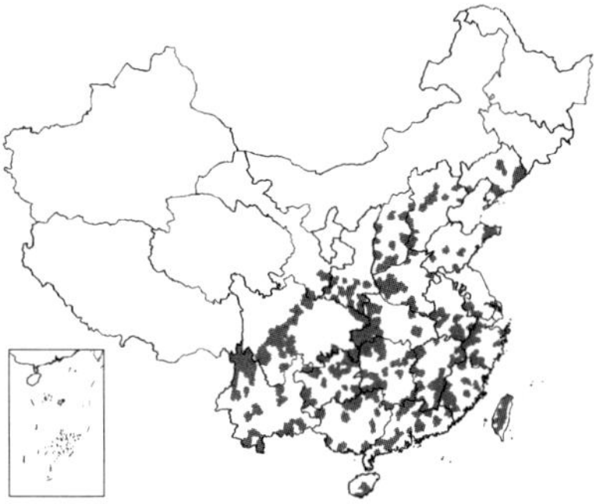

## 盐肤木

*Rhus chinensis* Mill.

漆树科，落叶乔木。

核果扁圆形，长宽各4.5～5mm，果皮茶褐色，干时有网状皱纹，密被短绒毛和腺毛。鲜果表面具有盐霜。

果核扁椭圆形或扁肾形(彩图83)，长2.5～3mm，宽3.5～4mm，两端微凹，两面略突起，有茶褐色蜡层，被稀疏细绒毛，或近无毛，果核壁骨质，厚约0.2mm。

种子肾形，长2mm，宽3mm。种皮黄褐色，膜质。子叶椭圆形，长3mm，宽1.7mm，浅黄色；下胚轴及胚根位于一侧，弯曲，长约1.5mm，胚根朝向果实先端。胚乳白色。

成熟期：10～11月。

产地：北起辽宁、南至华南、台湾，西南至四川、云南，西达甘肃等地。

种子千粒重：7.7～9g。

播种：将果核用凉水浸泡1昼夜，捞出混湿沙放在20℃的室内，每隔1天翻动1次，并保持湿润，也可用85℃水烫果核，不停地搅拌至自然冷却并继续浸泡2昼夜，每天换水1次，然后捞出装入麻袋内，置于15℃条件下，每天翻动1～2次，用种量2g/m$^2$。

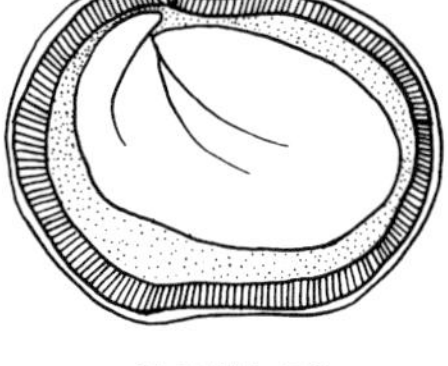

种子纵切面

胚

图392 盐肤木

# 火炬树

*Rhus typhina* Linn.

漆树科，落叶小乔木或灌木。

核果干燥、扁球形，长宽各约4～4.5mm，厚2.8～3mm，外果皮黑紫色，密被紫红色粗毛，毛长约0.8mm；中果皮蜡质，厚约0.1mm，去外果皮后蜡质中果皮留存在内果皮表面上。内果皮骨质，黑色。

果核（种子）肾形（彩图84），长1.6～2.5mm，宽3.4～3.8mm，厚约0.2mm，先端圆，基部微凹，两侧均圆形，较长的一侧上部有一条黑色线条，胚根位于此处；种脐位于凹处，条形，长约1mm。种皮淡褐色，膜质。子叶椭圆形，长2.8～3mm，宽1.6～1.8mm，白色；下胚轴及胚根弯向一侧，长1.5～2mm，白色。有胚乳。

成熟期：8～9月。

产地：原产北美。我国东北、华北、西北等地栽培。

种子千粒重：7.5～10g。

播种：将果核用凉水浸泡1昼夜，捞出混湿沙放在20℃的室内，每隔1天翻动1次，并保持湿润，也可用85℃水烫果核，不停地搅拌至自然冷却并继续浸泡2昼夜，每天换水1次，然后捞出装入麻袋内，置于15℃条件下，每天翻动1～2次，用种量1.5g/m$^2$。

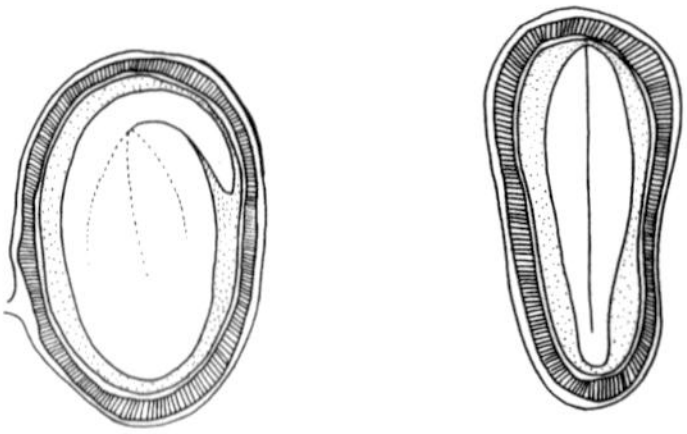

种子纵切面

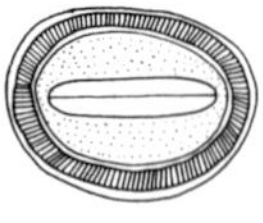

种子横切面

图393 火炬树

# 青麸杨

*Rhus potaninii* Maxim.

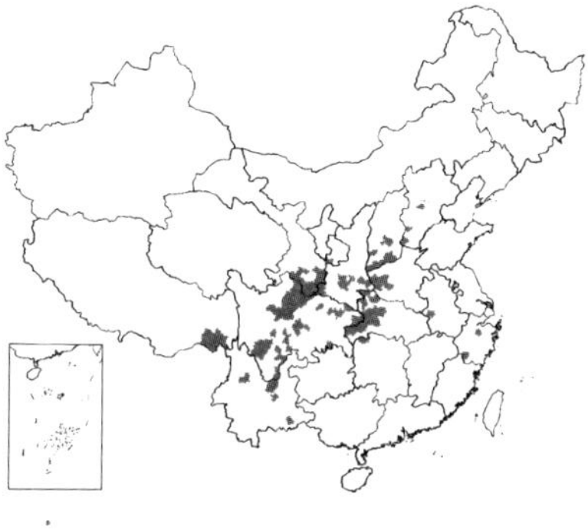

漆树科，落叶乔木。

核果扁球形，直径5mm，果皮密被紫红色绒毛。

种子（果核）横椭圆形，长2.8mm，宽3.5mm，厚2mm，顶端圆形，基部平截或微凹入；种脐位于平截或微凹入一端，条形，淡褐色，长约1mm。外种皮褐色，平滑，有一层厚0.1mm蜡层，蜡层以内厚0.3mm，坚硬，内壁黑褐色，平滑；内种皮膜质。弯曲胚，白色，长约2.5mm，宽约1.2mm；下胚轴及胚根位于种子一侧弯曲朝向种子顶端。胚乳白色，充满种皮，油质。

成熟期：9月。

产地：华中、华东、西南、西北和华北等地。

种子外形　　种子纵切面　　种子横切面

图394　青麸杨

# 漆 树

*Toxicodendron verniciflua* F. A.Barkley

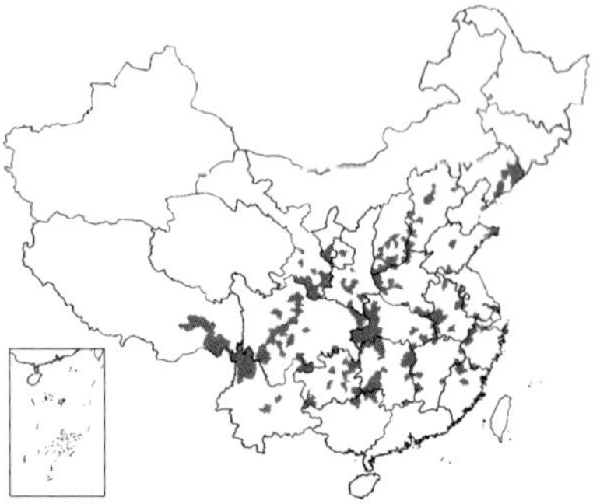

漆树科，落叶乔木。

核果斜宽卵形，长6～8mm，宽6.5～8.5mm，先端渐窄，基部圆形，外果皮黄褐色，平滑。

果核斜卵形，长5～6.5mm，宽5.5～6.5mm，先端渐尖，基部截形，有光泽，中果皮蜡质，内果皮骨质，厚约0.5mm。

种子椭圆形，长约4mm，宽约3.5mm。种皮膜质，淡褐色。子叶椭圆形，长3.5～4mm，宽2.5～3mm，白色，略带黄绿色；下胚轴及胚根位于一侧，长约3mm，弯曲，白色，朝向果核先端。有胚乳，充满种皮。

成熟期：10月。

产地：几遍全国（新疆和黑龙江除外）。

种子千粒重：大木漆类型23～30g；小木漆类型28～34g。

播种：脱蜡种子水浸10～20天，经常换水，种子膨胀时装入筐篓，每天用25℃温水淋浇2～3次，每隔2～3天用温水淘洗1次，约10天后可播种。用种量大木漆类型为9 ～15g/m$^2$，小木漆类型22～30g/m$^2$。

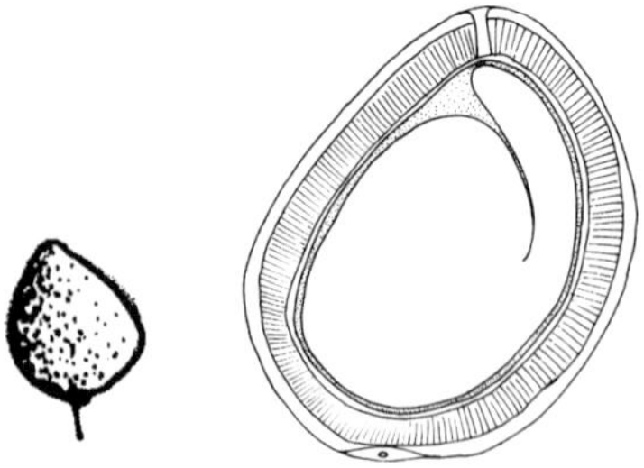

种子外形　　种子纵切面

图395　漆　树

# 槟榔青

*Spondias pinnata* (Linn. f.) Kurz

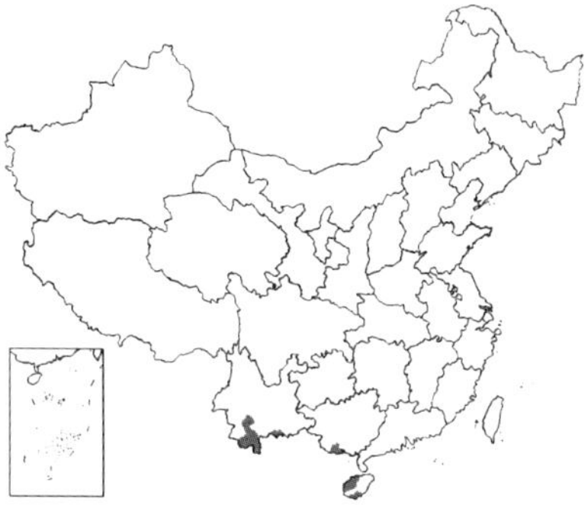

漆树科，落叶乔木。

核果椭圆形，长35～50mm，宽25～35mm，两端圆形，熟时橙黄色。

果核倒卵状椭圆形，长30～38mm，宽15～20mm，先端不整齐，钝圆，基部渐尖，表面淡褐色，有纵向密集排列叶脉状纤维和少量软组织，壁厚5～7mm，坚硬，有4～5室，常1～2室发育。

种子扁平窄长椭圆形，长约15mm，宽5mm，厚3mm，两端渐窄。种皮膜质，浅黄褐色。子叶长椭圆形，长14mm，宽5mm，浅黄白色，有6条白色细纵纹；下胚轴及胚根位于子叶一端，宽卵形，长宽各约1.5mm，浅白黄色，胚根朝向果核先端。胚乳较少，白色。

成熟期：5～9月。

产地：云南、广西、广东等地。

种子千粒重：7600g。

播种：湿沙层积春播，用种量750～1000g/m$^2$。

果实外形

图396 槟榔青

# 大果人面子

*Dracontomelon macrocarpum* H. L. Li.

漆树科，常绿乔木。

核果近球形，径 3.5～4cm，形如核桃状，略压扁，无毛，果核木质，坚硬，径约 3.5cm，表面不规则凹陷。

果核(种子)扁球形，长约 30mm，宽 40～45mm，先端圆钝，基部微突尖，表面黑褐色，有明显雕刻状花纹，从上面可见明显 5 室，1 室较大，4 室较小，外壁厚 5～8mm，木质，每室 1 种子。

种子楔状椭圆形，长 17mm，宽 10mm，厚 9mm。先端平截，基部渐尖。种皮褐色，厚膜质至薄革质，内壁栗褐色。子叶白色，肥厚，含丰富油脂；胚椭圆形，长 3.5～4mm，宽约 2mm，白色，位于种子平截一端。小室内的种子包藏于果皮中，近球形，径 6～8mm。无胚乳。

成熟期：9～10 月。

产地：云南等地。

种子千粒重：14000～15000g。

播种：将果核反复浸晒 7～8 天，用种量 100～150g/m$^2$。

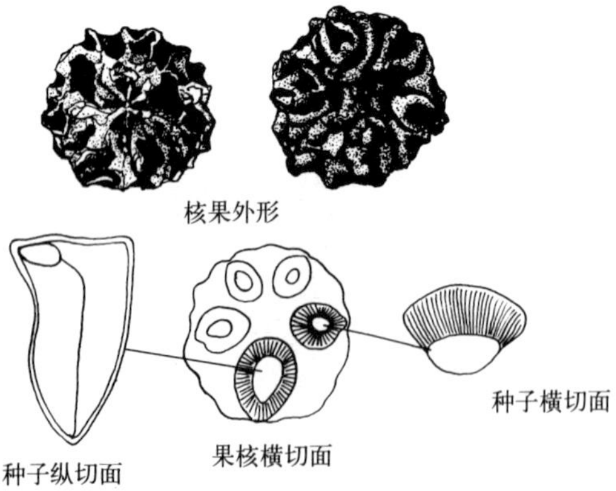


图 397　大果人面子

# 南酸枣

*Choerospondias axillaris* (Roxb.) Burtt. et Hill

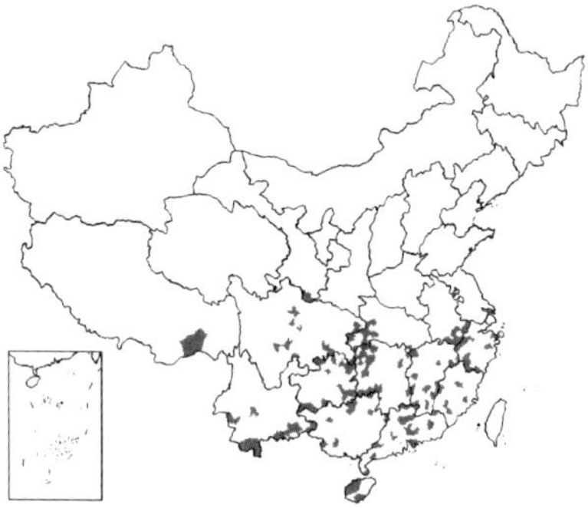

漆树科，落叶乔木。

核果椭圆形，长20～30mm，径15～20mm，中果皮肉质，多浆。

果核骨质，椭圆形，长19～23mm，径11～15mm，先端圆，近顶部有4～5个有膜覆盖的发芽孔，基部圆，有小尖头；种脐在小尖上，表面淡褐色，略具5条浅沟槽，约有10～8条不连续孔组成的带。壁厚1～1.5mm，内壁有海绵状体5～4室。常仅1～3室有发育种子。

种子长椭圆形，长15～18mm，宽4～4.5mm。种皮膜质、褐色。子叶长条形，长约13mm，宽3.5mm，白色；下胚轴及胚根位于果核顶部孔眼处，弯曲，白色，长约2mm。胚乳白色，位于两子叶背面。

成熟期：8～9月。

产地：长江以南的华东、华南和西南地区。

种子千粒重：1600～2000g。

播种：湿沙层积春播，用种量100～125g/m²。

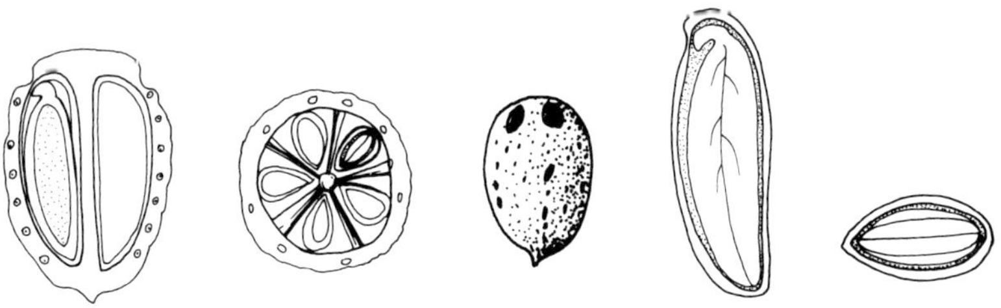

果实纵切面　果实横切面　种子外形　种子纵切面　种子横切面

图398　南酸枣

# 杧果

*Mangifera indica* Linn.

漆树科，常绿乔木。

核果桃形至长椭圆形，稍扁，长5～15cm，中果皮肉质，内果皮木质（果核）。

果核扁卵形或扁平条形，长5～15cm，宽4～6cm，苍黄色，每面有5～7条纵肋，密被纤维，内壁白色，光滑无毛。

种子椭圆形，长3～7cm，宽约3cm。种皮褐色，膜质。多胚，极不规则。胚白色。

成熟期：6～8月。

产地：亚洲热带。福建、台湾、云南、海南、广东、广西等地广泛栽培。

种子千粒重：15 000～50 000g。

播种：用种量600～1200g/m$^2$。

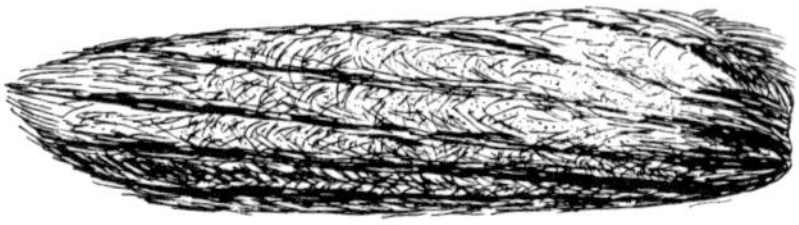

核果外形

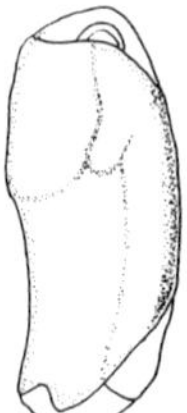

种子外形(正面)

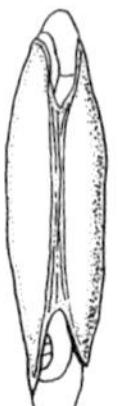

种子外形(侧面)

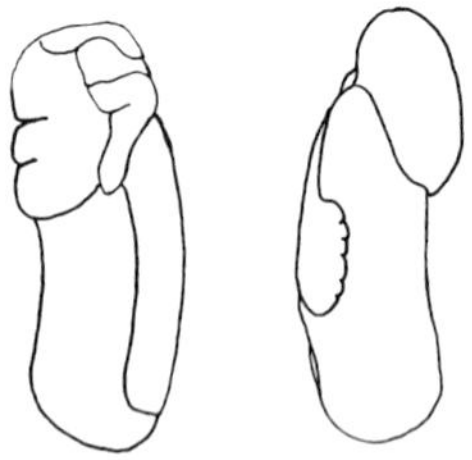

胚

图399　杧　果

# 林生杧果

*Mangifera sylvatica* Roxb.

漆树科，常绿乔木。

核果斜长卵形，长 6～8cm，最宽 4.5cm，先端伸长呈向下弯曲的喙，外果皮薄，球形，不压扁，坚硬。

果核长方状椭圆形，长 38mm，宽 20mm，厚 15mm，两端近圆形，略钝，表面苍黄色，有斜纵向浅沟槽，被粗纤维。壁厚约 2mm，由纤维交织组成，韧性很强，内壁白色，平滑。

种子肾状椭圆形，长 32mm，宽 12mm，两端圆钝。种皮膜质，外壁白色，内壁褐色。子叶肥厚，长椭圆形；下胚轴及胚根弯曲，长约 5mm，胚根朝向一侧。无胚乳。

成熟期：翌年 3～4 月。

产地：产云南南部，生于海拔 620～1900 米山坡或沟谷林中。

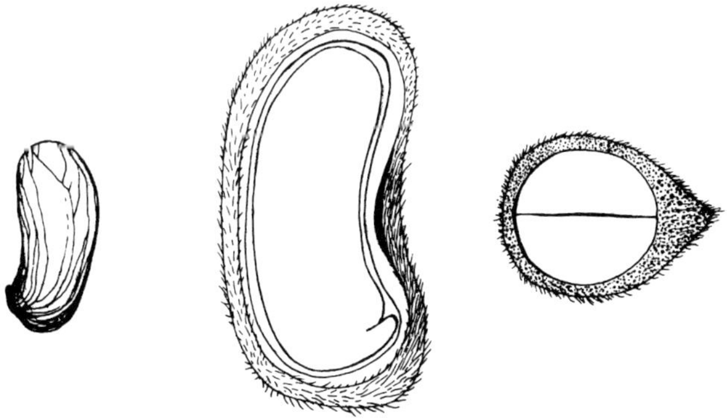

种子外形　　核果纵切面　　核果横切面

图 400　林生杧果

# 腰果

*Anacardium occidentale* Linn.

漆树科，常绿乔木。

核果肾形，长25～30mm，宽15～20mm，略扁，两端近圆形，外果皮灰褐色，含丰富油脂，纤纸状，基部有肉质假果托，假果托梨形或陀螺形，长40～60mm，最宽处40～50mm。

果核肾形，长约30mm，宽约20mm，果壁茶褐色，略具皱纹，厚约1mm，骨质。

种子“C”形，长22mm，宽约10mm。种皮薄纸质，栗褐色。子叶肥厚，白色，油质；下胚轴及胚根长约3～4mm，白色，胚芽分3叉。无胚乳。

成熟期：4～7月。

产地：广植于热带地区。广东、广西、福建、云南、台湾和海南有栽培。

种子千粒重：4950～5700g。

播种：播前浸种1～2天，用种量300～380g/$m^2$。

# 毛黄栌

*Cotinus coggygria* Scop. var. *pubescens* Engl.

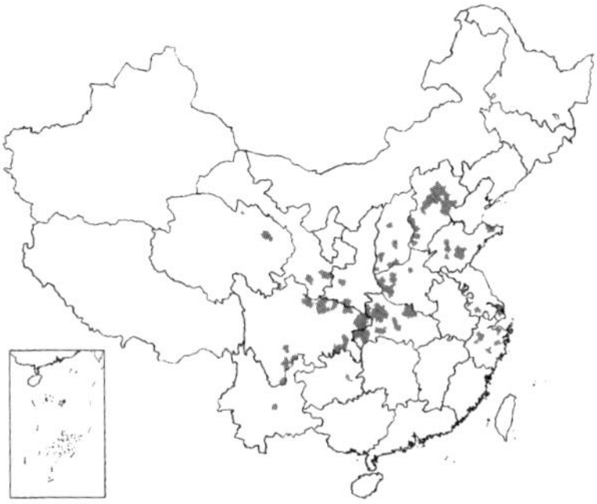

漆树科，落叶小乔木或灌木。

核果倒卵形（彩图 85），长 5mm，宽 3mm，黄褐色，有长条状皱纹，一侧有宿存花柱。

种子（果核）椭圆形，长 4mm，宽 2.8mm，厚 1.5mm，先端圆钝，基部平截，两侧弧形，其中一中部微凹，表面淡褐色，平滑；种脐位于平截一端，近圆形，径约 0.5mm。外种皮骨质，厚 0.2mm；内种皮膜质，浅黄色。弯曲胚，子叶椭圆形，长 3.2mm，宽约 2mm，浅黄色；下胚轴及胚根长 2mm，浅黄色，胚根弯向一侧，位于种脐一端，胚根朝向宿存花柱一侧。种子有少量胚乳，白色。

成熟期：6 月。

产地：西南、华北、西北和华东。

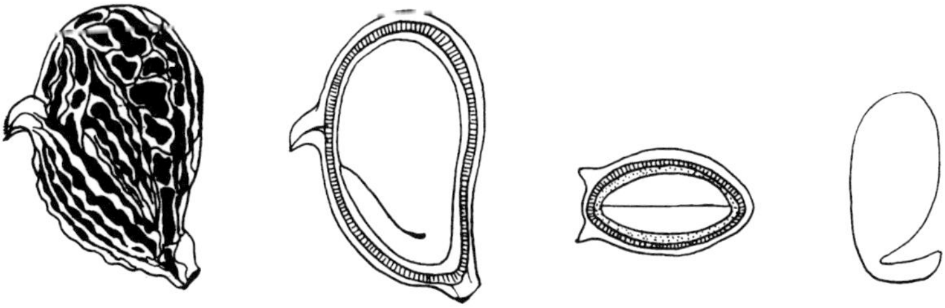

核果外形　　核果纵切面　　核果横切面　　子叶

图 401　毛黄栌

# 黄连木

*Pistacia chinensis* Bunge

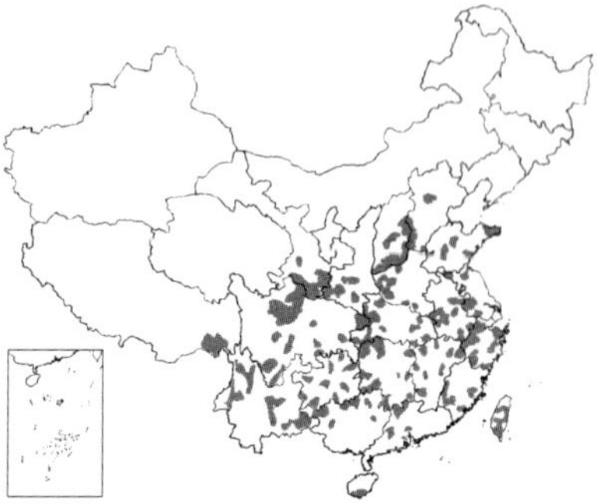

漆树科，落叶乔木。

核果倒卵状球形，略压扁，长宽各5.5～6.5mm，厚4.5～5.5mm，先端圆，中央有小突尖，基部果柄痕微凹入，熟时蓝黑色，无毛。

果核倒卵形或倒卵状扁球形，长宽各5～6mm，略扁，先端圆钝，基部渐窄；果脐突起，长约0.5mm，宽约2mm，黄褐色。果核外壁栗褐色，微有纵条纹，厚约0.3mm。

种子扁圆形，长宽约4mm，厚约2mm。种皮膜质，褐色。胚条形，长约2.5mm，宽0.5mm，子叶肥厚，矩圆形，长3.5mm，宽3.8mm，茶绿色；下胚轴及胚根位于子叶一侧，长2mm，宽0.7mm，近胚根尖部淡黄色，胚根朝向果核先端。有少量胚乳。

成熟期：9～11月。

产地：北起河北、南达华南和台湾，西南至四川、云南。以河北、河南、山西、陕西分布最多。

种子千粒重：92g。采种植时要注意种子的颜色，红色为空粒种子，紫蓝色为饱满种子。

播种：种子纯度90%～95%，发芽率50%～60%，层积处理，用种量15～20g/m²。

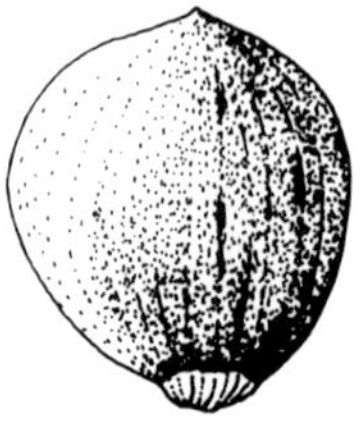

黄连木外形

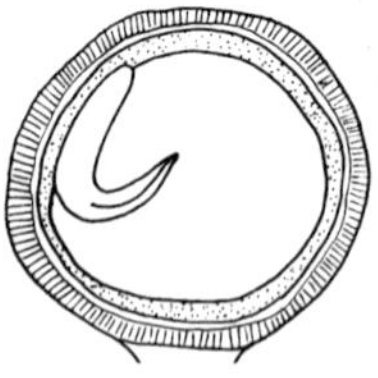

种子纵切面

图402 黄连木

# · 槭树科 ACERACEAE ·

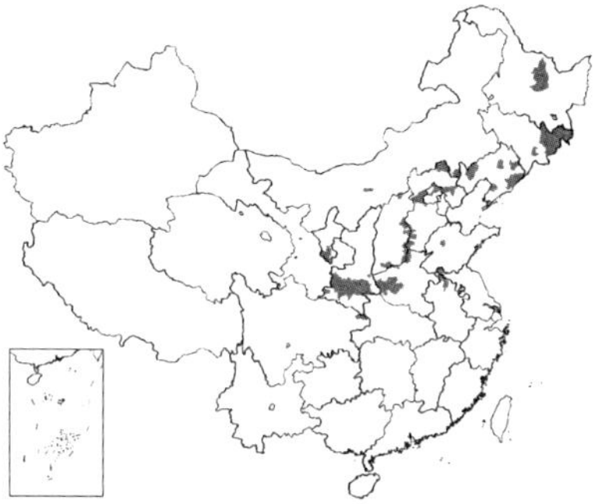

## 华北五角槭

*Acer truncatum* Bunge

槭树科，落叶乔木。

翅果长卵形(彩图86)，长10～15mm，由两个上端具翅的小果构成，翅长与果长相等或稍长，两翅开展成约60°，有时超过90°，熟时黄褐色或绿褐色，有细脉纹。

种子椭圆形，长6～9mm，宽4～6mm，厚3～5mm。种皮褐色，胶质。胚弯曲，子叶多次折叠，绿色；下胚轴与胚根位于种子一侧，绿白色。无胚乳。

成熟期：9～10月。

产地：主产华北和东北南部等地。

种子千粒重：136～186g。

播种：浸种24小时，0～5℃层积40～50天，用种量23～38g/m²。

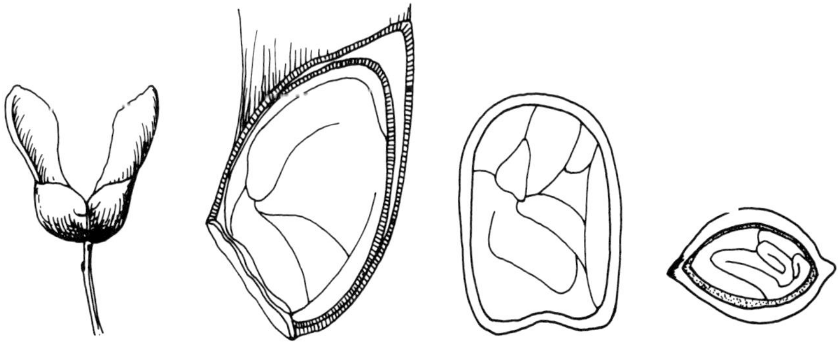

翅果外形　　种子纵切面　　种子横切面

图403　华北五角槭

## ·伯乐树科 BRETSCHNEIDERACEAE·

### 伯乐树

*Bretschneidera sinensis* Hemsl.

伯乐树科，落叶乔木。

蒴果椭圆形或近球形，长2～4cm，直径2～3.5cm，木质，有毛和小瘤体，果瓣厚1.2～5mm 。

种子椭圆形，长16～19mm，宽9～11mm，略扁；顶端圆，基部窄圆微尖，背面有2～3条不明显纵棱，腹面有1纵棱，棱中央凹成线沟，两侧斜削；种脐位于种子下端一侧，椭圆形，长4～5mm，宽约3mm，褐色。外种皮黄色，平滑，厚约0.5mm，骨质，较脆；内种皮褐色，顶端黑色，膜质。子叶肥厚，椭圆形，长14～15mm，宽10～10.5mm；下胚轴及胚根长2mm，均白色。无胚乳。

成熟期：5～翌年4月。

产地：广东、广西、福建、江西、浙江、湖南、湖北、云南、贵州、四川等地。

种子千粒重：715～780g。

播种：层积处理，用种量30～38g/$m^2$。

# ·无患子科 SAPINDACEAE·

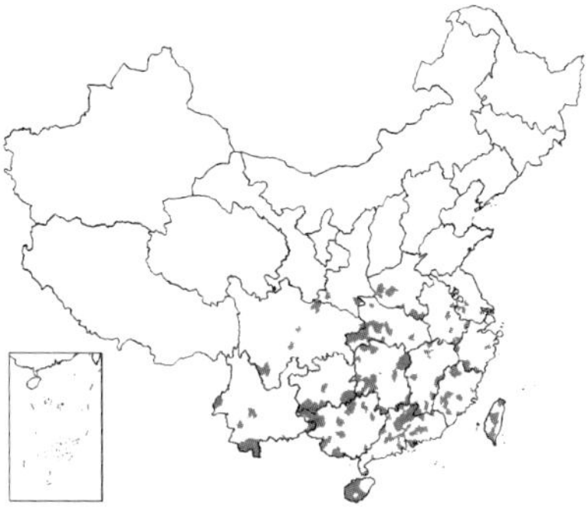

## 无患子

*Sapindus mukorossi* Gaertn.

无患子科，落叶乔木。

核果横椭圆形或近球形，长15～22mm，宽18～23mm，先端圆形，基部有不发育分果瓣或分果瓣疤痕，熟时黄色或橙黄色。

果核横椭圆形，长12～17mm，宽14～18mm，先端圆形，基部略呈截形，两侧钝，一侧却有纵沟槽。内果皮黑色，平滑，有光泽，厚2mm，骨质。

种子横椭圆形，长8～10mm，宽12～14mm；种脐位于平截一端，呈浅沟状，长5～8mm。种皮褐色，膜质。弯曲胚，子叶浅黄色，肥厚；下胚轴及胚根位于一侧，长约2mm，浅黄色，胚根朝向种脐一端。无胚乳。

成熟期：9～10月。

产地：台湾、湖北、浙江、江苏、江西、安徽、湖南、云南、贵州等地。

种子千粒重：1180～1590g。

播种：随采随播或混沙湿藏或干藏浸种春播，用种量120～150g/m$^2$。

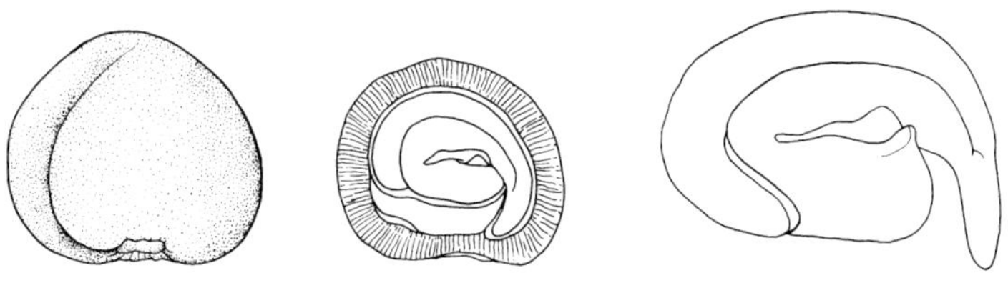

种子外形　　种子横切面　　胚

图404　无患子

# 毛瓣无患子

*Sapindus rarak* DC.

无患子科，落叶乔木。

蒴果椭圆形，长 25mm，宽 20mm，先端圆基部有一分果瓣痕，背部有一条纵棱。

种子倒卵形或近球形，长15～17mm，宽13～15mm，两端圆，黑色，光滑无毛，下部被白色绒毛；种脐条状椭圆形，白色，长3mm，宽1mm；外种皮厚2～5mm；内种皮褐色，膜质。子叶盘旋呈螺旋状，白色；胚根朝向种脐一侧。无胚乳。

成熟期：9～11 月。

产地：台湾、云南、西藏等地。

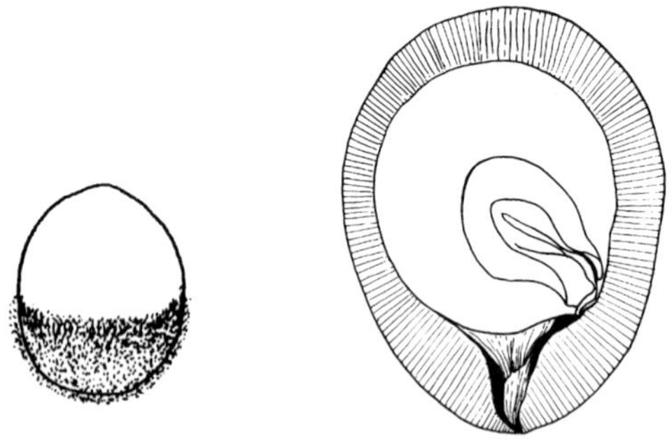

种子外形　　种子纵切面

图405　毛瓣无患子

# 槟木患

*Arytera littoralis* Blume

无患子科，常绿乔木。

蒴果长椭圆形，长约 12～16mm，宽约7～9mm，先端短渐尖，有宿存柱头，基部具短柄，长约4mm，外表粗糙，被疏毛，熟时红色，后变黑色，2 枚果爿平展，有时只 1 个，每一果爿有 1 粒种子。

种子卵状椭圆形，被枣红色假种皮，长 10～14mm，宽 5～7mm，种子先端圆钝，基部平截；种脐大，椭圆形，长径长 2.5～3mm。外种皮栗褐色，平滑，革质，厚 0.2mm。子叶肥厚，白色，两枚常不等大也不对称；胚根位于种子平截一端。无胚乳。

成熟期：秋季。

产地：云南，广东，广西、海南等地。

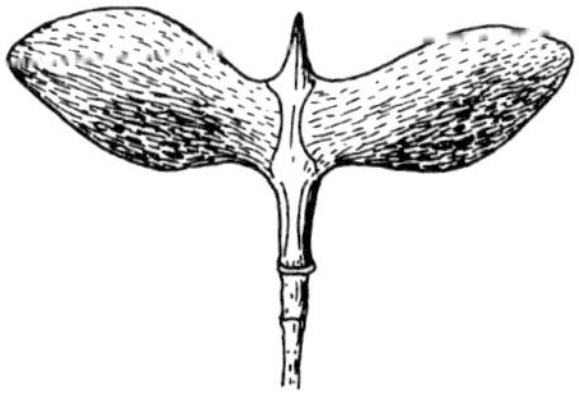

蒴果 2 枚

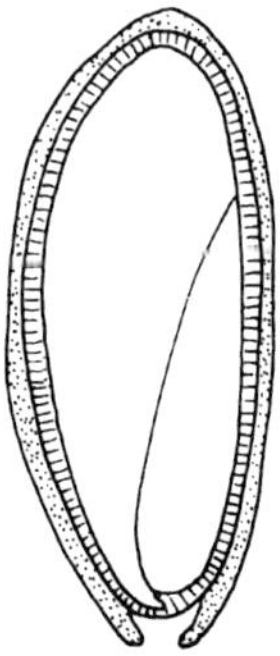

种子纵切面

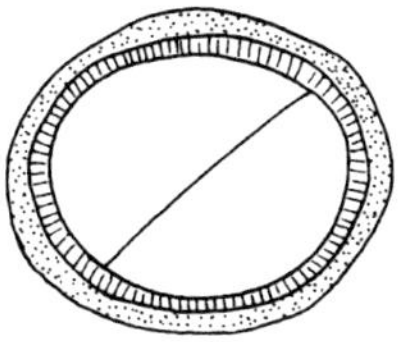

种子横切面

图 406　槟木患

# 车桑子

*Dodonaea viscosa* (Linn.) Jacq.

无患子科，常绿灌木。

蒴果近圆形，长约12mm，宽约15mm，具3～2膜质翅，熟时黄褐色。有叶脉状条纹。

种子宽倒卵形，长2.5mm，宽2.2mm，先端圆，基部凹入，表面黑褐色，略显环纹，被丝状疏毛，有短粗种柄，褐色，种脐位于种柄先端。外种皮骨质，厚0.1mm；内种皮膜质，褐色。胚充满种皮，螺旋状弯曲，白色，淀粉质；下胚轴及胚根位于种子一侧长约4mm，白色，胚根朝向种脐一端。无胚乳。

成熟期：12月至翌年3月。

产地：西南、华南等地。

种子千粒重：25～30g。

播种：用种量5～8g/m²。

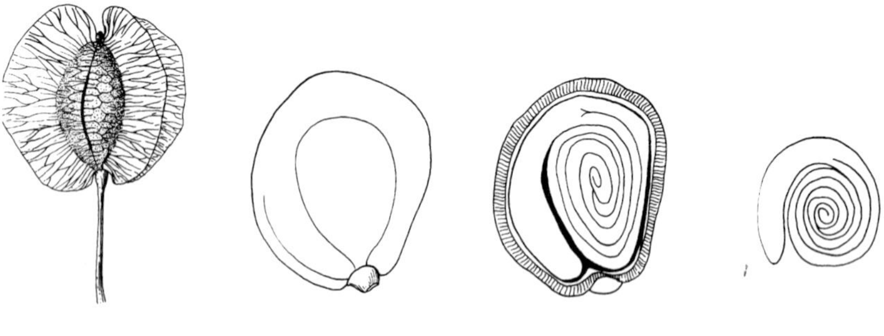

蒴果外形　　种子纵切面　　种子横切面　　胚

图407　车桑子

# 滇赤材

*Lepisanthes senegalensis* (Poir.) Leenh

无患子科，常绿乔木。

蒴果深裂为两片，椭圆形，长约1.6cm，宽约8mm，紫红色。

种子倒卵状长椭圆形，长17～19mm，宽7～8mm，先端圆，基部渐窄；种脐圆形，径1.5mm。种皮淡紫褐色，微有皱纹，无毛。直胚，子叶肥厚，2枚不等大，长16mm，宽6～7mm，淡黄白色，背面微带绿色，微有凹穴，腹面中央微呈槽状或凸起；下胚轴及胚根长2mm，宽1.5mm，绿色。胚根朝向种子基部。无胚乳。

成熟期：5月。

产地：云南等地。

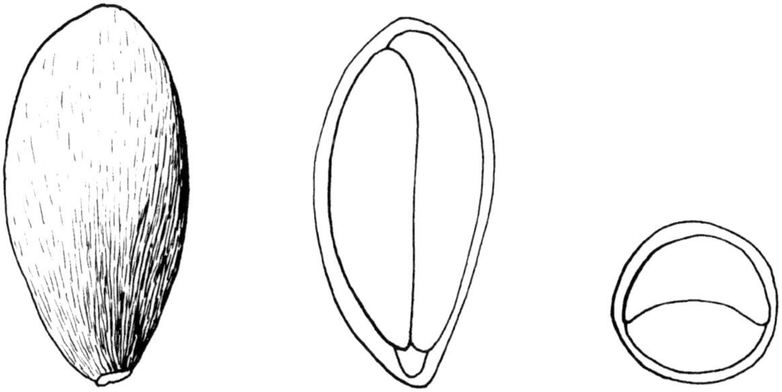

种子外形　　种子纵切面　　种子横切面

图408　滇赤材

# 伞花木

*Eurycorymbus cavaleriei* (Lévl.) Rehd.et Hand. -Mazz.

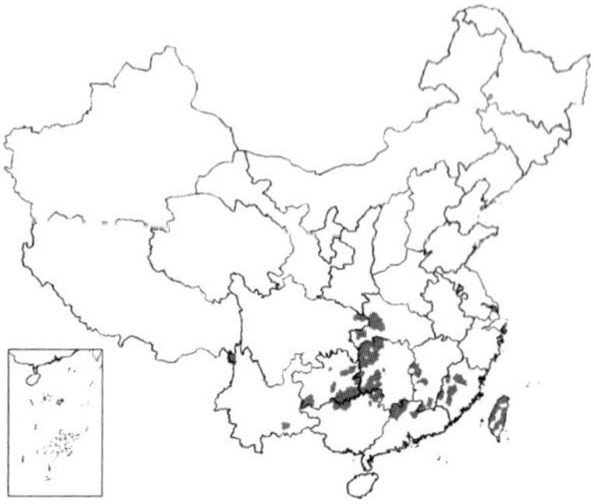

无患子科，落叶乔木。

蒴果球形或椭圆形，长6～7mm，宽5～6mm，深3裂，通常只有一个分果瓣发育，密被褐灰色短绒毛。

种子圆球形，径4～5mm，先端圆，基部种脐凹入；种脐椭圆形，长约2mm，宽约1mm，橘红色。外种皮黑色，有光泽，平滑，厚约0.2mm，坚硬；内种皮膜质，橘红色，伸入至下胚轴与子叶中间。子叶卷曲，下胚轴和胚根位于种子一侧，胚根朝向种脐一端，均为白色。无胚乳。

成熟期：10月。

产地：西南、华南、台湾等地。

种子千粒重：61g。

播种：干藏种子用始温40℃水浸种，自然冷却后继续浸种2～3天，用种量7～10g/m$^2$。

# 栾树

*Koelreuteria paniculata* Laxm.

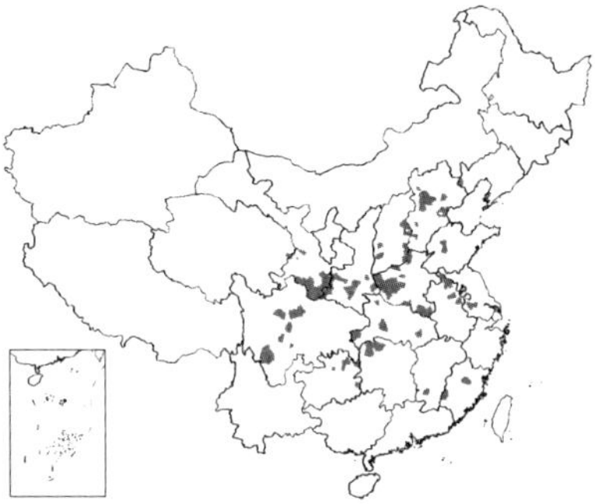

无患子科，落叶乔木。

蒴果三角状卵形，长4～6cm，果皮膜质，3裂，具明显的网脉。

种子近球形，径6～8mm，顶端圆形，基部圆，中央凹入。外种皮紫黑色，有光泽，微有浅凹坑；内部皮膜质，黄褐色。胚螺旋状卷曲，子叶绿色；胚根位于一侧。无胚乳。

成熟期：9～10月。

产地：东北南部、华北、华东、西南及西北的陕西、甘肃等地。

种子千粒重：148g。

播种：秋播或层积100～130天春播，用种量20～38g/m²。

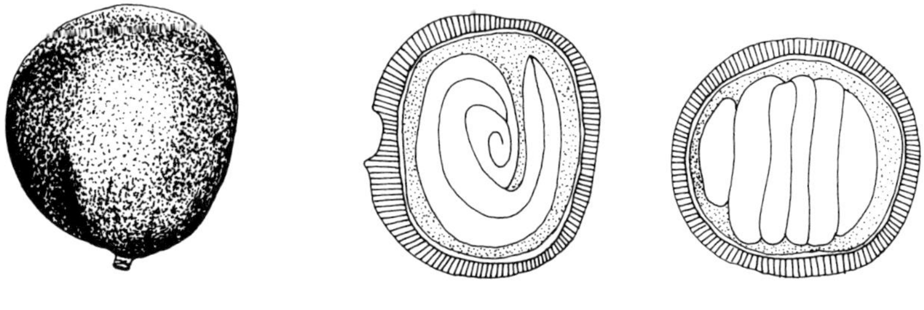

种子外形　　种子纵切面　　种子横切面

图409 栾 树

# 文冠果

*Xanthoceras sorbifolia* Bunge

无患子科，落叶乔木。

蒴果扁球形，径约5～6mm，果皮木质，熟时3裂。

种子倒卵形或三角状倒卵形（彩图87），长1.4～1.8cm，宽1.3～1.5cm，顶端圆形，基部渐尖，侧面斜削形；种脐位于基部一侧，矩圆形，长5～7mm，淡褐色。外种皮黑色，有光泽，微有小凹坑，厚约0.8mm；内种皮膜质，褐色。胚充满种皮，子叶肥厚、弯曲，白色；下胚轴及胚根黄白色，位于胚之一侧。无胚乳。

成熟期：7～8月。

产地：辽宁、河北、山东、山西、陕西、甘肃、内蒙古、宁夏等地。

种子千粒重：600～1250g。

播种：低温层积，播前半个月再置于20～25℃条件下催芽，或播前20天放入始温50℃水中浸3昼夜，每天换水，捞出后混3倍湿沙置于20～25℃条件下催芽，用种量50～60g/m$^2$。

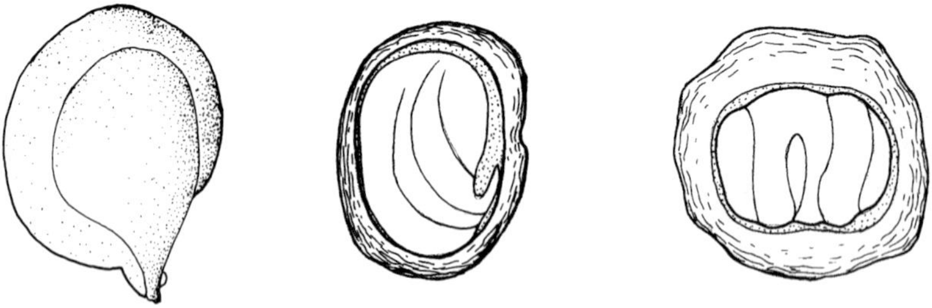

种子外形　　种子纵切面　　种子横切面

图410　文冠果

# · 七叶树科 HIPPOCASTANACEAE ·

## 七 叶 树

*Aesculus chinensis* Bunge

七叶树科，落叶乔木。

蒴果球形，径3～4cm，密生疣点，果皮黄褐色，厚5～6mm。

种子不整齐扁球形，径2～2.5cm，顶端带凹陷，基部圆形，表面不规则皱缩，有网脉状细纹，种脉与果径相等，占全果总面积的1/3～1/2。外种皮栗褐色，无毛，厚约0.5mm，内壁有疏毛；内种皮淡褐色，膜质。子叶肥厚，褶叠，白色；下胚轴与胚根位于种子一侧，弯曲，白色。无胚乳。

成熟期：9～10月。

产地：华北及陕西、甘肃、江苏、浙江湖北、四川等地。

种子千粒重：1万～3.5万g。

播种：随采随播或混沙湿藏春播。

种子外形

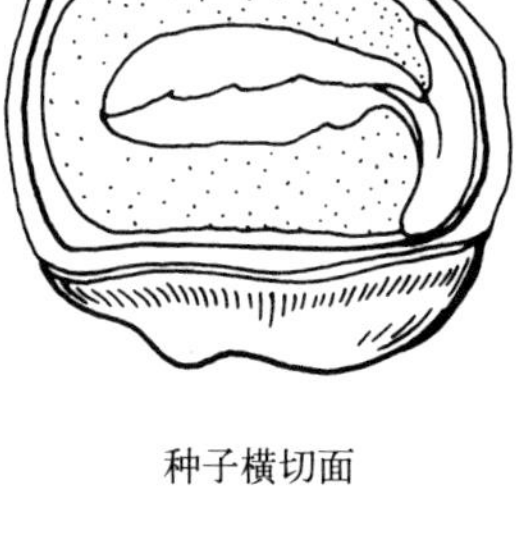

种子横切面

图411　七叶树

## 天师栗

*Aesculus wilsonii* Rehd.

七叶树科，落叶乔木。

蒴果卵圆形，长3～4cm，具疣状凸起，果皮厚1.5～2mm，成熟后3裂。

种子不整齐扁球形，长25～28mm，宽27～30mm，表面坑凹不规则，种脐几与种子直径相等，约占整个种子面积的1/3，褐色，近圆形。外种皮栗褐色；有网脉状细纹；内种皮淡褐色，子叶肥厚，褶叠，下胚轴及胚根位于种子一侧均为白色。

成熟期：9～10月。

产地：河南、湖北、湖南、江西、四川、贵州、广东等地。

种子千粒重：7.8万～15.7万kg。

播种：随采随播或混沙湿藏春播。

种子外形

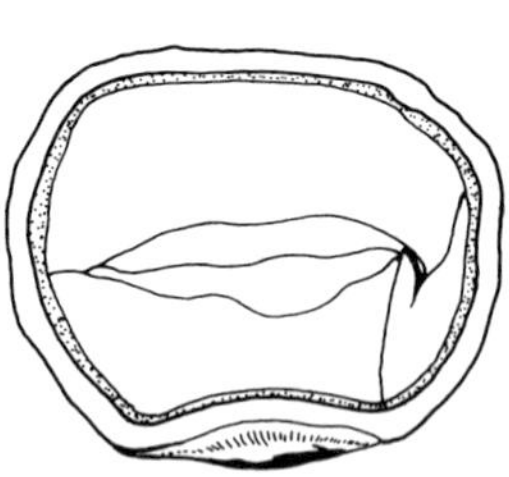

种子横切面

图412 天师栗

# ·清风藤科 SABIACEAE·

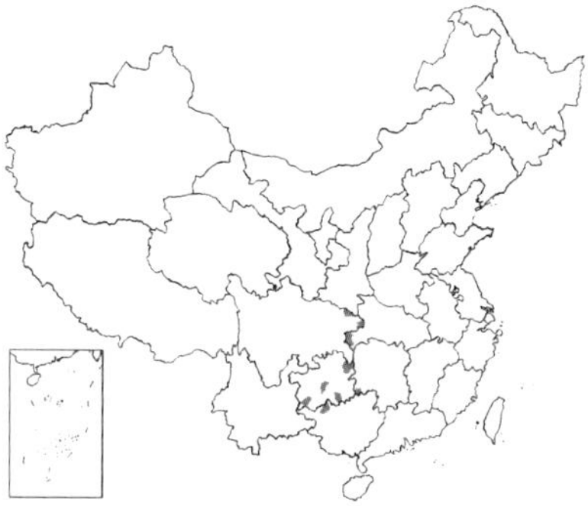

## 垂枝泡花树

*Meliosma flexuosa* Pamp.

清风藤科，落叶灌木至小乔木。

核果球形，径4mm，熟时黑色。

种子（果核）倒卵形，长4mm，宽3.2mm，先端圆钝，基部斜截形，背面中央具肋状突起，腹面中央具脊及2条沟槽；果（种）脐位于渐窄一端，圆形，径1mm。果核褐色，有浅雕刻状花纹；内果皮骨质，坚硬，厚约0.3mm。子叶肥厚，白色，周围向腹面折叠；下胚轴曲折，胚根位于种子背部一侧，胚根尖端朝向种子基部。无胚乳。

成熟期：9～10月。

产地：长江流域及福建、广东、陕西等地。

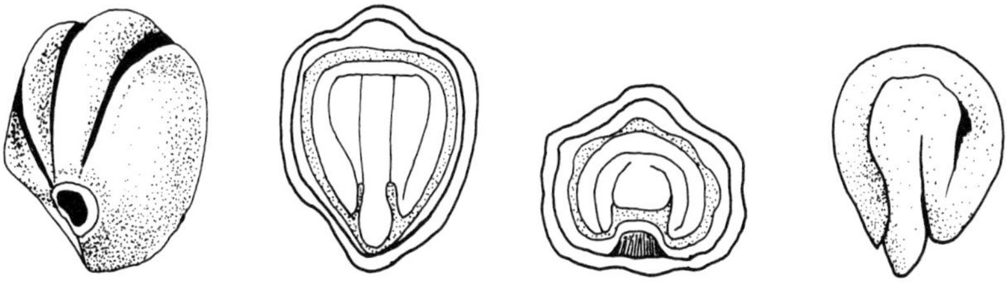

种子外形　　种子纵切面　　种子横切面　　胚

图413　垂枝泡花树

# 异色泡花树

*Meliosma myriantha* Sieb.et Zucc.var.*discolor* Dunn

清风藤科，落叶乔木，高可达20m。

核果倒卵形或球形，直径4.5mm，核中肋稍钝隆起，从腹孔一边延至另一边，两侧具细网纹。

种子（果核）宽卵形或近球形，长4～4.5mm，宽3.5～4mm，先端圆钝，基部微凹陷，一侧纵棱明显；种脐位于基部凹缺处，椭圆形，长约1mm，浅褐色。外种皮（果核表面）茶褐色，有不规则浅雕刻状凹穴，骨质，厚0.2mm；种皮膜质，褐色。胚白色，油质，子叶从下胚轴一侧伸长包裹至下胚轴另一侧；下胚轴及胚根长5～6mm，曲折，胚根朝向种脐一端。无胚乳。

成熟期：5～9月。

产地：山东、江苏等地。

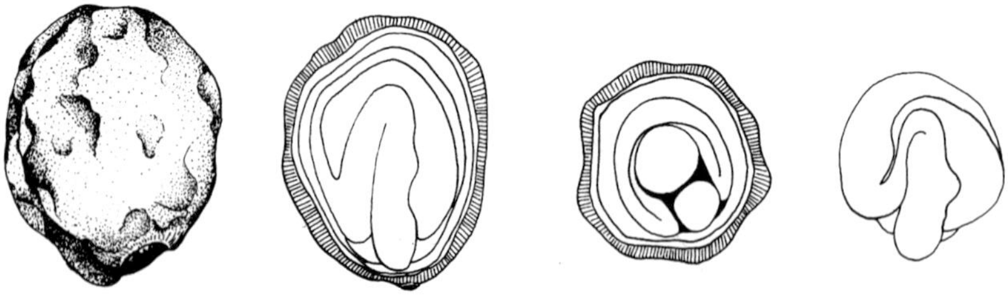

种子外形　　种子纵切面　　种子横切面　　胚

图414　异色泡花树

# 清风藤

*Sabia japonica* Maxim.

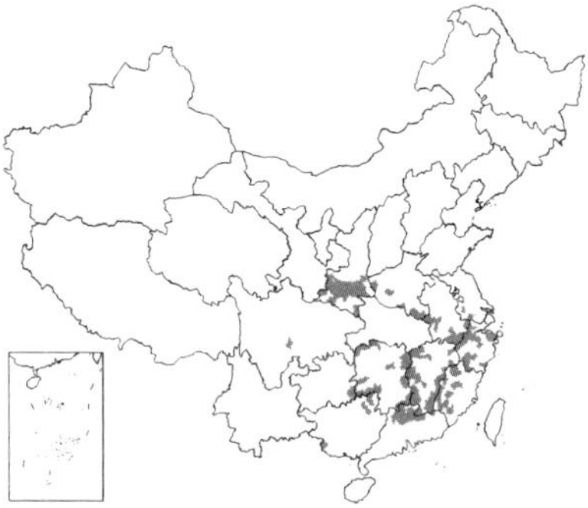

清风藤科，落叶缠绕藤本。

核果扁平椭圆形，长6.5mm，宽7.3mm，厚3mm，有脉纹，基部常有2枚宿存花柱。

种子(果核)扁平横椭圆形，长5.5mm，宽6.5mm，顶端圆，基部近截形；种脐处微突起，位于基部偏一侧。外种皮（果核表面）绿褐色，有雕刻状花纹，厚约0.4mm。胚弯生，白色，子叶椭圆形，长约3.5mm，宽约2.5mm；下胚轴及胚根长2.5mm，位于种脐一侧。种子无胚乳（或胚乳极少）。

成熟期：4～7月。

产地：江苏、安徽、浙江、福建、广东、广西、江西、陕西等地。

果实

种子外形

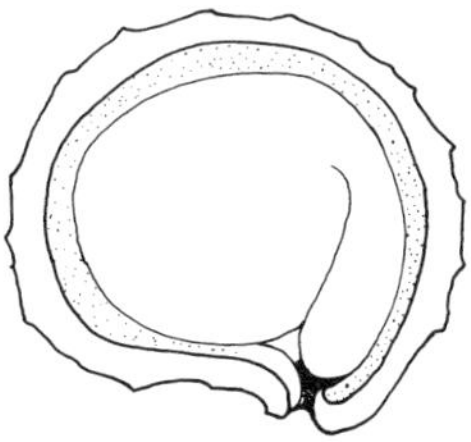

种子纵切面

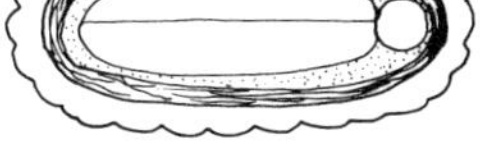

种子横切面

图415　清风藤

## ·冬青科 AQUIFOLIACEAE·

### 落霜红

*Ilex serrata* Thunb.

冬青科，灌木。

核果球形，径4～5mm，果梗长2～3mm，红色，宿存柱头盘状。

果核三棱状椭圆形，长2.6mm，宽1.7mm，先端圆钝，基部渐窄，背面弧形，腹面中央棱脊状并向两侧斜削；内果皮革质，灰黄色，厚约0.1mm；果脐位于渐窄一端。种皮膜质，淡褐色。胚直径，棍棒形，黄绿色，长0.7mm，宽0.2mm，子叶椭圆形，长0.4mm；下胚轴及胚根长0.3mm，胚根朝向种子基部。胚乳肉质，油质。

成熟期：11月。

产地：浙江、福建、江西、湖南、四川等地。

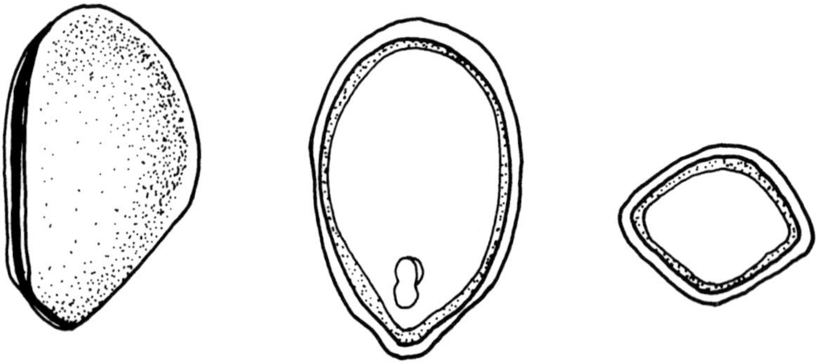

种子外形　　　　种子纵切面　　　　种子横切面

图416　落霜红

# 枸骨冬青

*Ilex cornuta* Lindl. et Paxt.

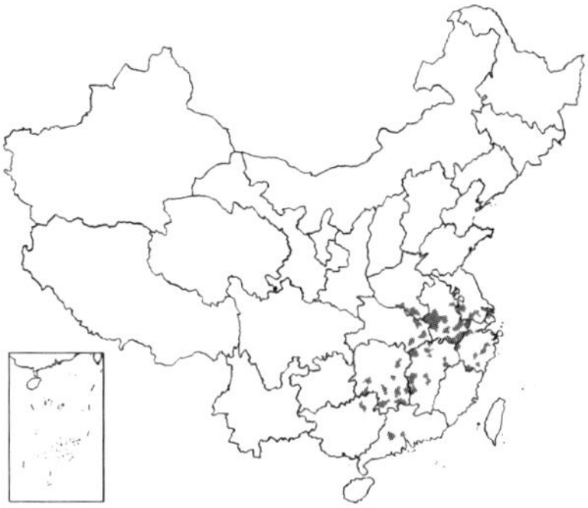

冬青科，常绿小乔木。

核果球形，径0.8～1cm，果梗长1.3～1.5cm，红色，分核4。

种子（果核）椭圆形，长7mm，宽3.5mm，厚2.5mm，顶端微凹，基部微尖，腹面突起呈棱，背面中央凹入，表面淡褐色，具骨架状棱；种脐位于凹缺一端。外种皮厚约1mm，木质；内种皮膜质，褐色。胚卵形，长卵形，长约0.7mm，白色，胚根朝向种子凹缺一端。胚乳油质。

成熟期：9月。

产地：长江中下游各省及福建、广东、广西等地。

种子千粒重：18～21g。

播种：用夜间20℃、白天30℃的变温层积处理60天，然后在5℃下处理60天。

种子外形

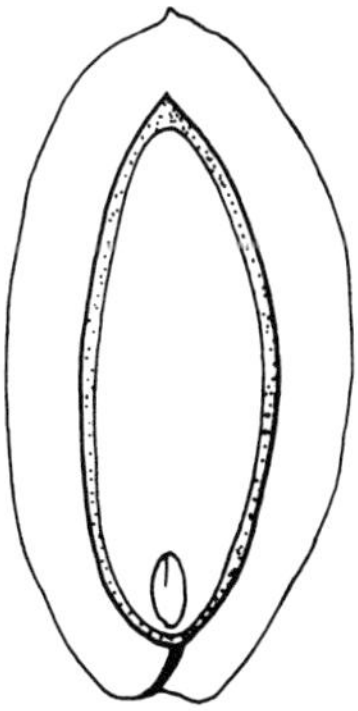

种子纵切面

种子横切面

图417 枸骨冬青

# 大果冬青

*Ilex macrocarpa* Oliv.

冬青科，落叶乔木。

核果球形，径1.2～1.8cm，黑色，分核6～9。

种子（果核）扁平椭圆形，长8mm，宽4.5mm，顶端微凹，基部渐窄，侧扁，两侧不等厚，腹面厚0.5mm，呈棱状，背面厚3mm，呈2～3纵沟槽，两侧斜削，有骨架状棱，灰白色，种脐不明显；外壁厚1～1.5mm，木质。种皮膜质，淡褐色。直胚，长0.5mm，子叶卵形，长0.2mm，宽0.3mm；下胚轴及胚根长0.3mm，胚根朝向种子凹缺一端。胚乳丰富，油质。

成熟期：10月。

产地：西南、华南、华中和华东。

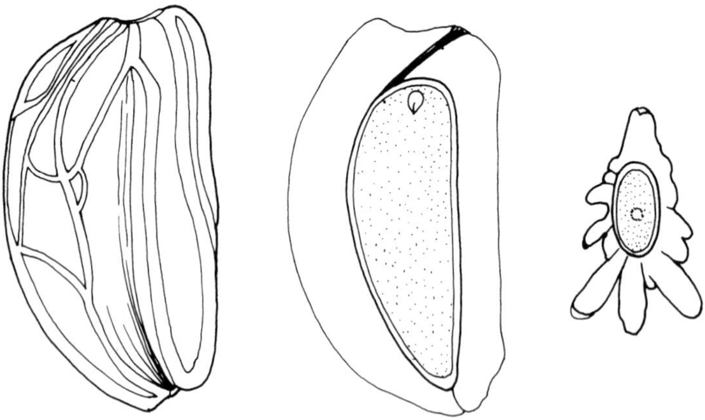

种子外形　　种子纵切面　　种子横切面

图418　大果冬青

# 冬青

*Ilex purpurea* Hassk.

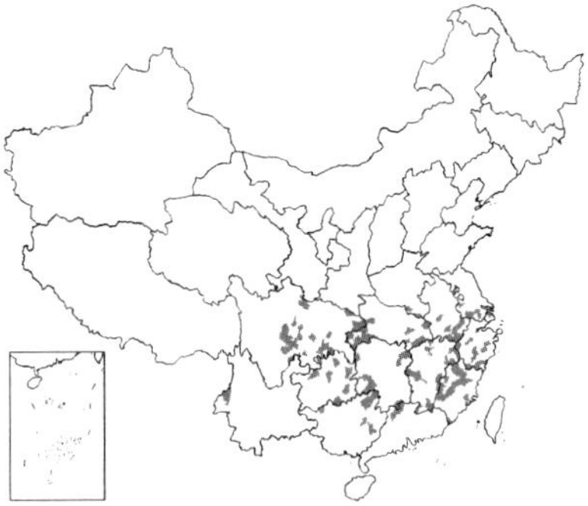

冬青科，乔木。

核果椭圆形，长0.8～1.2cm，径6～8mm，深红色，干后为紫黑色，分核4～5。

种子（果核）倒卵状圆锥形，长7mm，宽2.5mm，厚1.5mm，顶端较圆，基部渐尖，腹面一条纵棱，背部一沟槽，其余平滑；果核表面淡褐色，木质；种脐位于圆钝一端腹面，淡褐色，菱状，长卵形，长约1mm。外种皮厚0.5mm；种皮膜质，栗褐色。胚位于种子较钝一端，卵形，长0.6mm，宽0.5mm，白色。有胚乳。

成熟期：11～12月。

产地：长江以南至华南、西南。

# 木姜叶冬青

*Ilex litseaefolia* Hu et Tang

冬青科，乔木。

核果近球形或椭圆形，径5～7mm，红色，光滑。

种子（果核）长椭圆形，长5mm，宽2.5mm，厚2mm，顶端渐尖，微凹，基部渐尖，腹面一纵棱，背面有一宽沟槽。果核表面褐色，平滑，厚0.2mm，木质；种脐位于有微凹一端。种皮膜质，褐色。胚卵形，长0.3mm，位于种子微凹缺一端（果先端）。胚乳油质。

成熟期：8～11月。

产地：浙江、福建、江西、湖南、广东、广西、贵州等地。

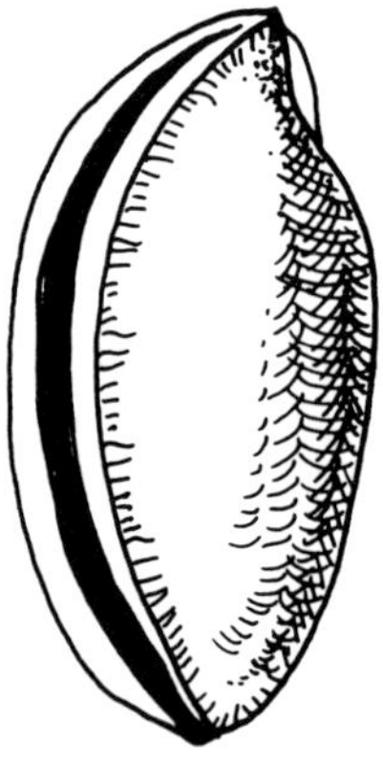

种子外形

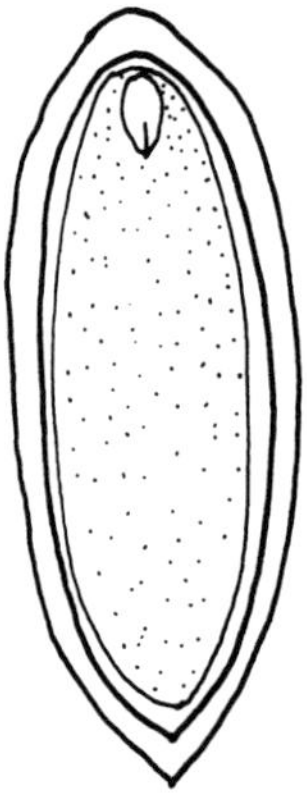

种子纵切面

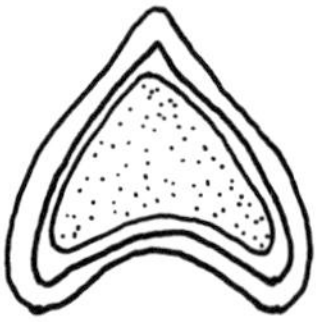

种子横切面

图419 木姜叶冬青

# 铁冬青

*Ilex rotunda* Thunb.

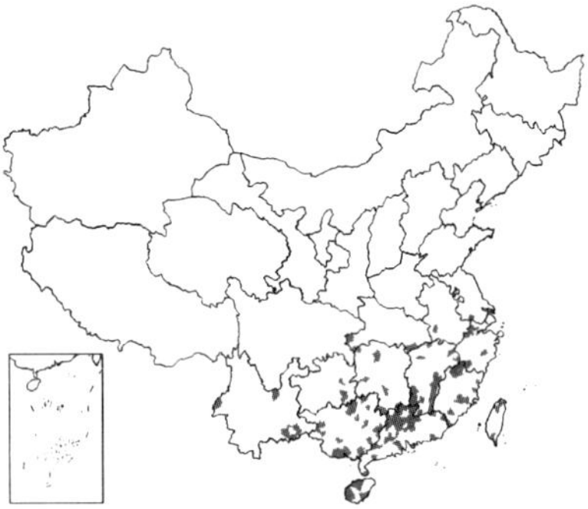

冬青科，乔木。

核果椭圆形，长6～8mm，红色，分核5～7。

种子（果核）椭圆形，长4.5mm，宽1.5mm，厚1mm，顶端渐尖，腹面微凹缺，基部窄圆钝，背部有3棱2槽，腹面具棱。果核表面褐色，平滑，木质，厚0.1mm；种脐位于一侧有凹缺的一端。种皮膜质，褐色。胚长0.3mm，卵形，白色，位于一侧有凹缺的一端。有胚乳。

成熟期：2～3月。

产地：长江以南至西南、台湾等地。

种子千粒重：4～6g。

播种：用夜间20℃、白天30℃的变温层积处理60天，然后在5℃下处理60天。

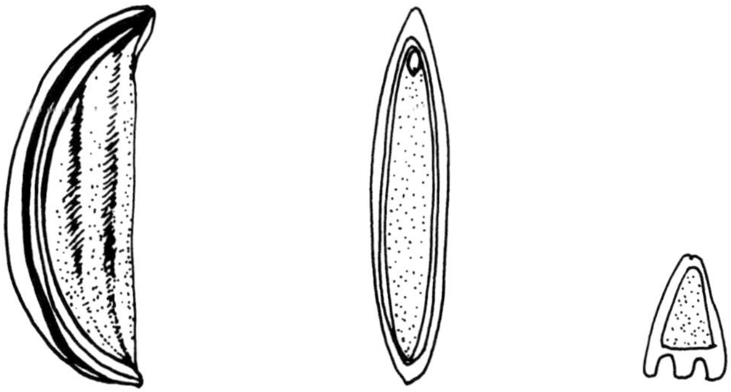

种子（果核）外形　　种子纵切面　　种子横切面

图420　铁冬青

# 短梗冬青

*Ilex pedunculosa* Miq.

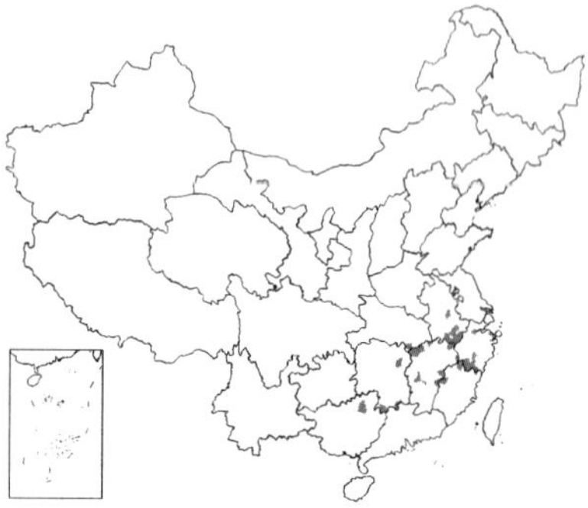

冬青科，小乔木。

核果球形，径7～8mm，红色，果核4～6。

种子（果核）宽椭圆形，长4mm，宽3mm，厚2.5mm，顶端渐尖，中央微凹，基部宽楔形，具短尖，背面凹陷，腹面背状，果核表面淡褐色，有肋状雕纹，厚0.5mm，木质；种脐位于中央微凹一端。种皮褐色，膜质。胚卵形，长约0.3mm，位于凹缺一端。胚乳丰富，油质。

成熟期：7～11月。

产地：台湾、福建、浙江、安徽、江西、湖北、湖南、四川、贵州、广西等地。

# 华东冬青

*Ilex buergeri* Miq.

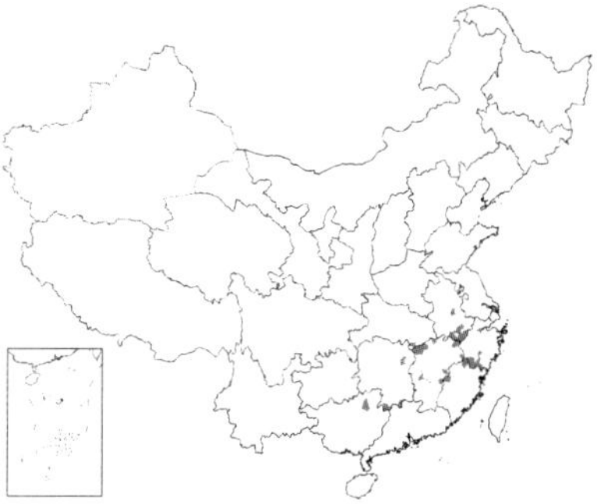

冬青科，乔木。

核果球形，径4.5～6mm，红色，具小瘤点，分核4。

种子（果核）宽椭圆形，长3mm，宽3mm，厚2.1mm，顶端较圆，中央微凹，基部平圆，背面有一深凹槽，腹面具棱，果核表面黄褐色有肋状雕纹，厚0.3mm，木质；种脐位于较宽一端的侧面。种皮褐色。胚小，卵形，长0.2mm，位于较宽一端。胚乳油质。

成熟期：10～11月。

产地：安徽，浙江，江西，福建，湖北，湖南、广西等地。

# 毛冬青

*Ilex pubescens* Hook. et Arn.

冬青科，灌木。

核果球形，径 4mm，红色，分核 6（5～7）。

种子（果核）椭圆形，长 2.8mm，宽约 1mm，厚约 1mm；顶端渐尖，腹面一侧有凹缺；背部平缓或微凹，腹面具脊，种脐位于有凹槽一端。外种皮厚 0.1mm，白色，半透明，革质；内种皮栗褐色，膜质。胚卵形，长约 0.2mm，白色，位于较宽一端。胚乳丰富，油质。

成熟期：8～11 月。

产地：浙江、安徽、福建、台湾、江西、湖南、广东、广西等地。

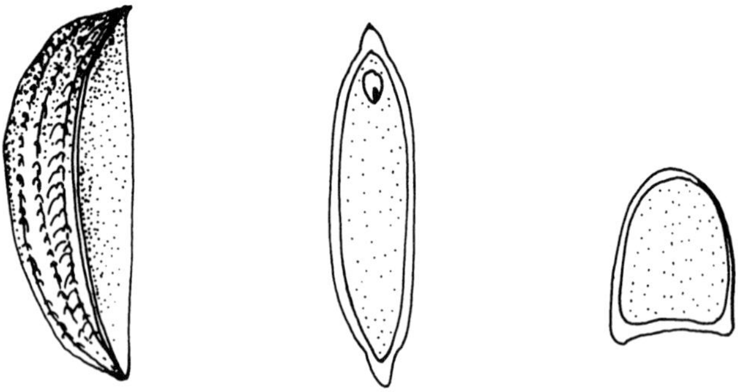

种子外形　　种子纵切面　　种子横切面

图 421　毛冬青

# 厚叶冬青

*Ilex elmerrilliana* S. Y. Hu

冬青科，小乔木。

核果球形，径5mm，红色，分核5～7。

种子（果核）椭圆形，长3～3.2mm，宽1.5mm，厚1.5mm；顶端渐尖，腹面微凹下；基部窄圆，腹面为一纵棱，背面中上部有一3叉状纵棱，中下部弧形，不凹下，种脐位于渐尖一端微凹处。外种皮厚0.1mm，木质，淡褐色；内种皮膜质，褐色。胚卵形，长0.2mm，白色，位于棱尖一端。胚乳油质。

成熟期：3月。

产地：湖北、安徽、浙江、福建、江西、广东等地。

种子外形

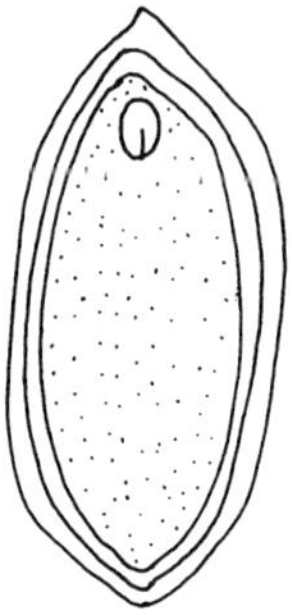

种子纵切面

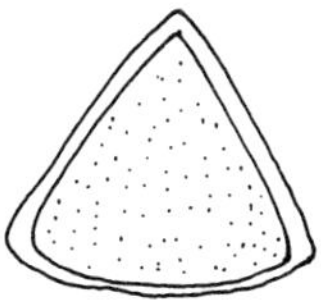

种子横切面

图422 厚叶冬青

# ·卫矛科 CELASTRACEAE·

## 雷公藤

*Tripterygium wilfordii* Hook.f.

卫矛科，落叶木质藤本。

翅果长圆形，长1.5cm，具3膜质翅，翅有斜生侧脉。

种子三棱状椭圆形，长5～6mm，宽2～2.5mm，先端渐尖，基部渐窄中央凹入（种脐）具3棱。种皮膜质，栗褐色，具脉状纹及密集小突点。直胚，子叶条形，长约3.5mm，宽约1mm，黄绿色；下胚轴及胚根圆柱形，长约1mm，胚根朝向种脐一端。胚乳白色。

成熟期：8～9月。

产地：台湾、长江以南和西南各地及河南等地。

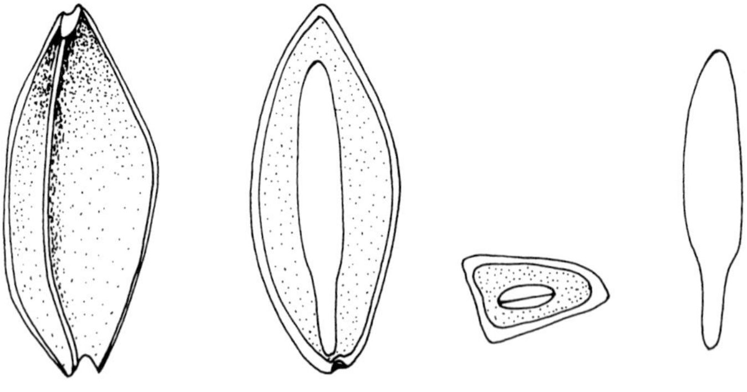


图423　雷公藤

# 南蛇藤

*Celastrus orbiculatus* Thunb.

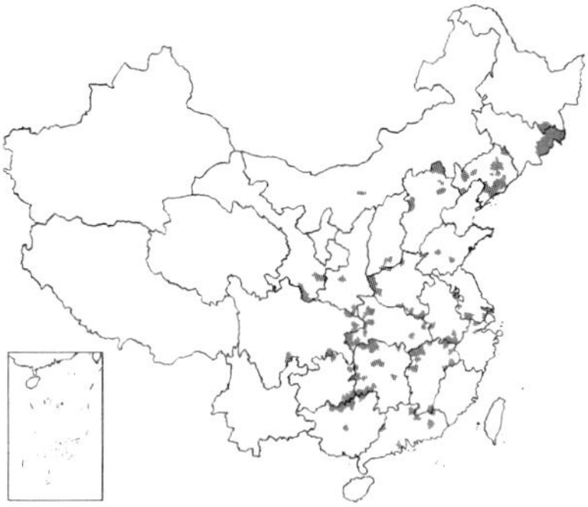

卫矛科，木质藤本。

蒴果近球形，径7～9mm，橘黄色，熟时3裂。

种子有肉质红色假种皮（彩图88），去假种皮后为长椭圆形或长倒卵形，长3.5～4.5mm，宽1.8～2.5mm，先端圆钝，基部渐窄，浅褐色或黄褐色，有光泽，在高倍解剖镜下可见有稠密半透明树脂状小突起，干燥时种皮皱缩。外种皮革质，薄；内种皮膜质。胚绿色，子叶椭圆形，长约2.8mm，宽约1mm；下胚轴及胚根长约0.4～0.5mm。种脐位于窄的一端，小，褐色。胚乳白色。

成熟期：9～10月。

产地：黑龙江、吉林、辽宁、内蒙古、河北、山西、山东、河南、江苏、安徽、浙江、江西、湖南、湖北、四川、陕西、甘肃等地。

种子千粒重：8～10g。

播种：播前15～20天在1～20℃下层积催芽，用种量4g/m$^2$。

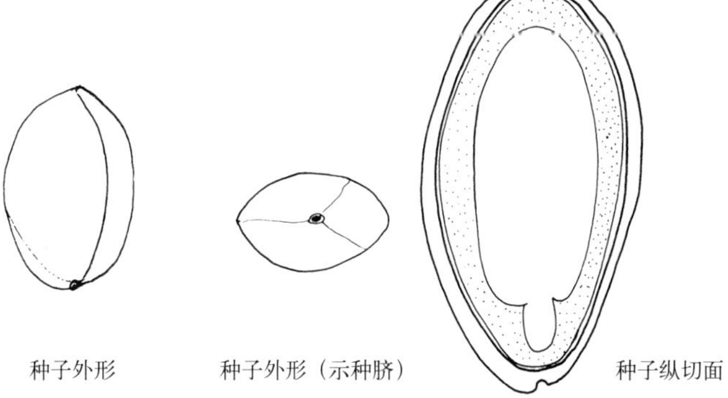


图424 南蛇藤

# 明开夜合

*Euonymus. bungeanus* Maxim. 白杜

卫矛科，落叶小乔木至乔木。

蒴果倒圆锥形，长0.6～1cm，径0.9～1cm，上部4瓣裂开，裂瓣四方形，有花萼和花柱，熟时黄褐色。

种子横卵形，有红色或橙红色肉质假种皮，连假种皮长约4mm，宽约6.5mm，假种皮有皱纹，厚约0.1mm。种皮淡褐色带白色，膜质，脐带细窄，橘黄色。子叶卵形，长约3mm，宽约2mm；下胚轴与胚根长约0.8mm，均为绿色。胚乳丰富，白色。

成熟期：8～9月。

产地：北起辽宁、南至长江以南各地，西至甘肃、陕西、四川等地。

种子千粒重：17.4～30g。

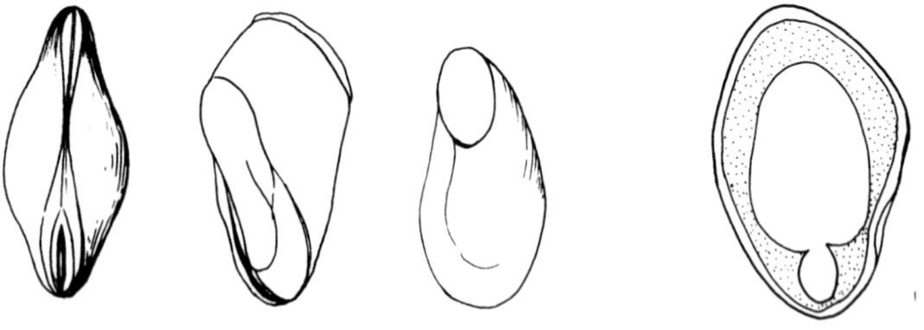

种子外形　　　　种子纵切面

图425 明开夜合

# 扶芳藤

*Euonymus fortunei* (Turcz.) Hand.-Mazt.

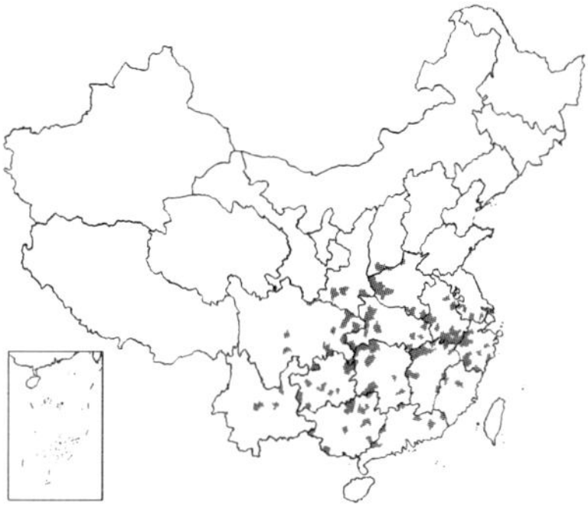

卫矛科，常绿藤本。

蒴果近球形，不裂，长约6mm，宽约5mm，具4纵浅凹线，2室。

种子横卵形或椭圆形，有红色假种皮，肉质，连红色假种皮长4～5mm，宽3.5～4mm，两端近圆形或有种脐一端渐尖。去假种皮后种子椭圆形，长3.5～4.5mm，宽2～3mm，平滑。子叶椭圆形，长2～3mm，宽1.5～2.5mm；下胚轴及胚根长约1mm，均为绿色。胚乳充满种子，白色。

扶芳藤种子较明开夜合（*Euonymus bungeanus* Maxim.）小。

成熟期：10～11月。

产地：山东、山西、河南、陕西、江苏、浙江、安徽、江西、湖北、湖南、广西、云南等地。

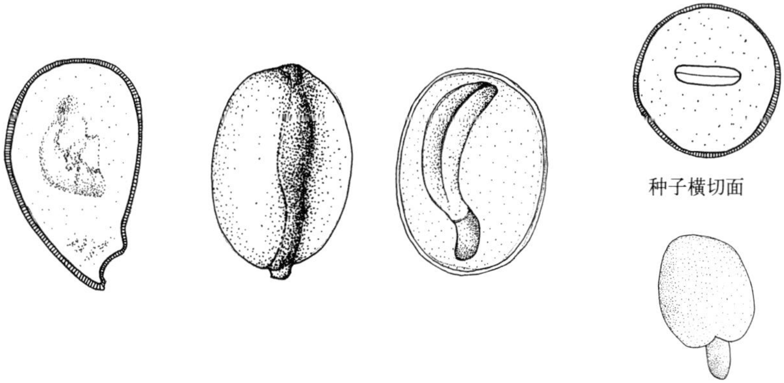


图426 扶芳藤

# 大叶黄杨

*Euonymus japonicus* Thunb.冬青卫矛

卫矛科，常绿灌木。

蒴果近球形，径约8mm，熟时淡红色，沟浅，4或3裂。

种子横倒卵形，有橘黄色肉质假种皮，连假种皮长2.5～3mm，宽4～4.5mm；肉质假种皮厚约0.1mm；去假种皮后种子呈平凸透形，背面弧形，腹面平坦；脐带窄；橘黄色。种皮淡褐色带白色，膜质。子叶椭圆形，长3～3.5mm，宽约1.5mm；下胚轴及胚根长0.5mm，均为绿色。胚乳白色。

成熟期：9～10月。

产地：原产日本。我国华北以南各地栽培。

种子千粒重：6.5g。

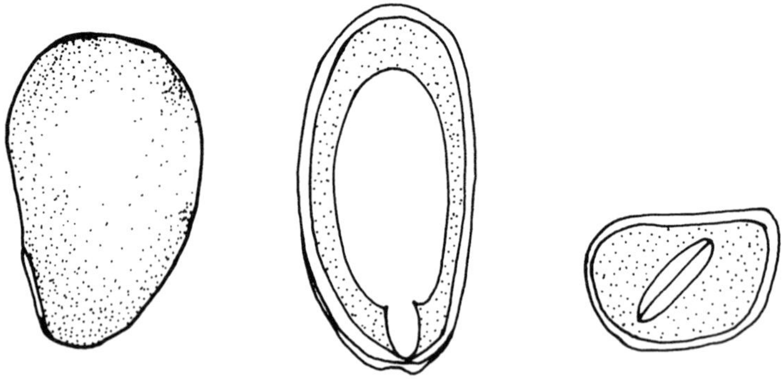

种子外形　　种子纵切面　　种子横切面

图427　大叶黄杨

# 卫矛

*Euonymus alatus* (Thunb.) Sieb.

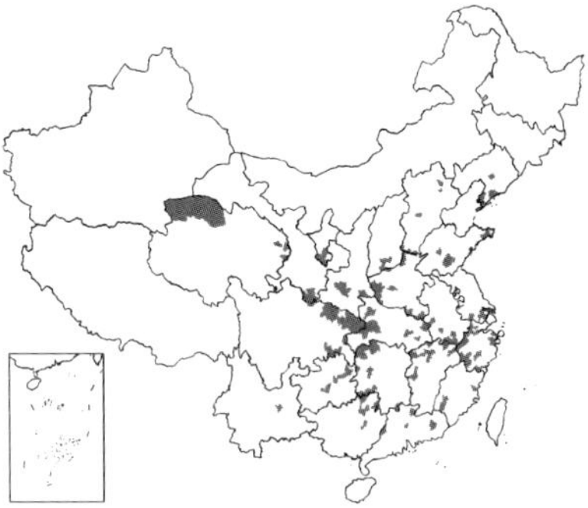

卫矛科，落叶灌木。

蒴果紫色，常仅1～2瓣成熟，裂瓣椭圆形，长7～8mm。

种子长倒卵形（彩图89），有红色肉质假种皮，连假种皮长5.5mm，宽3.5mm，略扁，光滑；去假种皮后种子白色或略带黄色，倒卵形，长约4mm，宽约2.5mm，厚约2.2mm，常呈橘红色，先端圆，基部渐窄，表面平滑，在高倍解剖镜下可见有细皱纹。种皮薄，软骨质。胚位于胚乳中央，子叶黄绿色，叶状，卵形，长约2.5mm，宽约1.5mm，有不明显脉；下胚轴及胚根长约1.5mm，黄绿色。胚乳白色，充满种皮。

成熟期：7～10月。

产地：全国各地（新疆、青海和西藏除外）。

种子千粒重：15～24.8g。

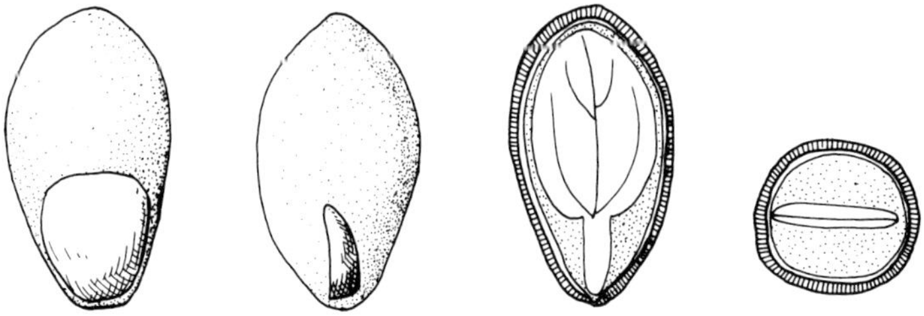

种子外形（正面） 种子外形（侧面） 种子纵切面 种子横切面

图428 卫 矛

# 栓翅卫矛

*Euonymus phellomanus* Loes.

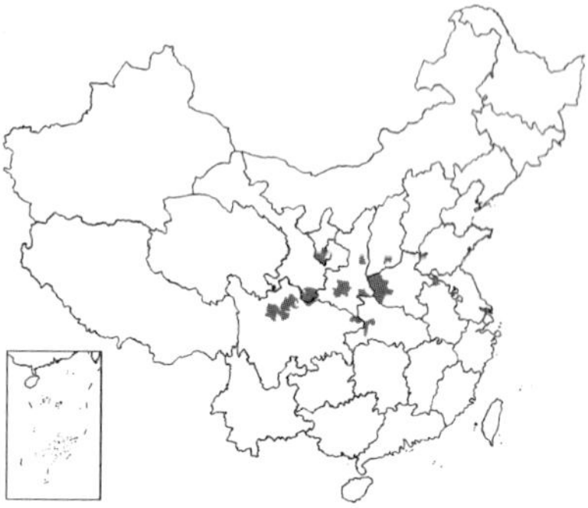

卫矛科，灌木或小乔木。

蒴果倒圆锥形，长0.7～1.2cm，径1～1.5cm，粉红色，具4棱，浅4裂。

种子横卵形，有红色假种皮，连假种皮长4.5～5mm，宽5.8～7mm，先端弧形，基部微突起；种脐褐色，位于突起处，斜向形成穿梭形种脐带，宽约1mm，黄白色。种皮紫红色或紫褐色，膜质。子叶椭圆形，长4～5mm，宽1.8～2mm，绿色；下胚轴及胚根长1.8～2mm，黄绿色。胚乳丰富，白色。

成熟期：9～10月。

产地：山西、河南、陕西、湖北、四川、甘肃等地。

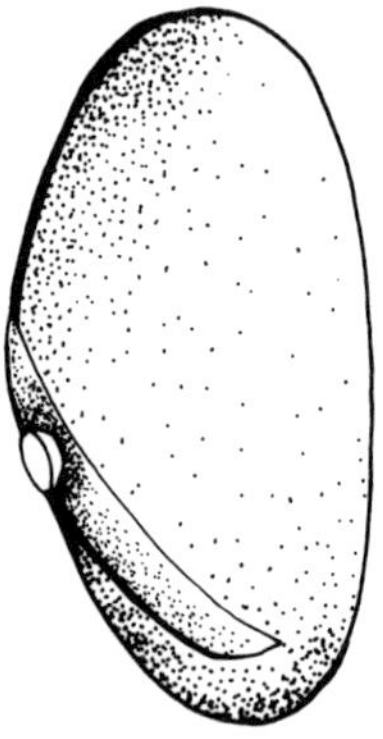

种子外形

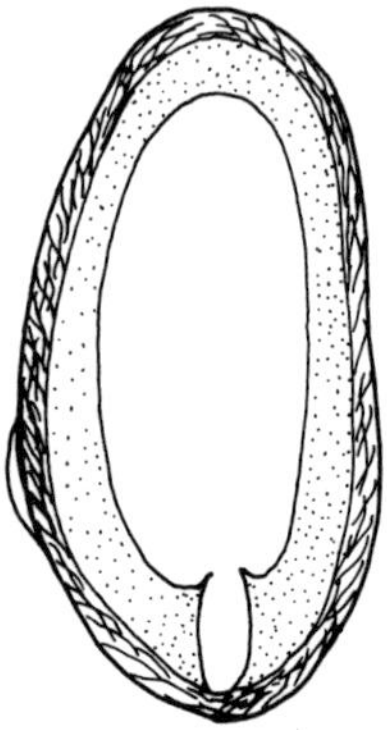

种子纵切面

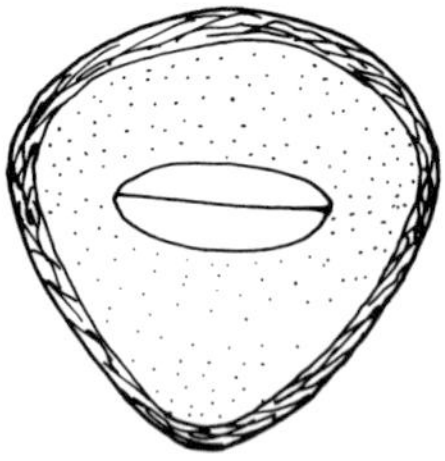

种子横切面

图429 栓翅卫矛

# 八宝茶

*Euonymus przwalskii* Maxim.

卫矛科，落叶灌木。

蒴果扁，倒圆形，径约1cm，基部宽圆形，4浅裂，具2粒种子。

种子近球形，长约3.2mm，宽约3mm，两端圆，红色假种皮包着种子下部，红色，肉质，有浅裂片；种脐长条形。种皮黑色，平滑无毛，内壁紫色。子叶宽椭圆形，长约2mm，宽约1.8mm，绿色；下胚轴及胚根长约0.5mm。胚乳丰富，白色。

成熟期：8～9月。

产地：河北、山西、甘肃、新疆、四川、云南、西藏等地。

果实

种子外形

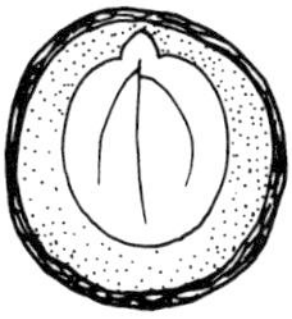

种子纵切面

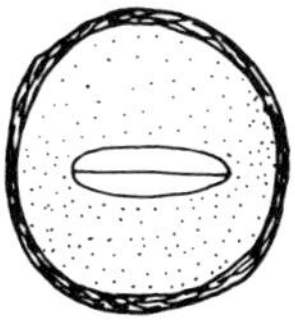

种子横切面

图430 八宝茶

# ·省沽油科 STAPHYLEACEAE·

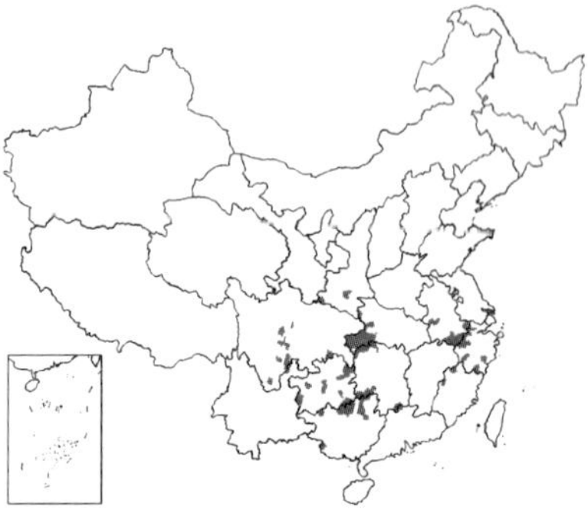

## 银鹊树

*Tapiscia sinensis* Oliv.

省沽油科，落叶乔木。

核果近球形，长约8mm。

种子横卵形，长4.5mm，宽6～7mm，厚约5mm，顶端弧形，基部平截，中部有一圆孔凹入，圆孔口径1mm，深约1.5mm，外表灰褐色，有不规则黑紫色椭圆形或短条形凸起，一侧较尖，另一侧圆钝。外种皮与内种皮干时粘合。直胚，胚于种子横切面中部，长2.5mm，白色，子叶椭圆形，长1.3mm，宽0.9mm；下胚轴及胚根长1.2mm，胚根朝向种子较尖一侧。胚乳角质，丰富，油质。

成熟期：8～9月。

产地：浙江、安徽、湖南、湖北、广东、广西、云南、贵州、四川等地。

种子千粒重：40～55g。

播种：带果肉冬播或去果肉层积越冬春播，用种量7.5g/m$^2$。

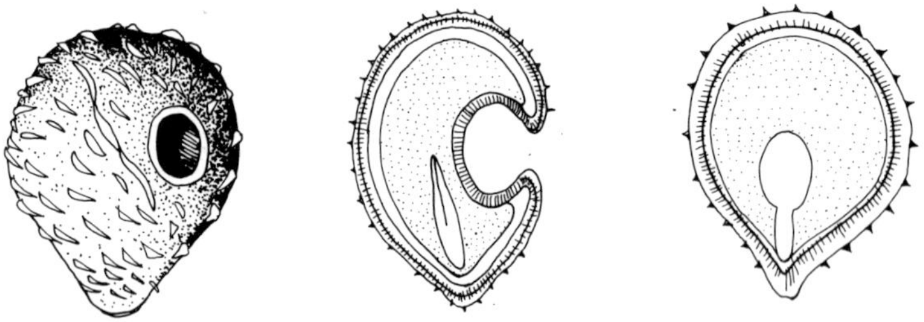

种子外形　　种子纵切面　　种子横切面

图431　银鹊树

# 省沽油

*Staphylea bumalda* DC.

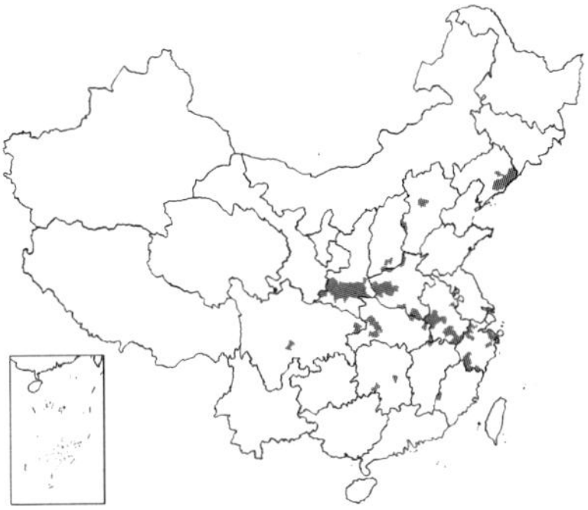

省沽油科，落叶灌木。

蒴果膀胱状，膨胀，果皮薄，沿内面脐缝浅开裂，长35mm，宽40mm，先端凹缺，基部楔形。

种子倒卵形，长6mm，宽4mm，厚3.5mm，顶端圆形，中央有一小突尖，基部渐窄斜截形，背腹两侧微呈脊状隆起；种脐位于较窄一端，扁圆形或三角形，长约2mm。种孔位于截面较长的一侧，紧靠近种脐。种皮灰褐色，平滑有光泽，骨质，厚0.3mm，内壁白色；内种皮膜质，白色。子叶淡黄色，油质，倒卵形，长4mm，宽3mm；下胚轴及胚根长1mm，胚根朝向种脐一端。胚乳白色，油质。

成熟期：8～9月。

产地：黑龙江、吉林、辽宁、河北、河南、山西、浙江、湖北、安徽等地。

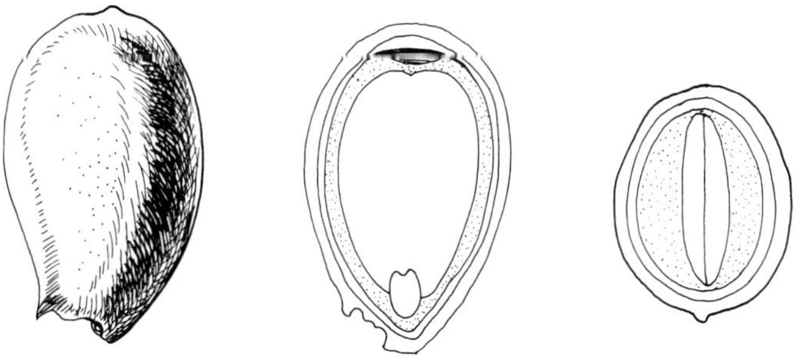

种子外形　　种子纵切面　　种子横切面

图432　省沽油

# 野鸦椿

*Euscaphis japonica* (Thunb.) Dippel

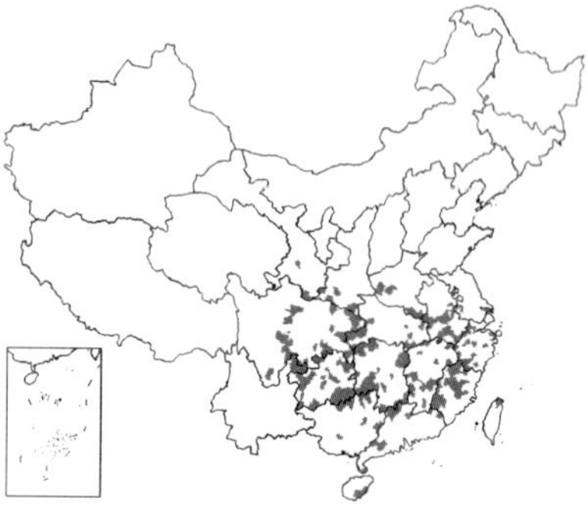

省沽油科，落叶灌木或小乔木。

蓇葖果弯椭圆形，长1.5～2cm，先端尖，果皮软革质，紫红色。

种子近球形，假种皮肉质，黑色，长4.5～5mm，宽5～5.5mm，先端圆，基部微凹入，凹入处为果梗脱落痕迹，为椭圆形，长约1mm，淡褐色；肉质假种皮厚约0.2mm。种皮褐色，骨质，厚0.6～0.8mm，在高倍解剖镜下有密集而均匀小突起。子叶近圆形，径约3mm，淡绿色；下胚轴及胚根长约0.5mm，淡绿色，胚根朝向种子基部。胚乳白色。

成熟期：9～10月。

产地：长江流域各地，北至河南，东达台湾。

种子千粒重：40～50g。

播种：用种量12～15g/m²。

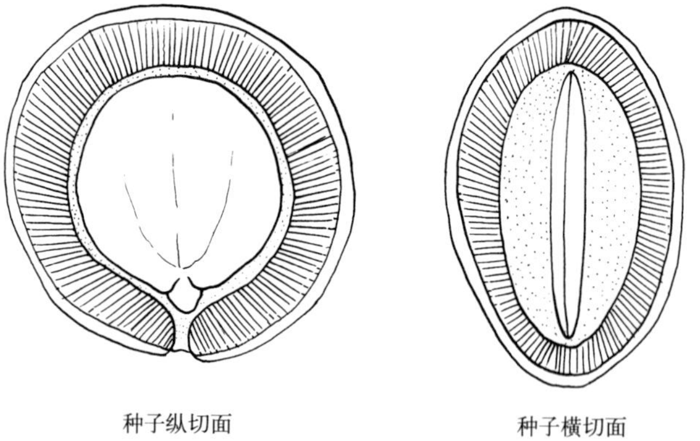

种子纵切面　　种子横切面

图433 野鸦椿

# ·黄杨科 BUXACEAE·

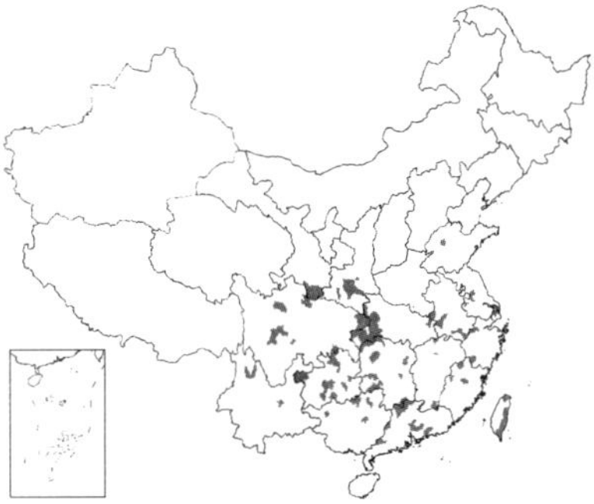

## 小叶黄杨

*Buxus sinica* (Rehd. et Wils.) Cheng

黄杨科，常绿灌木。

蒴果近球形，熟时沿室背3瓣裂。

种子长三角状卵形，长5.5～6mm，宽2.5～2.8mm，厚2.2mm，先端圆钝，基部圆形，中央微凹缺，一侧呈棱状，另一侧弧形，两侧面中央微凹陷，表面黑色，平滑；种脐位于较宽一端的侧面凹缺处，扁三角形，长约1.5mm，淡褐色。种皮厚0.1mm，脆骨质；内种皮褐色，膜质。胚棒形，长约5mm，宽0.7mm，淡黄色，子叶长1.5mm；下胚轴及胚根长3.5mm，胚根朝向种子较宽一端。胚乳丰富，油质。

成熟期：9～10月。

产地：我国中部。河北、山西、山东、河南等地常见栽培。

种子千粒重：25～28g。

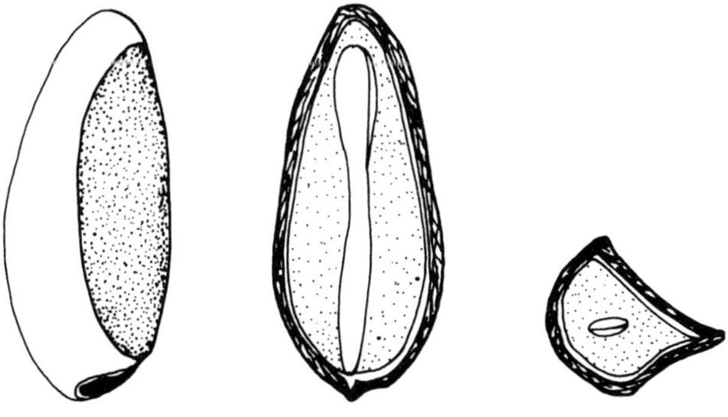

种子外形　　种子纵切面　　种子横切面

图434　小叶黄杨

# 雀舌黄杨

*Buxus bodinier* Lévl.

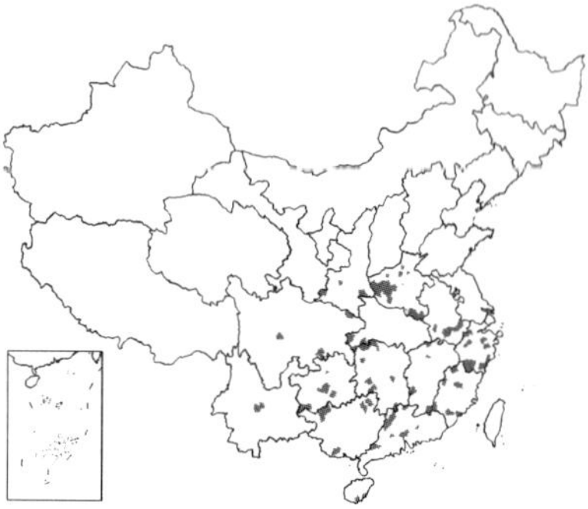

黄杨科，种子形态特征同小叶黄杨*B.sinica* Cheng。惟种子较小，长约5mm，宽约2.3mm。

成熟期：5～8月。

产地：云南、四川、贵州、广西、广东、浙江、江西、湖北、湖南、甘肃、陕西等地。

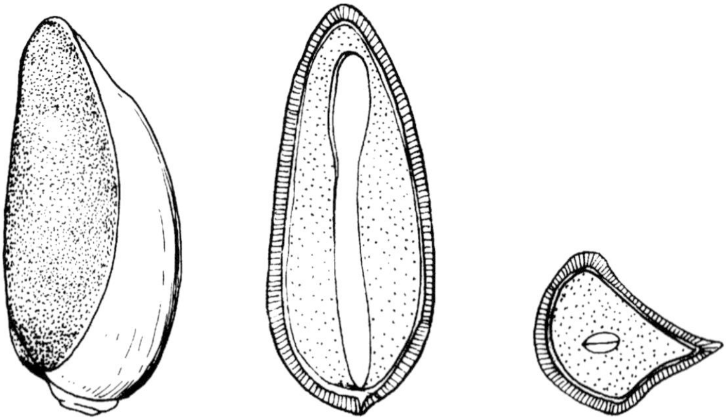

种子外形　　种子纵切面　　种子横切面

图435　雀舌黄杨

# ·鼠李科 RHAMNACEAE·

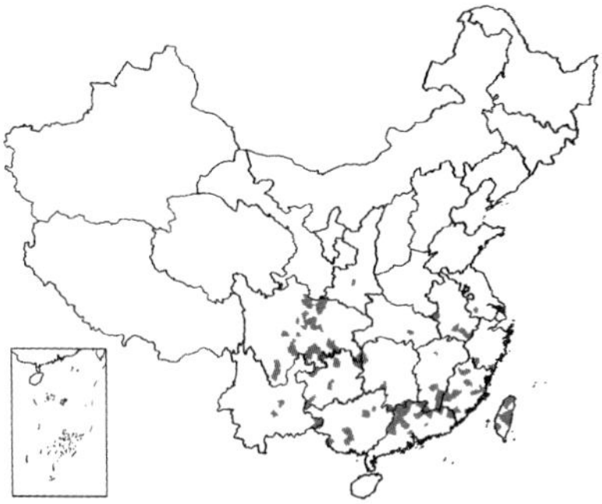

## 马甲子

*Paliurus ramosissimus* (Lour.) Poir.

鼠李科，落叶灌木。

核果盘形，周围有不明显3裂木栓质翅，径15mm，高10mm，被褐色绒毛。

果核宽倒卵形，长约7mm，宽6mm，先端平截，有3个小突起，基部渐窄；表面浅褐色，有3纵浅沟及不规则小突起，核壁厚0.5mm，木质，通常有2室，每室1种子。

种子扁圆形，长约4mm，径3.6～4mm，先端圆有小突尖，基部渐窄；种脐位于渐窄一端，线形淡褐色，长约0.3mm，腹面有一纵脊，背面弧形。种皮紫褐色，近基部黄褐色，平滑而有光泽。子叶近圆形，长宽约3.5～4mm，淡黄色；下胚轴及胚根长0.6mm，白色。有胚乳。

成熟期：9～10月。

产地：江苏、浙江、安徽、江西、湖南、湖北、福建、台湾、广东、广西、云南、贵州、四川等地。

果核

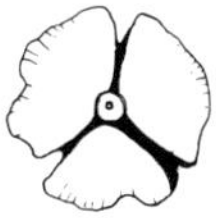

果核底部3条突起

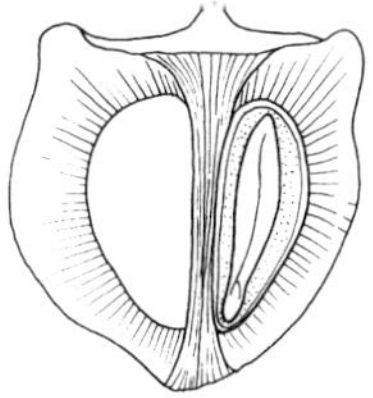

果核纵切面

种子纵切面

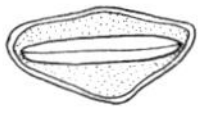

种子横切面

图436　马甲子

# 滇刺枣

*Ziziphus mauritiana* Lam.

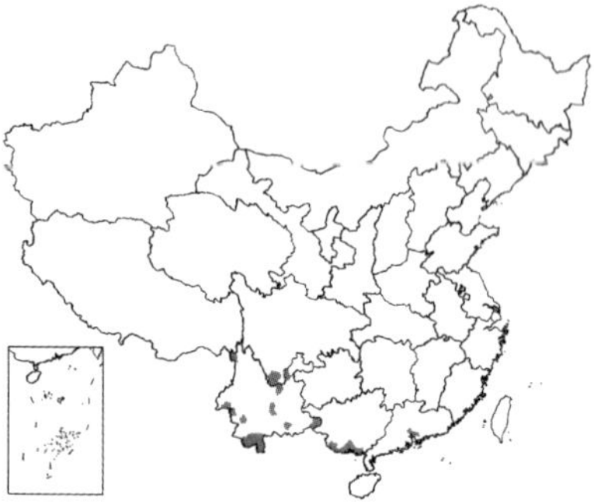

鼠李科，落叶乔木。

核果矩圆形或球形，长2～1.2cm，径约1cm，橙色或红色，熟时变成黑色。

果核倒卵状椭圆形，长20mm，宽11mm，先端圆钝，基部短尖头，表面有突起及凹坑的雕刻状花纹，壁厚2～5mm，骨质，坚硬，淡褐色。

种子宽倒卵形，长10mm，宽8mm，厚3mm，先端微凹缺，基部渐尖，褐色，有光泽，一侧弧形，另一侧平坦。子叶肥厚，略淡黄色；下胚轴及胚根长1mm，胚根朝向种子基部。胚乳白色。

成熟期：9～12月。

产地：云南、四川、广东、广西等地。

种子千粒重：350～710g。

播种：用种量5～6g/$m^2$。

核果

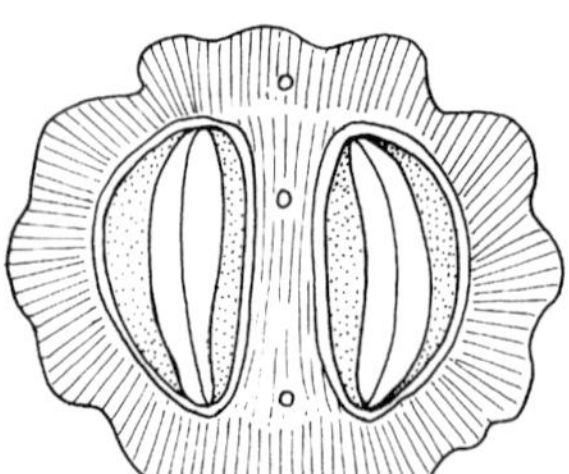

种子纵切面

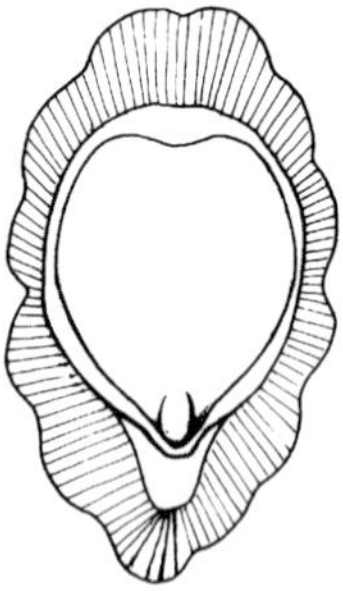

种子横切面

图437 滇刺枣

# 枣

*Ziziphus jujuba* Mill.

鼠李科，落叶乔木。

核果椭圆形或矩圆形，长2～3.5cm，径1.5～2cm，成熟时红色，后变成紫红色。中果皮肉质，厚，果核顶端锐尖。

果核梭形，长18～25mm，宽7～10mm，两端尖锐，内果皮黄褐色，有雕刻状花纹，壁厚1～2mm，2室或1室，每室1粒种子。

种子倒卵形或椭圆形，长9～12mm，宽6～7mm，厚3～3.5mm，顶端圆，中央微凹缺，背面凸透镜形平滑，腹面较平坦，中央有一缝线；种皮浅枣红色。子叶椭圆形，长9～10mm，宽5～6mm，淡黄色。胚乳在子叶两侧，白色。

成熟期：8～9月。

产地：吉林、辽宁、内蒙古、河北、山东、山西、陕西、河南、甘肃、宁夏、新疆、青海、安徽、江苏、浙江、江西、福建、广东、广西、湖南、湖北、四川、云南、贵州等地。

播种：用种量5～6g/m$^2$。

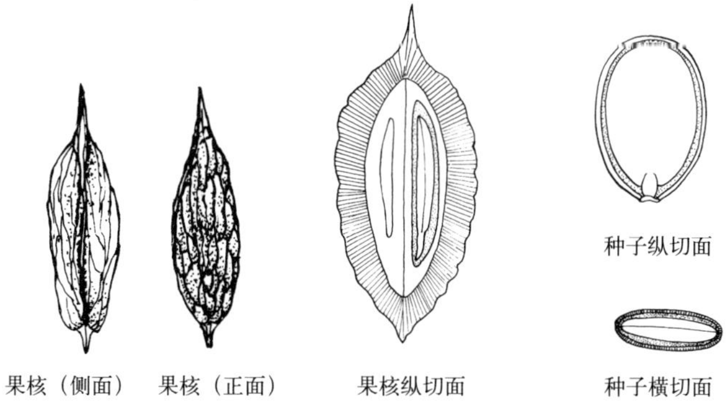


图438　枣

## 酸枣

*Ziziphus jujuba* Mill. var. *spinosa* Hu ex H. F. Chow

鼠李科，落叶灌木或乔木。

核果近球形，径1.2～1.8cm，熟时枣红色，果核倒卵形或椭圆形（彩图90），长8～14mm，宽6～8mm，两顶圆或顶端具小突尖，内果皮褐色，木质，有雕刻状花纹，厚约0.8～1mm，常2室或1室，每室只一种子发育。

种子扁椭圆形，长6～8mm，宽4.5～5.5mm，厚约3mm。种皮枣红色。子叶椭圆形，长4～5mm，宽3.5～4mm，淡黄色；下胚轴及胚根长约1mm，淡黄色。胚乳白色。

成熟期：8～9月。

产地：辽宁、内蒙古、河北、山东、山西、陕西、河南、甘肃、宁夏、新疆、青海、安徽、江苏等地。

种子千粒重：180～400g。

播种：用种量5～6g/m$^2$。

果核（侧面）

果核（正面）

图439　酸　枣

# 拐枣

*Hovenia dulcis* Thunb.

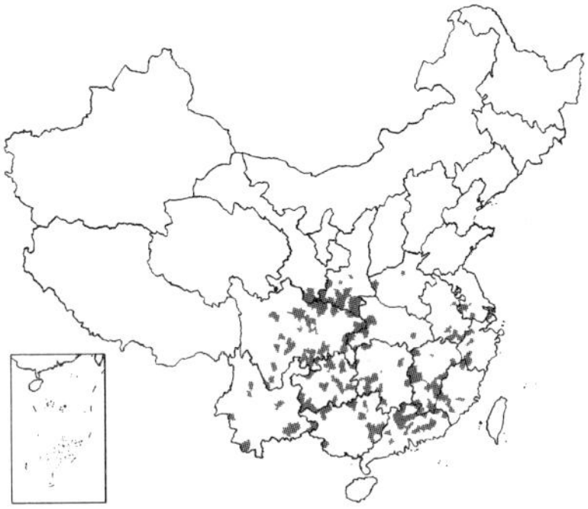

鼠李科，落叶乔木。

核果近球形，径6～8mm，无毛，成熟时黑色，每果有种子3～4粒。

种子扁平圆形（彩图91），长4～5mm，宽3.5～4.5mm，厚2mm，两端圆形，黑色或褐色，平滑而有光泽，腹面中央微凸起，向两侧倾斜；种脐条形，长约1mm，淡褐色。外种皮骨质，坚硬，厚约0.2mm；内种皮膜质，褐色。胚圆形，子叶淡绿色，直径3.5～4mm；下胚轴及胚根长约1mm，胚根朝向种脐。胚乳白色。

成熟期：8～10月。

产地：河北、山东、山西、河南、陕西、甘肃、四川、湖北、安徽、江苏、江西等地。

种子千粒重：16～18g。

播种：干藏种子用始温60℃水浸种，自然冷却后再用冷水浸种48小时，每24小时换水1～2次，用种量5～6g/m²。

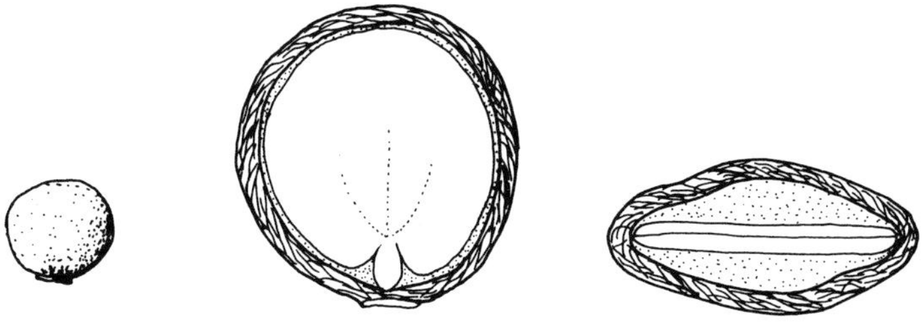

种子外形　　种子纵切面　　种子横切面

图440 拐 枣

# 冻绿

*Rhamnus utilis* Decne.

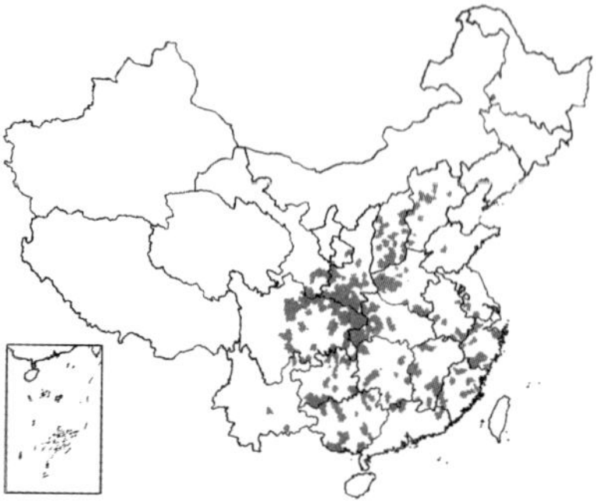

鼠李科，落叶灌木至小乔木。

核果圆球形或近球形，具2分核，黑色。

种子（果核）倒卵形（彩图92），长约5mm，宽4mm，厚3mm，先端圆钝，基部渐窄，背面凸起，腹面略平坦，近中央有一细纵棱，一侧较直，另一侧弧形，有一条与种子等长的纵沟槽；种脐位于较窄一端，椭圆形，长约0.7mm，深凹入。外种皮灰褐色，革质，厚0.2mm；内种皮革质。胚长5.5mm，宽3～3.5mm，子叶扁宽椭圆形，对折后宽3～3.5mm，先端凹缺，淡黄色；下胚轴及胚根长1mm，宽0.5mm，胚根朝向种子渐窄一端。胚乳白色，伸入至对折子叶中间，油质。

成熟期：5～8月。

产地：甘肃、陕西、河南、河北、山西、安徽、江苏、浙江、江西、福建、广东、广西、湖北、湖南、四川、贵州等地。

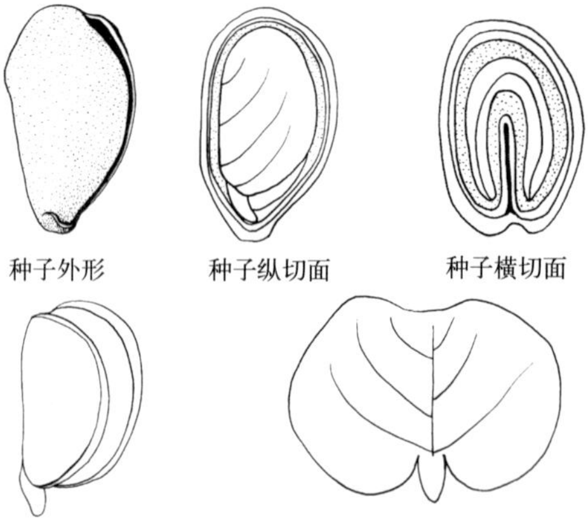


图441　冻　绿

# 薄叶鼠李

*Rhamnus leptophylla* Schneid.

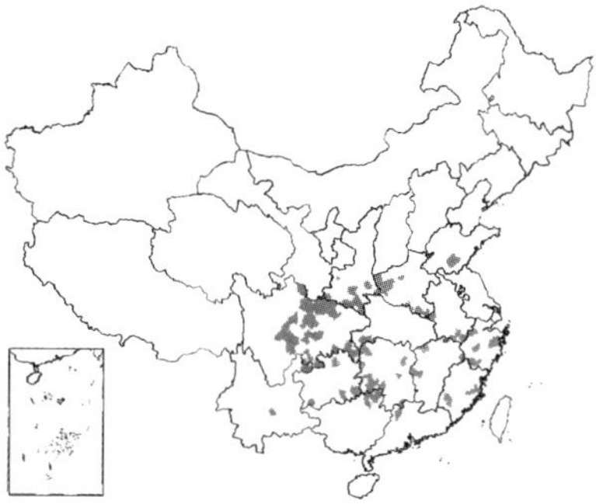

鼠李科，落叶灌木，稀小乔木。

核果球形，径5～6mm，熟时黑色，有2～3分核；内果皮软骨质，褐色，易剥离。

种子扁平椭圆形或倒卵形，长4.5～5mm，宽3～3.5mm，厚约2mm，先端圆钝，基部渐窄，背面弧形，腹面平坦或微凹，一侧有种沟；种沟淡褐色；长为种子的1/2～2/3。种皮栗褐色，骨质，光滑，在高倍解剖镜下可见均匀密布淡褐色小斑点。子叶对折，每侧两层，淡绿色，有脉纹，在对折子叶间有一夹层，下胚轴和胚根位于近种脐一端，长约1mm，白色。有胚乳，子叶夹层两侧也有胚乳。

成熟期：5～10月。

产地：陕西、河南、山东、安徽、浙江、福建、广东、广西、湖南、湖北、四川、云南、贵州等地。

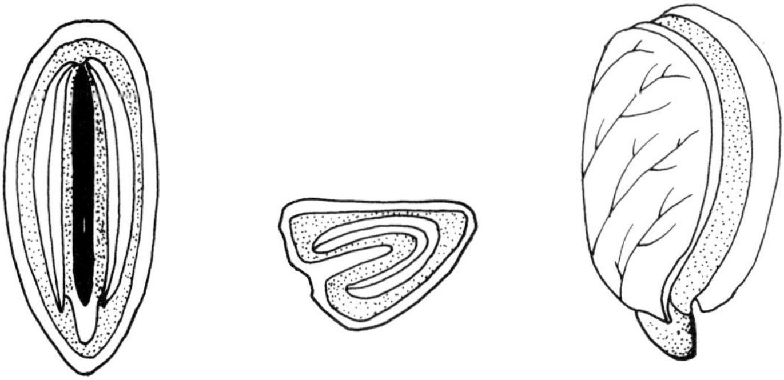

种子纵切面　　种子横切面　　子叶内胚乳

图442　薄叶鼠李

# ·葡萄科 VITACEAE·

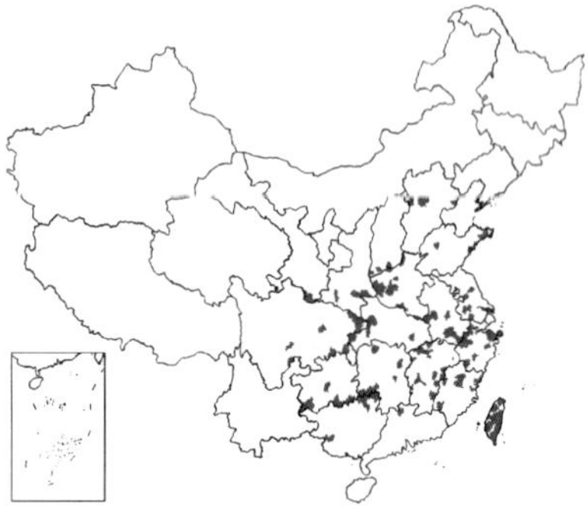

## 爬山虎

*Parthenocissus tricuspidata* (Sieb. et Zucc.) Planch.

葡萄科，落叶藤本。

浆果球形，径6～8mm，蓝色。

种子宽倒卵形（彩图93），长4.5mm，宽4～4.5mm，厚约3mm，先端中央凹缺、基部渐尖，背面圆弧形，中上部有一延伸至种子顶端的环状浅沟槽，腹面有2条浅沟槽，在横切面上两条沟相距约2.5mm，表面有蜂巢状小凹坑；种脐位于种子渐尖一端腹面，椭圆形，长0.5mm，栗褐色。种皮绿褐色，革质，厚约0.2mm。胚披针形，长2.5～3mm，子叶长1.8～2mm；下胚轴及胚根长0.8～1mm，均为白色，胚根朝向种子渐尖一端。胚乳角质，白色，油质，在纵切面上形成2条纵沟槽，顶端成一条短沟槽，横切面呈“工”字形。

成熟期：9～10月。

产地：广东、广西、福建、江西、浙江、江苏、安徽、湖北、湖南、贵州、四川、陕西、河南、山东、河北、辽宁、吉林等地。

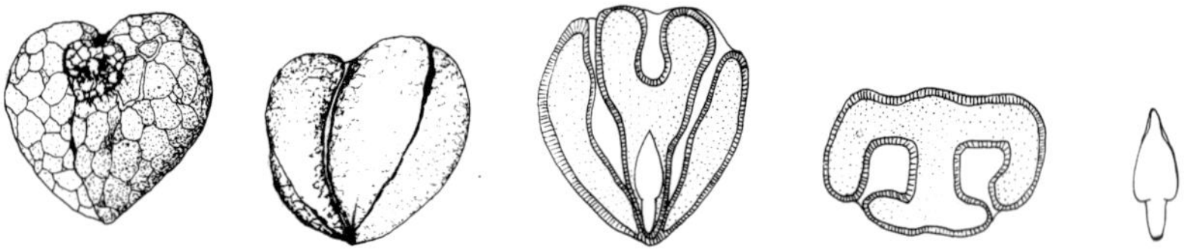

种子外形(背面)　种子外形(腹面)　种子纵切面　种子横切面　子叶

图443　爬山虎

# 五叶地锦

*Parthenocissus quinquefolia* (Linn.) Planch.

葡萄科，落叶藤本。

浆果球形，径约6mm，蓝色。

种子三角状倒卵形，长5.5mm，宽4.5mm，厚3mm，先端微凹，基部渐尖，背面弧形，近中部有一环状浅沟，腹面具一纵棱脊，近棱脊两侧各有一条不明显浅纵沟，在槽切面上两条沟相距约1.5mm；种脐位于种子渐尖一端，三角状卵形，长约0.5mm。种皮革质，厚约0.2mm，深绿色，有长椭圆形凸凹。胚披针形，长2.5mm，宽0.7mm，子叶长1.5mm；下胚轴及胚根长约1mm，胚根朝向种子渐尖一端。胚乳角质，白色，油质，纵切面上形成2条纵沟，两端都不达种皮，横切面上呈倒山形。

成熟期：9～10月。

产地：原产北美。我国北方各省广泛种植。

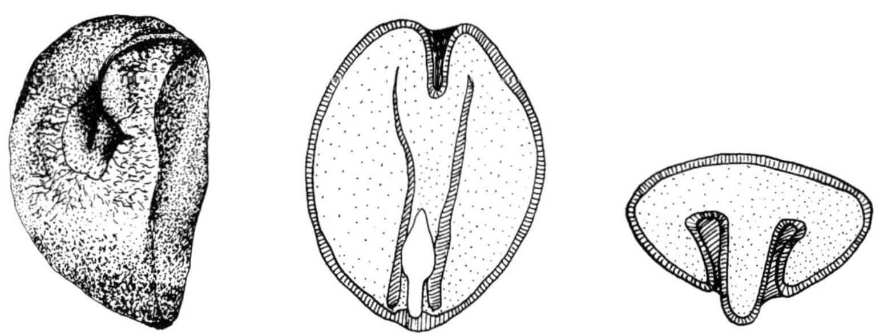

种子外形　　种子纵切面　　种子横切面

图444　五叶地锦

# 葡萄

*Vitis vinifera* Linn.

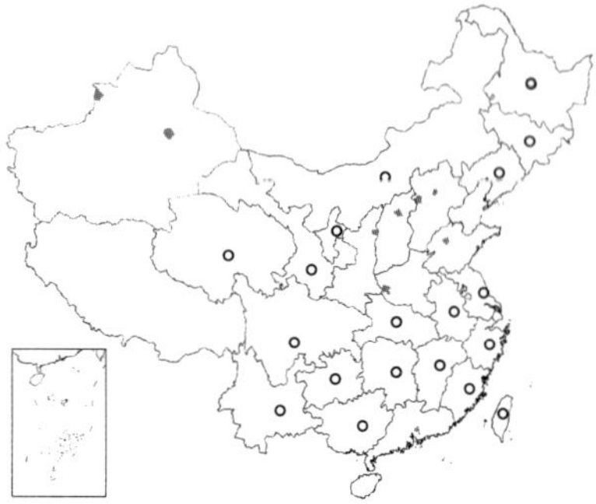

葡萄科，落叶藤本。

浆果球形或椭圆状球形，有白粉。

种子淡紫褐色，倒卵形，长6～9mm，宽4～5mm，厚3mm，先端凹缺，基部渐窄，背面隆起，上部有一浅沟槽，中央有一小突起，周围有浅沟槽与上部的沟槽相连，种子腹面中央有一条肋状棱线，在近中段两侧各有一凹槽，颜色较浅。种皮厚约0.2mm，骨质坚硬，横切面倒“山”字形，3边几乎等长。胚棍棒形，白色，子叶长约0.9mm；下胚轴及胚根长约0.9mm。胚乳充满种子，淡紫色。

成熟期：8～9 月。

产地：原产亚洲西部。我国普遍栽培。华北、西北栽培的品质最佳。

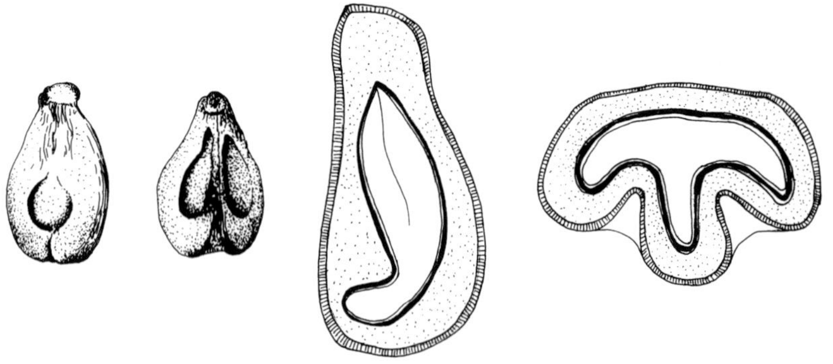

种子外形(背面)　种子外形(腹面)　种子纵切面　种子横切面

图445　葡　萄

# 野葡萄

*Vitis amurensis* Rupr.

葡萄科，落叶藤本。

浆果球形，径约1cm，黑紫色或紫红色，有白粉。

种子宽倒卵形（彩图94），长5～6mm，宽3.5～4mm，厚2.5～3mm，先端凹缺，基部渐窄，背面隆起，中间有一沟槽，中央有一圆形小突起，种子背面有一条肋状沟线，中部略下两侧有凹槽。种皮淡褐色，坚硬，厚约0.2mm，横切面呈倒“山”字形，中间较两侧长。胚棍棒形，长约15mm，白色，子叶长0.7mm；下胚轴及胚根长0.8mm，白色。胚乳充满种子，淡紫色。

成熟期：8～9月。

产地：山东、山西、河北、辽宁、吉林、黑龙江等地。

种子千粒重：23～49g。

播种：混沙室外层积，用种量25g/m²。

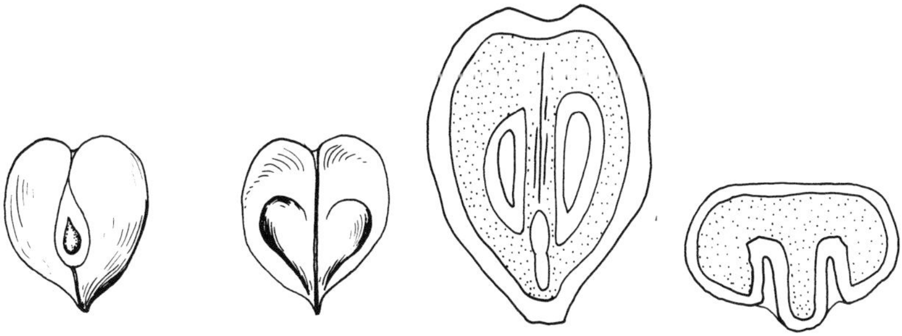

种子外形（背面）　种子外形（腹面）　种子纵切面　种子横切面

图446　野葡萄

# 显苞火筒树

*Leea compactiflora* Kurz 密花火筒

葡萄科，灌木或小乔木。

浆果稍肉质，扁球形，径0.7～1cm，黄褐色，有种子6粒。

种子三棱状半圆形，长3.8mm，宽5mm，上端圆弧形，基部平截。种皮褐色，坚硬，厚约0.2mm，骨质，背部有一紫褐色纵棱，两侧中部各有一条短棱脊，棱脊近中部有1～2短分枝；内种皮膜质。胚椭圆形，白色，胚根偏向一侧。有胚乳。

成熟期：9月。

产地：云南等地。

# ·杜英科 ELAEOCARPACEAE·

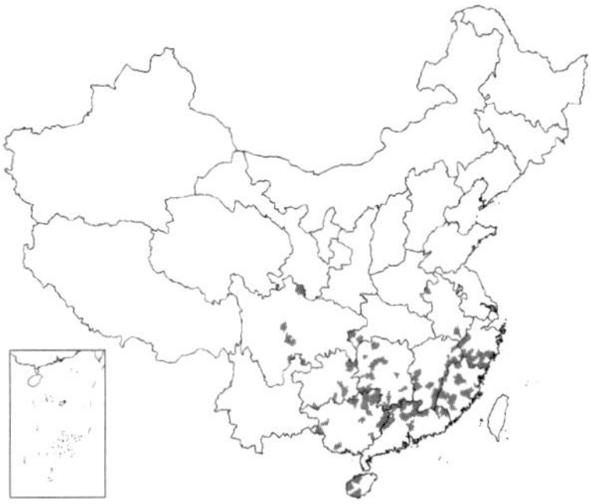

## 猴欢喜

*Sloanea sinensis* (Hance) Hemsl.

杜英科，常绿乔木。

蒴果，径2～5cm，3～7瓣裂，果瓣厚3～5mm，果皮有刺，刺长1～1.5cm。

种子柱状椭圆形（彩图95），长9.5～10mm，宽5.6～6mm，厚4mm，先端圆钝，基部平截，一侧有2块长条状淡褐色疤痕或又疤痕相连成一条带状；种脐位于平截一端，近圆形，与种子基部等宽，淡褐色，与一侧疤痕相连。种皮骨质，厚0.2mm，黑紫色，有小而密集网状花纹。直胚，子叶椭圆形，长5.5mm，宽4.5mm，基部心形；下胚轴及胚根长1.5mm，胚根朝向种子先端。胚乳丰富，白色，油质。

成熟期：10～12月。

产地：浙江、安徽、江西、湖南、福建、广东、广西、贵州等地。

种子千粒重：310g。

播种：用种量75～100g/m$^2$。

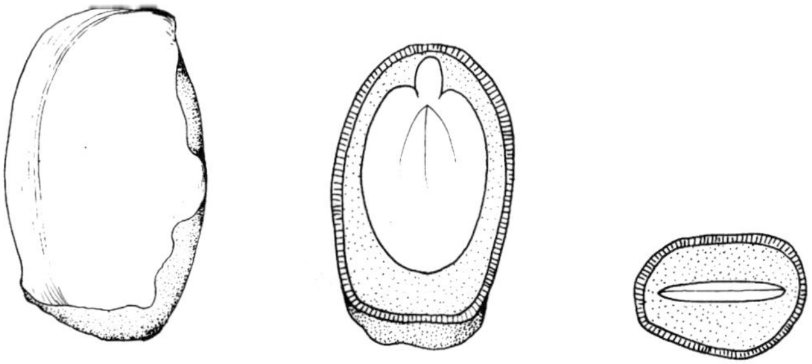

种子外形　　种子纵切面　　种子横切面

图447　猴欢喜

# 薄果猴欢喜

*Sloanea leptocarpa* Diels

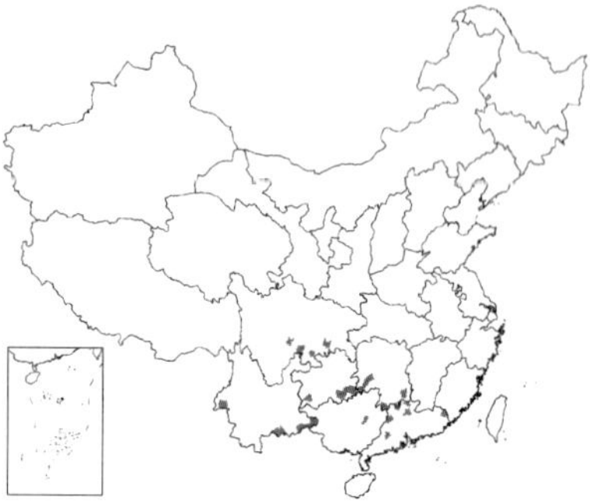

杜英科，常绿乔木。

蒴果球形，径1.5～2cm，果皮具刺，刺长1～2mm，3～4瓣裂，果瓣薄。

种子圆锥状卵形，长10.5mm，宽5.2mm，厚5mm，先端长钝尖，基部圆形；种脐位于较宽的一端，成“C”字形包围种子基部，长约6mm，淡褐色。种皮厚0.5mm，亮黑色，平滑；内种皮淡褐色，膜质，在较窄一端有一条倒披针形深褐色斑纹。直胚，子叶长卵形，长约7mm，宽约3mm，浅黄色；下胚轴及胚根长1.5mm，浅黄色，胚根位于种脐一端。胚乳丰富，白色，油质。

成熟期：冬季。

产地：湖南、福建、广东、广西、四川、贵州、云南等地。

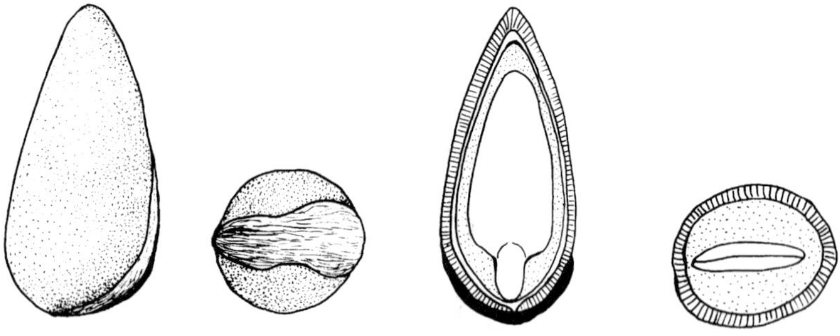

种子外形　种脐　种子纵切面　种子横切面

图448　薄果猴欢喜

# 美脉杜英

*Elaeocarpus varunua* Ham. 滇印杜英

杜英科，常绿乔木。

核果椭圆形，长1.4～1.7cm。

果核长倒卵形，长24～26mm，宽10～12mm，先端圆钝，下部微弯，基部渐窄，淡褐色，有3条纵沟槽及不规则浅雕刻状花纹。壁厚3～5mm，木质。

种子倒卵状长椭圆形，长15～17mm，宽6～7mm，厚3～4mm；种皮褐色，薄革质。子叶长卵状椭圆形，长13～15mm，宽6～8mm，白色；下胚轴及胚根长约2mm，白色，胚根朝向果核先端。胚乳白色。

成熟期：8～9月。

产地：广东、广西、云南、西藏等地。

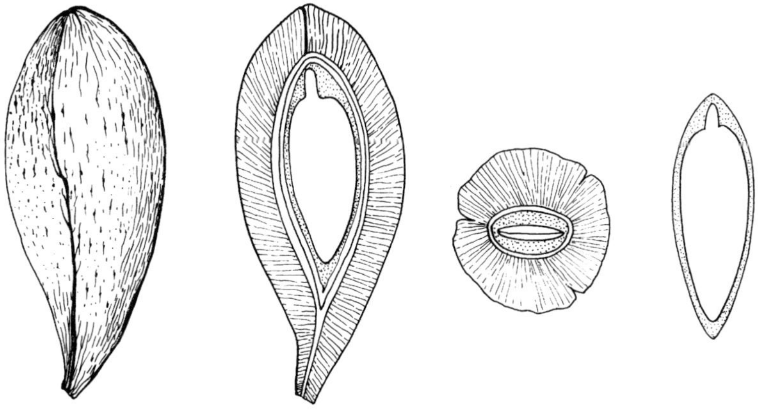

果核　　果核纵切面　　果核横切面　　胚

图449　美脉杜英

# 圆果杜英

*Elaeocarpus ganitrus* Roxb.

杜英科，常绿乔木。

核果球形，径12～18mm，先端稍凹或平，熟时紫色，平滑无毛。

果核圆球形，径10～15mm，先端平圆，基部深凹入，表面褐色，有4～5棱及不整齐瘤状突起，壁骨质，坚硬，厚1～2.5mm，4～5室，每室2(1)种子。

种子长椭圆形，长10～11.5mm，宽4～4.5mm。种皮褐色，膜质。直胚，子叶长8.5mm，宽约4.5～5mm，白色；下胚轴及胚根长1.5mm，径0.8mm，白色，胚根朝向果核顶端。胚乳丰富，白色，油质。

成熟期：11～12月。

产地：海南、广西、云南等地。

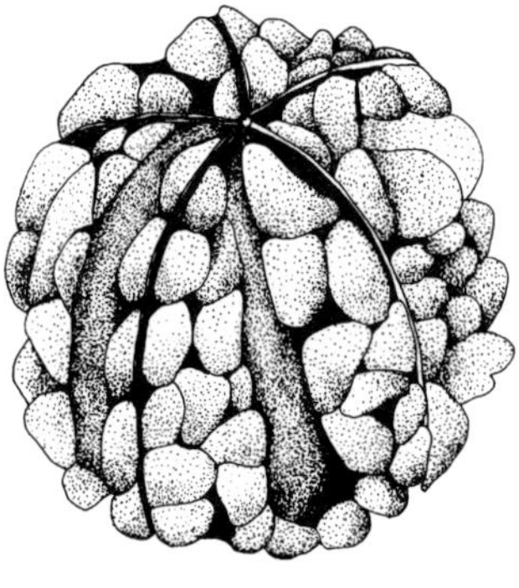

核果

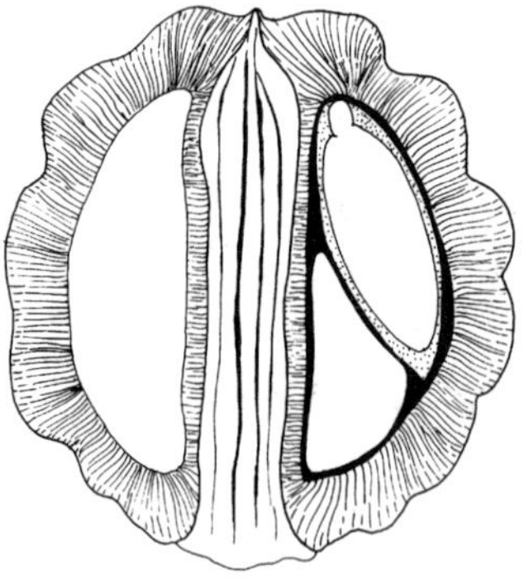

核果纵切面

图450 圆果杜英

# 冬桃

*Elaeocarpus duclouxii* Gagnep.褐毛杜英

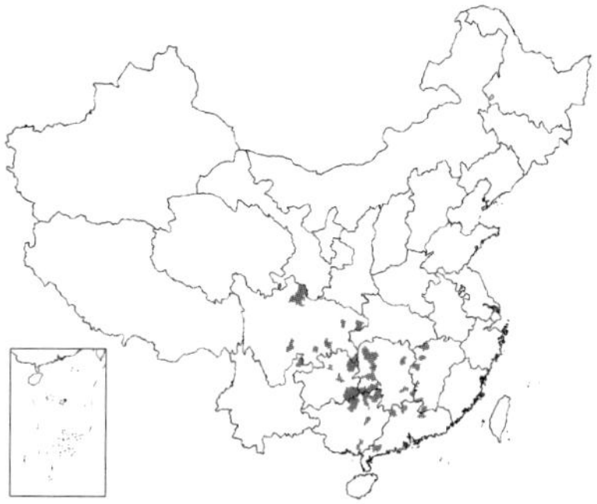

杜英科，常绿乔木。

核果椭圆形，长25～30mm，宽15～20mm，先端圆钝，基部果枝痕凹入，熟时浅棕紫黑，无毛，果梗长5～8mm。

果核倒卵状椭圆形，微弯，23～28mm，宽12～15mm，先端短渐尖，微分3叉，基部窄圆，表面褐色，具3～4条纵沟及不规则雕刻状凹突不平沟孔。3室，每室有种子2粒。

种子圆锥形，长16mm，宽5mm，先端长尖，基部渐尖。种皮褐色，膜质。直胚，子叶长椭圆形，长11mm，宽4.5mm，白色；下胚轴及胚根长2mm，径0.6mm，白色，朝向窄圆一端。胚乳丰富，白色，油质。

成熟期：春季。

产地：江西、湖南、广东、广西、四川、贵州、云南等地。

# 日本杜英

*Elaeocarpus japonicus* Sieb.et Zucc.

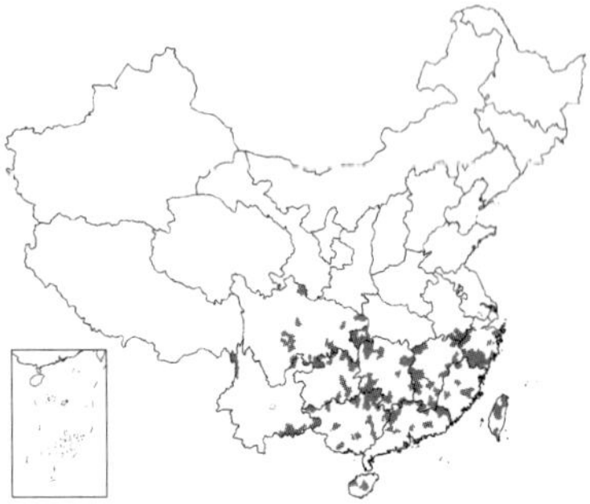

杜英科，常绿乔木。

核果椭圆形，长10～14mm，宽6～7mm，熟时蓝黑色。

果核长椭圆形，长9～13mm，宽5～6.5mm，先端圆，基部微渐窄，微凹陷，淡褐色，有浅雕刻状花纹，壁骨质，厚约1mm；种脐微凹陷近圆形，径约1mm。种皮膜质，淡褐色。子叶长椭圆形，长约6.5mm，宽约3mm，淡绿色，有羽状脉；下胚轴及胚根长1.8mm，淡绿色。胚根朝向种子顶端。胚乳白色。

成熟期：6～8月。

产地：长江以南，东至台湾，西南至四川、云南，南至海南等地。

种子千粒重：180～230g。

播种：层积越冬春播。

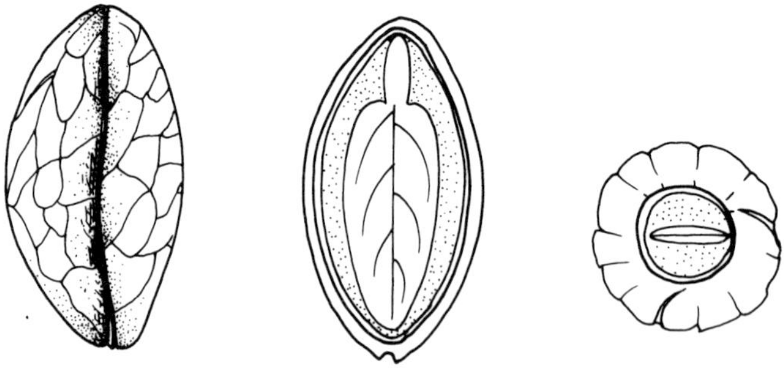

种子外形　　种子纵切面　　种子横切面

图451　日本杜英

# ·椴树科 TILIACEAE·

## 柄翅果

*Burretiodendron esquirolii* (Lévl.) Rehd.

椴树科，落叶大乔木。

蒴果长椭圆形或长圆形，长15～35mm，有5纵翅，熟时5瓣裂。每果瓣叶状，腹面有一纵棱，种子位于近中部。

种子横三角状圆锥形，长4.5mm，宽10mm，具3棱，背面有一沟槽，腹面棱状突起，先端圆钝，基部渐尖；种脐位于较尖一端，不明显。种皮红褐色，肉质，厚不及1mm。直胚，子叶长椭圆形，多次折叠，淡褐色；下胚轴及胚根长3mm，淡褐色，胚根朝向渐尖一端。无胚乳。

成熟期：9～10月。

产地：广西、贵州、云南等地。

种子千粒重：250～290g（带果瓣）。

播种：9～10月果熟时即时采摘，将蒴果在通风干燥地阴干，不宜晒或堆沤，随采随播或用湿沙贮藏。如干藏种子短时间内完全丧失发芽能力。播前浸种4～5小时，带瓣种子播种量为60g/m$^2$。

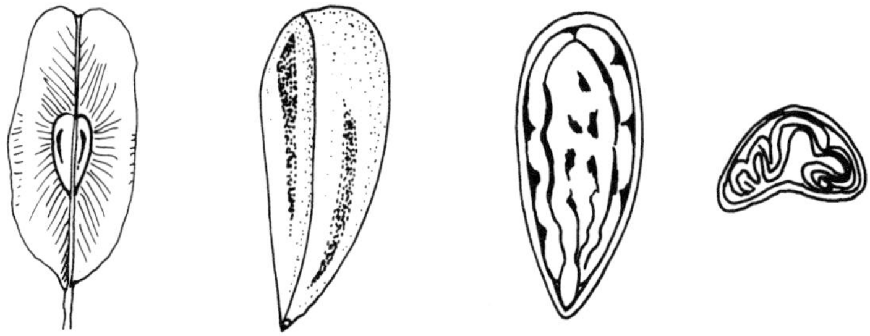

果实　　种子外形　　种子纵切面　　种子横切面

图452　柄翅果

# 蚬木

*Excentrodendron hsienmu* (Chun et How) Chang et R. H. Miau [*Burretiodendron hsienmu* Chun et How]

椴树科，常绿乔木。

蒴果具5纵棱，室间开裂成5果瓣。每1果瓣为椭圆形，长40mm，宽20mm，革质，具脉纹。通常每1果瓣有1发育种子。

种子横三角状圆锥形，长6mm，宽15mm，厚6mm，背面(先端)弧形，中央有一沟槽，腹面(基部)平截，中央棱状突起向两侧斜削；种脐位于渐尖一端，不明显。种皮肉质，黑紫色，厚不及1mm，易剥离。直胚，子叶多次折叠，褐色；下胚轴及胚根长4mm，胚根朝向种子较尖一端。无胚乳。

成熟期：6～7月。

产地：广西。

播种：果熟开裂后散落种子，要及时采收。种子寿命短，10天内种子发芽率95%以上，贮藏超过两个月即全部丧失发芽力，应随采随播，4天后出土，宜搭荫棚，使土经常保持湿润。当年幼苗生长缓慢，至翌春，高约10 cm；一年半的苗木平均高达70 cm，可以出圃。造林地宜造在石灰石山中下坡，酌留灌木或散树以供蔽荫。

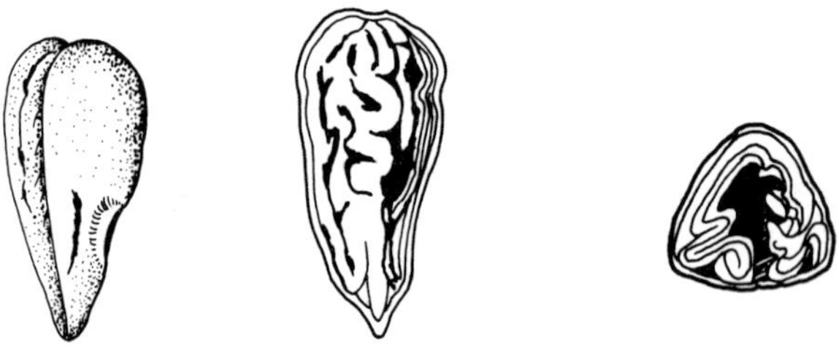

种子外形　　种子纵切面　　种子横切面

图453 蚬 木

# 破布叶

*Microcos paniculata* Linn.

椴树科，灌木或小乔木。

核果倒卵形，长约10mm，宽约6mm，黑色，中果皮有纤维。

种子（果核）倒卵形，长7～8.5mm，宽5.5～6mm，先端圆钝，有毛或毛迹，颈部渐尖，具6条纵沟槽，3条沟内着生长毛，另相间3条沟内无毛；种脐位于渐尖一端，径不及1mm。壁木质，厚1mm，内壁白色，平滑，3室，每室有种仁1粒。种皮膜质，淡褐色。直胚，绿色，长45mm，子叶椭圆形，长2.5mm，宽约2mm，有脉纹；下胚轴及胚根长约2mm，胚根朝向种子渐尖一端。胚乳白色，油质。

成熟期：10～12月。

产地：广东、广西、海南、云南等地。

种子千粒重：120～140g。

播种：播前用始温60℃水浸种至自然冷却，捞出后晾干即可播种，用种量35g/m²。

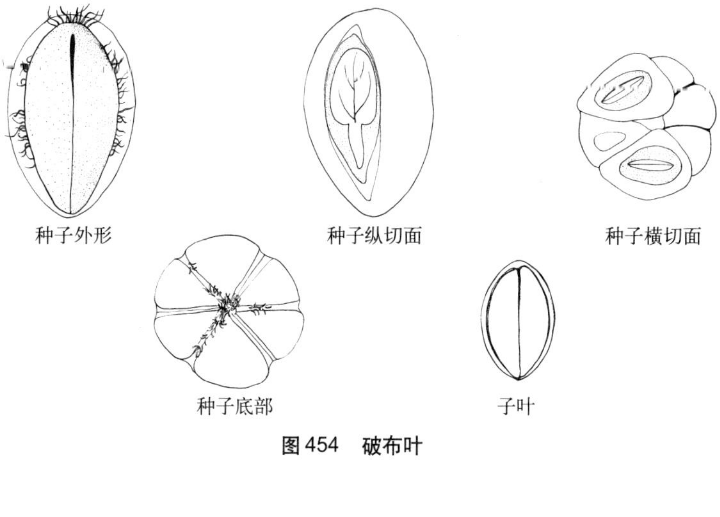


图454　破布叶

# 蒙椴

*Tilia mongolica* Maxim.

椴树科，落叶乔木。

核果倒椭圆形，长6～8mm，被毛，果皮木质坚硬。

种子倒心形，长约4mm，宽约5.5mm，先端圆弧形，基部较平；种脐褐色。种皮黑褐色，薄纸质，表面有不规则细梗。子叶白色或淡绿色，掌状5裂，中裂片长约2mm，两侧裂片各长约1.5mm，中裂片两侧各有一小裂片；下胚轴及胚根长约2mm，黄绿色。胚乳充满种子，白色。

成熟期：9月。

产地：内蒙古、辽宁、河北、河南、山西等地。

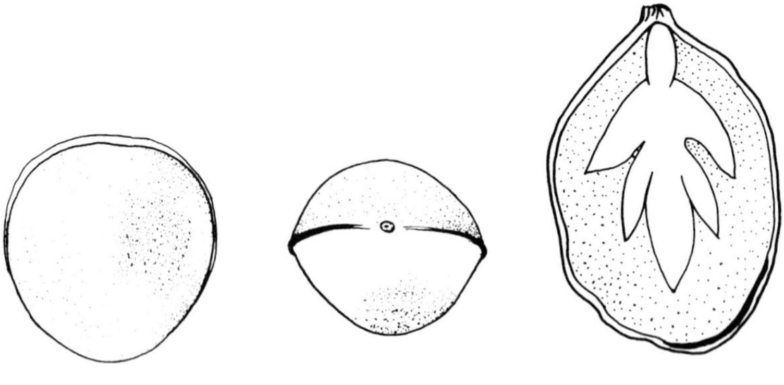

种子外形　　种子外形（示种脐）　　种子纵切面

图455 蒙 椴

# 南京椴

*Tilia miqueliana* Maxim.

椴树科，落叶乔木。

核果长球形或近球形，长9～11mm，宽8.5～10.5mm，顶端圆，柱痕不突出，微有5纵肋或纵肋不明显，基部圆形，或中央有果梗，表面被黄褐色短绒毛。果核褐色，近球形，径9～10mm，先端有小尖头，基部圆形，有5条浅纵肋，表面粗糙。壁木质，厚2mm。

种子卵形，长5mm，宽4～5mm，先端渐尖，基部圆形，黑红色。子叶掌状开裂；下胚轴及胚根长约2mm。有胚乳。

成熟期：8月。

产地：江苏、浙江、安徽、江西、广东、河南等地。

种子千粒重：165～268g。

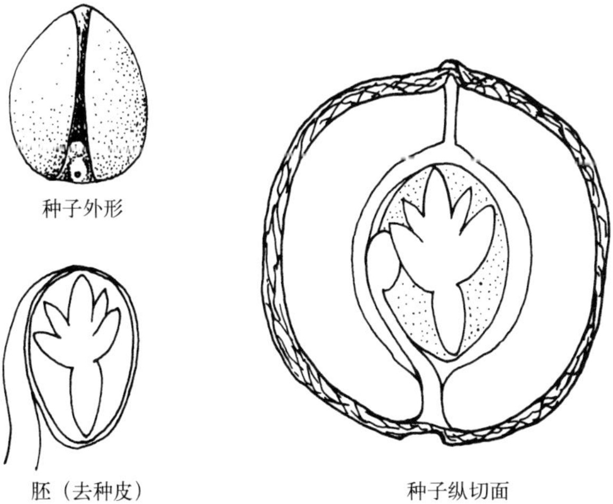


图456　南京椴

# 紫椴

*Tilia amurensis* Rupr. 小叶椴

椴树科，落叶乔木。

小坚果，长椭圆形，长5～8mm，宽4～6mm，先端有短尖，略倾斜，基部渐窄，略有5肋棱，果柄痕迹略呈五角形，果皮硬革质，褐色，被短星状毛。

种子横倒卵形（彩图96），长约4mm，宽约5mm，先端圆形，基部平截，一端尖，一圆钝，种脐位于平截面一侧。种皮褐色，圆钝一端黑色，子叶掌状分裂，下面2裂片反折至种子一面，上面3裂片先端反折至种子另一面，裂片边缘无锯齿，白色；下胚轴及胚根长约2mm，白色，朝向果实基部。具胚乳。

成熟期：9月。

产地：黑龙江、吉林、辽宁、河北、山东等地。

种子千粒重：35～38g。

播种：0～5℃低温层积后再用10～25℃高温层积或先高温层积再低温层积，用种量垄播13kg/亩，床播30～37.5g/m$^2$。

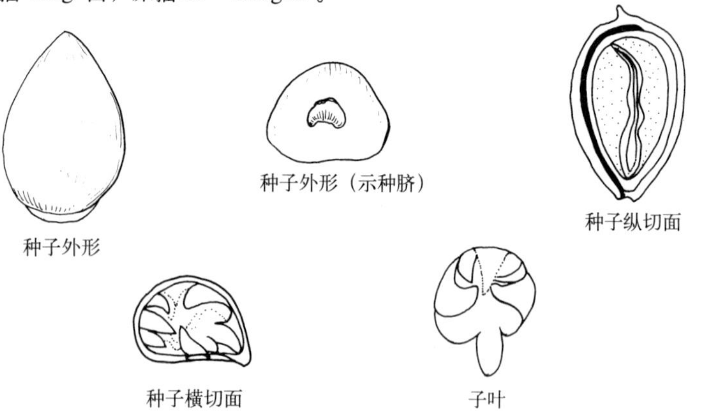


图457 紫 椴

# 糠椴

*Tilia mandshurica* Rupr. et Maxim.

椴树科，落叶乔木。

坚果状核果近球形或矩圆状球形，径7～9.5mm，长9～12mm，先端短突尖，基部近圆形苍黄色，密被8分叉星状毛，有不明显5条纵肋，果梗脱落后果基有凹痕。果皮厚2～2.5mm，分为3层，中果皮肉质，厚1mm，内果皮骨质，内果皮厚约为中果皮2倍以上。

种子卵形，长约6mm，宽约5mm，紫褐色，有光泽，有细小棕色斑纹及紫色小圆点，背面隆起，腹面平坦有淡褐色种脐。胚具掌状5裂子叶，子叶长3mm，宽约3mm，背面淡绿色，腹面白色；胚根长约1～1.5mm，径0.5mm，淡绿色。胚乳白色。

成熟期：9月。

产地：东北、华北各地及江苏。

种子千粒重：114～125g。

播种：隔年埋藏法，用种量30g/$m^2$。

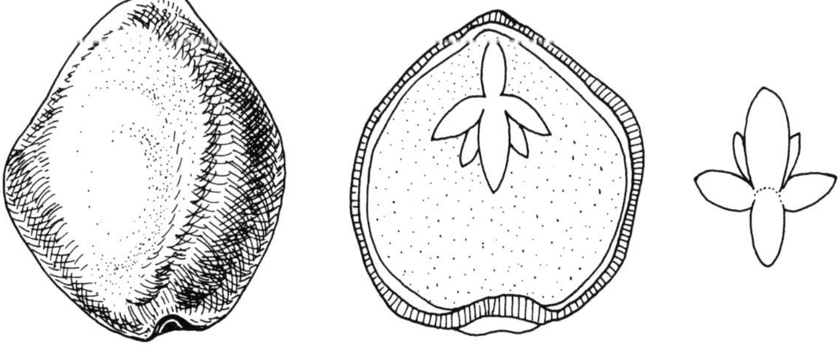

种子外形　　种子纵切面　　子叶

图458　糠　椴

# 小花扁担杆

*Grewia biloba* G. Don var. *parviflora* Hand. -Mazt.

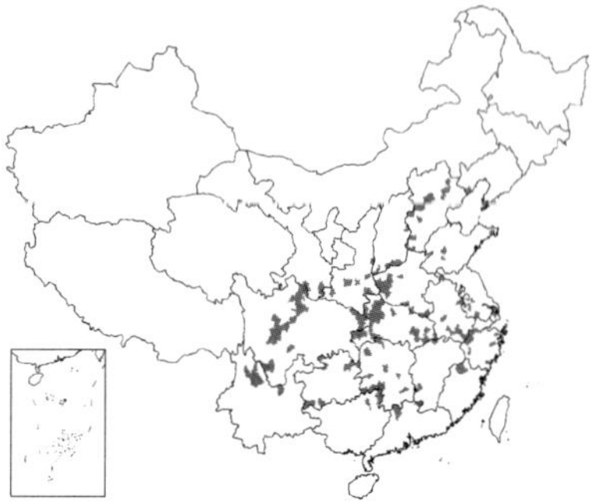

椴树科，核果2裂，角裂有2小核，果皮橘红色或黄色。

果核长扁球形，长6mm，宽5mm，厚3.5～4mm，两端圆钝，内果皮骨质，浅黄色，表面有浅雕刻状斑纹，果皮厚约0.5mm。

种子扁椭圆形，长约5mm，宽4mm，厚2mm，灰褐色，无毛，膜质；种脐白色，一侧有一褐色浅棱。

成熟期：9～10月（8～9月）。

产地：华北、东北、西北和西南。

种子千粒重：41～46g。

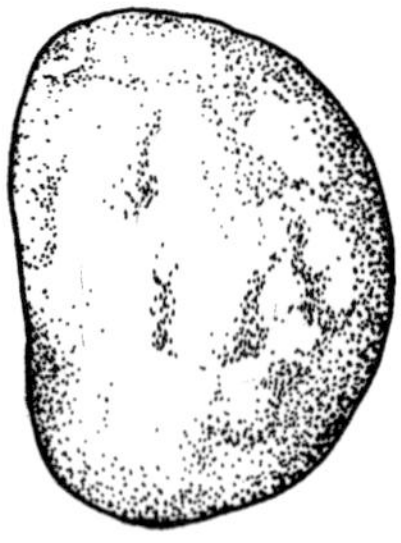

种子外形

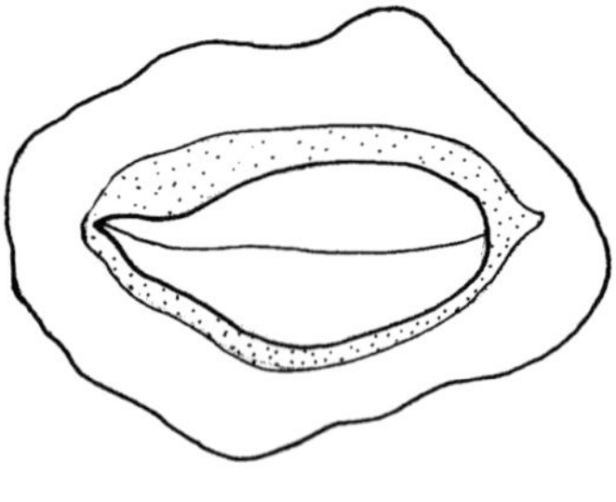

种子横切面

图459 小花扁担杆

# ·锦葵科 MALVACEAE·

## 木 槿

*Hibiscus syriacus* Linn.

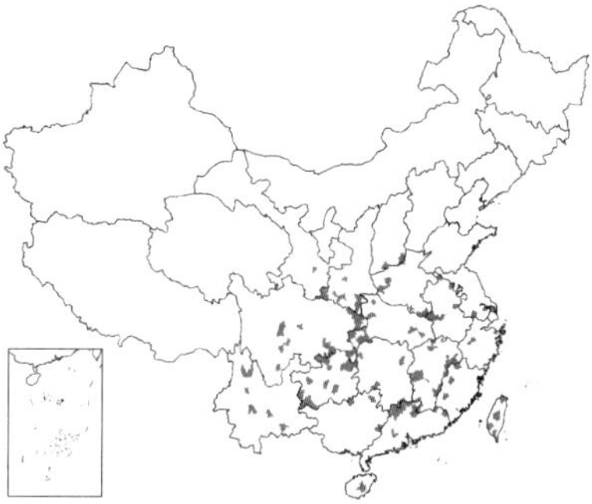

锦葵科，落叶灌木。

蒴果椭圆形，长2～2.5cm，径1.2～1.5cm，5裂，被金黄色的16分叉星状毛。

种子横耳形或肾形（彩图97），长约3mm，宽6mm，顶端圆弧形，基部凹入，一侧圆，一侧渐尖且弯曲，两面凸起，近下部微凹陷；种脐位于凹缺内。种子周围有褐色长毛，毛弯曲，长约2mm。种皮茶褐色，平滑，但在高倍解剖镜下可见小颗粒状突点。胚充满种皮，子叶叶状，黄绿色，边际多次折叠；下胚轴及胚根淡黄绿色，微弯曲。无胚乳。

与木芙蓉（*Hibiscus mutabilis* Linn.）不同处，种子较大，毛弯曲，淡褐色，子叶绿色，多次褶叠。

成熟期：6～10月。

产地：原产我国中部。现从东北南部到华北及南方均有栽培。

种子千粒重：15～17g。

播种：随采随播或干藏后用始温50℃水浸种半大，捞出后晾十后播种，用种量2.5g/m²。

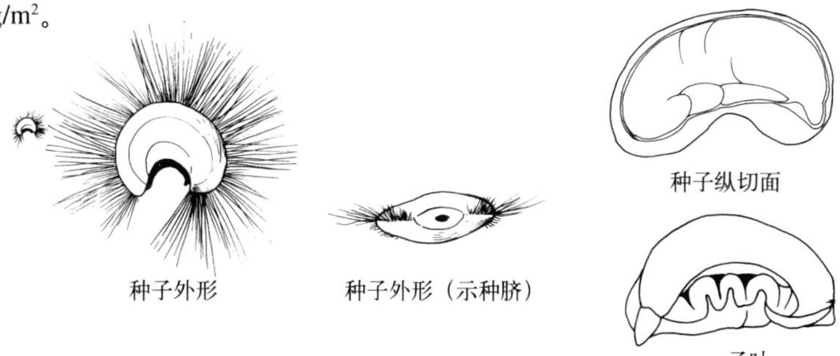


图460 木 槿

# 木芙蓉

*Hibiscus mutabilis* Linn.

锦葵科，落叶灌木或小乔木。

蒴果扁球形，径约2.5cm，被淡黄色刚毛及棉毛。

种子横向卵形或肾形，长2mm，宽2.7mm，厚约1.5mm，顶端圆弧形，基部凹入，一侧微弯曲，另一侧圆形；种脐位于凹缺内，条形，长约2mm。种子中上部有淡褐色长毛，毛直伸，长约2.5～3mm。外种皮厚0.1mm，在高倍解剖镜下可见排列整齐覆网状花纹；内种皮膜质，白色。子叶白色，边缘内曲；下胚轴及胚根长约1.5mm，胚根朝向较尖的一侧。无胚乳。

与木槿（*Hibiscus syriacus* Linn.）不同之处是种子小，毛直，淡褐色，胚白色，子叶白色，内曲。

成熟期：8～11月。

产地：原产湖南。辽宁、华北、陕西及长江流域有栽培。

种子千粒重：3.5～4.5g。

播种：随采随播或干藏后用始温50℃水浸种半天，捞出后晾干后播种，用种量1～1.5g/m²。

图461 木芙蓉

# ·木棉科 BOMBACACEAE·

## 木棉

*Bombax malabaricum* DC. [*Gossampinus malabarica* (DC.) Merr.]

木棉科，落叶大乔木。

蒴果椭圆形，长10～15cm，木质，室间5裂，密被毛，内壁有棉毛，种子多数。

种子宽倒卵形或近球形，长6mm，宽5.3mm，厚约4.5mm，先端圆形，基部窄圆，背面弧形，腹面略平坦；种脐位于较窄一腹面基部，半圆形，长约1mm。种皮革质，厚0.2mm，淡褐色或黑色，略粗糙，在高倍解剖镜下可见圆点形毛迹，干时种皮有凹坑，内壁白色。直胚子叶褶叠，白色；下胚轴及胚根长3mm，白色，胚根朝向种脐一端。有极少胚乳。

成熟期：夏季。

产地：福建、台湾、广东、广西、海南、云南、四川、贵州等地。

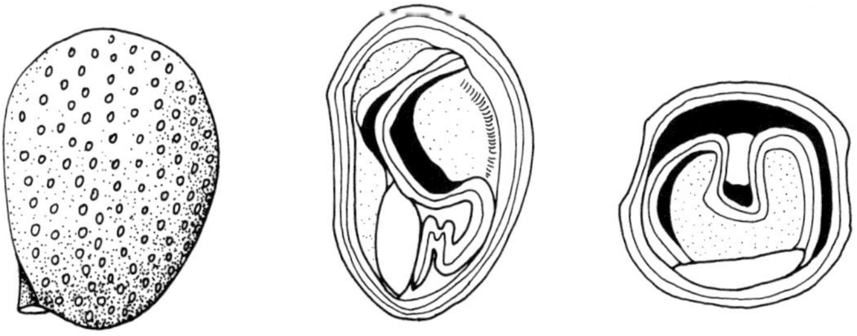

种子外形　　种子纵切面　　种子横切面

图462　木　棉

# 瓜栗

*Pachira macrocarpa* (Cham. et Schlecht.) Walp.

木棉科，常绿乔木。

蒴果长圆形，长52～82mm，宽45～62mm，果皮革质，有5条纵棱，室背5裂。

种子楔状倒卵形，长15～23mm，宽12～16mm，先端圆钝或平截，基部渐窄，两侧切削状；种脐椭圆形，长约4mm，黑色，周围中央白色。种皮褐色，骨质，厚约0.5mm，有数条环形脉纹。多胚，小胚2个，长15mm，宽6mm，主胚子叶白色，外面呈两层皱褶，里面多次卷曲；下胚轴长3mm，白色，下胚轴及胚根长约10mm，包藏在内部。无胚乳。

成熟期：6～12月，果先后成熟。

产地：原产墨西哥至哥斯达黎加。海南和云南栽培。

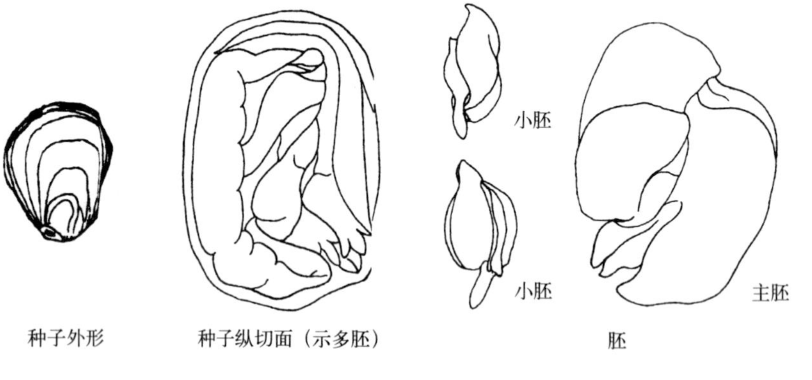


图463 瓜 栗

# ·梧桐科 STERCULIACEAE·

## 上思梭罗树

*Reevesia shangszeensis* Hsue.

梧桐科，常绿乔木。

蒴果倒卵形，长38～42mm，径25～30mm，先端凹，基部圆形，果皮木质，具5纵棱，棱与棱之间具小棱脊，熟时浅褐色，5瓣裂，室背开裂。

种子具翅，连翅长16～20mm，宽6～9mm，先端圆钝，翅褐色，膜质，长为种子的2.5倍。种子扁椭圆形，长约5mm，宽约6mm，种皮革质。子叶椭圆形，白色；下胚轴及胚根长约5mm，白色，朝向种翅交界一端。胚乳白色。

本种与两广梭罗树（*Reevesia thyrsoidea* Lindl.）的区别点：蒴果大，长38mm以上，径25mm以上，果皮棱间有小棱；种翅先端较钝，种翅较宽短。

成熟期：9～11月。

产地：广西。

种子千粒重：35～45g。

播种：用种量7～8g/$m^2$。

# 梭罗树

*Reevesia pubescens* Mast.

梧桐科，常绿乔木。

蒴果梨形或长圆状梨形，长2.5～3.5(5)cm，木质，密被淡黄色毛，具5棱，室背开裂。

种子上端具翅，连翅窄长椭圆形，长30mm，宽9mm；种翅膜质，一侧延伸到种子顶端，另一侧延伸到种子基部，红褐色，有细条纹；种子椭圆形，长8mm，宽4～5mm，茶褐色；种脐位于种子基部一侧，椭圆形，长0.5mm，白色。种皮膜质。直胚，长8mm，白色，子叶长卵形，长5mm，宽2.5mm；下胚轴及胚根长3mm，胚根朝向种翅一端。胚乳粉质，白色，油质。

成熟期：10～11月。

产地：云南、贵州、四川、广西、广东、海南等地。

种子千粒重：35～45g。

播种：用种量7～8g/m²。

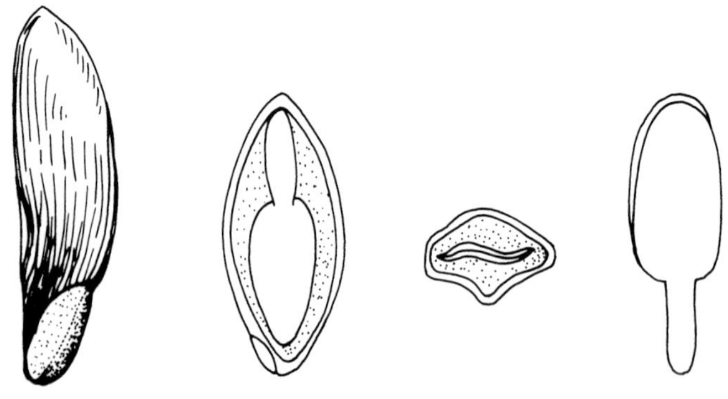

种子外形　　种子纵切面　　种子横切面　　胚

图464　梭罗树

# 两广梭罗树

*Reevesia thyrsoidea* Lindl.

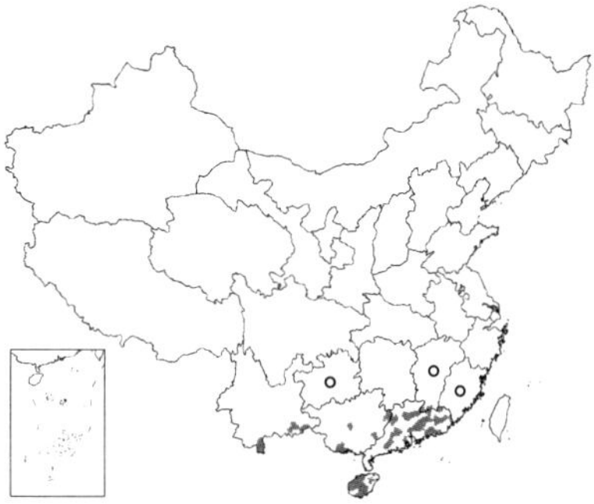

梧桐科，常绿乔木。

蒴果倒卵形，长30～38mm，径21～25mm，先端平截或稍凹，基部渐窄，具5条纵脊，熟时果皮木质，灰褐色，密被白色短星状，5瓣裂开；每室具种子2粒。

种子一端具翅，连翅呈半月形，长15～20mm，宽6～8mm，翅褐色膜质，先端较尖，皱褶不平；种子斜卵形，长约6～7mm，宽约5～6mm。外种皮茶褐色，有黑色小点；内种皮膜质。子叶长椭圆形，长约4mm，宽2～3mm，白色；胚根长约1.5mm，淡黄色，胚根朝向种子与种翅相接之一侧。胚乳丰富，油质。

本种与上思梭罗树（*Reevesia shangzeensis* Haue）不同处：蒴果较小，长38mm以下，径25mm以下，先端平截或稍凹，棱间无小棱，种翅较窄长，翅先端较尖。

成熟期：10～11月。

产地：云南、贵州、福建、江西、广西、广东、海南等地。

种子千粒重：35～42g。

播种：用种量7～8g/$m^2$。

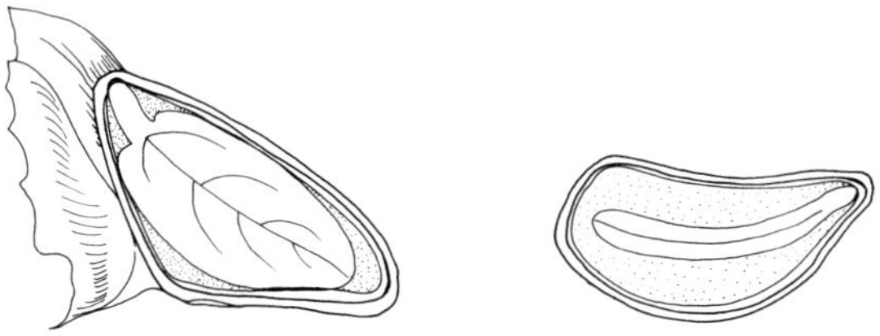

种子纵切面　　种子横切面

图465　两广梭罗树

# 梧 桐

*Firmiana platanifolia* (Linn. f.) Marsili.

梧桐科，落叶乔木。

聚合蓇葖果具5个蓇葖，蓇葖长6～11cm，成熟前裂开成叶状，果皮膜质，具网脉。

种子近球形，直径7～9mm，两端均圆形。外种皮黄褐色，皱缩成网眼状，中种皮骨质，栗褐色，干后有不规则小凹坑；内种皮淡褐色，膜质。子叶宽椭圆形，淡黄绿色，长宽4～5mm；下胚轴及胚根长约1.5mm，白色。胚乳丰富，充满种子。

成熟期：9～10月。

产地：黄河流域以南，东至台湾，北至河北、西南至四川、云南，贵州，南达海南。

种子千粒重：120～150g。

播种：层积或浸泡过1～2天的种子用浓硫酸浸种或机械破损种皮，用种量38g/m$^2$。

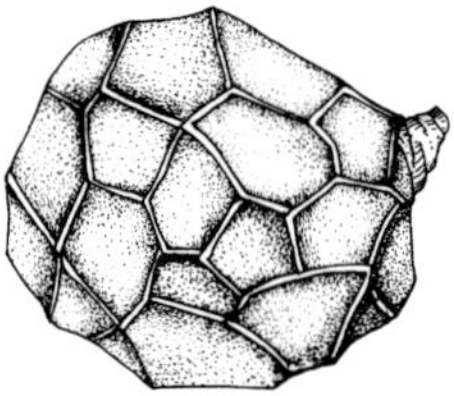

种子外形

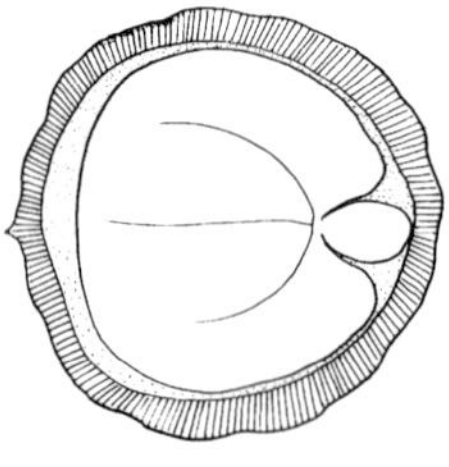

种子纵切面

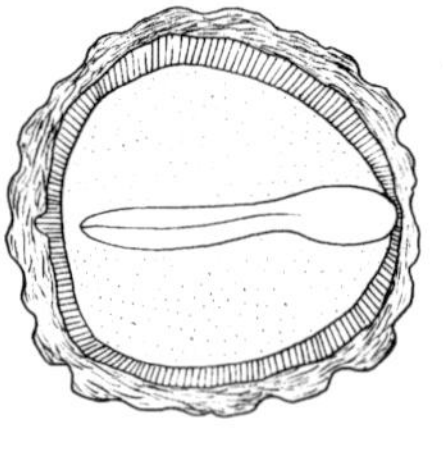

种子横切面

图466 梧 桐

# 假苹婆

*Sterculia lanceolata* Cav.

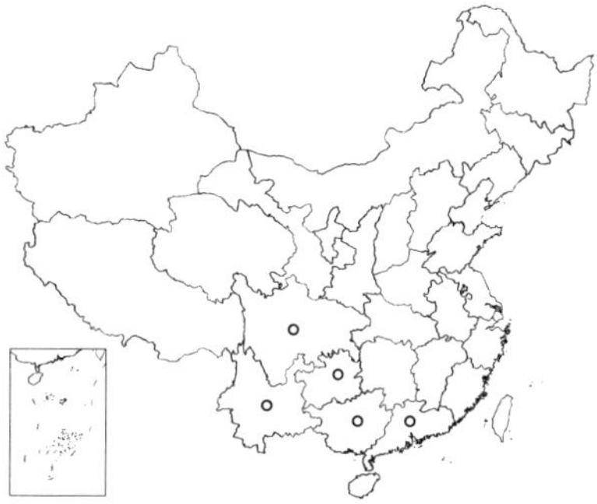

梧桐科，常绿乔木。

聚合蓇葖果鲜红色，5裂，长卵形或长椭圆形，长5～7cm，宽2～2.5cm，顶端有喙，基部渐狭，密被短柔毛。种子悬垂边缘，每蓇葖具2～8粒种子。

种子黑褐色或黑色，椭圆状卵形，长1～1.5cm，宽0.5～0.8cm，高0.5～0.8cm；种脐位于种子基部。外种皮黑色，有光泽。去种皮后，可以看到胚乳与子叶结合所形成的反“S”形条纹；子叶两枚，胚白色，紧贴胚乳，呈螺旋状排列，两片子叶之间形成一空腔；胚芽位于靠近种脐方向的空腔内。胚乳淡黄色，位于两片子叶背部，呈螺旋状排列，不完全包被子叶。

成熟期：7～9月。

产地：广东、广西、云南、贵州和四川南部，为我国苹婆属分布最广的一个种，在华南、西南常见，喜生于石灰岩的山地和山谷溪边。缅甸、泰国、越南、老挝也有分布。

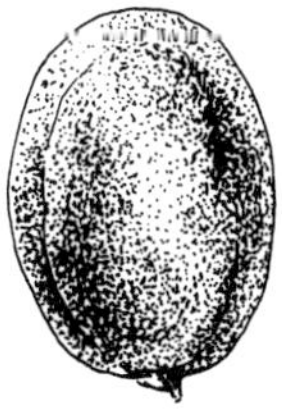

种子外形

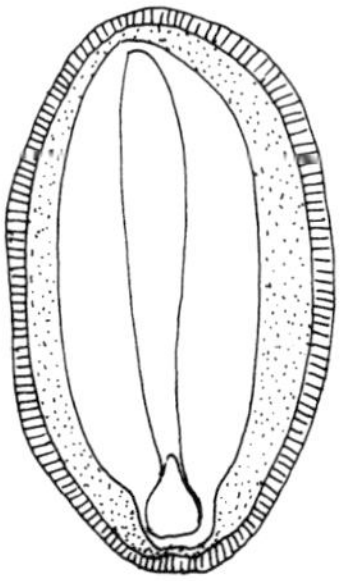

种子纵切面

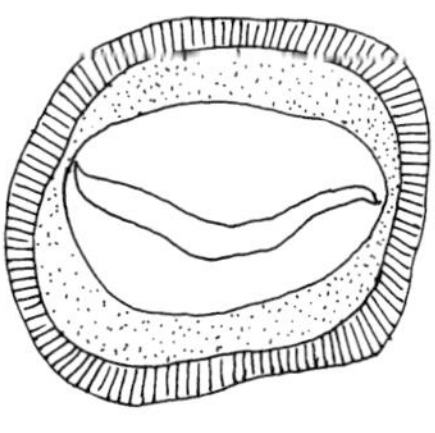

种子横切面

图467　假苹婆

# ·瑞香科 THYMELAEACEAE·

## 黄瑞香

*Daphne giraldii* Nitsche.

瑞香科，落叶或半常绿灌木。

核果椭圆形，长10mm，宽7mm，红色，肉质果皮，果核倒卵形，长6～9mm，宽4.2～4.4mm，厚3～3.5mm，先端圆，有一圆盘状、黑色的盖状体，基部渐尖呈截形；种脐一侧有纵棱，下部包以褐色膜状皮，约为总长的4/5。内果皮褐色，坚而脆，极易碎裂。

种子倒卵形，种皮膜质，淡褐色。有胚乳。

成熟期：7～8月。

产地：陕西、河南、陕西、甘肃和西南地区。

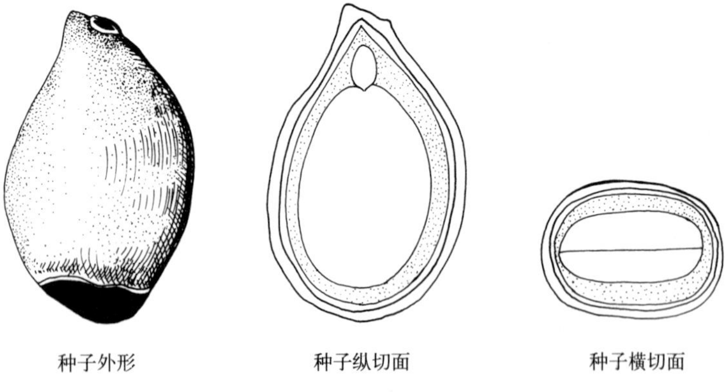

种子外形　　种子纵切面　　种子横切面

图468　黄瑞香

# ·胡颓子科 ELAEAGNACEAE·

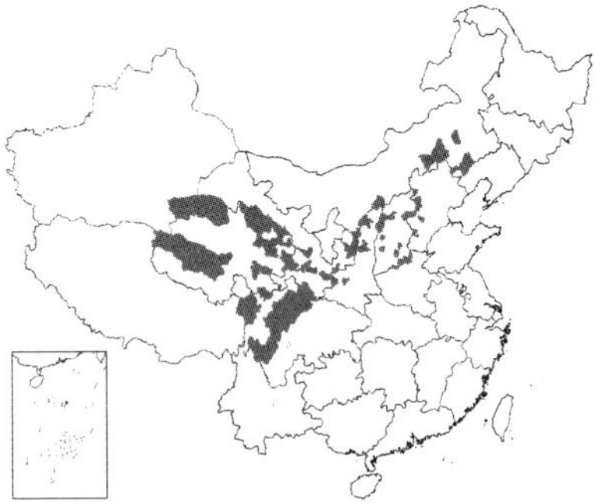

## 沙棘

*Hippophae rhamnoides* Linn.

胡颓子科，落叶灌木或乔木。

浆果状瘦果球形或椭圆形，径0.5～1cm，肉质部分为假果皮（花托），熟时为红色、橘黄色、橙红色，密被褐色盾状毛和星状毛。瘦果果皮膜状蜡质，透明，褐色。

种子倒卵状椭圆形，长3.3～3.5mm，宽2.1～2.3mm，厚0.17～0.20mm，顶端圆，有小突尖，基部微凹，略偏斜，种脐在凹入处；种子背腹两侧有浅沟槽。种皮紫褐色，有光泽，骨质，坚硬。子叶椭圆形，长约2.5mm，宽约1.6mm，白色；下胚轴及胚根长约3mm，白色。有胚乳。

成熟期：9～10月。

产地：辽宁、河北、内蒙古、山西、陕西、甘肃、宁夏、青海、四川、云南等地。

播种：用种量点播时1.5g/m²，撒播时5.25g/m²。

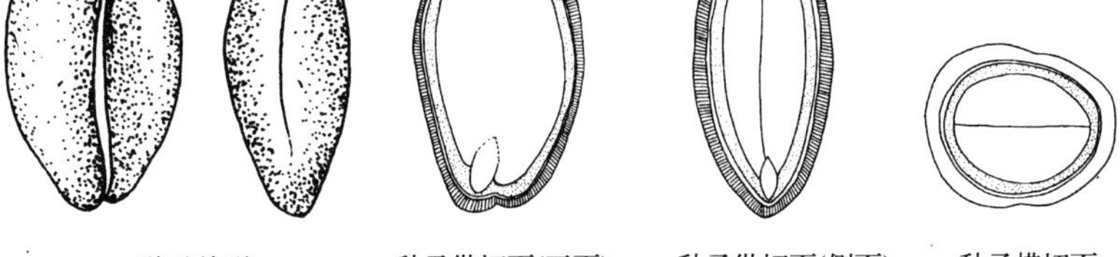


图469　沙　棘

# 沙枣

*Elaeagnus angustifolia* Linn.

胡颓子科，落叶乔木。

核果状坚果，椭圆形，长14～20mm，宽8～10mm，先端圆顶部有一小凹坑，基部圆形，熟时橘黄色或橘红色，有白色膜质鳞斑。

果核（种子）纺缍形或长椭圆形（彩图98），长12～16mm，两端渐尖，褐色，有黑褐色和茶褐色相间的条纹各8条，黑色条纹略突起茶褐色条纹略凹下，壁骨质坚韧，厚1.5mm，中间层有孔隙，内壁有绒毛。

种子窄长椭圆形，长7～9mm，种皮淡褐色，膜质。子叶充满种子，白色；下胚轴及胚根长约1.5mm，白色。无胚乳。

成熟期：9～10月。

产地：主产西北，内蒙古东部、辽宁西部、华北西部和北部有栽培。

种子千粒重：67～82g。

播种：0～5℃层积30～60天，用种量75～150g/m$^2$。

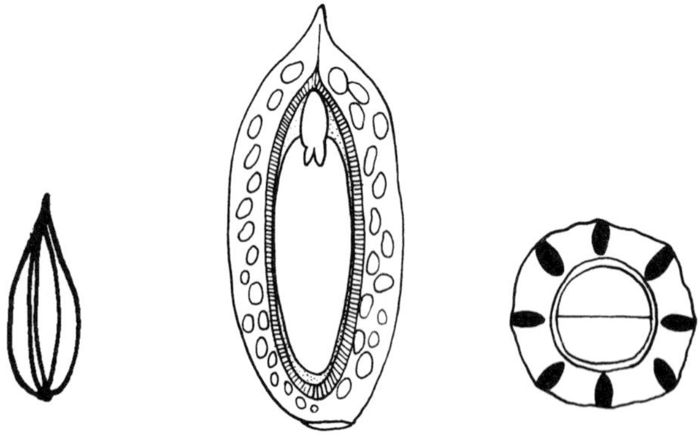

种子外形　种子纵切面　种子横切面

图470 沙 枣

# 伞花胡颓子

*Elaeagnus umbellata* Thunb.

胡颓子科，落叶灌木。

浆果状坚果近球形或卵形，径0.5～0.7cm，被银白色盾状毛，成熟时红色。

种子椭圆状倒卵形(彩图99)，长6mm，宽3.1mm，先端短钝尖，基部渐窄，截形，表面灰白色，有8条纵肋和沟槽；种脐位于平截一端，近圆形，径0.8mm。种皮有3层，外层革质，内壁有白色长绒毛；中层淡褐色，骨质，两侧有浅沟槽，内壁的脐部紫褐色；内层厚膜质，浅褐色。直胚，子叶椭圆形，长4.5mm，宽2.8mm，白色，油质；下胚轴及胚根长1.5mm，白色，胚根朝向种脐一端。无胚乳。

成熟期：9～10月。

产地：东北南部、华北、华东、华中、西北和西南地区。

种子千粒重：22g。

播种：0～5℃层积30～60天。

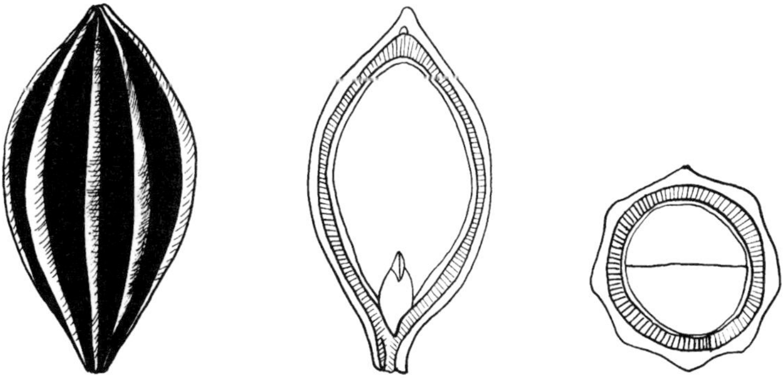

种子外形　　种子纵切面　　种子横切面

图471　伞花胡颓子

# ·大风子科 FLACOURTIACEAE·

## 山桐子

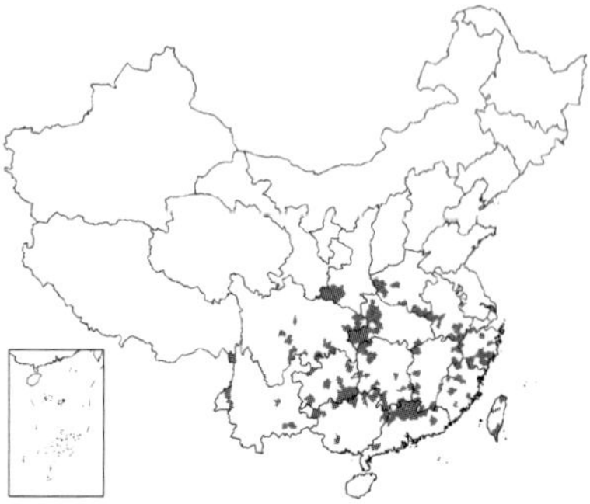

*Idesia polycarpa* Maxim.

大风子科，落叶乔木。

浆果近球形，直径9mm，熟时红色有多数种子，约15个。

种子卵形（彩图100），长2～2.2mm，径1.4～1.7mm，先端有小尖，基部圆形；外种皮褐色，平滑，有残存白色膜状物，骨质，厚0.1～0.15mm；内种皮膜质，褐色。子叶椭圆形，长约1.2mm，宽约0.7mm，白色；下胚轴及胚根长约0.5mm，白色，朝向种子先端。种脐圆形，径约0.4mm，淡褐色。具胚乳。

成熟期：9～10月。

产地：华北南部、华东、华中、西北和西南。

种子千粒重：2～3g。

播种：播前用始温30～40℃水浸种24小时，拌细土播种，用种量2～4g/m$^2$。

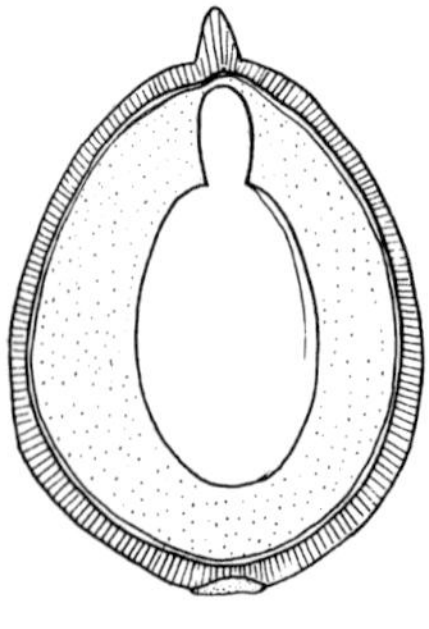

种子纵切面

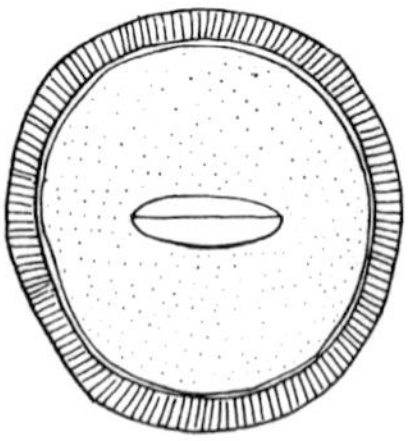

种子横切面

图472 山桐子

# 柞木

*Xylosma japonicum* (Wapl.) A.Gray.

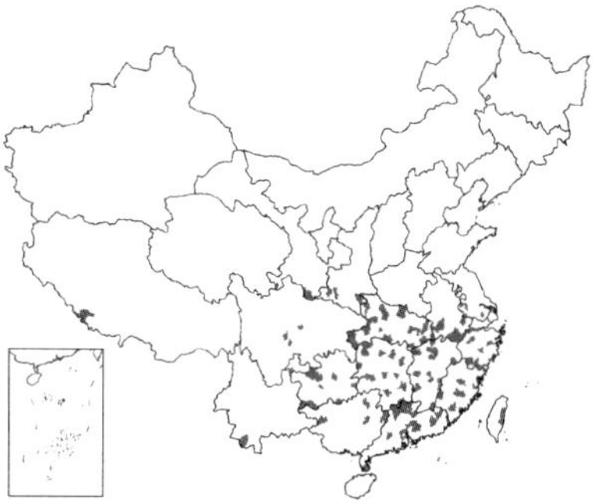

大风子科，常绿乔木。

浆果球形，径3～5mm，紫黑色，具种子2～3粒。

种子倒卵形，长3.8mm，宽2.5mm，厚1.8mm，微弯曲，先端圆形或有凹缺，基部渐窄成尖头，略歪向一侧，背面弧形，腹面平坦或突起；种脐位于渐尖一端的一侧，卵形，长约0.5mm，种皮厚不及0.1mm，褐色，有紫褐色条纹。直胚，子叶近圆形，径约2.5mm，微弯曲，白色；下胚轴及胚根长1mm，白色，胚根朝向种脐一端。胚乳白色，油质。

成熟期：10～12月。

产地：秦岭、长江以南，东至台湾，南至广东、广西，西南至贵州、云南等地。

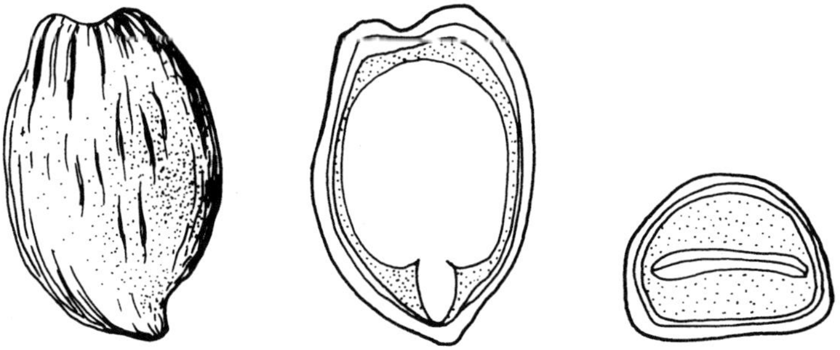

种子外形　　种子纵切面　　种子横切面

图473　柞　木

# 山羊角

*Carrierea calycina* Franch.

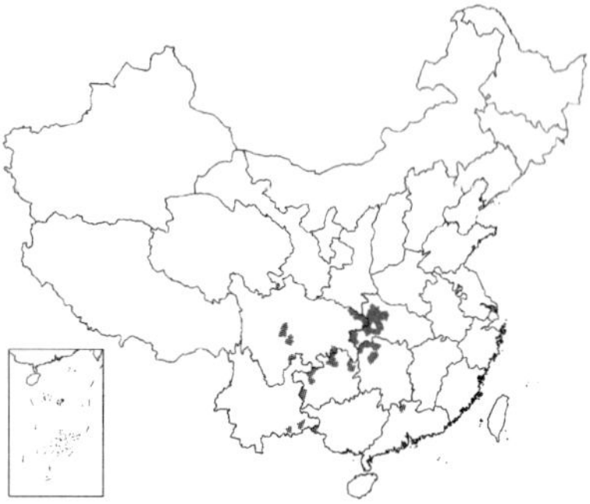

大风子科，落叶乔木。

蒴果纺缍形，长3～5mm，稍弯曲，两端渐尖，先端有长尖头，外果皮革质，内果皮木质，自先端向下至中部3瓣裂开，种子多数。

种子一端具翅，连翅呈长横椭圆形，长5～8mm，宽12～17mm，翅长约为种子长的2倍，栗褐色，膜质。种子倒卵形，长约6mm，宽约2.8mm，厚约1.5mm；种脐位于种翅与种子连接的一边，菱形，长2.5mm。种皮膜质，淡褐色。胚椭圆形，子叶长约5.5mm，宽约2.6mm，白色；下胚轴及胚根长1mm～1.5mm，白色，胚根朝向种脐一端。胚乳白色。

成熟期：9～10月。

产地：湖北、湖南、四川、贵州、云南等地。

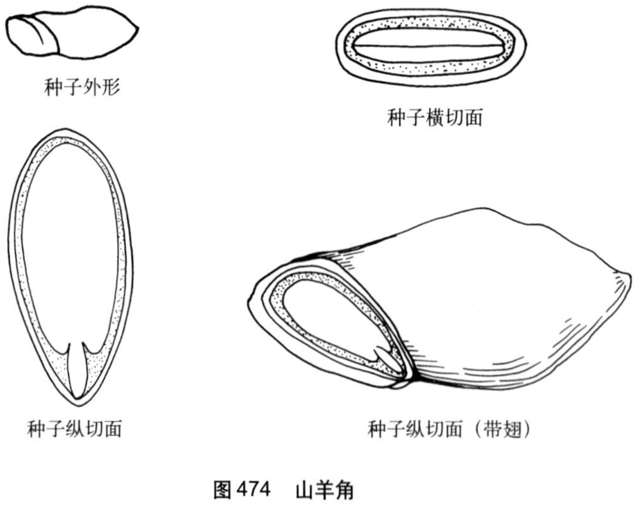


图474 山羊角

# 嘉赐木

*Casearia glomerata* Roxb. 脚骨脆

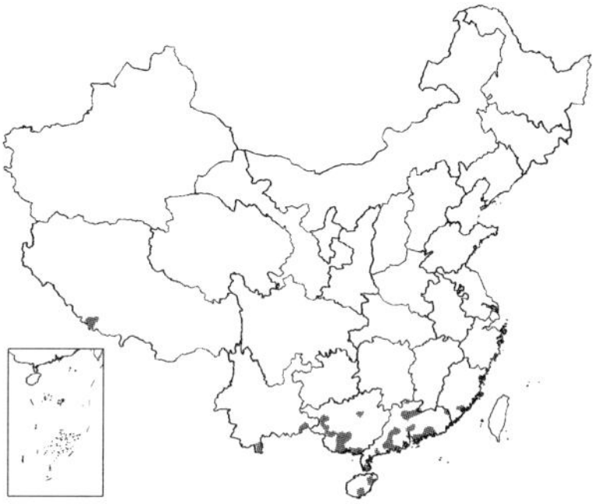

大风子科，常绿乔木。

蒴果椭圆形，长10～14mm，宽8mm，熟时肉质至革质，黑色，3瓣裂，内有种子5粒，下部包以5枚宿存花萼。

种子具膜质红色假种皮，宽卵形，长径约4～5mm，先端有一小短尖头，基部截形；种脐椭圆形，长2mm，褐色。种皮平滑，淡褐色，革质，具种子间相互挤压凹坑，厚0.1mm。直胚，子叶近圆形，长宽各约1.5mm，淡绿色；下胚轴及胚根长1mm，淡黄色，朝向种子先端。胚乳嚼烂状，白色。

成熟期：翌年春季。

产地：广东、广西、海南、云南、福建等地。

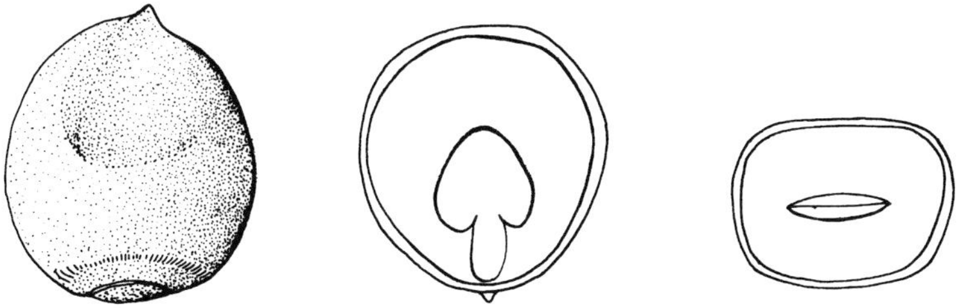

种子外形　　种子纵切面　　种子横切面

图475　嘉赐木

# ·红木科 BIXACEAE·

## 胭脂树

*Bixa orellana* Linn. 红木

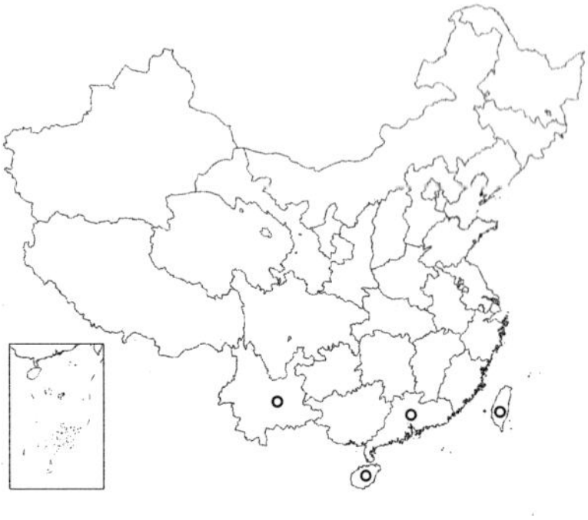

红木科，常绿小乔木。

蒴果扁球形或扁卵形，长2.5～4cm，绿色或红紫色，种皮肉质带红色。

种子倒三角状宽卵形，长4.5mm，宽4mm，厚3.2mm，先端平坦，近中央有一环片，中心黑色，基部渐尖，一侧有一深沟槽，两面中央凹陷；种脐位于渐尖一端之一侧，椭圆形，长约0.6mm。种皮外壁有残存红色果肉，干时颗粒状，种皮洗去红色果肉后为栗褐色，厚0.2mm。直胚，子叶椭圆形，长约4mm，宽约2mm，先端弯曲，有羽状脉纹，浅黄色；下胚轴及胚根长约1.8mm，浅黄色，胚根朝向种子渐尖一端。胚乳丰富，白色。

成熟期：5月。

产地：原产热带美洲。云南（西双版纳）、广东、海南、台湾等地栽培。

种子千粒重：22～30g。

播种：用种量5～8g/m$^2$。

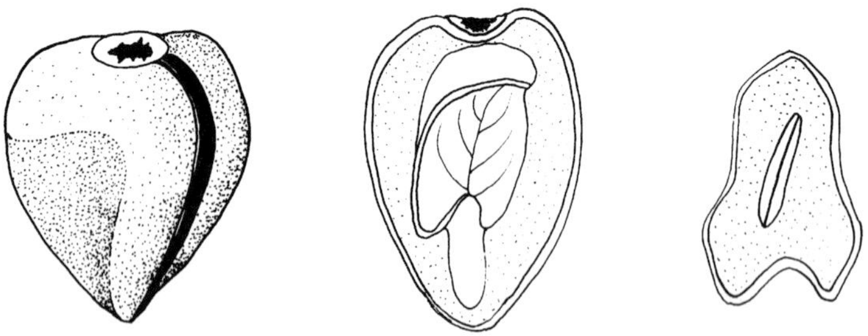

种子外形　　种子纵切面　　种子横切面

图476　胭脂树

# ·柽柳科 TAMARICACEAE·

## 宽苞水柏枝

*Myricaria bracteata* Royle.

柽柳科，灌木。

蒴果窄圆锥形，长0.8～1cm，3瓣裂。

种子倒卵状长椭圆形，长约1mm，宽0.2mm；外表黄褐色；具宿存花柱，花柱长约6～6.5mm，基部长约1.5～2mm处无毛，而上部被白色长毛。种皮膜质。胚充满种子。子叶长椭圆形，胚芽位于种子底部。无胚乳。

成熟期：8～9月。

产地：河南、山西、陕西、宁夏、甘肃、四川、云南、西藏、青海等地。

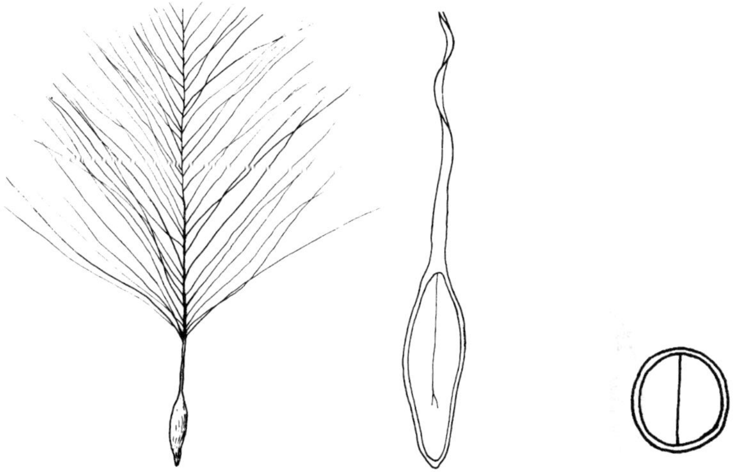

种子外形　　种子纵切面　　种子横切面

图477　宽苞水柏枝

# 沙生柽柳

*Tamarix taklamakaensis* M. T. Liu

柽柳科，灌木或小乔木。

蒴果瓶状，长5～7mm，3瓣裂，种子多数。

种子圆锥状卵形，长0.8mm，宽约0.2mm，先端渐尖，基部近圆形，具宿存花柱，长约3～3.5mm，花柱从基部至顶端均具白色长毛。种皮膜质，淡褐色。胚小充满种子，子叶长卵状椭圆形，长约0.6mm，褐色；胚芽位于种子底部。无胚乳。

成熟期：9～11 月。

产地：新疆和甘肃。

种子千粒重：0.41g。

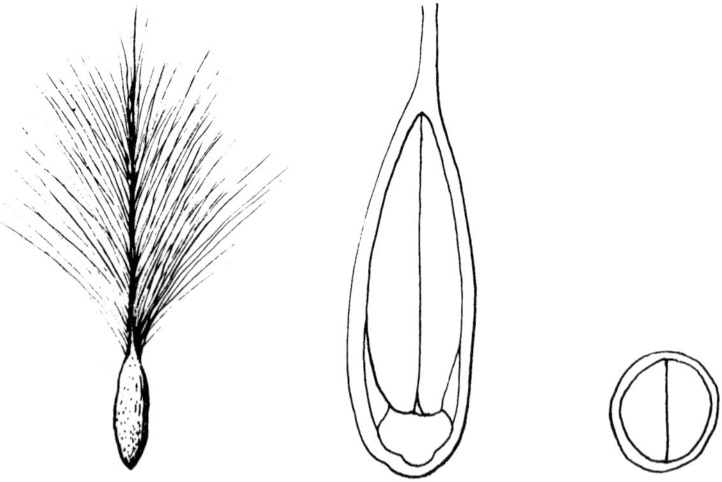

种子外形　　种子纵切面　　种子横切面

图478　沙生柽柳

# 红砂

*Reaumuria songarica* Maxim.

柽柳科，灌木。

蒴果纺锤形或长椭圆形，长4～6mm，具3棱，3瓣裂，具种子3～4粒。

种子长倒卵状椭圆形，长3.5mm，宽1.2mm，厚约1.5mm，两端渐尖，表面密被淡褐色丝状长毛；种脐位于种子一端，很小。种皮膜质，褐色。直胚，长约2.5mm，鲜黄色，子叶矩圆状椭圆形，长1.5～2mm，宽0.5mm；下胚轴及胚根白色，长0.5mm，胚根朝向种脐一端。胚乳白色，粉质。

成熟期：8～9月。

产地：东北西部及内蒙古、宁夏、甘肃、青海和新疆。

种子千粒重：1.1～1.5g。

播种：播前用始温50～55℃的水浸种36小时，用种量0.6g/$m^2$。

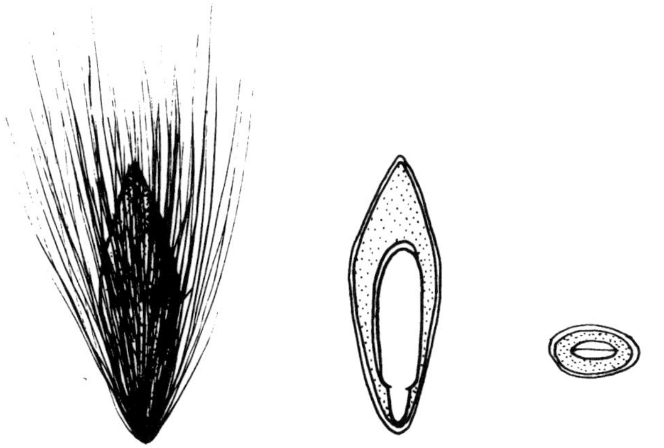

种子外形　　种子纵切面　　种子横切面

图479　红　砂

# ·番木瓜科 CARICACEAE·

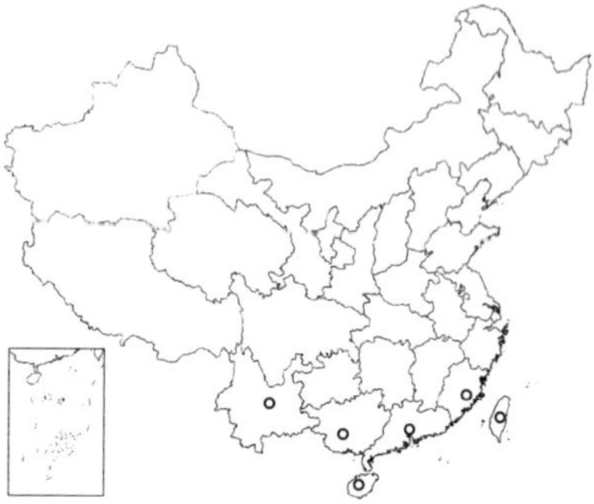

## 番木瓜

*Carica papaya* Linn.

番木瓜科，常绿小乔木，单干直立。

浆果大型，肉质，长椭圆形或倒卵状球形，长10～30（50）cm，熟时橙黄色，有白色乳汁，种子多数。

种子倒卵形（彩图101），长6mm，宽4mm，先端圆钝，基部渐窄，两侧各有一条纵棱，背腹两面近中央有宽脊状突起呈不规则覆网状，外被灰白色透明胶质假种皮；种脐位渐窄一端，不规则形，长约1mm。种皮厚1mm，黑褐色或黑绿色，内壁苍黄色，平滑。直胚，白色，子叶卵形，长约2.5mm，宽约1.8mm；下胚轴及胚根长0.8mm，胚根朝向种子渐窄一端。胚乳白色，油质。

成熟期：全年。

产地：原产热带美洲。广东、广西、福建、台湾、海南、云南等地栽培。

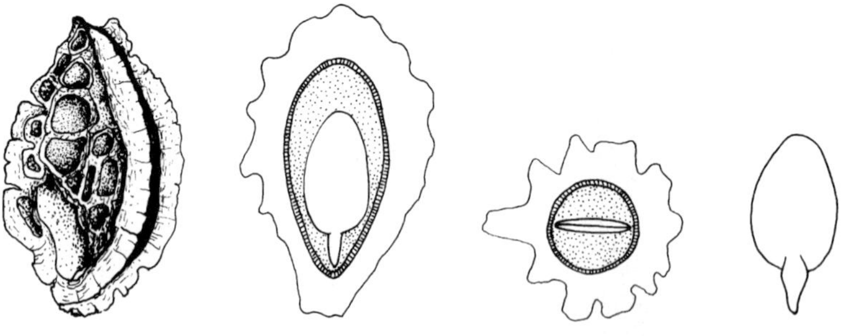

种子外形　　种子纵切面　　种子横切面　　胚

图480　番木瓜

# ·半日花科 CISTACEAE·

## 岩蔷薇

*Cistus ladaniferus* Linn.

半日花科，常绿小灌木，高达 1.5m。香料植物。

蒴果球形，10 瓣裂。

种子宽椭圆形，长 1mm，宽 0.8mm，先端圆钝，基部微尖；种脐位于微尖一端，极小，近圆形。种皮纸质，很薄，表面褐色，花高倍解剖镜下可见不完整网状斑纹。弯曲胚，子叶条形，长约 0.8mm，向中心弯曲；下胚轴及胚根长约 1mm，白色，胚根朝向较尖一端。胚乳白色。

成熟期：不详。

产地：原产地中海地区。江苏、浙江、安徽和福建引栽。

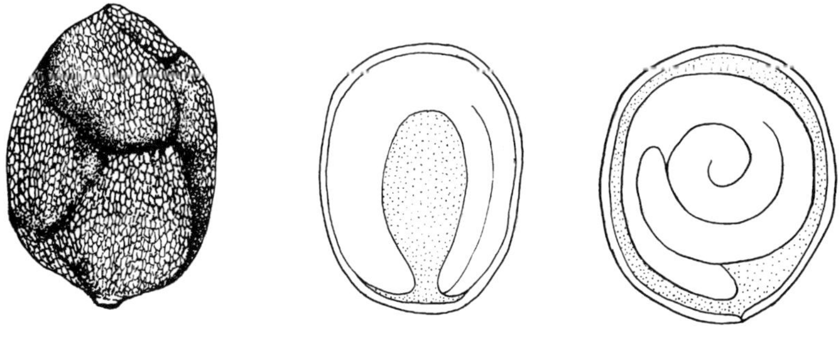

种子外形　　种子纵切面　　种子横切面

图 481　岩蔷薇

# ·葫芦科 CUCURBITACEAE·

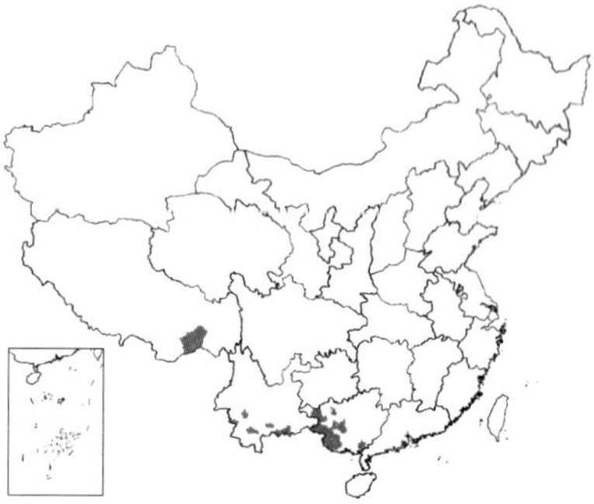

## 油 瓜

*Hodgsonia macrocarpa* (Blume) Cogn.

葫芦科，藤本大木质，多分枝，有卷须。

瓠果大，扁球形，直径约20cm，重1千克左右，黄绿色，肉硬，白色，内里橙红色，每果有种子6～12粒。

种子倒卵形，长80mm，宽52mm，厚34mm，先端圆形，基部窄圆，一侧直，一侧弧形，背面半圆形突起，有不明显2环浅沟槽，背面平坦，有不规则浅沟槽，表面褐色，略粗糙；种脐位于较窄一端，条状沟槽形，长约2mm。种子内常分为2室，仅1室发育。种皮木质，厚3mm，内壁苍黄色，有孔洞，椭圆形，长60～65mm，宽35mm；内种皮海绵质，厚1mm白色。直胚，子叶肥厚，充满种皮内，油质；下胚轴及胚根朝向种子较窄一端。无胚乳。

成熟期：6～10月。

产地：云南、四川、西藏、广东、广西等地。

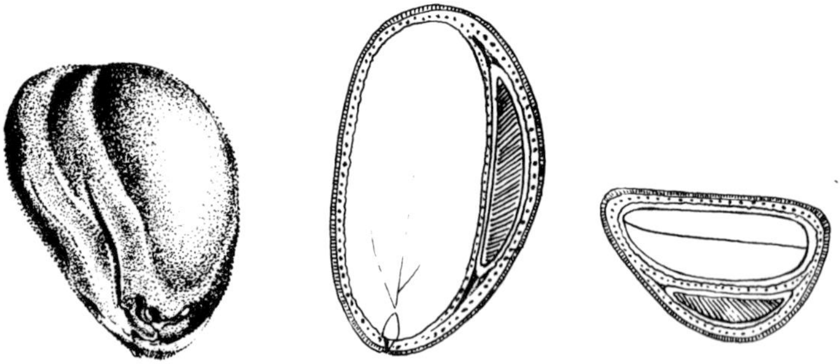

种子外形　　种子纵切面　　种子横切面

图482　油　瓜

# ·千屈菜科 LYTHRACEAE·

## 紫薇

*Lagerstroemia indica* Linn.

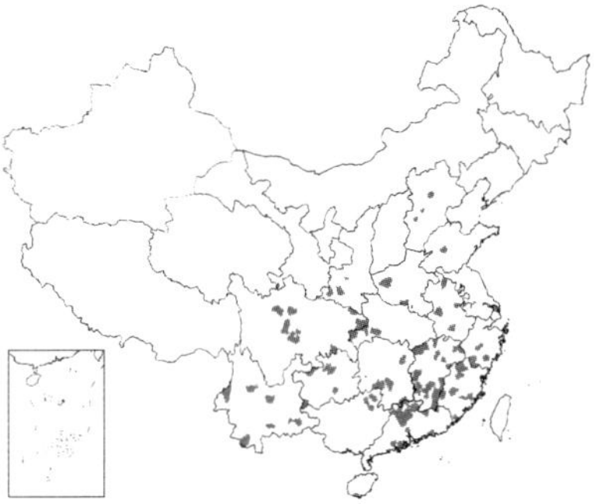

千屈菜科，落叶灌木或小乔木。

蒴果近球形或广椭圆形，径 7.5～9mm。

种子有翅，不规则，长椭圆形，长6～9mm，宽 3～4mm；翅膜质，长为种子部分的3倍以上，茶褐色，有黑色平行细条纹，侧薄，半透明，另一侧较厚；种子略呈倒三角形，长宽各1.5mm，背面突起，有小皱褶，腹部平坦，与翅连接处有一黑色棱线，表面凹凸不平；种皮革质、很薄。子叶白色，多次折叠；胚根位于种翅薄的一侧与种子交接处。无胚乳。

成熟期：10～11 月。

产地：华中、华南及西南。华北、西北等地栽培。

种子千粒重：1.8～2.6g。

播种：用种量 2～3g/m²。

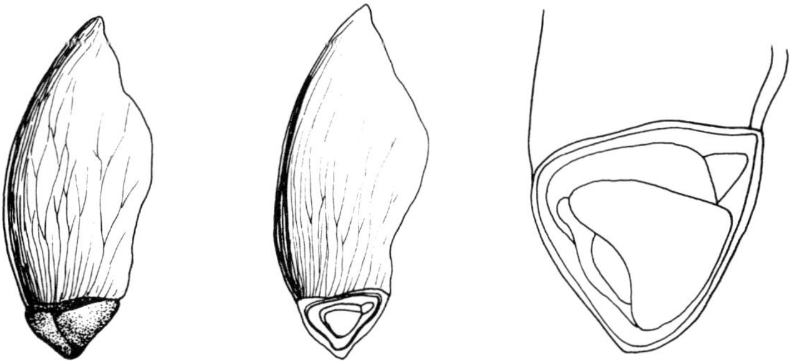


图483 紫 薇

# 浙江紫薇

*Lagerstroemia chekiangensis* Cheng.

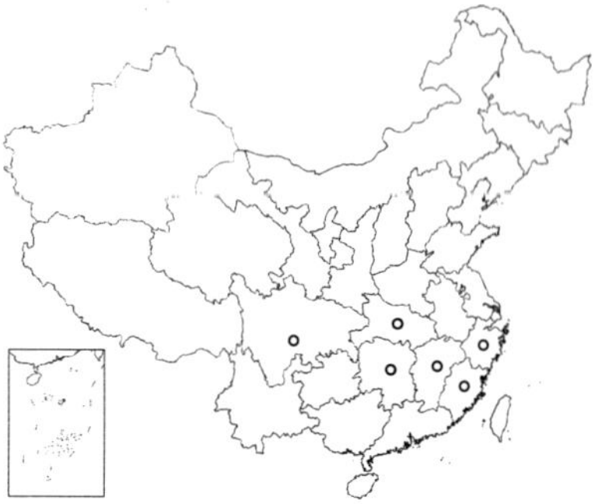

千屈菜科，落叶灌木或小乔木。

蒴果卵圆形，顶端圆形，长8～12mm，宽5～8mm，褐色光亮，有浅槽。

种子有翅（彩图102），铲刀状弯曲，长5～8mm，宽2.8～3.1mm；翅长为种子长的4～5倍，淡褐色，一侧厚，另一侧薄，膜质，有纵向的细条纹，在高倍解剖镜下呈长条状条纹。种子三角形，上半部紫褐色，下部或基部白色，中央突起，表面凸凹不平；种皮革质。子叶白色，卷曲褶叠。无胚乳。

成熟期：8～11月。

产地：浙江、福建、湖北、江西、湖南、四川等地。

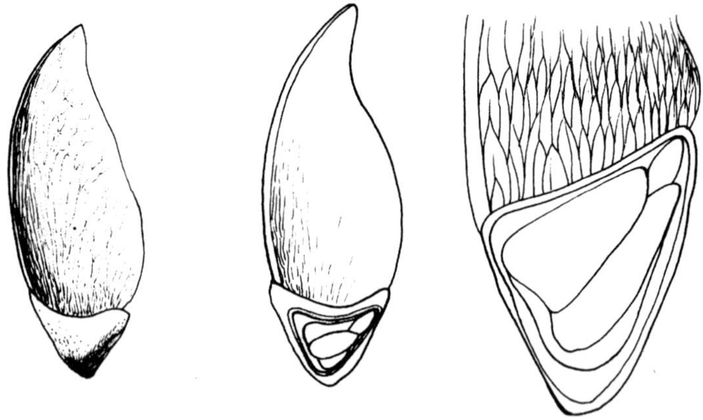

种子外形　　种子纵切面　　种子横切面

图484　浙江紫薇

## ·桃金娘科 MYRTACEAE·

# 白千层

*Melaleuca leucadendron* Linn.

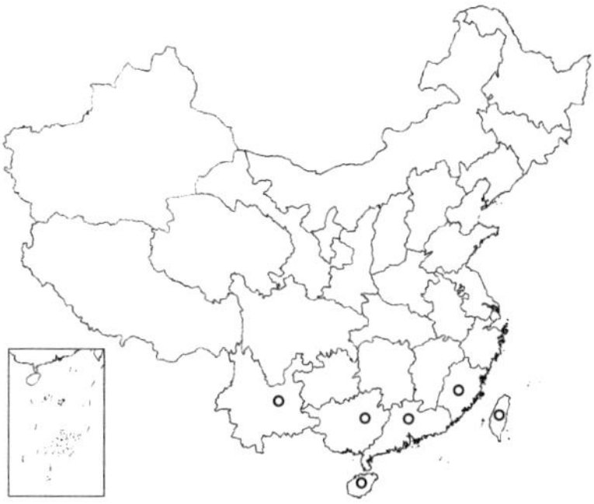

桃金娘科，常绿乔木。

蒴果近球形，径5～7mm，顶端开裂。

种子三角状棍棒形或楔形（彩图103），长1～1.2mm，宽约0.2mm，先端平截或斜截形，基部略窄；种脐位于较窄一端，宽0.2mm。种皮膜质，淡褐色，有深褐色短线状纵条纹。胚圆柱形，长约1mm，宽0.2mm，白色，子叶长椭圆形，长约0.3mm；下胚轴及胚根长0.7mm。白色，胚根朝向种子较窄一端。无胚乳。

成熟期：10～12月。

产地：原产澳大利亚。福建、台湾、云南、广东、广西、海南等地栽培。

种子千粒重：0.03～0.04g。

种子外形

种子纵切面

图485　白千层

# 窿缘桉

*Eucalyptus exserta* F. V. Muell.

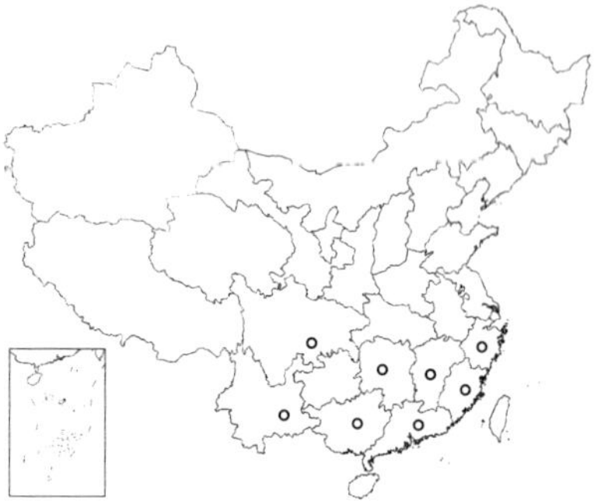

桃金娘科，常绿乔木。

蒴果近球形，径约6.5mm，果缘突出萼管2～2.5mm，果瓣长1～1.5mm。

种子细小，形状多样，棍棒形、半圆形多边形等，长1～1.5mm，宽0.5～0.8mm，具3～4棱，边缘有流苏状突起。无胚种子褐色、半透明，有胚的种子黑色；种皮膜质，有高位解剖镜下可见网状花纹。子叶向两侧卷叠，顶端反折，白色，油质；下胚轴及胚根长约0.7mm，上半部被子叶包裹着，白色。无胚乳。

成熟期：一年四季均可采种。

产地：原产澳大利亚。福建、广东、广西、浙江、江西、湖南、云南、四川等地。

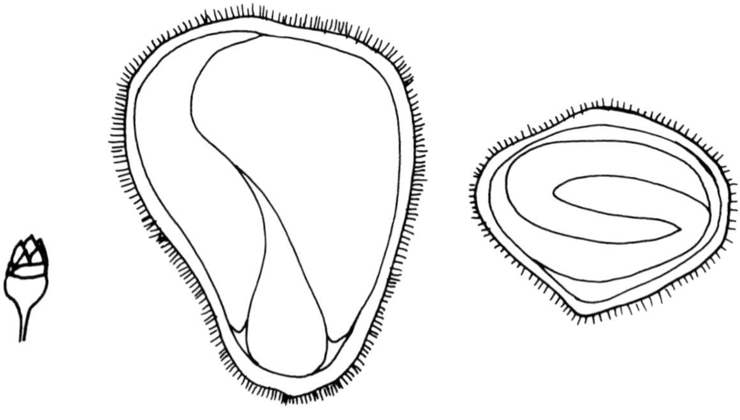

果实　　种子纵切面　　种子横切面

图486　窿缘桉

# 直干桉

*Eucalyptus maideni* F. V. Muell. 直干蓝桉

桃金娘科，常绿乔木。

蒴果钟形或倒圆锥形，长 8～10mm，宽 10～12 mm。果缘较宽，果瓣 3～5，先端突出萼管外面。

种子扁平不规则盘形，长约 1.2mm，宽约 2.7mm，先端平坦或中央微凹，基部渐窄，两侧或周围有棱线，棱上常有流苏状小突起；种脐位于较窄一端，褐色，圆形，直径约 0.4mm。种皮黑色，在高倍解剖镜下呈海绵状花纹。胚充满整个种子，子叶向两侧卷叠，顶端反折，下部包着下胚轴，白色，油质；下胚轴及胚根白色，胚根朝向种子一侧。无胚乳。

成熟期：10～12 月（9～11 月）。

产地：原产澳大利亚。云南、四川、广东、广西和浙江等地引种。

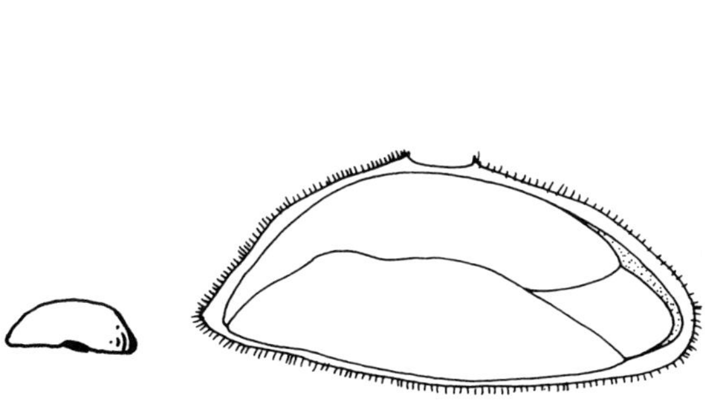

种子外形　　种子侧面　　种子横切面

图 487　直干桉

# 大叶桉

*Eucalyptus robusta* Smith

桃金娘科，常绿乔木。

蒴果倒卵状椭圆形或筒状钟形，径10～15mm，果瓣3～4，内藏。

种子棍棒形、楔形或椭圆形，长1.5～2mm，宽0.6～1.0mm，两端平截或渐尖，种皮褐色，半透明，略具3～4条纵棱，棱上有流苏状小突起，有网眼状花纹，膜质。胚细小，充满种子，子叶两侧卷曲，顶端反折，白色，油质；下胚轴及胚根长约1mm，白色。一般细长和短方块状种子无发育良好的胚。边缘有流苏状小突起的种子多有发育良好的胚。无胚乳。

成熟期：花后6～8个月果实成熟。花期4～9月。

产地：原产澳大利亚。浙江、福建、江西、湖南、四川、贵州、云南等地栽培。

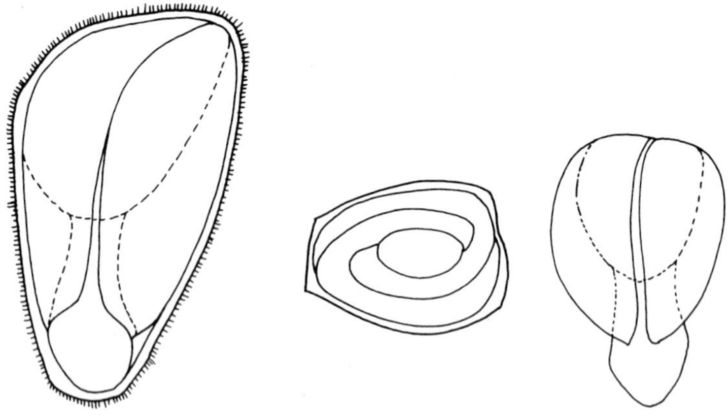

种子纵切面　　种子横切面　　胚

图488　大叶桉

# 竹叶蒲桃

*Syzygium myrsinifolium* (Hance) Merr. et Perry

桃金娘科，常绿乔木。

浆果近球形或椭圆形，长1～1.4cm，每果具1核。

种子不规则球形，径8～12mm，两端圆形，灰白色，表面粗糙，有不规则突起及凹坑；种脐不明显，略呈椭圆形，黑褐色。种皮纸质，薄，易剥离。胚充满种子，椭圆形，长约1.5mm，白色；子叶绿色，肥厚肉质、不等大。通常有多胚现象，每种子内有1～5个胚。有极少胚乳。

成熟期：夏秋。

产地：海南。

种子千粒重：290～340g。

播种：用种量50～60g/m²。

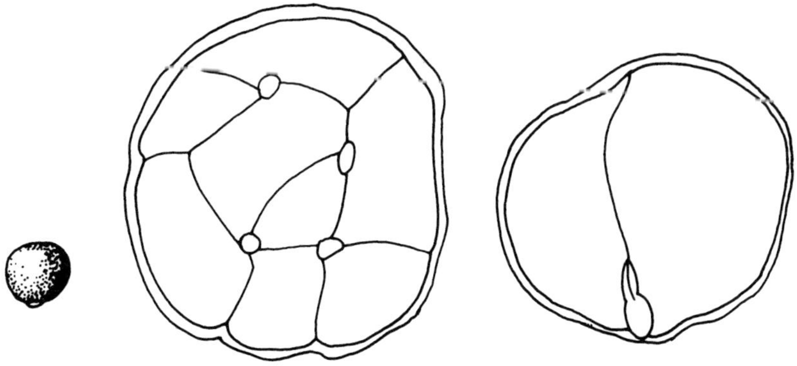

种子外形　　种子外形（示表面结构）　　种子纵切面

图489　竹叶蒲桃

## 赤楠

*Syzygium buxifolium* Hook. et Arn.

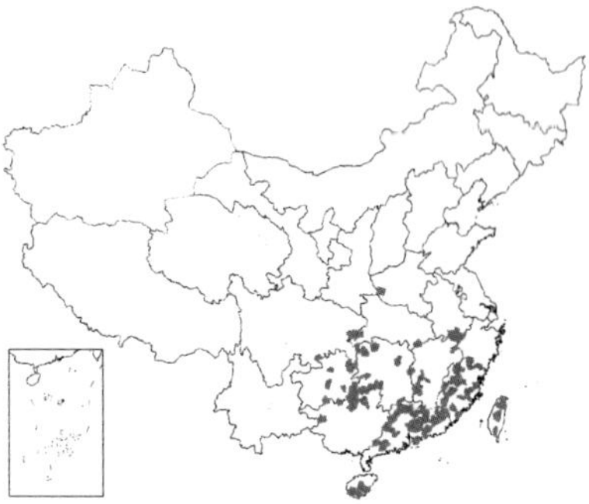

桃金娘科，常绿灌木或小乔木。

核果状浆果，近球形，径6～8mm，熟时紫黑色。顶端具4枚小萼齿。具种子1粒。

种子近球形或扁球形，长5.5～6.5mm，宽6.5～7.5mm，两端圆形，表面亮紫褐色，有脑状细线纹，中央有一条浅沟槽；种脐小，不甚明显，基部可见微露出之胚根。种皮膜质，粘着于果皮上。胚"丫"字形，2片子叶紫红色，心部黄绿色，子叶肥厚，半球形；下胚轴及胚根浅绿色。无胚乳。

成熟期：9～10月。

产地：安徽、浙江、台湾、福建、江西、湖南、广东、海南、广西、贵州等地。

种子千粒重：150～250g。

播种：用种量25～30g/$m^2$。

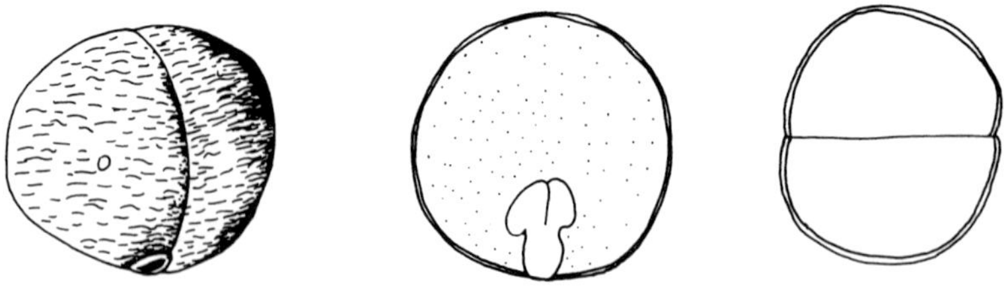

种子外形　　种子纵切面　　种子横切面

图490　赤　楠

# ·石榴科 PUNICACEAE·

## 石榴

*Punica granatum* Linn.

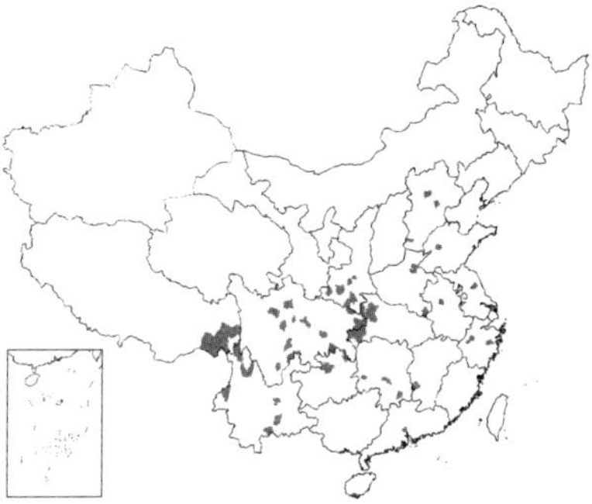

石榴科，落叶灌木或小乔木。

浆果近球形，径4～8cm，外果皮革质，橙红色或红色，顶端具宿萼。

种子不规则倒卵形或楔状倒卵形。外种皮红色，肉质，多汁，味甜或酸，去肉质外种皮后中种皮乳白色，骨质，长5.1～7.5mm，宽2.9～4mm，厚约0.5mm；先端圆，向下斜削，基部渐窄，两侧有棱，背面有3条纵棱，腹面平坦，近中央有一条浅沟槽，外面残留有肉质种皮呈膜状；内种皮膜质。子叶呈螺旋状卷曲，白色，油质；下胚轴及胚根长约2.5mm，上半部被子叶卷裹，白色，朝向种子窄狭一端。无胚乳。

成熟期：9～10月。

产地：原产伊朗、阿富汗。新疆、甘肃、陕西及黄河流域、长江流域，西南至云南，南至广东栽培。

种子千粒重：220g。

播种：干藏种子播前浸种4小时。

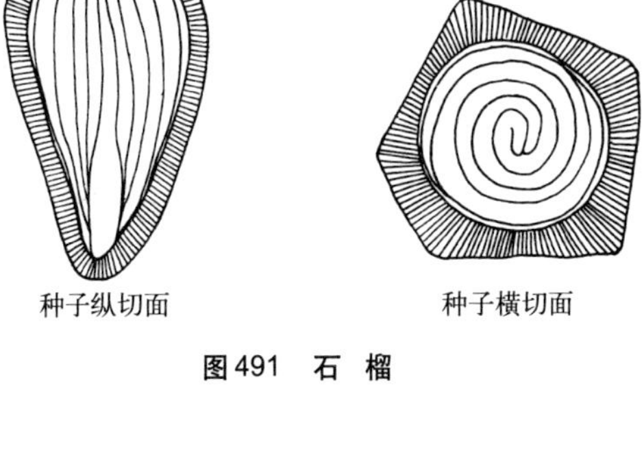


图491 石 榴

# ·山榄科 SAPOTACEAE·

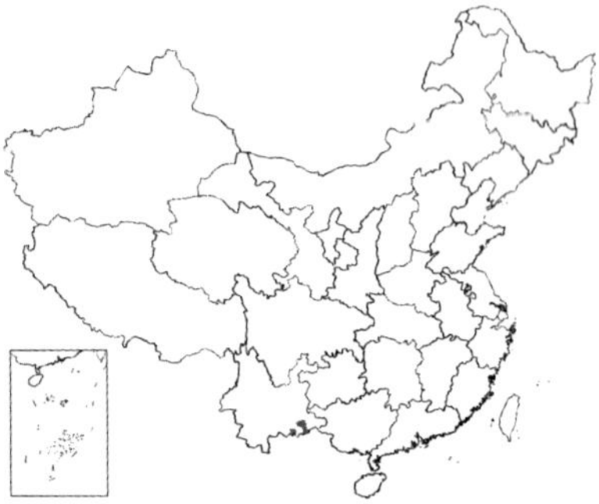

## 梭子果

*Eberhardtia tonkinensis* Lec. 越南血胶树

山榄科，常绿乔木。

蒴果球形或卵形，核状，长4～4.5 cm，褐色，先端尖头渐狭，具锈色绒毛，具6棱，5裂瓣室背开裂，宿存花萼长约6 mm；具种子5粒。

种子横半圆状椭圆形，略扁，长18mm，宽30mm，厚10mm，先端圆弧形，基部近平截，两面凸起；种脐位于平截一端，长椭圆形，与种子等长，宽约0.7mm，浅黄色，一端有小孔。外种皮褐色，平滑，有光泽，骨质，坚硬，厚约1mm；内种皮紫褐色，膜质。直胚，子叶长倒卵形，长2.5mm，宽8mm；下胚轴及胚根长5mm，朝向种子一侧。胚乳丰富，油质。

成熟期：9～12月。

产地：云南东南部。

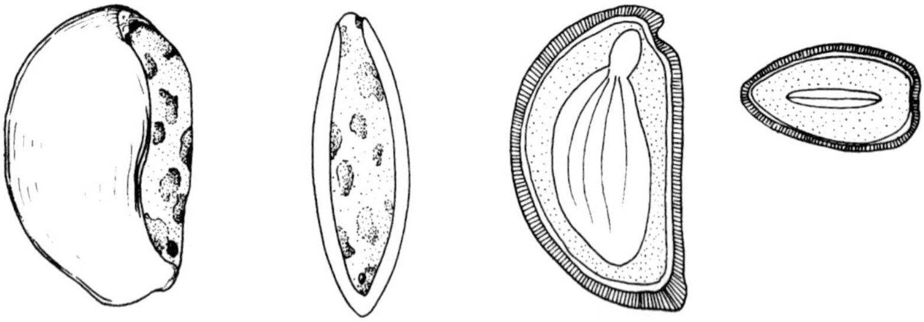

种子外形　　种脐　　种子纵切面　　种子横切面

图492　梭子果

# 金枣李

*Chrysophyllum monophrenum* Sw.

山榄科，常绿乔木。

浆果肉质，每果具种子5粒。

种子长椭圆形或近菱形，长17mm，宽8mm，先端短渐尖，基部渐尖，腹面上半部有4条宽棱，5条线纵沟，约1/3以下凹入部份为种脐，背面平滑。种皮灰褐色，骨质，厚0.8mm；内种皮膜质，白色。胚充满种子，子叶倒卵状长椭圆形，长13mm，宽7mm，肥厚；下胚轴及胚根长4mm，宽1.2mm，白色，胚根朝向种子基部。无胚乳。

成熟期：不详。

产地：云南（西双版纳）。

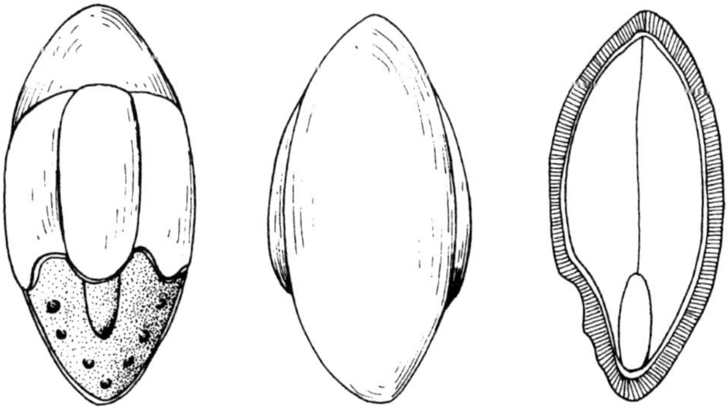

种子外形(正面)　种子外形(腹面)　种子纵切面

图493　金枣李

# 蛋黄果

*Lucuma nervosa* A. DC.

山榄科，常绿小乔木。

核果卵形或圆锥状卵形，长6.5～7cm，径4.5～5cm，先端渐尖，基部近圆形，熟时黄褐色，每果1种子。

果核横椭圆形，长1.5～3cm，宽3～4.5cm，两端圆弧形，两侧有短尖，外型褐色，极丰富，有光泽，果脐大，椭圆形，长约3cm，宽约1.5cm，淡褐色，有浅皱纹，壁厚0.5mm，骨质。

种子横椭圆形，长约宽3.5cm，长1.5cm，两端钝尖，表面有纵沟槽，种皮膜质，淡褐色，有脑状花纹。子叶肥厚，不等大也不对称；下胚轴及胚根很小。无胚乳。

成熟期：秋季。

产地：广东、广西、海南和云南（西双版纳）。

种子千粒重：3500～5000g。

播种：用种量150～200g/$m^2$。

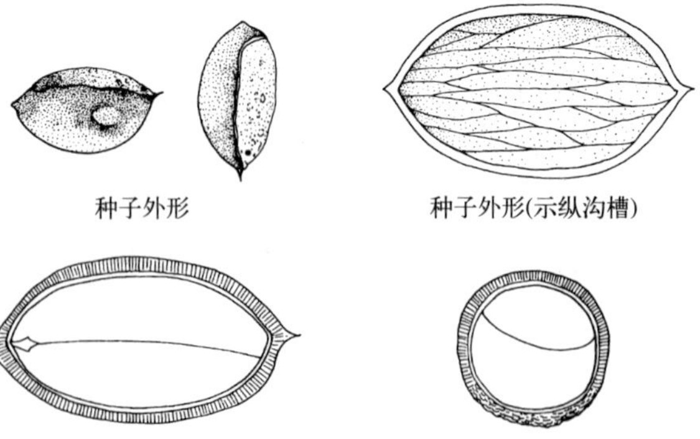


图494　蛋黄果

# ·玉蕊科 LECYTHIDACEAE·

## 云南玉蕊

*Barringtonia fusicarpa* Hu

玉蕊科，常绿乔木。

核果梭形，长达11cm，宽4cm，褐色，果皮厚7～8mm。果核（内果皮）纺锤形，长110mm，宽35～40mm，两端长渐尖，外壁褐色，纤维状。

种子椭圆形，长60～80mm，宽约35mm，先端平或凹，基部近圆形，表面有宽窄不等纵棱，种皮褐色，膜质。胚肉质，含单宁。

成熟期：全年。

产地：云南。

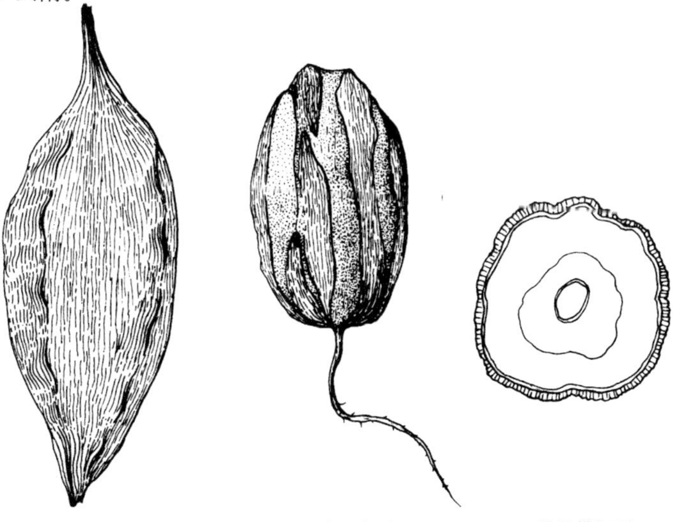

果核　　种子外形　　种子横切面

图495　云南玉蕊

# ·红树科 RHIZOPHORACEAE·

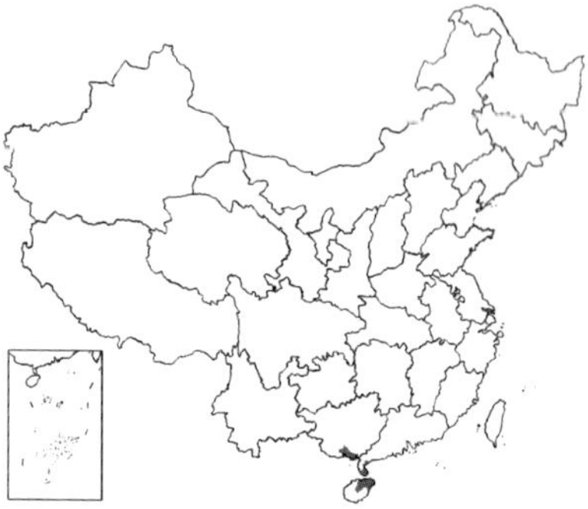

## 木榄

*Bruguiera gymnorrhiza* (Linn.) Savigny
[*Rhizophora gymnorrhiza* Linn.]

红树科，常绿灌木或乔木。

果由下位子房发育而成，椭圆形，长约15mm，宽约12mm，果具宿萼，萼筒长25mm，萼裂齿通常10～14（12）长约20mm，紫红色。种子在树上发芽，胚轴伸长成棍棒形，长15～25cm，宽15mm，绿色，干时有纵条纹。子叶2，基部包着胚芽，在树上萌发后由子叶部分与果实分离，坠入泥土中生长成幼苗。

成熟期：全年。

产地：广东、广西、海南、福建、台湾等地，生沿海浅海盐滩。

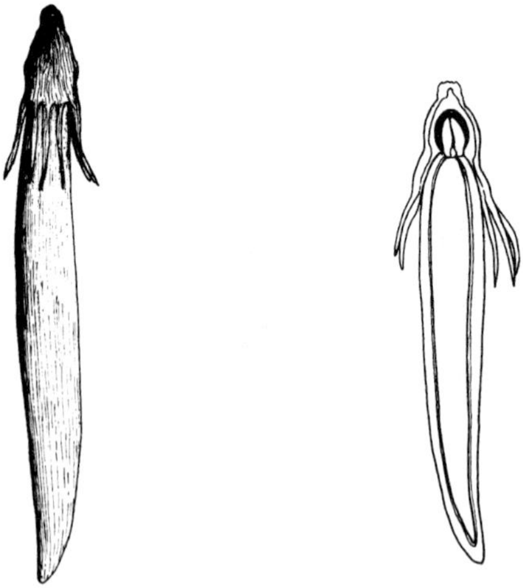

果实外形　　种子纵切面

图496　木　榄

# ·使君子科 COMBRETACEAE·

## 诃子

*Terminalia chebula* Retz.

使君子科，落叶乔木。

核果椭圆形或卵形，长21～29mm，径16～23mm，熟时黄绿色，干后黑色，两端钝尖，表面粗糙，坚硬，有5～6条钝棱。

果核椭圆形或卵形，长14～21mm，宽9～14mm，先端尖，基部近圆形，内果皮浅褐色，有5～6条棱脊及不规则小突起，硬骨质，壁厚4mm。种子长椭圆形，长约8mm，宽约3mm；种皮膜质，淡褐色。子叶淡黄色，席卷状，约卷2圈；下胚轴胚根长约0.5mm，位于果核基部。无胚乳。

成熟期：7月以后。

产地：云南。广东和广西栽培。

种子千粒重：1200～1800g。

播种：未经处理的果实播前清水浸种1昼夜，经过调制的种子播前浸泡1～2小时或不经处理播种。

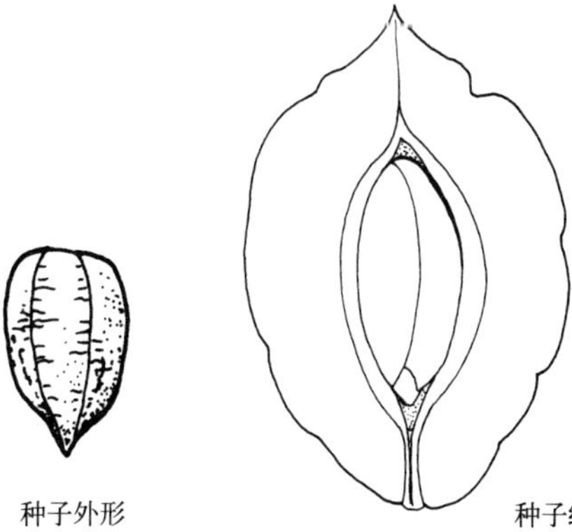

种子外形　　种子纵切面

图497　诃　子

# 卵果榄仁

*Terminalia muelleri* Guill. et Perr.

使君子科，半常绿乔木。

核果卵状椭圆形或椭圆形，略扁，长1.7～2cm，宽1.1～1.5cm，两端渐尖，基部近圆形，表面光滑，无毛，熟时紫红色。

果核卵状椭圆形，略扁，长1.4～1.8cm，宽0.8～1.2cm，先端尖，基部圆形，具2棱，紫红色，壁厚3～4mm，中层蜂窝状，孔内有黏汁，淡紫红色。

种子棍棒形，长约9mm，宽2.5～3mm，近果基端圆形，另一端长渐尖。种皮膜质，紫红色。子叶长8～10mm，席卷状，约卷2圈，淡褐色，油质；下胚轴及胚根长约1mm，位于果核先端。无胚乳。

成熟期：9~10月。

产地：原产美洲热带。广东等地有栽培。

种子千粒重：650～850g。

播种：未经处理的果实播前清水浸种1昼夜，经过调制的种子播前浸泡1～2小时或不经处理播种，用种量75～100g/m$^2$。

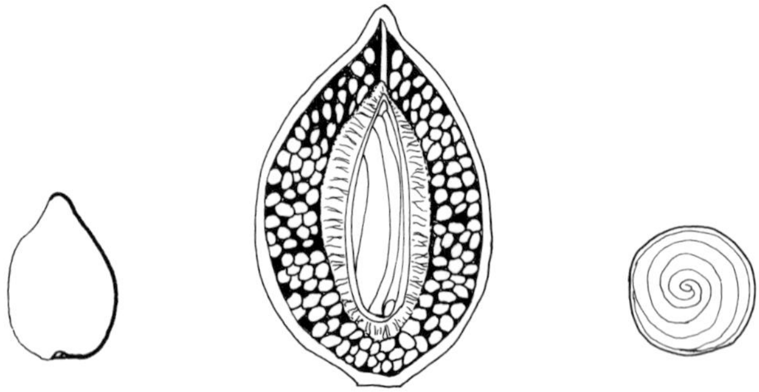

种子外形　　种子纵切面　　子叶

图498　卵果榄仁

# 海南榄仁

*Terminalia hainaensis* Exell. 鸡尖

使君子科，落叶乔木。

核果椭圆形或倒卵形，具3棱状半革质翅，连翅长20～30mm，宽14～18mm，先端凹下，中央有小尖头，基部渐窄，翅宽5～6mm，有横脉纹，熟时褐色，无毛，中果皮有蜂窝状孔隙，孔内有树脂状粘液体。

果核长椭圆形，长10～15mm，宽约4mm，种皮膜质，鲜黄色，果实基部一端紫色。子叶长8～10mm，席卷状，淡黄色，油质；下胚轴及胚根长1～1.5mm，位于种子先端。无胚乳。

成熟期：12至翌年1月。

产地：海南。

种子千粒重：150～180g。

播种：未经处理的果实播前清水浸种1昼夜，经过调制的种子播前浸泡1～2小时或不经处理播种，用种量25g/m$^2$。

# 千果榄仁树

*Terminalia myriocorpa* Heurck et Muell.-Arg.

使君子科，常绿乔木。

核果长卵形，长3～4mm，宽1～3mm，周围3翅其中2翅较大，对生，翅长约7mm，宽3mm，另一翅特小，位于2翅间，常极不明显，翅黄褐色，膜质，有细脉纹。果皮膜质，被疏毛，种子长卵形，长2mm，宽1～1.5mm；种皮膜质。子叶鲜黄色，席卷状；下胚轴及胚根白色，胚根朝向种子先端。无胚乳。

成熟期：10～12月。

产地：广西、云南、西藏等地。

种子千粒重：3.2～3.6g。

播种：未经处理的果实播前清水浸种1昼夜，经过调制的种子播前浸泡1～2小时或不经处理播种，用种量4g/m²。

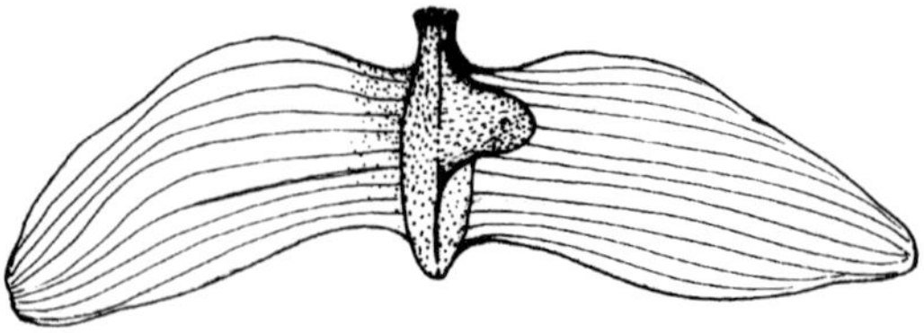

果核外形

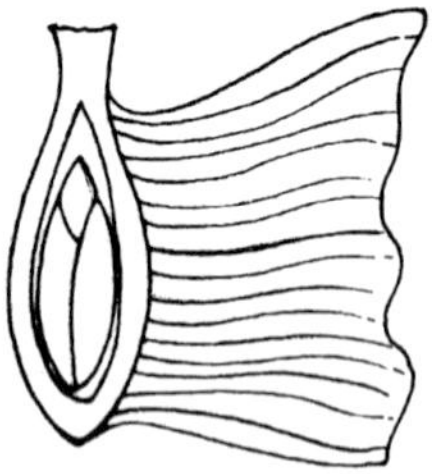

种子纵切面

图499 千果榄仁树

# 榆绿木

*Anogeissus acuminata* (Roxb. ex DC.) Guill. et Perr. var. *lanceolata* Wall. ex Clarke

使君子科，落叶乔木。

坚果具翅，连翅为长方状矩圆形，长3～4mm，宽4～5mm，先端长尾状尖，基部平截，褐色，中部以上及尾状尖上具褐色绒毛。

种子长椭圆形，长3～3.5mm，宽1～1.5mm。种皮膜质，白色。子叶席卷状，白色；下胚轴及胚根位于种子先端，下胚轴及胚根长1.5mm，白色。无胚乳。

成熟期：4～5月。

产地：云南等地。

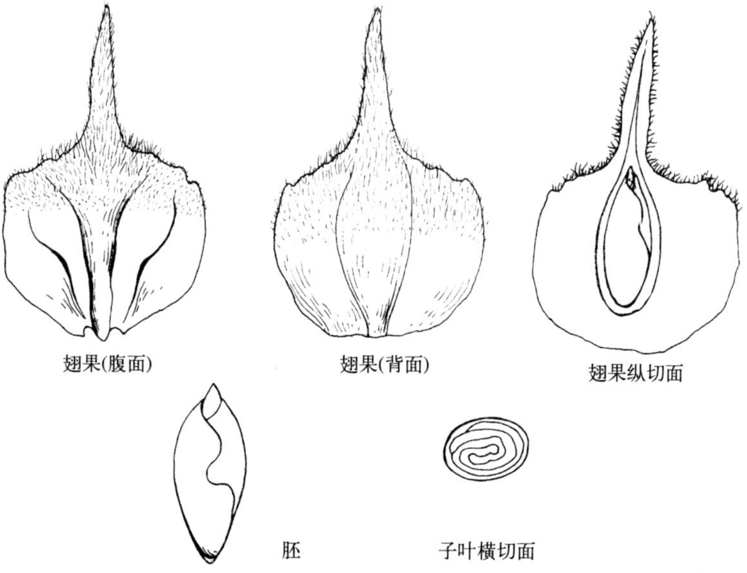


图500 榆绿木

# ·八角枫科 ALANGIACEAE·

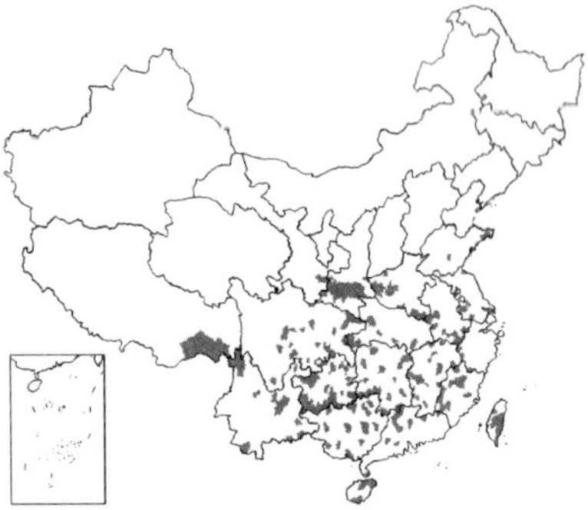

## 八角枫

*Alangium chinense* (Lour.) Harms

八角枫科，落叶乔木。

核果椭圆形，长 8～10mm，宽 5～6mm，熟时蓝黑色或黑色，有光泽。

果核灰褐色卵形或卵状椭圆形，长 7～9mm，宽4～5mm，略扁，先端渐尖，基部近圆形，核壁骨质，酥脆，呈垫状突起，中间有浅沟，中央有浅沟槽，突起两侧有深沟，背面中央有一宽浅沟槽，槽中有雕刻状花纹，宽沟两侧有 2～3 条纵棱，果核壁厚 0.5mm，2 室，有 2 粒种子，其中一粒在垫状突起内，较小，另一粒在相对一侧。

种子卵形，大者长约 5mm，宽约 4mm；小者长约 4mm，宽约 3mm，先端尖，基部圆形，腹面平坦，背面隆起。外种皮多褐色，膜质。子叶宽卵形，长 3.5～4mm，宽 3～3.5mm，白色，叶状；下胚轴及胚根长 1mm，白色，朝向果核顶端。胚乳丰富，充满种皮，油质。

与华瓜木(*Alangium platanifolium* Harms)不同点：果核灰褐色，背面具浅沟槽，种子长椭圆形。

成熟期：7～11 月。

产地：长江流域至珠江流域各地。

种子千粒重：75g。

播种：秋播或层积 3 个月春播。

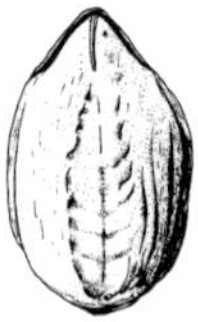

种子外形(背面)

种子外形(腹面)

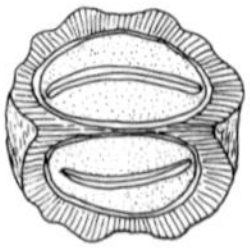

种子横切面

图 501　八角枫

# 华瓜木

*Alangium platanifolium* (Sieb. et Zucc.) Harms

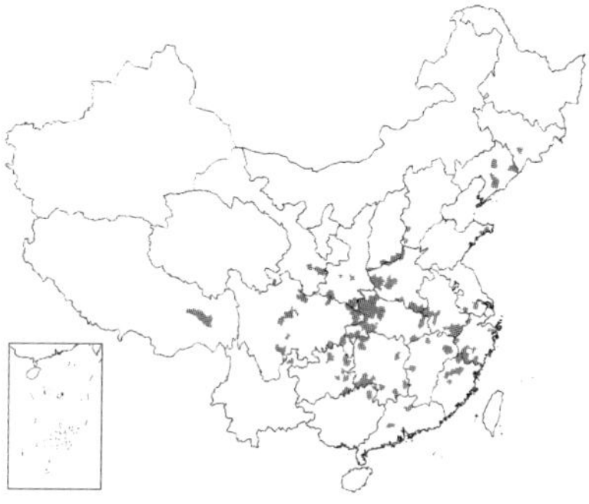

八角枫科，落叶灌木或小乔木。

核果长卵形，长8～12mm，宽5～6mm，先端钝尖，基部圆形，熟时蓝黑色。

果核茶褐色卵形，长6～9mm，宽4～5mm，先端渐尖，基部圆形，腹面中上部是垫状突起，突起中央有一深沟槽，中下部有雕刻状花纹，两侧有深沟槽，背面突起，中央有深沟槽，深达0.5mm，沟中有雕刻状花纹。果核壁骨质，酥脆，厚0.5mm，2室。

种子一大一小，宽卵形，大者长4.9mm，宽4.1mm。种皮黄褐色，膜质。子叶近圆形，几与种子大小相等，白色；下胚轴及胚根白色，朝向果核先端。嚼烂状胚乳，白色，油质。

与八角枫*Alangium chinense* (Lour.) Harms不同点：果核茶褐色，背面具0.5mm深沟槽。种子宽卵形。

成熟期：7～9月。

产地：辽宁、河北、山西、河南、福建、台湾及长江流域等地。

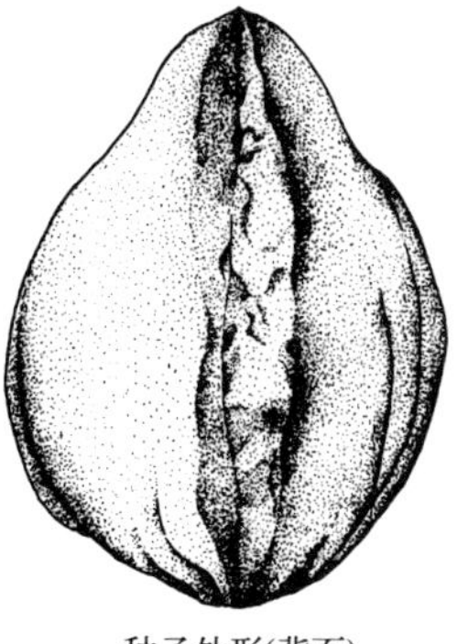

种子外形(背面)

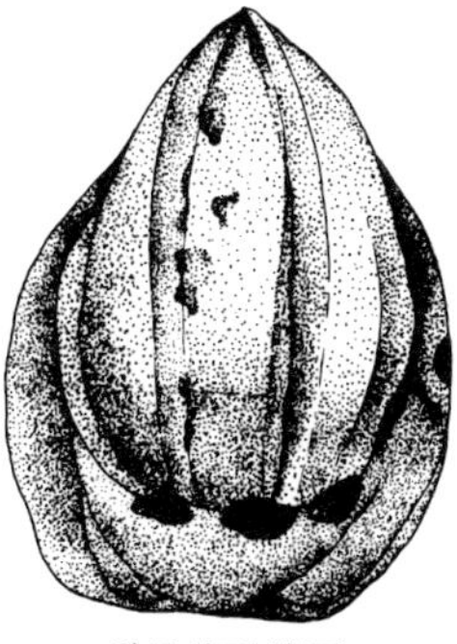

种子外形(腹面)

图502　华瓜木

# ·蓝果树科 NYSSACEAE·

## 喜树

*Camptotheca acuminata* Decne.

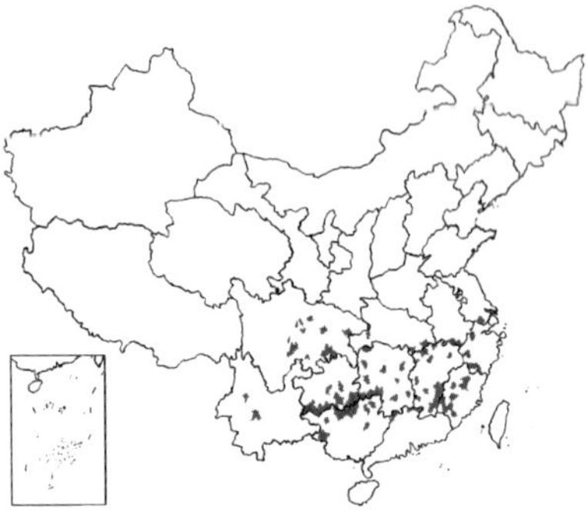

蓝果树科，落叶乔木。

聚合瘦果头状，瘦果三棱形或窄长条形，长19～25mm，宽6～8mm，具2～3纵棱，先端平截，基部渐窄，两侧扁平呈翅状，两面有纵向皱缩，黄褐色，果皮革质。

种子棍棒形，长11～13mm，宽0.8～1.1mm。两端尖锐。种皮淡褐色，有糖秕状膜片。胚条形，长约7～8mm，子叶条形，长3～3.5mm，宽0.7mm，黄绿色；下胚轴及胚根长4～4.5mm，宽0.6mm，均为淡绿色，胚根朝向果实先端。胚乳白色，淀粉质，充满种皮。

成熟期：9～11月。

产地：江苏、浙江、福建、江西、湖北、湖南、四川、贵州、广东、广西、云南等地。

种子千粒重：34～45g。

播种：用种量6～7.5g/$m^2$。

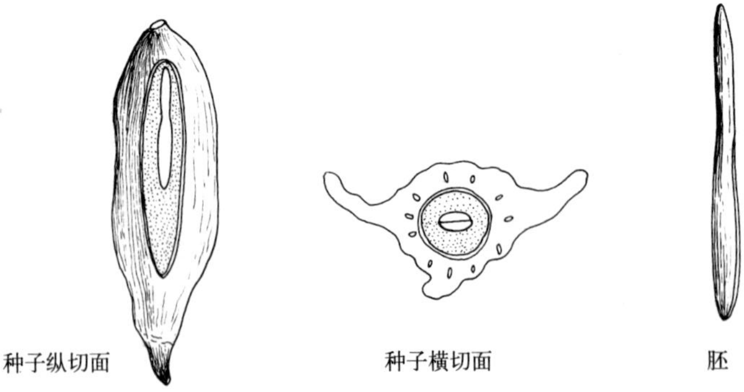


图503 喜 树

# 蓝果树

*Nyssa sinensis* Oliv. 紫树

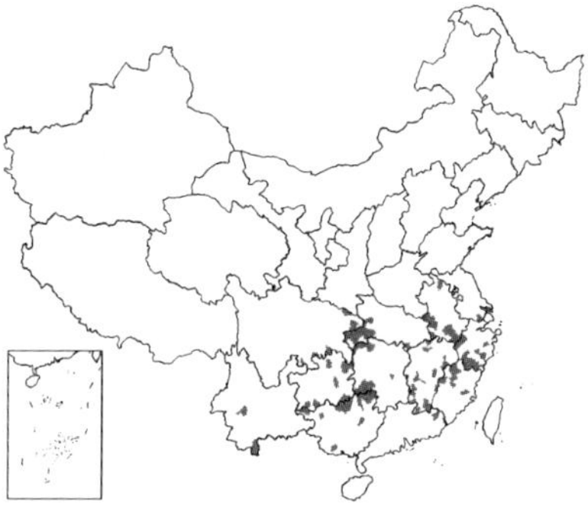

蓝果树科，落叶乔木。

核果椭圆形或长圆形，微扁，长1～1.5cm，径7～10mm，熟时蓝黑色，每果有果核1粒。

果核卵形（彩图104），长7～11mm，宽5～7mm，先端渐尖，基部圆形，腹面平坦，背面隆起，褐色，有10条纵沟槽，骨质，厚约1mm，2室，每室有1粒种子，通常只有1室发育完全。

种子扁平椭圆形，长5～8mm，宽约4mm，种皮膜质，褐色。胚先端圆，基部多数心形，子叶椭圆形，长5～6mm，宽4～5mm，白色或略带绿色；下胚轴及胚根长2.5mm，白色，朝向果核先端。胚乳油质，充满种皮。

成熟期：9月。

产地：江苏、安徽、浙江、江西、湖北、湖南、福建、广东、广西、贵州、四川、云南等地。

种子千粒重：125～240g。

播种：用种量12～20g/m$^2$。

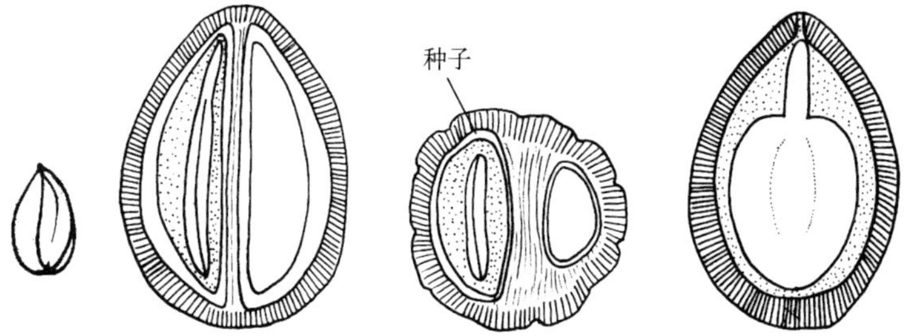


种子外形　　种子纵切面　　种子横切面　　种子纵切面(示胚)

图504　蓝果树

# ·珙桐科 DAVIDIACEAE·

## 珙桐

*Davidia involucrata* Baill.

珙桐科，落叶乔木。

核果长卵形或椭圆形，长3～4cm，径1.5～3cm，密被锈色皮孔，具种子3～5粒。

种子(果核)长椭圆形，长17～35mm，宽14～17mm，先端有短钝尖，基部中央微凹陷，表面黄褐色，有16条纵棱和沟槽，2～3室；种脐近圆形，径1～2mm，微凹入。种皮骨质，厚约4mm，横切面上有“W”形雕纹及空洞；内种皮褐色，厚膜质，内壁白色 。直胚，横细纺锤形，长约20mm，折叠，白色，下胚轴及胚根长6mm，白色，胚根朝向种子较尖的一端。胚乳白色，油质。

成熟期：10月。

产地：湖北西部、湖南西部、四川、贵州、云南等地。

种子千粒重：3400～5500g。

播种：随采随播或翌年春播第二年发芽，或层积1年后春播。

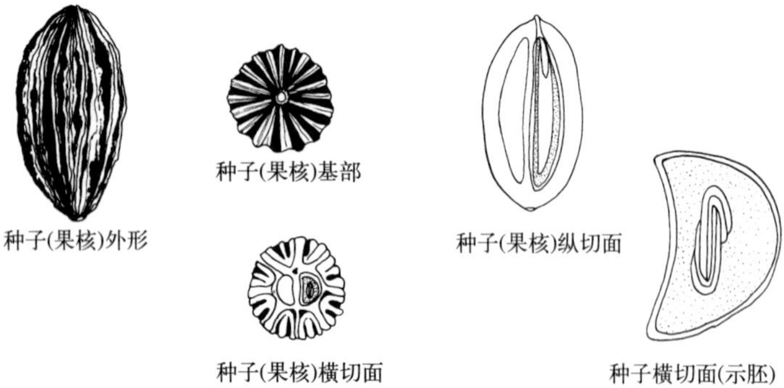


图505　珙　桐

# ·山茱萸科 CORNACEAE·

## 灯台树

*Cornus controversa* Hemsl.

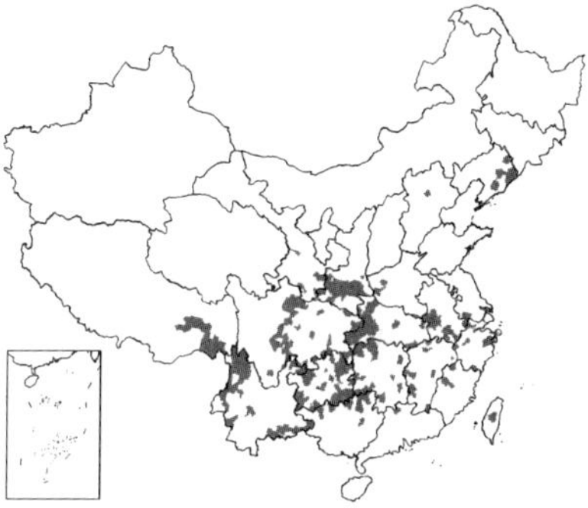

山茱萸科，落叶乔木。

核果，近球形，径6～7mm，熟时紫黑色或蓝黑色，顶端有小孔，无毛，果肉油质。

果核宽倒卵形，长4.5～5mm，宽5～6mm，黄白色，顶端有小孔洞，深达1～1.5mm，周围微凸起，基部圆形，微有小突尖，从顶端至基部有6～10条纵浅沟，两侧各有一条宽沟槽，沟槽间有宽肋状突起，沟有时中途分歧，使果核表面凹凸不平。果核壁木质，厚0.7～1mm，通常2室，有时1室不发育，种皮白色，膜质。直胚，子叶长椭圆形、长2mm，宽1.5mm，浅黄色；下胚轴及胚根长2.5mm，白色，胚根斜向果核先端小孔处。胚乳丰富，白色，油质。

成熟期：7～9月。

产地：辽宁、陕西、甘肃及华北、华东、华南和西南。

种子千粒重：62～120g。

播种：随采随播或湿沙层积后春播，播前1个月将果核浸泡1天，混沙后置于10～20℃温度下，保持60%的湿度20余天，或将果核用始温50℃水浸泡36小时，取出后放入竹筐中，用纱布覆盖，每天用温水淋洒1～2次，至种子裂嘴，用种量20～38g/m²。

果核外形

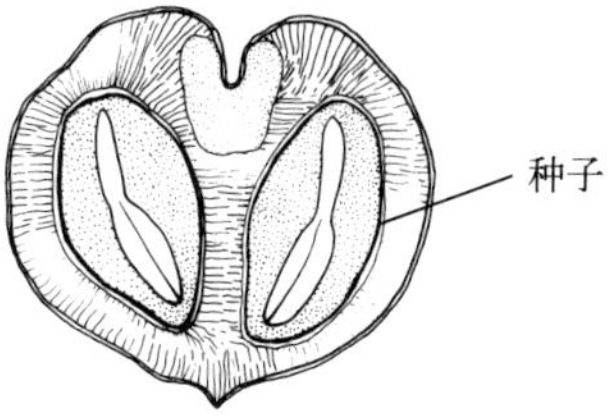


果核纵切面（示2个种子及胚纵切面）

图506 灯台树

# 红瑞木

*Cornus alba* Linn.

山茱萸科，落叶灌木。

核果长圆形，微扁，乳白色或蓝白色。

种子(果核)斜卵形，长5.5～5.7mm，宽4mm，厚约2～3mm，顶端具突尖，略弯，基部渐窄成短尖头，两侧有浅沟槽，有7～8条淡褐色脉线，外壁栗褐色，有6～7条浅凹槽，表面平滑；种脐位于基部渐窄的先端，圆形，径0.3mm。种皮木质，厚0.5mm，内壁白色。通常2室，其中1室不发育。内种皮膜质。直胚，卵形，长4mm，宽3mm，厚1.5mm，浅黄色；子叶椭圆形，长2mm，宽1.8mm；下胚轴及胚根长2mm，胚根朝向种子具长尖一端。胚乳白色，充满种子，油质。

成熟期：8～10月。

产地：东北、华北及江苏、江西、陕西、甘肃、青海等地。

种子千粒重：20～24g。

播种：随采随播或湿沙层积后春播，播前1个月将果核浸泡1天，混沙后置于10～20℃温度下，保持60%的湿度20余天，或将果核用始温50℃水浸泡36小时，取出后放入竹筐中，用纱布覆盖，每天用温水淋洒1～2次，至种子裂嘴，用种量20～38g/m²。

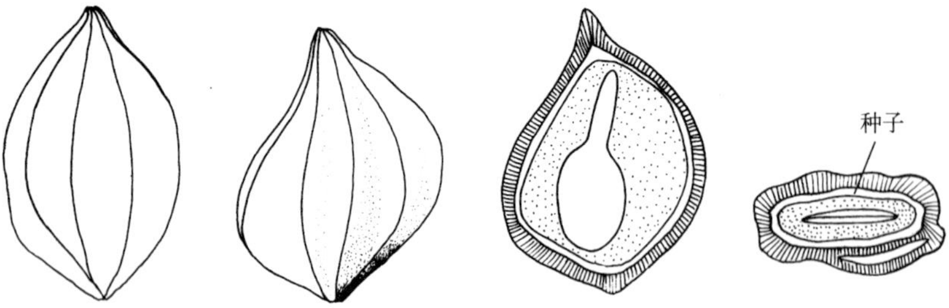


种子(果核)外形　　种子(果核)纵切面　　种子(果核)横切面

图507　红瑞木

# 梾 木

*Cornus macrophylla* Wall.

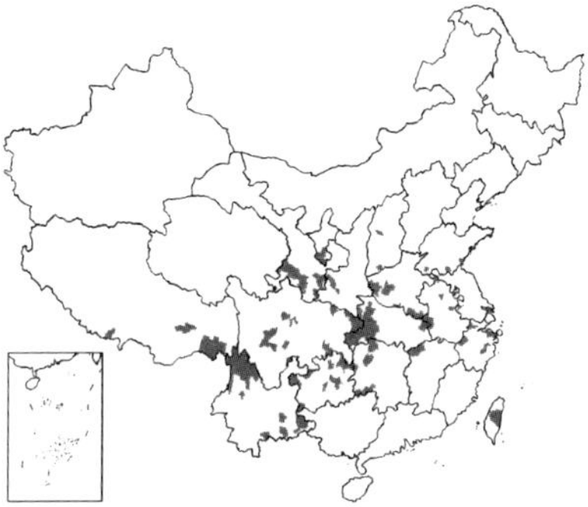

山茱萸科，落叶乔木。

核果，近球形，直径4.5～6mm，熟时蓝黑色，有疏毛。

果核近球形，高径约4～5mm，顶端圆形有时微凹下，基部圆形或有小突尖，两侧有宽浅沟槽，表面苍黄色，有脉纹状浅沟槽或浅槽，角状或疣状小突起。果核壁骨质、坚硬，壁厚0.5～1mm，2室。

种子横卵形，长2mm，宽2.5～3mm。种皮浅褐色膜质。直胚，子叶椭圆形，长1.5mm，宽约1～1.2mm，浅黄色；下胚轴及胚根长2mm，浅黄色，胚根朝果核一侧斜上方。胚乳丰富，白色，充满种皮，油质。

成熟期：10～11月。

产地：山东、山西、河南、陕西、甘肃、江苏、浙江、台湾、安徽、湖北、湖南、江西、四川、贵州、云南、西藏等地。

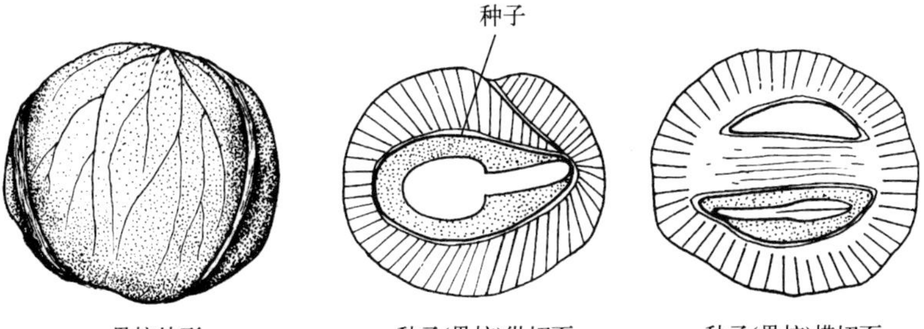


果核外形　　种子(果核)纵切面　　种子(果核)横切面

图508 梾 木

# 毛株

*Cornus walteri* Wanger.

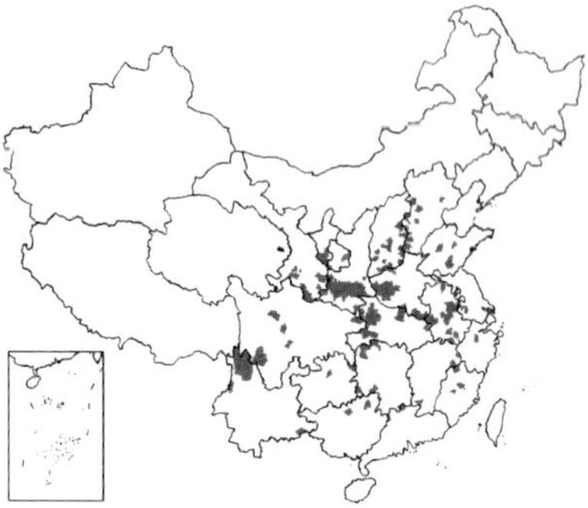

山茱萸科，落叶乔木。

核果球形，直径6～7mm，黑色，被白色平伏毛。

果核球形，直径4.5～5.5mm，褐色，两端圆，有8～10条肋状细沟槽，在高倍解剖镜下有小凹坑。果梗横圆形，果核壁骨质，厚约1mm，2室，通常只1室内有发育的种子。

种子在果内为横椭圆形，长约3mm，宽约4mm。种皮膜质，白色。胚略弯曲，子叶椭圆形，长约1.8mm，宽约1.5mm；胚根长约2mm，均为淡绿色。胚乳丰富，白色，充满种皮。

成熟期：9～10月。

产地：辽宁、河北、内蒙古、山西、河南、陕西、甘肃、江苏、江西、安徽、浙江、湖北、湖南、广东、广西、四川、贵州、云南等地。

播种：随采随播或湿沙层积后春播，播前1个月将果核浸泡1天，混沙后置于10～20℃温度下，保持60%的湿度20余天，或将果核用始温50℃水浸泡36小时，取出后放入竹筐中，用纱布覆盖，每天用温水淋洒1～2次，至种子裂嘴，用种量20～38g/m$^2$。

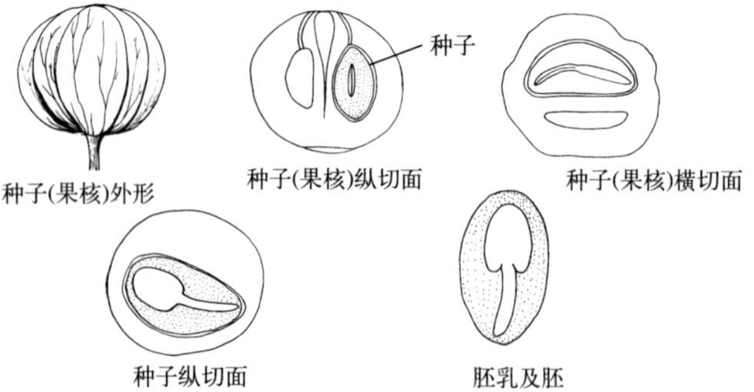


图509 毛 株

# 小梾木

*Cornus paucinervis* Hance

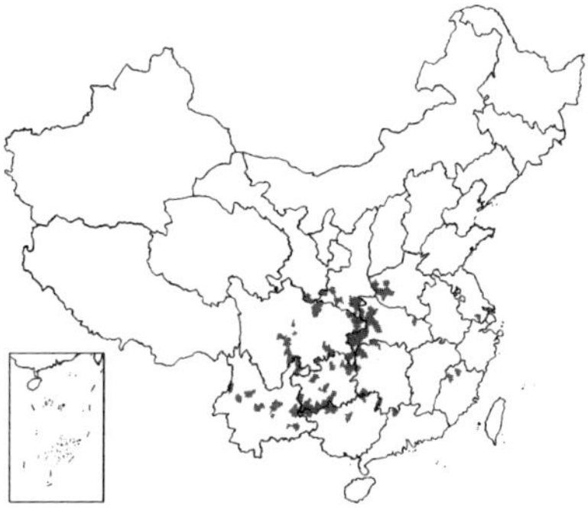

山茱萸科，落叶灌木。

核果球形或长椭圆形，长5～7mm，宽5～6mm，黑色，有疏毛。

果核球形或椭圆形，长4～5mm，宽3.5～4.5mm，先端短渐尖，基部圆，果枝痕凹入，圆形，黑色，有8条明显肋状突起，果核浅黄色，但常因粘有绿色果肉而呈绿色，果核壁木质，厚0.5mm，2室。种皮淡褐色，膜质。直胚，子叶近圆形或宽卵形，长宽各约1.5mm，浅黄色；下胚轴及胚根长1.5mm，浅黄色，胚根朝向果核斜方。胚乳丰富，白色，油质，充满种皮。

成熟期：9～10月。

产地：江苏、湖北、湖南、陕西、甘肃、福建、广东、广西、贵州、四川、云南等地。

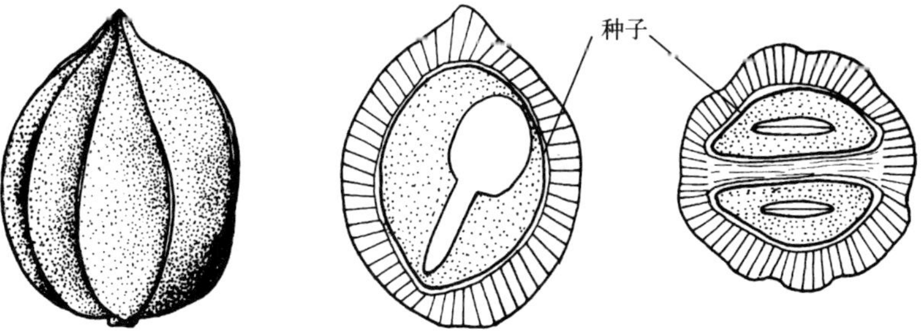


种子(果核)外形　　种子(果核)纵切面　　种子(果核)横切面(示2种子横切面)

图510　小梾木

# 欧洲山茱萸

*Macrocarpium mas* (Linn.) Nakai (*Cornus mas* Linn.)

山茱萸科，落叶灌木。

核果椭圆形，长1.5～2cm，径8～12mm，紫红色。

果核长椭圆形，或倒卵状椭圆形，长13～20mm，径6～8mm，先端圆，中央微凹，基部窄圆，果脐在渐尖一端，近基部明显，4条细纵棱，内果皮浅黄褐色，骨质，厚2mm，中间有不规则卵形或圆形孔隙，内壁具白色膜质层。种子长椭圆形，长约11mm，径约3mm，种皮薄膜质。胚披针形，子叶长6mm，宽约1mm；下胚轴及胚根长5mm，均为白色。胚乳淡黄色。

成熟期：8～9月。

产地：欧洲和亚洲西部。北京等地引种栽培。

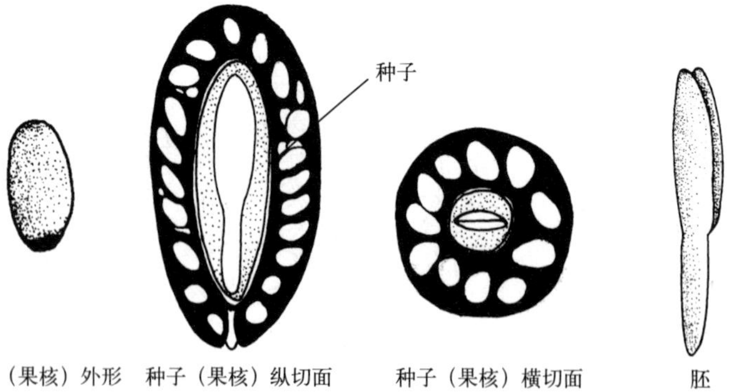


图511 欧洲山茱萸

# 山茱萸

*Macrocarpium officinale* (Sieb. et Zucc.) Nakai

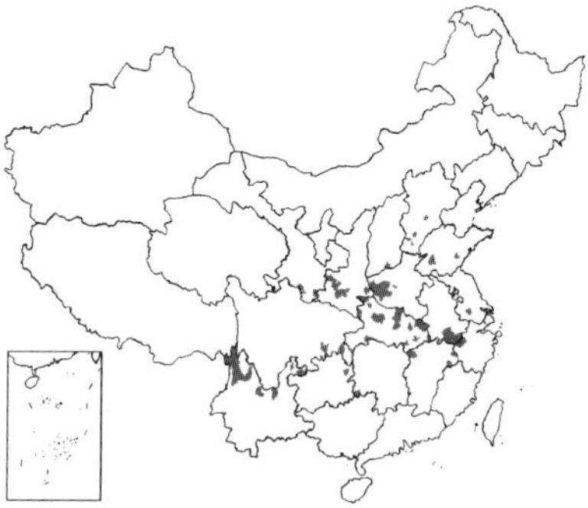

山茱萸科，落叶灌木或乔木。

核果长椭圆形，长 1.2～1.8mm，径 6～9mm，两端圆，熟时鲜红色，有光泽，干后网状皱纹。

果核(内果皮)长椭圆形，长 12～14mm，径4.5～6mm，先端圆，有小尖头，基部有一小凹坑，内果皮淡褐色，骨质，有 6～7 条细纵棱，内果皮厚 1～1.2mm，中间隔层中有不规则空洞，贮有液汁。

种子圆柱形、长 8～9mm，径约 2mm。种皮淡褐色，膜质。胚长 8～9mm，淡绿色，子叶长椭圆形，长 3～4mm，宽约 1mm；叶状下胚轴及胚根长 4～5mm。胚乳丰富，白色。

成熟期：8～10 月。

产地：浙江、安徽、陕西、甘肃、山西、河南、山东、江西、湖南、湖北、四川等地。

种子千粒重：(果核) 140～300g。

播种：暖层积后冷层积，用种量 25　38g/m$^2$。

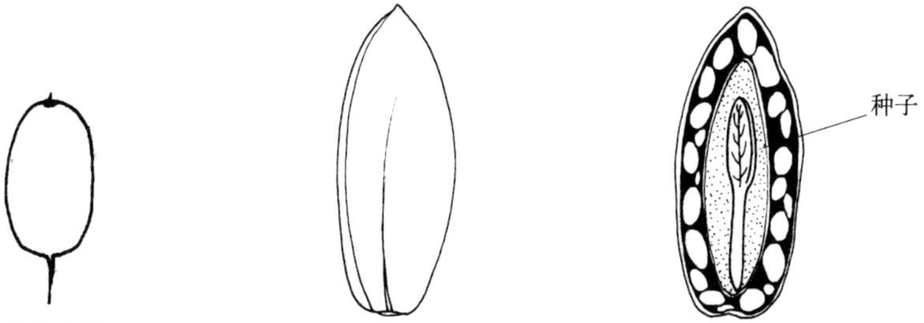


果实外形　　种子(果核)外形　　种子(果核)纵切面

图 512　山茱萸

# 窄叶四照花

*Dendrobenthamia angustata* (Chun) Fang

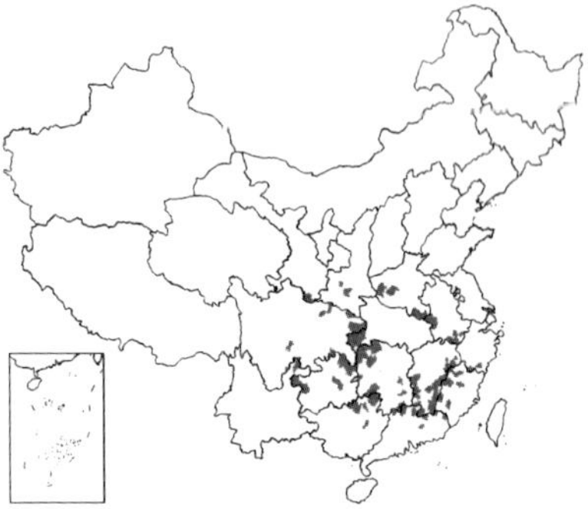

山茱萸科，常绿乔木。

聚合核果头状，红色，径3.5cm，核果长圆形。

果核不规则三角状宽倒卵形，长宽各约6mm，略扁，先端圆钝，基部渐窄，表面有不规则浅沟槽和棱角，果核淡褐色，壁厚1～2mm，骨质，1室，1种子。

种子倒卵形，长3.5～5mm，宽3mm，顶端圆，基部渐尖。种皮淡褐色，膜质。直胚，长约3.5～5mm，子叶近圆形，长宽各2～3mm，微翘起，白色；下胚轴及胚根长2mm，白色。胚乳丰富，充满种皮，白色，油质。

成熟期：10～11月。

产地：陕西、甘肃、浙江、安徽、江西、湖北、湖南、福建、广东、广西、贵州、四川、云南等地。

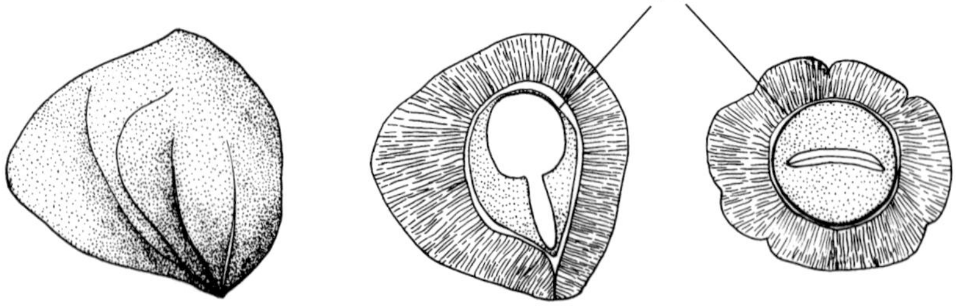


种子(果核)外形　　种子(果核)纵切面　　种子(果核)横切面

图513　窄叶四照花

# 香港四照花

*Dendrobenthamia hongkongensis* (Hemsl.) Hutchins.

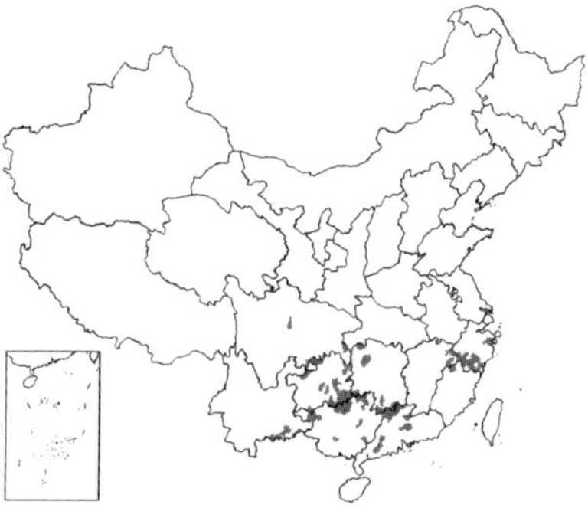

山茱萸科，常绿乔木。

聚合核果头状，与花托愈合成球形，径2.5cm，黄色至红色。

果核长倒卵状椭圆形，长10mm，宽6mm，先端短突尖，基部渐窄，表面不平坦，有沟状或穴状凹坑，浅褐色，有残存黑色果肉，核壁骨质，厚1～2mm，1室。

种子长倒卵形，长7mm，宽3.5mm，先端钝，基部尖，种皮淡褐色，膜质。直胚，子叶椭圆形，长4mm，宽3.5mm，白色，一侧微曲翘；下胚轴及胚根长约2.1mm，白色。胚乳丰富，充满种子，白色，油质，。

成熟期：10～11月。

产地：浙江、江西、湖南、福建、广东、广西、贵州、四川、云南等地。

种子千粒重：140～170g。

播种：随采随播或短期贮藏春播，用种量20～25g/m$^2$。

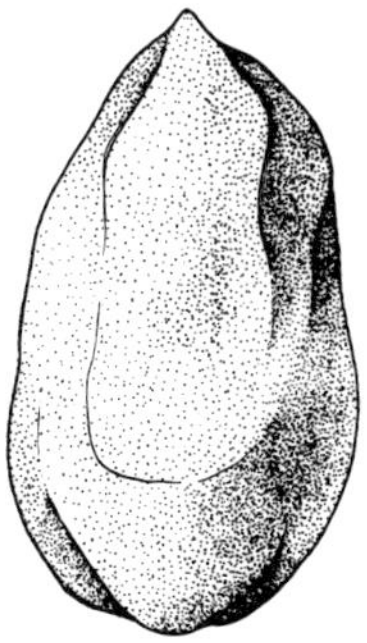

种子(果核)外形

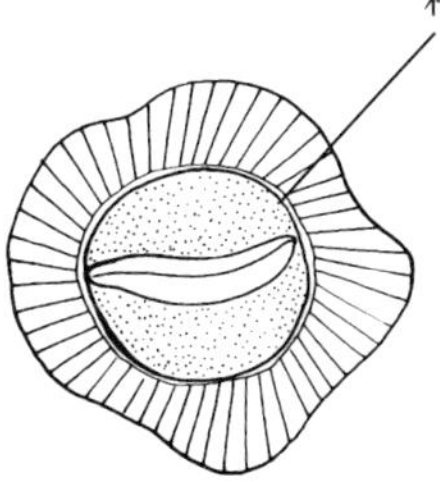


种子(果核)横切面

图514 香港四照花

## 大参

*Macropanax dispermus* (Blume) O. Ktze.

五加科，常绿乔木。

浆果卵球形，稍有棱，长约5mm，宿存花柱长2～3cm。

种子倒卵状椭圆形，长7mm，宽3.9mm，厚3.3mm，先端钝尖，基部圆形，腹面一侧平坦背面两侧各有2～3条沟槽。种皮栗褐色，革质，厚0.2mm。胚小棍棒形，长约1mm，子叶长0.3mm；下胚轴及胚根长0.6～0.7mm，胚根朝向果实先端。胚乳丰富，外壁有皱纹，白色，淀粉质。

成熟期：1～2月。

产地：云南等地。

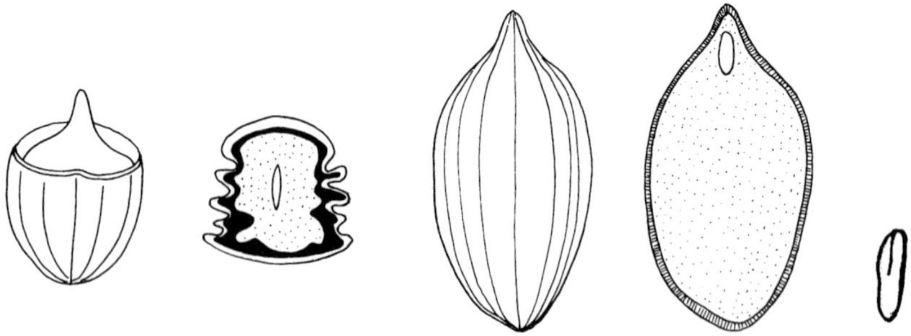

浆果　浆果横切面　种子外形　种子纵切面　胚

图515　大　参

# 楤木

*Aralia chinensis* Linn.

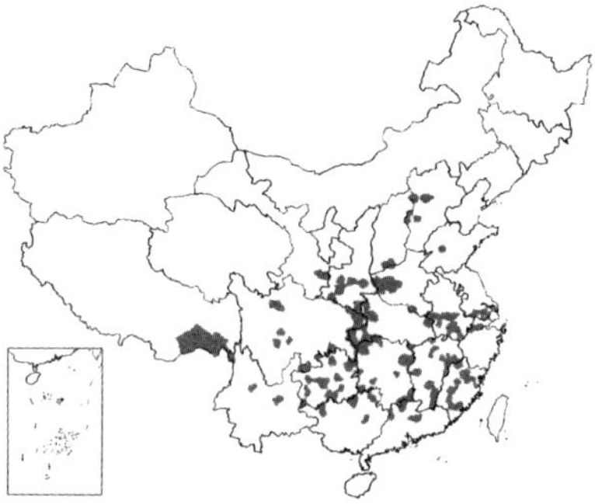

五加科，落叶乔木。

核果状浆果，球形，径约3mm，黑色，具5棱。

种子（果核）长方状楔状半圆形，长3mm，宽1.6mm，先端钝圆，基部微有小突尖，背部弓形，中央有一纵脊，纵脊两边各有2条浅槽，腹面较窄，两侧平坦；种脐位于下端突起的两侧，椭圆形，长0.2mm。外种皮苍黄色，微皱褶不平，脆骨质，革质；内种皮淡褐色，膜质，胚小，椭圆形，长0.2mm，位于种子下端。子叶卵形，长0.1mm；下胚轴及胚根长0.1mm，胚根朝向种脐。胚乳丰富，白色，油质。

成熟期：9～10月。

产地：河北、山西、陕西、甘肃，南至广东、广西，东起沿海各地，西南至四川、云南等地。

种子千粒重：5.3g。

播种：种子水浸2～3天，混沙后置于在10～20℃下层积3个月，再转入0～5℃下层积2个月，用种量5g/m$^2$。

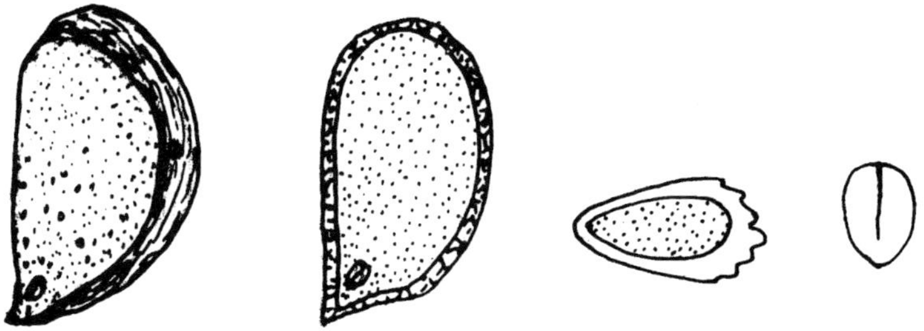

种子外形　　种子纵切面　　种子横切面　　胚

图516　楤　木

# 辽宁楤木

*Aralia elata* (Miq.) Seem.

五加科，灌木至小乔木。

浆果球形，径约4mm，黑色，具5棱。

种子三棱状椭圆形，长2.5mm，宽1.5mm，厚1mm，两端圆钝，一侧呈窄棱形，另一侧弧形较宽，有2条不明显沟槽；种脐位于窄棱一侧，近基部椭圆形，长约0.5mm，外种皮（果核）质，厚约0.1mm，骨质，淡褐色，粗糙。种皮膜质，褐色。胚小，椭圆形，长0.5mm，宽0.2mm，白色，位于种脐一端。胚乳丰富，油质。

成熟期：9～10月。

产地：黑龙江、吉林、辽宁、河北等地。

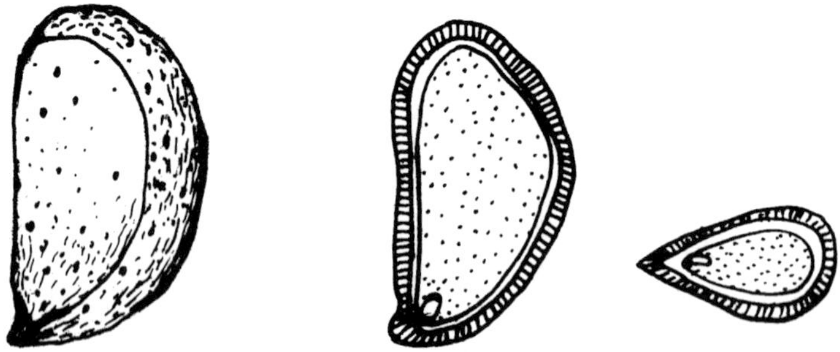


图517　辽宁楤木

# 刺楸

*Kalopanax pictus* (Thunb.) Nakai

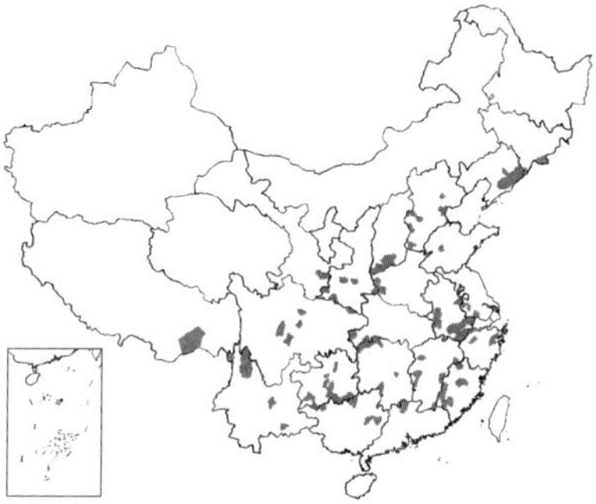

五加科，落叶乔木。

浆果近球形，径约4mm，蓝黑色，宿存花柱先端2裂。

种子长方楔状半圆形，长3～3.5mm，宽1.8～2mm，两端微尖，基部平缓，背部圆弧形，中央常具一浅沟槽，腹部较宽，约1.5mm，平坦，近边缘两侧各有一条浅沟槽。两侧周围肋状隆起，中央凹下，有不规则雕刻状浅纹；种脐位于下端突起的内侧，椭圆形，长约0.1mm；外种皮（果核）革质，淡灰绿色，厚0.2mm；种皮褐色，膜质。胚小，椭圆形，长约0.2mm，白色，胚根朝向种脐一端。胚乳丰富，油质

成熟期：9～10月。

产地：辽宁、河北、山东、四川、云南、贵州、广东、广西及长江流域各地。

种子千粒重：6.3～7.0g。

播种：随采随播或层积春播。

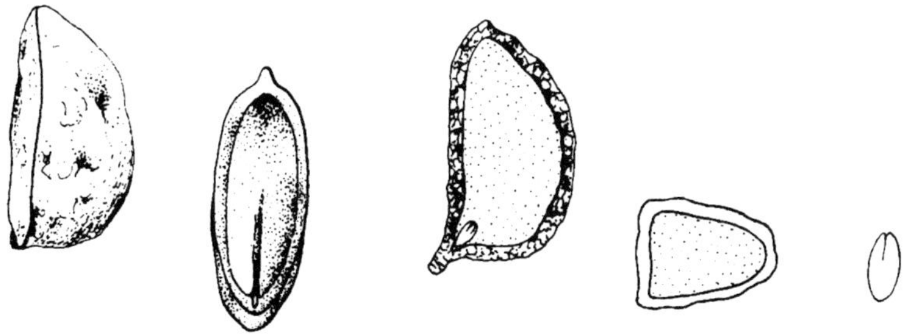

种子外形（侧面）　种子外形（腹面）　种子纵切面　种子横切面　胚

图518 刺 楸

# 两岐五加

*Acanthopanax divaricatus* Seem.

五加科，落叶灌木。

浆果球形，黑色，直径，约8mm，宿存花柱约2mm。

种子扁平斜卵形，长7mm，宽4～5mm，两端圆钝，背部弧形，中央有一凹槽，腹面略较背部宽，中央有一小纵棱，两侧边缘肋状隆起，中央微凹陷，有穴状孔隙；种脐位于种子下端内侧，椭圆形。外种皮白色，海绵质；内种皮淡褐色，膜质。胚近长球形，长约0.2mm，白色，子叶卵形，长约0.1mm；胚根朝向种子下部。胚乳丰富，白色，油质。

成熟期：10月。

产地：江苏、浙江、湖北等地。

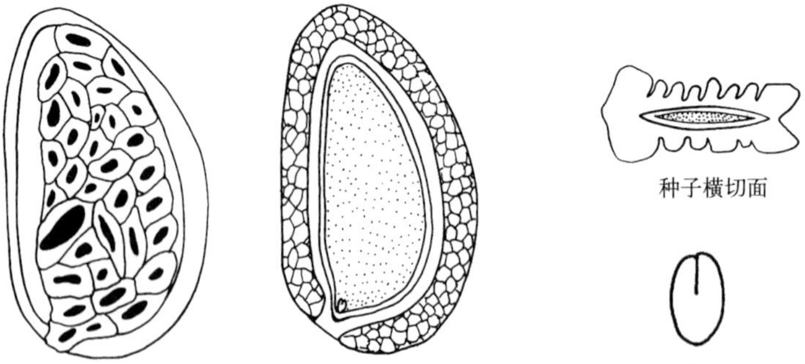


图519　两岐五加

# 五加

*Acanthopanax gracilistylus* W. W. Smith

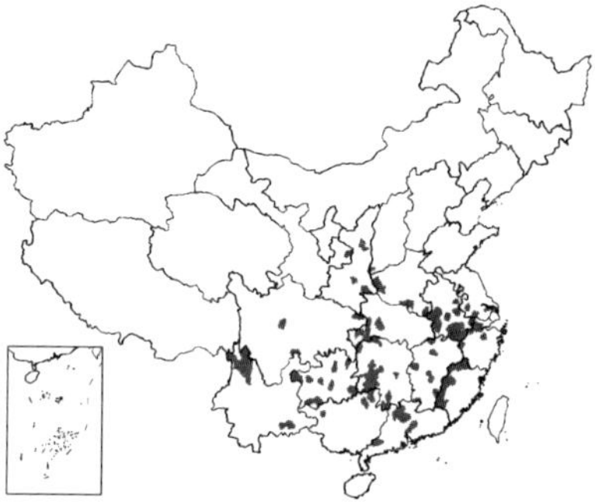

五加科，落叶灌木。

浆果扁球形，径约6mm，黑色，宿存花柱长2～3mm，反曲。

种子扁平斜卵形，长5.7mm，宽2.5～2.6mm，厚1～1.2mm，背部弧形，中央有一凹槽，腹面直线形，中央略呈棱脊状，两侧边缘肋状突起，中央微凹有浅雕刻状花纹；种脐位于基部一侧。外种皮灰白色略带紫色，革质；内种皮淡褐色，膜质。胚卵形，长约0.4mm，宽约0.2～3mm，子叶长约0.2mm；下胚轴胚根长0.2mm，胚根朝向种脐一端。胚乳，白色，油质。

成熟期：6～10月。

产地：甘肃、山西，西南至四川、云南，东至江苏、浙江，南达东南沿海等地。

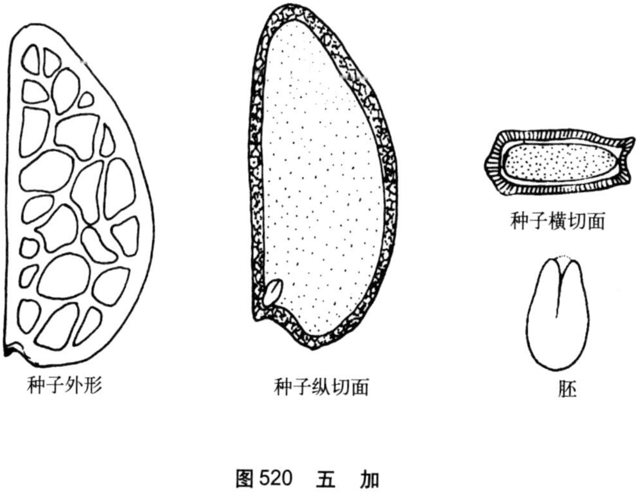

种子外形　种子纵切面　种子横切面　胚

图520　五　加

# 刺五加

*Acanthopanax senticosus* (Rupr. et Maxim.) Harms

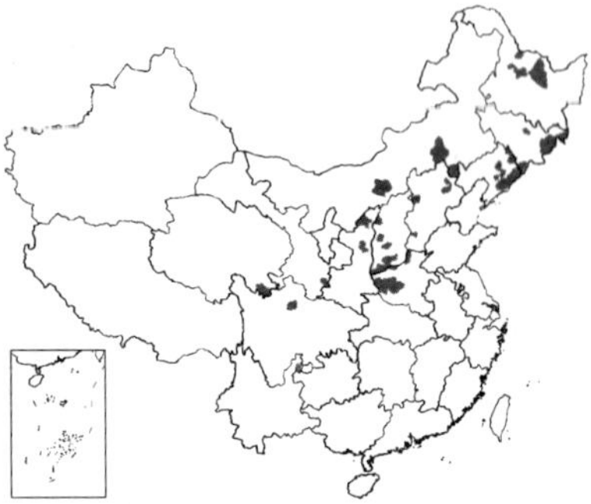

五加科，落叶灌木。

伞形果序，浆果状核果，近球形，长7～10mm，直径5～8mm，黑色，顶端平圆，有长约2.5mm的宿存花柱，基部圆形，无毛，果实干后具4～5棱；果柄长约20mm，有4～5果核。

果核扁平半圆状长椭圆形（彩图105），一边呈直线形，一边是弧形，上端圆形，下端喙状，长5～7mm，宽2.5～3mm，厚1～1.5mm，厚革质，淡黄褐色或黄白色，无毛，微有皱纹，弧形边有浅沟槽。果脐椭圆形，长约1mm，位于直边的喙状一侧。

种子扁平，倒卵状椭圆形，两端圆，长5～7mm，宽2.5～2.8mm。种皮淡褐色，膜质。胚小，长0.2～0.3mm，位于近果脐一侧，子叶与胚乳界限不明显，均为黄白色。空室种子甚多。胚乳丰富，充满种子。

成熟期：8～10月。

产地：黑龙江、吉林、辽宁、河北、山西、河南、陕西等地。

种子千粒重：6.0～6.6g。

播种：水浸3～4天，混沙后在10～20℃下层积4个月，再转入0～5℃下层积2个月，用种量100g/m² 左右。

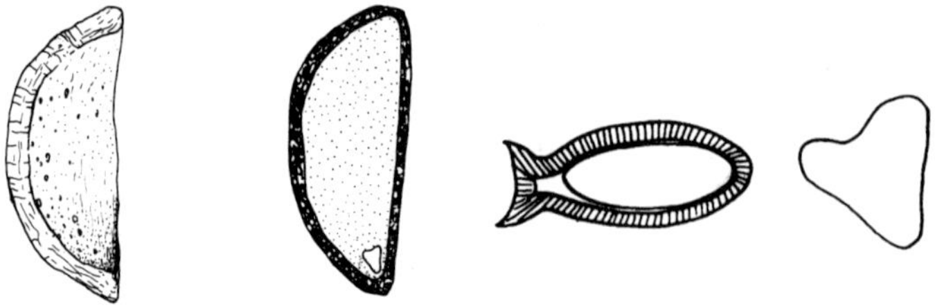


图521　刺五加

# ·山柳科 CLETHRACEAE·

## 华东山柳

*Clethra barbinervis* Sieb.et Zucc. 髭脉桤叶树

山柳科，落叶灌木。

蒴果球形，径约4mm，有宿存花萼和花柱，室背3瓣裂，疏被平伏长毛及星状毛。

种子扁平，边缘有膜质翅，卵形或椭圆形，长约1.5mm，宽0.5～1mm，厚0.3mm，先端钝尖，基部圆形，翅淡黄色，宽0.3mm，有格状棱线；种脐位于圆形一端，紫黑色，点状。种子部分呈卵形或长卵形，长0.8～1mm。外种皮淡褐色，有网格状细棱线；内种皮膜质。胚棍棒形，长0.7mm，白色，下胚轴及胚根朝向种子宽的一端。胚乳油质。

成熟期：9月。

产地：山东（东部）、安徽（休宁、歙县，黄山）、浙江（龙泉、天台山、淳安、昌化）、江西（庐山）、福建、台湾等地。

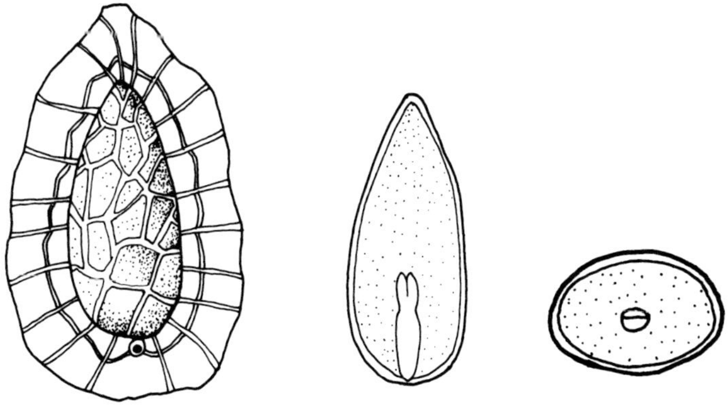

种子外形　　种子纵切面　　种子横切面

图522　华东山柳

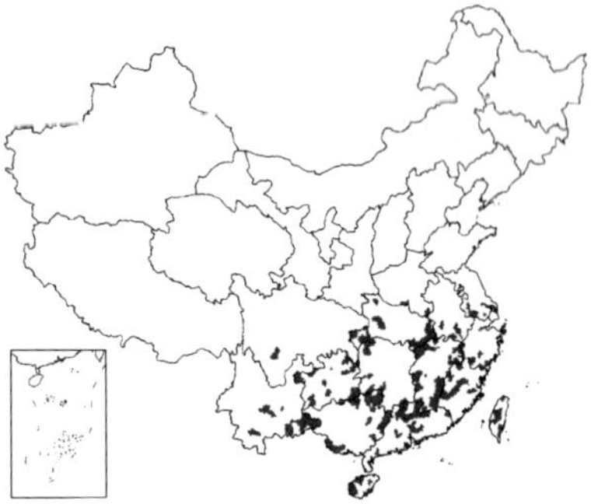

## 南烛

*Lyonia ovalifolia* (Wall.) Drude

杜鹃花科，落叶灌木或小乔木。

蒴果球形，径约3～5mm，5室，种子多数。

种子长椭圆形或矩圆状长椭圆形，长0.6～1mm，宽0.3～0.5mm，先端具膜质翅，基部渐尖。外种皮壳褐色，有棱脊和细线纹；内种皮膜质。胚棍棒形，长0.5～0.7mm，胚白色，胚根朝向种子窄尖一端。胚乳油质。

成熟期：10～11月。

产地：台湾、广西、云南、贵州、四川、西藏等地。

# 灯笼花

*Enkianthus chinensis* Franch.

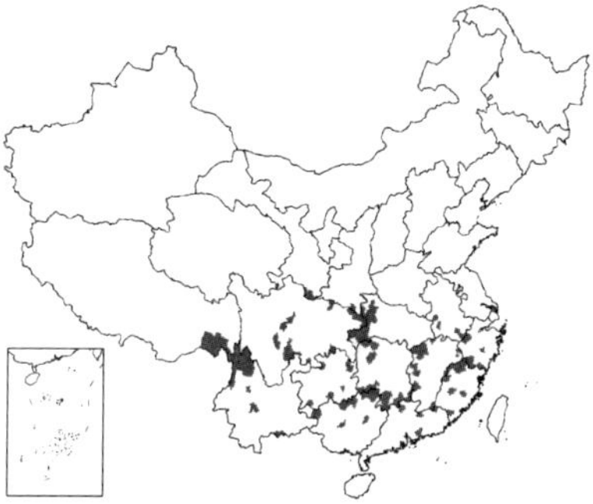

杜鹃花科，落叶灌木或小乔木。

蒴果近球形，径约6mm，具5棱，熟时室背5裂，果柄顶端上弯；种子多数。

种子横向圆筒形，长1mm，宽3mm，表面有多层半透明膜质附属物。种皮褐色，薄革质。胚圆筒形，长约2.5mm，宽约1mm，胚根朝向种子一侧。有胚乳。

成熟期：9～10月。

产地：长江以南，东至浙江、福建，南达广东、广西，西南至四川、云南等地。

# 照山白

*Rhododendron micranthum* Turcz.

杜鹃花科，半常绿灌木。

蒴果圆柱形，长5～8mm，径2～3mm，果皮被圆片形腺鳞，蒴果熟时，有宿存花柱。

种子纺锤形（彩图106），长2.5～2.8mm，宽0.6～0.8mm，先端渐尖，基部扁平呈鱼尾状，周围有膜质翅。种皮橘黄色，膜质，有细密纵纹。胚圆柱形，长约1.2mm，径约0.2mm，子叶长0.3mm；下胚轴及胚根长0.9mm，白色。胚乳白色。

成熟期：9月。

产地：东北、华北、西北及四川等地。

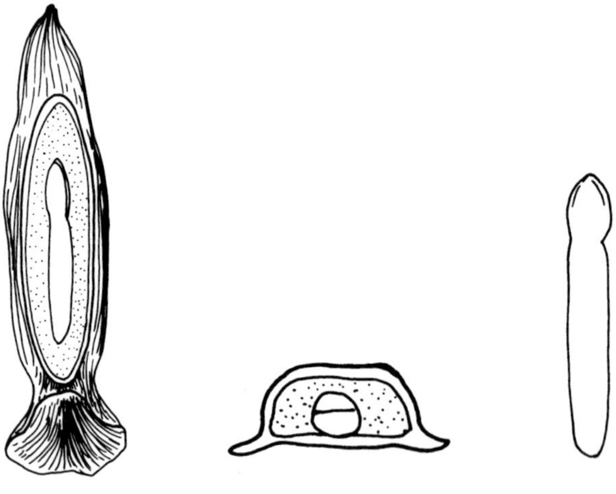

种子纵切面　　种子横切面　　胚

图523　照山白

# 杜鹃

*Rhododendron simsii* Planch.

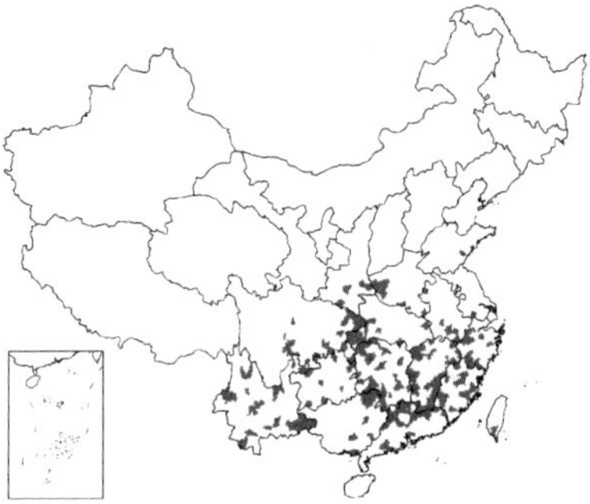

杜鹃花科，落叶或常绿灌木。

蒴果长卵形，长约8mm，密被粗状毛。

种子棍棒形，圆锥形或卵状圆锥形，长1.2（1.0）～1.5mm，宽0.6mm，先端尖，基部圆钝或平截，有棱脊。种皮浅黄褐色，有细条纹，膜质。胚根朝向种脐一端。胚乳油质。

成熟期：10～11月。

产地：长江以南，东至台湾，西南至四川、贵州、云南等地。

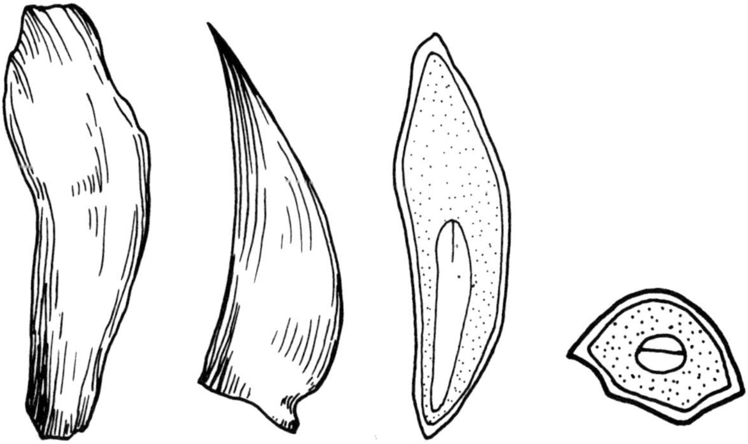


图524 杜 鹃

# 满山红

*Rhododendron mariesii* Hemsl. et Wils.

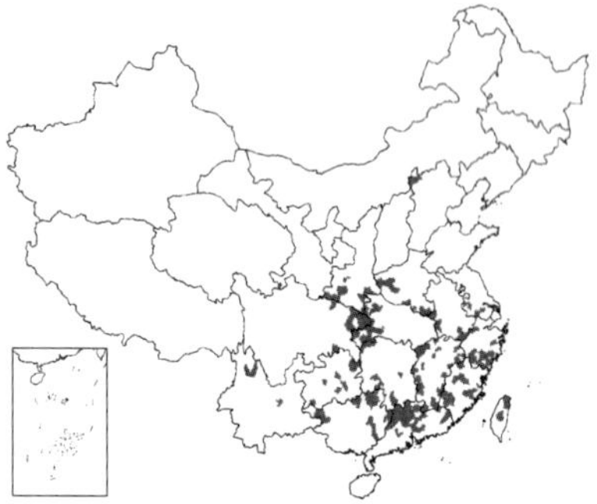

杜鹃花科，落叶灌木。

蒴果圆柱形，长12～18mm，茶褐色，密被长绒毛。

种子不规则形，长1.2～1.5mm，宽0.5～0.8mm，侧面观呈新月形或棱形，两端长尖，常有一边呈弧形；正面观略呈长条形，具不规则棱背，先端平截，种脐位于一端；种皮茶褐色，膜质，有细条纹。直胚，长11mm，胚根朝向种子下端。胚乳油质。

与马银花（*Rhododendron ovatum* Planch.）种子近似，但形状呈筒状，颜色较暗。

成熟期：10月。

产地：浙江、江苏、台湾、福建、安徽、江西、湖北、四川、贵州、陕西等地。

播种：用种量2g/m$^2$左右。

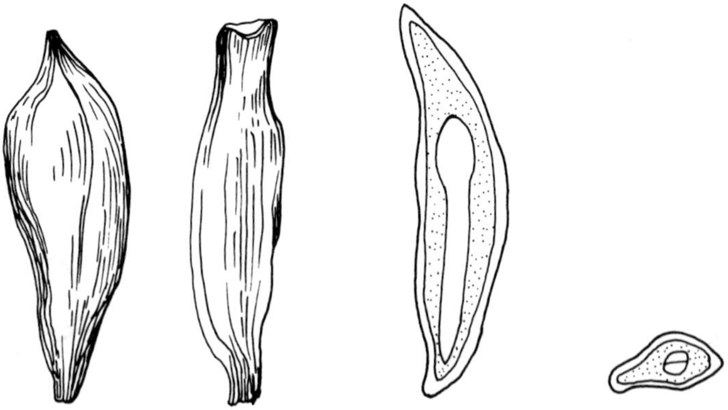


图525 满山红

# 马银花

*Rhododendron ovatum* Planch.

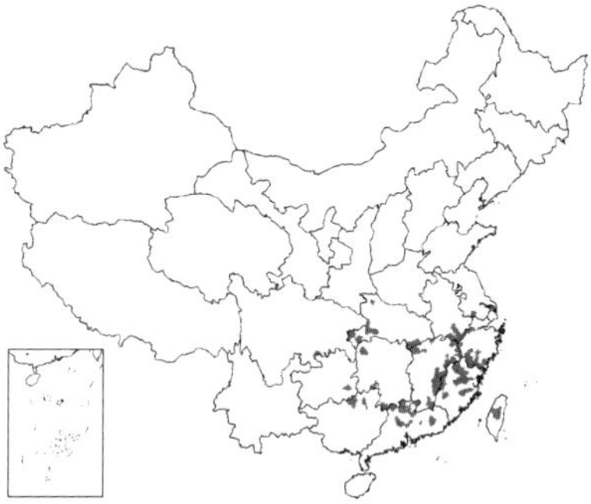

杜鹃花科，常绿灌木。

蒴果长卵形，长6～8mm，宽3～4mm，基部有增大宿存萼片，种子多数。

种子菱状卵形或倒卵状长椭圆形，长1～1.2mm，宽0.3～0.5mm，两端渐尖，表面亮褐色，有不规则棱背及细条纹；种脐位于种子一端。种皮膜质。胚淡绿色，棍棒形，长0.7mm，宽0.1mm，子叶卵形，长0.2mm；下胚轴及胚根长0.5mm，胚根朝向种子基部。胚乳油质。

成熟期：10月。

产地：浙江、江苏、福建、江西、安徽、湖南、贵州、台湾等地。

播种：用种量2g/m$^2$左右。

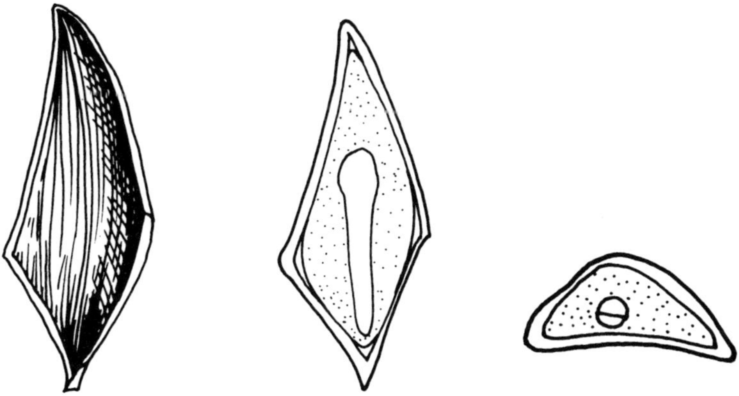

种子外形　　种子纵切面　　种子横切面

图526 马银花

# 云锦杜鹃

*Rhododendron fortunei* Lindl.

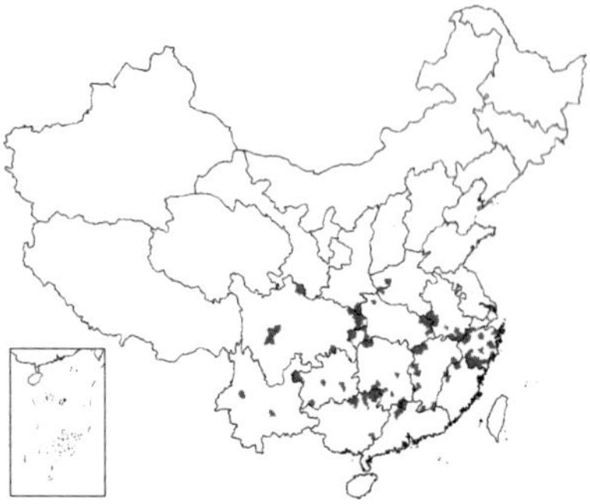

杜鹃花科，常绿灌木或小乔木。

蒴果圆筒形，长40mm，宽15mm，熟时4裂，种子多数。

种子扁平矩圆形，周围有膜质翅，连翅长4mm，宽1.7mm，厚0.2～0.3mm，翅宽约0.5mm，淡褐色，有深褐色细线条纹，种子去翅呈长椭圆形，长2mm，宽0.8mm；种脐位于种子一端。种皮淡褐色，膜质。直胚，白色棍棒形，长约1mm，子叶椭圆形；下胚轴胚根长0.7mm，胚根朝向种子顶端。有胚乳。

成熟期：10～11月。

产地：陕西、湖北、湖南、河南、安徽、浙江、江西、福建、广东、广西、四川、贵州、云南东北部等地。

播种：用种量2g/m$^2$左右。

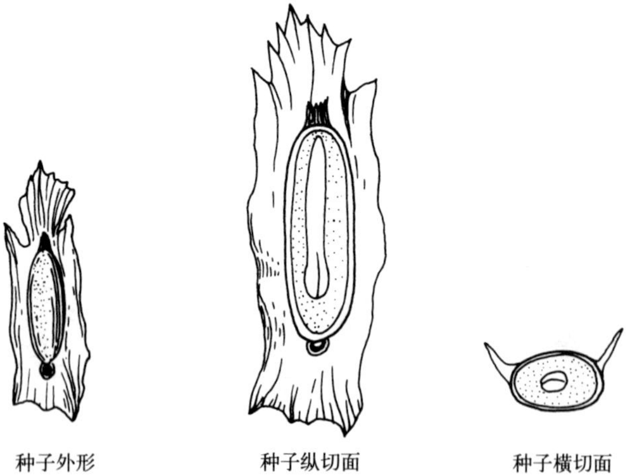


图527 云锦杜鹃

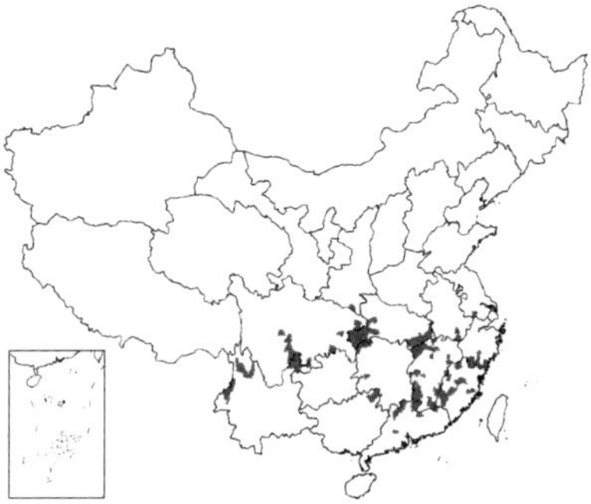

## 乌饭树

*Vaccinium bracteatum* Thunb. 南烛

越橘科，常绿灌木。

浆果球形，直径4～6mm，熟时紫黑色。

种子倒卵形，长1.5～2mm，宽1～1.2mm，略扁，先端圆形，基部渐窄，先端渐尖，两侧微具棱，种脐位于此端。种皮淡褐色，薄革质，厚不及0.1mm，有长条状细凹槽，有光泽。胚棍棒形，长1.3～1.7mm，宽约0.1～0.2mm，白色，子叶长0.1～0.2mm，其余为下胚轴及胚根，胚根朝向种子窄狭一端。有胚乳，油质。

成熟期：11月。

产地：长江以南。

种子千粒重：0.52g。

播种：用种量5g/m$^2$。

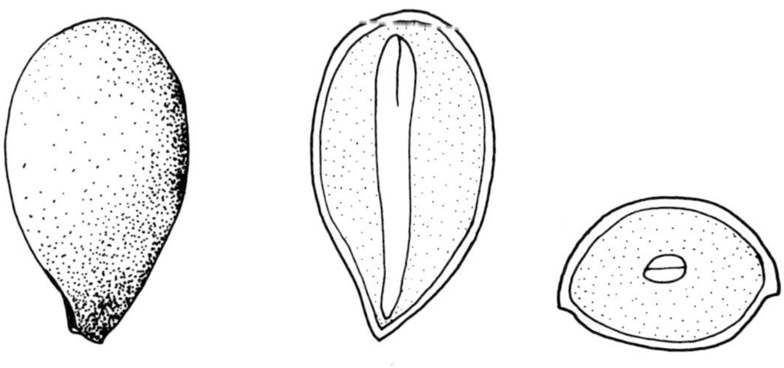

种子外形　　种子纵切面　　种子横切面

图528　乌饭树

# ·紫金牛科 MYRSINACEAE·

## 杜茎山

*Maesa japonica* Moritzi

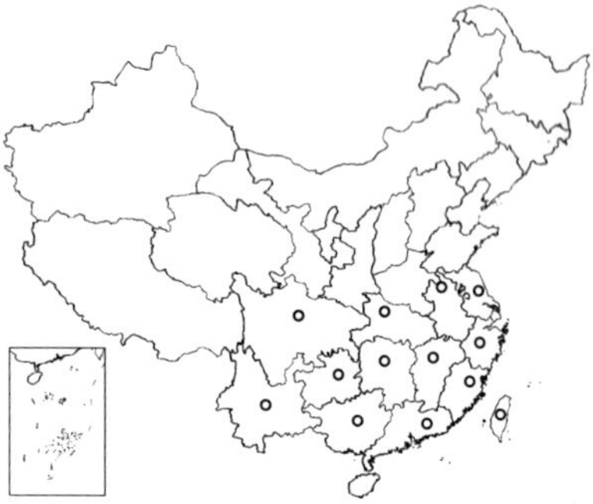

紫金牛科，常绿灌木。

浆果近球形，直径约5mm，常呈核果状，种子多数。

种子盾状多角形，长宽各0.6～0.8mm，顶端平坦，有龟甲状花纹，边缘有小圆锯齿状突起,下部具7～8条细棱，基部渐窄，种脐位于基部。种皮黑紫色，膜质。胚椭圆形，长0.3～0.4mm，淡黄色，横向位于种子中部，胚根朝向种子一侧。具丰富油质胚乳。

成熟期：5～10月。

产地：长江流域及台湾、福建、云南、广西、广东等地。

种子千粒重：0.05g。

播种：用种量0.3～0.5g/m$^2$。

# ·柿树科 EBENACEAE·

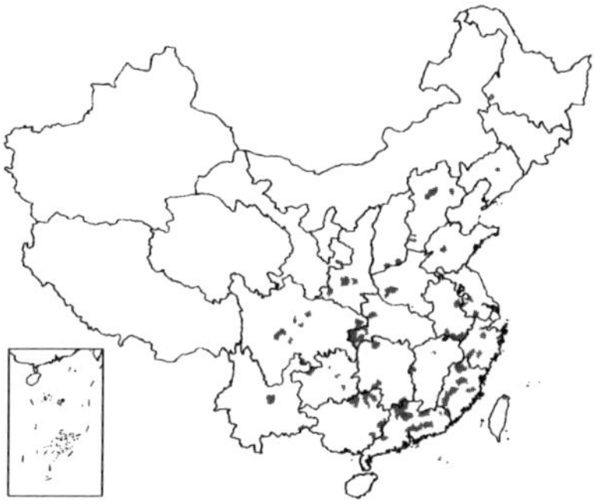

## 柿

*Diospyros kaki* Linn. f.

柿树科，落叶乔木。

浆果扁球形、卵圆形或扁圆方形，径3.5～10cm，熟时橙红色或橘黄色，具宿存花萼。

种子扁平倒卵形（彩图107），长18～20mm，宽12～13mm，厚3～4mm，顶端圆，基部渐窄，两侧较薄，两面较平坦；种脐小，线形，位于窄尖一端。种皮栗褐色，有皱纹，两侧有棱色边线，厚约0.1mm。胚位于中央，子叶长椭圆形，长6～7mm，很薄，白色；下胚轴与胚根长约5mm，白色。胚乳淡紫色，丰富。

成熟期：9～10月。

产地：原产长江流域。现在辽宁西部、长城一线经甘肃南部，进入四川、云南，在此线以南，东至台湾等地广泛栽培。

种子千粒重：950～1100g。

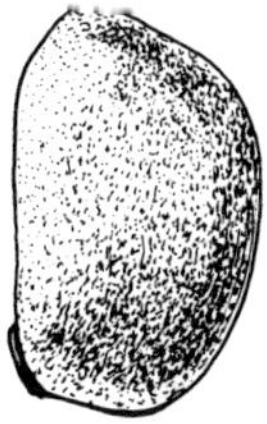
种子外形

种子外形（侧面示种脐）

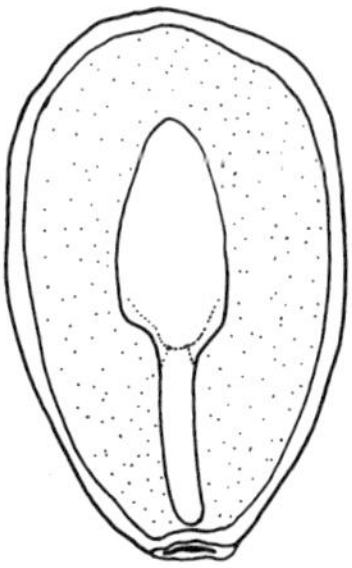
种子纵切面

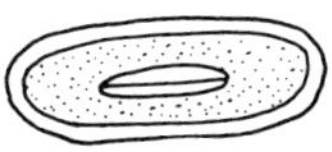
种子横切面

图529　柿

## 柬埔寨乌柿

*Diospyros embryopteris* Pers

柿树科，常绿乔木。

浆果球形，直径18mm，先端有小尖，基部略平坦，果熟时黑色，平滑，有光泽，果肉薄，通常有5粒种子。

种子长椭圆形，长9～11mm，宽5～6mm，厚3～4mm，先端钝尖，基部窄圆，两侧一侧平坦，另一侧凸起，边缘有黑色浅沟。种皮栗褐色，薄革质，厚约0.1mm。胚长6mm，匙形，子叶长3mm，1.5mm，白色，在横切面上明显呈“V”字形；下胚轴及叉胚根长3mm，白色，胚根部分加粗，淡褐色，胚根朝向种脐方向（种子茎部）。胚乳丰富，淡褐色，淀粉质（糊粉状）。

成熟期：4月以后。

产地：云南（西叉版纳）等地。

图530 柬埔寨乌柿

# ·安息香科 STYRACACEAE·

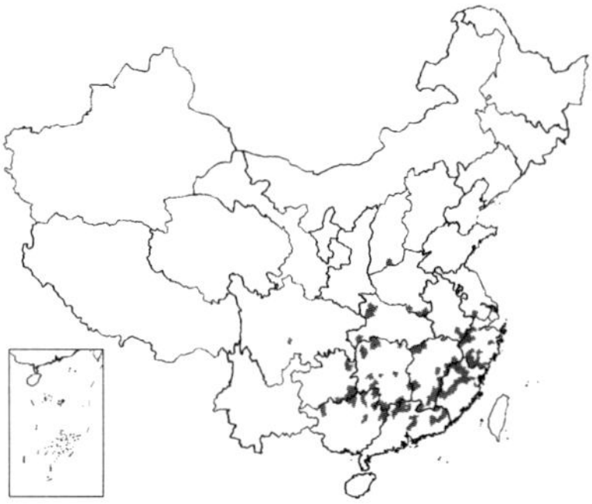

## 芬芳安息香

*Styrax odoratissimus* Champ. ex Benth.

安息香科，常绿乔木。

蒴果近球形，径0.8～1cm，具短喙，密被灰黄色星状毛。

种子椭圆形，长11mm，宽6～7mm，顶端圆形，基部斜截形，或微凹入，外壁咖啡色，有6～8条浅沟槽及不规则瘤状凸起，或一侧呈切削状；种脐位于截形一端，卵形，长约2.5mm，淡褐色。种皮厚0.5～0.8mm，骨质，内壁淡褐色，有叶脉状网纹；内种皮膜质。直胚，长8mm，白色，子叶椭圆形，长5mm，宽2mm；下胚轴及胚根长3mm，胚根朝向种脐一端。胚乳充满种皮，油质。

成熟期：6～9月。

产地：安徽、湖北、江苏、浙江、湖南、江西、福建、广东、广西、贵州等地。

# 垂珠花

*Styrax dasyanthus* Perk.

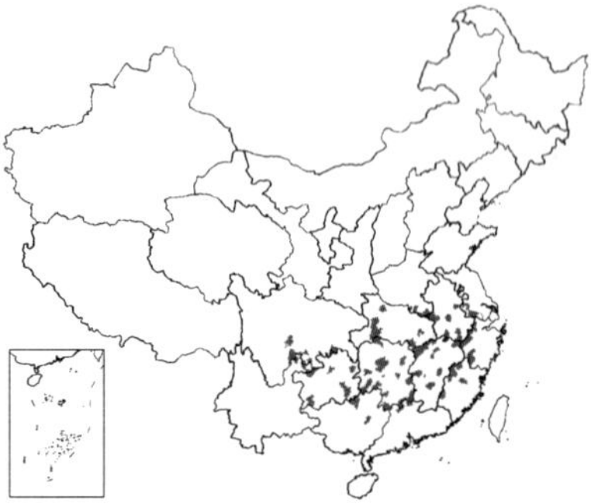

安息香科，常绿乔木。

蒴果近球形或倒卵形，径0.8～1.3cm，密被黄灰色星状毛，不规则3裂。

种子椭圆形，长8～9mm，宽约6mm，顶端圆形，中央凹入，基部斜截形或微凹入，从顶端凹处至基部有3条明显沟槽；种脐位于斜截一端凹入处，卵形，长约3mm，黄褐色。外种皮茶褐色，在高倍解剖镜下可见皱纹，厚约0.4mm，脆骨质，内壁黄褐色；内种皮膜质，黄褐色。直胚，长5.5mm，白色，子叶近圆形，径约15mm；下胚轴及胚根长2mm，胚根朝向种脐一端。胚乳充满种皮，粉质，白色、油质。

成熟期：9～11月。

产地：浙江、安徽、江苏、江西、湖南、湖北、广东、广西、福建、贵州、四川等地。

种子千粒重：130g。

播种：沙藏越冬春播，用种量15～25g/$m^2$。

# 白花树

*Styrax tonkinensis* (Pierre) Chraib ex Hartwichk [*S. subniveus* Merr. et Chun]

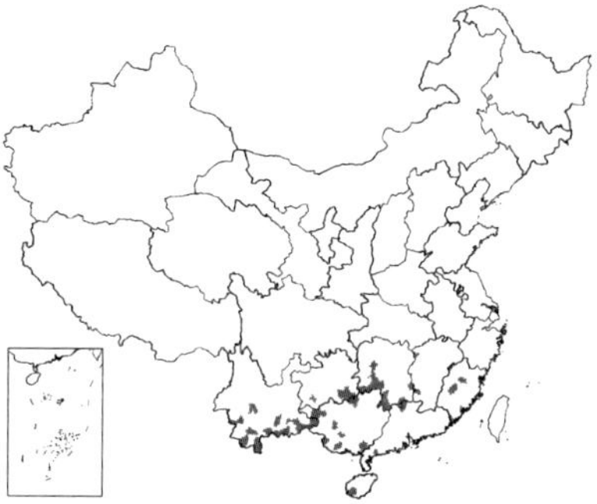

安息香科，落叶乔木。

蒴果倒卵形，长6～8mm，宽5～6mm，被星状绒毛，通常2裂。

种子倒卵状，椭圆形，长6～7mm，宽4～5mm，先端圆，有3条浅沟槽，基部渐窄；种脐卵状，长约2mm，位于渐狭一端一侧。种皮黄褐色，有光泽，密被小瘤状和芝麻状突起；外种皮骨质，厚0.5mm；内种皮淡褐色，有脉状纹及疏毛。直胚，子叶卵形，长3mm，宽2.5mm，白色；下胚轴及胚根长2.5mm，白色，胚根朝向种脐一端。胚乳丰富，充满种皮，白色，油质，

成熟期：8～10月。

产地：湖南、福建、广东、广西、云南等地。

# 广西安息香

*Styrax megalocarpus* Hu et S.Y.Liang [*S. macrospermus* C.Y.Wu]

安息香科，常绿乔木。

核果干燥，近球形或扁球形，径约20～25mm，密被白毛星状毛；果脐大，椭圆形，凹入，长径约7mm，内果皮木质，径17～22mm，高16～18mm，顶端微尖，基部平，有3条明显纵棱和3条浅沟槽，黑褐色，光滑，坚硬，厚约1mm。

种子种皮淡褐色，膜质。子叶宽卵形，长约7～8mm，宽约7～8mm，白色，有3条细脉；下胚轴及胚根长4～5mm，白色，朝向果脐一端，向侧方弯曲。胚乳丰富，油质。

成熟期：10～11月。

产地：广西、云南等地。

# 红皮树

*Styrax suberifolius* Hook. et Arn.

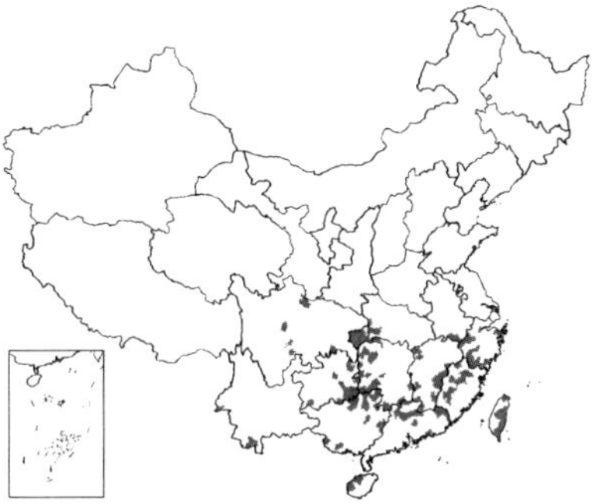

安息香科，常绿乔木或灌木。

蒴果，近球形，直径7～10 mm，被星状毛，熟时3裂或不裂。具种子1～2粒。

种子近球形或扁球形或半球形，长6～7mm，宽6～8mm，顶端圆，微具短尖，有3条短纵棱和3条由顶端达基部的浅沟槽，基部种脐微凹入，呈三角状椭圆形，淡褐色。外种皮茶褐色，无瘤状凸起，骨质，厚约0.5mm，内壁无毛；内种皮淡褐色，膜质，有纵脉纹和被疏毛。直胚，子叶近圆形，长宽约4mm，白色；下胚轴及胚根白色，长约2.2～2.5mm，朝向种子斜上端。胚乳丰富，充满种皮，白色。

成熟期：9～10月。

产地：长江以南各地，西南至四川、云南，东至台湾、福建等地。

图531 红皮树

# 野茉莉

*Styrax japonicus* Sieb. et Zucc.

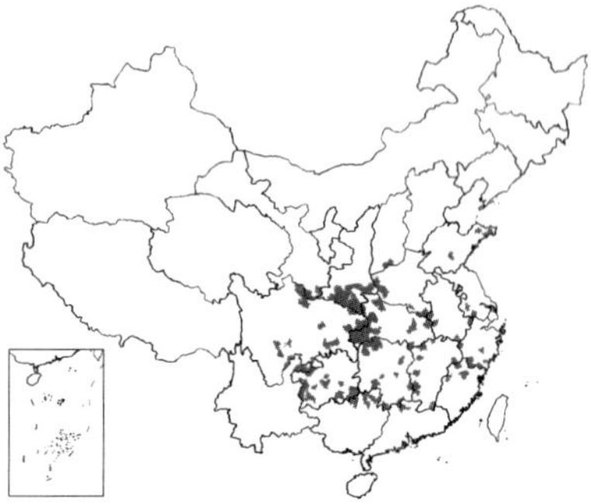

安息香科，落叶乔木。

蒴果卵圆形，长12～15mm，径8～10mm，顶端突尖，果皮有疏毛，具种子1～2粒。

种子倒卵状椭圆形或长椭圆形，微弯曲，长7～12mm，宽5～7mm，先端短突尖，基部渐尖，表面有3条纵脊和3条浅沟槽，从种脐直达顶端；种脐位于渐窄一端之一侧，略呈四边形，浅黄色。外种皮灰褐色，光滑，无瘤状突起，微有皱纹，坚硬骨质，厚0.5mm；内种皮淡褐色，膜质，有叶脉状条纹。直胚，子叶椭圆形，长3～3.5mm，宽2.5mm；下胚轴及胚根长2.5～3mm，白色，胚根朝向种脐一端。胚乳丰富，白色，油质。

成熟期：9～11月。

产地：秦岭和黄河以南。东起山东、福建，西南至云南、四川，南至广东、广西等地。

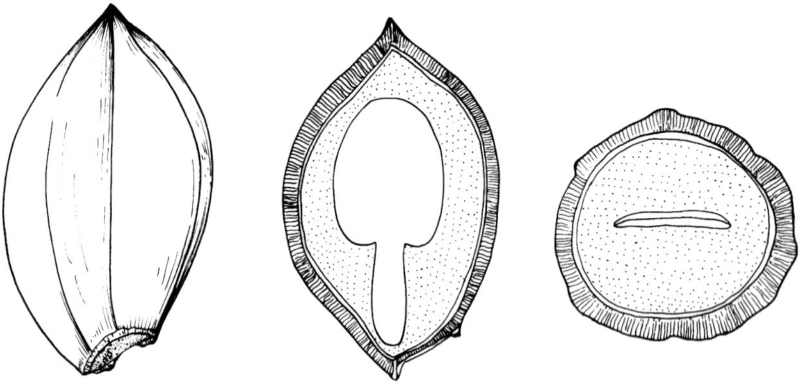


图532 野茉莉

# 秤锤树

*Sinojackia xylocarpa* Hu

安息香科，落叶乔木。

果实核果状，木质不开裂，椭圆形或倒卵状椭圆形，长20～30mm，宽10～13mm，两端渐尖，近顶部有一环纹，果皮外壁茶褐色，平滑，软木质，密被淡褐色斑点。果核狭长椭圆形长20～25mm，宽3～5mm，淡褐色，具不规则纵棱，木质，壁厚约1mm。

种子长条形，长约14mm，宽3～5mm，两端渐尖。种皮茶褐色，平滑，厚膜质。直胚，子叶条形，长约6mm，宽约2mm；下胚轴与胚根白色，棍棒形，长7～8mm，宽约1mm，胚根朝向果脐一端。胚乳白色，油质。

成熟期：9～10月。

产地：江苏、浙江、安徽、湖北等地。

种子千粒重：380～430g。

播种：室外层积。

# 贵州木瓜红

*Rehderodendron kweichowense* Hu

安息香科，落叶乔木。

核果状坚果椭圆形，长45～55mm，宽25～30mm，先端有短尖，有宿存花萼8片，基部近圆形，外壁有10～8条纵肋，果实顶端有星状毛，熟时褐色。外果皮革质；中果皮干时粉质，深褐色；内果皮木质，向外呈网状辐射延伸至外果皮。

种子圆柱形，长25～28mm，宽3～4mm，上端钝尖，下端圆形。种皮淡褐色，有咖啡色纵条纹。子叶椭圆形，长8mm，宽3mm，白色，有羽状脉纹，下胚轴及胚根长20mm，宽2.5mm，白色，胚根朝向果实顶端。胚乳白色。

成熟期：10月。

产地：广东、广西、贵州、云南等地。

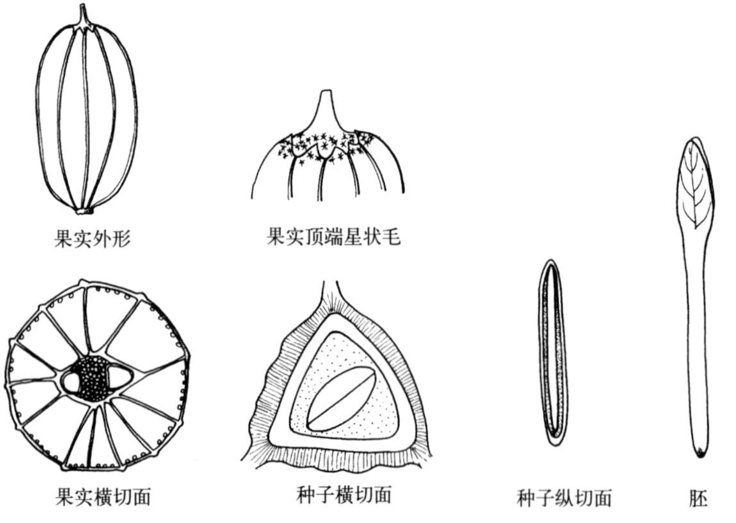


图533　贵州木瓜红

# 赤杨叶

*Alniphyllum fortunei* (Hemsl.) Makino

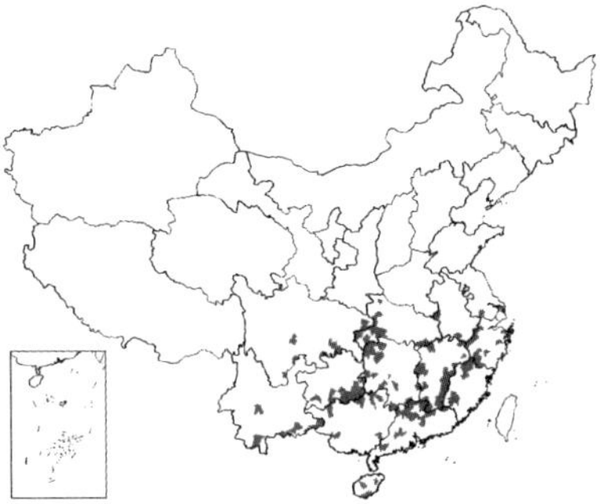

安息香科，落叶乔木。

蒴果长圆形，长10～14mm，宽5～6mm，先端有短尖头，基部圆形，有宿存花萼，具5棱，熟时褐色，外果皮易脱落，花萼及外果皮被星状短绒毛，蒴果5裂，种子约40粒。

种子小，两端有不整齐膜质翅，连翅扁平条形，长约2mm，宽5.5～8mm，翅褐色有栗褐色斜脉纹，中间为种子、部分颜色栗褐色，有肋状窄翅状突起。种子椭圆形，长1.5mm，宽约1mm，两端钝尖，黑褐色，有小颗粒状突起。种皮脆骨质，厚不及0.1mm。胚棍棒形，长1.2mm～1.3mm，白色，子叶长0.3～0.5mm；下胚轴及胚根长6～8mm，白色，胚根朝向种翅较长的一侧。胚乳充满种皮。

成熟期：10～11月。

产地：长江以南各地。南至海南，西南至四川、云南等地。

种子千粒重：0.55～0.66g。

播种：用种量撒播5g/m²，条播2.5～4g/m²。

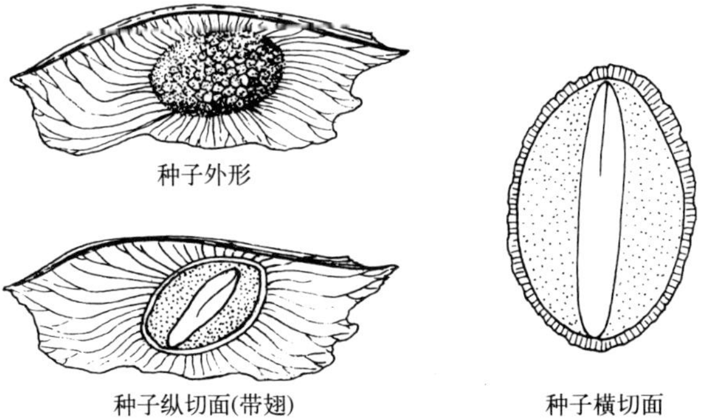


图534 赤杨叶

# ·山矾科 SYMPLOCACEAE·

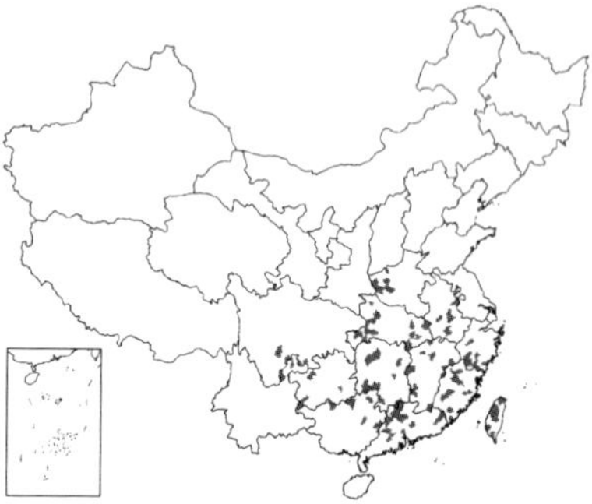

## 华山矾

*Symplocos chinensis* (Lour.) Druce

山矾科，落叶灌木。

核果卵形，歪斜，长5～7mm，宽4～5mm，熟时黑色，被褐色绒毛。

果核卵形，长4～5mm，宽3.8～4.2mm，先端圆形，中央有一圆盘状和小突尖，基部圆形，栗褐色，有浅纵纹和掌状线纹，壁骨质，厚约0.2mm，有1～2粒种子。

种子肾形，长3.5mm，宽4～4.5mm，先端凹下，基部弓形。种皮淡褐色，膜质，有浅褐色脉纹。弯曲胚，长约5mm，子叶长2.5～3mm，宽0.5mm，白色；下胚轴及胚根长1.5～2.5mm，白色，位于果核上方一侧。胚乳丰富，白色，油质。

成熟期：8～9月。

产地：广东、广西、江苏、江西、浙江、安徽、福建、台湾、湖南、云南、贵州、四川等地。

种子千粒重：35～50g。

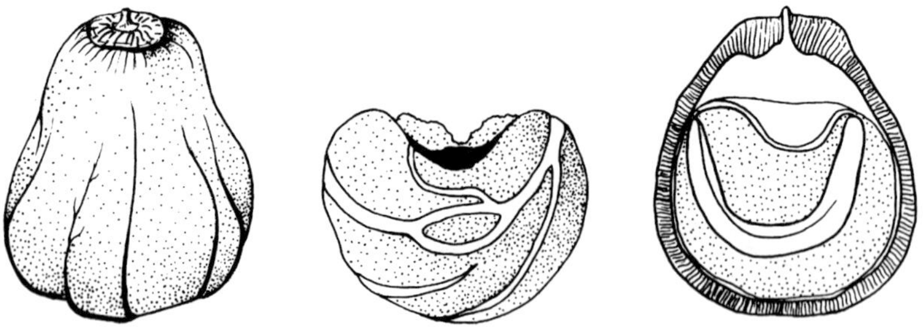

果核　　种子外形　　种子横切面

图535　华山矾

# ·木犀科 OLEACEAE·

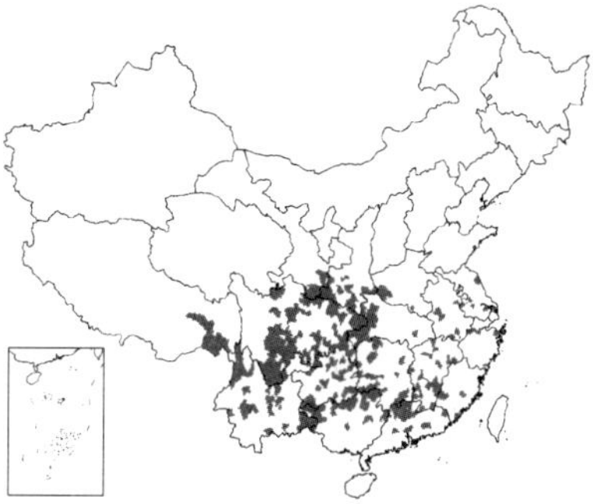

## 女贞

*Ligustrum lucidum* Ait.

木犀科，常绿小乔木和乔木。

核果矩圆形，长约1cm，微弯，蓝黑色，被白粉。

种子（果核）竖肾形，长约7mm，宽4mm，厚3mm，先端圆钝，基部窄尖，两端向腹面弓弯，表面浅褐色，背面约8条不整齐纵棱，腹面中央微突起或具2条浅纵棱。种脐(果脐)圆形，径0.2mm，位于窄尖一端。种子弯弓形，长5～6mm，宽2mm，干后有6～8条纵棱。种脐不明显，位于圆钝一端，近圆形，径0.3mm。种皮黄褐色或栗褐色，有圆形覆网状斑纹。胚长椭圆状披针形，子叶长3.2mm，宽1.5mm；下胚轴及胚根长2.5mm，胚根朝向种子圆钝一端。胚乳肉质，白色。

成熟期：10～12月。

产地：长江以南至华南、西南各地，向西北至陕西、甘肃，向北栽培至华北南部。

种子千粒重：36g。

播种：用种量200～300g/m$^2$。

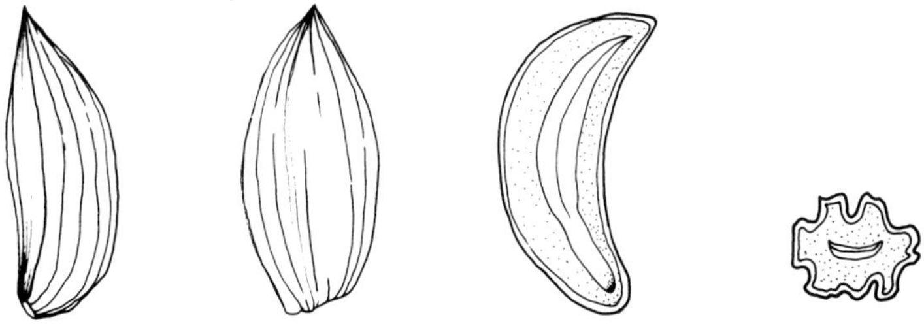

种子外形　　种子纵切面　　种子横切面

图536　女　贞

# 小蜡

*Ligustrum sinense* Lour.

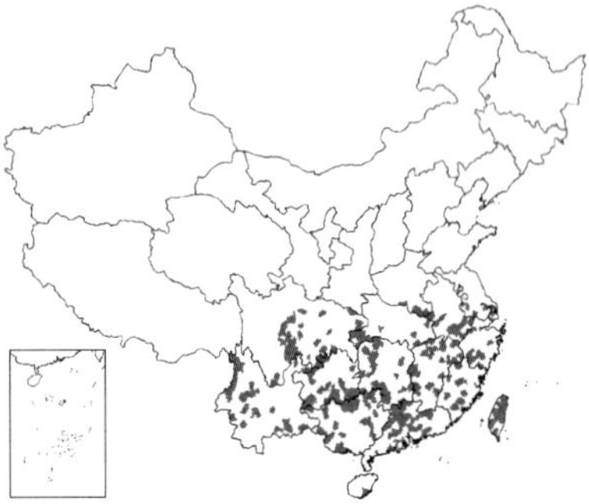

木犀科，灌木至小乔木。

浆果状核果近球形，成熟黑色。

种子宽椭圆形，长4mm，宽2.8mm，厚2mm，先端具一小尖头，基部略平截，背面弧形，腹面凹入，横切面呈肾形，表面黑色，有圆形乳头状泡状突起，干后凹下；种脐位于平截一端，腹后基部，椭圆形，长约0.2mm。种皮厚膜质。直胚，子叶卵形，长约1.5mm，宽1.2mm；下胚轴及胚根长1mm，白色，胚根朝向种子平截一端。胚乳肉质，白色。

成熟期：7～9月。

产地：江苏、浙江、安徽、江西、福建、台湾、湖北、湖南、广东、广西、贵州、四川、云南等地，陕西南部有栽培。

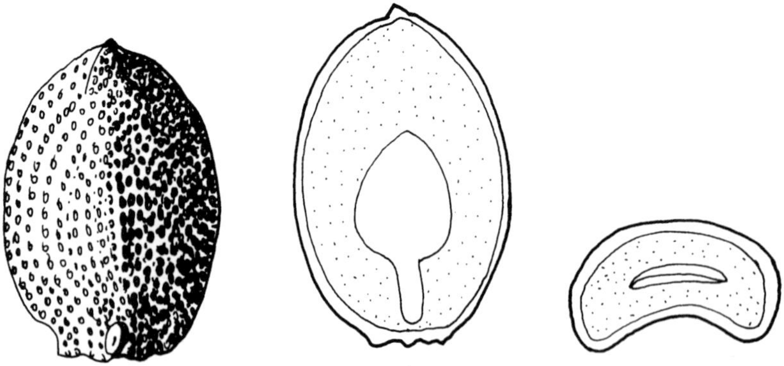


图537 小 蜡

# 小叶女贞

*Ligustrum quihoui* Carr.

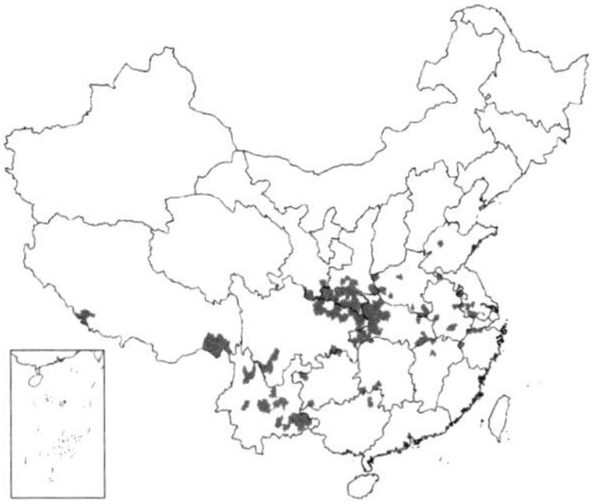

木犀科，常绿灌木。

核果椭圆形或近球形（彩图108），长5～8mm，宽4～7mm，内果皮革质，淡褐色，表面有不连续肋状突起。内有种子1～2粒。

种子扁平长卵形，长5～6mm，宽2.5～4mm，先端渐尖，基部圆钝，背面凸起，中央有一凹槽，其余有断续纵肋，呈雕刻状花纹，腹面平坦，中央微凹；种脐位于圆钝一端，不明显。种皮膜质，黑色，有圆形小突起，干后平或凹下。直胚，子叶椭圆形，长约3.5mm，宽约2mm，白色；下胚轴及胚根长1.5mm，白色，胚根朝向种子圆钝一端。胚乳肉质、白色。

成熟期：9～10月。

产地：陕西南部、山东、江苏、安徽、浙江、江西、河南、湖北、四川、贵州、云南、西藏（察隅）等地。

种子千粒重：25g。

播种：用种量150～200g/m²。

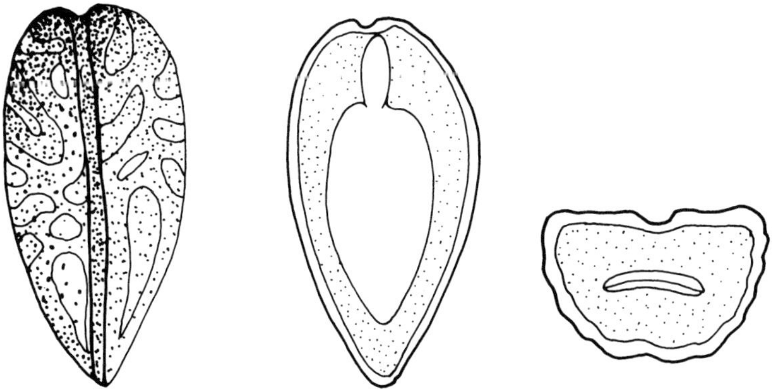

种子外形　　种子纵切面　　种子横切面

图538　小叶女贞

# 蜡子树

*Ligustrum molliculum* Hance

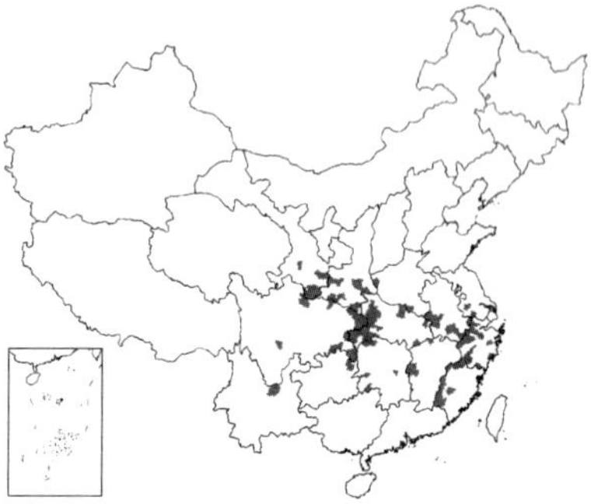

木犀科，落叶灌木。

核果宽椭圆形，长8～9mm，蓝黑色，稍被蜡状白粉。

种子倒卵状椭圆形，直而不弯曲，长7.5mm，宽3.6mm，厚约3.5mm，先端短钝尖，基部圆形，背腹两面中央各有一条纵沟，腹面者较宽，背腹两面各有断续纵棱和沟槽；种脐位于较圆钝一端，近圆形。种皮膜质，褐色，厚约0.2mm，有小圆点状突起。胚棍棒形，长约5mm，白色，子叶椭圆形，长5mm，宽3mm；下胚轴及胚根长约2.5mm，胚根朝向种子基部。胚乳丰富，肉质。

成熟期：10月。

产地：陕西南部、甘肃南部、江苏、安徽、浙江、江西、福建、湖北、湖南、四川等地。

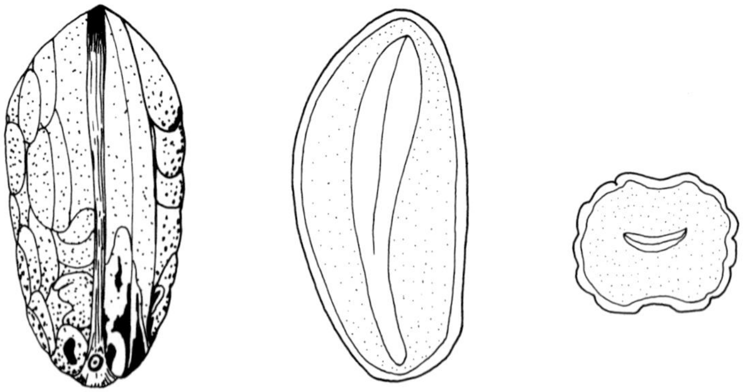

种子外形　　种子纵切面　　种子横切面

图539　蜡子树

# 桂花

*Osmanthus fragrans* Lour.

木犀科，常绿乔木。

核果卵形，长1～1.5cm，内果皮厚，骨质。

种子（果核）菱形，略弯曲，长16～18mm，宽6.5～8mm，两端渐尖，表面浅黄褐色，有8～10多条棱线，并呈叶脉状分枝；种脐位于较粗的一端，圆形，径约1mm。外种皮厚0.2mm，内壁平滑；内种皮膜质，有叶脉状纤维。直胚，匙形，长11mm，白色，子叶卵状椭圆形，长5mm，宽2m；下胚轴及胚根长5.5mm，宽1.5mm，胚根朝向种子较尖的一端。胚乳油质（硬）。

成熟期：4～5月，北方9～10月。

产地：原产我国西南，现各地广泛栽培。亚热带地区露地种植。黄河流域以北以盆栽为主。

种子千粒重：190～310g。

播种：秋播或湿沙层积催芽春播，用种量50g/m²。

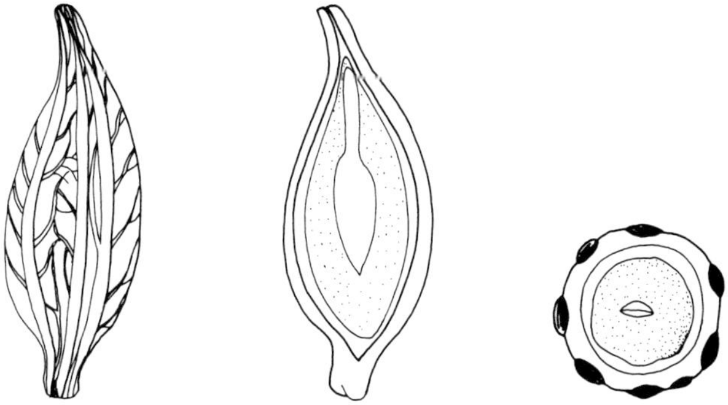

种子外形　　种子纵切面　　种子横切面

图540　桂　花

# 油橄榄

*Olea europaea* Linn. 樨榄

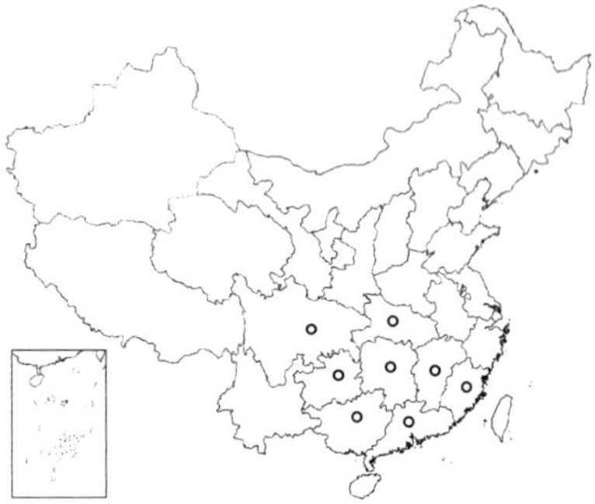

木犀科，常绿乔木。

核果椭圆形至近球形，长2～2.5cm，紫黑色或黑色，有光泽。

种子（果核）倒卵状椭圆形，长15mm，宽8.5mm，顶端有短尖头，基部渐窄，先端平坦，微扁，两侧具细纵棱，有8条以上分叉的脉纹状细沟槽；种脐位于渐窄一端的先端。圆形，径约1mm。外种皮厚1.5mm，木质；内种皮膜质，褐色，有淡褐色脉纹。直胚，长倒卵形，长约10mm，宽4mm，白色；子叶长卵形，长7.5mm，宽3.2mm；下胚轴及胚根长2.5mm，宽1mm；胚根朝向果核顶端(有小尖头一端)。胚乳白色，油质。

成熟期：10～12月。

产地：原产地中海沿岸。我国栽培在长江以南。

种子千粒重：350～1200g。

播种：清水浸种1～2天，换水2～4次，再用0.02%～0.05%的赤霉素溶液浸种24小时，清水洗净，阴干后用洗净的中粒河沙层积催芽，用种量0.2～0.6g/m$^2$。

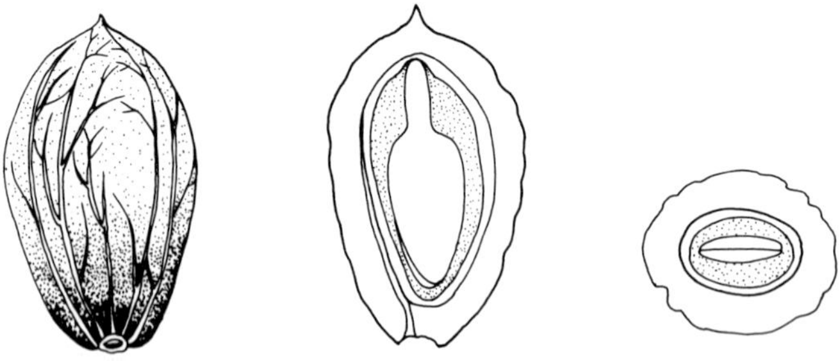

种子外形　　种子纵切面　　种子横切面

图541　油橄榄

# 流苏树

*Chionanthus retusus* Lindl. et Paxt.

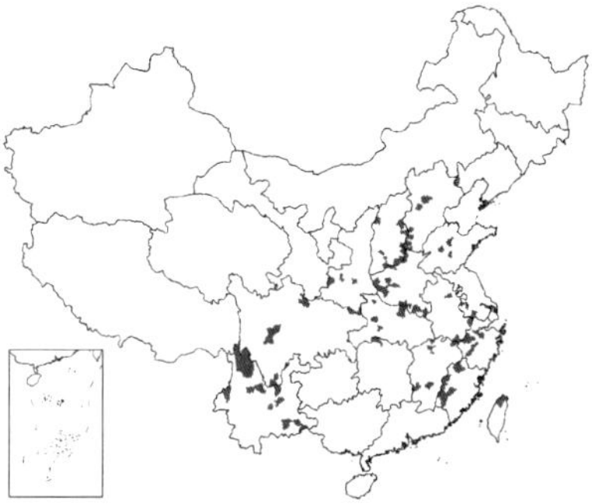

木犀科，落叶乔木。

核果椭圆形，长10～15mm，黑色，肉质。

果核椭圆形，长8～12mm，宽6～8mm，两端钝尖或基部近圆形，表面浅黄褐色，有10余条细纵棱，再由棱上分出叶脉状纤细棱，木质，厚约0.5～0.8mm。

种子椭圆形，长7～10mm，宽5～7mm，顶端渐尖，基部圆形。种皮褐色，膜质，有淡褐色网状脉纹。胚长椭圆形，子叶长6～8mm，微有皱褶；下胚轴及胚根长约1.5～2mm，均为白色，胚根朝向果实顶端。胚乳丰富，淡褐色，油质。

成熟期：9～10月。

产地：华东、华中、华南、西南和西北各地及河北、山西、山东、河南等地。

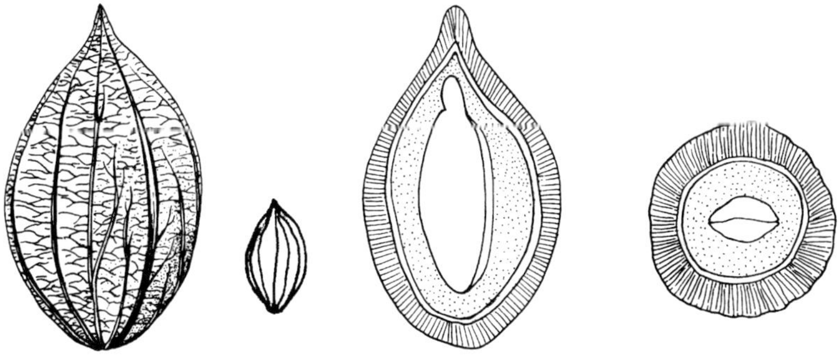


图542　流苏树

## 绒毛白蜡

*Fraxinus velutina* Torr.

木犀科，落叶乔木。

翅果倒披针形，长1～3cm，宽0.3～0.5cm。

种子(翅果)上端具翅，连翅倒披针形，长约3cm，翅延伸到种子中部，长1.4cm，最宽处3～5mm，顶端凹缺，表面苍黄色，有细纵条纹。种子部分棍棒形，长约1.0～2cm，宽16～0.2cm，表面褐色，有细纵棱，基部细长，有宿存花萼；种脐位于翅与种子交界一端。内种皮褐色，有细纵棱，高倍解剖镜下可见腺点。直胚，长1～1.2cm，白色，子叶条形，长6～8mm，宽0.5mm；下胚轴及胚根长4～5mm，胚根朝向种翅一端。胚乳角质。

成熟期：9～10月。

产地：原产美国南部。华北地区栽培。

种子千粒重：18.6～22.0g。

播种：秋播，或用始温40～50℃水浸种24小时，再保持25℃层积催芽，用种量3～5kg/亩。

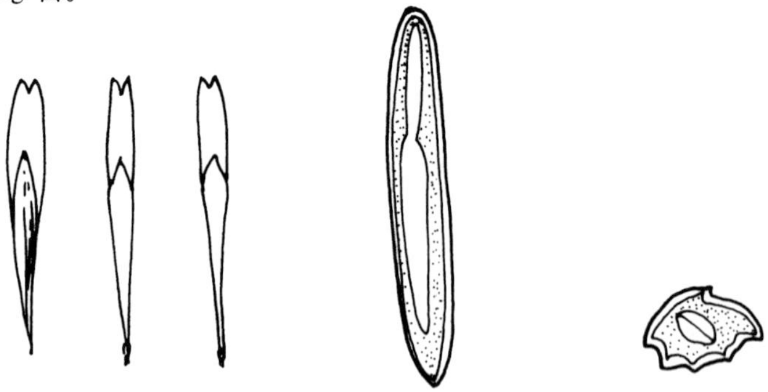

种子外形　　种子纵切面　　种子横切面

图543　绒毛白蜡

# 大叶白蜡

*Fraxinus rhynchophylla* Hance

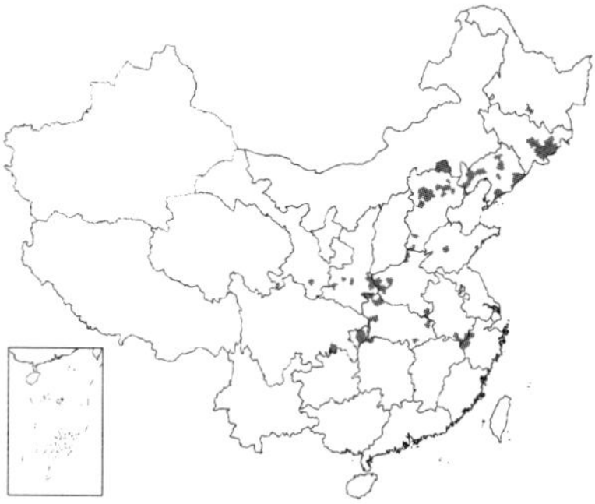

木犀科，落叶乔木。

翅果长条形或披针形，长4.5～5cm，宽4～5.5mm，褐色，翅长为果长1.5倍，常延伸至种子基部，翅先端分2叉，有纵细条纹及乳头状小突起；种子基部有宿萼。

种子扁棍棒形，长约11mm，宽约2mm，厚约1mm。种皮紫褐色，有不整齐纵条纹。胚位于种子与翅交界处，胚长1.5mm，白色。子叶椭圆形，长0.7mm；下胚轴胚根长0.8mm。有胚乳。

成熟期：9～10月。

产地：河北、山西、山东、河南各地，东北、西北和长江流域有分布。

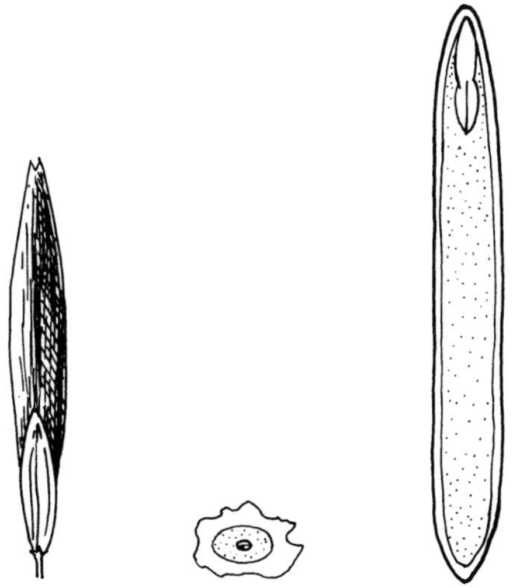

种子外形　　种子纵切面　　种子横切面

图544　大叶白蜡

# 雪柳

*Fontanesia fortunei* Carr.

木犀科，落叶灌木或小乔木。

翅果，扁平周围具翅，连翅倒卵形，长6～8mm，宽3.5～6mm，厚约1mm，熟时黄绿色，先端凹缺，有宿存花柱，基部圆形，有4枚宿存褐色苞片，延长萼片。有2室，每室1小坚果，宽约1.5mm，但通常只1室发育，果皮革质，厚约0.1mm。

种子圆柱形（彩图109），长约5mm，宽约1.5mm。种皮褐色，膜质。子叶长椭圆形，长2.5～3mm，宽约0.8mm，白色；下胚轴及胚根长1.5～2mm，白色，朝向果实先端。有胚乳，白色。

成熟期：9～10月。

产地：河北、山西、山东、河南等地。东北、西北、华中有栽培。

种子千粒重：5.6～8.2g。

播种：用种量2.5g/m$^2$。

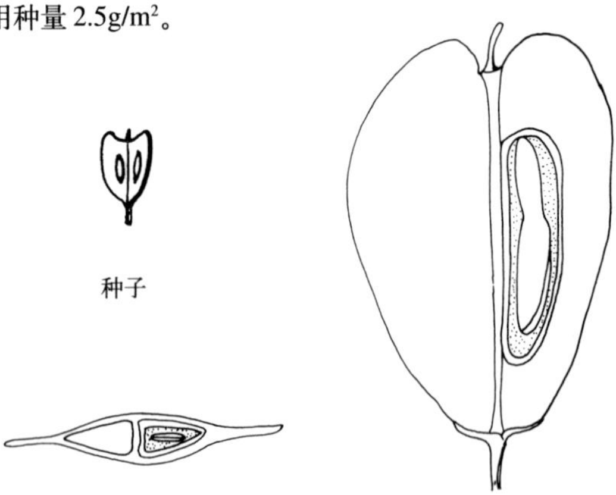


图545 雪 柳

# 连翘

*Forsithia suspensa* (Thunb.) Vahl.

木犀科，落叶灌木。

蒴果椭圆形，长18mm，宽9mm，2室，熟时茶褐色，密被淡褐色皮孔，熟时2裂。

种子有2型，扁平条形及三棱状纺锤形，有翅，长7～9mm，宽1.5～3mm，两端微弯曲，背后有一纵脊。种皮栗褐色，在高倍解剖镜下可见网眼状小坑，纸质。有胚乳。

成熟期：7～9月。

产地：河北、山西、山东、河南等地。

种子千粒重：4.4～5.3g。

播种：用种量5～8g/m$^2$。

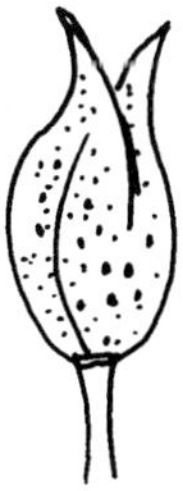

果

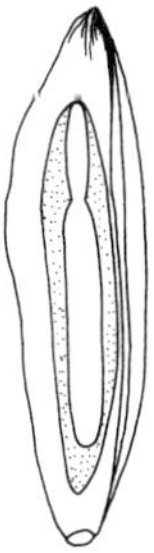

种子纵切面

图546　连　翘

# 紫丁香

*Syringa oblata* Lindl.

木犀科，落叶灌木或小乔木。

蒴果椭圆形，长 15～18mm，宽 8～10mm，无皮孔。

种子长倒卵形（彩图 110）、长椭圆形或半长椭圆形，长8～12mm，宽2.5～4mm，先端近圆形，基部渐尖，边缘周围有窄翅或翅不明显，背面微凸起，中央有纵脊及不明显细棱，腹面微凹陷，有 2 条纵枝及 3 条宽沟。种皮褐色，纸质。有胚乳。

成熟期：8～10 月。

产地：华北、东北、西北和西南等地。

种子千粒重：8～14g。

播种：秋播或层积 30～90 天后春播，用种量 5g/m$^2$。

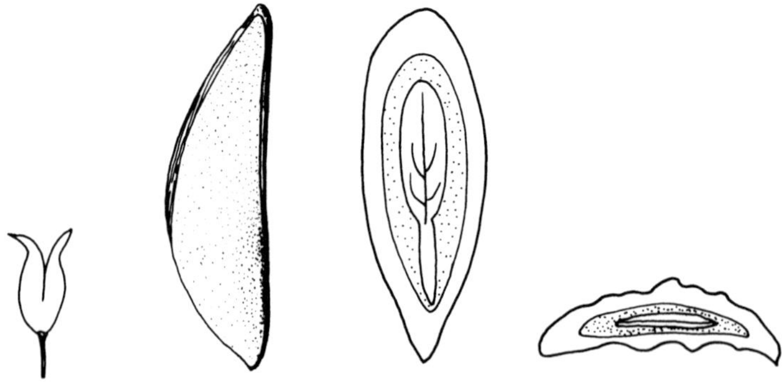


图 547　紫丁香

# 柔毛丁香

*Syringa pubescens* Turcz.

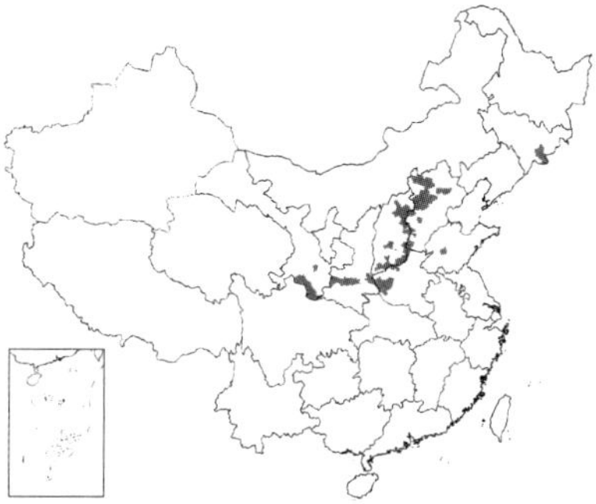

木犀科，落叶灌木。

蒴果长椭圆形，长14～16mm，宽3.5～4mm，先端短渐尖，基部圆形，果皮栗褐色，每面有6～7条细棱，有淡褐色大小不等皮孔，基部有宿萼，沿背缝线2裂。

种子扁平椭圆形，长11～12mm，宽3～3.5mm，厚0.3～0.5mm，两端圆钝或微尖，腹面平，背面凸透镜形，周围有淡褐色翅。种皮栗褐色，膜质，无毛。子叶长卵形，长约4mm，宽1.5～1.8mm；下胚轴及胚根长约2.5mm，白色。有白色胚乳。

成熟期：8～9月。

产地：华北、东北及陕西等地。

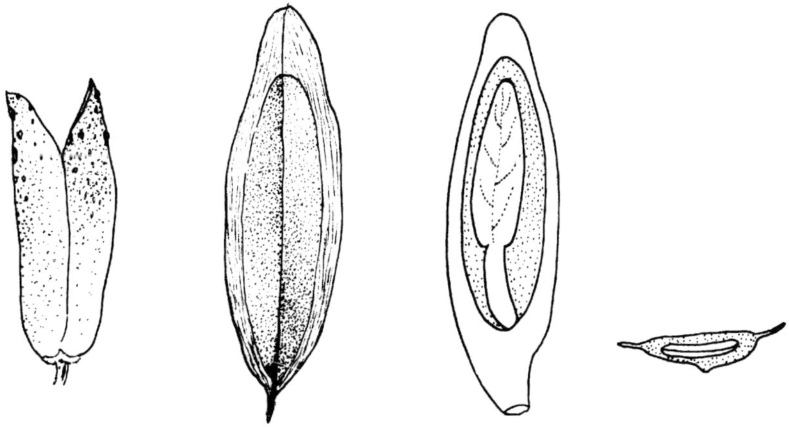

果实外形　种子外形　种子纵切面　种子横切面

图548　柔毛丁香

# 红丁香

*Syringa villosa* Vahl.

木犀科，落叶灌木。

蒴果长椭圆形，长1.5～2cm，宽4.5～5mm，先端有短突尖，果皮褐色，每面有不明显5～6条纵肋，平滑，无毛无腺，无皮孔，基部有宿萼；2室，每室有种子2粒，通常只发育1个。

种子扁平矩圆状椭圆形（彩图111），长12～14mm，宽约4mm，厚约1mm，腹面平，背面凸镜形，两端圆钝。外种皮栗褐色，有乳头状小突起，周围呈翅状；内种皮较外种皮颜色深。子叶长卵形，长约5mm，宽约2mm；下胚轴及胚根白色，长2.5mm。胚乳白色。

成熟期：7～9月。

产地：华北、东北及陕西等地。

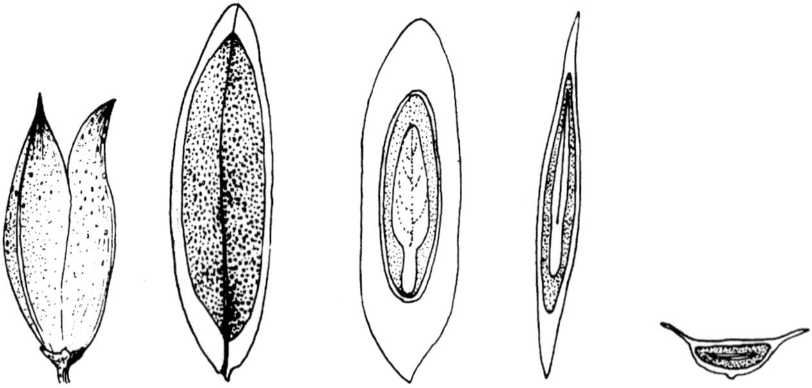


图549 红丁香

# 暴马丁香

*Syringa reticulata* Hara var. *mandshurica* (Maxim.) Hara

木犀科，落叶灌木或乔木。

蒴果长1～1.3cm，先端钝，光滑。

种子扁平长椭圆形，长19～22mm，宽5～7mm，厚约1.5mm，两端钝尖，基部一端中突微凹缺，两侧有半膜质窄翅，宽约1mm，背面中央有一细棱脊；种脐位于有凹缺一端腹面基部短线形，长约0.5mm。种皮褐色，膜质，有小疮状突起。直胚，子叶椭圆形，长6mm，宽3mm；下胚轴及胚根长3mm，白色，胚根朝向种脐一端。胚乳丰富，白色。

成熟期：8～10月。

产地：东北和华北。

种子千粒重：18～24g。

播种：1～5℃层积60～90天后再转入10～20℃下催芽7～10天，用种量5g/m$^2$。

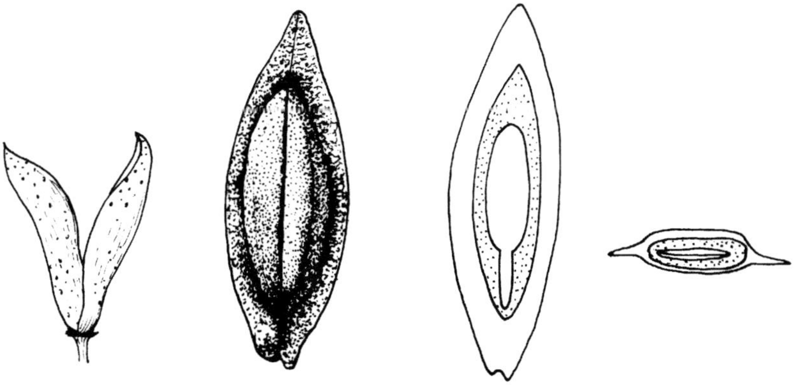


图550　暴马丁香

# 小叶丁香

*Syringa microphylla* Diels

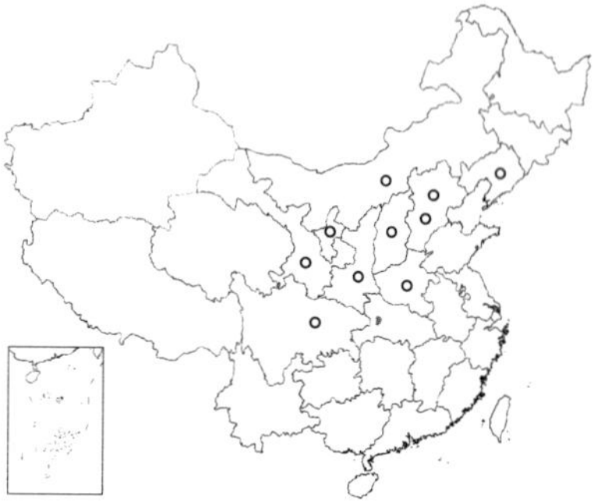

木犀科，落叶小灌木。

蒴果细长，长1～1.5cm，先端渐尖，常弯曲，有疣状突起。

种子扁平倒卵状椭圆形，长8～10mm，宽约2.5mm，厚约1mm，先端圆钝，基部渐尖，两侧有不明显窄翅，背面具5条细纵脊；种脐位于长渐尖一端腹面基部，外线形，长0.5mm。种皮褐色，膜质。直胚，子叶长椭圆形，长约3mm，宽约1.5mm，白色；下胚轴及胚根长1.5～2mm，白色，胚根朝向种子长渐尖一端。胚乳白色。

成熟期：9～10月。

产地：河北西南部、陕西、宁夏南部、甘肃、青海东部、河南西部、湖北西部、四川东部。

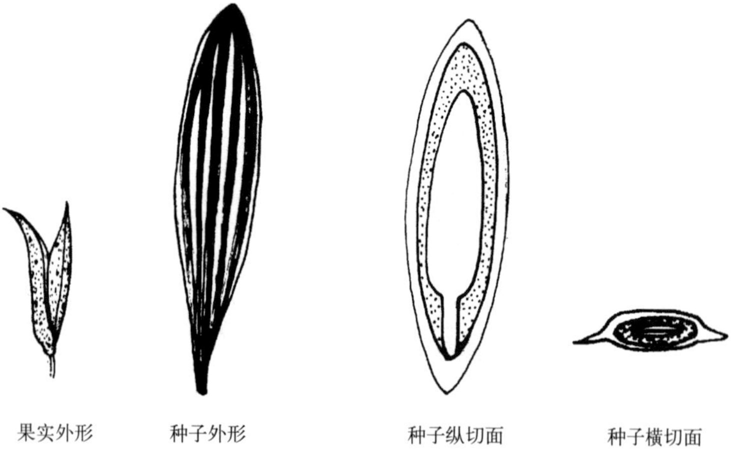


图551 小叶丁香

# 北京丁香

*Syringa pekinensis* Rupr.

木犀科，落叶乔木。

蒴果卵形，长1～2.5cm，顶端尖，有疣状突起或平滑。

种子扁平长倒卵状椭圆形，长15～17mm，宽4～5mm，厚约1mm，先端钝尖，基部长渐尖，边缘有宽约0.5mm的窄半膜质翅，背面中央有一细纵棱脊；种脐位于长渐尖一端腹面基部，线形，长0.5mm。种皮褐色，膜质。直胚，子叶长椭圆形，长4～5mm，宽1.5～2mm；下胚轴及胚根长3～4mm，白色，朝向种子长渐尖一端。胚乳白色。

成熟期：9月。

产地：内蒙古、河北、北京、山西、河南、陕西、宁夏、甘肃、四川北部。

种子千粒重：11～12.5g。

播种：秋播或层积30～90天后春播，用种量5g/m²。

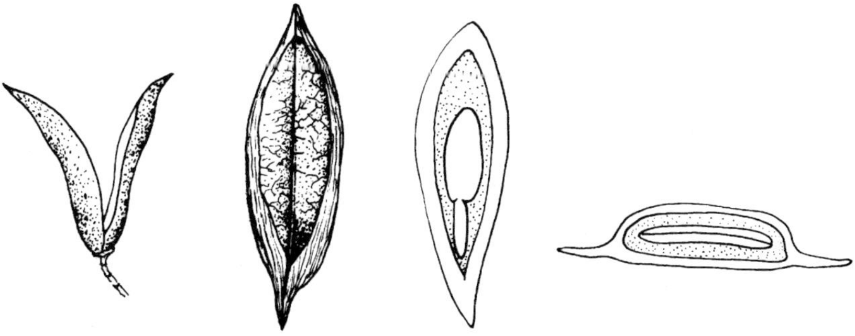


图552 北京丁香

# · 马钱科 LOGANIACEAE ·

## 灰莉

*Fagraea chinensis* Merr.

马钱科，灌木或小乔木 。

浆果，种子多数。

种子斜卵形，长约2mm，宽约1.6mm，厚约1.4mm，先端钝尖，基部偏斜，深凹入。表面褐色，有六角形斑网纹；种脐位于深凹入处，椭圆形，长约0.6mm。种皮脆骨质，厚约0.1mm，内壁亦有六角形纹饰。直胚，椭圆状圆锥形，长约0.6mm，白色，位于种子基部一侧。胚乳丰富，白色，油质。

成熟期：10月。

产地：原产我国台湾、海南、广东、广西、云南南部。

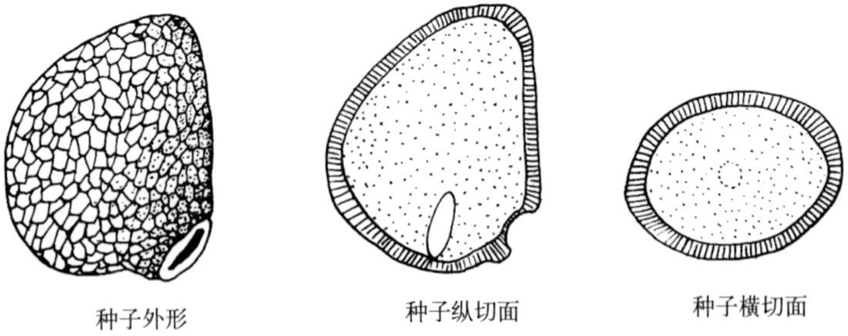


图553　灰　莉

# 醉鱼草

*Buddleja lindleyana* Fort.

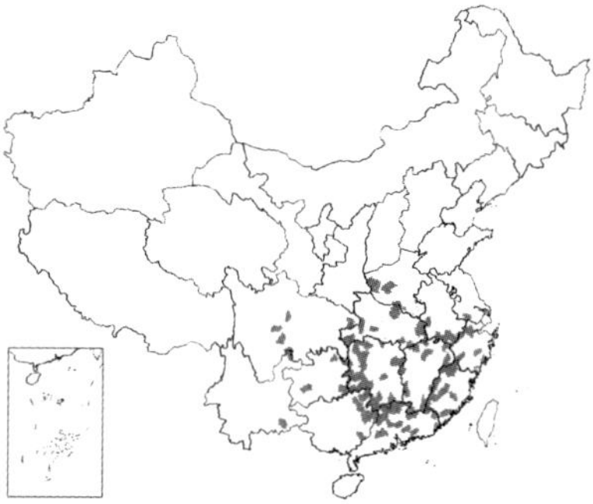

马钱科，落叶灌木。

蒴果矩圆形，长约5mm，宽3mm，室间2瓣裂，被鳞片，种子多数。

种子柱状楔形，长0.5～0.7mm，宽约0.5mm，两端均为截形，边缘肋状，半透明。种皮膜质，褐色，密生小穴状斑纹。胚棍棒形，长0.3～0. 4mm，白色，胚根朝向种子一端。胚乳白色。

成熟期：10月。

产地：山东、河南及长江以南各地。

## ·夹竹桃科 APOCYNACEAE·

### 药用狗牙花

*Ervatamia officinalis* Tsiang

夹竹桃科，灌木。

果倒披针形，长 31.5～40mm，宽 5～7mm，先端长渐尖，熟时黄褐色，背面中央有一棱线，腹面有3条不明显棱线，两侧各具一棱线，果皮内壁橘黄色；具种子 3～5 粒。

种子短圆粒形，长 7mm，宽 5mm，上面一粒和基部一粒种子一端圆钝，另一端平截，中间几粒两端均平截，有红褐色肉质假种皮，种皮黑褐色，腹面中央有一条沟槽，背面有 7～8 条细沟槽。密被小圆球状腺体。胚乳丰富。

成熟期：8 月至翌年 4 月。

产地：广东、海南等地。

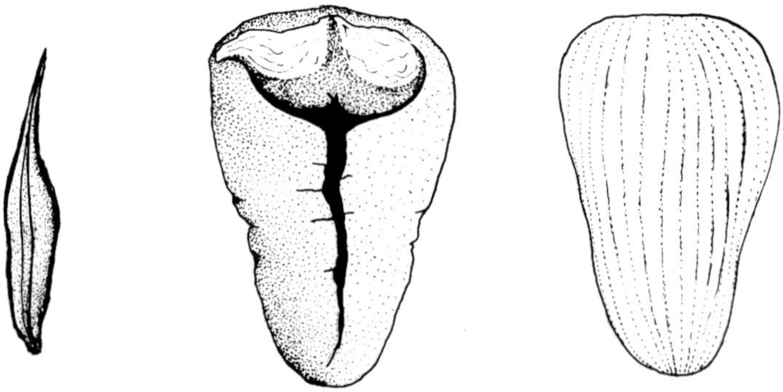

果实外形　　种子外形(腹面)　　种子外形(背面)

图 554　药用狗牙花

# 云南蕊木

*Kopsia officinalis* Tsiang et P. T. Li

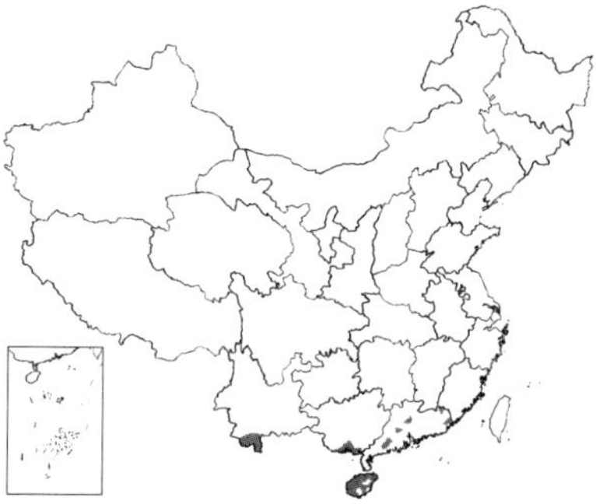

夹竹桃科，常绿乔木。

核果长椭圆形，形似黑榄，长 2.6～4cm，宽 1.6～2.4cm，稍扁，两端渐尖，熟时紫黑色，干时有皱纹，中果皮及内果皮均为肉质，厚 4～5mm。

种子卵状椭圆形，长约 2cm，宽约 1.3cm，先端尖，基部圆形。种皮膜质，淡褐色，粘贴在果皮上。子叶肥厚，2 枚不等大，呈"S"形扭曲，一枚子叶外面平滑，另一枚子叶外面有 5～6 个脑状皱褶；下胚轴与胚根长约 3mm，胚芽长约 3～4mm，先端分 2 叉，胚根朝向核果先端。种子熟后能在树上发芽，应及时采集，不宜久藏。无胚乳。

成熟期：9～12 月。

产地：云南。

种子千粒重：5500～6300g。

播种：用种量 370～500g/$m^2$。

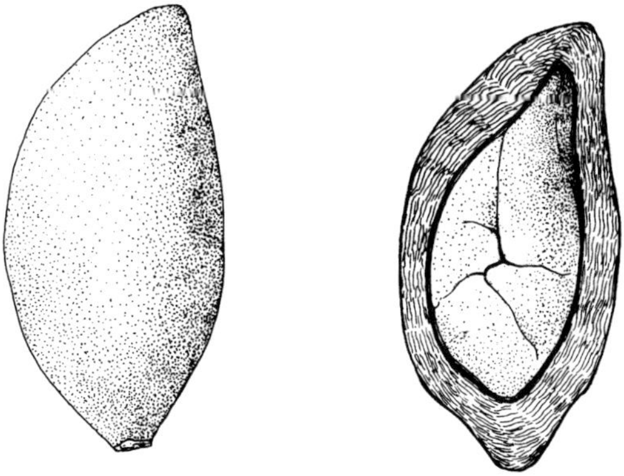

果实外形　　果实干时有皱纹

图 555　云南蕊木

# 糖胶树

*Alstonia scholaris* (Linn.)R.Br.

夹竹桃科，藤本。

核果长而纤细，长20～57cm，外果皮近革质，灰白色，直径2.5 mm。

种子椭圆形，长5mm，宽2mm，厚0.8mm，先端较窄，基部近圆形，表面褐色，有不明显微棱，被淡褐色短柔毛，两端有淡褐色长丝状毛；种脐位于种子中央，深褐色。种皮膜质。胚披针形，长约3mm，白色，子叶长椭圆形，长约1.5mm；下胚轴及胚根长1.5mm，胚根朝向果先端。胚乳丰富，白色，油质。

成熟期：10～翌年4月。

产地：云南、广西、广东和台湾。

种子千粒重：4.3g。

播种：用种量1～2g/m²。

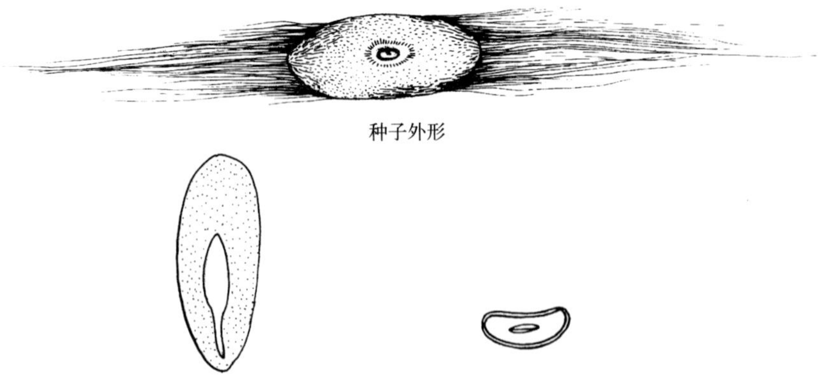


图556 糖胶树

# 萝芙木

*Rauvolfia verticillata* (Lour.) Baill.

夹竹桃科，常绿灌木。

核果长椭圆形或倒卵状椭圆形，长7～10mm，径5～7mm，熟时红色或紫黑色，平滑有光泽，有宿萼。果核扁平椭圆形，长约9mm，宽5mm，厚2.5～3mm，先端圆钝，中央有小突尖，基部渐窄成尖头，种脐位于尖端，两侧微有棱，表面栗褐色，有淡褐色大小不等凸起雕刻状花纹，骨质，厚约0.5mm。

种子椭圆形，长8mm，宽3.5mm，先端圆钝，基部渐尖。种皮膜质，淡褐色。子叶椭圆形，长约3mm，宽1.5mm，白色，朝向种脐一端；下胚轴及胚根长4mm，白色。胚乳白色。

成熟期：4月至翌年春季。

产地：台湾及华南、西南各地。

种子千粒重：25～30g。

播种：用种量5g/m²。

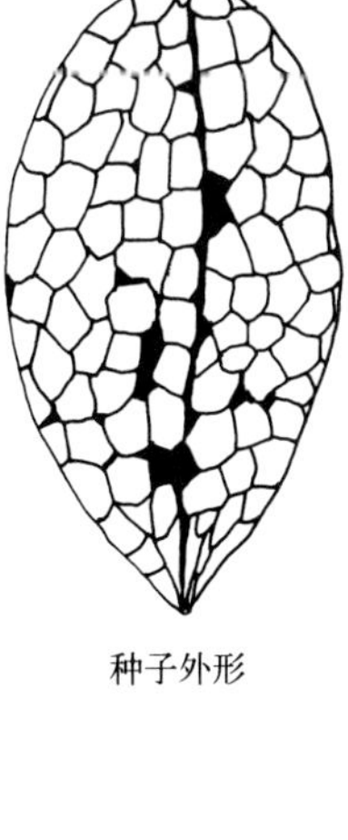

种子外形

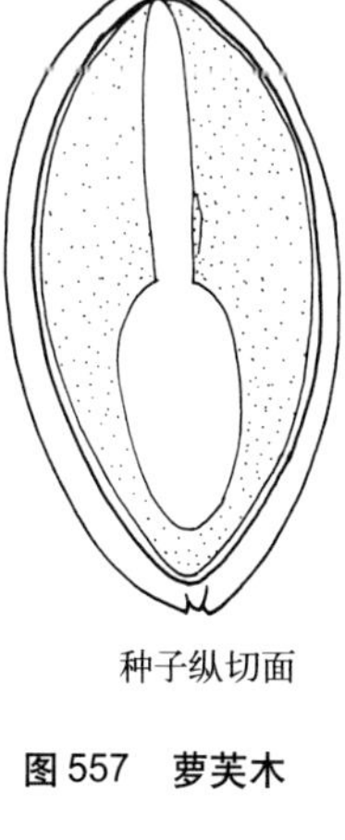

种子纵切面

种子横切面

图557 萝芙木

# ·茜草科 RUBIACEAE·

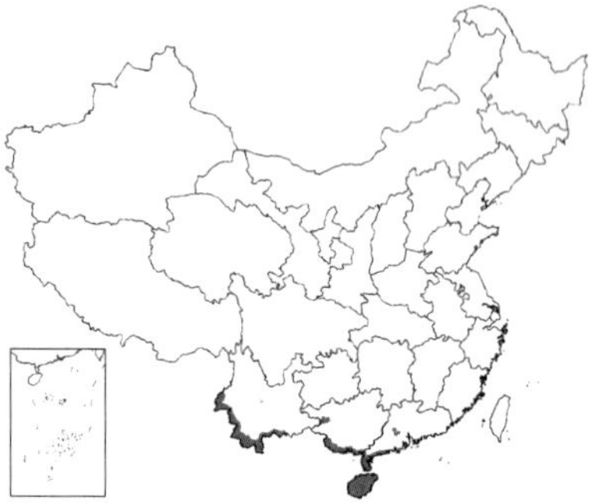

## 团花

*Neolamarckia cadamba* (Roxb.)Bosser黄梁木

茜草科，常绿乔木。

头状果序球形，肉质，径3.5～6cm，成熟时黄绿色，小坚果革质，种子生于杯状壳内；壳圆筒形，口部斜截，底部平坦，黄白色，每一杯状壳内具种子3粒。

种子不规则椭圆形或3棱状宽卵形，长0.7～0.8mm，宽0.4～0.5mm，两端圆钝，或一端平截，微具棱，表面褐色，有网状纹饰，种脐不明显。种皮膜质。直胚，棍棒形，长0.5mm，宽0.1～0.2mm，白色，子叶椭圆形，长约为胚的1/3；下胚轴及胚根白色，胚根朝向种子较尖一端。胚乳白色。

成熟期：10月至翌年2月。

产地：广西、云南、广东、海南等地。

种子千粒重：0.05g。

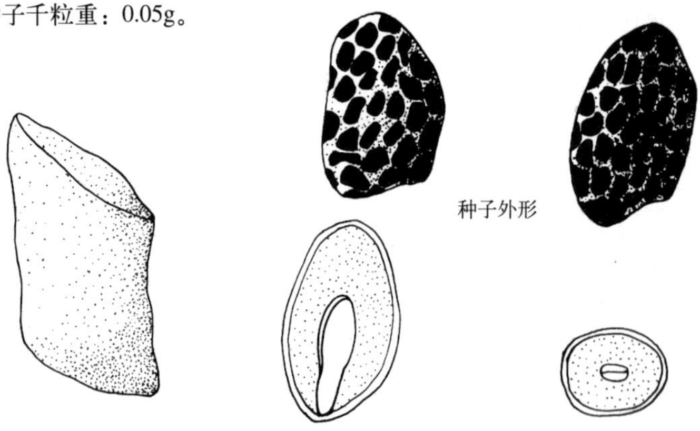


图558 团 花

# 咖啡

*Coffea arabica* Linn.

茜草科，常绿灌木。

浆果宽椭圆形，长1.2～1.6cm，熟时红色，具种子1～2粒。

种子横扁平椭圆形，长约5mm，宽11～14mm，厚85mm，先端（背面）弧形，基部（腹面）平截，中央微凹，表面白色，略粗糙，浸湿后在高倍解剖镜下可见2至数个油点状圆形斑痕；种脐位于基部（腹面），长条形，儿与种子等长。种皮硬革质，在凹沟处伸入胚乳内，不封闭，厚0.1～0.2mm；内种皮膜质，紫红色。直胚，长3.5mm，子叶宽卵形，长宽各约1.5mm，有明显3条脉；下胚轴及胚根长约2mm，白色，胚根朝向果梗一端。胚乳丰富，白色，角质，扁平向两侧折叠。

成熟期：10～11月。

产地：原产非洲。台湾、福建、广东、广西、海南和云南栽培。

种子千粒重：200～300g。

播种：播前用始温40℃水浸种半小时，捞出晾干后撒播，用种量25～30g/m$^2$。

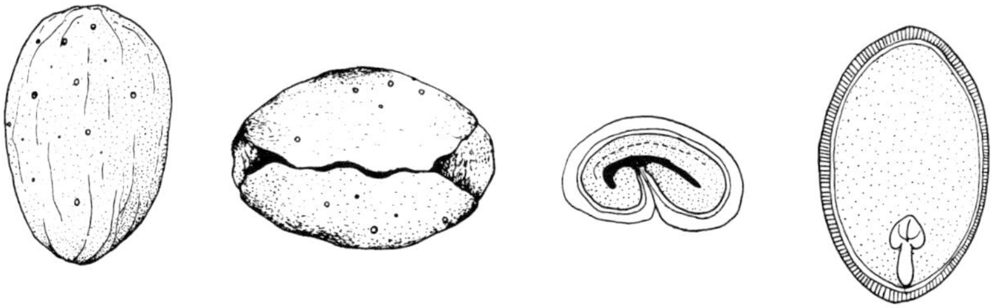

种子外形　种子腹面　种子纵切面　种子横切面

图559 咖 啡

# 大叶玉叶金花

*Mussaenda macrophylla* Wall.

茜草科，灌木。

果近球形，肉质，径约1cm，有宿萼，有极多数小种子。

种子矩圆状椭圆形，长0.5～0.6mm，宽约0.4mm，厚约0.2mm，先端圆形，基部渐尖，一侧稍厚，边缘有浅沟槽，另一侧较薄，种脐位于基部。种皮黑色，薄，纸质，有光泽，有网状隆起棱线，网眼内有小圆孔。胚棍棒形，白色，长0.3mm，子叶半圆形；下胚轴及胚根朝向种子具尖一端。胚乳丰富，肉质。

成熟期：8～11月。

产地：台湾、广东、广西、云南、海南等地。

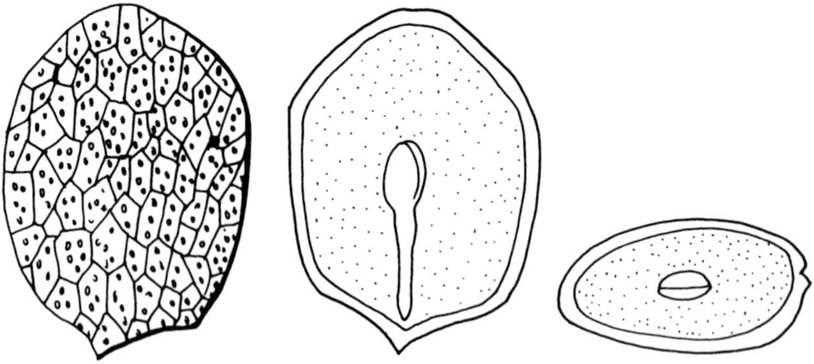

种子外形　　种子纵切面　　种子横切面

图560　大叶玉叶金花

# ·紫草科 BORAGINACEAE·

## 厚壳树

*Ehretia thyrsiflora* (Sieb. et Zucc.) Nakai

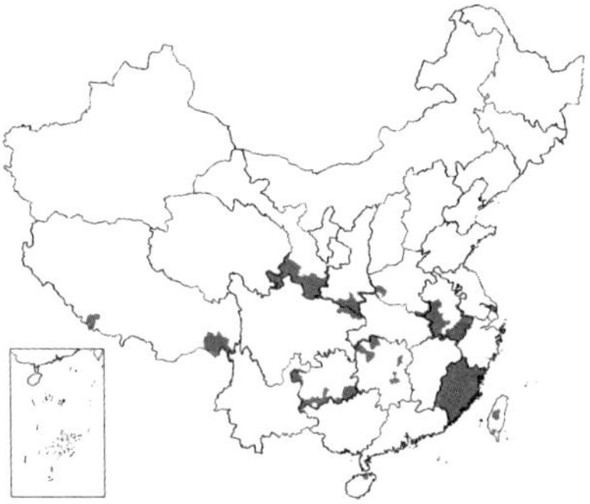

紫草科，落叶乔木。

核果近球形，直径5～6mm，橘红色，果核分成2～4分核，每分果具种子2枚。

种子（果核）扁平凸透镜形，长约3.2mm，宽约3mm，厚约1.8mm。先端具3小尖头，基部圆形，微凹，背面有不规则纵棱，无毛，腹面平坦而略粗糙，中下部近两侧边缘各有一浅沟及淡褐色海绵状物。外壁褐色，骨质，厚约0.2mm，具2室。果脐位于种子基部凹陷处。

种子长圆柱形，微弯，长约2.5mm，宽0.5mm；种皮膜质。子叶椭圆形，长约1mm；下胚轴及胚根长1.5mm，均为白色，胚根朝向种子基部。无胚乳。

成熟期：7月。

产地：山东、河南、台湾及华东、华南、华中和西南各地。

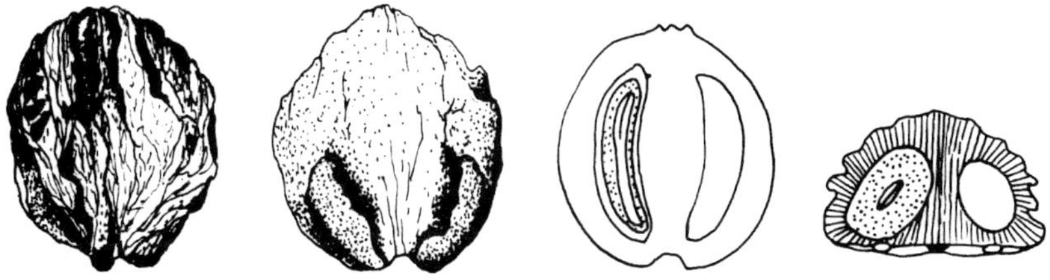

种子(果核)背面　种子(果核)腹面　种子(果核)纵切面　种子(果核)横切面

图561　厚壳树

# 粗糠树

*Ehretia dicksonii* Hance [*Ehretia macrophylla* Wall.]

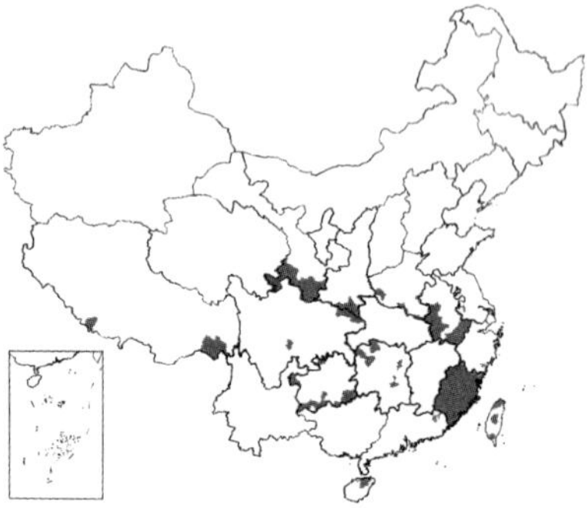

紫草科，落叶乔木。

核果近球形，径10～15mm，基部有宿萼，成熟时内果皮分裂为2个具2粒种子的分核。

种子（核）扁平凸透镜形，长约9mm，宽约8mm，厚约3mm，先端圆形，基部中央有一半月形凹缺，背面弧形，中央有一线纵棱，腹面微凹入有3条线纵棱。在两侧棱的中下部各有一端浅褐色条痕。表面褐色，密被长毛，即使洗净以后也留有短毛或毛迹。种脐位于凹缺处。种皮（核）骨质，厚约0.5mm，有2室，每室各有1种仁（种子），通常1枚发育。种仁微弯，棍棒形，长约6mm，宽1.5mm。种皮膜质，淡褐色。直胚，微弯，子叶椭圆形，长2mm；下胚轴及胚根长约4mm，胚根朝向种子凹缺一端。有少量胚乳，白色，油质。

成熟期：6～7月。

产地：陕西、江苏、江西、湖北、湖南、安徽、广东、福建、台湾、贵州、四川等地。

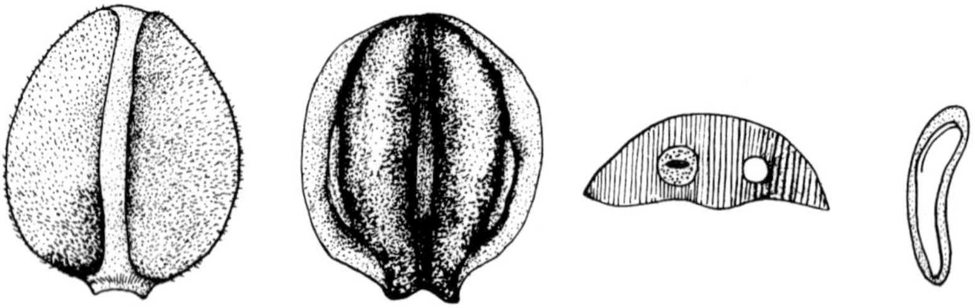

种子(果核)背面　种子(果核)腹面　种子(果核)纵切面　种子横切面

图562　粗糠树

# 破布木

*Cordia dichotoma* Forst.f.

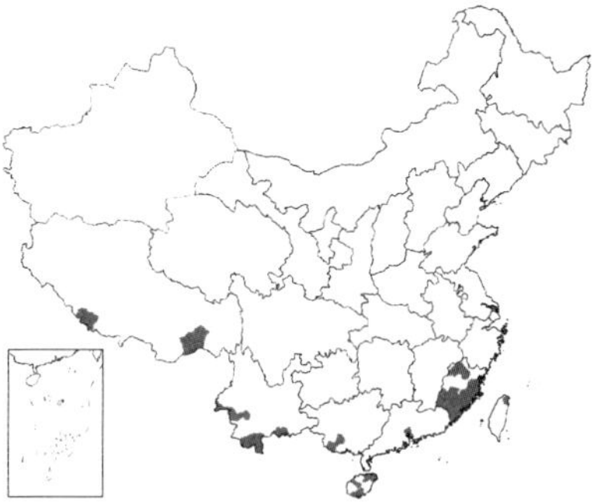

紫草科，乔木。

核果近球形，径约1cm，黄色或带红色。

种子（果核）扁圆形，长宽7～9mm，厚约6mm，先端圆钝，中央有一宽约1mm小凹坑，基部心脏形凹入，宽约2mm，两侧有纵棱，有浅雕刻状花纹。外表栗褐色，种脐（果脐）位于心脏形凹入一端，略呈四边形。宽约2mm。种皮（核）骨质，厚1～1.5mm，2室，通常只1室有发育种子。内种皮（种皮）膜质。胚圆柱形，长4～5mm，宽1mm，白色，胚根朝向种子（核）先端。胚乳丰富，白色，油质。

成熟期：7～8月。

产地：福建、台湾、广东、广西、云南等地。

种子千粒重：165～185g。

播种：用种量25～30g/$m^2$。

种子(果核)外形

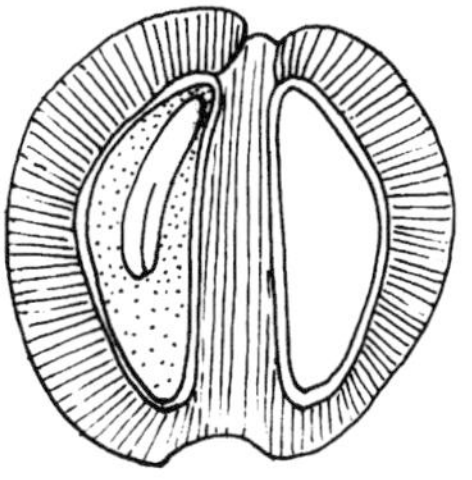

种子(果核)纵切面

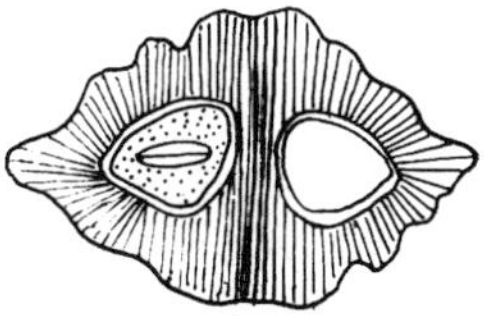

种子(果核)横切面

图563 破布木

# ·马鞭草科 VERBANACEAE·

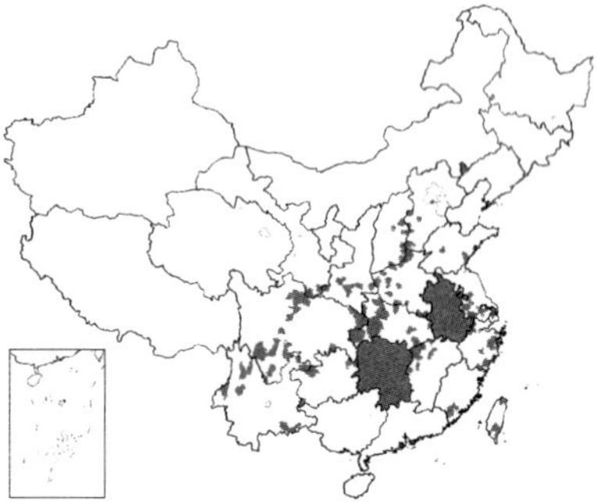

## 海州常山

*Clerodendrum trichotomum* Thunb.

马鞭草科，落叶灌木。

核果球形，直径6～7mm，熟时黑色，有2～4果核。

果核椭圆形，长5～5.5mm，宽3～4mm。先端钝尖基部窄圆形，两端微向内弯曲，背面微隆起，蓝绿色，有网状花纹，纵横交错呈网眼状，腹面内陷、黄褐色，粗糙；内果皮骨质，壁厚0.2mm。果实内含3枚种子。

种子椭圆形，长约5mm，宽约3mm。种皮淡褐色，膜质。子叶椭圆形，长4～5mm，宽2.5～3mm，白色；下胚轴及胚根极短，长约0.2mm，白色，朝向种子基部。无胚乳。

成熟期：9～11月。

产地：华北、华东、华中、华南和西南。

种子千粒重：19g。

播种：用种量80～100g/10m²。

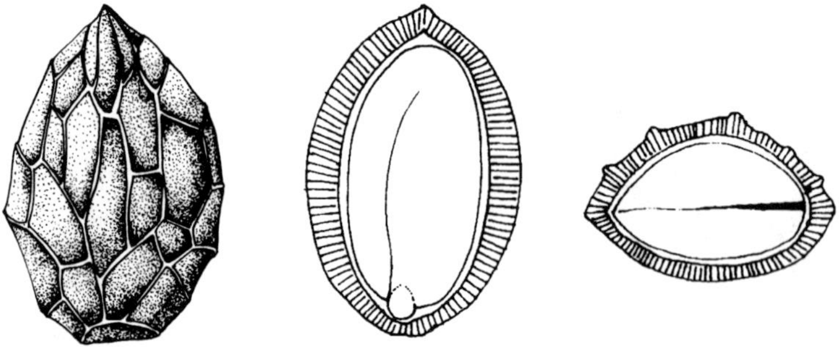

果实外形　　种子纵切面　　种子横切面

图564　海州常山

# 柚木

*Tectona grandis* Linn. f.

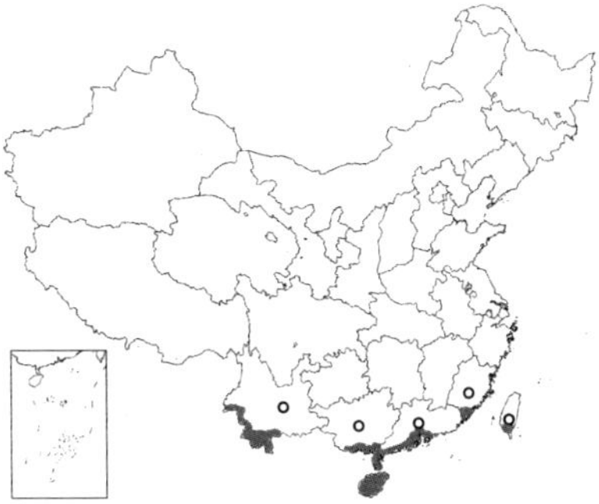

马鞭草科，半落叶乔木。

核果三角形宽卵形或扁球形，长12～17mm，宽14～17mm，先端短小尖头，基部平截，密被褐色短绒毛，完全被宿存花萼包藏。中果皮栓质，松软。

果核圆锥状宽卵形，长13～15mm，宽8～10mm，略扁，先端长渐尖，基部平截，两侧有枝，表面褐色，有不规则断续纵棱及雕刻状花纹，坚硬，壁厚2～3mm，通常3室。

种子卵状椭圆形，长约7mm，宽约4.1mm，种皮淡褐色，膜质。胚充满种子，白色，子叶肥厚；下胚轴及胚根长0.5mm，白色。每果内难找到能发育成熟的种子。有很薄一层胚乳，白色。

成熟期：10月至翌年1月。

产地：原产印度和缅甸。台湾、广东、广西、海南、云南等地栽培。

种子千粒重：700～1125g。

播种：用种量500g/m²。

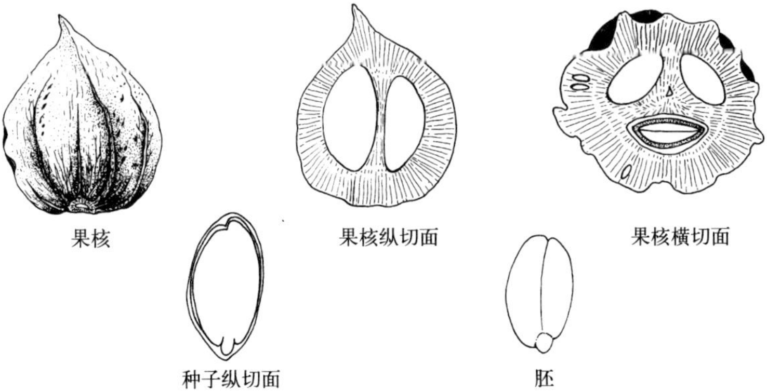


图565 柚 木

# 杜虹花

*Callicarpa pedunculata* R. Br.

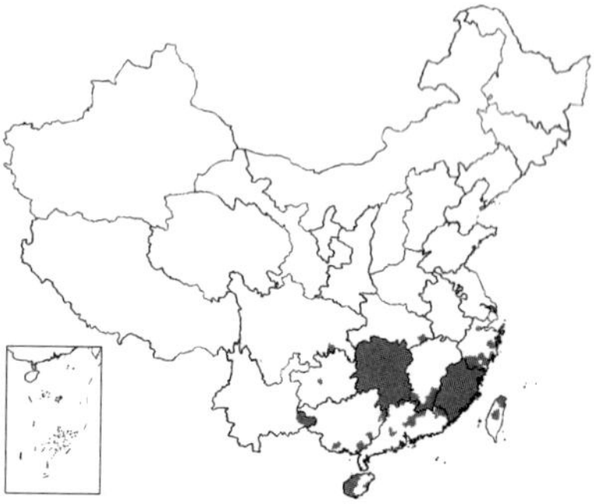

马鞭草科，灌木。

核果状近球形，径2.5～3mm，熟时紫色，宿存花萼2～6裂，被星状毛。

果核三棱状或扁平椭圆形，长0.8～1.2mm，宽1.5～2mm，先端圆形弓弯，基部凹入或中间微突起，两端向下微弯曲，背面突起，沿边缘有一条不甚明显的线状环纹，腹面平或凹入，果脐位于凹处近中央，内果皮浅黄色，高倍解剖镜下有小颗粒状突起。

种子椭圆形，径约0.9mm。种皮褐色，膜质。胚长椭圆形，子叶长约1mm；下胚轴及胚根长约0.5mm，均为白色。有胚乳。

成熟期：7～10月。

产地：浙江、台湾、福建、江西、广东、广西等地。

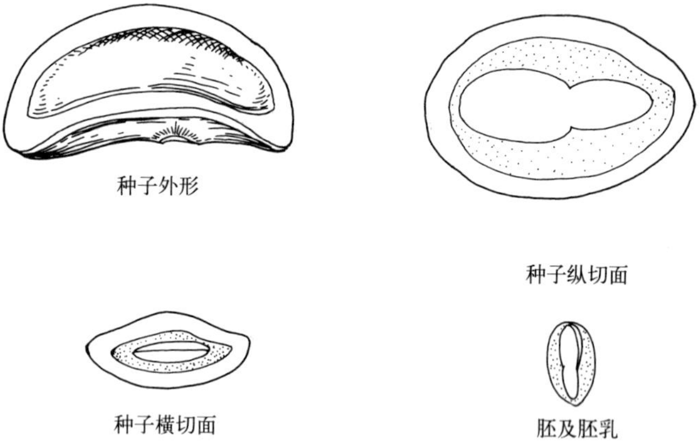

种子外形

种子纵切面

种子横切面

胚及胚乳

图566 杜虹花

# 紫珠

*Callicarpa dichotoma* (Lour.) K. Koch

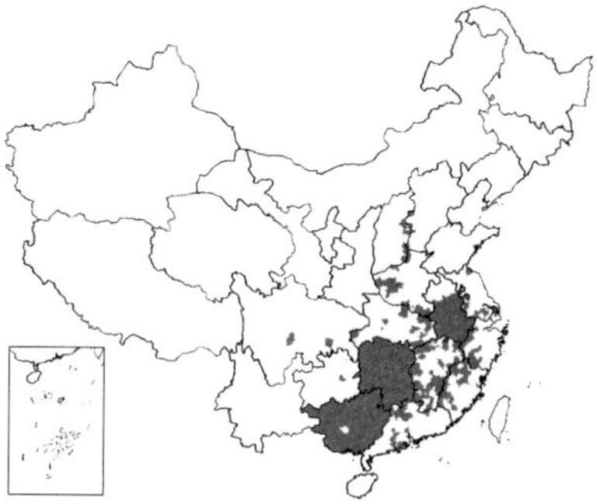

马鞭草科，落叶灌木。

核果近球形，直径3～4mm，熟时紫色，宿萼无裂片或2～3裂无毛。每果有果核4枚。

果核半球形，长约1.2～1.5mm，宽约2～2.2mm，厚0.5～0.8mm，先端弧形弓弯，基部平或微凹入，两侧微向下弯曲，果脐位于凹陷的近中部。内果皮黄白色，在高倍解剖镜下可见小颗粒状突起。

种子扁平椭圆形，长约0.7mm，宽约1.3mm。种皮淡褐色，厚约0.2mm。胚长卵形，长约1mm，宽约0.5mm，淡绿色。胚乳白色，充满整 个种皮。

成熟期：10～11月。

产地：山东、河南及华中和华南。

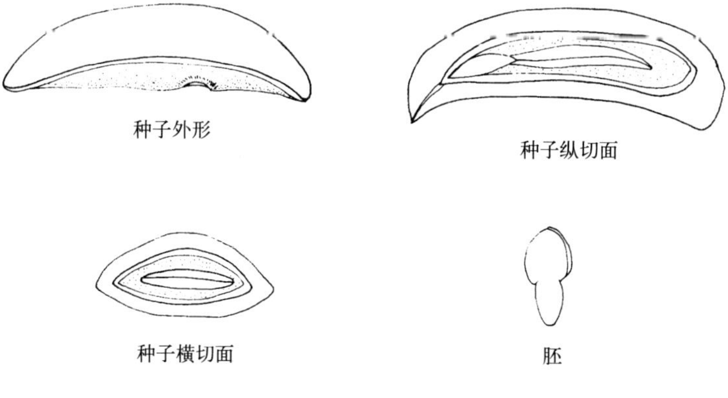


图567 紫 珠

# 荆条

*Vitex negundo* Linn. var. *heterophylla* (Franch.) Rehd.

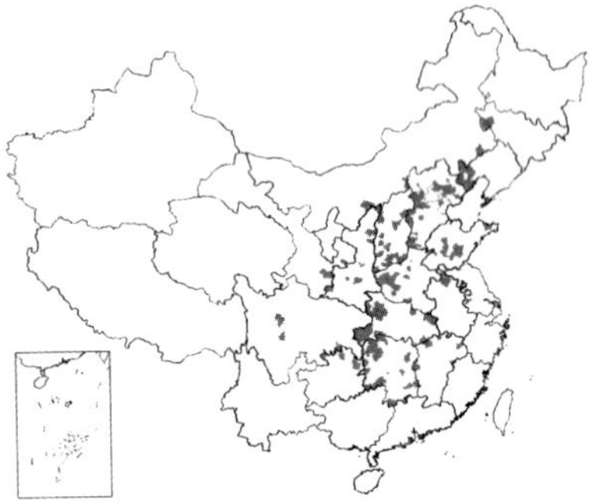

马鞭草科，落叶灌木。

核果圆锥状卵形，长约4mm，宽约3mm，顶端平，中央凹下，基部渐窄，呈圆锥状，外被宿萼，萼片有5～8个裂齿，有叶脉状网纹，被短星状毛。外果皮黑褐色，中果皮肉质，内果皮骨质，厚约0.2mm，有纵条纹，坚硬。子房4室或2室，通常只1～2室有种子。

种子倒卵形，长约3mm，宽约2mm，顶端圆，基部渐窄。种皮淡褐色，膜质。胚小子叶椭圆形，长约1.5mm；下胚轴及胚根长0.7mm，均为白色。胚乳白色。

成熟期：9～10月。

产地：华北、西北和华东。

种子千粒重：6.6～8.4g。

播种：秋播或湿沙层积春播。

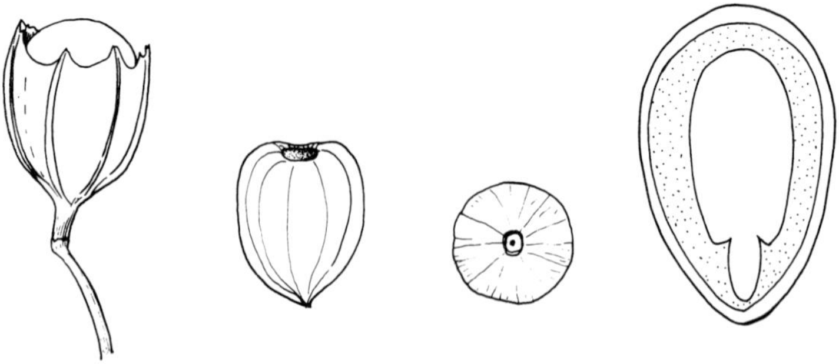

果实外形（花萼宿存）　种子外形　种子外形（示种脐）　种子纵切面

图568 荆 条

# ·茄科 SOLANACEAE·

## 枸杞

*Lycium chinense* Mill.

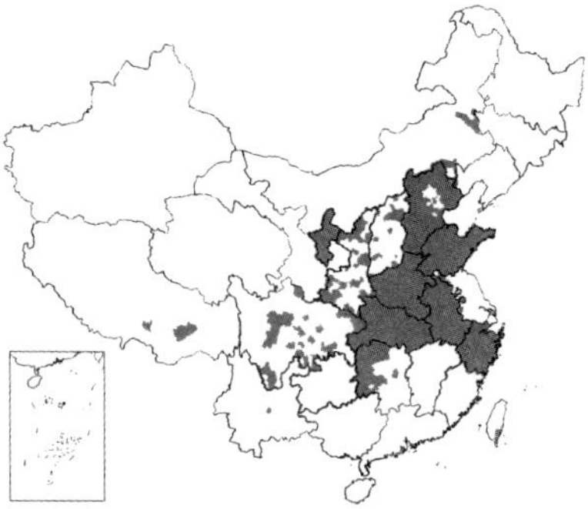

茄科，落叶灌木。

浆果卵形、卵状椭圆形或长椭圆形，长1.5～2mm，径6～8mm，两端圆钝，熟时橘红色。有光泽，外果皮薄膜质，赭色，中果皮橙红，浆质，厚1～2.5mm，种子着生于肉质中轴，为橙色，果实基部有2～4（通常3裂）萼裂片，果熟时为黄绿色，果柄长1～1.4cm，通常长1.2～1.3mm，近果基处膨大。每一浆果内着生20个左右种子。

种子扁肾脏形，长1.6～1.8mm，宽2.5～2.8mm，顶端圆钝，基部凹陷，种脐位于凹陷处。种皮淡褐色在高倍解剖镜下可见颗粒状突起。胚呈“C”字形弯曲，埋于胚乳内，子叶长条形，长6mm；下胚轴及胚根长约3mm，均为白色。胚乳丰富，白色。

成熟期：9～10月。

产地：分布极广。几遍全国。

种子千粒重：1.9～2.4g。

播种：3倍湿沙同种子混拌，放在20℃左右的室内催芽，保持湿润，用种量0.4～0.6g/$m^2$。

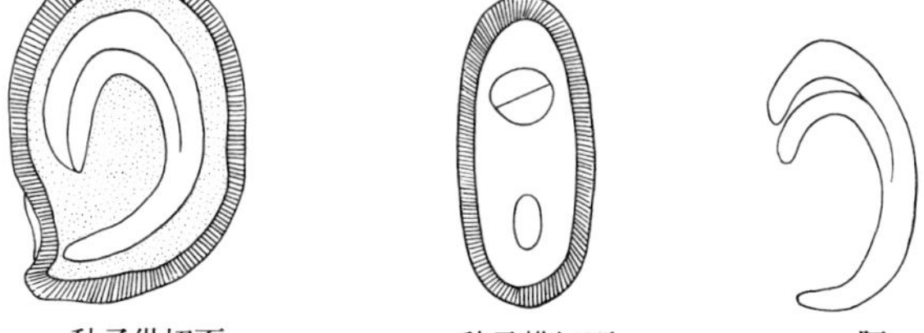

种子纵切面　　种子横切面（示种子内子叶和胚根横切面）　　胚

图569　枸　杞

# · 玄参科 SCROPHULARIACEAE ·

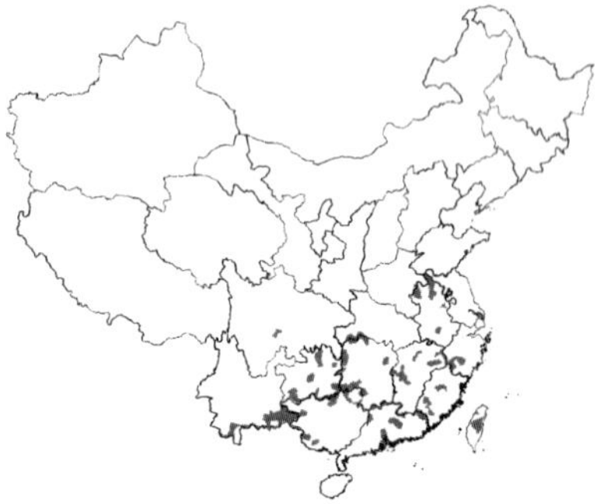

## 泡桐

*Paulownia fortunei* (Seem.) Hemsl.

玄参科，落叶乔木。

蒴果卵状椭圆形，长6～10cm，宽3～3.5cm，两端渐尖，有2纵棱，熟时灰褐色，木质，2裂，种子极多。

种子长椭圆形（彩图112），周围有白色透明膜质翅，连翅长6～8mm，宽3～4mm，先端2裂，翅2～3层，有细密平行脉纹。种皮紫褐色，膜质，每面有4条窄枝状翅。胚长椭圆形，长1.3～1.5mm，宽0.3mm，白色，子叶长约占全长1/3。胚乳白色。

成熟期：10月。

产地：河南及长江流域以南各地。

种子千粒重：290mg。

播种：播前用始温40℃水浸种10分钟，再以冷水浸种24小时，后混沙催芽6～8天，用种量0.6～1.2g/m$^2$。

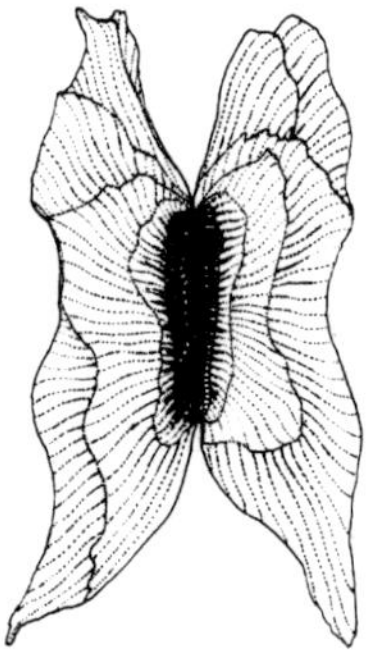

种子外形

**图570　泡　桐**

# 毛泡桐

*Paulownia tomentosa* (Thunb.) Steud.

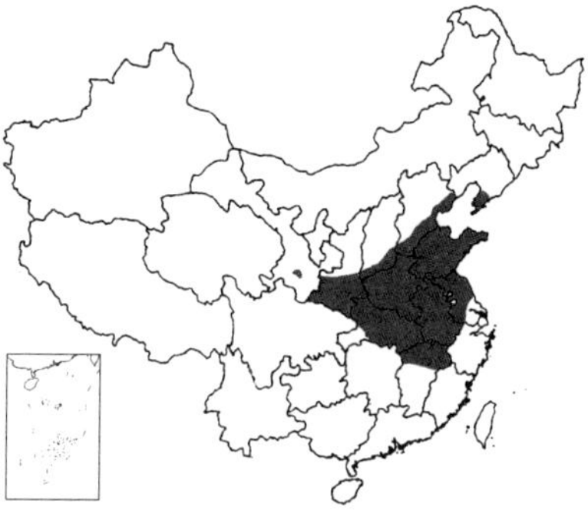

玄参科，落叶乔木。

蒴果卵形，长 30～40mm，径 20～25mm，熟时黄褐色至黑褐色，果皮木质，2 裂，种子极多。

种子周围具膜质翅（彩图113），连翅扁平椭圆形，长3.5～4.0mm，宽2.2～2.8mm，翅白色，有平行脉纹，翅有3～4层。种子窄长椭圆形，长约 1.5mm，宽约 0.6mm；种脐位于种一端，黑褐色。种皮革质，每面有 4～5 条翅状纵棱。胚长约 1mm，子叶长椭圆形，长约 0.8mm，白色；下胚轴及胚根长约 0.7mm，白色。胚乳白色。

成熟期：10 月。

产地：辽宁南部、河北、河南、陕西、甘肃、山东、江苏、安徽、湖北、江西等地。

种子千粒重：260mg。

播种：播前用始温40℃水浸种10分钟，再以冷水浸种24小时，后混沙催芽6～8 天，用种量 0.6～1.2g/m$^2$。

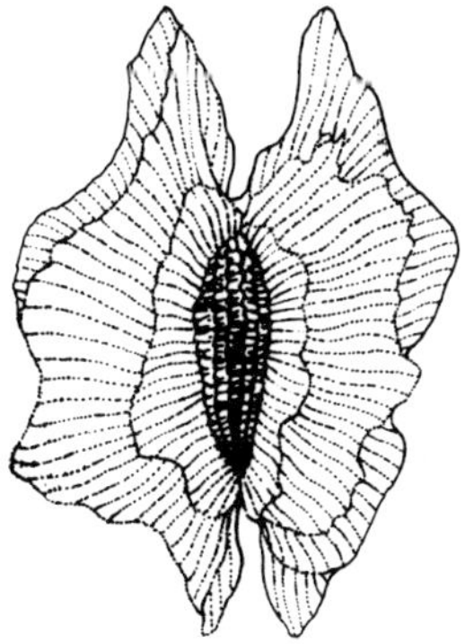

种子外形

图 571 毛泡桐

# ·紫葳科 BIGNONIACEAE·

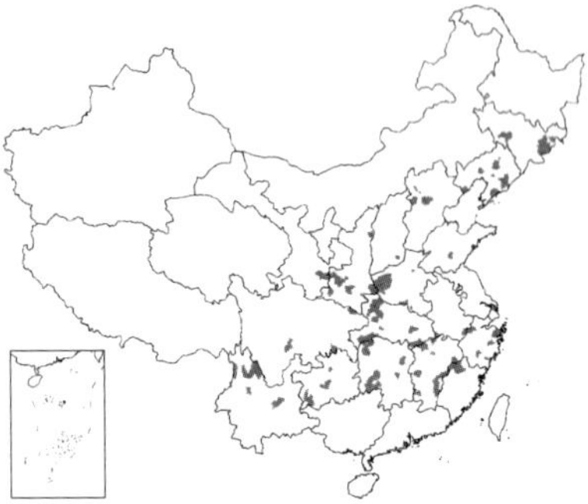

## 梓 树

*Catalpa ovata* Don

紫葳科，落叶乔木。

蒴果长角状，长 20～35cm，径 4～8mm，成熟时 2 裂，种子多数。

种子两侧有丝状长毛，连毛呈扁平带状，长 20～25mm，宽 2.5～3.0mm，厚约 1mm，毛长 8～10mm，白色或淡褐色，略呈波状弯曲，中间者较长。种子扁平横椭圆形，长 2.5～3mm，宽 6～7mm，背面微突起，腹面平坦周边缘微内曲，栗褐色，有白色细纵纹；种脐位于腹面基部，深褐色。外种皮薄纸质；内种皮膜质。胚芽胚轴位于中央，子叶横椭圆形，分向两侧，长 2～2.5mm，宽 4～5mm，(每侧 2～2.5mm)，淡褐色，油质，胚椭圆形，长约 0.6mm，位于种脐一端；下胚轴及胚根长约 1.5mm，白色或淡褐色，胚根朝向种子基部。无胚乳。

成熟期：9～10 月。

产地：东北、华北、华东和华中。

种子千粒重：3.7～4.5g。

播种：播前用 20～30℃温水浸泡 2～4 小时播种，或浸泡后捞出混以 3～4 倍的湿沙，堆在室内或盆内催芽，用种量 2.5～7.5g/m$^2$。

种子外形

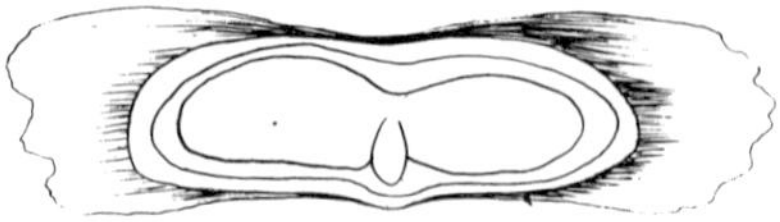

种子纵切面

图 572　梓　树

# 黄金树

*Catalpa speciosa* Ward.

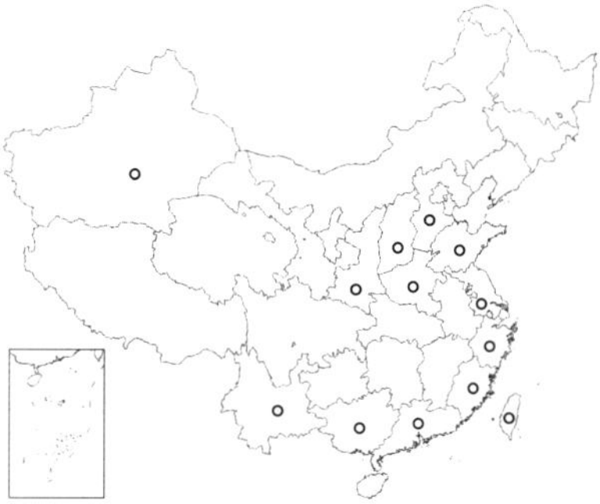

紫葳科，落叶乔木。

蒴果，长角形，长30～40cm，宽约1cm。

种子扁平横长椭圆形，长约4mm，宽约16mm，厚约1mm，两面被苍白色丝状毛，向两侧各伸出长8～10mm。子叶横椭圆形，每侧长约3mm，其余与梓树（*Catalpa ovata* Don）相同。

成熟期：10月。

产地：台湾、福建、广东、广西、江苏、浙江、河北、河南、山东、山西、陕西、新疆、云南等地有栽培。

种子千粒重：12～32g。

播种：播前用20～30℃温水浸泡2～4小时播种，或浸泡后捞出混以3～4倍的湿沙，堆在室内或盆内催芽，用种量2.5～7.5g/m$^2$。

种子外形

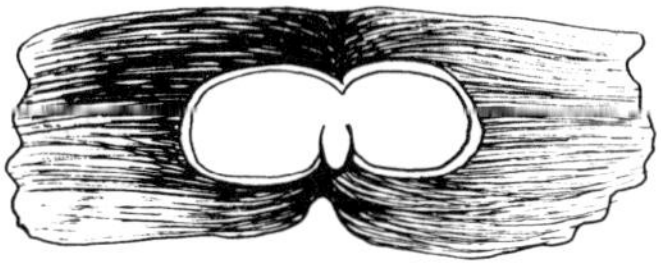

种子纵切面

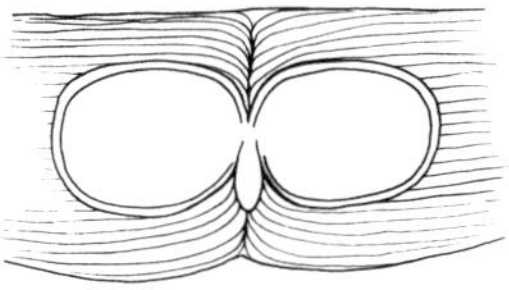

种子横椭圆形

图573 黄金树

# 千张纸

*Oroxylum indicum* (Linn.) Vent.

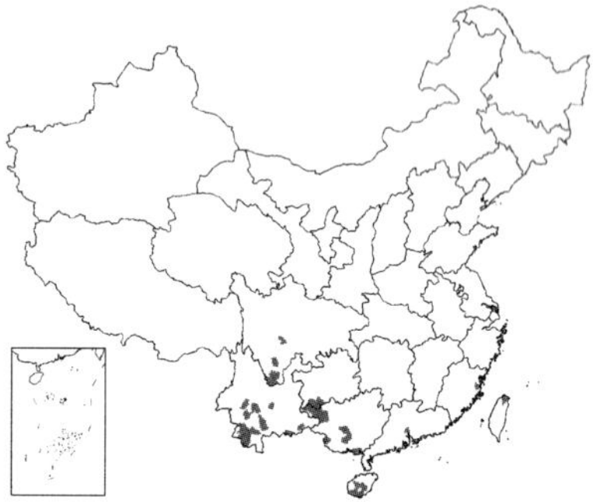

紫葳科，落叶乔木。

蒴果扁平，木质，长30～90cm，宽5～8.5cm。

种子具翅，连翅横椭圆形，长30～40mm，宽60～70mm，翅白色或淡褐色，膜质，透明，有细条纹，边缘不整齐缺刻。种子部分横椭圆形，长约15mm，宽约25mm，厚约0.5mm；种脐位于平截一端，条形，长约10～15mm，褐色。种皮膜质，淡褐色。直胚，子叶横椭圆形，约1/3以上分两裂，淡黄色；下胚轴及胚根椭圆形，长约2mm。胚根朝向种子平截一端。无胚乳。

成熟期：8～11月。

产地：云南、贵州、四川、台湾、福建、广东、广西、海南等地。

种子千粒重：80g。

播种：用种量6～8g/m$^2$。

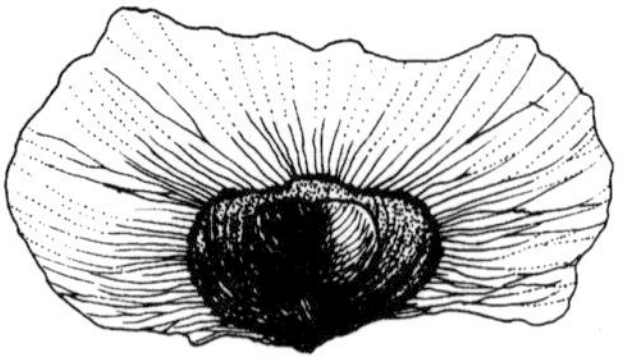

种子外形具翅

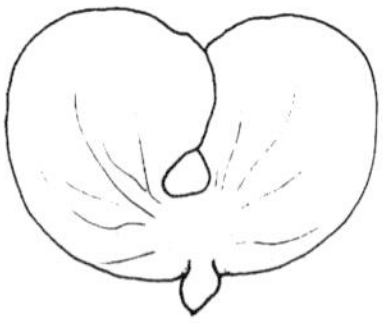

种子

子叶横切面

图574　千张纸

# 牛尾树

*Radermachera sinica* (Hance) Hemsl.

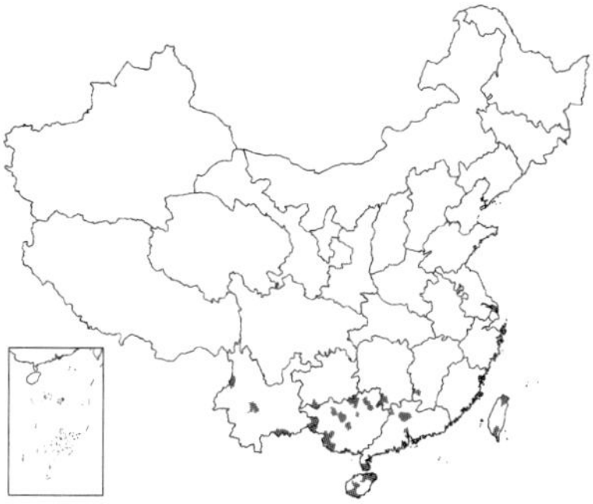

紫葳科，落叶乔木。

蒴果长圆柱，长42～66cm，径7～9mm，先端渐尖，干纹扭曲，2纵裂，隔膜扁平，宽约5mm，厚1.5～2mm，果皮灰褐色，种子多数，排成多列。

种子带翅，连翅长条形，长10～16mm，翅白色，膜质，在翅两侧，两端圆钝，有细脉纹。种子扁平宽倒卵形，长3～4mm，宽2.8～3.5mm，厚约5mm，中央凹入，两侧翘起。种皮淡褐色，薄纸质。胚充满种子，子叶先端凹缺，白色；下胚轴及胚根长约0.8mm，白色。无胚乳。

成熟期：9～10月。

产地：台湾、广东、广西、云南等地。

种子千粒重：2～3g。

播种：用种量0.3～0.5g/m$^2$。

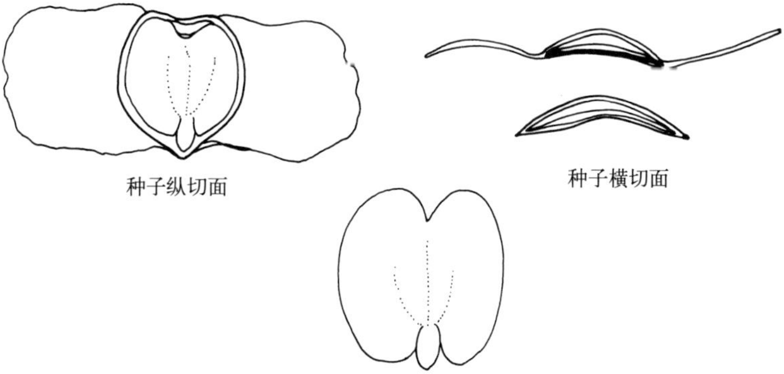


图575　牛尾树

# ·忍冬科 CAPRIFOLIACEAE·

## 猬实

*Kolkwitzia amabilis* Graebn.

忍冬科，落叶灌木。

坚果2个合生，卵形，长约6mm，外面有褐色刺毛，有时只发育1个，萼片宿存，瘦果状核果（彩图114）。

通常2个果合生，有时其中一个不发育。每一果呈瘦果壮，果皮不栓质，扁平，宽椭圆形，长5.5mm，宽4mm，厚2.8mm，先端分3叉，基部圆形。表面褐色，背腹两面各有2小纵棱，中央为一深沟槽。有圆形毛迹或残存刚毛，具3室，2室不发育，仅1室有发育种子。种子（种仁）扁平，卵形，长2mm，宽1.8mm。种皮膜质，淡褐色，膜质。胚椭圆形，长约0.6mm，白色，位于种子（果）先端。胚乳丰富，油质。

成熟期：8～9月。

产地：陕西、山西、甘肃、河南、湖北、安徽等地。

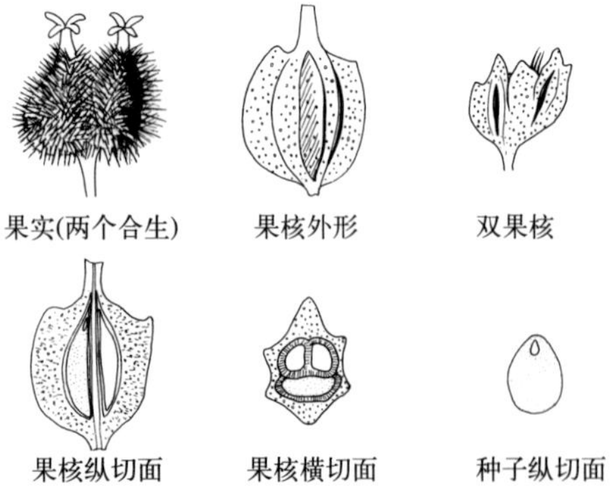


图576 猬 实

# 七子花

*Heptacodium miconioides* Rehd.

忍冬科，落叶小乔木。

种子（果实）圆锥形，微弯曲，革质，长10mm，宽2.5mm，厚2.5mm，顶端宽，带有残存宿萼（5枚），基部窄尖，微弯，表面褐色，有8～9条纵棱及沟槽，微有毛；种脐位于较细一端尖部，近圆形，径0.3mm。种皮（果皮）革质，厚0.3mm，种仁窄长椭圆形，长约8mm，宽2mm。种皮褐色。胚长椭圆状柱形，长1.2mm，白色，位于种子（果）顶端。胚乳肉质。

成熟期：9～11月。

产地：浙江、安徽等地。

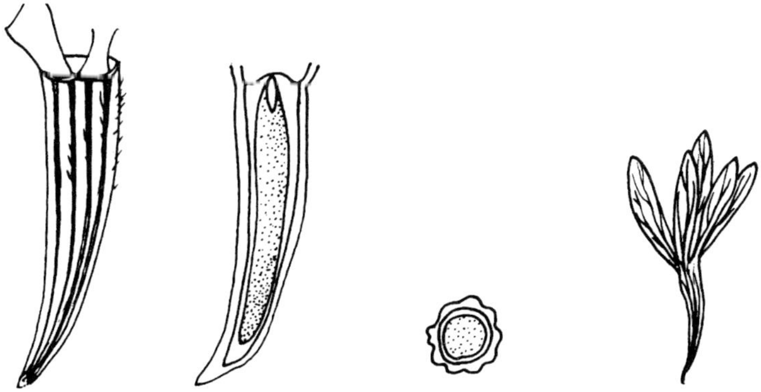

种子(果实)外形　　种子纵切面　　种子横切面　　宿存萼5枚

图577　七子花

# 小花毛核木

*Symphoricarpos orbiculatus* Moench

忍冬科，浆果状核果。

种子（果核）椭圆形，长3.1mm，宽1.9mm，厚1mm，两端圆钝，两侧弧形，一面平坦，另一面凸起，呈单凸透镜形，浅黄白色，平滑；种脐位于较平坦一面近基部，圆形，径约0.2mm，褐色。外种皮（核）厚0.2mm，骨质；内种皮（种皮）膜质，淡褐色。直胚，长椭圆形，长0.6mm，白色，子叶卵形，长0.3～0.4mm；下胚轴长0.7～0.8mm，位于种脐（果脐）一端。胚乳丰富，白色，油质。

成熟期：10月。

产地：原产美国东海岸。适合在我国华南、华北、西北及东北部分地区种植。

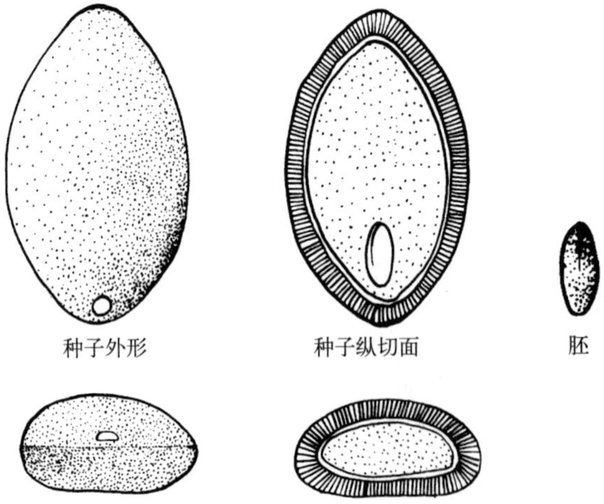


图578 小花毛核木

# 糯米条

*Abelia chinensis* R. Br.

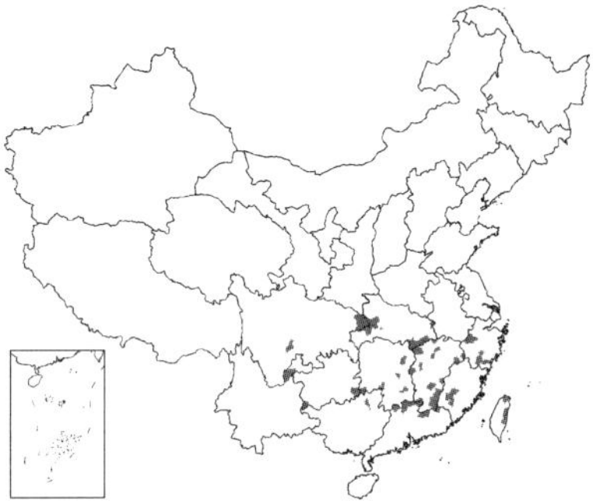

忍冬科，落叶灌木。

种子（瘦果）长卵状椭圆形（彩图115），长5.5～6mm，宽1.2～1.4mm，厚约1mm，上端较细，先端平截或有残存翅状物，下部较宽，基部近圆形，背面有6条细纵棱，5条沟槽，棱上具短刚毛，腹面中央具一条纵棱。表面灰绿色；种脐位于较宽一端底部，近圆形，径0.3mm。外种皮革质，厚0.2mm；内种皮膜质。直胚，长约1mm，白色，位于种子较细一端。胚乳丰富，油质。

成熟期：10～11月。

产地：长江以南各地，在浙江、江西、福建、台湾、湖北、湖南、广东、广西、四川、贵州和云南常见。

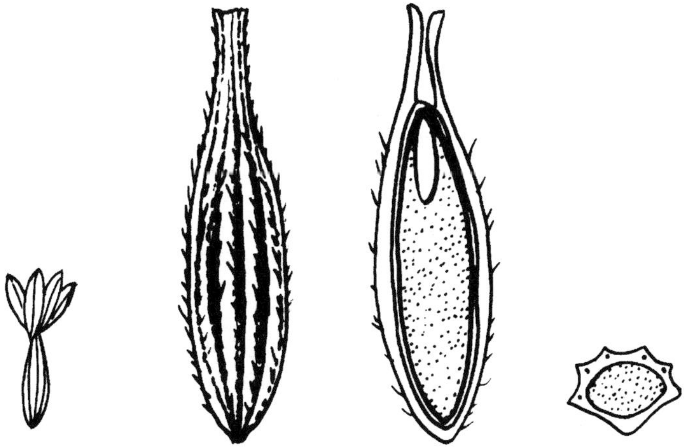


图579 糯米条

# 六道木

*Abelia biflora* Turcz.

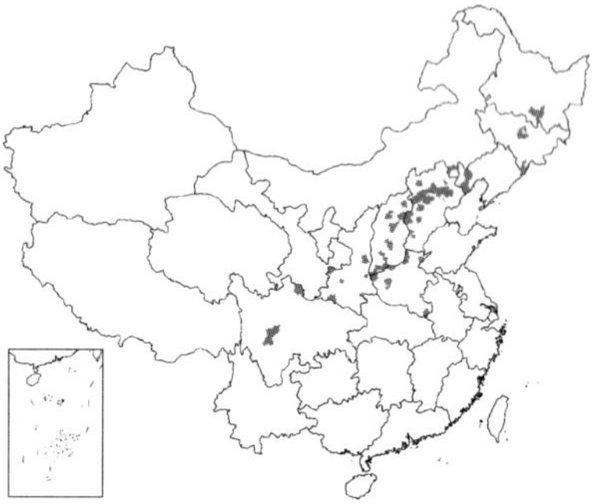

忍冬科，落叶灌木。

果实具硬毛，冠以4枚宿存而略增大的萼裂片。

种子圆柱形，长4～6 mm，具肉质胚乳。

成熟期：9～10月。

产地：黄河以北的辽宁、河北、山西等地。

果实外形

种子外形

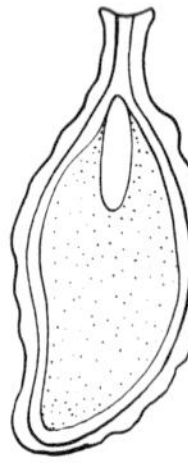

种子纵切面(正面)

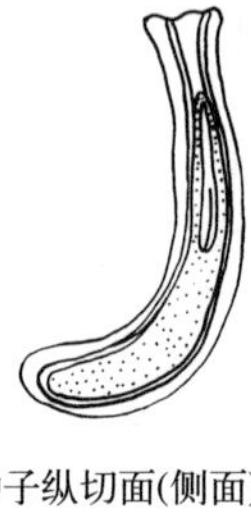

种子纵切面(侧面)

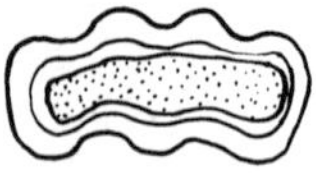

种子横切面

图580　六道木

# 加拿大接骨木

*Sambucus canadensis* Linn.

忍冬科，落叶灌木。

浆果紫色。

种子矩圆状倒卵形（彩图 116），长 3.5mm，宽 1.7～2mm，厚约 1.3mm，先端圆钝，基部渐窄，略向腹面弓弯，腹面较平坦，背面突起。表面褐色，有不规则横棱状突起；种脐位于较窄一端，腹面基部，椭圆形，长约 0.3mm，褐色。种皮厚 0.2mm，骨质。直胚，棍棒形，长约 3mm，白色，子叶长 1mm；下胚轴及胚根长 2mm，胚根朝向种脐一端。胚乳丰富，淡褐色，油质。与接骨木不同点：种子较大，种皮褐色。

成熟期：9～10 月。

产地：原产北美。河南、江苏、浙江、上海等地引种。

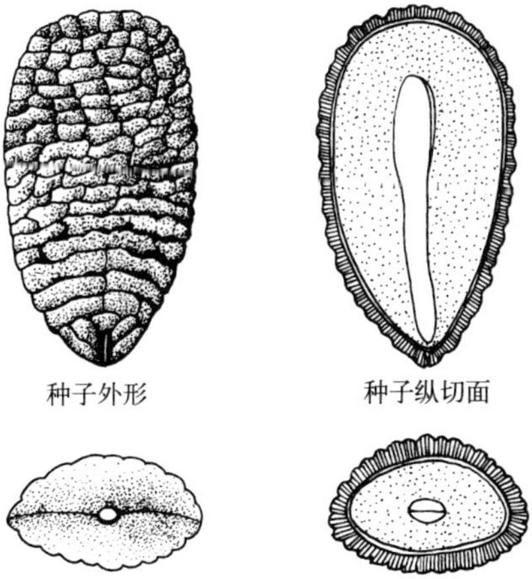


图 581　加拿大接骨木

# 接骨木

*Sambucus williamsii* Hance [*Sambucus racemosa* Linn.]

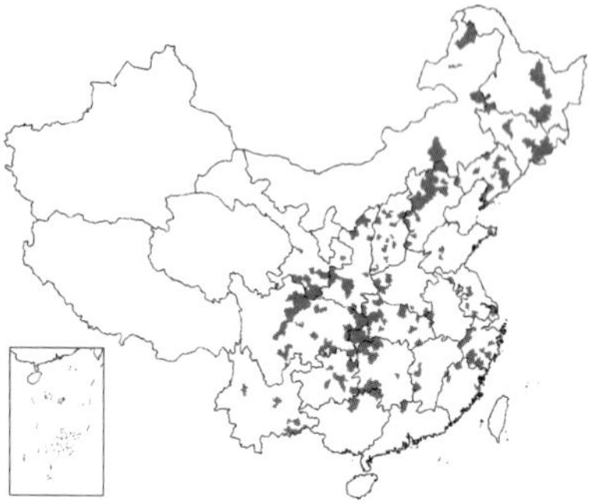

忍冬科，落叶灌木。

浆果球形或椭圆形，直径3～5mm，红色，稀蓝紫色，分核2～3粒。

种子（分核）长倒卵形（彩图117），长3mm，宽1.5～1.8mm，宽约1.6mm，厚1mm，顶端圆形，基部窄圆形，背面弧形，腹面平坦，两端略向腹面弯曲；种脐位于较窄一端基部。种皮黄褐色，厚0.2mm，骨质，有横向断续棱状突起，在高倍解剖镜下可见较深的雕刻状花纹。直胚，棍棒形，长2.6mm，白色，子叶长椭圆形，长0.7～1.1mm，宽0.5mm；下胚轴及胚根长1.3～1.5mm，胚根朝向种脐一端。胚乳粉状，油质。

成熟期：6～9月。

产地：东北、华北、华东、西北和西南。西北至甘肃，西南达四川、云南。

种子千粒重：1.2～1.6g。

播种：将果核水浸3～5天，再混湿沙10～25℃50～70天，或在20～30℃的温度30～60天，再在3～5℃的低温下层积90～150天，用种量100g/10m²。

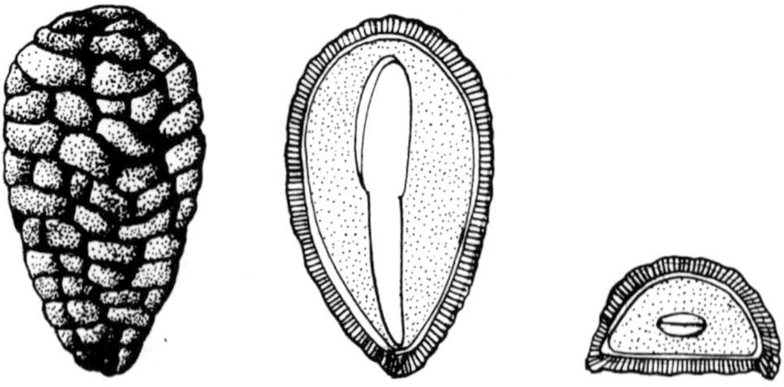

种子外形　　种子纵切面　　种子横切面

图582　接骨木

# 西洋接骨木

*Sambucus nigra* Linn.

忍冬科，落叶小乔木。

浆果黑色。

种子矩圆状椭圆形，长3～3.3mm，宽1.3～1.5mm，厚约1mm，先端圆钝，基部渐尖。微向腹面弓弯，腹面较平坦，背面突起。种皮淡褐色，有不规则横向棱状突起；种脐位于腹面基部，椭圆形，长约0.2mm，褐色。种皮厚0.2mm，脆骨质。直胚，胚棍棒形，长2.5mm，白色，子叶长0.8mm；下胚轴及胚根长1.7mm，白色，胚根朝向种脐一端。胚乳丰富，油质，淡褐色。

与接骨木（*Sambucus williamsii* Hance）的区别为：种子细瘦，淡褐色。

成熟期：7～8月。

产地：原产南欧、北非和西亚。山东、江苏、浙江、江西等地栽培。

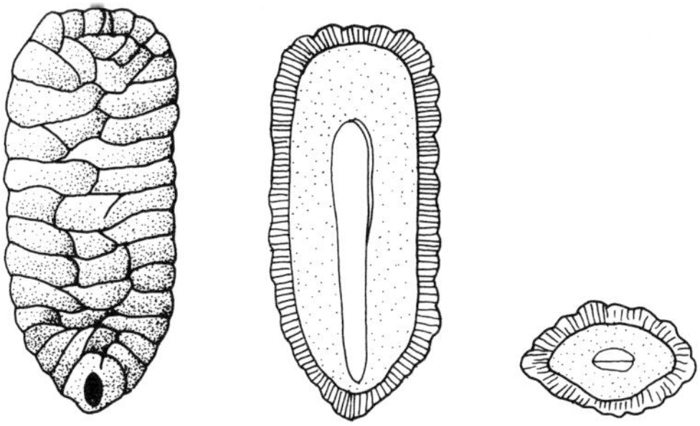

种子外形　　种子纵切面　　种子横切面

图583　西洋接骨木

# 鬼吹箫

*Leycesteria formosa* Wall.

忍冬科，落叶灌木。

浆果卵球形，径约1cm，红色，后变紫黑色，被腺毛。

种子椭圆形，长1.2mm，宽0.9mm，先端圆钝，基部微凹缺，两侧弧形，两面均凸起；种脐位于凹缺一端，近圆形，径0.1mm。种皮厚0.05mm，脆骨质，平滑、亮褐色，在高倍解剖镜下可见有分布均匀浅褐色斑点。直胚，椭圆形，长0.3mm，宽0.2mm，白色，子叶卵形，长0. 1mm；下胚轴及胚根长0.2mm，白色，位于种子凹缺一端。胚乳丰富，油质，白色。

成熟期：9～10月。

产地：云南、贵州、四川、西藏等地。

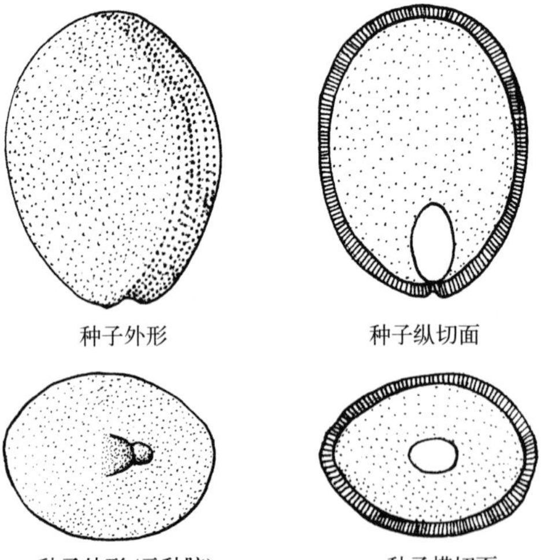

种子外形　种子纵切面

种子外形（示种脐）　种子横切面

图584　鬼吹箫

# 双盾木

*Dipelta floribunda* Maxim.

忍冬科，落叶小乔木。

种子（果）扁平卵形，先端常有残存宿萼片，去萼片后长约5mm，宽约2.8mm，厚约17mm，上端渐窄，基部圆形，两侧各有3条纵棱，2条沟槽，背腹两面略平坦，中央有一条纵棱，表面褐色、被毛。种脐（果脐）圆形，径0.2mm，位于较宽一端。种皮（果皮）革质，厚0.2mm。种仁卵状椭圆形，长3～3.5mm，宽1.5～2mm。种皮膜质，淡褐色，有网状纹饰。胚椭圆形，长约0.6mm，白色，位于种子顶端。胚乳肉质。

成熟期：8～9月。

产地：甘肃、陕西、湖北、湖南、四川、云南、贵州、广西等地。

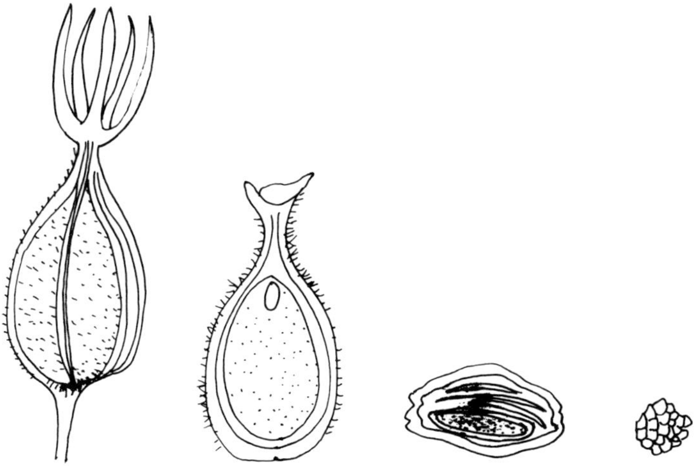


图585 双盾木

# 水马桑

*Weigelia japonica* Thunb. var. *sinica* (Rehd.) Beiley

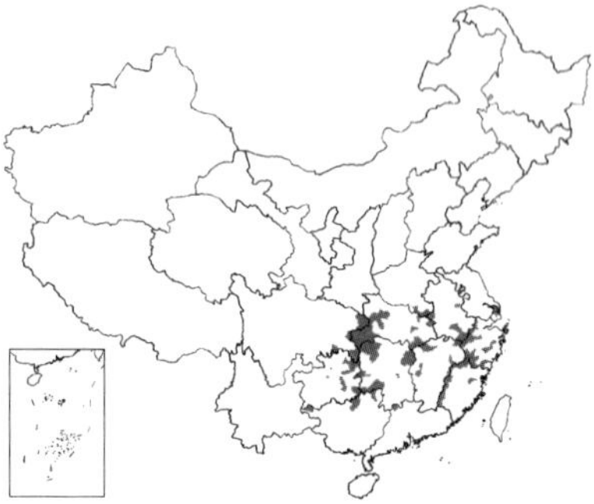

忍冬科，落叶灌木。

蒴果柱状，长1～2cm，木质，2瓣裂。

种子横短圆柱形，长1.2mm，宽0.5～1mm，厚约0.7mm，顶端弧形，基部有一半圆翅状物，两端平截；种脐位于基部翅状物上。外种皮灰褐色，有网状纹，在高倍解剖镜下可见明显呈蜂窝状，背部为白色，网眼内为黑褐色；内种皮倒卵形，长1mm，宽0.5mm，膜质，茶褐色。胚棍棒形，长0.5mm，白色，子叶长0.3mm；胚位于种脐一端。胚乳油质，粉末状。

与锦带花 *Weigela florida* (Bunge) A. DC.不同处为种子较短，种子茶褐色，种皮明显蜂窝状。

成熟期：8～9月。

产地：浙江、安徽、江西、福建、湖南、湖北、广东、广西、四川、贵州等地。

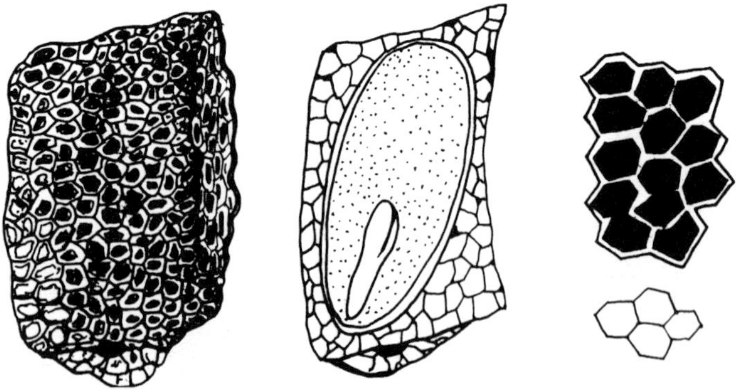

种子外形　　种子纵切面　　种皮网状纹

图586　水马桑

# 锦带花

*Weigela florida* (Bunge) A. DC.

忍冬科，落叶灌木。

蒴果柱状，长1.5～2.5cm，木质，2瓣裂。

种子横短椭圆柱形，长约1.7mm，宽约0.8～1mm，厚约0.5mm，顶端弧形，顶部带有翅状物，两侧平截；种脐位于种子基部翅状物上，长椭圆形，长1.3mm，宽0.7mm，外种皮黄褐色，有网状纹，在高倍解剖镜下呈蜂巢状；内种皮膜质。胚棍棒形，长0.6mm，白色，子叶长0.3mm，胚位于种脐一端。胚乳充满种子，粉状，油质。

与水马桑 *Weigelia japonica* Thunb. var. *sinica* (Rehd.) Beiley 不同点：种子较长，种皮黄褐色。

成熟期：10月。

产地：黑龙江、吉林、辽宁、内蒙古、陕西、山西、河南、山东、河北、江苏等地。

种子千粒重：0.29～0.32g。

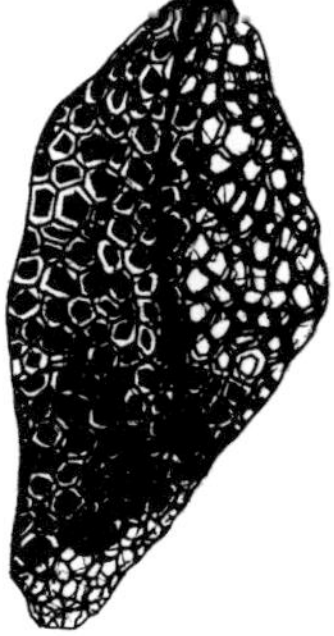

种子外形

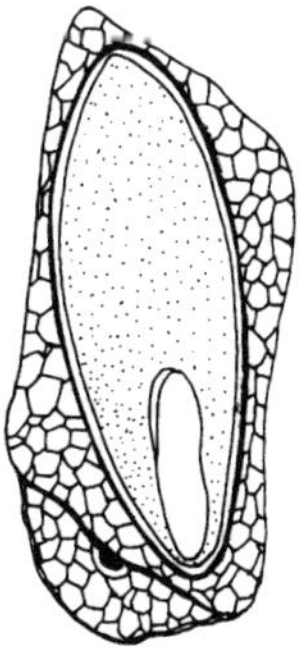

种子纵切面

种皮的网状纹

图587 锦带花

# 天目琼花

*Viburnum sargentii* Koehne

忍冬科，落叶灌木。

浆果近球形，稍扁平，径8～10mm，熟时红色。

种子扁平椭圆形(彩图118)，倒卵形或近圆形，长7～9mm，宽6.5～8mm，厚约1.5mm，顶端圆，有时中央有一小缺口，基部具小尖头，背面平坦，腹面周围微凸起，中央微凹陷；种脐位于具小尖头腹面。种皮浅黄褐色，厚约0.5mm，革质，粗糙而无沟槽，在高倍解剖镜下可见覆网状雕纹。直胚，倒卵形，长1.2mm，宽0.6mm，白色，子叶长0.7mm，宽0.6mm；下胚轴及胚根长0.6mm，位于种子较尖一端。角质胚乳，油质，充满种皮。

成熟期：9～10月。

产地：黑龙江、吉林、辽宁、河北北部、山西、陕西北部、甘肃南部、河南西部、山东、安徽南部和西部、浙江西北部、江西、湖北、四川等地。

种子千粒重：40g。

播种：尽早秋播或自然条件下层积。

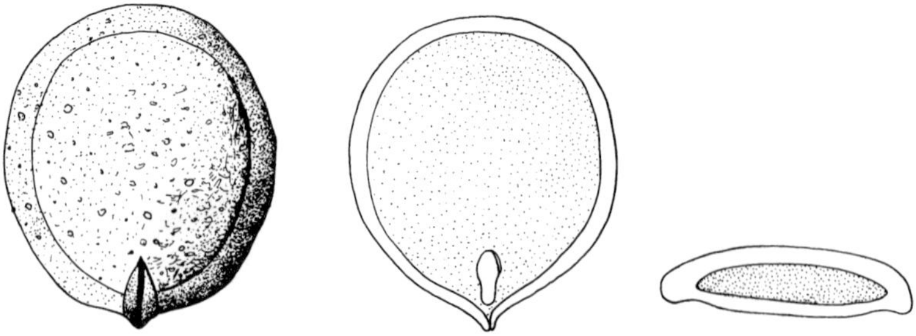

种子外形　　种子纵切面　　种子横切面

图588　天目琼花

# 荚蒾

*Viburnum dilatatum* Thunb.

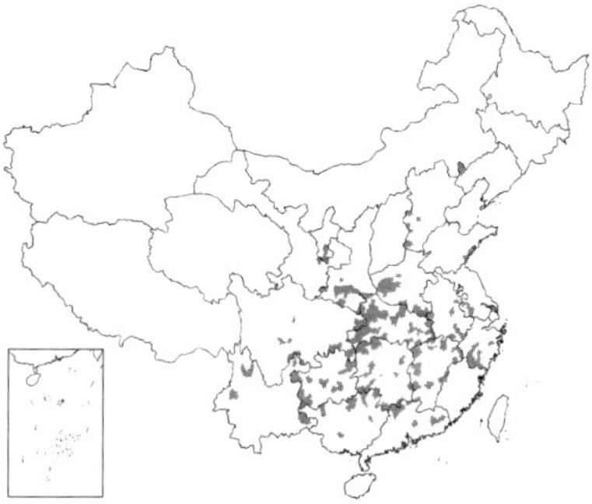

忍冬科，落叶灌木。

核果椭圆形，长7～8mm，红色。

种子扁平椭圆形，长7.8～8mm，宽4.8～5.1mm，厚2.5mm，顶端圆钝，中央有短钝尖，基部渐尖，背面具2凹槽，腹面具3凹槽；种脐位于渐尖一端腹面，圆形，径0.3mm。种皮红色，厚0.3mm，骨质，有极浅雕刻状花纹，在高倍解剖镜下可见不规则颗粒状突起。直胚，长0.8mm，白色，位于种子较尖一端。胚乳角质，充满种皮。

成熟期：9～11月。

产地：陕西、河南、河北及长江以南，东至台湾，西南达云南等地。

种子千粒重：26～30g。

播种：尽早秋播或自然条件下层积。

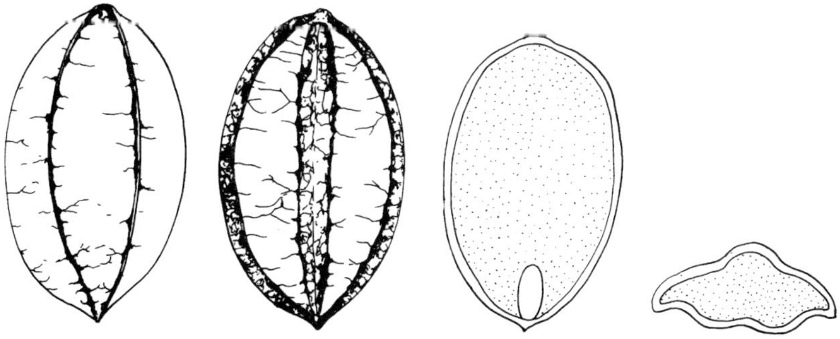

种子外形背面　种子外形腹面　种子纵切面　种子横切面

图589　荚　蒾

# 蝴蝶荚蒾

*Viburnum plicatum* Thunb. f. *tomentosum* (Thunb.) Rehd.

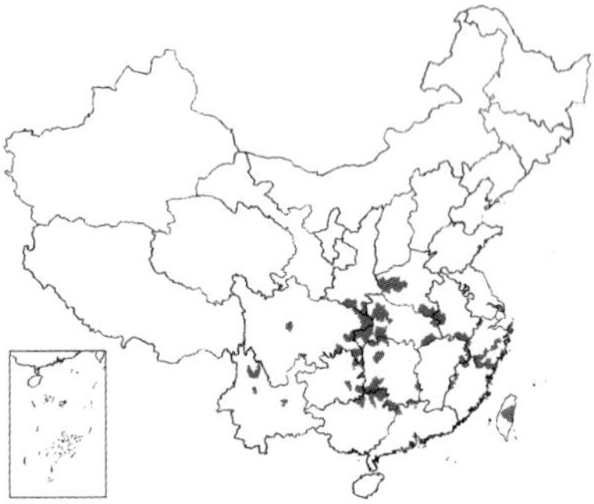

忍冬科，落叶灌木。

核果宽卵形或倒卵形，长5～6mm，红色。

种子宽倒卵形（彩图119），长6.5mm，宽5.5mm，厚2mm，顶端圆形基部有小尖头，背面有2条浅沟槽，腹面有一宽槽，中间又分成3条浅沟槽；种脐位于具尖一端。种皮黄褐色，厚0.2mm，骨质，有雕刻状花纹。胚长约1mm，白色，位于种子具尖一端。胚乳角质，油质。

成熟期：8～9月。

产地：陕西、河南及长江以南。

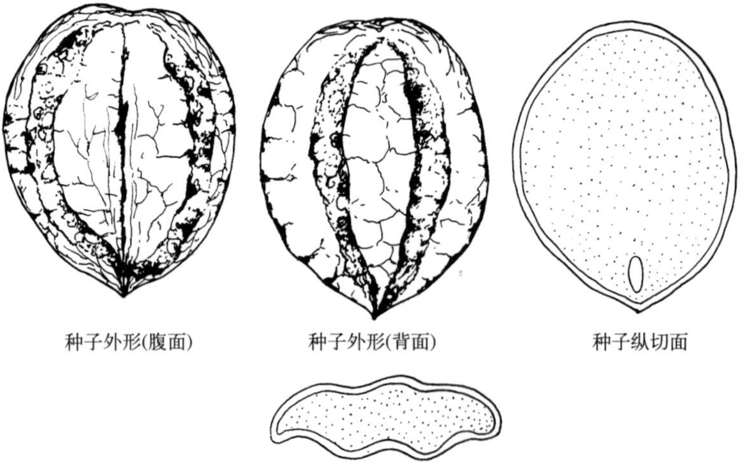

种子外形(腹面)　种子外形(背面)　种子纵切面

种子横切面

图590　蝴蝶荚蒾

# 吕宋荚蒾

*Viburnum luzonicum* Rolfe

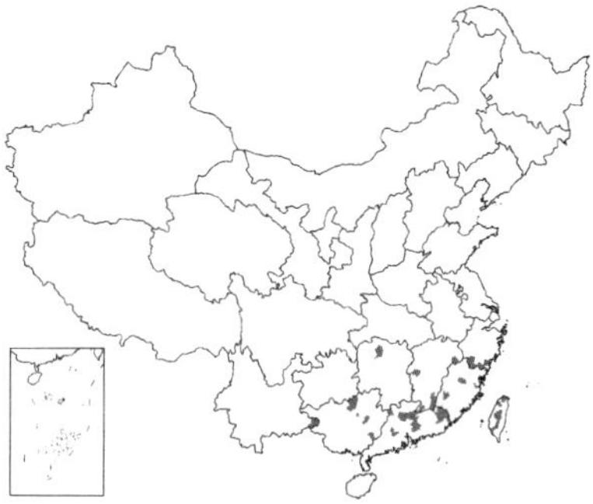

忍冬科，落叶灌木。

核果卵圆形，长5～6mm，红色，尖端有星状毛。

种子扁倒卵形，长5mm，宽4mm，厚2mm，顶端圆，基部有小尖头，背面有3条沟槽，中央1条较宽，两侧的2条较窄，腹面有2条深沟槽；种脐位于小尖头腹面。种皮灰白，有紫晕，厚0.2mm，骨质，有雕刻状花纹，在高倍解剖镜下可见明显凸凹。直胚，小椭圆形，长0.7mm，白色，位于种子较尖一端。胚乳角质，油质。

成熟期：10～12月。

产地：台湾、浙江和江西以南。

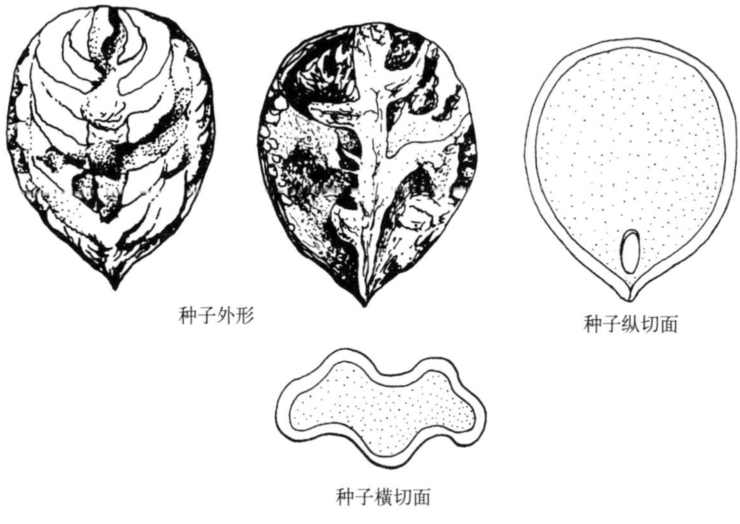


图591 吕宋荚蒾

# 沟核荚蒾

*Viburnum setigerum* Hance var. *sulcatum* Hsu

忍冬科，落叶灌木。

核果卵圆形，长0.9～1.1cm，红色。

种子倒卵状椭圆形，长6～7mm，宽3.2～3.6mm，厚2～2.2mm，顶端圆，基部渐窄成尖头，背面弧形，腹面两侧呈棱状突起，中间为一宽沟，或沟中央有一小枝又分为2沟；种脐位于较尖一端。种皮白色，厚0.2mm，骨质。有雕刻状花纹。在高倍解剖镜下可见不规则突凹。直胚，椭圆形，长0.8mm，白色，位于种子较尖一端。胚乳角质，油质。

成熟期：9～10月。

产地：陕西南部及长江以南，东达台湾、西南至云南等地。

种子千粒重：22～34g。

播种：尽早秋播或自然条播。

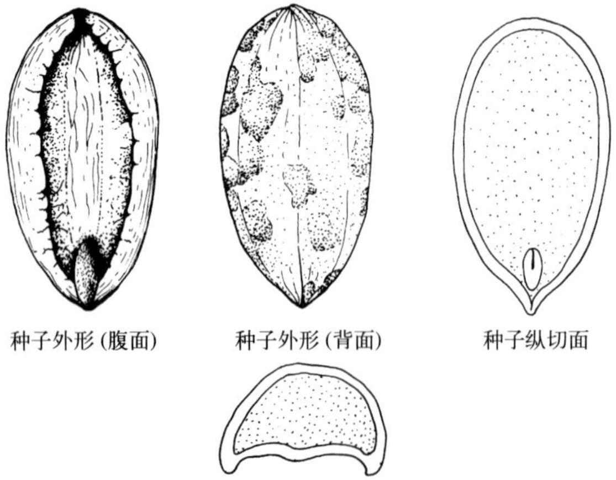


图592 沟核荚蒾

# 早禾树

*Viburnum odoratissimum* Ker

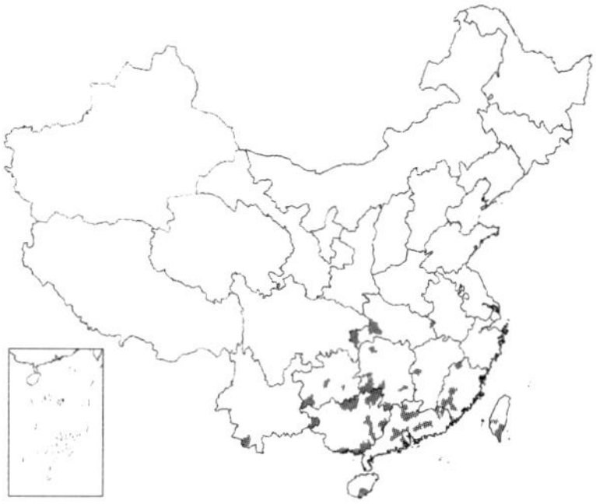

忍冬科，常绿乔木。

核果卵状长圆形，长约8mm，果黑色。

种子卵状椭圆形，长6～7mm，宽2.5～3.5mm，厚2.2mm，顶端窄圆形，基部渐尖，背面弧形，腹面有一条上窄下宽的3条沟槽；种脐位于较尖一端。种皮淡褐色，有小片状栗褐色附着物，在高倍解剖镜下可见附着物排成网格状，边缘具齿，易剥落。直胚，椭圆形，长0.5mm，白色，位于沟槽较宽的一端。胚乳角质，油质。

成熟期：9～10月。

产地：广东、广西、湖南、福建等地。

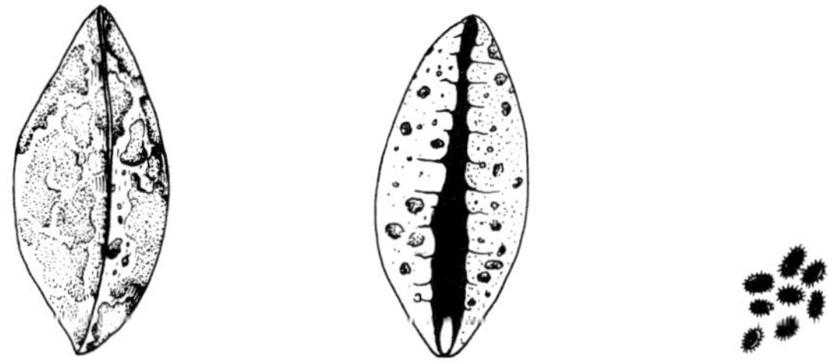

种子外形（背面）　种子外形（腹面）　种皮附着物

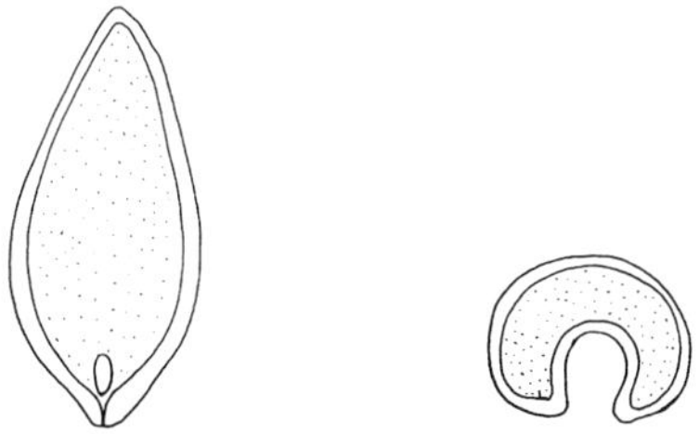

种子纵切面　种子横切面

图593　早禾树

# 茶荚蒾

*Viburnum setigerum* Hance

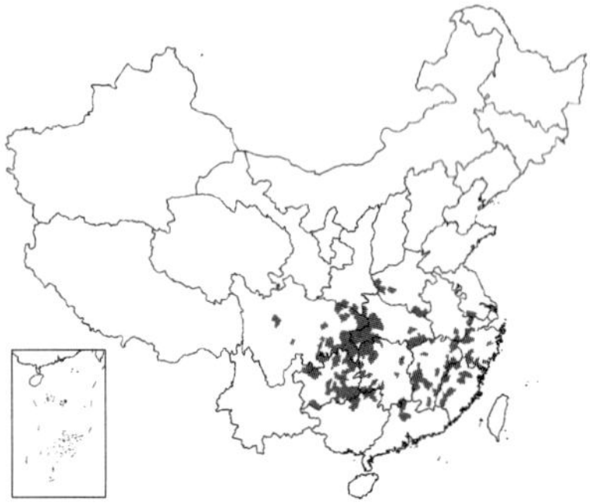

忍冬科，落叶灌木。

果核果球状卵形或椭圆形，长0.9～1.1cm，红色。

种子扁平椭圆形，长6.5～7mm，宽3.8～4mm，厚2.3～2.5mm，顶端圆钝，基部渐尖，背面有不明显2条浅沟槽，腹面有3条沟槽；种脐位于渐一端腹面。种皮橙黄色或红褐色，厚0.3mm，骨质，有浅雕刻状花纹，高倍解剖镜下可见颗粒状凸起。直胚，长0.8mm，白色，位于种子较尖一端。胚乳角质，油质。

成熟期：9～10月。

产地：长江流域及贵州、广西等有分布。

种子千粒重：22～34g。

播种：尽早秋播或自然条件下层积。

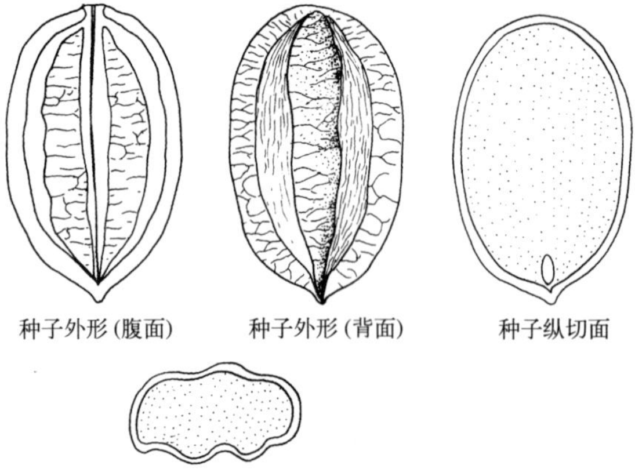

种子外形（腹面） 种子外形（背面） 种子纵切面

种子横切面

图594 茶荚蒾

# 蚀齿荚蒾

*Viburnum erosum* Thunb. 宜昌荚蒾
[*Viburnum ichangense* (Hemsl.) Rehd.]

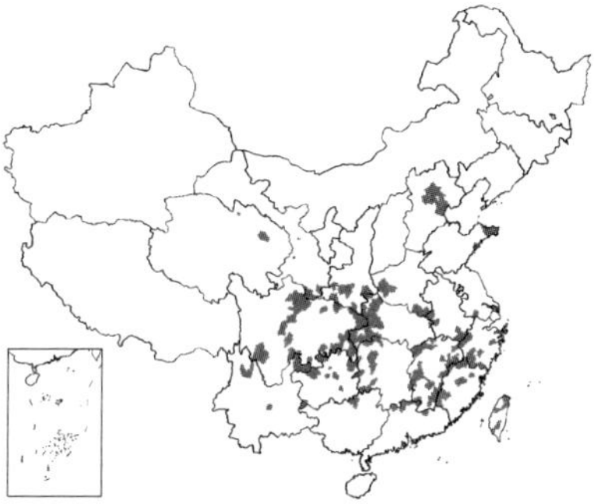

忍冬科，落叶灌木。

核果宽卵形，长7～9mm，红色。

种子扁平宽倒卵形或近圆形，长4～4.5mm，宽4mm，厚2.5mm，顶端圆形，中央常有小凹缺，基部有小尖头，背面具2浅沟，腹面具3浅沟槽；种脐位于具尖一端。种皮褐色，骨质，有浅雕刻状花纹，在高倍解剖镜下可见不规则凸起和凹坑。直胚，长0.6mm，宽0.3mm，白色，位于种子较尖的一端。胚乳角质、油质。

成熟期：9～11月。

产地：陕西、河南及长江以南，东至台湾，西南达云南。

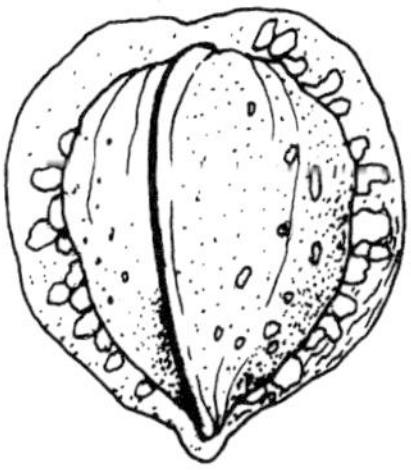

种子外形（背面）

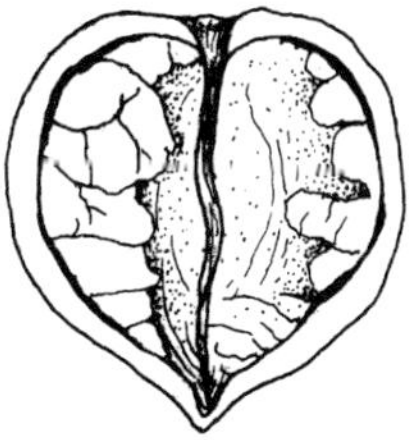

种子外形（腹面）

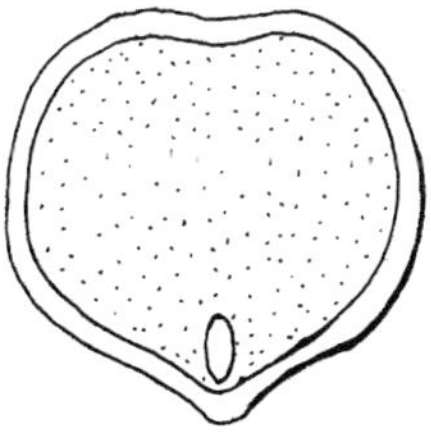

种子纵切面

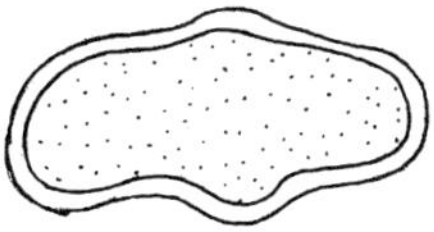

种子横切面

图595　蚀齿荚蒾

# 黑果荚蒾

*Viburnum melanocarpun* Hsu

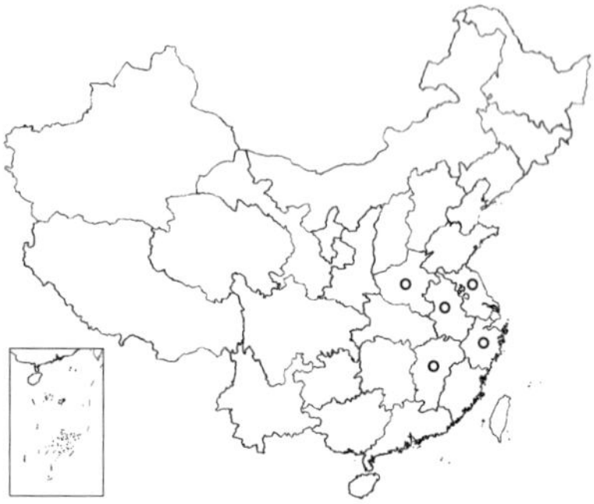

忍冬科，落叶灌木。

核果近球形，长0.7～1cm，黑紫色，流出红色液汁。

种子扁平倒卵形，长5.5mm，宽4mm，厚2.5mm，顶端圆形，基部具小尖头，背面无明显纵沟槽，腹面中央有一条浅宽沟槽；种脐位于基部小尖头腹面。种皮紫红色，厚0.3mm，骨质，有雕刻状花纹，在高倍解剖镜下可见不规则疣状突起。胚长卵形，长0.6mm，白色，位于种子具尖一端。胚乳角质，油质。

成熟期：9～10月。

产地：江苏、安徽、浙江、江西、河南等地。

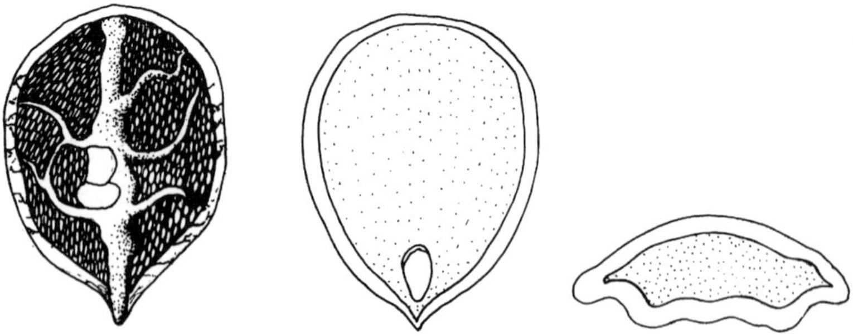

种子外形（腹面）　　种子纵切面　　种子横切面

图596　黑果荚蒾

# 琼花荚蒾

*Viburnum macrocephalum* Fort. f. *keteleeri* (Carr.) Rehd.

忍冬科，落叶灌木。

核果长椭圆形，长0.8～1.1cm，黑色。

种子扁平椭圆形、宽椭圆形，长8～10mm，宽5～7mm，宽约2.5mm，顶端圆形，基部有小尖头，背面具2条纵沟槽，腹面有3条沟槽；种脐位于基部尖头腹面。种皮苍黄色，厚0.5mm，木质，带残留黑色果皮，在高倍解剖镜下可见凹凸不平雕刻状花纹。直胚，倒卵状长椭圆形，长1.5mm，白色，子叶长1mm，宽0.6mm；下胚轴胚根长0.5mm，胚位于种子具尖一端。胚乳角质，油质，充满种子。

成熟期：9～10月。

产地：江苏、浙江、安徽、江西、湖南、湖北等地。

种子千粒重：52～60g。

播种：尽早秋播或自然条件下层积。

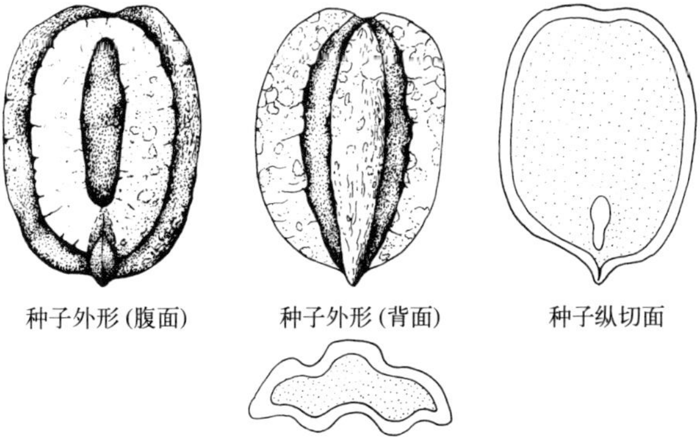


图597 琼花荚蒾

# 早花忍冬

*Lonicera praeflorens* Batal.

忍冬科，落叶灌木。

浆果圆形，径6~8mm，红色。

种子椭圆形，长3~35mm，宽2~25mm，厚1mm，顶端圆钝，基部渐窄有凹缺，背面弧形，腹面中部微凸起；种脐位于基部凹缺处。种皮黄褐色，平滑，脆骨质，在高倍解剖镜下可见小颗粒状突起。直胚，小椭圆形，白色，位于种脐一端。胚乳油质。

成熟期：5~6月。

产地：黑龙江、吉林、辽宁等地。

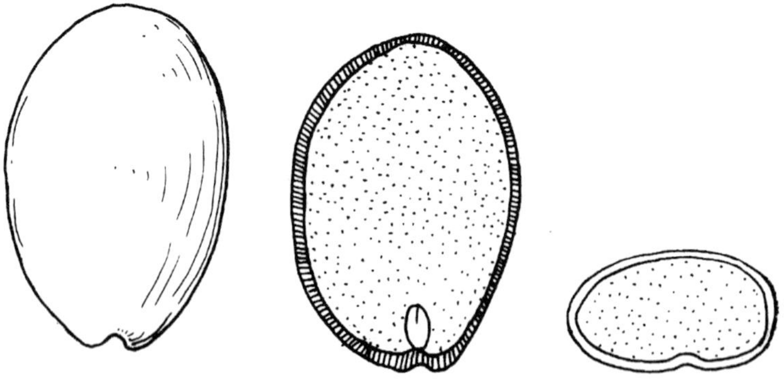

种子外形　　种子纵切面　　种子横切面

图598　早花忍冬

# 小叶忍冬

*Lonicera microphylla* Willd. ex Roem. et Schult.

忍冬科，落叶灌木。

浆果合生，红色或橙色。

种子椭圆形，长2.3～2.5mm，宽1.5～1.8mm，厚0.8mm，顶端圆，基部渐窄，有凹缺；种脐位于凹缺处。种皮褐色，平滑，厚0.1mm，脆骨质，在高倍解剖镜下可见小颗粒状突起或有胶状薄膜。直胚，长0.8mm，白色，位于种脐一端。胚乳丰富、油质。

成熟期：7～9月。

产地：新疆、西藏、青海、甘肃、宁夏、内蒙古、山西、河北、陕西等地。

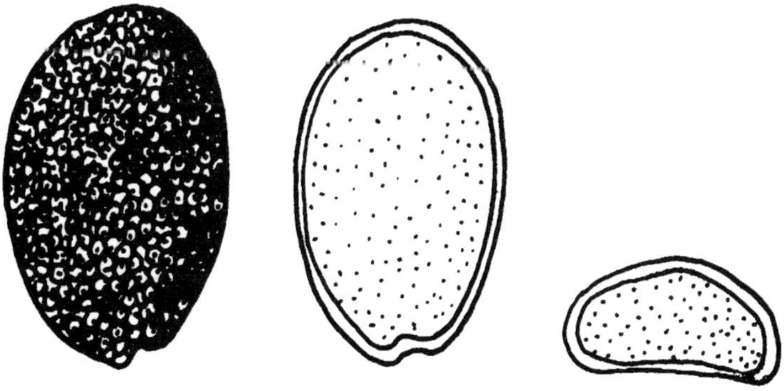

种子外形　　种子纵切面　　种子横切面

图599　小叶忍冬

# 紫花忍冬

*Lonicera maximowiczii* (Rupr.) Regel

忍冬科，落叶灌木。

浆果卵圆形，红色。

种子卵状椭圆形或矩圆形，长4.5mm，宽2.7～3mm，厚约1.2mm，腹面平缓，背面近基部有2条浅沟槽；种脐位于种子凹缺处。种皮黄褐色，厚0.2mm，在高倍解剖镜下可见密集椭圆形小瘤状凸起。直胚，长1.5mm，白色，子叶卵形，长1mm，宽0.7mm，下胚轴及胚根长0.5mm，位于种脐一端。胚乳油质。

成熟期：8～9月。

产地：黑龙江、吉林、辽宁、山东等地。

种子千粒重：5.0～6.5g。

播种：水浸2～3天，每天换水1次，混沙置于10～25℃温度下10～60天，保持湿度，勤翻动，用种量0.5～10g/$m^2$。

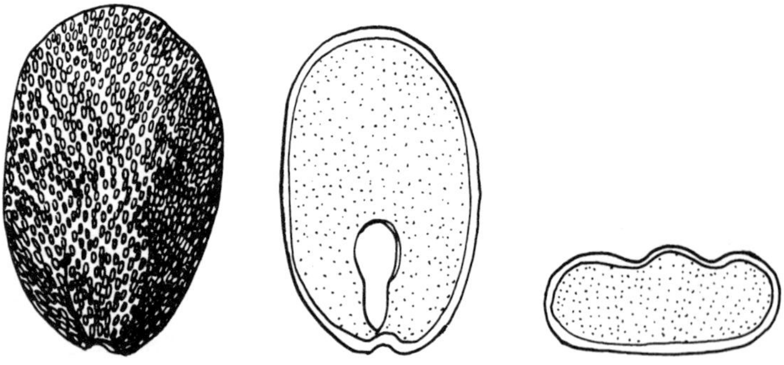

种子外形　　种子纵切面　　种子横切面

图600　紫花忍冬

# 新疆忍冬

*Lonicera tatarica* Linn.

忍冬科，落叶灌木。

浆果红色，圆形，径5～6 mm，双果之一常不发育。

种子宽椭圆形或近圆形，长2.3～2.5mm，宽约2.1～2.3mm，厚1mm，顶端圆钝，基部微窄有凹缺，背腹两面近基部有2条沟槽，沟槽之间凸起。种皮褐色或栗褐色，厚0.2mm，酥脆，在高倍解剖镜下可见覆网状纹。直胚，长1mm，白色，子叶椭圆形，长0.6mm，宽0.3mm；下胚轴及胚根长0.4mm，位于种脐一端。胚乳油质。

成熟期：7～8 月。

产地：新疆等地。

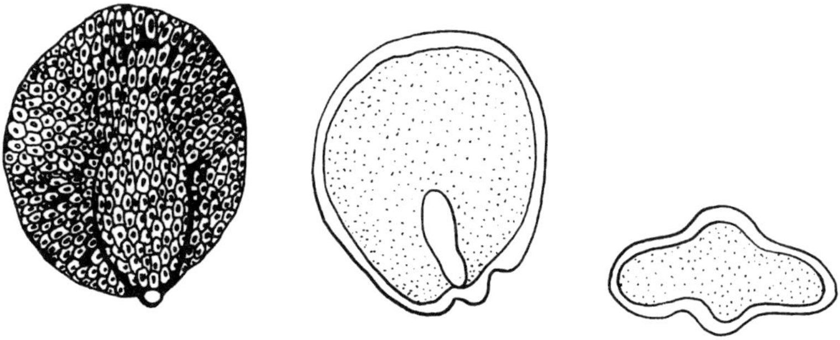

种子外形　　种子纵切面　　种子横切面

图601　新疆忍冬

# 长白忍冬

*Lonicera ruprechtiana* Regel

忍冬科，落叶灌木。

浆果圆形，径5～7 mm，橘红色。

种子倒卵状椭圆形或椭圆形，长2.7～3mm，宽1.7～2mm，厚1.3mm，顶端圆钝，基部略窄，有一凹缺，背面有2条浅沟槽，脐面有2条深沟槽。种皮栗褐色，厚0.2mm，酥脆，在高倍解剖镜下可见有网纹。直胚，长约1mm，白色，子叶椭圆形，长约0.5mm，宽0.3mm；下胚轴及胚根长约0.5mm，朝向种脐一端。胚乳丰富、油质。

成熟期：7～8 月。

产地：黑龙江、吉林和辽宁。

种子千粒重：2.7～2.9g。

播种：水浸2～3天，每天换水1次，混沙置于10～25℃温度下10～60天，保持湿度，勤翻动，用种量0.5～10g/$m^2$。

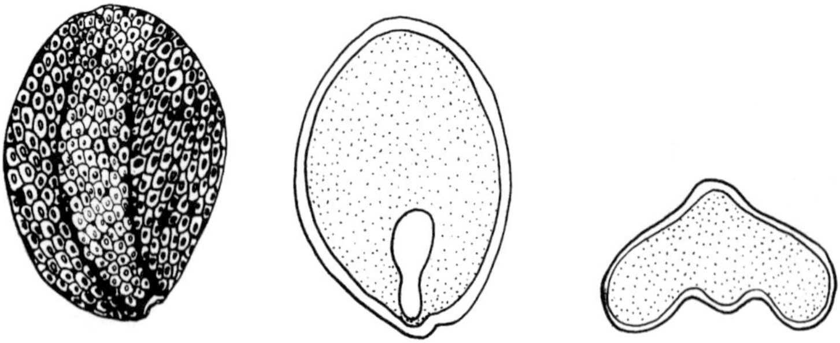

种子外形　　种子纵切面　　种子横切面

图602　长白忍冬

# 五台忍冬

*Lonicera kungeana* Hao

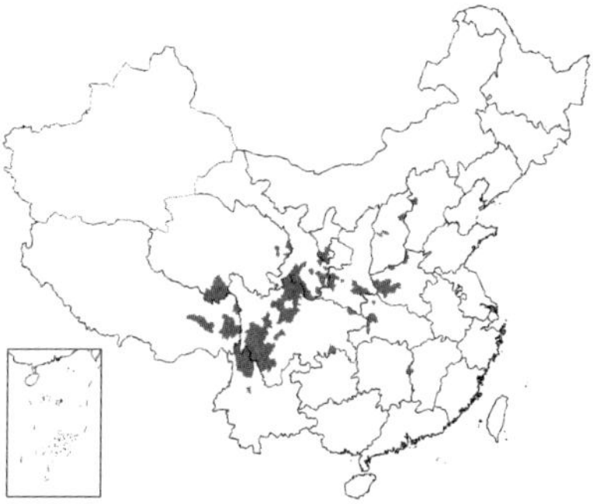

忍冬科，落叶灌木。

浆果，径5～6mm，红色。

种子椭圆形，长3mm，宽1.5mm，略扁，顶端圆基部常凹缺，两侧有棱，沿棱有深褐色条纹。种皮淡褐色，薄，骨质。胚小，棍棒形，长0.8mm，白色，透明，径约0.2mm。胚根在种子凹缺一端。胚乳充满种子，白色。

成熟期：8～9月。

产地：河北、山西、陕西、青海等地。

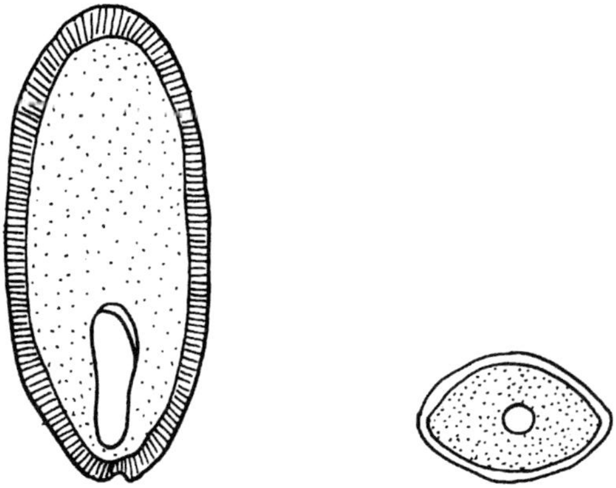

种子纵切面　　种子横切面

图603　五台忍冬

# 蓝靛果忍冬

*Lonicera caerulea* Linn. var. *edulis* Turcz. et Herd.

忍冬科，落叶灌木。

浆果近球形或椭圆形，长约1.5cm，蓝黑色，被白粉。

种子椭圆形或宽椭圆形，长2.1mm，宽1.5～1.7mm，厚0.8mm，顶端圆，基部凹缺，两侧窄；种脐位于有凹缺处。外种皮栗褐色，厚0.1mm，脆骨质，在高倍解剖镜下可见有小瘤状突起。胚小椭圆形，长0.3mm，白色，位于种脐一端。种子具丰富油质胚乳。

成熟期：8～9月。

产地：东北、华北、西北及西南。

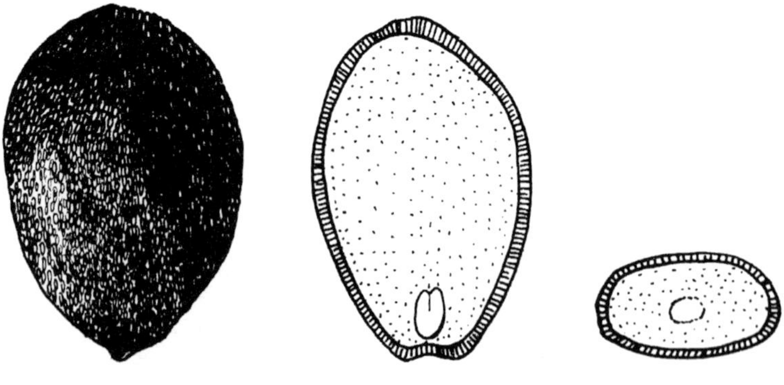

种子外形　　种子纵切面　　种子横切面

图604　蓝靛果忍冬

# 北京忍冬

*Lonicera pekinensis* Rehd.

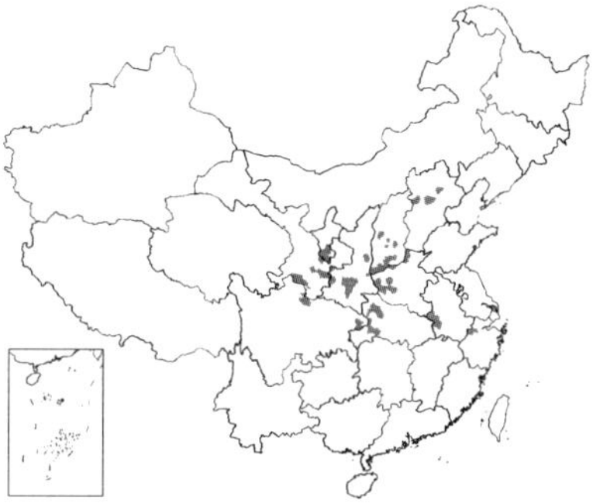

忍冬科，落叶灌木。

浆果椭圆形，长12mm，宽7mm，红色，有种子9粒。

种子矩圆状椭圆形，长4.3mm，宽2.6mm，厚1.4mm，微弯曲，先端圆钝，基部窄圆，一侧有一条不明显纵棱，亮褐色，有泡状小突起；种脐位于基部一侧，半月形，长约3mm。种皮厚0.15mm，脆骨质，有深褐色小点；内种皮膜质，淡黄色。胚小，卵形，白色，长0.5mm，位于种脐一端。胚乳丰富，充满种子，白色，油质。

成熟期：6月。

产地：河北、北京、山西、河南、陕西等地。

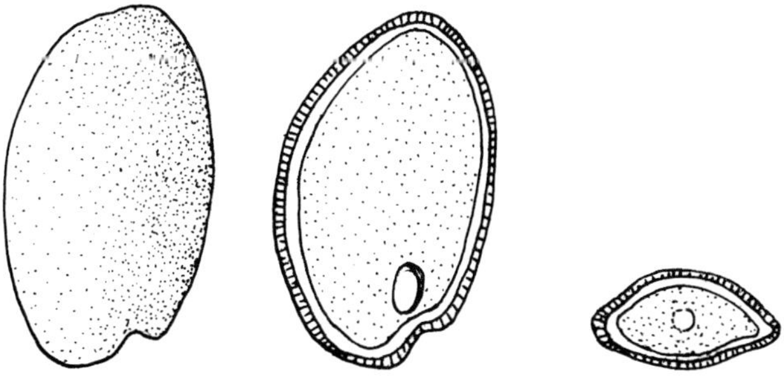

种子外形　　种子纵切面　　种子横切面

图605　北京忍冬

# 葱皮忍冬

*Lonicera ferdinandii* Franch. 秦岭忍冬

忍冬科，落叶灌木。

浆果红色，长0.8～1cm，包以撕裂的总苞。

种子倒卵状椭圆形，长5mm，宽3.7mm，厚约1.5mm，顶端圆钝，基部稍窄，有凹缺，腹面基部有2条浅沟槽；种脐位于基部凹缺处，长约0.5mm。种皮黄褐色，厚0.2mm，有紫红色棍棒状、长方状、多边状颗粒，外面封以一层白色胶膜。直胚，较小，位于种子具凹缺一端。胚乳油质。

成熟期：9～10月。

产地：河北、河南、山西、陕西、甘肃、宁夏、青海、吉林、辽宁、四川等地。

种子千粒重：17.9g。

播种：水浸2～3天，每天换水1次，混沙置于10～25℃温度下10～60天，保持湿度，勤翻动，用种量0.5～10g/$m^2$。

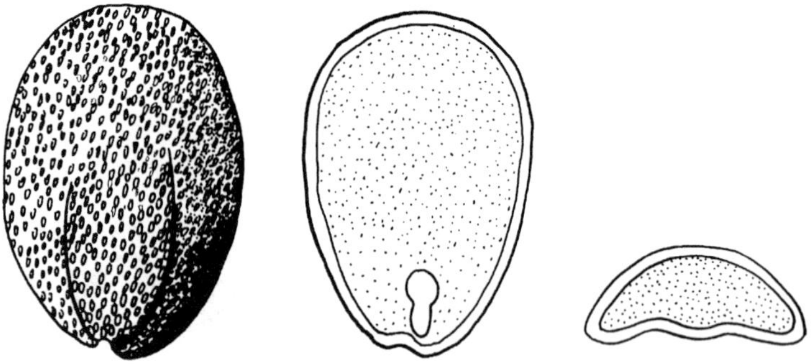

种子外形　　种子纵切面　　种子横切面

图606　葱皮忍冬

# 下江忍冬

*Lonicera modesta* Rehd.

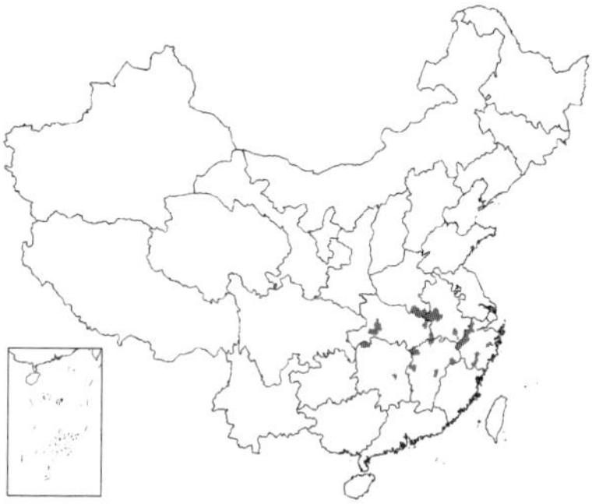

忍冬科，落叶灌木。

浆果球形，径7～8mm，红色。

种子倒卵状椭圆形，长5.2mm，宽3.1mm，厚1.7mm，顶端圆钝，基部渐窄，两面有不规则沟槽；种脐位于渐尖一端。圆形，径0.5mm。种皮褐色，厚0.2mm，在高倍解剖镜下可见密被疣状突起。直胚，长2.5mm，白色，子叶椭圆形，长1.5mm，宽1mm，下胚轴胚根长1mm，朝向种脐一端。胚乳油质。

成熟期：9～10月。

产地：浙江、安徽、江西、湖南和湖北。

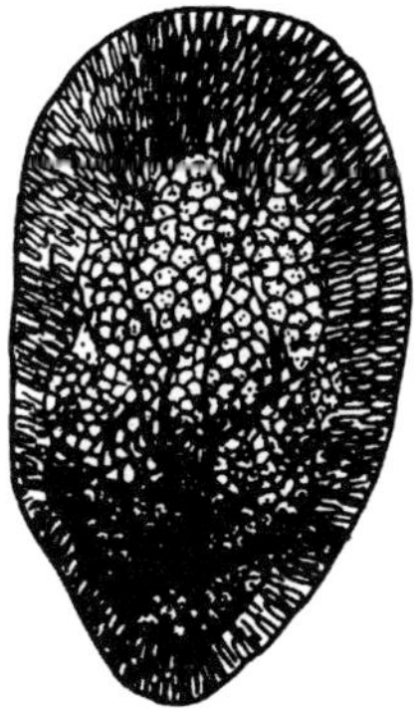

种子外形

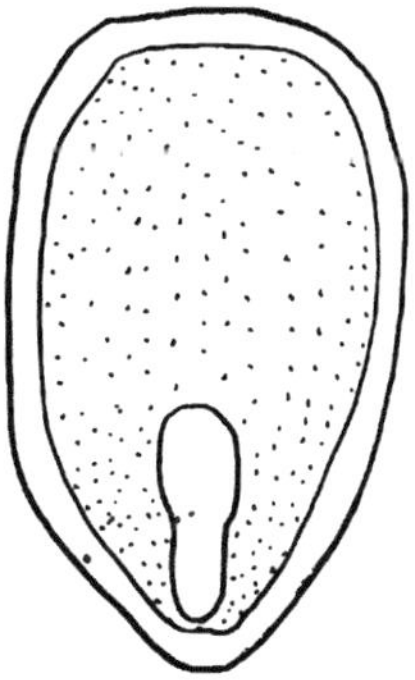

种子纵切面

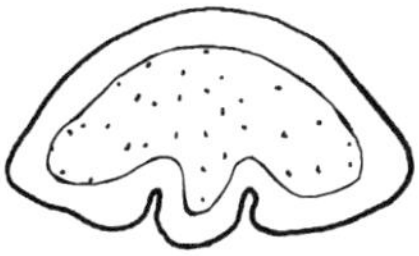

种子横切面

图607 下江忍冬

# 金银花

*Lonicera japonica* Thunb.

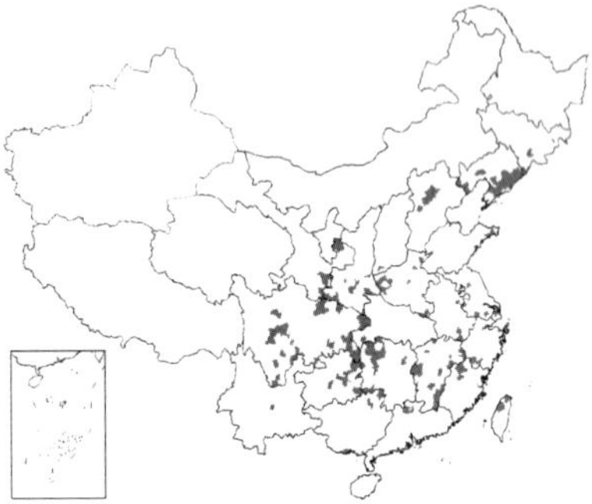

忍冬科，半常绿藤木。

浆果球形，长6～7mm，黑色。

种子扁平椭圆形（彩图120），长3～3.2mm，宽2～2.6mm，厚约1.5mm，先端平截或微凹，微弯曲，基部渐窄，背面有2条浅沟，中央凸起，腹面两沟较深；种脐位于种子较尖一端。种皮亮黑色，薄，脆骨质，高倍解剖镜下见椭圆形网状凹下纹饰。子叶椭圆形，长约1mm，宽约0.5mm；下胚轴及胚根长约1.5mm，白色。胚位于种脐一端。胚乳丰富，白色。

成熟期：10～11月。

产地：辽宁以南及华北、华中、华东和西南。

播种：水浸2～3天，每天换水1次，混沙置于10～25℃温度下10～60天，保持湿度，勤翻动，用种量0.5g/m$^2$。

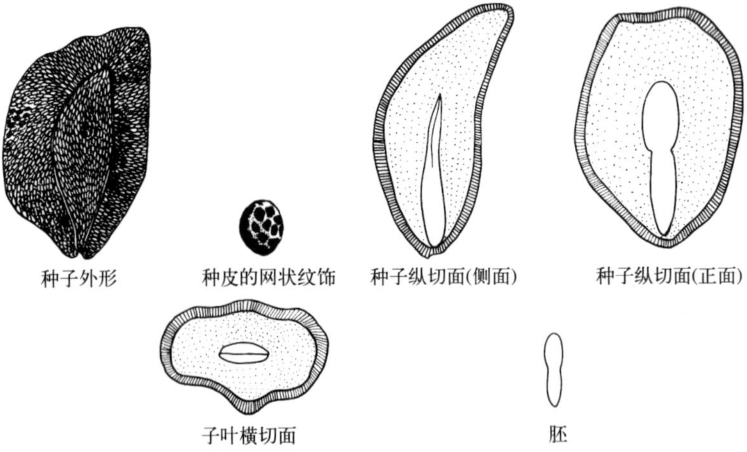


图608 金银花

# 金银木

*Lonicera maackii* (Rupr.) Maxim.

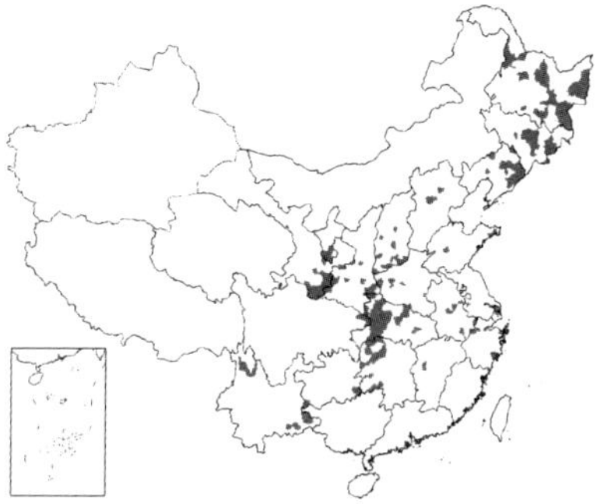

忍冬科，落叶灌木至小乔木。

浆果近球形，径约5mm，暗红色。

种子扁平椭圆形或卵状椭圆形，长4～4.5mm，宽约3mm，厚约1.5mm，顶端圆钝，基部有短尖及微凹，微弯；种脐位于平短尖一端，一侧较薄，一侧较厚，种皮黄棕色，有糠秕状突起，壁厚约0.1mm。胚圆柱形，长约1.5mm，白色。胚根、下胚轴的长度几与子叶长相等；胚位于种子较尖一端。胚乳充满种子，白色。

成熟期：8～10月。

产地：东北三省东部、河北、山西南部、陕西、甘肃东南部、山东东部和南部、江苏、安徽、浙江北部、河南、湖北、湖南、四川东北部、贵州、云南东部至西北部及西藏（吉隆）等地。

种子千粒重：5.2～5.5g。

播种：水浸2～3天，每天换水1次，混沙置于10～25℃温度下10～60天，保持湿度，勤翻动，用种量0.5～10g/m$^2$。

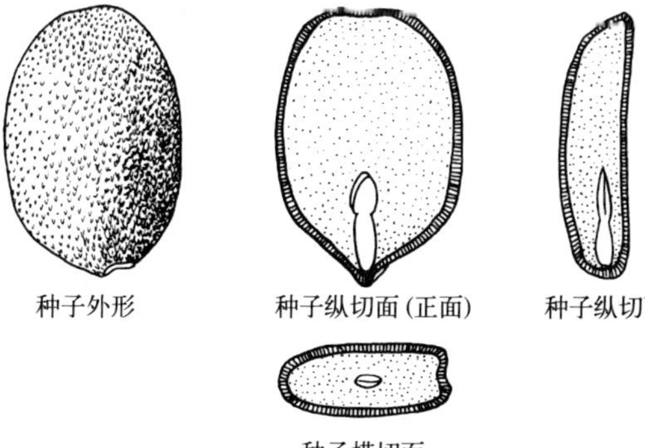

种子外形　种子纵切面（正面）　种子纵切面（侧面）

种子横切面

图609 金银木

# 金花忍冬

*Lonicera chrysantha* Trucz.

忍冬科，落叶灌木。

浆果球形，径5～6mm，红色。

种子矩圆状椭圆形（彩图121），长4.2～4.5mm，宽2.8～3.1mm，厚1.5mm，顶端圆钝，基部渐窄，有微凹缺，背面有两浅沟槽，腹面弧形；种脐位于基部小凹缺处。外种皮栗褐色，厚0.2mm，脆骨质，在高倍解剖镜下可见乳头状疣状突起，长约0.5mm。胚椭圆形，长1.5mm，白色，位于种脐一端。胚乳油质。

成熟期：7～9月。

产地：东北、华北及陕西、甘肃、宁夏、四川、青海、湖北、安徽等地。

种子千粒重：2.7～3.0g。

播种：水浸2～3天，每天换水1次，混沙置于10～25℃温度下10～60天，保持湿度，勤翻动，用种量0.5～10g/$m^2$。

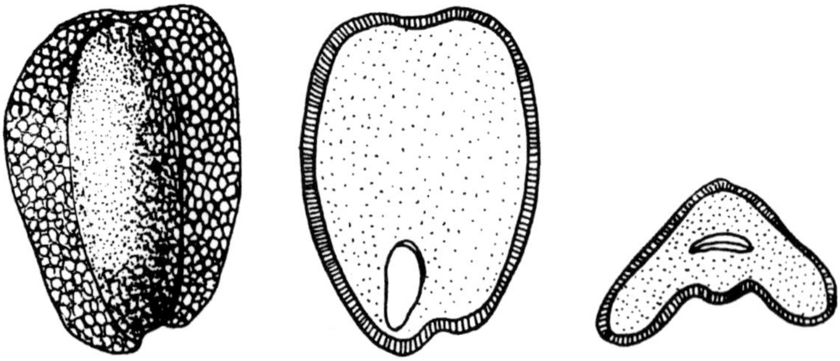

种子外形　　种子纵切面　　种子横切面

图610　金花忍冬

# ·百合科 LILIACEAE·

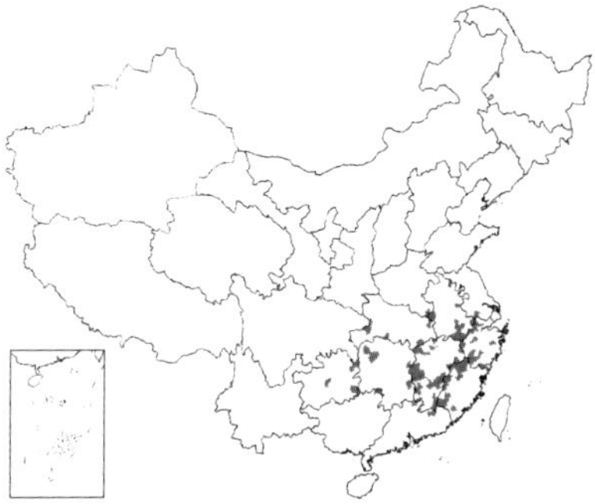

## 小果菝葜

*Smilax davidiana* A. DC.

百合科，落绿藤本。

核果球形，径约7mm，熟时红色，有种子2～3粒。

种子扁圆形，长4～5mm，宽3.5～4mm，厚约2mm，先端圆，中央有小突头，基部有小突尖，背面弧形，腹面平坦或中央微具棱脊，表面红色，有不规则细皱纹；种脐黑色，位于下部尖端。种皮不易分开。胚椭圆形，微弯曲，长0.5～0.6mm，白色。位于种子先端。角质坚硬胚乳白色。

成熟期：10～11月。

产地：江苏、浙江、安徽、江西、福建、广东、广西等地。

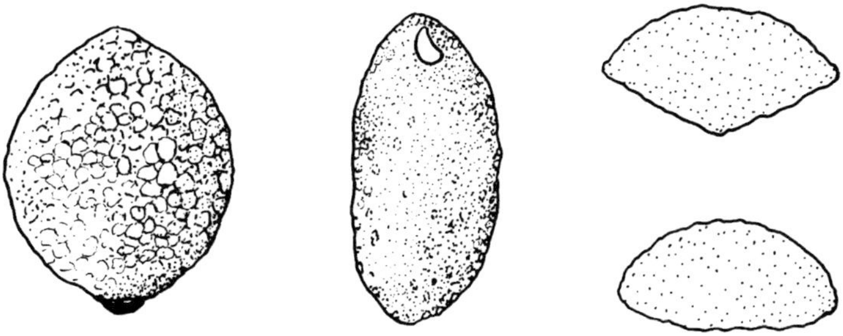

种子外形　　种子外形(示小突起)　　种子横切面

图611　小果菝葜

# ·棕榈科 PALMACEAE·

## 假槟榔

*Archontophoenix alexandrae* Wendl. et Drude

棕榈科，常绿乔木。

核果宽卵形至近球形，长1.0～1.4cm，宽0.8～1cm，先端具短尖，基部具短柄，外壁包以纤维，中果皮革质，厚约1mm，果核坚硬，胚乳角质，白色，胚小，长约2mm，1枚子叶；胚根朝向果实顶端。

成熟期：4～7月。

产地：原产澳大利亚。我国广东、广西、海南、福建、台湾、云南等地栽培。

种子千粒重：450～530g。

播种：用种量40g/m²。

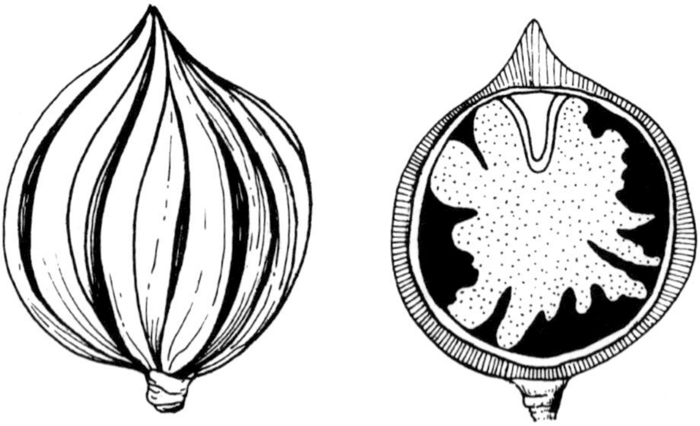

果核　　核果纵切面

图612　假槟榔

# 鱼尾葵

*Caryota ochlandra* Hance

棕榈科，常绿乔木

核果近球形或横椭圆形，长约1.3～1.5cm，径约1.5～2cm。

果核横椭圆形，长约12mm，宽约16mm，先端圆，有圆形凹陷发芽孔，基部微凹，黑紫色，有多条不整齐纵槽，种皮坚硬。胚圆锥形，长3.5mm，宽2.5mm，先端钝尖，白色，基部平截淡褐色，子叶1枚，胚根朝向发芽孔一端。胚乳丰富，角质。

成熟期：8～11月。

产地：福建、广东、广西、海南、云南等地。

种子千粒重：2100～2650g。

播种：用种量1～1.6g/$m^2$。

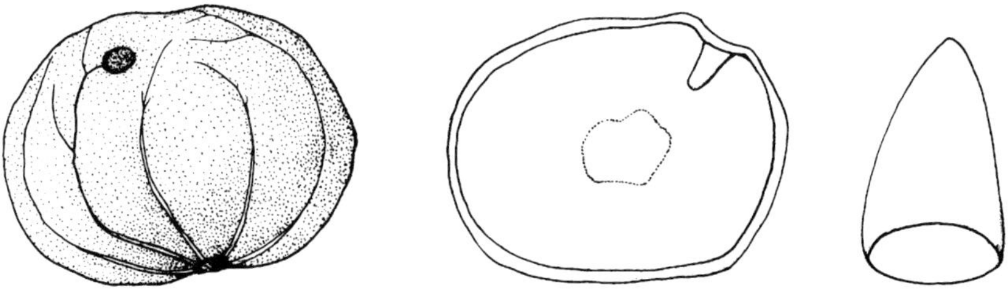

种子外形　　种子横切面　　胚

图613　鱼尾葵

# 棕榈

*Trachycarpus fortunei* (Hook.f.) Wendl.

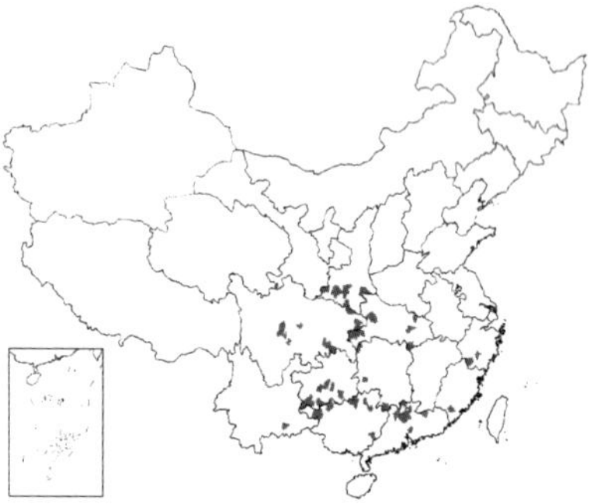

棕榈科，常绿乔木。

核果球形或扁球形，长8～10mm，宽10～12mm，黑褐色，果皮略有皱纹。

种子（果核）肾形（彩图122），长6～8mm，宽8～10mm，厚5～6mm，顶端圆弧形，中央常有一舌片状体，基部凹入，近顶处有一小凹穴（发芽孔），表面光滑，微具细皱纹。常粘着于果皮上，种脐位于凹坑内。胚椭圆形，白色，长约1.5mm，宽0.5mm，先端圆钝，基部截形，胚根朝向发芽孔一端。胚乳丰富，角质，坚硬。

成熟期：10～11月。

产地：秦岭以南。东至台湾，西南至四川、云南，南至广东、广西等地。

种子千粒重：350～480g粒。

播种：播前将种子浸草木灰水3～5天或堆沤3～4天后搓去果实上的蜡质，干藏越冬的种子用始温60～70℃水浸种1天，以后15天每天早晚各用温水浸种1次，保持湿润，或在5～10℃下层积30天，去蜡后播种，用种量50～70kg/亩。

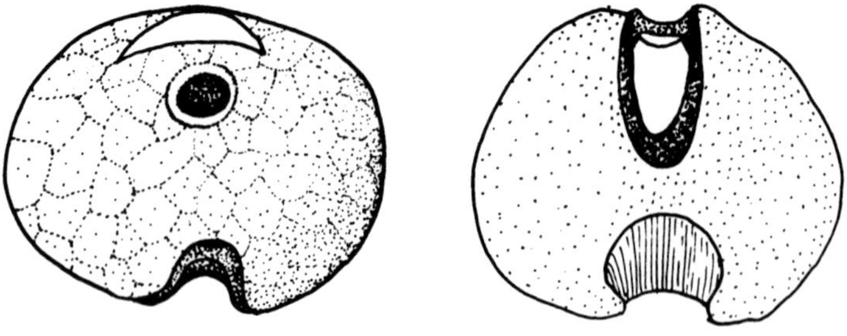

果核　　　　种子纵切面

图614　棕　榈

# 蒲葵

*Livistona chinensis* R. Br.

棕榈科，常绿乔木。

核果球形，平滑，长约1.8cm，黑色或蓝黑色。

种子椭圆形，长约20mm，宽约10mm，略扁。先端圆钝，近顶部腹面有一小尖头，基部有一平截尖头，背面圆弧形，腹面有一条不明显纵脊，表面苍褐色，有极不明显雕纹。种皮厚0.2mm，骨质，内壁苍白色，内种皮与胚粘连，颜色与外种皮相似。胚位于一侧，长2～3mm，宽1～1.5mm，浅黄色。胚乳角质，白色，有褐色木质部分伸入种子内1/2。

成熟期：11月。

产地：我国南部亚热带地区。

种子千粒重：800～1300g。

种子外形　　种子纵切面　　种子横切面

图615 蒲 葵

# 香蒲葵

*Livistona speciosa* Kurz. 美丽蒲葵

棕榈科，常绿乔木。

核果倒卵形，长35mm，宽20mm，先端圆，基部渐窄，蓝黑色，平滑；内果皮骨质，浅黄色，厚1mm。

种子扁平椭圆形，长12mm，宽20mm，先端圆弧形，近中部有一凹坑，坑内着生胚，基部平坦，种皮褐色。纵切面观下半部为木质化粉末，上半部为白色胚乳，子叶1枚，位于种子上方。

成熟期：10月。

产地：缅甸、印度和马来西亚和我国云南南部。

种子外形

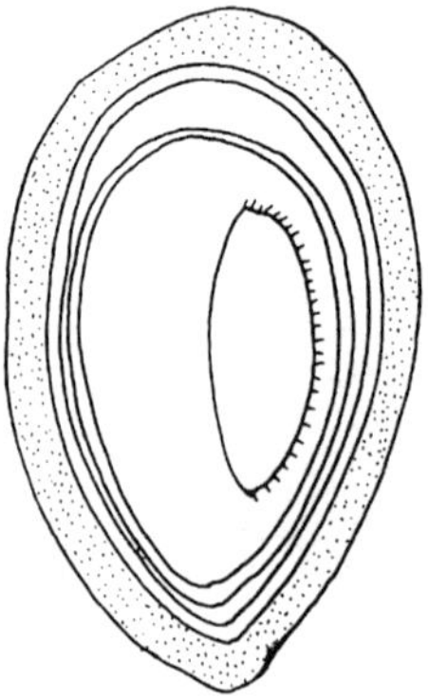

种子纵切面

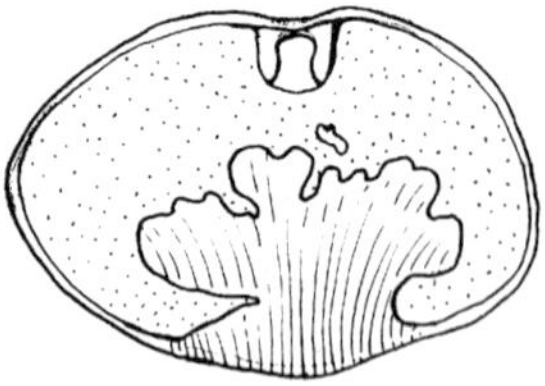

种子横切面

图616　香蒲葵

# 油 棕

*Elaeis quineensis* Jacq.

棕榈科，常绿乔木。

核果椭圆形或近球形，长倒卵形，长25～35mm，先端圆钝，有1～3发芽孔，基部渐窄或近圆形，外壁被褐色或苍黄色纤维，先端分叉，果壁骨质，厚5～6mm，黑色，切面上有条形或圆形小孔。

种子椭圆形，长15mm，宽1mm，先端有一乳头状突起，基部窄圆形，略扁，外表有不规则浅沟槽，种皮黑紫色。胚棍棒形，略扁，长约3mm，宽约0.8mm，先端淡黄色，下部白色，子叶1枚，胚根朝向发芽孔一端。胚乳丰富，充满种子。

成熟期：花后7～12个月。

产地：原产非洲。台湾、福建、广东、广西、海南、云南等地。

种子千粒重：1350～2310g。

播种：用种量150～210g/m$^2$。

种子外形（示发芽孔）

种子外形

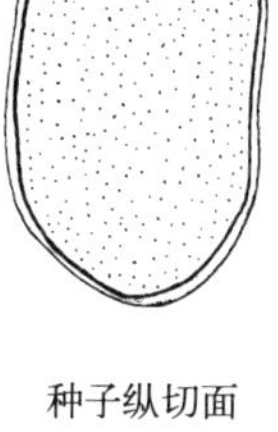

种子纵切面

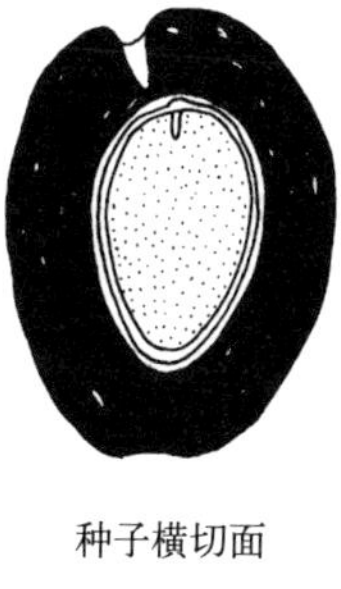

种子横切面

图617 油 棕

# ·禾本科 POACEAE (GRAMINEAE)·

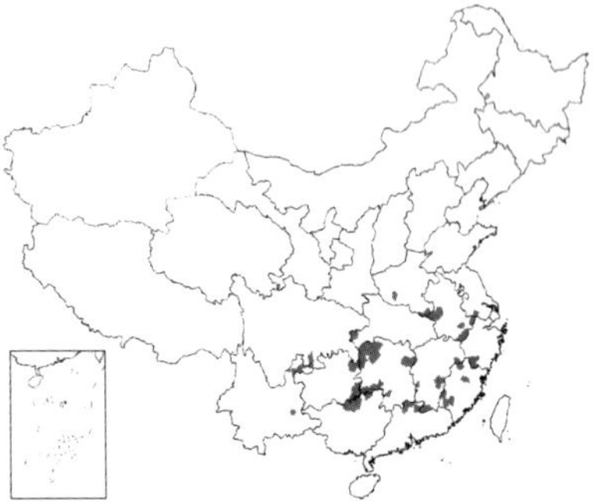

## 毛竹

*Phyllostachys edulis* (Carr.) H. de Leh. [*Ph. pubescens* Mazel. et H. de Leh.]

禾本科，常绿乔木。

颖果圆筒形(彩图123)，长14mm，宽2mm，先端具长4～5mm芒尖状花柱（基部有短柄），基部近斜截，背面弧形，腹面中央有一沟槽。种（果）皮褐色，芒及短柄亮灰褐色，全体无毛，坚纸质，内有一层糊粉层。胚位于果实基部斜面上，椭圆形盾片，长1.5mm，宽1mm，白色。胚位于盾片中央，略呈葫芦形，长1mm，淡黄色，子叶1枚。胚乳丰富，淀粉质，白色。

成熟期：8～9月。

产地：自秦岭、汉水流域至长江流域以南，东至台湾。

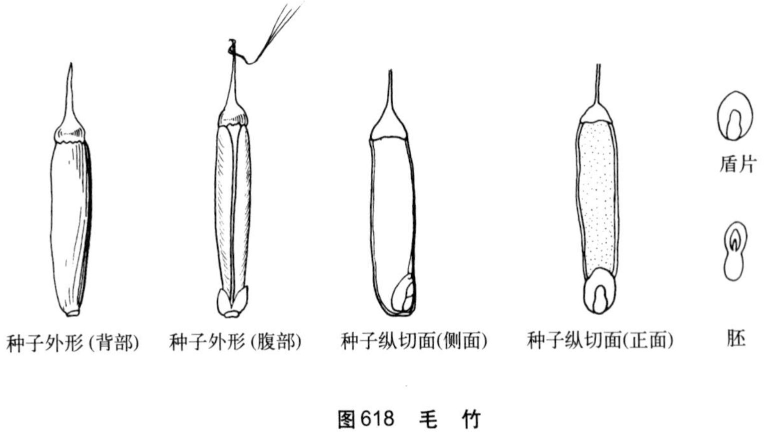


图618　毛　竹

# 中文名索引

（按汉语拼音顺序排列）

## Y



## Z

# 拉丁名索引

（按拉丁字母顺序排列）

## M

## Q



## R

## S



## T

# 参 考 文 献

1. 任宪威,张玉钧主编. 汉拉英中国木本植物名录. 北京：中国林业出版社，2003
2. 中国科学院中国植物志编辑委员会编著. 中国植物志(各卷册). 北京：科学出版社，1974～2000
3. 郑万钧主编. 中国树木志(1～4卷). 北京：中国林业出版社，1983,1985,1997,2004
4. 国家林业局国有林场和林木种苗工作总站主编. 中国木本植物种子. 北京：中国林业出版社，2000
5. 张若惠，刘洪谔，汪祖潭著. 中国主要树木幼苗形态. 北京：科学出版社，1993
6. 任宪威主编. 树木学(北方本). 北京：中国林业出版社，1997
7. 孙立元，任宪威主编. 河北树木志. 北京：中国林业出版社，1997
8. 祁承经主编. 树木学(南方本). 北京：中国林业出版社，1994
9. 严楚江著. 花果形态学. 福州：福建人民出版社，1964
10. 刘长江. 松属种子形态和鉴定的研究. 植物引种驯化集刊，1993，8:233～265
11. 姚庆渭，黄鹏成. 松科各属种子的研究. 南京林产工业学院学报，1980，1:28～41
12. 姚庆渭. 裸子植物种子类型的研究. 中等林业教育，1987，9:6～13
13. 任宪威，孙大立，胡冬梅. 中国榆科植物果实、种子形态及聚类分析的研究.河北林果研究，1997，12(3):197～201
14. 王建中，王瑞勤，张玉钧，韩秋波. 三种落叶松种子的比较形态与统计分析. 北京林业大学学报，1994，16(4) :80～89
15. 傅立国等. 中国高等植物. 青岛：青岛出版社，2000
16. 吴征镒主编. 云南植物志（各卷). 北京：科学出版社，1997～2006
17. 贺士元等. 北京植物志 (上、下册). 北京：北京出版社，1984，1987
18. 华北树木志编写组. 华北树木志. 北京：中国林业出版社，1984
19. 冯自诚，徐梦龙. 甘南树木图志. 兰州：甘肃科学技术出版社，1994
20. C. S. Schopmeyer, 1974, Seeds of Woody Plants in the United States. US Department of Agriculture · Agriculture Handbook, No. 450